谢锦辉 主编

2011 广播电视规划院技术研究报告

（下册）

TECHNICAL RESEARCH REPORTS COMPILATION IN 2011
BY ACADEMY OF BROADCASTING PLANNING (ABP), SARFT

中国广播电视出版社
CHINA RADIO & TELEVISION PUBLISHING HOUSE

编委会

序 言

“十二五”时期是我国全面建设小康社会的重要时期，是深化改革开放、加快转变经济发展方式的攻坚时期。广播影视是我们党、政府和人民的喉舌，是国家重要的信息化基础设施和战略资源，是文化产业的中坚力量，在加快经济发展方式转变中具有重要战略地位。“十二五”期间，广播影视科技发展的主题是转变发展方式，推动全行业实现战略转型。推动战略转型要做到三个适应，一是要适应党和国家对未来媒体发展的要求、对舆论宣传的要求，确保广播影视作为国家主流媒体的地位和作用；二是要适应人民群众更趋多元、多变、多样的精神文化和信息需求，满足人民群众日益增长的新需求、新期待；三是要适应全球技术发展趋势和潮流，用全球的视野、战略的高度谋划广播影视科技的未来发展。

当前，全球正处于技术变革促进社会快速发展变化的新阶段，经济全球化、全球信息化迅猛发展，互联网迅速普及，新媒体不断涌现，传统广播电视面临巨大挑战。如何通过技术创新、业态创新、体制创新、服务创新和管理创新，把现有传统的广播电视网改造成为一张全国互联互通、信息共享、可管可控、安全可靠，具有中国特色的新型广播电视网，加快实现广播电视的战略转型，是摆在广大广播电视科技工作者面前的一道严峻课题。

2011 年是“十二五”规划的开局之年，广播电视规划院总结近年来在规划、标准、信息以及重大专项等研究领域的最新成果，坚持理论和实践相结合，精心编纂了《广播电视规划院技术研究报告（2011）》。报告内容涉及地面数字电视、移动多媒体广播、三网融合、电磁辐射与防护、数字电视图像序列以及云计算等多个领域，内容丰富、数据翔实、分析透彻，理论性和实用性强，对于我们把握发展趋势、分析存在的问题、提出对策性思路都具有很强的参考价值和借鉴意义。希望广播电视规划院秉承"支撑政府决策、服务行业发展"的工作宗旨，进一步加大研究力度，不断丰富年度技术研究报告的内容，提高质量、扩大影响，使之成为具有国际影响力的重要科技文献，为推动我国广播影视大发展大繁荣做出新贡献。

国家广播电影电视总局副局长 张海涛

2011 年 1 月于北京

前　言

广播电视规划院自成立以来，致力于广播电视技术标准、规划、检测、咨询和信息研究工作，坚持“科学、准确、公正、规范”的工作方针，以求真务实的工作精神、科学严谨的工作态度、扎扎实实的工作作风，完成了广电总局交办的各项重大科研任务和技术工作，科研工作卓有成效。

近年来，广播电视规划院获得多项广电总局科技创新奖。其中，2008 年一等奖 3 项、二等奖 2 项；2009 年一等奖 6 项、二等奖 9 项。《广播电视规划院技术研究报告（2011）》的内容主要来源于上述部分获奖项目的主要研究成果，涵盖了地面数字电视、移动多媒体广播电视、数字电视图像序列、国外三网融合发展、广播电视电磁辐射和电磁兼容、云计算和有线电视宽带接入等方面的技术。

《广播电视规划院技术研究报告（2011）》汇总了近年来的最新科研成果。作者主要来自于广播电视规划院，都是工作在广播电视技术一线的专业技术人员，他们结合工作实际，总结科研成果，整理完成了本研究报告。

研究报告上册内容包括：

一、《中国地面数字电视发展战略研究（2010 年）》来源于广播电视规划院科研项目《中国地面数字电视发展战略研究》，项目主要参加人员：姜文波、李熠星、何剑辉、倪士兰、冯景锋、刘骏、邓向冬、王惠明、周新权[1]、韩冬[1]、管毅[1]、李国松。此次报告的编写人员：李熠星、何剑辉、倪士兰、邓向冬、王惠明。

二、《地面数字电视技术试验》来源于广电总局科研项目《北京地面数字电视技术试验》，项目主要参加人员：李熠星、冯景锋、曾庆军[1]、周新权[1]、黄晓兵[2]、张小良[2]、刘菲[3]、李明亮[2]、李国松、刘骏、何剑辉、周兴伟；该项目获2009年度总局创新奖一等奖。此次报告的编写人员：冯景锋、何剑辉、李国松、刘骏、代明。

三、《地面数字电视单频网技术研究》来源于广电总局科研项目《地面数字电视单频网技术关键问题研究》，项目主要参加人员：何剑辉、李熠星、冯景锋、刘骏、李国松、李雷雷、常江、朱云怡、代明、周兴伟、刘长占、倪士兰。此次报告的编写人员：冯景锋、何剑辉、李雷雷、代明、常江。

四、《移动多媒体广播电视（CMMB）频率及覆盖规划》来源于广电总局科研项目《针对CMMB业务的规划平台改建及覆盖规划研究》，项目主要参加人员：李熠星、何剑辉、周兴伟、代明、李国松、吴醒峰、孙红云；该项目获2009年总局科技创新奖一等奖。此次报告的编写人员：李熠星，何剑辉，代明，周兴伟，李国松。

五、《移动多媒体广播电视（CMMB）测试系统及方法研究》来源于广电总局科研项目《CMMB系统设备测试方法及检测系统研究》，项目主要参加人员：冯景锋、李熠星、邓向冬、刘骏、吴醒峰、李国松、代明、崔俊生、覃毅力、肖辉、李厦、谢锦辉；该项目获2009年总局创新奖一等奖。此次报告的编写人员：冯景锋、董文辉、刘骏、崔俊生、常江。

六、《移动多媒体广播电视（CMMB）覆盖测试》来源于广电总局

[1] 广电总局科技司
[2] 广电总局无线电台管理局
[3] 江苏省广播电视总台

科研项目《全国37城市移动多媒体广播覆盖网络效果测试及优化》，项目主要参加人员：冯景锋、刘廷军[4]、刘波[4]、刘骏、李国松、代明、何剑辉、王欣刚[4]、吕百灵[4]、刘江鹏[4]、陈莉[4]、常江；该项目获2009年总局创新奖一等奖。此次报告的编写人员：冯景锋，何剑辉，代明，周兴伟，李国松。

七、《标准清晰度数字电视测试图像研究》来源于广电总局科研项目《标准清晰度数字电视主观评价用测试图像》，项目主要参加人员：何宗就[5]、陈默[5]、崔建伟[5]、邓向冬、高少君、刘新[5]、路晓俐[5]、宁金辉、史萍[6]、王珮[5]、王晓萌[5]、张乾；该项目获2009年总局创新奖一等奖。此次报告的编写人员：张乾、邓向冬、史萍[6]、李若霜、路晓俐[5]、高少君、宁金辉。

八、《云计算与广播电视》来源于广电总局科研项目《信息技术发展对广播电视行业的影响》，项目主要参加人员：姚永晖、袁丽华、卢群、孔彬、孙琳、田霖、房磊、赵兴玉、王海平。此次报告的编写人员：姚永晖、卢群。

研究报告下册内容包括：

一、《国外三网融合政策演进及业务融合》。随着信息技术的快速发展和社会信息化需求的增加，包括广播电视网、电信网和互联网的融合已经成为网络发展主流趋势。为适应融合发展的需要，国际上许多国家和地区在广电、电信和互联网监管体制和政策上不断探索和完善。本报告对国外三网融合政策演进和业务融合情况进行了研究，对我国推进三网融合具有启示意义。此次报告的编写人员：陈志国、金雪涛[6]、姚毅[7]、秦龑龙、姚琼、李忠炤、孙黎丽。

---

[4] 中广传播有限公司

[5] 中央电视台

[6] 中国传媒大学

[7] 凌云光子技术集团

二、《EPON 和 EoC 接入技术研究》来源于广电总局科研项目《EPON、EoC 测试评估标准研究及“下一代广播电视网（NGB）电缆接入技术（EoC）需求白皮书”》，项目主要参加人员：张红[8]、秦龚龙、陈志国、孙黎丽、杨家胜、崔岩、唐月、聂明杰、杨木伟、李旭；该项目获 2009 年总局创新奖一等奖。此次报告的编写人员：孙黎丽、聂明杰、崔岩、唐月、杨家胜、杨木伟、李旭、周阳。

三、《广播电视电磁辐射和电磁兼容研究》来源于广电总局科研项目《广播电视系统电磁辐射和防护标准测试系统》，项目主要参加人员：高少君、龚波 、李熠星、吴醒峰、姚瑞虹 、蔡晓梅 、肖荫升、周兴伟、王祖立、路明利；该项目获 2008 年总局创新奖一等奖。此次报告的编写人员：龚波、吴醒峰、姚瑞虹、李康、杨帆、曹志、王乙。

《广播电视规划院技术研究报告（2011）》从一定程度上填补了我国数字电视相关技术领域的空白，有助于提升广播电视专业技术人员的理论和实践能力，进而推动我国数字电视技术的进一步发展。它的出版将使广播电视规划院的科研项目研究成果得到更广泛的推广应用。本研究报告适用于广播电视行业工程技术人员在开展科研、咨询、规划、标准、检测、信息等工作时参考和借鉴。我们热忱期望业内的专家、学者、同仁、读者一道互相切磋、相互探讨，共同促进我国数字电视的发展与繁荣。

国家广播电影电视总局

广播电视规划院院长

2011 年 1 月于北京

[8]广电总局电影数字节目管理中心

总目录

上册

下册

国外三网融合政策演进及业务融合

摘要

随着信息技术的快速发展和社会信息化需求的增加，每个国家需要全面开放通信市场，逐步开放广播电视市场，于是包括广播电视网、电信网和互联网的融合以及下一代网的融合已经成为网络发展主流趋势。为适应融合发展的需要，国际上许多国家和地区在广电、电信和互联网监管体制和政策上不断争论、探索和完善。

本报告对北美、欧洲、亚洲的部分经济发达国家三网融合法律、监管体制和业务政策的演进进行了较为深入的研究，介绍了国外三网融合业务发展状况，并结合我国目前广播电视网、电信网和互联网业务发展现状，提出了我们的思考和建议。

本报告的主旨是从发达国家促进三网融合的政策入手，考察政策演变为有线电视网络发展带来的契机，并分析发达国家发展融合业务的统计数据，以期从中找到我国有线电视网络发展可资借鉴的经验。

目录
Contents

前言

随着信息技术的快速发展和社会信息化需求的增加，每个国家需要全面开放通信市场，逐步开放广播电视市场，于是包括广播电视网、通信网和互联网的融合以及下一代网的融合已经成为网络发展主流趋势。为适应融合发展的需要，国际上许多国家和地区在广电、电信和互联网监管体制和政策上不断争论、探索和完善，对我国推进三网融合有重要启示意义。

2010 年 1 月 13 日，国务院常务会议决定加快推进广播电视网、电信网、互联网三网融合，并审议通过了推进三网融合的总体方案。根据国务院颁布的《推进三网融合总体方案》的要求，符合条件的广电企业可经营增值电信业务、比照增值电信业务管理的基础电信业务、基于有线电视网络提供的互联网接入业务、互联网数据传送增值业务、国内 IP 电话业务。IPTV、手机电视的集成播控业务由广电部门负责，宣传部门指导。符合条件的国有电信企业在有关部门的监管下，可从事除时政类节目之外的广播电视节目生产制作、互联网视听节目信号传输、转播时政类新闻视听节目服务，以及除广播电台电视台形态以外的公共互联网音视频节目服务和 IPTV 传输服务、手机电视分发服务。

为此，我们起草了《国外三网融合政策演进及业务融合》研究报告。本报告对北美、欧洲、亚洲的部分经济发达国家三网融合法律、监管体制和业务政策的演进进行了较为深入的研究，介绍了国外“三网融合”业务发展状况，并结合我国目前广播电视网、电信网和互联网业务发展现状，提出了我们的思考和建议。不妥之处，请批评指正。

本报告由广电总局广播电视规划院主持，中国传媒大学金雪涛副教授主笔，凌云光子技术集团姚毅博士参与了起草工作。在此表示诚挚的谢意。

1. 概述

1.1 三网融合的概念

传播信息的现代通信网络主要有电信网、计算机网和广播电视网。三网融合（tri-networks integration，tri-networks convergence，the integration of telecommunications networks，cable TV networks and the Internet）是一种广义的说法，最早起源于在数字技术和现代通信技术推动下的产业融合。在现阶段它并不意味着电信网、计算机网和有线电视网三大网络的物理合一，而主要是指通过全面开放通信市场及逐步开放广播电视市场，用竞争的形式，大力推广与普及互联网，进行高层业务融合，让终端用户有多种选择。其表现为技术上趋向一致，网络层上可以实现互联互通，形成无缝覆盖，业务层上互相渗透和交叉，应用层上趋向使用统一的 IP 协议，在经营上互相竞争、互相合作，朝着向人类提供多样化、多媒体化、个性化服务的同一目标逐渐交汇在一起，行业监管和政策方面也逐渐趋向统一。三大网络通过技术改造，进行三网融合，为用户提供更高速、更便捷、更丰富的语音、数据、视频等综合性多媒体的业务，更好地服务社会。

早期的三网融合研究集中在技术革新基础上的计算机、印刷、广播等产业的交叉和融合。1978 年，麻省理工学院媒体实验室的 Negroponte 教授用三个圆圈来描述计算机、印刷和广播三者的技术边界，认为三个圆圈的交叉处将会成为成长最快、创新最多的领域。继Negroponte 之后，又有许多学者对产业融合进行了深入的研究，20 世纪 80 年代后，哈佛大学的 Oettinger 和法国的 Nora 与 Manc 分别创造了 Compunctions 和 Telemetriqu 两个新词来试图反映数字融合的发展趋势，并把信息转换成数字后，将照片、音乐、文件、视像和对话透过同一种终端机和网络传送及显示的现象称为“数字融合”。Pool（1983）指出，融合（Convergence）是指过去由不同媒体所提供的服务，如今可由一个媒体提供。

进入上个世纪 90 年代，计算机技术的发展使学界和实践界对产业融合问题的关注进一步深入。1994 年，美国哈佛大学商学院举办了世界上第一次关于产业融合的学术论坛——“冲突的世界：计算机、电信以及消费电子学”。国际电信联盟（ITU，1996）认为：“由于科技进步改变了内容与网络传输之间的互动关系，相关产业中各部门的关系亦随之发生变化，电信公司与广播或电视公司在服务以及技术层面，已经开始逐步的相互侵入彼此的市场中。”1997 年，在加州伯克利分校召开的“在数字通信与监管制度之间搭桥”的会议上，对产业融合与相关的监管制度政策进行了讨论。这两次研讨会表明，产业融合作为一种经济现象，开始得到了学术界和企业界的全面关注。Yoffie（1997）将融合定义为“采用数字技术后原来各自独立产品的整合”。欧盟（1997）指出：“不同网络平台有能力携带相似的服务；消费者设备（如电话、电视、个人电脑）的汇集。”

美国学者 Kevin Maney 在《大媒体》一书中提出：传统大众传媒业、电信业、信息网络业会在新技术的推动下统一到一种新产业之下，这一方面也会造成向内“崩陷”的效果，即所有企业都会投入同一个市场，不是与他人结盟，就是要和过去从未竞争过的对象竞争①。他认为：“大媒体”是一种全新的传播概念和传播方式，向人们提供包括通信、影视、音乐、商业、教育等内容覆盖面极广的全方位资讯和娱乐，包括上述资讯和娱乐生产的全部内容、设备和过程。较过去的媒体而言，它容量大，技术要求高，多采用现今最为先进和尖端的传播技术和手段：投入资金大，跨行业多，当然也以更深、更广的方式介入人们的生活。大媒体业的概念形象地描述了三网融合的产业状态（图 1）。

三网融合最大限度地推进了传媒产业、电信产业、电子消费产业和计算机产业的进步，使得他们互相交叉渗透发展，形成为消费者提供多元化服务的信息社会的重要支柱——信息产业。正如北美自由贸易区（美国、加拿大、墨西哥三国）在他们于 1997 年联合制定的《北美产业分类体系》（简称 NAICS）中所指出的，信息产业作为一个独立而完整的部门应该

① Maney, Kevin. Magemedia shakeout: the inside story of the leaders and the losers in the exploding communications industry [M]. New York: John Wiley & Sons, Inc., 1995, p. 350.

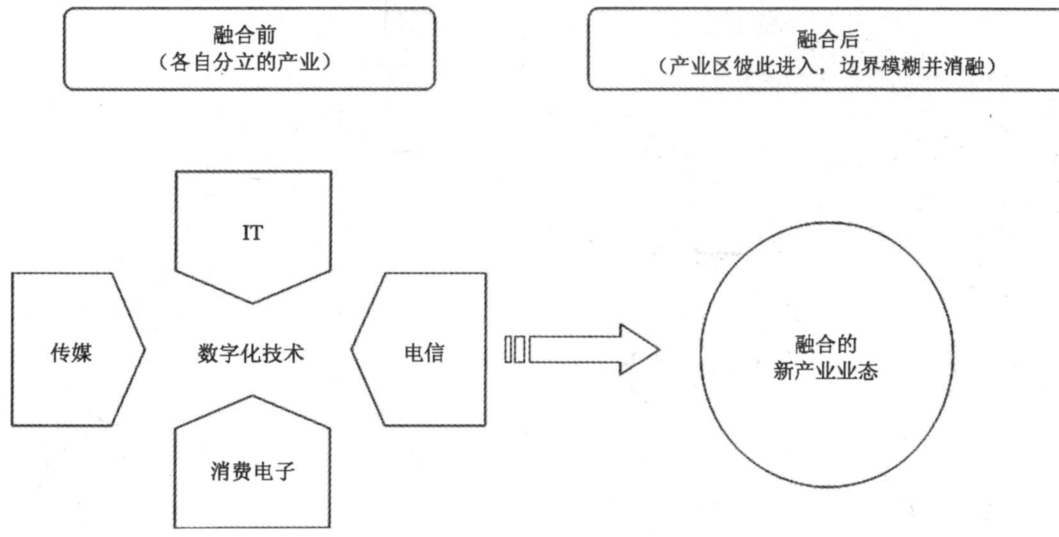

图1　三网融合与产业业态变化

包括以下单位：生产与发布信息和文化产品的单位；提供方法和手段，传输与发布这些产品的单位；信息服务和数据处理的单位。具体包括出版业、电影和音像业、广播电视和电讯业、信息和数据处理服务业等四种行业。总之，站在社会全局上讲，三网融合，就是通过加速发展信息产业的所有相关支柱行业，来推进全世界信息化进程。

1.2　三网融合的意义

过去数十年，世界范围内最大的进步莫过于信息产业成为人类最大的工业。各国推近三网融合，实现了人类历史上从未有过的信息化进程的进步。信息化发达程度成为各国的核心竞争力标志，西方发达国家美国、日本、欧盟和亚洲后起的经济发达国家韩国、新加坡等都在以超乎人们想象的速度，将信息化全面普及到社会各个角落。大家都宣称自己告别以工业品生产为主体的工业社会，进入以信息服务和知识经济为特点的信息社会。

信息技术革命成为21世纪人类社会第一大主题。近些年在世界范围内飞速发展起来的因特网（Internet）技术、数字电视、光通信、移动通信、计算机等多项新技术革新为人们带来便捷和快速的信息收集、信息处理和传输，为通信业带来了大量全新形式的信息业务。消耗通信带宽的将不仅仅是说话的嘴巴，而是运算速度和按照Moore定律递增的各种高速信息处理终端。尤其是IP技术、光通信、移动通信技术的发展将在未来逐步融合现在所有业务于一体，同时开创许多前所未有的新业务。通信的内涵从过去单纯的电话内容通信和广播电视视音频内容的通信，扩展到人们在全球范围内的视频、宽带数据、话音等多种综合宽带多媒体通信业务。

这就意味着，过去管理视音频技术与业务的广播电视部门和管理话音与数据通信的电信部门都必须从技术和业务体系上走到一起进行融合。由于电信行业社会性较强，广播电视属意识形态领域，为此，全世界的通信业正在经历一场轰轰烈烈的体制和技术革命，使有百年历史的电信业与半个世纪的广播电视业重新变革发展。政府体制上需要重新建立更加开放竞争的的管理机构和管理办法，根据国情逐步开放两个过去互相封闭的市场，融合分离发展的技术体系，让更多的经济和技术力量参与创造未来融合的新业务和新技术产品。这就是推动各国进行三网融合的根本内涵。

就像工业社会人类科技的努力造出大量机械产品取代体力耕作、做工和交通，信息社会人类的努力是通过科技力量增强大脑功能，帮助处理视频和话音以及数据信息。信息社会里所有政府、机关、学校、社会机构的管理和运作、企业的日常运营、企业间的业务操作、家庭生活等都需要利用宽带联网传送和处理信息，人类社会的大量活动和交易都会被搬到虚拟世界中去。现代通信网络为人们工作和生活带来更多方便，给予人们更多的时间、更多的信息，让人类创造更多的财富，同时带来更高境界的物质和精神生活。未来满足人们通信需求的核心是承载大数据量的视频内容。宽带 IP 网和光通信技术突破使得视频通信得以实现。因此，世界各国现存电信网、广播电视网、互联网在向宽带通信网、数字电视网、下一代互联网演进，都能为用户提供话音、数据和广播电视等多种业务，丰富人民信息和文化生活。

三网融合可以通过技术改造将信息服务由单一业务转向文字、话音、视频等多媒体综合业务，并能提升网络性能，提高资源利用水平，将业务进行整合，拓展业务范围，而且有利于极大地减少基础建设投入，降低维护成本。而其本质正是对现有的电信、广播、互联网资源进行优化配置，从而达到最佳的资源利用率。那么，如何对现有的三种资源合理地进行整合，将是三网融合所需要研究解决的关键。

本报告的主旨是从发达国家促进三网融合的政策入手，考察政策演变为有线电视网络发展带来的契机，并分析发达国家发展融合业务的统计数据，以期从中找到我国有线电视网络发展可资借鉴的经验。

2. 国外三网融合监管体制与政策演进

2.1 北美

2.1.1 美国

2.1.1.1 三网融合的立法发展

美国在三网融合方面的政策法律变化大致可以分为五个阶段：

第一阶段为 1990 年以前的禁止跨业经营。

1970 年，美国联邦通讯委员会（FCC）禁止电信业与传播业相互跨经营，其目的是保护新生的有线电视（CATV）产业。1982 年，美国独立电话协会提请 FCC 撤销跨业经营限制，被驳回。1983 年，法院判决 AT&T 案，禁止电信公司进入信息服务业，这当然也禁止电信公司做有线电视业务。美国国会并于 1984 年《有线电视法》第 613 条明文，为防止独占的区域性电话公司产生不公平竞争行为，妨碍有线电视产业的发展，禁止电信公司跨业经营有线电视业（CATV）。数个区域性电话公司分别提出诉讼，主张美国宪法增修第一条之言论与新闻自由，认为其电信服务网络，技术上可以提供影视节目给电话用户。FCC 的主张是，公用电信事业本身拥有独占优势，禁令之目的在促进有线电视产业的竞争，避免区域性电话公司独占，属于市场结构的监管，算是一种反托拉斯管制措施；禁令只是间接影响言论，而不是以内容为基础的监管。这一阶段，国会和 FCC 态度基本一致，那就是都认为禁令有助于防止垄断的电信公司采用不公平竞争手段排挤有线电视公司。

第二阶段为 1990 年前后，FCC 建议废除跨产业经营的禁令。

1990 年代初，部分法院以时代变迁、全美有线电视铺设率高达九成以上、有线电视产业集中会阻碍其他新产业者进入有线电视服务市场机会为由，提出准许跨业经营反而会促进市场竞争，认为这样还有助于意见及言论自由、市场多样化目标的达成。FCC 同样认为，有线电视产业经过纵向整合后已发生很大变化，应允许电信公司进入视频节目服务市场与有线电视产业竞争，以促进视频节目多样化，因而建议国会废除跨业经营的禁令。参众两院提出数个草案，并制定《1992 年有线电视法》，但最终跨业禁令仍被保留。

1992 年 7 月，FCC 打算实行视频接驳政策，允许电话公司提供视频传输服务，前提是电话公司本身不拥有节目所有权。但该政策最终没有实施，这是因为美国上诉法院认为电话公司在其所拥有的设施上传输节目内容是一种违宪行为。与此同时，尽管 FCC 认为取消禁令能促进视频节目市场竞争，但立法部门（国会）却仍相信跨业禁令能够促进视频节目市场竞争。

第三阶段为 1992 到 1995 年，电信公司与有线电视公司通过诉讼获得进入权。

1992 年末，大西洋贝尔公司以 FCC 视频接驳政策侵犯其言论自由为由向联邦法院提起诉讼，并于 1993 年 8 月获胜。随后其他一些电话公司也开展类似诉讼。电话公司与有线电视公司竞争遂开始展开。大型电话公司陆续向 FCC 申请在自己经营区域开展视频接驳信号服务。截止到 1995 年，这些申请的相当部分被核准，有的则被审议搁置。在这期间，有线电视公司也要求 FCC 允许自己经营电话业务。1992 年、1993 年，FCC 在给区域电话公司松绑的同时，也开始允许有线电视公司经营一般性电话业务。1994 年，有线电视公司向各州法院起诉要求放宽经营电话的限制，并取得了一些成功。

第四阶段为 1996 年以后，非对称监管框架下电信与有线电视市场彼此开放。

《1996 年电信法》对广播电视业和电信业的互相进入条件进行了规定，并且对之前的市场进入规定进行了修改，在法律中明确规定允许双向进入。取消对各种电信业务市场的限制，允许长话、市话、广播、有线电视、影视服务等业务互相渗透。美国的有线电视公司和电信运营商被允许都可以提供话音、数据和视频业务，由此，整个通信市场获得了前所未有的竞争性准入许可。该法还明确，FCC 对美国的电信和有线电视的相互准入进行监管，并且负责颁发相关的许可证。

《1996 年电信法》促进了电信产业和广播电视产业的大汇流，两产业间的彼此进入是在非对称监管的基础上实现的。所谓非对称监管，是指政府监管部门对处于不同市场条件下的通信经营者予以区别对待，制定有利于新通信经营者的倾斜政策和法规。非对称监管的方式包括：市场份额的限制、市场进入条件的限制、经营业务类型的限制、信息业务资费的不同定价以及形成运营商之间全业务经营的时间差等。

第五阶段为2009年之后的“国家宽带计划”。

21世纪初，宽带建设是通信基础设施所面临的重大挑战。正如“电”在一个世纪以前所发挥的作用一样，如今，宽带已成为实现经济增长、创造就业机会、提升全球竞争力、改善人们生活方式的基础。

2009年2月，美国总统奥巴马就任后签署了美国恢复与再投资法案。在这项总额高达7870亿美元的经济振兴计划中，用于发展宽带建设和无线互联网接入的费用为72亿美元。之后，美国国会要求联邦通信委员会（FCC）制定国家宽带计划，以保证每个美国人都能“拥有使用宽带的机会”。同时国会还要求，该计划应包含一项实现向用户提供支付得起的宽带服务并最大化宽带使用的详细战略，以提高“政府对消费者的福利、公民参与度、公共安全和国土安全、地区发展、医疗保健服务、能源的独立性和效率、教育、员工培训、私营部门的投资、创业活动、创造就业和经济增长，以及其他国家目的”。

2010年3月，联邦通信委员会在广泛征求广大美国民众意见的基础上，向国会提交了“连接美国：国家宽带计划”（Connecting America：The National Broadband Plan），力图确保整个宽带生态系统（网络、设备和应用程序）的健康发展。

国家宽带计划提出了未来十年实现下述六个目标：①至少1亿个美国家庭应该负担得起接入下行大于等于100Mbps、上行大于等于50Mbps的宽带服务；②美国将以比其他国家运行更快、分布更广泛的无线网络，在移动创新上领先；③每个美国人都负担得起接入强健的宽带服务，并且这种订阅是按照他们的意愿来选择的；④每个美国社区都负担得起接入大于等于1Gbps的宽带服务，来访问学校、医院和政府大楼等机构；⑤为了确保美国公众的安全，每位先遣急救员都可接入可互操作的、安全的全国无线宽带网络；⑥为了确保美国在清洁能源经济中的领导地位，每位美国人都应该能够通过宽带来实时跟踪和管理他们的能源消耗。

未来，伴随宽带计划的推进实施，电信和广电不仅在有线网络领域的融合会被极大促进，双方对于上下对等的高速率服务的追求会推动FTTX的发展与应用；而且在无线传输领域的竞争和资源的再配置上也会不断深入。

2.1.1.2 监管机构变革

美国从一开始就是由联邦通讯委员会（FCC）同时对商业广播电视和电信行业进行监管的。此外，在广电领域，还通过公共广播公司对公共广播电视活动实施管理，通过联邦政府广播管理委员会对政府的国际广播电视活动实施管理；在电信领域，一些行业协会也起着重要的监管作用。

早在1934年，美国就根据《1934年通信法》（Communications Act of 1934）的规定，依法设立了具有综合管理功能的美国联邦通信委员会（FCC），对无线电、有线电视、电报和电话等通信业务实行一体化监管，以消除在美国通信产业之前所存在的政出多门、相互分割的现象。《1996年电信法》对FCC在国家层面上的统一监管责任再次做了明确；在地方，则由各州的公用事业委员会担负着通信监管的职能。FCC主管国际和州际业务，各州公用事业委员会在《电信法》和各州法律基本框架下主管州内通信业务。

FCC监管内容包括公共电信、专用电信、广播电视、无线频率。在经济性监管方面的主要职能有资费价格监管、许可证发放、互联互通、企业财务、会计行为监管；社会性监管方面的主要职能有公共安全、国家安全、应急通信及其预案管理、抗灾通信管理、消费者保护、普遍服务；技术性监管方面主要有频率资源的分配、号码资源的管理、标准制定、设备认证等。

作为独立监管机构的 FCC，直接对国会负责。FCC 实行委员会负责制，其中 1 名委员由总统任命为主席。在任何特定时期内，最多只有 3 位委员是同一政党的人士。FCC 的主席是 FCC 的首席执行官，其基本职责是主持 FCC 的所有会议，在所有关于立法的问题上代表 FCC，在所有要求同其他政府官员、部门或机构举行会议与联系时代表 FCC，并在 FCC 的权利范围内，以迅速高效地处理各项事务的方式协调和组织 FCC 的工作。

为应对新技术带来的产业融合的发展，《1996 年电信法》的内部组织机构和职能分工也做了一定的调整，并且随后也进行了一些微调。在结构组成上，FCC 设立若干个运行局，对外开展监管活动；设立若干个办公室，做好内部管理和服务工作。FCC 的大量监管工作就是由这些运行局和办公室协作完成的。2003 年，FCC 由原来的 7 个局 11 个办公室调整为 6 个局和 10 个办公室。其中，媒体局负责地面、有线、卫星广播电视媒体服务的政策和牌照发放；有线竞争局负责有线通信运营商的政策和牌照发放；无线竞争局负责无线通信运营商的政策和牌照发放。在地方层面，州公益事业委员会（PUC）处理各州电信业务，广播电视业务经营需要得到州和地方政府许可，FCC 管理有线电视时要与州和地方政府协调。其中通信业务机会办公室值得特别指出，是它在 FCC 内部较好地解决协调问题，使得 FCC 尽管内部结构表现为电信和广播电视的分产业监管，但在对外职能上仍实质性地体现为融合监管。

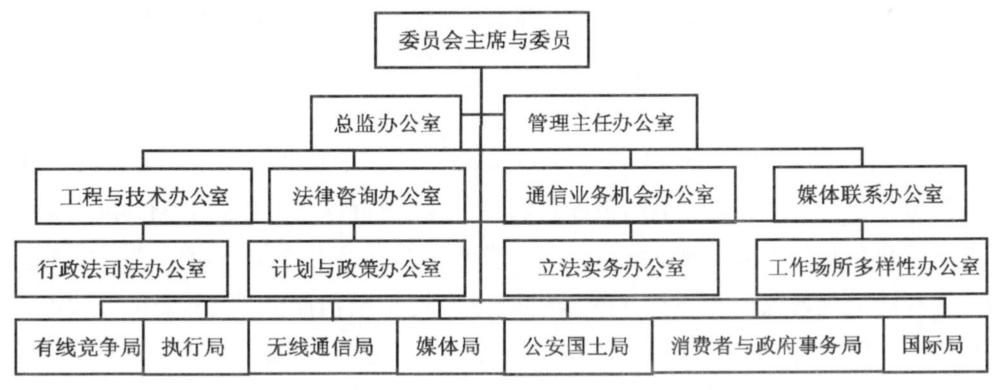

图 2　美国 FCC 的组织机构

行使外部监管职能的运行局如下：

①消费者和政府事务局：负责向公众提供政策、规划和措施，处理消费者的投诉，处理政府间的事务。

②执行局：负责实施通讯法和 FCC 的规章、法令，在全国还设立地区办公室进行现场调查和监督。

③国际局：负责 FCC 的国际活动和国际电信政策建议。

④媒体局：负责地面、有线、卫星广播电视媒体服务的政策和牌照发放、吊销。

⑤无线通信局：负责无线通信政策和牌照发放。

⑥有线竞争局：负责有线通信政策和牌照发放。

⑦公共安全和国土保障局：统一负责公共安全、国土保障、紧急事件等方面的职能。

两个辅助局：有线电视服务局负责有线电视领域的政策执行，分析有线电视发展趋势。公用通信企业局负责长途电话、地方有线电话方面的政策规则。

FCC 主要行使行政监管职能，但同时拥有准立法权和司法权。FCC 的监管运作方式就体现在以《通信法》、《美国联邦管制法典第 47 篇》等规定为准绳的基础上，正确处理和国会、法院、州委员会、管制对象和消费者的关系，合理行使三项权利。制定行政法规、制定标准、提出立法建议是 FCC 立法权行使的三种主要表现。在通信监管的过程中，FCC 还要通过调查、颁发许可证、禁令、财政资助、行政制裁等手段适用于具体事件，这就是监管机构 FCC 最为主要的行政职能。FCC 通常对其管辖的对象是否符合法律法规还有裁决的权利，一定程度上行使着司法权。

上述 FCC 的监管运行机制决定了还会有一些相关机构也会影响到美国通信产业的监管。譬如美国国会作为立法机构，可以通过立法权的行使来影响通信立法，也可以通过预算、人事任免、社会舆论等非正式渠道影响通信监管；州议会作为州层次的立法机构，对通信法律制定有重大影响；司法部反托拉斯局和商务部国家电信与信息管理局影响通信产业结构、市场贸易和产业发展等方面；法院调解公司、消费者、监管者之间的矛盾和冲突等。

2.1.1.3　市场进入政策

美国《1996 年电信法》的颁布增加了基础电信领域内的竞争，其最大特点是取消对各种电信业务市场的限制，允许长话、市话、广播、有线电视、影视服务等业务互相渗透，也允许各类电信运营者互相参股，创造自由竞争的法律环境，以促进电信业的发展。由此，整个电信市场获得了前所未有的竞争性准入许可，但这种市场准入带有明显的向有线电视网络倾斜的特点，是非对称性的监管。

《1996 年电信法》第 621 条（b）款（3）规定：“如果有线电视系统运营商及其附属机构从事电信服务，将不必为提供电信服务获取特许权。特许权管理机构不得禁止或限制有线电视系统运营商及其附属机构提供电信服务，也不得对其服务施加任何条件。特许权管理机构不得命令有线电视系统运营商及其附属机构停止提供电信服务。”第 310 条（d）款和第 651 条规定：“电信运营商如果要经营视频业务，必须要重新申请相应营业执照。”电信企业可以通过无线通信方式、有线电视系统以及开放的视频系统提供广播电视服务。提供有线电视业务需要获得地方政府的本地许可证，通过开放的视频系统提供电视业务则不需要申请建立和经营视频节目分配系统的许可。《1996 年电信法》第 651 条还规定普通传输者（电信公司）提供视频服务的条件：诸如提供服务区域的人口总数应当低于 3.5 万，以及当地有线电视所服务的人口没有达到 10% 等。

2.1.1.4　所有权政策

关于单一媒体所有权的规定在《1996 年电信法》中体现为：《1996 年电信法》规定，电视公司在全国范围内拥有电视台的数量限制取消（原来不能超过 12 个），一家电视公司的覆盖率限制由原来的全国电视家庭的 25% 增至 35% 。

关于跨媒体所有权，2003年美国FCC的新规定为：允许传媒公司在大中型市场（拥有9个或9个以上电视台的城市）交叉持股，同时拥有报纸、电台和电视台；但在规模稍小的市场中，例如当地市场中电视台的数量在3家或3家以下，媒体公司则不能“跨媒体”交叉持股。

《1996年电信法》规定在有线电视运营商和节目商之间的关系方面，允许有线电视运营商和节目商之间互相拥有产权，这对建立丰富的节目市场非常重要。但是，又不允许有线电视运营商拥有所有的节目频道。

2.1.1.5 外资进入问题

关于外资的进入问题，美国规定，外国人只能拥有20%以下的广播电视执照所有权，外国公司只能拥有25%以下的广播电视执照所有权。

2.1.2 加拿大

2.1.2.1 三网融合的立法发展

加拿大政府对三网融合的基本态度是：对电信与广电在未来的综合业务中孰优孰劣不作判断，只坚持政策上的开放态度，允许业务之间的相互融合，鼓励市场竞争，以实现对电信与媒体不同的公共政策目标。与三网融合相关的法律主要有：创造了加拿大广播电视与电信委员会（CRTC，Canadian Radio-Television and Telecommunication Commission）的《加拿大广播电视与电信委员会法》（Canadian Radio-Television and Telecommunications Commission Act）、《广播法》（Broadcasting Act）、《电信法》（Telecommunications Act）以及若干逐步开放的政策法令。

加拿大《广播法》第9条规定，由加拿大广播电视与电信委员会（CRTC）对广播电视传输服务许可证设定等级、颁发许可证，并规定许可证的有效期为7年。同时还对所播放的节目内容作了一系列的规定和限制。

早在1979年，在加拿大广播电视委员会（Canadian Radio-Television Commission）的指导下，加拿大数据和专线业务就率先开放，Telecommunications和Bell Canada公司之间的专线和数据电路被允许进行互联；1984年，加拿大广播电视委员会出台无线业务提供商和传统电话公司网络的互联规则；1994年，加拿大广播电视委员会取消了对电话和无线市场的监管；1997年解除了对由传统本地交换运营商（ILEC）提供的高速本地交换专线服务的监管。也是在1997年，加拿大广播电视与电信委员会（CRTC）通过了一系列决议，旨在鼓励人们参与加拿大电信、广播电视行业的经营并进行公开竞争。其核心内容是：电话公司将被允许申请广播电视经营许可权，同时广播电视公司也可以开展地区通信业务。这意味着，双向准入正式确认。

2.1.2.2 监管机构变革

加拿大是公私并营的广播电视体制。在1961年加拿大出现私营电视台之前，加拿大广播公司（公营的广播电视公司，简称CBC）负责全国的广播电视。私营台出现以后，1968年，加拿大政府为了对私营台进行管理，出台了《加拿大广播电视法》。根据这一法规，公营台由议会通过“加拿大遗产部”（加拿大政府管理文化的部门）管理，私营台由议会通过加拿大广播电视委员会管理。

1996年，加拿大电信由交通部转交加拿大广播电视委员会管理。于是，加拿大广播电视委员会改称为加拿大广播电视与电信委员会（CRTC）。加拿大广播电视与电信委员会（CRTC）是一个独立的公共组织，它对加拿大广播电视及电信产业进行规制与监管。但它不监管报纸、杂志产业，不监管手机频谱配置，也不监管手机公司的服务与业务品质以及电视及电台节目内容的质量。

加拿大广播电视与电信委员会（CRTC）下设广播部、电信部和传播部等。它由13个专职委员和6个兼职委员组成，委员由加拿大内阁任命，各个党派所占席位是有一定比例的。加拿大广播电视与电信委员会（CRTC）有一名主席负责全局工作，一名副主席管理广播，另一名副主席管理电信。加拿大广播电视与电信委员会（CRTC）还有4个总部委员，6个地方委员会委员。需要指出的是，如果讨论广播电视问题，13个专职委员和6个兼职委员必须全部出席；而讨论电信问题，只要13个专职委员出席即可。加拿大广播电视与电信委员会（CRTC）的地位与加拿大广播公司是相同的。也就是说，公营的加拿大广播公司并不向加拿大广播电视与电信委员会（CRTC）报告，而是通过遗产部直接向议会报告。

融合的监管机构加拿大广播电视与电信委员会（CRTC）建立后，对电信和电视产业的新业务发展起到了极大的促进作用。总体上来说，三网融合在加拿大不存在政策壁垒和隔阂，电信和电视业务互相融合、互相渗透，并且由于竞争态势强，所以新类型的信息增值业务发展迅速。

2.1.2.3　市场准入政策

从1996年开始，加拿大广播电视与电信委员会（CRTC）便开始讨论有线电视网络和电信网络的相互准入问题以鼓励竞争，并于1999年开始允许有线电视网络提供高速互联网接入服务，这使得有线电视网络的规模经济被充分利用并降低了管理成本，同时高速互联网接入的价格也持续降低，提高了消费者剩余水平。

加拿大政府对电信与广电在未来的综合业务中孰优孰劣不作判断，只坚持政策上的开放态度，允许业务之间的相互融合，鼓励市场竞争，以实现对电信与媒体不同的公共政策目标。加拿大《广播法》第9条规定，由加拿大广播电视与电信委员会（CRTC）对广播电视传输服务许可证设定等级、颁发许可证，并规定许可证的有效期为7年。同时还对所播放的节目内容作了一系列的规定和限制。与广播电视市场准入相比，加拿大电信市场准入条件没有在内容上作更多的规定，只是在申请人或者申请团体的资格上做出了相应的规定，分为“一般电信业务的市场准入”和“国际电信业务的市场准入”。虽然没有明确的法律规定，但是加拿大政府允许有线电视运营商提供电信业务，同时也允许电信运营商提供有线电视业务。

1999年，加拿大政府颁布《新媒体豁免令》，将“新媒体”的定义界定为“利用因特网传播广播电视的媒体”，并规定利用因特网传播广播电视可以免予申请许可证。2000年3月，对加拿大国内以及和美国之间的卫星业务的监管也被解除。2007年，加拿大广播电视与通信委员会（CRTC）作出决定，不再对手机电视业务实施监管。加拿大广播电视与通信委员会（CRTC）认定，由贝尔移动、Rogers无线、TELUS移动与MobiTV公司联合推出的手机电视业务，可以适用该委员会制定的原本适用于在互联网上提供服务的《新媒体豁免令》。无论是否经由互联网提供，手机电视业务都应被免于监管。这些放松监管无疑有利于融合业务的进一步创新。

2.1.2.4 所有权规定

加拿大对进入本国电信和广播电视产业的外资有比较严格的产权限制，投资于网络基础设施（电信网络和有线电视网络）的外资所有权比重不得超过20%；对投资于加拿大广播电视的外资无投票权和所有权限制，但对于有投票权的所有权比重限制则比较详尽——20%的执照所有权限制或33%的母公司所有权限制。

针对跨媒体所有权，加拿大的所有权限制规定不是统一模式，而是根据实践针对不同情况有不同的规定。

2.2 欧盟

2.2.1 欧盟三网融合的立法发展

2.2.1.1 欧盟立法的发展

欧盟的三网融合不是一蹴而就的，1990年欧盟推进私有化进程，首先宣布国有电信运营商在增值电信网络服务市场中的排他性经营权利不利于欧盟共同市场的形成。从1994年年底欧盟发布《开放电信基础设施和有线电视网络》绿皮书，到有线电视网络和电信网络对称准入，这一历程大致经过了10年。

从法律框架的改进历程来看，欧盟的三网融合经历了三步走：

第一步，允许有线电视业单方面先进入电信业。

1994年底，欧盟发表了《开放电信基础设施和有线电视网络》绿皮书，掀开两大网络融合第一页，推动了欧洲各国信息化的进程。1995年，欧盟发布《有线电视指令》，规定有线电视网可以不受任何限制进入所有开放的电信业务市场。这样，在欧盟范围内，在非对称监管条件下迈出了有线电视业进入电信业的第一步。

第二步，按WTO要求开放电信业。

1994年11月17日，欧盟委员会发出《完全竞争指令》，要求成员国从1996年1月1日起彼此之间开放基础电信业务，自1998年1月1日起对欧盟以外全面开放竞争；结果，从1998年1月1日起，除希腊、葡萄牙、爱尔兰外，欧盟宣布对外开放电信基础设施和业务。1997年欧盟发表了《迈向信息社会之路》绿皮书，当时正是WTO谈判成功之时。绿皮书明确指出，不同的网络平台都能一同传送电话信息、电视信息及计算机信息和数据。绿皮书从信息内容的制作、信息的网络传输和信息接收终端等层次对三网融合进行具体说明。

第三步，将三网归入电子通信网，开启对称准入的时代。

将三网统一纳入电子通信网，是欧盟强推三网融合的关键而成功的重大步骤。2002年，欧盟发布了《电子通信网络与服务的统一监管框架指令》，统一规范电信网络、有线电视网络及相关的网络服务。该框架由欧盟议会和理事会颁布的5个指令组成。截至2004年5月1日，所有欧盟成员国都将其转化为国内法律，适用于通过电子方式传输的通信服务，包括无线与固定、数据与语音、互联网与交换电路、广播业务和点到点的个人通信业务。该指令从2003年7月开始正式执行，指令立法的目的在于为电子通讯服务、电子通讯网络以及相关设备和相关服务建立协调的监管架构，并建立程序，赋予欧盟各成员国主管机构种种任务，以确保欧盟各成员国监管架构的协调。

欧洲议会与欧盟理事会于2007年通过指令——Directive 2007/65/EC构建了融合规制框架。《框架指令》第5条和第10条认为，“电信、媒体和信息技术部门的融合，意味着所有传输网络和业务应该被一个单一的规制框架所覆盖……传输与内容监管的分离，不会损害他们之间的关系，尤其是为了保证媒体多元化、文化多样化和消费者保护”、“该指令不急于涵盖web的内容业务”。

与此同时，欧盟还修改了上世纪90年代初发布的《电视无国界指令》，使其范围几乎涵盖了所有“由运动的图像和声音构成”的视听内容服务，包括通过互联网和3G电话等电子通信网络向公众传输的信息，并最终将其改名为《视听媒体业务指令》（AVMS)。《视听媒体业务指令》的核心内容是进一步扩大适用范围，涵盖到网站和其他在线流媒体视听业务，但不包括新闻网站的视频剪辑、动画内容、博客、视频播客（视频分享)、互联网图片电话及其他非商业性内容。这样，《视听媒体业务指令》就与《监管框架指令》对电子通信业务、电子通信网的解释完全一致，避免在融合中发生电信与广电撞车，或产生新矛盾。

2.2.1.2 欧盟对三网融合监管机构变革的态度

欧盟对大通信产业的监管，突出其开放性和竞争性，强调统一监管。1997年欧盟的《许可证指令》（97/13EC)，就强调欧盟范围内的电信统一监管。在欧盟成员内，除公众话音、无线业务、涉及通行权的业务、普遍范围业务仍需得到各成员国的许可证外，凡拥有类别许可证的运营者无须再申请单个国家的运营许可证，就可以提供泛欧盟业务。对于欧盟成员国的监管机构问题，欧盟更多地倾向于对电信和广电实施有区别的监管，同时允许每个成员国依据实际情况对监管机构的设置有所不同。

2.2.2 英国

2.2.2.1 三网融合的立法发展

英国是三网融合发展较为迅速的国家。结合立法规定和产业实践来看，英国经历了电信与广电的互不准入、非对称进入和对称进入三个阶段：

第一阶段，即1991年之前的电信业与广播电视业互不准入阶段。这一阶段电信与广播电视立法致力于促使产业市场从垄断走向竞争的过渡。

广播电视业：1954年颁布的《电视法》允许成立独立电视公司，改变了BBC对广播电视的独家垄断；1984年颁布《有线和广播法》，成立有线电视管理局和独立广播委员会，以促进和管理新兴的有线电视业；《1990年广播法》规定成立独立电视委员会和无线广播局，分别管理商业电视（包括有线电视与卫星电视）和商业广播，广播电台和电视分业监管体制初步形成，且各行业初步形成竞争的市场结构。

电信业：1982年BT（英国电信）实行私有化，1983年Mercury公司的成立结束了BT独家垄断时代，1984年《电信法案》的颁布和电信办公室（OFTEL，The Office of Telecommunications）的设立则标志着英国电信市场开放时代的到来。

第二阶段，即1991年到2001年之间的电信与广电非对称准入阶段。

1991年，英政府发表白皮书《电信政策——竞争和选择》，全国开放国内长途与本地电信业务，允许一些新的“公共电信运营商”（PTOs，Public Telecommunication Operators）进入市场。1992年，英国还修订了有线广播法案，允许有线电视公司兼营电话业务，但只能通过Mercury互联提供。BT和Mercury在2001年以前不允许提供有线电视业务，但可以提供VOD业务。1997年OFTEL逐步取消对公众电信运营商经营广播电视业务的限制，先允许他们为尚未接入有线电视服务的家庭用户提供上网服务。

第三阶段，即2001年以来的电信与广电对称准入阶段。

2001年1月1日，电信运营商被允许可以在全国范围经营广播电视业务，从而实现双向准入。新的立法明确规定准许传统广电和电信双向进入，同时对电信业采取竞争开放监管办法，但对进入广电业的政策相对严格一些。2003年7月17日英国议会批准了通信法草案（Communications Bill），从而产生了2003年《通信法》（Communications Act）。依法成立英国通信管理局（OFCOM，The Office of Communication），成为唯一融合的通信监管机构，通信管理局替代原有的五家相关行业的监管机构。根据英国2003年《通信法》对于经营电信业务的企业实行一般授权制，申请电信业务不需要许可证，而经营广播电视业务的企业需要许可证。对融合性业务形态，广电企业和电信企业都可以经营。

2.2.2.2 监管机构改革

2003年以前英国的监管体系采取的是以产业为标准划分的办法。

英国在上世纪对广播电视从国有到私有化的进程中，仍然保留了部分广播电视的公营性质，并由英国广播公司（BBC）理事会负责管理，直接对议会负责。而对广播电视中的有线电视部分和卫星部分，实行了商业化运营，同时将私营广播电视、有线电视和卫星电视的监管归于文化媒介体育部。

1984年广播法出台之后，英国专门成立了有线电视管理局（CA），对有线电视业的执照和市场进行统一管理。另外根据该广播法，有线电视运营商可以兼营电话业务，这样就必须由贸工部下的电信办公室（OFTEL）同时对其电话业务的经营执照和市场进行监管。

在通过了《1990年广播法》之后，英国政府对私营广播电视的监管机构进一步作了调整，合并1984年成立的有线电视管理局（CA）和1954年成立的独立广播电视管理局（IBA），成立独立电视委员会（ITC），接管CA和IBA两个部门的所有权力，统一对提供广播和有线电视服务的商业性组织和娱乐性电视市场进行监管。而有线电视运营商从事电话业务的管理权仍属于OFTEL。一些法定顾问性机构，如广播标准委员会（BSC）尽管也同样受ITC的管理，但也有一定权利监视持有营业执照的广播电视商，包括卫星传输和有线电视。无线广播局（RA）和无线通信管理署（RCA）则一直共同负责无线通信的监管。

电信行业的监管则比较单纯，一直都由贸工部下的电信办公室（OFTEL）对电话业务的经营执照和市场进行监管。

为了适应新的融合监管环境，英国政府在2003年推出了新的《通信法》，整合分属文化

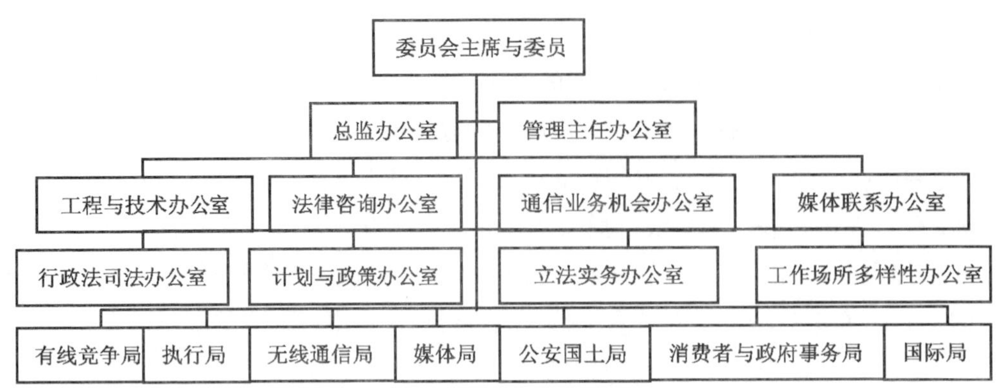

图 3　英国现行广电、电信监管体系

媒介体育部和贸工部的五家监管机构（电信监管办公室 OFTEL、独立电视委员会 ITC、广播标准委员会 BSC、无线广播局 RA 和无线通信管理署 RCA），成立了融合的、英国唯一独立通信监管机构——通信管理局 OFCOM，全面负责英国电信、商业广播电视和无线电的监管。2003 年《通信法》还将现有监管机构部分下属单位合并以及增设个别单位，全面监管电信业和广播电视行业，也包括媒体内容等。出于公营广播电视的特殊性，以及对监管内容的区分，以前的监管体系中理事会、英国电影分类委员会、公平交易办公室和威尔士第四频道委员会这四个监管公营广播电视的部门仍然保留，与 OFCOM 组成现在的并行监管体系。

根据 2003 年《通信法》，OFCOM 既不是政府的一个组成部门，也不是民间组织，而是向议会负责的独立监管机构。OFCOM 实行总裁负责制，下设六个部门：内容标准分部、技术标准和频谱分部、战略市场发展分部、组织计划发展分部、频谱政策分部和竞争市场分部。总裁和各分部执行官都是 OFCOM 董事会委员。OFCOM 直接对议会专门委员会（该议会专门委员会同时负责英国贸工部和文化、媒体与体育部的有关事务）负责，而不需对内阁大臣或政府部长负责。财务上，OFCOM 只接受国家审计办公室的审计和监督。这样使 OFCOM 独立于政治，具有高度透明和延续性。英国政府也就无权干涉 OFCOM 的监管工作，仅在有关无线电频谱的国际事务中，OFCOM 需要与英国贸工部一起处理有关事务，如出席有关无线电国际大会等。

OFCOM 在成立和组建过程中，高度重视新机构的整体性，对原五大管理机构的职能进行了高度集成和横向组合，彻底打破了信息领域中存在的各种壁垒，使技术和业务的监管进一步融合。从部门分类和部门职责中，基本看不出广电和电信分块管理的痕迹。OFCOM 具有以下六大职责：①保证电磁频谱的最佳使用；②保证电子通讯服务在全英地区的推广使用；③保证电视和广播服务的高质和趣味性；④维持广播供应充足；⑤实施适当保护，使受众免受攻击性或有害性题材的伤害；⑥实施适当保护，使受众免于不公正待遇及隐私权的侵犯。《2003 年通信法》同时赋予 OFCOM 执法权，允许 OFCOM 在必要时对违章企业采取“强硬行动”。另外，对于一些具体事务，需要两个或几个部门配合实施，例如技术标准和频谱政策分部需要配合实施对频谱的管理。在网络管理方面，广播电视和电信网络都视为统一的电子通信网络。在内容管理方面，OFCOM 董事会中的内容委员会负责广播内容监管、媒体教育，并就同时涉及内容、文化方面和经济、产业方面的广播事务，向董事会提供咨询。

2.2.2.3 市场准入政策

英国政府对广播电视业的正式改革源于1988年的《广播白皮书》和在其基础上制定的1990年《广播法》。有线电视的执照制度从契约管理制到竞标制的转变是1990年《广播法》中一项最重大的改革，它将竞争引入了广播电视领域。执照竞标包括质量门槛（Quality Threshold）审核和竞标两个步骤，出价最高者将得到国际贸易委员会（ITC）颁发的服务执照。由于各方的反对，该条款后来扩展为“如果其他申请者确实能提供比出价最高者质量高得多的节目，ITC可以将执照改发给该申请者”。

英国的放松监管政策体现出了对有线电视网络的不对称监管特点：

①允许任何公司申请开办国内电信业务和建立固定网络设施；

②在1992年修订的有线广播法案中规定，允许有线电视公司兼营电话业务，但只能通过水星公司（Mercury）互联提供；英国电信（BT）和水星公司（Mercury）在2001年以前不允许提供有线电视业务，但可以提供VOD业务；

③1997年电信办公室（OFTEL）逐步取消对公众电信运营商经营广播电视业务的限制，先允许他们为尚未接入有线电视网络的家庭用户提供上网服务；

④到2002年，英国的电信与广电才进入对等准入的实质性阶段；经营移动通信业务的运营商可以经营固网业务（但反过来固网运营商不可以经营移动业务，需要重新申请）。

2.2.2.4 所有权与外资进入的监管

①关于单一所有权，1996年英国规定，广播电视公司的观众覆盖率可以超过15%；2002年以后，英国废除禁止同时拥有两个伦敦第三频道的执照的规定；废除对任何公司不得拥有超过电视观众总数15%的限制性规定。2003年《通信法》进一步放松了对所有权的限制。新法规定：撤销对非欧洲经济区的私人和团体拥有媒介的限制，允许有线电视和卫星广播电视业主收购第五频道（该频道在免费收看的商业电视网中是规模最小的频道）。

②关于跨媒体所有权，由于新的执照竞标和转让制可能引发所有权集中的问题，因此，政府在1990年《广播法》附则中禁止超过全国20%销售份额的报业集团拥有独立电视公司；禁止在同一地区内的地区独立电视公司和报纸相互拥有等。1996年《广播法》还放宽了电视台与节目制作公司间的交叉所有权以及对报业集团、电台、无线电视公司在全国和地方的交叉所有权限制。所有权的放宽促使各大报纸、电台、有线、无线电视以及卫星电视公司可以自由交叉投资，扩大市场规模。2003年《通信法》在跨媒体产权交易方面也将原有的限制进行了一定程度的放宽，如市场占有率达到20%的报业企业或拥有多家报社的全国性报业企业也可以持有电视台第五频道的股份，但是上述大型报社不允许持有目前视听占有率在25%以上的独立电视网的股权。

③关于外资进入，2003年《通信法》允许外国企业收购英国的商业电视频道、商业电视网，这为一度被禁止的频率资源交易提供了法律依据。这些法律上的修改，尤其是对媒介所有权限制的撤销为维亚康姆和时代华纳等大型国外企业持有英国的全国性商业电视网的股权扫清了道路，也使卫星电视平台Sky收购第五频道成为可能。

2.2.3 法国

2.2.3.1 三网融合的立法发展

在法国，支撑三网融合的基本法律是《邮电法》、《电信管制法》、《视听通信法》和《通信自由法》。

作为电信根本大法的《邮电法》，其中的条文规定，公共电信运营商可以“建立和经营广播电视网络”。这里说的广播电视网络应当理解为广播电视传输。由于时代变迁需要，《邮电法》在1996年和2006年两次得到重大修改，并且现在改称《电信管制法》。

《电信管制法》是为了跟上欧盟1998年开放基础电信业务市场承诺而专门出台的一部监管法律。《电信管制法》虽然总体上仍然是对《邮电法》修改的结果，但修改的重点突出电信管制的系统性，全面包含了与电信有关的监管内容。《电信管制法》要求，所有公共网络运营商“应当客观、透明、无歧视地允许视听业务接入其网络”。

《视听通信法》早在1982年就面世了，法国在2004年对其修订，改称《电子通信及视听通信服务法》，同样具有浓厚的欧盟指令色彩，也就是说，视听服务市场比以前更开放了。

《通信自由法》是1986年颁布的，1996年及其后多次多处被修改。法律重点针对广播电视业，也同时涉及广电和电信两业的融合。《通信自由法》主旨在于处理电信和广电部门的市场准入问题。

2.2.3.2 监管机构改革

法国电信与广电的关系在历史上并不是完全割裂的，两者存在交叉参与。这一点可以从法国电信公司的业务经营范围看出来。实际上，法国电信公司早就参与法国广播电视业，为其提供网络传输能力。1996年以前法国广播电视传输网60%以上由法国电信公司提供。甚至，法国广播电视商TDF曾经就是法国电信（FT）的一部分，只是TDF可以建立自己的独立网络，也可以租用法国电信公司的传输网络。1996年，法国电信公司为应对市场开放的挑战，从股份公司改制为集团公司，分国外和国内两大部分，国内部分实行母公司和子公司体制。到1999年，在法国国内的40家子公司中，这些子公司按业务分成固定电话、移动电话、互联网和多媒体、有线电视和数据通信四大块，而经营有线电视和数据通信的子公司就有十家之多。由此可知，法国电信集团公司电信与广电在历史上有着不一般的联系。法国电信与广电的交叉参与对于处于产业分立的两大管理机构——最高视听委员会（CSA，Conseil Superieur Audivisuel）和法国通信与邮政监管局（ARCEP，Autorité de régulation des télécommunications）的协调监管奠定了基础。最高视听委员会（CSA）是一个独立的广播电视监管机构，2005年，原有独立的电信监管机构——电信监管局（ART）被法国通信与邮政监管局替代，将邮政纳入了ARCEP的工作范围。

法国的三网融合监管主要是实行“相对融合分离监管体制”，虽然没有成立统一的监管机构，但是能够在法律和体制框架内对广电和电信有效协调，统筹发展。网络与内容分设监管机构体现了依法统筹发展、分层管理推动融合发展的思想。

（1）电信监管机构

20世纪90年代世界电信全球化和私有化推动了法国邮政和电信业的体制改革。在这一阶段法国电信监管体制改革基本实现了两大目标：邮电分营、政企分开，最终成立了独立的电信监管机构“电信监管局”（ART）。首先是实现了邮电分营。1990 年 7 月 2 日，法国出台了《公共服务组织法》，将邮电部原电信总局和邮政总局分别改革为具有独立法人资格的法国电信公司和法国邮政公司。从 1991 年起，两家国有公司按企业方式运作。其次是实现了政企分开，成立了独立的电信监管机构。1996 年 7 月 26 日，法国出台了《电信管制法》。根据该法律，1997 年 1 月 5 日，独立的电信行政监管机构电信监管局成立，其类似于美国的 FCC，但权威性还不能与 FCC 相比。同年法国电信市场对外开放。

在电信监管体制完善期，2004 年 2 月，为适应通信技术的快速发展、产业部门竞争环境的改变和经济挑战，原法国电信监管机构电信监管局对原有监管机构组织结构作了局部调整，增加了两个新的垂直部门“都市宽带市场监管局”和“固定移动市场监管局”，它们直接负责依据相关市场定义适用新的监管框架。2005 年 5 月，根据邮政经营法，法国决定将邮政监管纳入电信监管局的监管范围，监管机构的名称从“电信监管局”变更为“电子通信与邮政监管局”（ARCEP）。

（2）广播电视监管机构

法国广播电视监管体制近几十年来一直在演化和变革，其中 1964 年、1982 年和 1989 年的改革具有重大意义。1964 年是法国结束政府垄断广播电视的一年。在此之前，法国实施以中央政府为主要角色对公共广播电视进行领导的国有公共体制，也就是政府主导下的国有公共体制。法国广播公司（其后更名为法国广播电视公司，简称 RTF）依法垄断法国广播电视，这一政府垄断体制在 1964 年结束。1982 年，法国出台了《视听通信法》，随之成立传播视听委员会（HA）。根据新的法律，传播视听委员会对广播电视进行管理，广播电视与政府关系淡化，政企分开。从此以后，广播电视公司成为社会性企业，开始引入市场竞争。1989 年成立最高视听委员会（CSA），这象征法国公共广播电视体制发生了实质性的变化，政府主导下的国有公共广播电视体制演变为国有社会公营广播电视体制，实现了由政府主导向独立的国家广播电视行业行政机构主导的历史性转型。目前，最高视听委员会（CSA）享有政府授予的很大权力，包括人事提名、经费管理、政策提案、市场监督、监督惩处等权力。

在法国国内，竞争委员会将广播电视（视听）市场活动分为四大部分：内容生产，内容编辑，商业化和内容播放，信号传送（将信号从制作中心传送到用户终端）。其中，内容生产和内容编辑是产业链的上游部分，商业化、内容播放及信号传送是产业链的下游部分。根据 2004 年 7 月 9 日第 2004－669 号法令，最高视听委员会（CSA）负责监管广播电视业的活动的下游部分，即商业化、内容播放及信号传送两大块。

综上所述，电信与广电的监管机构的关系可以概括为：第一，从监管职能上讲，电信与邮政监管局 ARCEP 没有对广播电视行业的监管职能。但在电子通信运营商之间出现网络分歧时，不管这个网络是受监管与否，ARCEP 有权进行调解监管。第二，最高视听委员会 CSA 是广播电视行业的行政监管主体，除监管广播电视外，还监管视听业务的内容。第三，电信监管机构 ARCEP 在市场竞争监管中，有权对广播电视批发市场进行市场影响力评估，并配合最高视听委员会（CSA），监管网络容量、管道以及频率资源；电信监管机构对广播电视的市场监管有所介入。这是当前法国广播电视市场监管方面的一种微妙变化，在电子通信运营商之间出现网络分歧时，不管这个网络是受监管抑或没有受监管，ARCEP有权进行调解。

2.2.3.3 市场准入政策

法国的《电子通信与邮政法》充分吸纳了欧盟指令基本精神，在市场准入方面，除了无线频率和电话号码需要个别许可证或使用权外，将长期实行电信市场准入许可证制度改为“一般授权”。新的电信提供者无需申请许可证就可以进入电信市场，广播电视业自然包括在其中。

1986年颁布的《通信自由法》在经过修改后，法律重点体现了促进融合的理念。比如：规定开放新的通信业务，发展地面数字电视；淡化广电监管机构对频率资源的指定或指配，实行频率资源招标机制；经营广电业务必须获得相关部门或机构的许可；地方政府或团体可以建立或掌管辖区内的广电网络；电信运营商可以与广电企业合作方式经营有线电视网；电信运营商在依法获得电信主管部门批准后可以单独经营地方有线电视网。

1986年法国允许私营有线电视网络公司进入媒介，形成四个私营频道和两个公共网络的公私并存格局。

2.2.3.4 所有权监管

关于单一所有权，法国、荷兰和瑞典对有线电视网络的单一所有权没有限制规定。

关于跨媒体所有权，法国关于跨媒体所有权的限制遵循“2/3原则”，即跨媒体所有权在下面三种情况中只能同时兼具两种情况：拥有一个或几个地区电视执照的有线电视网络公司的覆盖范围达到400万观众；拥有一个或几个广播执照的公司的听众超过30万；拥有一份或几份日报的报业公司在全国市场的份额超过20%。

2.2.4 德国

2.2.4.1 三网融合的立法发展

德国目前的广电和电信立法还严格局限在各自的产业内。在广播电视领域，由三大部分共同构建成监管法律体系，包括联邦宪法的言论自由、广播电视自由和广播电视事务不受政府干预等原则，各州广播电视法对包括监管机构的组织和权限、商业广播电视媒体执照的颁发以及新闻标准和节目义务监管规则在内的一些规定，及州间协议构建的全国合作法律框架。在电信领域，1996年《电信法》规定了电信业务的种类，并以经营基础传输设施为标准，实行不同的市场准入制度。德国政府在2003年10月提出一个新的电信法草案，用来促进以德国电信为主导运营商的电信市场向竞争者开放。新的法律旨在改善这个欧洲最大的电信市场的竞争环境，目标是在电信业保持竞争，最终在不同的利益之间达到一个平衡。新的电信法在2004年提交国会，并于2004年颁布实施。

德国目前只是在欧盟统一框架建议下，根据电信法在频率分配和市场监管上的一些规定，以分立的监管机构来分别运作融合监管。

2.2.4.2 监管机构变革

在广播电视和通信的监管上，德国实行的是在统一立法框架下，以融合为基础的分业监管模式，监管的实施通过不同的组织机构来实现。目前，根据2004年德国新《电信法》，电信监管机关仅对“传输网络”进行监管，而不考虑传输的内容。对于内容的监管则由各州媒体监管局来具体负责。而对既涉及网络又涉及内容的三网融合问题，联邦和州政府都没有专门的法律规定，但无论是广播公司还是电信运营商都在经营融合业务。

在网络监管方面，德国有自己的传统。首先，内容的制作和传输是分开的，制作好的内容可以交由有线运营商传送，也可以由电信运营商传送；其次，不同地区的有线运营商由所属地的监管机构负责，而电信运营商则是由全国统一的监管机构来监督管理。

在内容监管方面，分别对传统的广播电视内容和新兴媒体内容进行不同的监管。对于传统媒体，如电视、广播、报纸等对公众传播的内容都有严格的监管，需要符合欧盟和德国的法律。对于互联网等新兴的媒体监管则要宽松一些，从而保护新兴产业发展。

（1）网络监管机构

上个世纪 90 年代，德国电信脱离邮电部政企合一的国有模式走向私有化。1998 年 1 月 1 日，根据《电信法》、《联邦邮电管制机构法》和欧盟的统一要求，在全面引入竞争、完善电信立法的同时，成立了为加强市场监管而组建的独立的电信监管机构德国电信管理局（RegTP）。该局代替原来的邮电部相关职能，专司电信监管，其主要监管职责是：执行电信法律、法规；保证公平竞争；发放电信业务经营许可证；管理频率等电信资源；监督电信公司的经营活动和财务状况；对电信公司之间以及电信公司和用户之间的纠纷，特别是互联互通方面的纠纷，进行调解和裁决，对违法行为进行调查并予以处罚；保证电信普遍服务，保证在德国以公众可以承担的价格提供基本电信业务；保护用户利益；保证通信安全等。

2005 年 7 月 13 日，德国正式成立联邦网络管理局（FNA，Fedral Network Agency），统一管理电信、电力、煤气等网络产业，从而取代了 RegTP。联邦网络管理局（FNA）的主要任务是通过市场机制和减少行政干预来为电信、电子产业等未来的发展提供支持。在电信领域的监管职责方面，FNA 和 RegTP 基本一致，只是包括了不局限于电信的更多产业。

2007 年，德国联邦网络管理局（FNA）颁布了相互独立的五项广播转播管理条令，适用于五家有线电视运营商：Iesy Hessen GmbH & Co. KG、Ish NRW GmbH、Kabel Baden-Württemberg GmbH & Co. KG、Kabel Deutschland Vertrieb und Service GmbH & Co. KG 和 T-Systems Business Services GmbH。与五家有线电视公司相关的条令规定了广播业务经营者向有线网络传输信号时使用的设施要求以及运营商在小网（即所谓的 4 级网络“network level 4”）之间转播这些信号的原则。对各家运营商发布的条令规定了输入和信号提供的条件，要求透明地履行义务，消除歧视，承担诸如信号提供和资费监管等方面的接入义务等。管理条令公布了对商业业务在 VHF 播音时的信号提供环境以及基于经济发展分析的价格体系。

（2）内容监管机构

德国广播电视的监管呈现显著的地方性和社会性的特征。它选择保留公共广播电视媒体的“内部控制”机制，在此之外另外为商业广播电视媒体建立一种“外部控制”机制。

目前，德国有 12 家公共广播电视机构，即 11 个公共广播电视联盟（ARD）成员和电视二台（ZDF）。德国公共广播电视的监管形成了以社会监督为主、政府依法监督为辅的管理模式。每个公共广播电视机构通过设立广播电视理事会及其他机构，接受社会监督。州政府只在管理不善或违背法律等极端情况下，保留对公共广播电视机构行使最后的权力。

商业广播电视事务由州负责，各州都建立了各自的广播电视监管机构。目前，德国16个州共建立了15个州广播电视监管机构，其中柏林和勃兰登堡共享一个监管机构。州广播电视监管机构内一般都设有两个职能部门，即主席或行政长官以及大会（Assembly）。各州广播电视监管机构的职责相当广泛，包括一般意义上应有的全部广播电视监管职责（含有线电视频道资源分配）。各州之间签署了广播电视的州际协议，对诸如执照颁发、商业电视所有权、广告、数据保护以及卫星频率的分配等重要事项进行详细规定，以保证全国意义上的监管普适性。广播电视的州际协议还对州广播电视监管机构在国家层面上的协作进行规定，建立了两个重要的联邦委员会：①媒介集中度调查委员会（KEK），对广播电视业的所有权集中问题进行监管；②未成年人保护媒介委员会（KJM），负责处理未成年人保护问题。同时，州广播电视监管机构还提出共同的指导方针，在媒介监管机构行政长官联席会议（DLM）上讨论。

2.2.4.3　市场准入政策

德国在1996年《电信法》中没有明确划分电信业务的种类，而该法第6条将电信业务许可证分为四大类：第一类许可是移动无线许可；第二类许可是卫星许可；第三类许可是由许可证持有者或其他提供的第一、二类许可所没有覆盖的电信业务；第四类许可是对自营电信网提供的语音电话的许可。可见德国以是否经营基础传输设施为标准而实行不同的市场准入制度。

州广播电视法对不同类型广播电视媒体或节目进入有线电视系统的优先次序进行了详细规定。一般情况下，公共广播电视媒体、由该州颁发执照并提供本地内容和信息的频道、在该州内能通过地面无线设备接收的频道在进入有线电视系统时享有优先权。对其余的频道资源，监管机构使用的原则与分配无线频谱资源时是相同的，即根据节目对其他频道的互补性以及对多样性和多元化的贡献程度进行选择。监管机构经常会对有线电视频道分配政策进行修订。这种情况通常发生在某个频道根据法律规定有权进入有线电视系统，如公共广播电视频道根据法律规定具有“传输义务”，或者当某个新频道提供的内容相对于已经占用频道资源的节目来说更好。

2.2.4.4　所有权监管政策与外资进入问题

①关于单一所有权，1995年以前，德国对单一所有权的限制主要是通过控制某一公司拥有的频道数量来实现的，但这一规定在以有线电视和卫星电视为代表的多频道电视市场出现后开始变成阻碍市场发展的因素。一些大的媒体集团抱怨它们无法开拓新的业务领域，如开办新频道作为现有节目的补充。1996年，各州达成协议，决定修改所有权规定，对单一所有权的限制改为通过规定某一频道最多可拥有的受众份额来实现。为实现多元化和多样性，德国广播电视州际之间的协议做出以下规定：

其一，为促进地区层面上的多样性，ARD电视一台和ZDF这两个全国性播出的拥有最多受众的大众频道，必须提供“地区节目窗口”，用以播出地方节目内容。

其二，由同一家公司控制的频道所拥有的累积受众份额不得超过30%。但如果这家公司在其他媒体行业也占有优势地位，如出版或广播，那么这一限制比例降低到25%。

其三，任何大众频道或新闻频道，如果拥有的受众份额超过10%，必须至少每周将260分钟的时间用于播出由独立的第三方节目制作者提供的节目。

②关于跨媒体所有权，如前所述，德国电信监管机构是联邦网络监管局（FNA），而各州媒体监管局则负责广播电视的监管。对既涉及网络又涉及内容的三网融合问题，联邦和州政府都没有专门的法律规定，但无论是广播公司还是电信运营商都在经营融合业务。

③关于外资进入监管，德国对外资所有权没有特殊的限制。但是为了继续巩固电信的宽带业务优势，在2004年的《电信法》中规定，允许德国电信禁止它的竞争对手使用自己建造的VDSL宽带网络提供服务，这也就意味着德国电信将对自己建造的新一代VDSL宽带网络拥有一定时间的专用权，以收回投资成本[①]。这种做法实际上是想让德国电信免于受到欧盟关于开放电信市场、创造公平竞争的有关规章制度的限制。

2.3 亚洲

2.3.1 日本

2.3.1.1 三网融合的立法发展

日本有《广播法》、《电波法》和《电波监理委员会设置法》，俗称“电波三法”。《广播法》是对公共电视机构NHK[②]的宗旨、经营、管理及NHK与商业民营广播电视节目的应有标准等做出的具体规定；《电波法》是对无线台（包括广播电台在内）申领许可证及无线设施运用的相关技术标准等加以规定的法律；《电波监理委员会设置法》是就电波、广播管理机构的设置、权限、业务等做出的规定。

为了应对三网融合的发展趋势，日本政府于2001年6月颁布了《广电经营电信业务法》，旨在促进通信与广电传输设施的融合。《广电经营电信业务法》把电信和广电融合的方式大致分为两类，即利用通信卫星设备播放电视和利用有线通信设备播放电视。出台该法的目的是在电信和广电融合的时代，以法律的形式把利用电信设备播放电视固定化、合法化。

《广电经营电信业务法》允许广电部门和电信部门彼此利用对方的网络设施提供视频业务，并放松了对卫星电视及有线广播电视使用电信设备的监管，同时放松了对于利用传统电信设施提供广播及卫星直播电视业务的监管，消除了电信运营商进入广播电视业务的障碍。而日本原有的《有线电视广播法》规定，在日本同一地区，仅有一家电视运营商能提供服务，这导致各大电视运营商之间几乎没有竞争。

从鼓励竞争、促进广电发展角度出发，2002年日本出台了新法律——《利用电路通信服务广播法》。在该法实施前，使用电信运营商的设备提供广播业务需要得到电信事业法和有线电视法的双重许可；而在该法实施后，电信运营商提供广播业务则不再需要有线电视法的

---

① 德国电信建造的新一代VDSL项目投资总额约为30亿欧元，该网络覆盖德国50个主要城市。

② NHK是（Japan Broadcasting Corporation）的简称，即日本放送协会，又称日本广播协会，是日本的公共媒体机构。

许可，在有资质的条件下登记即可。这一法律使通过电信宽带网络承载电视节目成为可能，这极大地刺激了 IPTV 业务在日本的发展。同年，Yahoo BB① 首先取得了 IPTV 运营资格，到 2005 年 9 月开展 IPTV 业务的提供商达到了 16 家。

2002 年 12 月，日本出台《促进开发通信广电融合技术法》，把电信广电融合技术定义为“把利用因特网的电信传输和通过数字信号播放的电视融合在一起，并成为融合基础的电信广电技术”，旨在通过对电信广电融合技术开发业者的支持，发展电信广电融合技术，建设网络社会。

《促进开发通信广电融合技术法》的出台是为了进一步推动了日本的通信与广电的技术融合。促进信息通信研究机构支持通信与广电融合的技术开发工作，使提供通信与广电融合技术的电信业务得到推广和普及。

该法律规定，日本总务大臣必须制定促进电信广电融合技术开发的基本方针，包括开发电信广电融合技术的基本方向、电信广电融合技术的内容、如何完善电信广电融合技术开发系统以及促进电信广电融合技术开发的重要事项。

为了使电信广电融合技术开发落到实处，日本还成立了独立行政法人信息通信研究机构，该机构主要开展以下业务：完善电信广电融合技术开发系统，让电信广电融合技术开发业者共享；向电信广电融合技术开发业者提供补助金；开展基于以上两项业务的附带业务。《促进开发通信广电融合技术法》从 2004 年 4 月 1 日起实施。

截至目前，日本信息技术战略总部共举行 59 次会议，每次会议都要讨论日本信息技术领域存在的问题及对策。其中有两次会议专门讨论了三网融合问题。2001 年 1 月，日本信息技术战略总部专题讨论电信和广电的融合，提出卫星电视和闭路电视采取硬件软件分离制度，电信广电可以互相自由渗透和兼营，三网融合自此初见端倪。2003 年 5 月，日本信息技术战略总部提出官民并举、共同努力，把日本建成网络无所不在的社会，而网络无所不在的社会的技术支撑就是三网融合。

2009 年 8 月 20 日，日本总务省召开了“信息通信审议会”，决定调整现行的有关广播和通信的法律，将原来的相关十个法律和法规合并成三个法律，以便跨越广播和通信之间的鸿沟。

合并后将有“信息内容法”、“传输业务法”和“传输设备法”三个法律，第一个是“信息内容法”，主要以原广播法为中心调整而来；第二个是“传输业务法”，主要是将有关的电信法案汇编在一起；第三个是“传输设备法”，主要对目前的电信法进行较大的修改而来。

而原有的法律为：第一组有广播法、有线广播法、有线电视法、通信役务利用广播法。第二组为有线广播电话法、NTT 法、电气通信事业法。第三组为电波法和有线通信法。制定新法律后，地方电视台等广播通信单位可共同享有广播设备，以便减少设备投资。为促进三网融合，原分配给广播的频段，可随时用手机进行电视节目的接收；而另一方面也可以使用

① Yahoo BB 是由 Yahoo 日本公司和 BB Technology 公司联合组成的服务提供商，是日本主要的宽带服务提供商之一，同时提供多种电信增值服务。

移动通信网来播送电视节目。

2.3.1.2　监管机构变革

从1952年到20世纪末的半个世纪内，日本的邮电部（MPT，又称邮政省）是日本广播电视和电信产业的主管部门，负责电信行业的政策制定和管理，同时负责广播政策的制定，并负责经营邮政服务、邮政储蓄和邮政寿险服务。虽然MPT在邮政领域政企合一，但在电信和广播领域却一直是政企分开的：电信领域的国有企业NTT和KDD以及广播公司NHK都独立经营，但受MPT的管理。邮电部有三个负责电信和广播管理的部门，同时负责电信传输、广播网络、信息内容的相关政策和监管：电信局负责电信监管，广播局负责广播电视和有线电视的监管，通信局负责电信和通信领域的长期发展政策制定。

1998年，日本通过了《中央政府部门机构重组基本法》，作出了对政府的机构和部门进行重大调整的规划。2001年1月6日，日本邮电部的职能并入总务省。总务省由原来的邮电部、总务厅、自治省和总理府外局（公正贸易委员会、环境纠纷协调委员会）合并而成。目前总务省是日本通信与广电的统一管理机构，在监管体制上已实现了通信与广电监管的融合。承担通信与广电管理职能的两个机构是：信息通信政策局和综合通信基础局。信息通信政策局主要负责制定广播和通信发展的政策，是日本大通信产业政策的制订者；综合通信基础局主要负责对广播和通信设施及业务的管理工作。

为了保证三网融合的顺利进行，日本注意在体制上理顺关系，加强管理。2001年总务省设立了电信业纷争处理委员会，由总务大臣任命的五名委员和八名特别委员组成，该委员会的权限是负责斡旋和办理仲裁手续，对总务大臣的命令和仲裁等接受咨询、审议和答辩；就属于总务大臣权限的有关事项进行完善，对总务大臣进行必要的劝告。到目前为止，委员会已经履行了四大职责：①利用专业性迅速解决纷争：斡旋纷争事件48起，约60%的纷争事件得到解决；②在通信业者与其他业者协商时站在中立的立场保障双方对等，说出真实想法；③防止纷争的发生，通过商谈使纷争在出现之前就得到解决；④通过向总务大臣建言改善竞争规则等。

总务省还设有信息通信审议会、独立行政法人信息通信研究机构、电信团体组建的协会等，都在一定程度上保障三网融合的竞争与合作有条不紊地进行。

2008年7月4日，总务省对信息通信政策局和综合通信基础局的部门结构进行进一步的整合，形成信息通信国际战略局、信息流通行政局和综合通信基础局三个部门，它们相应的职能也略微发生了变化。

日本总务省计划2010年向国会例会提交《信息通信法》的草案。这部法律将统一与通信和广电相关的《电波法》、《广播法》、《电气通信事业法》等9部现行法律，旨在打破条块分割，以创造一个通信、广电相关企业都能自由参与竞争的环境。

2.3.1.3　市场准入政策

以NHK为代表的公营电视媒介和以日本民间放送联盟NAB为代表的商业电视媒介两足鼎立是日本电视产业的结构特点。NHK不经营广告业务，以公共广播为目标，其运作完全依靠用户的收视费支持。日本的商业广播电视通常称为民间广播电视，一般由私人投资，采用股份公司体制，实行商业运作，收入几乎全部依靠广告。自从1951年开办商业广播、1953年开办商业电视以来，经过半个世纪的发展，总体实力已超过NHK，受众数量大致同NHK平分秋色。根据邮政省放送行政局提供的数字，截至1999年底，日本全国共有民间广播电台224家，电视台127家，事业规模约240亿美元；从事卫星广播电视业的公司有115家（包括模拟和数字），事业规模约12亿美元；从事有线电视业务的（只包括自己制作节目的公司）有738家，事业规模约18亿美元。

2003年，日本进一步修订了《电信事业法》，大幅放松了对市场准入及业务提供的监管。根据日本《电气通信事业法》的规定，日本的电信运营商分为两大类，即第一类电信运营商和第二类电信运营商。

第一类电信运营商利用自己的（自建或购买）电信基础设施为用户提供电信业务。这类电信运营商可以经营电话及其他基础电信业务。

第二类电信运营商通过向第一类电信运营商租用电信基础设施来为用户提供电信业务。第二类运营商又可分为特殊第二类运营商和一般第二类运营商。当第二类电信运营商提供的业务达到一定规模，或者是经营国际通信业务的时候，它将被列入特殊第二类电信运营商的行列。

政府通过一系列的监管政策来保障电信业务持续、稳定、健康地发展，这些监管政策包括许可证制度、限制外资参与、资费审批制度及电信资源管理等。其中，有关固网准入与业务退出机制的变化如表1和表2所示：

表1　新框架规定的市场准入机制

原有方案	**第一类电信运营商**	**特殊二类运营商**	**一般二类运营商**
	许可制度	等级制度	通知制度（向总务省）
新框架	拥有大规模环路设施运营商	其他运营商	
	等级制度	通知制度（向总务省）	

表2　新框架规定的市场退出机制

原有方案	**第一类电信运营商**	**第二类电信运营商**
	许可制度	事后通知制度（向总务省）
新框架	所有运营商	
	事后通知制度（面向总务省和用户）	

1986年3月31日，日本第一类电信运营商只有7家，特殊第二类9家，一般第二类200家，总计216家。到了2003年2月1日，第一类运营商415家（其中CATV运营商299家），特殊第二类113家，一般第二类10622家，总计11150家。此次修改中，还包括对于特别电信业务，政府按运营商的希望授予公益事业特权；对重要设备，维持技术标准制；继续实行第一类、第二类指定设备的接续规定；取消运营商间个别接续协议的报备义务；履行优先处理重要通信、确保各运营商网间重要通信的义务。

2.3.1.4 所有权与外资进入的监管政策

关于单一所有权，日本邮政省在所有权监管上遵循“排除大众媒体集中”原则。日本《广播法》第2条规定：邮政省在制订国家广播发展计划时，应考虑“在国民中最大限度地普及广播、向尽可能多的人提供从事广播的机会以及享受广播方面的言论自由”。为此，日本政府在审批民间广播机构时禁止跨地区经营，每个私营电台、电视台的服务对象限定在本地区。

关于跨媒体所有权，日本政府禁止一家公司拥有多个电台、电视台；禁止在同一地区同时控制电台、电视台和报社三种媒体。而根据日本邮政省的解释，所谓控制，是指掌握该公司10%的股权或占据该公司20%的董事会成员或兼任该公司主要负责人。邮政省通过上述措施防止大众媒体出现垄断。各民间电台、电视台为便于经营，通过签订《网络协定》和《新闻协定》的方式，组成覆盖全国的广播网，形成了日本电视网、富士电视、东京广播公司、韩日电视和电视东京五大民间广播网。

关于外资准入问题，以前日本政府禁止外国公司、个人或其代表在日本拥有电视、电视台，也不能成为“委托广播”业者。包括地面电台、有线电视台和卫星电视在内，外国资本的比例限制在20%以下。2000年6月修改《有线电视广播法》之后，对外国人投资日本有线电视完全放开。卫星广播设备拥有者，即所谓“受托广播”业者的外资比例限制33%以下。

2.3.2 韩国

2.3.2.1 三网融合的立法发展

在2008年以前，韩国实行的是电信与广播电视分业管理，互不准入。

1994年，根据《基本电信法》，把工商资源部科技署和宣传署与通信有关的职能合并到通信部，成立信息通信部（MIC）。2002年通过修订《电信基本法》提高了MIC监管权限，促使其向类似FCC的独立电信监管机构转变。

在经历了多年的酝酿之后，2008年，韩国在融合立法方面相继有了重大突破。陆续出台了《IPTV业务法》和《广播通信委员会组织法》两部法律，理顺了监管体制，清除了融合业务发展的一些障碍。

2008年1月17日，韩国发布《IPTV业务法》，允许固网运营商向宽带用户提供IPTV节目。此外，法案还明确了两点：第一，韩国的广播电视公司可提供全国性的IPTV服务，但市场占有率不得高于1/3；第二，KT等固网运营商提供IPTV服务无需另外成立下属公司。该法案开启了广播电视和网络通信服务接轨的新多媒体时代，意义非常深远，并且进一步促进韩国IPTV产业链走向成熟。毋庸置疑，《IPTV业务法》开启了韩国电信运营商与有线电视运营商在视频服务领域的全面竞争，而消费者是这场竞争的最终受益者。

2008年2月生效的《广播通信委员会组织法》则对韩国ICT产业的融合进程产生了更为深远的影响。《广播通信委员会组织法》对通信业及广播电视行业的现有监管框架进行了重大调整，根据这部法律，韩国成立了新的融合监管机构——韩国广播通信委员会，原有各自独立的信息通信部和广播委员会宣告解散。

2.3.2.2 监管机构变革

1994 年 12 月，韩国对原来的通信部进行了重组，将工商资源部、科学技术署及宣传署等与通信相关的职能部门全部合并到通信部，成立了韩国信息通信部（MIC），作为专门的电信监管机构。2006 年为了适应电信的发展，信息通信部进行了重大的改革。在充分考虑了当时电信和广电的融合趋势、中小企业支援政策的实施、新型软件产业的扶持、未来通信技术的研究等一系列重大问题之后，根据国务会议通过的信息通信部及其所属机构职员制度部分修订令案（总统令），信息通信部由原来的 2 室 4 局 6 馆变为 5 本部 3 团 4 馆的机构。

韩国信息通信部设有部长和副部长各一名，均由议会选举、总统任命产生。其主要政策目标包括以下几点：①加速信息化：建设韩国信息高速公路，制定各种利于信息化的政府环境、法律和规章，加快社会数字化的进程；②推动信息产业：发展信息技术，建设高科技的商业环境，激发风险投资市场，培养信息产业的从业人员；③放松政府监管，开放电信市场：通过对电信市场的监管和开放，适应日益变化的全球市场环境，加强透明化管理，确保公平竞争。

韩国是世界上信息通信技术最为发达的国家之一，具备大规模开展融合服务的基础。但是，不同政府部门之间长期存在的利益争斗一度严重制约了融合服务在韩国的发展。产业实践的发展逼迫韩国广播委员会（KBC）和韩国信息通信部（MIC）自 20 世纪 90 年代中期起就开始谈判，以期建立一个针对融合服务的新监管框架。然而，在过去的 10 年里，谈判进展甚微；而在此期间，融合服务在韩国也一直未能全面启动。

韩国 2000 年制定颁布了综合性的广播法，依据该法合并了韩国文化观光部、信息通讯部、原韩国广播委员会、韩国有线电视委员会的有关广播电视的监管职能，重组形成了专司广播电视监管的韩国广播委员会（KBC）。按照规定，设立韩国广播委员会的目的是为了实现广播电视的公众义务，保证公共利益保持客观中立，提高节目内容质量，维护公平竞争。

委员会由九名专业人士和社会不同领域的代表组成，其中三名总统任命的须经由国会议长推荐。委员会设有一名主席、一名副主席和两名常委，这均由委员会选举产生。下设各专门委员会和各职能局。韩国广播委员会的主要职责是负责广播电视基本计划的有关事项（委员会应当听取文化观光部对广播电视的政策意见，听取信息通讯部对广播电视技术设施的意见），处理广播电视运营和节目编排事宜，负责广播电视业务许可、授权、登记、吊销的推荐事宜，负责规章的制定、修改和废除，负责广播电视调查研究、捐助事宜，对广播电视业者之间的争议进行裁决，建立广播电视节目公平发行交易体制（应当听取公平交易委员会的意见），处理受众投诉，运作管理广播发展基金，对违法者实施惩戒措施，制定实施委员会的预算等。

直到 2008 年 2 月 29 日，由韩国广播委员会和信息通信部合并形成的韩国广播通信委员会（KCC）正式宣告成立，负责韩国电视广播、通信和新传媒政策。新的监管机构职能见表 3。广播委员会和信息通信部从此退出了韩国历史舞台。新成立的广播通信委员决定仿效欧盟和日本等国家的媒体融合时代的趋势，下一步着手制定韩国的融合相关法律和政策框架，解决一系列长期悬而未决的监管问题。

表 3　韩国广播和电信行业的监管机构

类别	监管机构
通信	广播通信委员会
广播电视	广播通信委员会、文化体育观光部①
电波	广播通信委员会

隶属于总统直接领导的广播通信委员会（KCC）设立一名长官级别的常任委员长和四名次官级别的常任委员，拥有很高的行政权限。广播通信委员会吸收了 KBC 和 MIC 两个部门的职员，组织结构如图 4 所示：

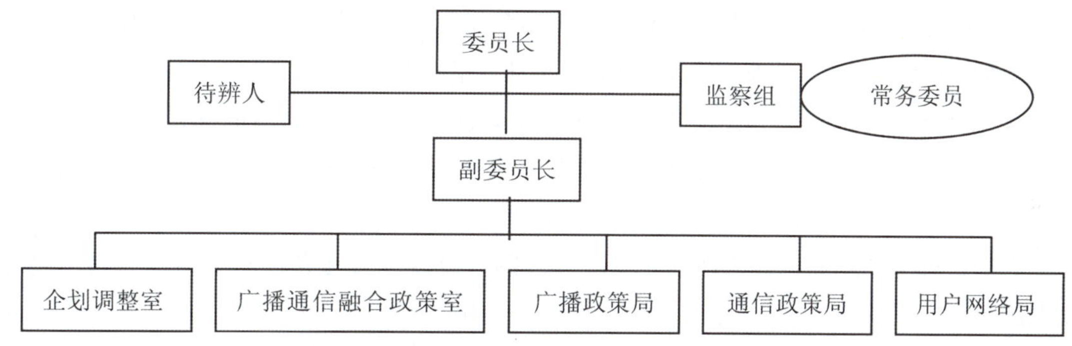

图 4　韩国广播通信委员会（KCC）组织结构

各室局承担的职能如下：

①企划调整室：法令、法规的审查，国际合作、合约的签订，组织及人员管理。

②广播通信融合政策室：制定和许可 IPTV 等放送、通信融合服务政策。该室对融合发展意义重大。

③广播政策局：地面波广播服务许可，TV 收视费，管理媒体经营和广播所有权。

④通信政策局：有线和无线通信政策，移动通信终端政策规定，通信保护和隐私政策规定。

⑤用户网络局：监管和调查广播、通信运营商的公平竞争，受理用户的投诉。

KCC 成立的最首要任务就是对发展态势高涨的一系列宽带网络服务作出明确的监管规定，包括 IPTV、直播电视和视频点播等业务。同时还考虑对同时拥有报纸和电视台资源的企业进行监管。此外，迎合有线与无线融合趋势、制定通信新政策也迫在眉睫。随着 KCC 的成立及其不断采取的行动，此前一直没有进展的 IPTV、DMB（移动数字电视）和数字电视等电视广播与信息通信相结合的融合产业迎来了新的发展契机。

2.3.2.3　市场准入政策

韩国是一个采用公共广播体制的国家。1980 年，韩国政府在“电波属于公共财产，不能一味用于商业利益”的口号下，对广电业进行了以“统一合并”为特征的结构调整，将所有民营广播电视收归到公营的韩国广播公司（KBS，Korean Broadcasting System）麾下，韩国公共广播体制至此

① 文化体育观光部侧重于韩国广播电视业中有关文化、艺术、宗教、观光、体育等领域的内容监管。

确立。1990 年，韩国广电业又进行了一次“有限开放”式的结构调整，在对公营广播低效率弊端的反思和抨击声中，民营的汉城广播公司（SBS，Seoul Broadcasting System）正式开播，一度被逐出业外的民营广播电视被再次纳入广电业结构中。从那时起，韩国广电业一直在公营与民营并存的二元结构中成长，也在公益性与商业性的竞争中寻求平衡；电视市场格局则由 KBS 和 MBC① 两强独占，逐渐演变而为 KBS、MBC、SBS 三足鼎立，并一直延续至今。

过去，韩国政府所有的 Korea Telecom 和 Powercomm 两家有线电视网络公司只拥有网络，不能运营电信业务和互联网业务，其他网络运营商也不得运营电视业务。进入上个世纪 90 年代后，对垄断的国有电信公司引入民营化竞争成为重点，韩国电信运营商私有化于 1993 年开始，在 2002 年结束；与此同时在 90 年代中后期，韩国政府开始在广电领域推行放松监管、增加行政透明度、扩大私营活动领域等政策，并围绕打破垄断和培育市场进行了一系列结构调整，包括倡导制播分离、加大力度推行节目配额制、放宽有线电视经营、推动卫星电视广播等。

进入 21 世纪后，韩国开始积极推进有线电视运营商进入电信领域的准入政策。2002 年，开始放开本地电话网的准入。针对 IP 电话业务，发达国家一般采取开放的态度，韩国允许其他网络运营商开展 IP 电话业务，参与电信业务的自由竞争。

在当前，韩国的互联网接入政策是完全开放的，有线电视运营商和电信运营商均可开展互联网服务。

2008 年之前，韩国广播委员会认为 IPTV 应该按照广播业务监管，而信息通信部认为 IPTV 应该作为网络增值业务来管理，如果 IPTV 业务延迟部署，将会影响到韩国运营商在国际电信市场的竞争力。韩国的宽带设施非常发达，宽带普及率和带宽都能够满足 IPTV 业务的需求。2008 年 1 月 17 日，韩国发布《IPTV 业务法》，允许电信运营商通过宽带网络播放电视节目和电子商务等互动服务。运营商可以把服务项目捆绑销售，更多地开发现有网络的商业价值，提供视频点播、电视购物、家庭上网和互动教育等服务。2008 年 9 月，KCC 向电信运营商——韩国电信（KT）发放 IPTV 许可证，IPTV 业务正式开放。

2.3.2.4 所有权及外资进入政策

“放松有线电视监管，允许跨业经营”是韩国电视业调整的第二项内容。20 世纪 90 年代中期以来，韩国广播电视界逐渐认识到，在数字化多频道时代，那种视所有电视频道为公共资源的观点已经过时，那是广电业以无线电视为中心、以国内电视为中心时代的观点，以此为基础制订的政策和法规也需要进行相应的改变。

1999 年新《广播法》的颁布打开了先前横亘在有线电视各业之间的壁垒。其特点是：首先，允许有能力的有线电视转播业者成为有线电视系统商（SO）；其次，允许系统商、网络商和节目供应商横向整合，成为多重系统商（MSO）、多重网络商（MNO）和多重节目供应商（MPP），同时允许网络运营商（NO）、系统运营商（SO）和节目供应商（PP）之间打破

① MBC（Munhwa Broadcasting Corporation），即韩国文化广播公司，成立于 1961 年。

界限，跨业经营；[①] 第三，放宽所有权和新公司进入有线电视业的限制，允许大企业和报社持有有线广播电视台33%以内的股份，参与节目供应商业务则未设任何限制。1999年，韩国政府开始实施卫星电视政策，该政策与有线电视新政策类似，例如允许大企业和报社参与卫星电视业，但持股须在33%以内；允许外国资本参与，等等。同时，对于外国资本进入上述三个领域，允许其拥有33%以内的股份。

在韩国，在电信产业和广播电视产业中都有关于外资进入的产权比例限制。对于有线电视集成领域、节目提供和卫星电视节目运营商，外资进入的产权比例限制为33%；对于有线电视网络运营商，外资进入的产权比例限制已经提高到49%；对于地区性的广播服务商，韩国政府不允许外资进入。见表4。

表4　韩国广播电视业的外资规制情况

事业区分		外资进入限制情况
地上放送		禁止进入
综合有线放送		不超过49%
中继有线放送		禁止进入
卫星放送		不超过33%
广播频道	综合及新闻报道频道	禁止进入
	其他频道	不超过49%
传输网事业		不超过49%

2.3.3　新加坡

新加坡对信息通信业和媒体行业分别立法监管，新加坡将互联网行业更多地看作媒体产业而不是信息通信业，因此对互联网的业务监管大多属于媒体业务监管。

2.3.3.1　三网融合的立法

新加坡广播媒体业和信息通信业之间没有严格的壁垒。早在本世纪初，新加坡宣布媒体产业自由化，标志着广播电视运营商可以经营电信业务，同时电信运营商也可以进入广电业务领域。

新加坡《广播法》规定，任何人（经媒体发展管理局MDA免除的除外）在新加坡经营广播电视设施、提供广播电视服务都必须获得MDA的许可。其中广播电视服务包括电视、无线电服务和计算机在线服务，广播电视设施包括所有用于传输、接收广播电视服务的装置。

根据《广播法》的授权，新加坡广播电视委员会制定了《分类许可证通知》、《互联网运行准则》和《互联网行业准则》。其中《分类许可证通知》将互联网从业者分为互联网内容提供商（ICP）和互联网服务提供商（ISP）；《互联网行业准则》规定，互联网服务提供商与

① 韩国有线电视1995年正式开播，按照当时有关法令，节目供应商（PP）、系统运营商（SO）和网络运营商（NO）之间禁止跨业经营，即PP－SO－NO“三分立”，而且不同地域的SO之间，以及制作不同节目的PP之间，不允许相互进入。

特定的互联网内容提供商均须根据《分类许可证通知》向广播电视委员会申请许可证。新加坡对于通过互联网传播的广播电视服务，完全由媒体管理机构进行监管。同时，在新加坡经营电信业务也必须获得电信监管机构的许可，电信业务许可与广电业务许可的差异在于，广电业务许可条件更多侧重在内容监管，并且有着更为严格的外资限制。

2.3.3.2 监管机构

新加坡电信业和广播媒体业的管理机构是分立的，分属于资讯通信发展管理局（IDA）和媒体发展管理局（MDA）。但是新加坡政府已经认识到ICT产业和媒体产业进一步融合的趋势，因此，将负责电信监管的资讯通信发展管理局（IDA）与负责媒体监管的媒体发展管理局（MDA）置于同于同一政府部门——信息通信和艺术部（MITA）辖下，通过MITA制定统一的发展政策，确保在IT、通信和广播媒体的融合阶段国家发展目标的实现。

资讯通信发展管理局（IDA）是新加坡政府部门的法定委员会，成立于1999年12月，由新加坡电信管理局和国家计算机委员会合并组成，当时合并的目的在于建立一个单一的机构来负责新加坡IT与电信产业规划、政策制定、市场监管和产业发展等。IDA的核心功能之一在于鼓励电信行业参与高效、公平的竞争，确保消费者和企业获得具有竞争力的服务，从而将新加坡打造成一个充满竞争活力的资讯通信产业国度，并且帮助政府开展信息通信方面的总体规划、项目管理、系统执行与应用。预见到IT、电信和广播电视业的下一个融合阶段的到来，2001年12月，IDA由原来的信息通信科技部转至新的信息通信和艺术部（MITA）。

值得注意的是，新加坡《信息通信管理局法》第六条要求IDA除完成上述职责外，还要关注广播电视服务和使用信息通信技术的其他服务的融合进程，以适应技术的发展。

媒体发展管理局（MDA）也是新加坡政府设立的法定委员会，成立于2003年1月，由原新加坡广播电视管理局（SBA）、影片和出版署以及电影委员会合并组成。成立MDA是新加坡政府为了适应媒体发展和管理的需要，对不同媒体的融合做出的反应。

IDA与MDA的管辖权限划分较为清晰，但是随着信息通信业和媒体业的逐步融合，二者之间势必要协同工作，完成所辖管理事项。例如当初在发展3G时，资讯通信发展管理局承担包括3G网等基础设施的建设和管理工作，媒体发展管理局负责对内容制作公司的监管，但是一旦涉及具体的交叉监管，媒体发展管理局会和资讯通信发展管理局以联席会议的方式协调管理。

从2003年开始，新加坡资讯通信发展管理局和媒体发展管理局共同发展数字电影，在把新加坡打造成亚洲地区数字中心的过程中，双方是互补合作的，媒体发展管理局致力于促进内容的发展，资讯通信发展管理局着眼于将电影内容数字化、处理、打包并传送出去。

2.4 小结

世界各国都意识到通信业对国家经济与社会发展的重要性，从国家法律和体制上调整改变，推进三网融合发展，实现国家宽带普及和国民社会信息化。在推动三网融合的发展过程中，各国需要同时推进在监管法律、体制和政策三个层面的变革。基本原则是深层次地结束传统国家电信和广电的垄断经营，充分利用市场竞争机制，并在制度上保障各网络运营商积极开展三网融合后的多业务相对公平竞争，保护消费者和社会整体的利益。

2.4.1　推动融合，立法先行

各国政府对通信改革给予了高度重视，绝大多数国家都对原有的相关法律如《通信法》、《电信法》、《广播电视法》等进行了修订，或根据情况的变化出台了新的法律；有的国家甚至对宪法的相关条款进行了修改。重新立法或修订已有法律，在世界上很多国家的电信和广电业的改革与发展中起到了极其重要的作用。

欧盟在2003年推出《电子通信网络与服务的统一监管框架》，其中规定电子通信业务为“整个或主要在电子通信网上传送信号所提供的业务，包括电信业务和在广播用的网上的传送业务，但不包括提供或实施对使用电子通信网和业务传送内容的编辑控制……”，从而为不同网络传输融合业务打下了基础。美国《1996年电信法》拉开了美国三网融合的序幕。英国议会批准了通信法草案（Communications Bill），从而产生了《2003年通信法》，其对于经营电信业务的企业实行一般授权制，申请电信业务不需要许可证，而经营广播电视业务的企业需要许可证；对融合性业务形态，广电企业和电信企业都可以经营。法国在1996年和2006年两次对《邮电法》进行重大修改，并改称其为《电信管制法》，这是为了兑现欧盟1998年开放基础电信业务市场承诺而专门出台的一部监管法律。根据2004年德国新《电信法》，电信监管机关仅对“传输网络”进行监管，而不考虑传输的内容；对于内容的监管则由各州媒体监管局来具体负责。日本2001年颁布《广电经营电信业务法》，2002年出台了《利用电路通信服务广播法》，2003年进一步修订《电信事业法》，大幅放松了对市场准入及业务提供的监管。韩国有《广播通信委员会组织法》和《综合广播电视法》；2008年，韩国在融合立法方面相继有了重大突破，陆续出台了《IPTV业务法》和《广播通信委员会组织法》两部法律，理顺了监管体制，清除了融合业务发展的一些障碍；法律的通过为包括KT（韩国电信）在内的韩国电信运营商在2008年推出网络电视服务扫清了障碍，直接导致2008年韩国电信运营商投资1.3万亿韩元用于网络提速。

2.4.2　监管机构集中整合，监管体制效率提高

在世界电信业和广电业改革前，除美国等少数国家电信产业和广播电视产业以私营为主外，大多数国家原来的电信业和广电业都是政企合一的。在这种体制下，企业因为缺乏经营自主权而丧失应有的活力。为此，各国纷纷着手实现政府行政管理职能与企业经营管理职能的分离，设立一个中立的市场监管机构，为形成公平的竞争环境创造前提条件。需要指出的是，各国的大通信产业的监管机构都是根据本国国情设立的，受到各国宪法原则和行政制度的约束，没有一个全球通用的模式。

美国在1934年就组成了统管电信和广播电视的联邦通讯委员会（FCC），将电信业和广播电视监管制度置于同一个机构之下。在欧洲，意大利原来设置了两个广播电视执法机构——全国私营广播电视委员会和全国电视委员会，1997年通过了新的广播电视电讯法，按照美国联邦通讯委员会的模式，建立了管理广播电视和电信的统一机构。英国2003年后，公共广播电视管理仍由BBC董事会负责，而新建立的通信办公室（OFCOM）合并了独立的电视委员会、无线广播局和广播电视质量标准委员会等机构，统一管理传输产业，体现了整个信息产业集中管理的国际趋势。

从目前三网融合的监管体制改革进程看，其特征主要是市场分立监管逐渐走向相对融合监管体制，再到完全融合统一监管（如图5所示）。“完全融合统一监管体制”是指设立融合的监管机构，对广电和电信在一个政府组织下进行统一监管。“相对融合监管体制”是指虽然政府没有成立统一的监管机构，但是能够在统一的法律和体制框架内对广电和电信有效协调、统筹发展，在分离的政府部门实行行业监管。

逐渐集中化的监管机构放宽了广播电视的进入限制，提高了许可证申请效率，在应对层出不穷的技术变革过程中，推动了产业融合的步伐，加大了传统媒体的技术含量，使新旧媒体在规模、资源和市场方面都有了极大的突破。

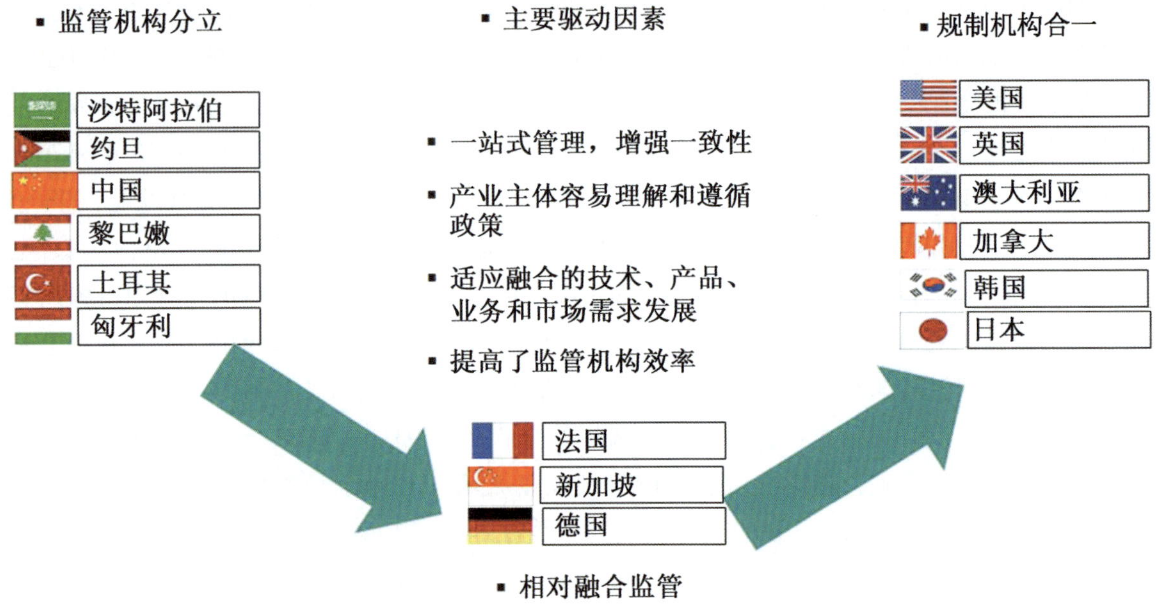

图5　三网融合产业监管机构变革趋势

2.4.3　从非对称监管到对称监管

非对称监管是指，政府监管部门对处于不同市场地位的网络运营商予以区别对待。政府通过制定有利于新的网络运营商的政策和法规，在一定时间内人为地制约处于支配地位的网络运营商对市场的控制力，放宽对新进入运营商或处于非支配地位的网络运营商的监管，以实现公平竞争的目的。表5反映了一些国家电信与广播电视产业非对称监管的情况。

表5　一些国家对电信和广播电视业进行非对称监管的情况

国家	非对称管制内容
美国	《1996年电信法》第621条（b）款（3）规定：“如果有线电视系统运营商及其附属机构从事电信服务，将不必为提供电信服务获取特许权。特许权管理机构不得禁止或限制有线电视系统运营商及其附属机构提供电信服务，也不得对其服务施加任何条件。” 第310条（d）款和第651条规定：“电信运营商如果要经营视频业务，必须要重新申请相应营业执照。”

（续表）

国家	非对称管制内容
英国	1992 年修订了有线广播法案，允许有线电视公司兼营电话业务，但只能通过 Mercury 互联提供。 BT 和 Mercury 在 2002 年以前不允许提供有线电视业务，但可以提供 VOD 业务。 1997 年 OFTEL 逐步取消对公众电信运营商经营广播电视业务的限制，先允许他们为尚未接入 CATV 的家庭用户提供上网服务。到了 2001 年，英国的电信与广电才进入对等进入阶段。
法国	对电信在位企业提供网络接入服务价格监管，并制定服务标准。
新加坡	2000 年的政府公告指出，“开放电信市场，允许新加坡有线电视公司开办电话业务，但不允许电信公司开办有线电视业务”。
日本	MIC 要求 NTT 为其他信息服务商提供其主干网和本地网接入服务；并对电信企业的网络接入价格按照投资成本进行加成定价，要报 MIC 同意。
韩国	严格 KT 等电信运营商提供网络接入的价格。

在美国电信改革中，FCC 对具有支配地位的 AT&T 进行了长达十年的非对称监管，通过对其资费监管、对非支配的经营者不监管的“非对称监管”政策，为新生电信公司的成长创造了较为宽松的条件。美国电信市场的不对称监管，极大地推进了竞争的开展，使竞争者迅速进入了市场，取得了一定的社会效益。

在互联互通方面，OFTEL 要求英国电信与任何具有合法权利经营通信网络的企业实行互联互通，并对具有垄断性的通信网络服务和竞争性的通信网络附属服务实行财务独立核算。当互联互通不能达成一致时，监管机构有权制定双方都遵守的监管规定，包括互联时间表和互联条件、质量，保证了互联互通的执行。

其他欧盟国家（如法国、丹麦、瑞典等）及亚洲的日本、韩国等也同样采取了非对称监管的措施，从电信在位企业的接入价格、服务质量标准监管等方面入手，保证新的市场进入者与在位企业之间快速形成可竞争局面。

业务双向进入，是为了在公平和公正的国家监管法律、体制和制度的基础上，适度开展竞争。目前各国的经验是对电信业采取促进竞争开放的放宽准入办法，对广电业则适当地实施一定的进入限制。通常都是鼓励广播电视网，尤其是有线电视网，积极参与宽带网络建设，形成与传统电信网络适度竞争格局。

2.4.4 所有权规则改变，有限度地放松经济监管

放松经济监管，无论哪种形式，都是以向受监管产业引入竞争机制为目的，都意味着由直接监管的制度框架向竞争性市场机制的框架全面或部分地过渡，从而扩大竞争性市场机制的作用领域。与其他自然垄断产业通过将原有公共部门经营的领域交由私有部门经营、或将国有企业出售给私有部门的形式不同，发达国家有线电视产业放松经济监管主要是通过引入新的市场进入者以及有限度地放松所有权规则来实现的。

另外，从广播电视的政治属性入手，广播电视的开放比通信业务开放晚。各国广播

电视需要区分基础业务和增值业务，基本业务包含公益事业和基础商业性事业，公益事业依然主要依靠国家投入和支持。需要指出的是，针对电视产业的三大产业环节：制作环节、集成播出环节和传收环节①，尽管进入监管和所有权监管都呈逐步放松趋势，但世界上没有哪个国家是对集成播出环节和传收环节完全解除监管的。产权进入比例控制是世界各国对外资进入本国广播电视业的集成播出环节与传收环节进行监管的主要经济监管手段。目前，美、英、德、法、意等发达国家均有针对外资进入的产权限制。如美国规定，外国人只能拥有20%以下的广播电视执照所有权，外国公司只能拥有25%以下的广播电视执照所有权。日本规定包括地面电台、有线电视台和卫星电视在内，外国资本的比例限制在20%以下；日本自2000年6月修改《有线电视广播法》之后，对外国人投资日本有线电视完全放开，卫星广播设备拥有者即所谓“受托广播”业者的外资比例限制在33%以下。

2.4.5 各国都非常敏感重视内容监管

广播电视内容事关意识形态、国家文化和地区特性重等多种因素，在每个国家政治色彩都比较浓。许多国家传统的无线广播和无线电视内容及传输，开始大都是公益事业，在广告、数字电视和高清及卫星电视等新业务产生后才变成了社会赢利的商业事业。

广播电视意识形态和政治属性各国都具有，在总体趋向开放竞争的进程中，各个国家都加强了内容监管，以保证社会利益的提高。这主要体现在对信息内容产品和广告产品的品质监控方面，主要包括：保证节目的多元化、节目分级制度和节目质量、广告质量的审查制度、保护青少年发展的规定等。目前各个国家对互联网和广播电视节目内容监管力度不同。对于互联网上的内容监管较为宽松，而对于广播电视节目的内容则进行严格的监管。

总体而言，为了促进三网融合的发展、推动新技术的应用和普及信息化，很多国家首先从垄断特征极强的电信产业入手放松经济监管，为电信市场引入新的竞争者，促进可竞争市场的形成；同时逐步开放电信和广电产业的相互进入。在发达国家促进三网融合的产业监管政策演变过程中，不对称监管、有限度地放松经济监管和监管机构集中整合等政策，都为有线电视网络提供了良好的发展契机；而发达国家的有线电视网络运营商们也紧紧抓住了这些政策机会，通过自身网络升级、商业策略调整等措施得到了新的发展。

但是，每个国家必须结合政治体制、经济和社会具体情况逐步进行三网融合。由于电信和广电的特殊社会特性，在监管机构的改革中，许多国家在致力于广电和电信的融合监管中，将公共广播电视监管体制予以保留，主要着重促进商业广播电视和电信的融合，而不是追求统一的法律、体制和实施机制，这是目前三网融合监管体制、政策的主流。

---

① 制作环节是指电视节目的策划与生产；集成播出环节是指将多个电视节目编排成某个频道，通过电视网播送出去，或将单个节目通过电视节目辛迪加或销售市场直接销售给各地电视台再播送出去；传收环节指将节目或频道通过微波、线缆、卫星等传输方式送达到受众。

3. 国外三网融合业务发展

3.1 融合的业务类型

目前，三网融合后的有线电视网络业务类型主要有以下几种：

3.1.1 互联网宽带接入及交互信息业务

互联网宽带接入，就是指有线电视网络、电信网络等网络通过 IP 协议与互联网相连接。内容主要包括互联网接入和网络互联（包括 IP 互联、SDH 数字电路互联）接入两大部分。互联网接入主要面向家庭用户，为其提供高速的因特网接入服务。网络互联业务主要服务于企业客户、政务客户，特别是随着各级地方政府电子政务以及企业信息化应用的深入开展，对网络互联业务的需求越来越多，市场发展空间较为广阔。随着互联网用户的不断上升，数字技术的发展，原有的有线电视网运营商和电信网运营商越来越意识到互联网用户的重要性，同时，IP 技术的成熟促进了有线电视网络和电信网与互联网之间的接入，可以通过有线电视网和电信网直接在互联网上为各种业务提供语音服务，这包括通信游戏、电子交易、购物网络客服等领域。

3.1.2 数字电视业务

数字电视实际上是一种数字电视系统，凡是在电视信号的获取、处理、传输、接收上使用了数字技术，都可以称为数字电视。数字电视业务是三网融合后以数字电视整体平移为基础的有线电视网络核心业务。包括基本频道业务和付费频道业务。基本频道业务是原有模拟信号向数字信号转换后的整体频道转移，付费频道则是由平台运营商提供的数字标清、高清、3D 等付费频道。

3.1.3 互动电视业务

互动电视业务主要指电视改变了传统的一对多的传播方式，通过数字技术和宽带技术使受众可以根据自己的需要点播视频节目或进行类似于互联网的某些操作。

（1）准视频点播和即时点播

按受众需求进行视频点播是有线电视网络利用数字技术提供的即时或准即时视频传输业务。该服务已成为电视服务业者提供互动电视应用中的一项重要服务，视频点播可以分为准视频点播（NVOD）和即时点播（VOD）。VOD 是真正支持即点即放的。当用户提出请求时，视频服务器将会立即传送用户所要的视频内容。NVOD 是预先编排好节目菜单以及节目播出时间表，将同一节目以一定的时间间隔安排在不同的数字频道内播出，用户点播节目时可能需要等待，然后选择距离他们最近的某个时间点进行收看。在这个方式下，一个视频流可以被许多用户共享。

Informa Telecom & Media 公司发表的调查报告显示，2005 年使用视频点播的用户为 1.21 亿户，较 2004 年增长了 2.6 倍，收入 31 亿美元，较 2004 年增长了 2.68 倍。他们预测到

2011 年，视频点播用户将增长到 4.35 亿，收入将增长到 114 亿美元。

（2）IPTV 业务

它是利用 IP 宽带网络，以“电视机 + 机顶盒”或“电脑”为主要终端设备，为用户提供包括广播电视节目、互动电视节目及其他增值应用在内的互动多媒体信息服务。

3.1.4 数据传输接入服务

数据服务在三网融合中主要体现在有线电视网络通过宽带接入进入电信网业务市场。它不仅可以像电信网接入那样提供集团 email、数据通信等方面的服务，同时也可以提供差异化服务。数据通信业务对象可分为两类，一类是单位大数据量用户，如局域网互联、企业网络互联等。这类用户主要是由电信主导，目前市场需求较大。另一类用户是普通用户，主要用于如传真、Internet 接入等，它需从前端到用户全程双向通信能力的支持。

3.1.5 语音等端到端通信服务

语音通信服务主要包括固定电话、移动电话和 VoIP 业务、可视电话（Video Phone）、视频会议（Video Conference）等端到端传输的业务。VoIP 指的是在使用了互联网协议的网络上进行语音传输，其中的 IP 代表互联网协议，它是互联网的中枢，互联网协议可以将电子邮件，即时讯息以及网页传输到成千上万的 PC 或者手机上。VoIP 用户不仅能够和 VoIP 用户沟通，而且也可以和电话用户（包括传统固话网络和无线手机网络的用户）通话。网上 VoIP 用户之间的通话可以是免费的。而对于 VoIP 用户和电话用户之间的通话，VoIP 服务商必须给固话网络运营商以及无线通讯运营商支付通话费用。这部分费用最终会转到 VoIP 用户头上。由于 VoIP 价格低廉、业务应用广泛，使得人们能够利用 IP 网络获得价格非常低廉的语音、数据和视频等业务，包括统一消息、虚拟电话、语音邮箱、会议服务、电子商务、数据库查询、呼叫中心管理、客户关系管理、传真存储转发和各种信息的存储转发等，为用户生活、工作提供方便，提高企业和组织的工作效率，所以 VoIP 一出现就受到了市场的热烈欢迎。

总之，有线电视网络在各个国家都赶上了三网融合的契机，在各国政策法规的保护下，积极参与每个国家的信息化基础设施的建设，通过大量投入网络改造，在传统单向广播的网络中，快速开展丰富的广播电视、数字电视及高清广播电视业务，同时积极参与宽带业务、语音业务、视频 VOD 等多种多媒体业务，与传统的本地固网运营商形成竞争，在推动各国多种宽带通信业务普及到全社会中扮演了重要角色。

3.2 北美有线电视网络融合业务发展情况

3.2.1 美国

多种新业务得到大规模发展是美国三网融合成功的表现。政府和企业界推动三网融合的终极目的是让所有美国居民能够得到：①越来越丰富的视频产品与服务；②越来越快的宽带业务；③越来越便宜的电话业务；④越来越多的其他业务并加快社会信息化。其中核心业务是宽带普及和提速不断提升通信业务质量和产业产值。与其他发达国家相比，在美国的大通信产业中，有线电视运营商发展情况要好于电信运营商，有线电视产业近十几年来仍一直保持稳定增长，很大程度上和其不断开发数字电视、付费等增值业务、IPTV、VoIP 等新业务并进入电信市场与电信运营商展开竞争有关。

在融合初期，电信企业和有线电视运营商在三网融合的技术和基本设施方面各有特色，但又均存在不足。例如电信公司在电话及宽带网络方面有优势，但传输电视信号技术方面则不如有线电视网络。而有线电视网络虽然在电视信号传输方面有优势，但通过同一根电缆线提供的电话通话质量尚有待提高。随着三网融合的深入，有线电视运营商和电信运营商都对自身的网络基础设施和设备进行了升级换代，通过网络基础的品质提升，他们互相直接进入对方核心业务市场。有线电视运营商通过电缆和光纤进入电话和互联网市场；电信公司则拓展网络和电视服务。

美国的三网融合取得以下几方面的显著成绩：

（1）融合业务发展迅速

由于新的 IP 和光通信技术突破，家庭用户带宽接入速率普遍扩展到 5Mbps，于是同样的网络可以开展多项业务，比如宽带数据、语音、视频、广播和付费点播视频等一揽子业务，其中宽带业务是焦点。2007 年美国国家有线电视协会（NCTA，National Cable TV Association）的业务竞争报告说明，从 1996 年新电信法颁布后到 2006 年十年时间里，美国家庭的上网速度从 28Kbps 到 5Mbps 以上，电视频道数从 46 个模拟频道上升到多于 75 个数字频道，而在多元化服务得到提升的同时，用户付费从每月 129.38 美元下降到每月 99 美元，业务的多元化和资费的降低使不同百姓成为三网融合过程中最大的赢家（图 6）。

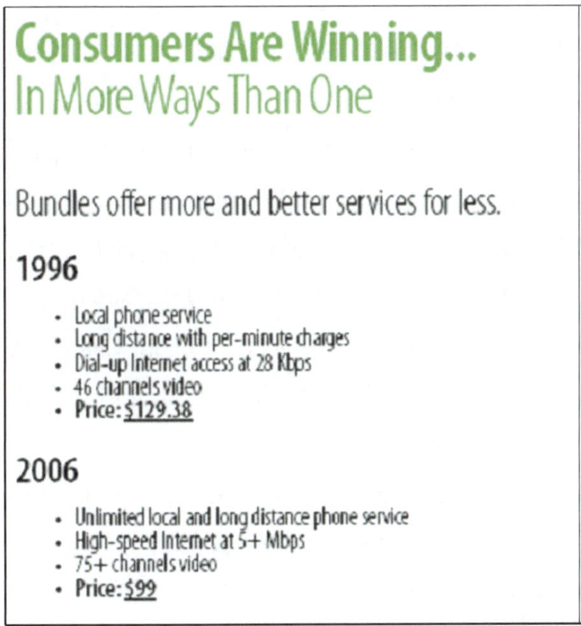

Consumers Are Winning...
In More Ways Than One

Bundles offer more and better services for less.

1996

- Local phone service
- Long distance with per-minute charges
- Dial-up Internet access at 28 Kbps
- 46 channels video
- Price: $129.38

2006

- Unlimited local and long distance phone service
- High-speed Internet at 5+ Mbps
- 75+ channels video
- Price: $99

1996 年三网融合绑定业务：

1）本地电话业务

2）长途业务（按分钟付费）

3）拨号上网（速率：28kbps）

4）电视频道数量：46 个模拟频道

月费用：US $ 129.38

2006 年三网融合绑定业务：

1）没有限制的本地/长途电话业务

2）高速的宽带上网：速率 >5Mbps

3）电视频道数量：大于 75 个数字频道

月费用：US $ 99.00

图 6　三网融合多业务竞争——老百姓是大赢家

（2）宽带业务普及

三网融合的核心是推进宽带社会的普及。美国 FCC 在 2007 年宽带报告表明：新宽带网络公司大量产生，1999 年底美国全国共有 136 家网络公司，其中采用电信 ADSL 技术的为 68

家，采用有线电视网络 CM 技术的为 39 家；其他为 87 家，主要是移动电信公司、电力公司和卫星传输公司。到 2006 年底宽带业务提供者达到 1397 家，采用电信 ADSL 技术的为 862 家，采用有线电视网络 CM 技术的为 278 家，其他为 882 家（表 6）①。

表 6　美国近年来宽带业务提供商数量

时间	ADSL	CM（Cable Modem）	其他
1999 年 12 月	28	43	65
2000 年 12 月	68	39	87
2001 年 12 月	117	59	122
2002 年 12 月	178	87	169
2003 年 12 月	274	110	246
2004 年 12 月	352	147	312
2005 年 12 月	820	242	835
2006 年 12 月	862	278	882

美国 FCC 定义单向传输速率大于 200Kbps 为宽带业务。美国的宽带用户从 2001 年 1000 万增长到 2008 年的 1.32 亿，成为国际上宽带用户最多的国家。传统宽带业务速度不断增加，从过去 1Mbps ~ 2Mbps 家庭接入速率发展到大于 20Mbps 的超宽带接入速度，实现高清交互节目进家庭。

随着宽带上的各种大流量类型新业务的发展，用户要求的带宽也越来越大，不但下行速率要求高，而且上行速率要求也高。面对这种新形势，电信公司推出新的举措，如 Verizon 公司推出基于 FiOS（用户光纤）网络的高速互联网服务，通过使用这项服务，用户可以用同样的上行和下行速率连接因特网。这种“对称速率”服务首先在纽约、新泽西州和康涅狄格州推出，用户可以在互联网上用 20Mbit/s 的速率上传和下载信息。而面对电信业的凌厉攻势，有线电视网络运营商 Comcast 率先进行了 DOCSIS 3.0 技术实验，DOCSIS 3.0 为提高传输速率提供了一个很好的解决方案，将能够提供 1Gbit/s 的带宽。时代华纳有线、Cox 和 Charter 等有线电视公司，也都成功地引进了 DOCSIS 3.0 技术。电信业则力推 FTTx，依靠光纤宽带向用户提供高速率的服务。

在 2008 年的 1.32 亿宽带用户中，有线电视宽带用户为 3819 万，占 28.8%；电信 ADSL 用户为 2996 万，占 22.6%；移动手机用户为 5969 万；超宽带光纤到户（FTTH）为 185 万户，占 1.8%。这表明在宽带市场上有线网络公司领先于电信公司（图 7、图 8 所示）。②

① 数据来源：2007 年 FCC 宽带报告，其他包括 DSL、移动网络运营商等。
② 数据来源：《FCC：2009 年宽带业务报告》。

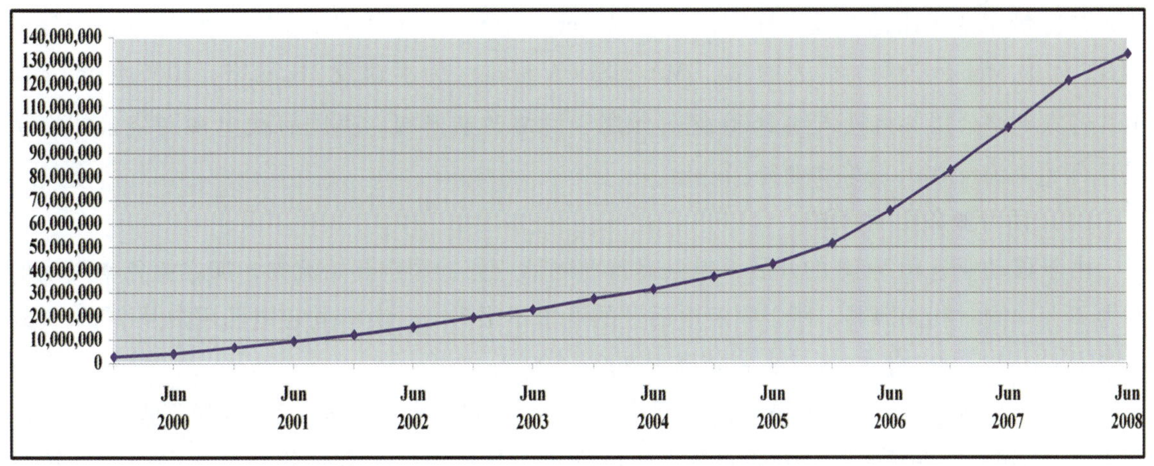

图 7 美国 2000 ~ 2008 宽带用户数量增长情况

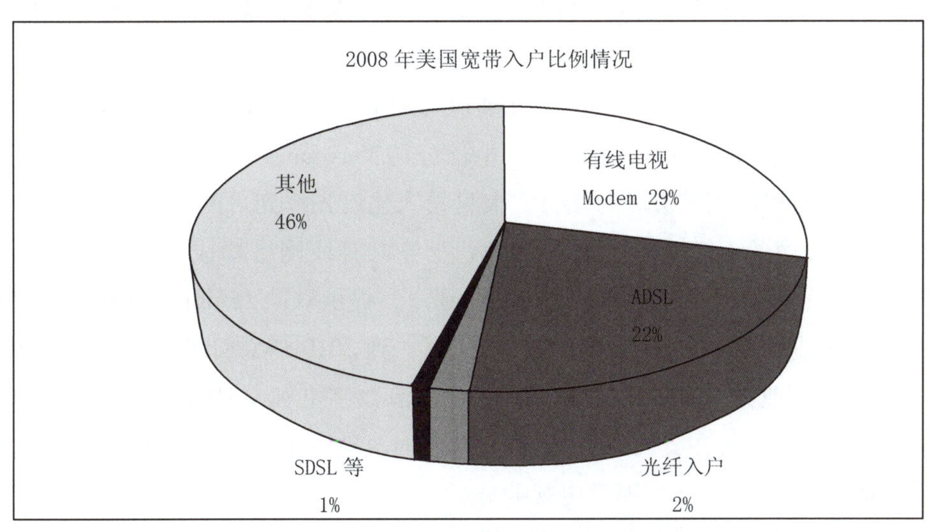

图 8 2008 年 6 月美国宽带业务比例情况

2010 年 3 月 15 日美国政府在经济复苏计划中，FCC 推出了“National Broadband Plan”(《国家宽带计划》)，要让每一个 5 岁以上的美国人使用上宽带；要实现上下行速度对称的宽带传输；根据美国投资专家的分析，到 2015 年，美国将有 69% 的家庭用户订购有线宽带接入；将有 53% 的人口订购无线宽带。根据 FCC 的蓝图，到 2015 年，美国 1 亿用户的网络传输平均速度达 50Mb/s；2020 年前，90% 的美国用户网络传输平均速度达 100Mb/s。振兴方案补助 70 亿美元。

(3) 无线通信和 3G 无线宽带快速普及

从 2000 年到 2008 年，美国无线用户从 9700 万发展到 2.85 亿，到 2007 年底，无线宽带用户超过 5000 万，其中有 1534 万双向传输速率超过 200kbps，无线宽带 3G 用户快速增长。[①] 美国市场调查公司 comScore 去年 9 月发布的统计结果显示，2007 年 6 月至 2008 年 6 月的一年间，美国 3G 手机用户数量猛增 80%，达到 6420 万，占移动通信用户总数的 28.4%。美国

① 数据来源：美国审计总署：移动企业兼并未影响价格下降［EB/OL］，中国信息产业网，http://www.cnii.com.cn/zz/content/2010-08/31/content_790911.htm，2010 年 8 月 23 日。

的无线宽带主要采用两个技术标准，一是以 Verizion/Sprint 为代表的 EV－DO 标准，二是以 AT&T 和 T-Mobile 公司为代表的 WCDMA/HSDPA 标准。为了建设 3G 网络，2006 年至 2010 年，各家网络公司共将投入约 1600 亿美元用于网络改造升级。美国有线电视网络公司也从 2007 年开始在全国开展移动业务。

（4）话音业务全面开放

由于移动业务和 VoIP 的开展，电信运营商固话业务的用户开始流失，加之业务本身增值潜力不大，同时利润薄弱，所以固定电话业的竞争不很激烈。美国固定电话用户从 2005 年的 1.75 亿降低到 2007 年 1.58 亿，每年流失 800～900 万户。①

美国是世界上 VoIP 发展最为蓬勃的国家之一。2005 年底美国 VoIP 的营业收入超过 10 亿美元。VoIP 业务开展后，电话业务大幅度降价，从过去的按分钟收费变成国内电话按月统一固定收费，从此结束了上百年“国内长话”这个业务概念，这是通信历史上巨大的进步。

（5）美国电信部门开展世界最大的光纤到户（FTTH，Fiber to the Home）工程

FTTx 是未来网络的主要角色，美国三大电信公司 Verizion、AT&T 和 Qwest 公司为了全面超越有线网络公司在居民宽带市场的优势，大量投入建设光纤到户网络。

美国 Verizon 公司的 FTTH 计划及 FiOS TV 业务对有线网络构成了巨大竞争。该公司于 2007 年 11 月宣布用 BPON/GPON 技术实现光纤到户，提供双向 15Mbps～20Mbps 业务。并宣布投资 230 亿美元建设 FTTH 和骨干网络，按计划，到 2010 年总计要实现 1700 万户。开展宽带业务、直播卫星业务（DTV）业务、IPTV、高清数字电视（HDTV）交互业务等。美国 AT&T 公司投资 500 亿美元在美国 26 个主要城市全面改造网络，利用 FTTN＋ADSL2＋的技术实现 FTTP 计划，开展 U－verse IPTV 电视业务。

（6）美国有线网络在三网融合进程中取得了巨大成功

贯彻一致的商业化发展和三网融合非对称监管政策是美国电视产业和电信产业推动融合业务的大环境。从美国已有的经验来看，无论是有线电视网络公司还是电信公司都对各自的网络进行了大规模的投资以推动带宽的增加，从而为提供更优质的服务打下坚实的基础。

美国广播电视基础视频业务用户有四种选择，包括有线电视、卫星电视、无线电视、电信公司电视。其中只有无线电视面向低收入阶层，是政府支持的公益事业，其他三类是开放的企业竞争行为。

从大的竞争环境看，美国有线电视协会（NCTA）2006 年发布的有线电视的产业报告表明：1996 年至 2006 年期间主要是卫星电视争夺有线电视基本业务。1996 年，商业性广播电视业务市场份额情况是：有线电视网络占 90%，卫星占 6%，其他占 4%；到 2006 年，有线电视占 67%，卫星电视占 30%，其他 3%（图 9）。

---

① 数据来源：近四分之一美国家庭已抛弃使用固定电话［EB/OL］，赛迪网，http://www.cctime.com/html/2010－5－14/2010514916221578.htm，2010 年 5 月 4 日。

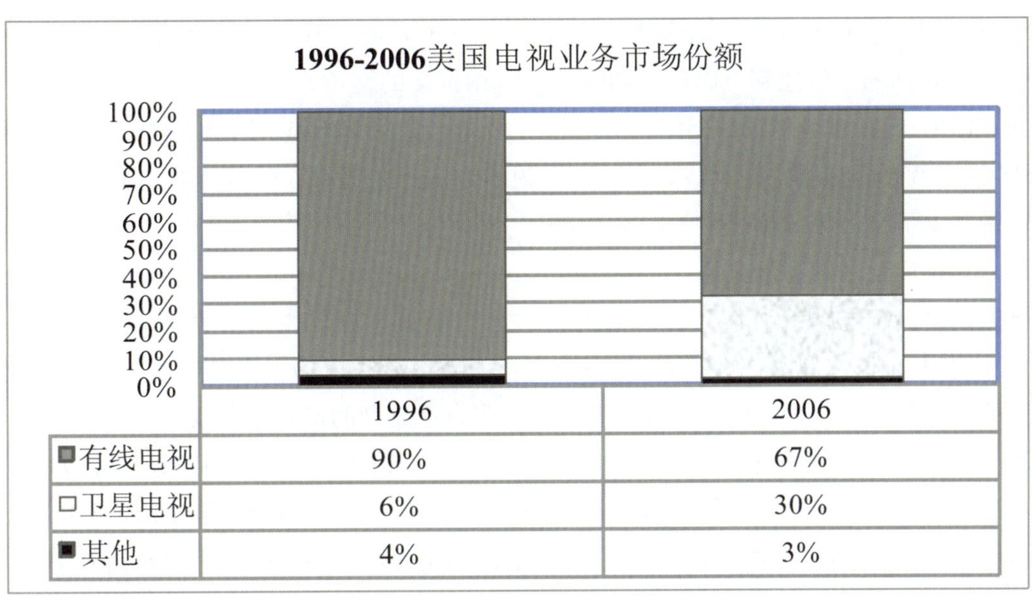

图 9　1996～2006 商业性广播电视业务市场份额变化

在三网融合的进程中，有线电视网络运营采取的多种策略来同电信运营商争夺融合业务的市场空间，主要体现在以下几个方面：

第一，加大网络建设投资，推动有线电视网络升级换代。

美国有线网络自《1996 年电信法》颁布后，大量投资网络基础设施建设。从 1996 到 2009 年全美有线电视网共投入 1612 亿美元进行网络升级改造，平均每个用户投入约 2600 美元网络改造费用（图 10）。①

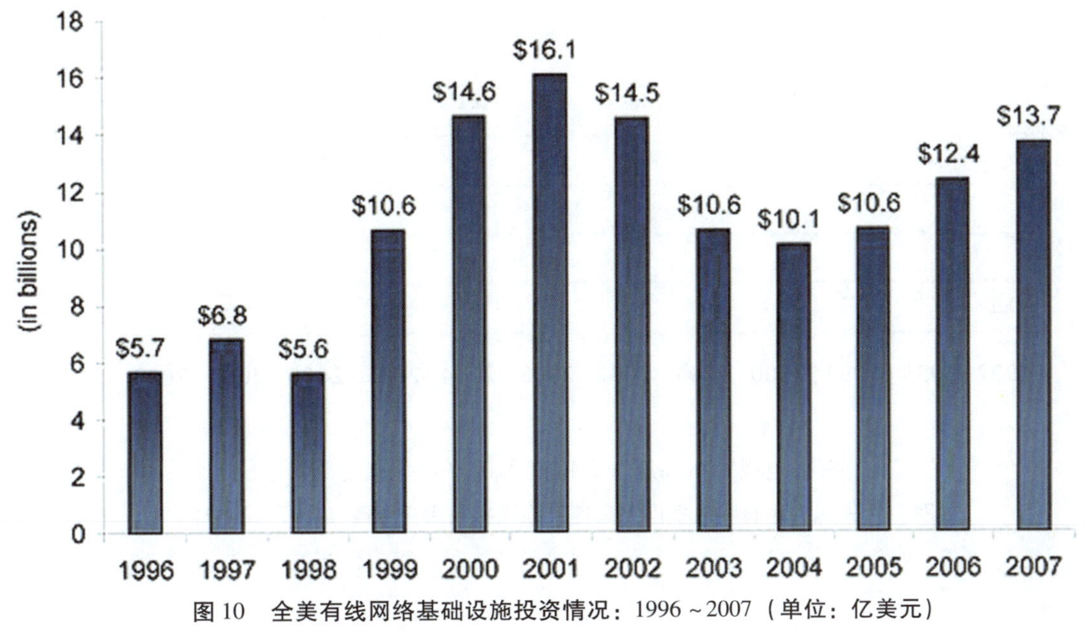

图 10　全美有线网络基础设施投资情况：1996～2007（单位：亿美元）

① 数据来源：NCTA，2008 年有线电视行业报告。

许多有线运营商已实现了数字化网络改造，用 DOCSIS 3.0 技术使其网络能提供 50Mb/s 到 100Mb/s 之间的下行速率，以达到和电信网络相抗衡的地位。但有线电视网络运营商已经意识到，DOCSIS 技术就像铜线网络的 ADSL2 + 技术，如果 P2P 应用不断增加上行带宽需求，DOCSIS 技术就会面临压力，所以最终解决问题的方法还是光纤，光纤入户（FTTH）将是实现超宽带和上下行对等传输速率的技术方向。

第二，推广互联网宽带业务。

与人们将传统电视节目作为准公共物品的理念不同，互联网服务在人们心目中一直是“付费才能使用的私人物品”，所以三网融合之后，宽带接入市场不仅是广电与电信适应信息化发展的最主要领域，也是他们双方争夺用户扩张自己盈利的最直接战场。

2008 年，美国有线电视网络产业年度总收入为 872. 81 亿美元，比 1996 年的 271. 2 亿美元增长了 3 倍多。2008 年，美国有线电视的基本业务订户占美国电视家庭的 50.3%，数字电视覆盖率达到电视家庭的 65.8%；[①] 利用有线电视网路使用电话服务的用户数量在 2007 年已经达到 117.7 万；截至 2009 年 6 月，有线电视高速互联网接入的用户数量达到了 4050 万（图 11）；到 2009 年底，使用有线电视网络的高速互联网用户达到 4180 万；从现在到未来的 2012 年，虽然电信部门的宽带服务份额处于增长趋势（预计增长到 2012 年的 33%），但其始终难以撼动有线电视网络在互联网接入市场的优势地位（预计到 2013 年达到 41%）。[②] 以上数据说明，美国有线电视网络产业已经建立了良好的自我发展机制，在三网融合的新形势下，争取到了主动地位。

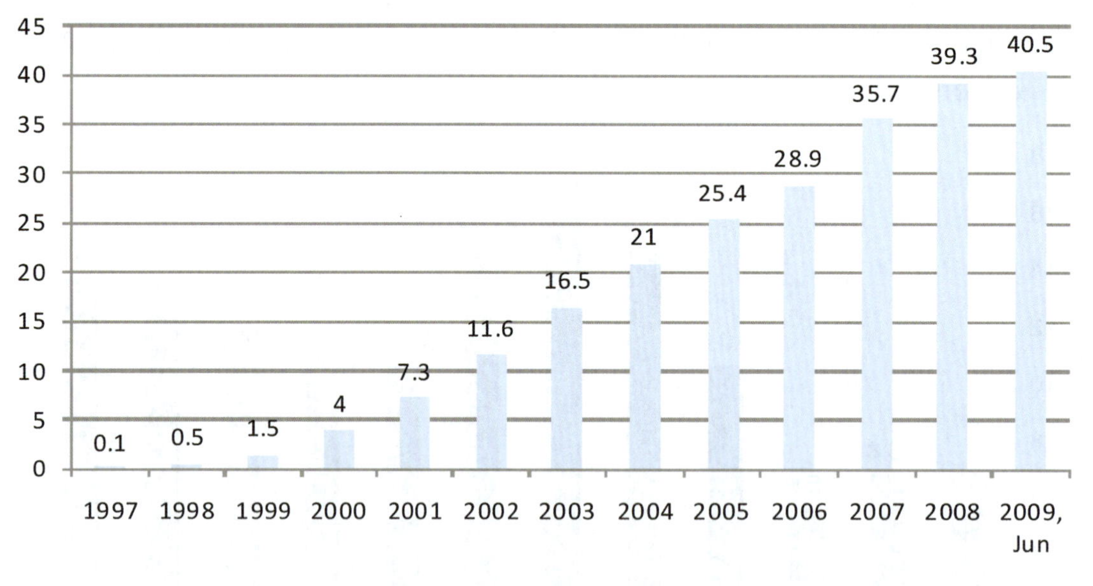

图 11　美国利用有线电视网络高速互联网接入用户数量（1997 ~ 2009）

① 数据来源：Nation Cable and Telecommunication Association，2009.

② 同上。

第三，通过捆绑方案推行电视增值业务。

进入21世纪后，有线电视网络的基本用户出现流失，有线电视网络运营商为了提升每用户平均收益（ARPU，Average Revenue Per - User）以及留住用户，提供三重播放（Triple Play）的捆绑服务方案，策略性地结合数据、视频和话音三种业务功能，将宽带服务战线从点对点的对抗，扩展至三个方面的立体战。从表7中的数据可以看出有线电视网络的宽带互联网接入、话音业务、高清数字电视、VOD、付费点播等增值业务收入从1996年的29.84亿美元，占总收入的11%，增长到2008年的344.7亿美元，占总收入的39%，其增长速度要高于基本业务收入的增长速度。[①]

表7　美国有线电视网络规模及收入情况 1996～2008[②]

时间	有线电视网络系统数量（个）	基本订户收入（百万美元）	其他业务收入（百万美元）	总收入（百万美元）
1996	N_A	24136	2984	27120
1997	N_A	26270	3532	29802
1998	11408	27626	6152	33778
1999	11212	30050	7341	37391
2000	10929	32541	9575	42116
2001	10677	35734	9743	45277
2002	10306	36738	11160	47898
2003	9871	39338	15056	54394
2004	9169	41813	18212	60025
2005	8775	43832	21846	65678
2006	8464	46518	25354	71872
2007	8174	49105	29719	78824
2008	7853	51811	34470	87281

从新的视频业务服务来看，可以实现时移功能和录像功能的硬盘录像机（DVR：Digital Video Recorder）业务中有线电视网络占主导地位。[③] 图12反映了近年来美国DVR业务的情况，可以看出有线电视网络进行DVR业务的用户数量从2006年微弱于卫星电视50万用户的经营状态起步，2007年的用户数量超过卫星电视的200万，达到1290万，2008年其用户数量更超过卫星电视的520万，达到1840万。[④]

① 数据来源：Nation Cable and Telecommunication Association，2009.

② 基本订户服务是指有线电视网络提供的最基本的电视传输服务，一般有20～25种服务，包括对三大广播网、公共电视和西班牙语频道和一些小众类的宗教频道的信号传输服务；其他业务服务包括高速互联网接入、话音业务、高清数字电视、VOD、付费点播等业务。

③ DVR业务使用时移功能可以很方便根据需要观看已经播放的节目，进行快进（即跳跃收看）、快退、慢放及暂停播放等操作。时移功能不能对相关的节目进行存储，如果要进行存储，就要用到DVR录像功能，可以将所需要的节目及时录制到硬盘中，以便反复观看。

④ 数据来源：Nation Cable and Telecommunication Association，2009.

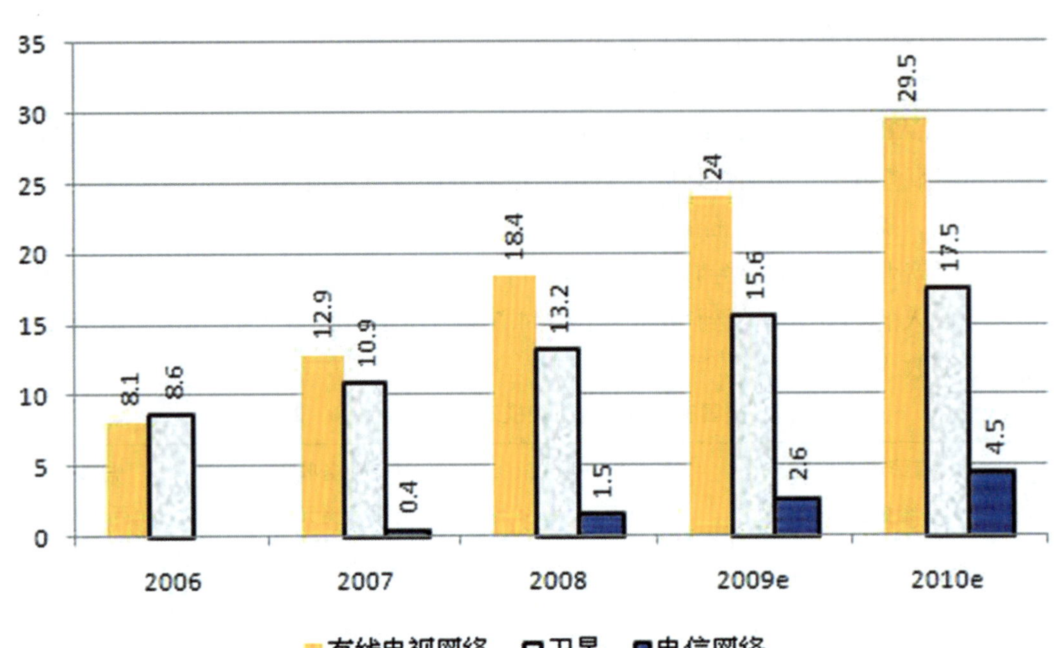

图 12　美国 DVR 业务用户的分布情况（单位：百万）

美国有线电视网络数字视频业务用户量也呈逐年增长趋势，从 2000 年的 850 万户增长到了 2009 年的 4260 万户（图 13）。①

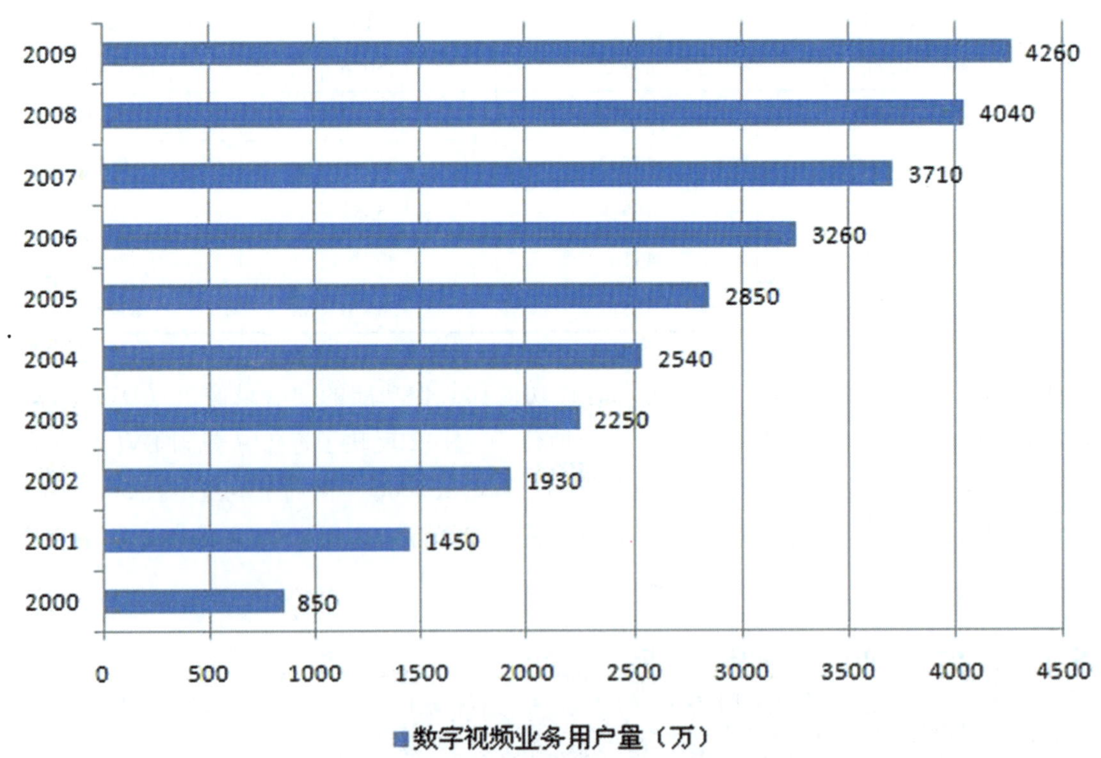

图 13　美国有线电视网络数字视频业务用户量

① 数据来源：http：//www. ncta. com/Stats/CablePhoneSubscribers. aspx.

需要说明的是，在提供三重播放的捆绑式销售的过程中，美国有线电视网络公司从传输平台走出了“传输平台＋内容提供”的多层次发展之路。以美国最大的有线电视网络运营公司 Comcast 为例，它不仅拥有难以匹敌的网络基础、大量的用户资源，还拥有大量的传媒内容资源。Comcast 的内容来源可以分为三类：第一类是 Comcast 自己拥有的五个电视节目网。第二类是 Comcast 拥有一定股份的公司，Comcast 不控股，但拥有内容共享的权利，比如 FEARnet（控股33%）、TV One（控股34%）等。第三类是完全与 Comcast 无关的其他节目网和频道，Comcast 必须支付费用向它们购买节目版权。[①] 2009 年，Comcast 有线电视网覆盖用户数是 5120 万，使用有线电视服务的用户数为 2360 万，市场渗透率达 46%，数字电视用户数为 1840 万，占公司有线电视用户数的 78.2%。有 78% 的数字电视用户订购了至少一项数字电视增值服务，其中订购高清和 DVR 业务的用户比例占到了 50%。

第四，积极开展 VoIP 业务进入电信市场参与竞争。

在美国，是有线电视运营商而不是传统电信运营商占据了 VoIP 市场的主要地位。早在 VoIP 兴起之前，一些美国有线电视运营商就已经向客户提供基于电路交换的电话服务，但取得的市场份额非常有限。在融合的政策环境与融合业务的开展过程中，有线电视网络运营商经营语音业务的最大优势，就是用户能够在一家提供商那里得到捆绑在一起的视频、数据和语音集成服务。由于有线电视网络运营商在进入 VoIP 市场时有着良好的用户基础，所以业务开发后就取得了业绩的快速提升。

时代华纳、Cablevision 和 Cox 几家大有线电视网络运营商在 2003 年开始大规模运营 VoIP 业务。在经历了初期技术基础设施改造和寻求合作者的艰苦历程之后，自 2005 年有线电视网络运营商的 VoIP 业务得到了回报，市场份额开始强劲增长。2000 年时，美国有线电视网络运营商的话音业务用户为 100 万，2006 年时，像时代华纳和 Cablevision 这样的知名有线电视网络运营商的 VoIP 用户数均超过了 100 万；全国有线电视网络运营商的话音业务用户为 950 万，2009 年，美国有线电视网络运营商的话音业务用户达到 2200 万，是 2000 年的 22.2 倍，如图 14 所示。[②]

3.2.2　加拿大

加拿大的有线电视已有 50 多年历史。有线电视从上个世纪 50 年代初进入加拿大后，比美国发展还快，到了上个世纪 70 年代初，像多伦多等大城市，差不多家家户户都安装了有线电视。早在 1993 年，加拿大的有线电视覆盖率就超过了 96.2%，有线电视入户率达到了 77.1%。目前，主要的有线电视公司是加拿大东部的 Rogers Cable 以及西部的 Shaw Comnuications 和 Vidotron Lte.：

①Roger Cable TV，该公司于 1974 年成为第一家可以提供超过 12 个频道的有线电视公司。1979 年它收购了 Canadian Cable Systems，1980 年收购 了 Premier Communications，成为加拿大最大的有线电视公司。该公司现在提供有线电视、高速 Internet 接入，并通过 Rogers Ca-

---

① 龙思薇：《Comcast 三网融合业务实践》，《媒介》2010 年第 9 期。

② 数据来源：http：//www. ncta. com/Stats/CablePhoneSubscribers. aspx.

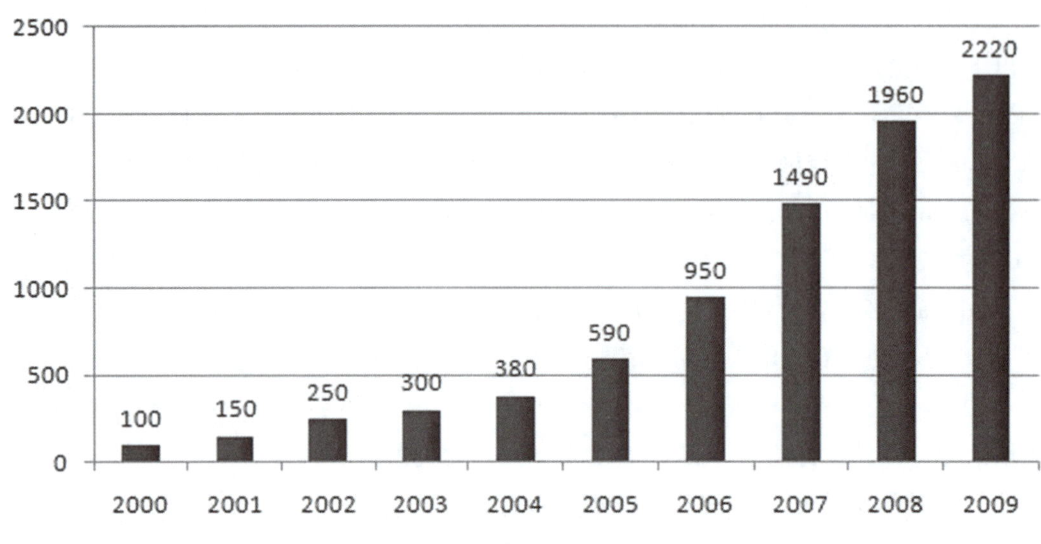

图 14　2000－2009 年美国有线电视网络话音用户量

ble Inc. 进行视频服务的零售。该公司作为加拿大最大的有线电视公司，向 250 万基本有线电视用户提供服务，占加拿大基本有线用户的 28% 左右。该公司还向 27.2 万用户提供数字电缆服务，向近 48 万用户提供高速 Internet 接入。该公司 90% 的基本用户都集中在多伦多、渥太华和安大略等。

②Shaw Communications，作为一个宽带有线电视、Internet 和卫星家庭直播业务的提供商，该公司大约有 290 万用户。在 2003 年 1 月，该公司推出第一个高清晰度电视（HDTV）频道。

③Vidotron Lte.，该公司是 Quebecor Media 的全资子公司，它提供有线电视、交互式多媒体和 Internet 接入服务。该公司在魁北克有近 150 万有线电视用户，其中有超过 16.5 万的用户也是其交互式电视的用户。该公司还在整个魁北克地区提供高速电缆 Internet 接入，有超过 33.36 万的互联网用户。

（1）有线电视网络运营商升级改造网络

2009 年 7 月 14 日，加拿大有线电视运营商 Cogeco 宣布在安大略推出基于 DOCSIS 3.0 技术的超宽带服务。这一业务提供的下行带宽差不多是以往的 16Mpbs 下行带宽的 3 倍。其月度传输总量则增加近 50%。除了 Cogeco，加拿大的其他有线电视运营商，如 Videotron、Rogers、Shaw 都已经推出 50Mbps 以上的入户带宽服务，Shaw 更是推出了 100Mbps 入户带宽服务，这也是北美有线电视运营商第一次支持这一速率。根据加拿大广播电视与电信委员会（CRTC）的统计数据，2007 年 6 月底，加拿大 85% 的家庭已经实现了宽带接入互联网，在经济合作与发展组织（OECD）国家中，其宽带渗透率排在第 9 位，并且通过有线电视网接入互联网的家庭数量高于通过电信网络接入互联网的数量，有线电视网络在互联网接入服务领域占主导优势。

在加拿大的电视用户中，数字有线电视用户的数量增长迅速，比如 2004 年数字有线电视用户数量为 210 万，到 2009 年，这一数字增长到了 410 万；根据加拿大广播电视与电信委员会（CRTC）的预计，2013 年这一数字将进一步增长到 640 万，而模拟有线电视用户将从 2004 年的 530 万减少到 2013 年的 220 万；卫星电视用户基本稳定在 200 万左右；IPTV 用户将从 2005 年的 10 万增长到 2013 年的 120 万（表 8）。①

表 8　加拿大电视用户数量（百万）（2004～2013）

传输类型 \ 年份	2004	2005	2006	2007	2008	2009	2010e	2011e	2012e	2013e
模拟有线	5.3	5.2	5.1	4.8	4.5	4.4	4.2	3.8	3.2	2.2
数字有线	2.1	2.8	3.0	3.3	3.8	4.1	4.4	4.8	5.4	6.4
有线用户小计	7.4	8.0	8.1	8.1	8.3	8.5	8.6	8.6	8.6	8.6
卫星	2.3	2.6	2.7	2.7	2.6	2.5	2.4	2.3	2.2	2.1
IPTV		0.1	0.1	0.2	0.2	0.2	0.3	0.5	0.8	1.2
电视用户小计	9.7	10.7	10.9	11.0	11.1	11.2	11.3	11.4	11.6	11.6

（2）宽带市场竞争激烈

与美国宽带接入市场上有线电视网络运营商占主导地位相似，加拿大宽带接入市场上，有线电视网络运营商的市场份额也超过了电信运营商。2004 年，电信 ADSL 技术在宽带市场上的接入份额为 46.8%，有线电视网络 Cable Modem 技术在宽带市场上的接入份额为 52%；到了 2006 年，电信 ADSL 技术在宽带市场上的接入份额略有上升，达到 48.9%，而有线电视网络 Cable Modem 技术在宽带市场上的接入份额略有下降，为 49.7%（表 9）。从 2004 年至 2005 年的数据来看，电信运营商和有线电视网络运营商对宽带接入市场的争夺非常激烈。

表 9　加拿大宽带接入市场的市场份额情况（2004～2006）

年份	电信 ADSL 接入	有线电视网络 CM 接入	其他
2004	46.8%	52%	1.2%
2005	48.2%	50.6%	1.2%
2006	48.9%	49.7%	1.4%

（3）有线电视网络运营商大力发展新视频业务

根据加拿大电视与电信委员会（CRTC）2010 年的最新报告显示，伴随电信和广播电视网络之间提供业务种类的趋同与融合，信息服务创新速度与创新的渗透速度都大为加强。加拿大受众可以选择的信息内容也日趋丰富。传输平台的多元化发展趋势促进了受众群体的细分。在这一过程中，一个显著趋势是新型付费视频内容的消费量增长迅速。从图 15 可以看出，在 1998 年时，传统的商业台 OTA 和公共台 CBC 的市场份额为 46.6%，远高于专业及付费电视 14.7% 的市场份额，而到了 2008 年，经过十年的发展，专业与付费电视的市场份额

① Navigating Convergence: Charting Canadian Communications Change and Regulatory Implications. CRTC-Policy Development and Research, February 2010.

(37.9%)已经超过了传统商业台和公共台的市场份额之和(29.3%)。[①]

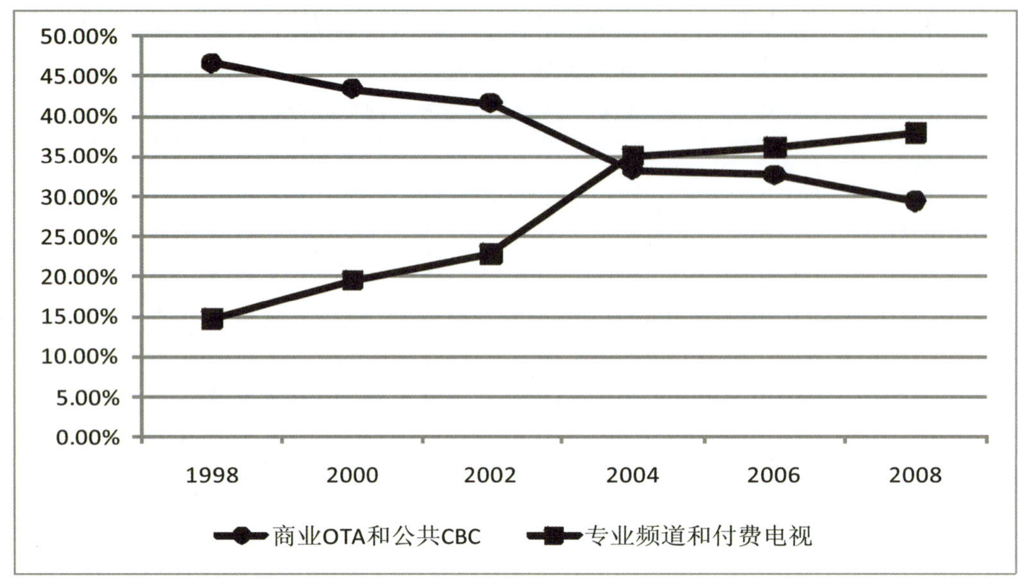

图 15 加拿大传统电视与专业、付费电视市场份额变化(1998~2008)

根据 BBM 媒体技术监测报告中的数据,在加拿大的英语节目市场,VOD 业务的渗透率已经从 2005 年的 24% 增长到 2008 的 30%;在加拿大的法语节目市场中,VOD 业务的渗透率在 2008 年时达到 12%。有线电视网络发展 VOD 业务的增速,在 2006 年以前保持在 10% 左右,进入 2007 年后则达到了 30%。2007 年底,45% 的数字有线电视用户使用 VOD 业务,比 2000 年用户数增长了 1 倍多(2000 年,20% 的数字有线电视用户使用 VOD 业务)。2009 年 4 月,加拿大知名的有线电视网络运营商 Rogers 公司宣布,其公司的 VOD 用户数量已从 2005 年的 5000 万增加到 1 亿;Shaw 公司的报告则显示其 VOD 用户的年增长率超过了 74%。[②] 根据 Pricewaterhouse Coopers 的《全球娱乐与媒体展望》(Global Entertainment and Media Outlook)报告中的预测数据,2009 年,加拿大的 VOD 业务总收入达到 1.1 亿美元,2013 年这一数值将达到 2.14 亿美元。

根据 Dataxis Intelligence 公司的最新报告,2010 年第一季度加拿大数字有线电视用户总数达到了 498.4 万,而今年第二季度的有线用户数量达到了里程碑式的 500 万户。加拿大的五家主要的有线电视运营商(Rogers、Shaw、Videotron、Cogeco 以及 Eastlink)中,2010 年 3 月,Shaw 公司的有线电视用户数量最多,达到了 232.86 万,其用户数量的增加是由于该公司并购了安大略的 Hamilton 有线电视系统;Rogers 公司的有线电视用户数量排在第二位,但是其数字用户总量比 Shaw 公司要多。2010 年第一季度,Rogers 拥有 168.9 万个数字用户,而 Shaw 公司拥有 150.8 万个数字用户,这两大运营商的数字化程度分别为 73.6% 和 64.8%。

(4)有线电视网络运营商通过 VoIP 进入话音业务市场

---

① Navigating Convergence: Charting Canadian Communications Change and Regulatory Implications. CRTC-Policy Development and Research, February 2010.

② Etan Vlessing, Rogers Serves Canadian VOD, The Hollywood Reporter, February 20, 2002.

VoIP 业务提供商主要有三类：转售商、传统本地电信运营商（ILECs）和有线电视运营商。截至 2004 年年末，加拿大 VoIP 住宅用户大约有 2.9 万；有线电视网络运营商在 2005 年的 VoIP 市场中占到了 49% 的市场份额；VoIP 业务持续增长，Rogers、Show 等有线电视网络运营商的 VoIP 用户从 2005 年底的 20 万，增长到 2006 年底的 100 万，到 2007 年底，这一数值进一步增长到了 160 万户。2007 年，所有 VoIP 提供商将拥有超过 110 万的住宅用户，占本地居民固定电话市场的 9%。其中，有线电视运营商有望占 53%，ILECs 占 27%，其他约占 20%（表 10）。[①] 从表中的数据我们得知，近年来，有线电视网络运营商在 VoIP 市场上取得了骄人的成绩，市场份额从 6% 增长到了超过半壁江山。

表 10　2004～2007 年加拿大 VoIP 市场份额情况

年份	本地电信运营商	有线电视网络运营商	其他
2004	0	6%	94%
2005	17%	49%	34%
2006	21%	52%	27%
2007	27%	53%	20%

3.3　欧盟有线电视网络融合业务发展情况

欧盟成员国中，各国有线电视网络发展融合业务情况差异较大。有的国家是有线电视网络发展融合业务优于电信网络，有的国家则是电信网络发展融合业务优于有线电视网络。到 2007 年底，欧盟成员国共有电视用户 1.96 亿，其中有线电视用户 6490 万，卫星电视 5540 万，无线电视 4200 万，DTT 业务 2990 万，电信 IPTV 用户 410 万（如表 11 所示）。2007 年电视传输业务（基本节目、付费节目和 VOD）收入为 26.7 亿欧元，广告收入为 27.6 亿欧元，公共资金为 19.7 亿欧元。[②]

表 11　2007 年欧盟电视用户及收入情况

	市场细分	用户数量（万）
电视用户情况	有线电视用户	6490
	卫星电视用户	5540
	无线电视用户	4200
	DTT 用户	2990
	电信 IPTV 用户	410
	业务种类	收入（亿欧元）
广播电视产业收入	传输业务收入	26.7
	广告收入	27.6
	公共资助	19.7

① 数据来源：Voice Over Internet Protocal（VoIP）：Competitive Landscape. NBI/Michael Sone Associates estimates.

② 姚毅：《有线网络　无限光明》，http：//www.teraband.com/shownews，2009 年 6 月 5 日。

欧盟宽带市场发展迅速，到 2007 年底，欧盟成员国宽带总用户数为 9990 万，其中电信 DSL 用户占 5790 万（市场份额为 57.9%），有线网络宽带用户占 1560 万（市场份额为 15.6%），其他宽带用户数为 2640 万。2007 年总的宽带业务收入为 28.7 亿欧元。

欧洲有线网络运营商也参与话音通信业务，2007 年，欧盟成员国电话用户数为 2.29 亿，其中电信用户为 1.97 亿（市场份额为 86%），有线电视用户为 1160 万（5%），其他竞争网络的用户为 2050 万；总产值为 72 亿欧元。

欧盟有线电视协会 2008 年报告显示，欧盟国家 2007 年有线电视网络产业的资本支出达 3.9 亿欧元，有线电视的投资增长率为 22%，近年来一直高于电信运营商的投资增长率，这为有线电视产业的网络更新升级和适应新的竞争环境铺垫了坚实的基础。这些投资主要集中在光纤网络的升级改造方面，以使有线电视网络能够提供 20Mbps 的传输带宽并提供多频道的 HDTV、VOD、互动电视业务以及电话业务。

在 2007 年，欧洲有线电视网络产业收入为 17.9 亿欧元，比 2006 年的 15.96 亿欧元提高了 12.6%；数字电视用户达到了 1390 万户，比 2006 年的 990 万户提高了 40%；与 2000 年相比，有线电视网络的宽带接入服务业务增长最为显著，从 2000 年的 2.7 亿欧元上升到 2007 年的 42 亿欧元；2010 年，欧盟主要成员国的三网融合业务的市场总额达到了 75 亿欧元（图 16）。①

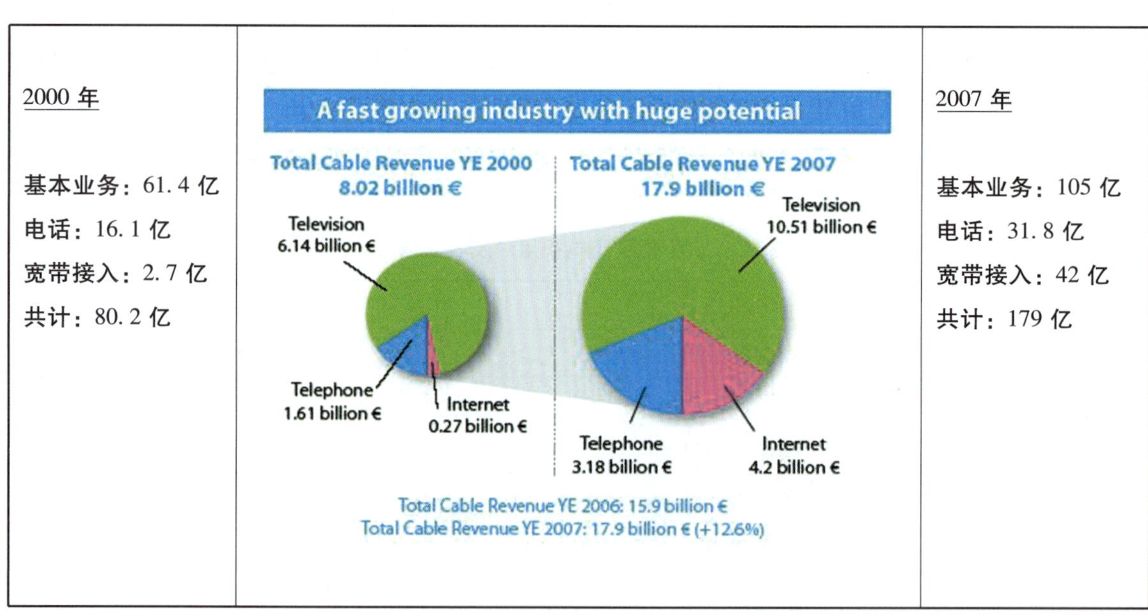

图 16　2000～2007 年欧盟有线产业的业务发展

欧盟国家的有线电视网络运营商在三网融合的背景下，主要通过网络整合和加快数字化、推动融合新业务来与电信和卫星电视展开竞争。

（1）网络整合，加速数字化

① 数据来源：http：//www. cable congress . com.

在欧洲，有些国家拥有很高的有线电视普及率（比如比利时有线电视普及率达95%以上，荷兰达90%，德国达70%），但有些国家的有线电视普及率低，并且普遍存在市场高度分割的状态，使其不能形成竞争实力。例如在比利时有线电视市场有30多家公司涉足。据法国有线电视协会称，2003年底法国有350万有线电视用户，但有线电视市场由10多家运营商构成。德国是欧洲最大的有线电视市场，约占欧洲有线电视市场的1/3，但德国分割的有线电视市场结构为其带来了挑战，在这样的结构下，不同运营商拥有不同水准的基础设施。在三网融合的进程中，整合浪潮蔓延到欧盟的主要有线电视市场。在法国，United Global Com Europe公司（现在称作Liberty Global）在2005年早些时候收购了Noos公司，同时，NC Numericable公司和France Telecom Cable公司于2005年合并。西班牙有线电视运营商Auna公司将其100%的有线电视和固定电话资产出售给Ono公司，这两家公司的合并在西班牙产生了一家拥有约580万用户的强大的有线电视运营商。德国两家有线运营商Iesy和Ish于2005年3月合并，合并后的实体约有520万基本有线用户；2005年底，Iesy公司又与拥有260万基本有线用户的Tele-Columbus公司合并。英国从1982年起进行全国有线电视网整合，英国政府根据信息技术顾问小组（ITAP）的建议，决定抓住机遇发展宽带有线电视网络，形成全程全网。英国的NTL公司和Telewest公司于2005年正式宣布合并。

在有线电视网络整合的过程中，有线电视网络的运营商也在积极进行网络的数字化改造。在欧洲，伴随数字电视渗透率和互联网渗透率的增加，视频内容的消费总量和结构都在发生着变化。表12中数据反映了2006年至2007年英国、法国、德国和意大利数字电视渗透率和互联网渗透率的变化情况，增长的数值都反映出人们对于数字化媒体的消费偏好增强。进一步可以发现，在英国、法国、意大利，数字电视渗透率要高于互联网的渗透率，这为有线电视和卫星电视发展融合业务奠定了基础。

表12　欧盟部分国家2006～2007年数字电视与互联网渗透率情况

业务情况 / 国家	数字电视渗透率		互联网渗透率	
	2006	2007	2006	2007
英国	77%	86%	50%	60%
法国	53%	66%	48%	58%
德国	27%	32%	38%	50%
意大利	47%	56%	36%	41%

图17反映了OECD部分国家关闭模拟信号的时间表，目前，荷兰、瑞典已经完成了数字转化；除了波兰，欧盟所有国家预计将在2012年关闭模拟信号。

根据Idate的数据，截至2008年底，欧洲已经有1120万家庭开通了光纤到户，欧洲的电信网络运营商开始大举投资FTTB、FTTC和FTTH项目，比如Telefonica选择FTTB/H替代原先的VDSL计划。2008年7月，英国电信（BT）宣布其光纤网络升级计划，指出英国电信BT将在2012年前完成至少1000万用户量的光纤网络改造，改造将分为FTTC（光纤到社区，

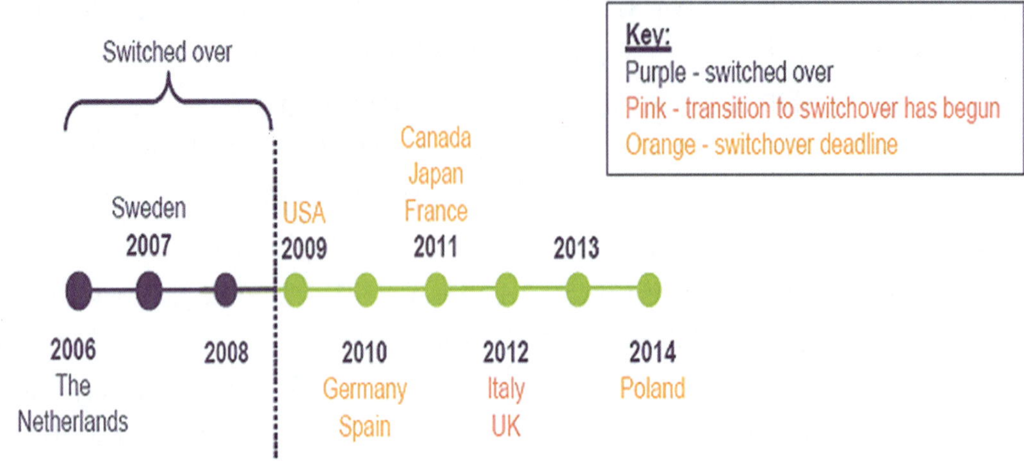

图 17　OECD 部分国家进行数字转换的时间表

Fiber to the Cabinet）和 FTTH（光纤到户，Fiber to the Home）两步走，FTTC 实现后，带宽速度将提升至 40Mbps，而 FTTH 实现后，带宽速度将提升至 100Mbps。英国最大的有线电视运营商 Virgin Media 也在 2008 年底将其 2/3 的覆盖网络升级为 Docisis 3.0 标准，为 900 万用户提供速度超过 50Mbps 的宽带接入服务。法国的 ARCEP 表示在过去两年，光纤接入网络的部署有了很大进展，有接近 40 个城市及其他地区实现了光纤接入。在几家运营商中，法国电信是其中的佼佼者，该公司在 40 个市政区部署了光纤网络，其中包括 12 个城市地区。有线电视运营商 Numericable 则是在 30 个城市及其他城市地区开始了“光进铜退”的工作。

（2）有线电视网络推动融合业务发展

在这里我们以 VOD 点播业务、互联网接入和网络视频为例，说明欧盟国家有线电视网络开发运营融合业务的情况。

欧盟国家的有线电视网络运营商基本上从 2005 年初开始全面推进 VOD 业务，并且不断采用新技术来降低使用者的成本。据 Tandberg Television 公司统计，现在推广使用每个 VOD 流所需资本支出约 250 欧元，而几年前为几千欧元。对 VOD 系统投资的回收期现在为 18 ~ 24 个月，这足以证明 VOD 系统是很有吸引力的投资项目。

法国媒体发展署、法国数字电视专门委员会和欧洲视听调研机构联手对欧洲 24 个国家视频点播（VOD）业务的发展状况进行调研的结果显示①，在 2006 年欧洲 VOD 营业额居首位的是英国，营业总额为 4.8 亿美元，法国为 2.41 亿美元；目前，欧洲 VOD 的营业总额为 40 亿美元，预计到 2011 年，VOD 的营业额将达到 115 亿美元。届时欧洲将有 4.35 亿个家庭使用基于有线电视网络 VOD 或是 NVOD 准视频点播的服务。

从英国的实践数据中也可以看出类似的趋势，表 13 的数据反映了英国 2005 年至 2009 年的捆绑业务的发展情况，可以发现，持续保持增长态势的捆绑组合是最能体现家庭目前多元化信息需求的“固话 + 宽带上网 + 多频道视频”。

---

① 数据来源：《广播信息参考报》2007 年第 8 期，第 9 ~ 10 页。

表 13　2005～2009 年英国有线电视网络捆绑业务购买情况①

业务类型	业务购买比例%				
	2005	2006	2007	2008	2009
固话＋拨号上网＋多频道视频	5	4	2	1	16
固话＋多道视频	15	13	8	8	5
固话＋拨号上网	23	16	12	2	0
固话＋宽带上网＋多频道视频	12	18	18	32	34
固话＋宽带上网	30	40	47	43	44
其他	14	9	13	15	16

3.4　亚洲有线电视网络融合业务发展情况

3.4.1　日本

日本的有线电视诞生于 1955 年，因为日本依靠微波和卫星就可以达 100% 的覆盖，而且日本的无线电视频道已经能满足大部分观众的需求，所以日本政府早期对有线电视的发展有所忽视。日本有线电视普及的成长过程也比较慢，日本在大力发展卫星直播电视的同时没有看到发展有线电视的必要性。

此外，政府的政策也使有线电视的发展受到阻碍。直到 1987 年，日本才开始重视有线电视的发展。邮政省于同年批准了 18 家有线电视台开播。1994 年，日本政府进一步放松了限制，决定允许有线电视跨地区经营，并允许外资进入有线电视领域。

日本有线电视系统有超过 5 万家运营商，其中最大的 150 家（仅占所有有线电视系统数的 0.3%）的用户数就占全国有线电视用户数的 20%。TWC、TCI 等美国有线电视巨头已经开始在日本投巨资开办有线电视网，进行有线电视的跨国经营。

（1）有线电视发展基本情况

经过了 55 年的发展，现在日本的有线电视除了转播地面广播卫星（BS）、通信卫星（CS）的电视节目及自办的节目之外，还提供像 IP 电话、因特网的宽带业务等通信型的业务内容。有线电视也配合广播数字化的潮流开始了自身的数字化，以适应融合产生的新业务发展。日本有线电视网络运营商开始集团化、多业务经营，目前可以经营包括宽带、IP 电话和互动电视在内的多种业务。

据日本总务省统计数据，截至 2010 年 6 月，日本的有线电视用户数达到 2500 万户，有线电视用户普及率达到 46.9%。整体来看，日本有线电视用户数呈逐年稳步上升趋势，有线电视用户数从 2001 年的 1300 万增长到了 2010 年 6 月的 2500 万；但是年增长率却逐步放缓，从 2001 年的 24.5% 下降到了 2010 年 6 月的 1.2%；有线电视用户的普及率也逐年稳步上升，从 2001 年的 26.8% 上升至 2010 年 6 月的 46.9%（图 18）。

① 数据来源：Ofcom：The Communication Market 2009.

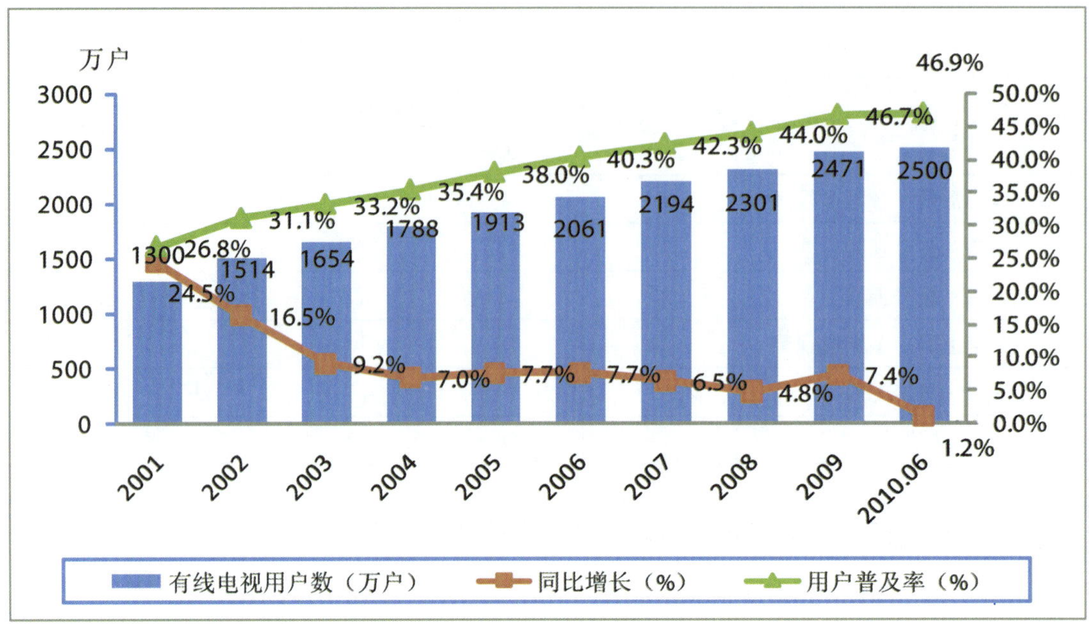

图 18　日本有线电视用户数发展情况

截至2008年底，日本放送市场的总规模达到39771亿日元，同比2007年减少5.3%；有线电视市场规模为4667亿日元，同比减少1.7%。但是有线电视在整个放送市场所占的份额却逐年上升，从2002年的8.2%上升至2008年的11.7%（图19）①。

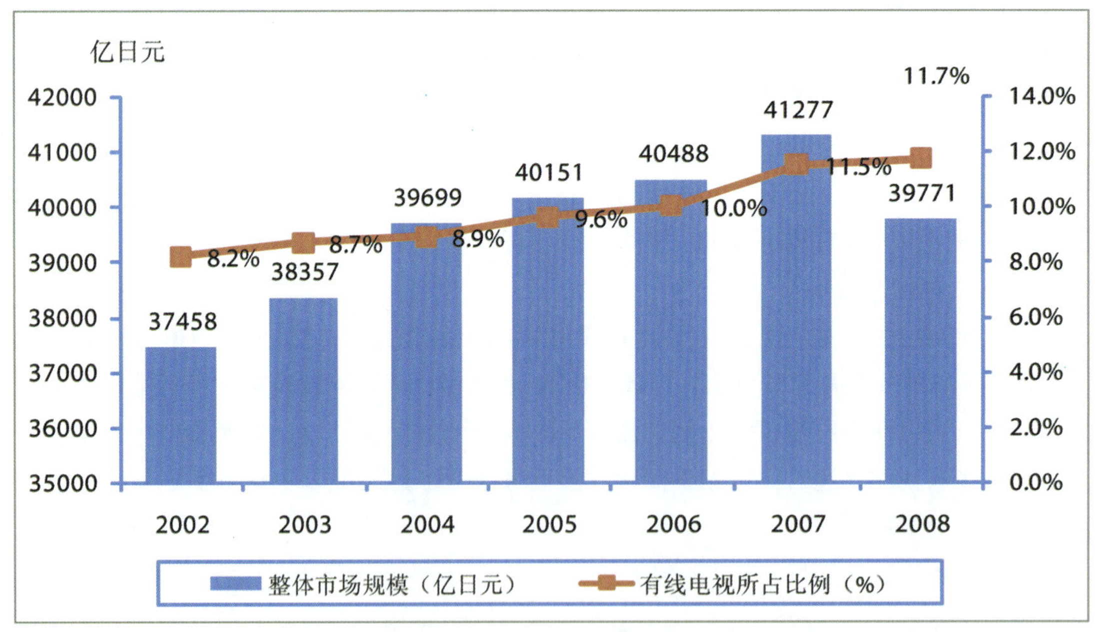

图 19　2002～2008 年日本放送市场总规模及有线电视所占比例情况

① 具体数据依据《NHK 年鉴》各年度的数据整理而来。

（2）宽带业务竞争

截至 2009 年 9 月，日本的宽带用户总数为 3127 万户，其中 FTTH 用户 1655 万户，占宽带用户总数的 52.9%，DSL① 用户和有线宽带用户数分别为 1047 万户和 425 万户，分别占宽带用户总数的 33.5% 和 13.6%。由此看出，FTTH 用户数首次超过 DSL 和有线网络宽带用户总和（图 20）。

从日本宽带用户的构成上看，FTTH 用户和有线网络用户数逐年上升，其中 FTTH 用户数增速较快，而有线宽带用户数则呈缓慢上升态势，而 DSL 用户数在 2005 年达到顶峰，目前 DSL 用户数在逐年下降。

为了应对未来的融合竞争，日本有线宽带网络公司自 2000 年 10 月开始进行家用光纤宽带业务试验，光纤宽带自 2001 年开始在日本投入商用。近年来，各大通信公司不断推出特色服务，并加强了上网、电话、影像播放等服务的融合，极大地推动了光纤宽带的普及，终于使其成为主流。

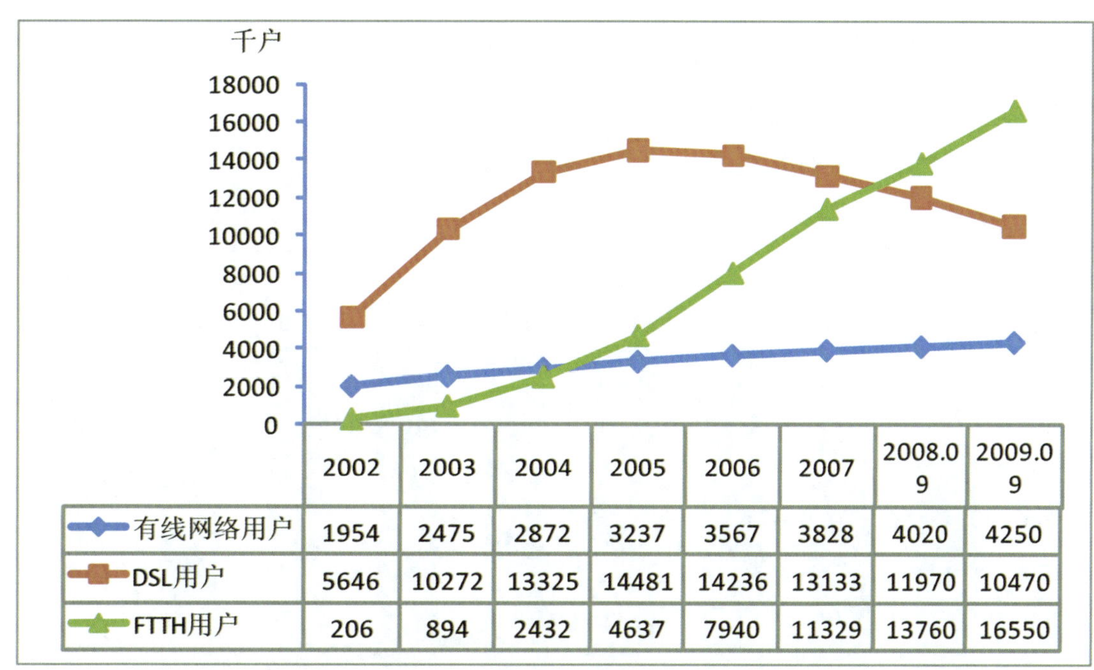

	2002	2003	2004	2005	2006	2007	2008.09	2009.09
有线网络用户	1954	2475	2872	3237	3567	3828	4020	4250
DSL用户	5646	10272	13325	14481	14236	13133	11970	10470
FTTH用户	206	894	2432	4637	7940	11329	13760	16550

图 20　日本宽带用户数变动情况

日本有线网络宽带用户发展迅速。使用有线电视网络进行宽带连接的用户数逐年上升，但是年增长速度却呈放缓趋势。2004 年 3 月，日本的有线电视网络宽带用户数为 258 万户，而到 2010 年 3 月，有线电视网络宽带用户数达到 435 万户。但是年均增长率却从 2004 年的 24.6% 下降到 2010 年的 5.8%（图 21）。②

整体来说，提供宽带接入服务的有线运营商在日本所有有线电视网络运营商中所占的比

① DSL（Digital Subscriber Line，数字用户环路）技术是基于普通电话线的宽带接入技术，DSL 包括 ADSL、RADSL、HDSL 和 VDSL 等。

② 具体数据由日本总务省发布的《日本 2010 年情报通信白皮书》和日本电信电话株式会社的《日本 FTTH 现状》整理而来。

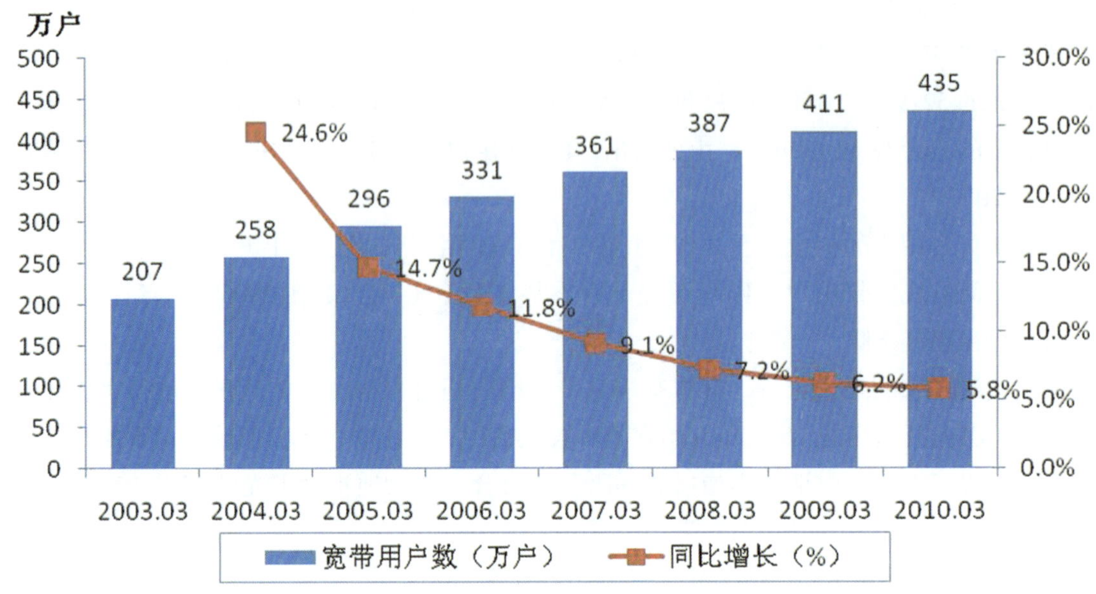

图 21　日本有线电视网络宽带用户发展情况

例很小，而且日本能够提供宽带服务的有线电视网络运营商数量变动不大，近年来逐渐趋于稳定。2003 年到 2010 年的 8 年间，有线宽带运营商数量在 282 家和 385 家之间变动（图 22）。①

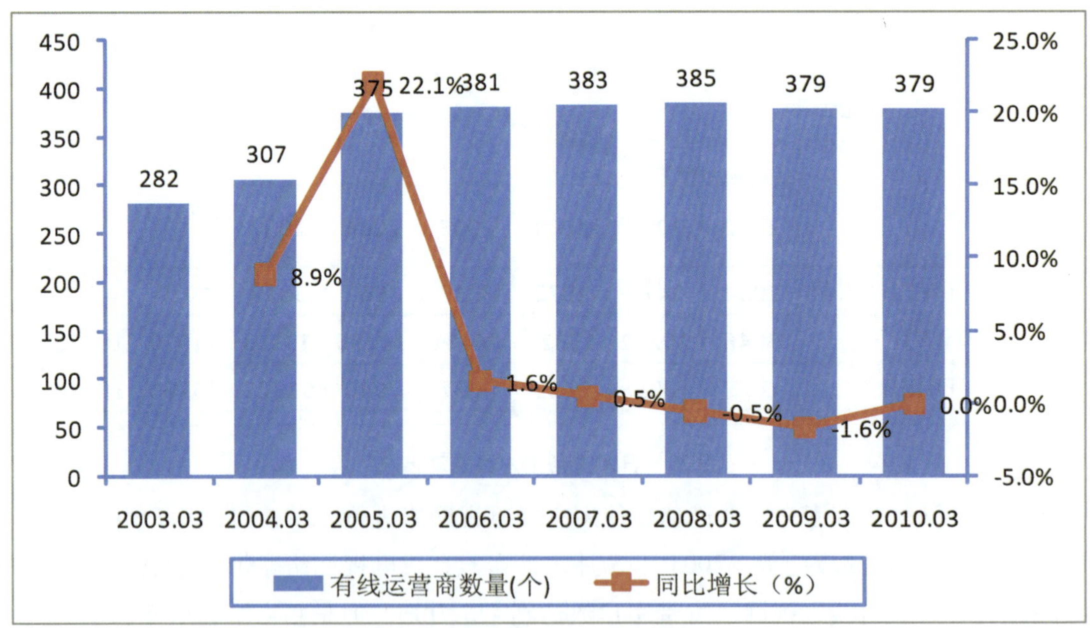

图 22　提供宽带服务的有线电视网络运营商变化情况

在融合业务方面，日本的有线电视网络通过网络技术改造、产品服务和收入模式多样化来与电信运营商竞争，虽然在诸如宽带接入和 VoIP 市场，有线电视网络的市场份额逊于电信运营商，但有线电视运营商也取得了一定的突破。

① 具体数据参考日本总务省发布的《日本 2010 年情报通信白皮书》。

以J:COM为例，J:COM成立于1995年1月，是日本最大的有线电视运营商，业务范围覆盖从北海道至九州的5大都市圈的部分有线电视网、高速互联网、电话等服务。截至2009年12月，J:COM公司资产总额[①] 176亿日元（约合94亿人民币），全业务总营业额3337亿日元（约合267亿人民币）。截至2010年9月，J:COM总加入家庭数超过337.8万户，其中有线电视用户超过263.2万户，互联网用户接近166.7万户，电话用户超过191.1万户。[②]

J:COM的互联网业务开始于1999年1月，2003年9月实现下行30M接入，2007年10月下行带宽最大达到160M。主干网通过光纤传输（FTTN方式），然后通过同轴电缆入户，最后接入调制解调器转为IP信号。用户根据需要选择不同的带宽，套餐价格从3129日元至6300日元（约240元人民币至480元人民币）。

在宽带接入业务方面，J:COM公司的宽带业务用户数保持稳定增长态势，2004年底，公司的有宽带用户数为75.2万户，而到2009年底，公司的宽带有户数达到158.5万户，年均复合增长率为16.1%，截至2010年9月，公司的宽带用户数达到166.6万户。在电话业务方面，J:COM的电话业务包括固定电话（始于1997年7月）和PHS移动电话（始于2006年3月），资费标准相对NTT（日本电信电话株式会社）、KDDI等一线语音业务运营商便宜三成以上。与日本最大的固定电话运营商NTT相比，J:COM的固话业务在来电显示费、来电等待业务费、月租费等3种比较普遍的套餐资费上每年就可节省将近800元人民币。优惠的价格吸引了大量的电话用户。2004年底，公司的电话用户数为77.3万户，而到2009年底，电话用户数达到176.3万户。但是年增长率却从2005年的25.5%，减少到2009年的12.3%，不过公司的电话年均复合增长率仍然达到17.9%。截至2010年9月，公司的电话用户数达到191.1万户。

3.4.2 韩国

(1) 韩国有线电视业的发展概况

韩国最初于1970年开始建设有线电视共用天线系统。1991年开始试验正规的有线电视节目服务。1993年成立韩国有线电视协会（Korea Cable TV Association），并于1995年3月正式开办有线电视商业服务。当时只有9.7万家庭订户，48个有线电视系统运营商和24个节目频道。1996年订户数超过100万，1999年建立有线电视频道分层系统（Channel Tiering System），2002年开始提供计次付费服务（Pay Per View）。

韩国的有线电视服务包括基本层服务、额外付费服务、高速互联网接入服务和数字有线电视等。到2001年12月，有线电视覆盖家庭约1580万户，网络渗透率达60.2%。到2002年3月，韩国的有线电视高速互联网连接家庭达320万户。截至2008年12月，韩国的有线电视用户家庭普及率达到80%，付费电视用户数达到1880万。

(2) 韩国宽带业务

韩国是世界上宽带发展速度最快、普及率最高的国家，从1998年7月开始，韩国的

---

① J:COM公司的资产情况及有线电视、宽带、电话用户数等数据来源是J:COM公司网站公布的数据及各年度报告提供的信息。

② 总加入家庭数为有线电视、互联网、电话开通任意一种业务的总和。

Thrunet 以 cable modem 方式提供宽带接入。截至 2009 年 8 月，韩国的宽带用户数达到 1604 万户，韩国的家庭宽带普及率达到 98%，居全球首位（图 23）。[①]

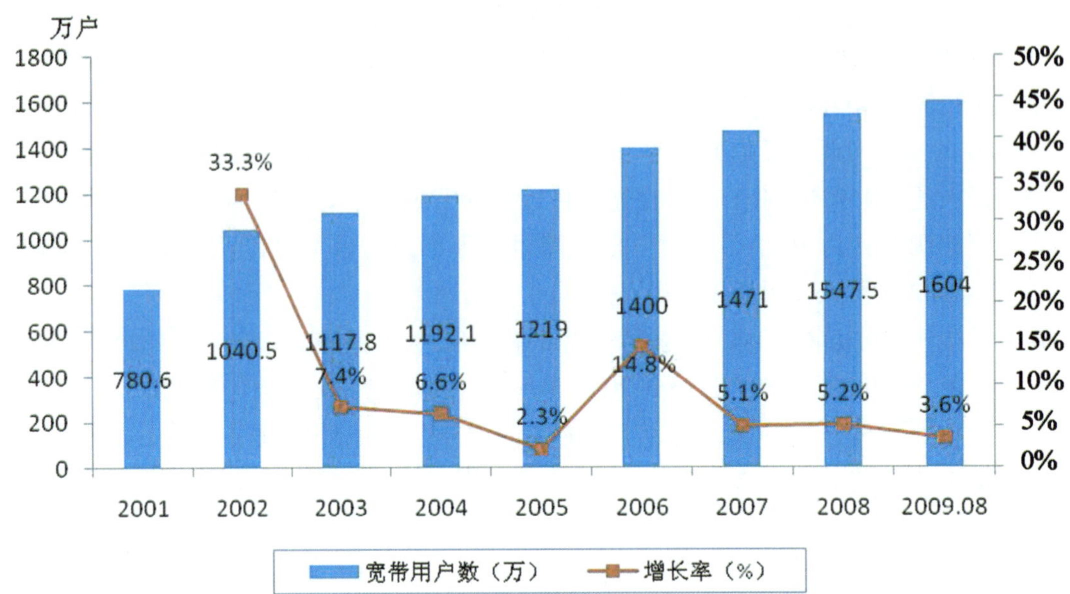

图 23　2001 ~ 2009 年韩国宽带市场用户数变化情况

韩国的宽带市场发展到今天，由 KT、SK 和 LG 三大电信运营商主导着韩国宽带市场，占据了韩国大约 80% 的宽带市场份额，但同时也面临着一些有线电视网络运营商及新兴运营商提供的低价宽带的竞争威胁。在 2009 年，KT、SK Broadband、LG Powercom 三家超高速宽带网提供商的用户达 1300 万（KT 42. 2%；SK Broadband 23. 6%；LG Powercom15. 4%），而通过有线电视运营商接入互联网的用户超过 300 万，占据宽带市场份额的 18. 7%。

在宽带内容应用方面，随着宽带接入市场的饱和以及价格的不断降低，韩国的宽带运营商积极开辟新的商业模式，推广新的增值服务，以提高宽带收入。在增值服务内容上，韩国宽带运营商走在了世界同行的前面。该国的网上教育、游戏和视频点播等宽带内容十分丰富，网上购物、网上银行交易、网络游戏和网络广告等业务也呈现出较快的增长势头。根据韩国信息通信部的统计报告，截至 2007 年 6 月底，使用电子邮件或即时通信软件的网民占 86. 9%，与使用网络检索信息的人数相当；78. 7% 的人上网获取娱乐内容，如下载音乐、电影和电子杂志等。

（3）网络电视业务

2010 年 6 月，韩国有线电视运营商 CJ Hello Vision 公司推出了名为“Tying”的网络电视服务，开通该业务的用户可以在任何地方收看 53 个直播频道，并可进行视频点播。这一业务与美国有线电视运营商 Comcast 的相关业务非常类似。

Typing 服务开始时只可以在台式电脑或手提电脑上收看，用户需要每月支付 3500 韩元（大约 20 元人民币）才可以获得完全访问，但是该网络电视业务比起传统的有线电视便宜很

① Thrunet 是韩国第一家提供宽带接入服务的运营商，已被 SK 收购。

多（在韩国有线电视月费大约是8000～13000韩元）。

CJ Hello Vision公司认为，其Tying业务比起电信运营商提供的IPTV拥有更高画质的图像，而与传统电视相比则更具移动性。这种“多屏合一”的策略（在多种平台如手机和Internet上提供有线电视节目）在韩国越来越受到重视。

3.4.3 新加坡

（1）有线电视发展基本情况

从1992年开始，新加坡由政府投资，一次性完成了全国有线电视网的整合。1992年，新加坡政府为新加坡有线电视公司第一期投资5亿美元，建设和提升有线电视宽带网。到1998年底，有线电视网的双向业务接入了每一个家庭。

StarHub（星和）是新加坡有线电视的唯一提供商，整个新加坡的有线电视节目由StarHub一家运营商垄断。截至2008年底，新加坡的有线电视用户数达到50.8万，但是SingTel（新加坡电信）推出的IPTV业务与StarHub在视频领域展开了竞争。

2004年5月29日，StarHub耗资2345万美元的有线数字电视业务正式开通。该业务可以提供包括印度的Star Plus、Star Movies、Star World、ESPN、国家地理频道及凤凰卫视中文台在内的11个新增频道，使其频道总数达到了61个。StarHub是新加坡第一家付费电视服务提供商，约有38万个家庭用户，使用该业务的用户数大约占新加坡总家庭数约35%。

SingTel旗下Mio TV IPTV业务的市场占有率已经逼近付费电视领先者StarHub，主要原因在于SingTel专注于发展高质量的内容。光纤时代的来临，也使得新加坡另一个电信运营商M1（第一通）[①] 加入付费电视的竞争行列。

（2）宽带业务

新加坡的宽带用户数近年来持续增加，2004年新加坡的宽带用户数仅为54.5万，宽带用户普及率为12.8%，而到2008年底，新加坡的宽带用户数达到100.3万户，宽带普及率为22.34%（图24）。[②]

在新加坡2008年的100.3万宽带用户中，Singtel大约占了宽带用户数的一半，达到49.7%。而StarHub占据了37.2%，其他运营商合计占据了13.2%。新加坡电信在宽带接入市场的优势显著，但有线电视公司的宽带接入实力也在逐步增强。

完善的基础设置和高速的网络是资讯通信技术服务国民的基础。为此，新加坡实施了下一代全国宽带网络计划（NBN）。它是一种全国性的超高速光纤到户（FTTH）网络，最高连接速度可达1Gpbs；到2012年，将部署至95%的家庭和商业建筑。新加坡政府将为其提供高达10亿新元的资金（约合6.5亿美元），通过向运营商征询方案的方式来经营该网络。至今，下一代全国宽带网络计划已实现60%的网络覆盖。

（3）电信运营商主导的IPTV业务

---

① M1，即第一通（MobileOne），是新加坡第三大流动电信服务公司，成立于1997年4月，提供移动通信，互联网，以及国际长途电信等服务。第一通是新加坡首家推出免费短讯服务计划的供应商。

② 主要参考资讯源于通信发展管理局（IDA）的网站信息以及StarHub公司年报。

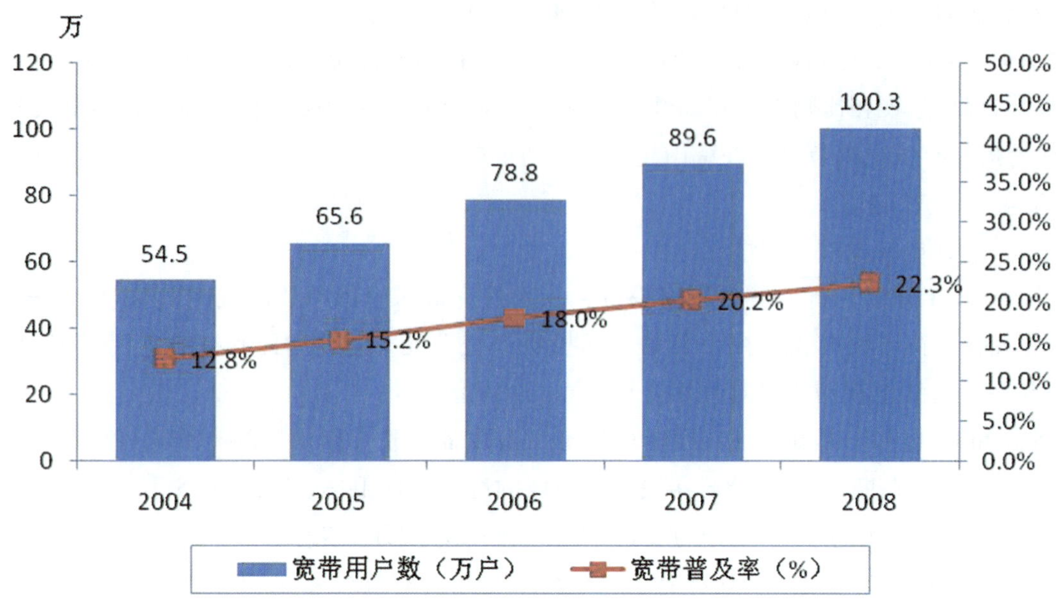

图 24　新加坡宽带用户市场规模

2007 年 1 月 16 日，新加坡新网（SingNet）获得第一张 IPTV 全国性付费电视执照许可证，使用期是 10 年。2007 年 7 月，为了应对当地有线电视公司 StarHub（星和）的竞争，SingTel（新加坡电信公司）正式推出了该公司的 IPTV 服务，并且投入 1980 万美元用于发展这项名为“Mio TV”的业务。Mio TV 提供新时代的电视服务，它利用互联网协议（IP）信号的转换，让观众可以透过电视荧幕来收看节目。Mio TV 可以让用户在既有的电视观赏体验下享受更多乐趣。它不但结合了付费电视、数码以及高清电视的所有好处，同时还可以与互联网科技互动。

新加坡电信的这一业务提供了 33 个频道的电视内容。该公司计划使这一业务能覆盖国内 85% 的家庭，受众规模约为 450 万人。截至 2009 年 7 月，新加坡电信的 Mio TV 的用户数已经超过 10 万。

（4）手机电视业务

StarHub 为新加坡最大付费电视运营商，目前拥有 130 个地面付费电视频道，同时拥有该国市场上最多最成熟的移动电视服务。据 StarHub 最近公布的统计数据显示，其手机电视用户比去年同期增长了 10 倍，达到 10 万。

（5）移动电话业务

整体来说，新加坡的移动电话市场逐年保持平稳上升态势。2004 年至 2008 年间，移动用户的年均增长率达到 12%，2004 年底，新加坡的移动电话用户数为 399.1 万户，用户普及率为 93.4%，而到 2008 年底，新加坡的移动用户数达到 637.6 万户，移动用户普及率达到 142%（图 25）。[①]

① 数据来源主要参考 StarHub 公司年报以及国际电报联盟 ITU 发布的报告。

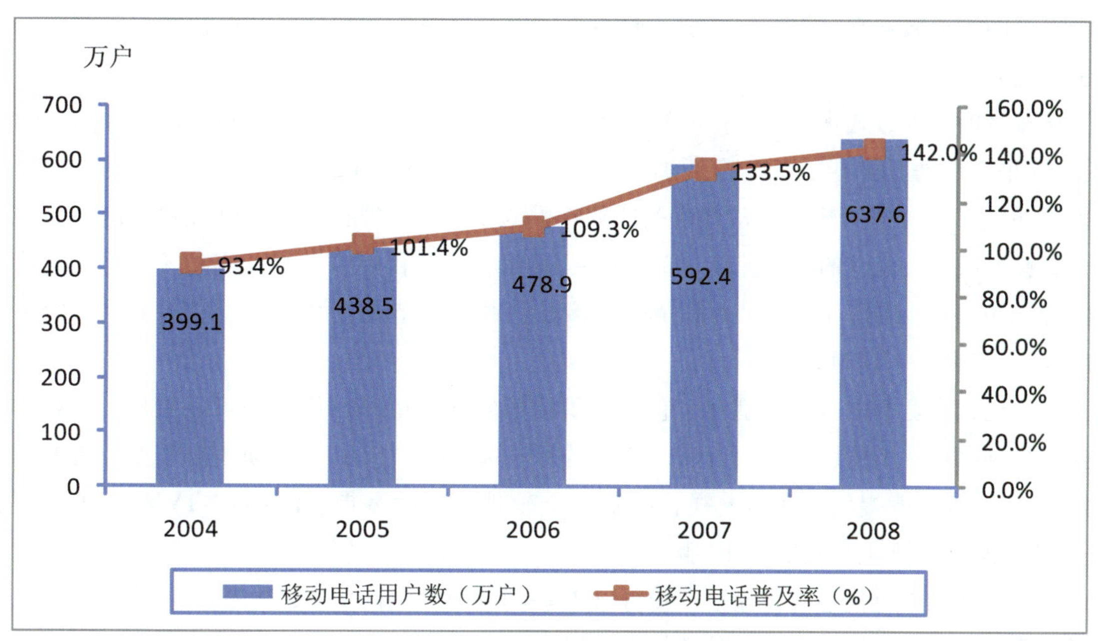

图 25　新加坡移动电话用户数及普及率

新加坡的移动电话用户基本由 SingTel、StarHub、M1 三家运营商垄断，其中 SingTel 基本上占有一半的用户。2008 年，SingTel 的移动电话用户占有率为 46. 7%，M1 和 StarHub 分别占有 25. 6% 和 22. 7%。

（6）StarHub 、Singtel 和 M1 三大运营商之间的融合业务竞争情况

2009 年，新加坡三大运营商的具体宽带市场份额及提供的增值服务情况（表 14）。[①]

表 14　2009 年新加坡宽带市场的运营商情况

运营商	宽带接入技术	市场占有率	宽带速度和价钱	终端和业务合同	增值服务
SingTel	铜线 DSL	50%	3 – 15Mbps 新加坡币 28 – 60	赠送家居网关和 notebook；12 – 24 个月签约合同	电脑安全软件；网上存储
StarHub	有线 Cable	47%	2 – 100Mbps 新加坡币 30 – 124	赠送 Modem 和路由器；12 – 24 个月签约合同	互联网电视；电脑安全软件；移动宽带；Karaoke TV；电脑购票
M1	移动 HSPA	——	2 – 7. 2Mbps 新加坡币 19 – 35	免费租用 USB 盘 6 个月签约合同；10 新加坡币 3G 路由器租用	按用量 VoIP

从上表可以看出，新加坡的宽带运营商，从宽带接入方式、市场份额到宽带速度与价钱

① 表 14 的信息来源参考了 Pyramid Mar 2009 Report，Press search，思科 IBSG。

以及提供的增值服务都有很大的差别。而能否提供增值服务（如话音、电视和移动宽频）成为主要差异。

从宽带的接入方式来看，SingTel 主要是采用铜线 DSL；StarHub 采用有线广播电视网络；M1 则是采用移动 HSPA①，而整个新加坡宽带市场基本上被 SingTel 和 StarHub 平分，两者占据了新加坡 97% 的宽带用户。从运营商能够提供的宽带速度来看，有线电视网络运营商 StarHub 能够提供更大范围的宽带速度（2Mbps ~ 100Mbps）可供用户选择，当然不同宽带速度对应的费用也各不相同；而 SingTel 和 M1 能够提供的带宽范围则相对较小；分别为 3Mbps ~ 15Mbps 和 2Mbps ~ 7.2Mbps。

三大运营商竞争的最大差别在于它们提供的增值服务情况，从上表可以看出，三者均能够提供多种多样的增值服务，可以满足不同的用户选择。如 SingTel 提供电脑安全软件和网上存储服务；StarHub 提供互联网电视、电脑安全软件、移动宽带、Karaoke TV 和电脑购票服务；M1 主要提供来电免费的 VoIP 服务。

此外，新加坡电信还提供家居三业务（互联网 + 固网电话 + IPTV）捆绑销售和其他互联网增值业务服务，为用户提供多种选择和优惠措施。

而新加坡的有线电视运营商 StarHub 则利用移动捆绑、互联网电视和增值服务作为市场竞争策略，有线电视频道可以在网上收看。StarHub 还提供“固网 + 移动宽带”的捆绑销售，并且提供数字语音等增值服务。

StarHub 同时提供按时间收费的宽带收费模式，主要是为了吸引低端客户。对于低端宽带使用用户，提供按时段收费；而对于“每日”宽带计划用户，则没有最低宽带月租费。

3.5 小结

经过十多年的努力，三网融合多种业务竞争局面在世界各发达国家基本形成。其主要目的是吸引大量社会和政府投资建设宽带网络，普及宽带业务进入千家万户，加速社会信息化进程。同时在统一管理的体制下引入业务竞争，以期在规模经营条件下，为广大民众带来更加便捷、成本低廉的信息服务和视听享受，并实现各种通信业务资费的降低和技术的创新普及到社会各阶层。发展起来的有线电视网络业务在其中成为了固网业务的重要竞争者，推动了宽带业务的发展。

（1）宽带业务广泛普及

发达国家中，宽带接入业务在融合业务中发展最快。在世界各国，在政府的全面开放政策影响下，大量新的宽带网络公司产生。美国 1999 年底有 136 家网络公司，到 2006 年底宽带业务提供者达到 1397 家。美国从 1999 年到 2008 年，宽带用户扩展到 1.32 亿；欧盟到 2009 年底宽带用户总数也达 1 亿；2009 年日本宽带用户达到约 3500 万；韩国家庭宽带普及率达到 93%。

根据摩根斯坦利报告，在未来数年，宽带业务将有广阔的市场空间，通信网络大于 80%

① HSPA 英文全称为 High - Speed Packet Access，即高速分组接入，是一种新型的宽带接入技术。

的业务流量是宽带数据，其中约60%主要是视频相关业务。宽带网络建设和业务普及是三网融合的中心目标。过去主要通过电信ADSL来提供宽带接入的局面因为融合业务的发展被彻底地改变。有线电视网络的Cable Modem技术和新的FTTH技术为广大家庭与企业用户实现宽带连接。

从图26所选择的样本[①]看，加拿大、美国、荷兰、瑞典、奥地利、葡萄牙等国家的有线电视网络是宽带互联网接入的主角，而韩国、丹麦、比利时、瑞士、英国和澳大利亚等国家的宽带互联网接入技术中有线电视网的市场份额紧紧跟在电信的DSL之后。来自美国FCC的2009年的宽带网报告[②]也显示：2009年有线电视网络在宽带互联网接入市场中的份额是37%，DSL的份额是29%，从现在到未来的2013年，拨号上网的市场份额逐渐萎缩，虽然电信部门的宽带服务份额处于增长趋势（预计增长到2013年的33%），但其始终难以撼动有线电视网络在互联网接入市场的优势地位（预计到2013年达到41%）。

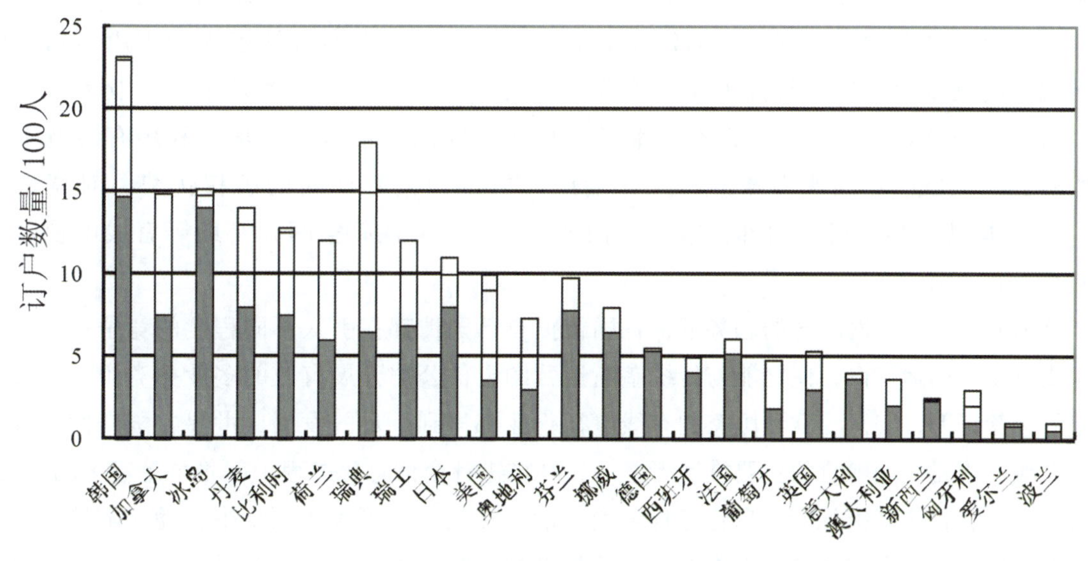

图26　2006年部分国家宽带互联网接入技术的市场份额情况

（2）传统广播电视开始全面数字化升级和推动融合业务

从原来的几十个模拟广播发展为200～400个标清以及近百套高清电视（HDTV）频道进入家庭，目前世界各国的广播电视行业内部已经形成地面电视、地面广播、有线电视、卫星电视等多种选择竞争格局。三网融合后，各大电信公司利用IPTV参与广播电视基础业务的竞争，对传统的有线和卫星电视形成竞争压力。

面对来自产业内外的竞争压力，有线电视网络运营商通过网络的升级改造来实现自身的规模经济和范围经济。短期的非对称监管意味着长期内的严峻竞争形势，通过网络

---

① 数据来源：Nation Cable and Telecommunication Association，2009.

② Robert C. Atkinson，Ivy E，Schultz，"Broadband in America：Where it is and Where it is going"，2009/12/11，Report of Columbia Institute for Tele－information.

的升级改造，有线电视网络运营商基于其覆盖广、速度快、捆绑业务容易实现的特点，很快从电信企业手中取得互联网接入领域的竞争优势。比如在美国，从 1996 到 2009 年全美有线网共投入 1612 亿美元，平均每个用户投入约 2600 美元改造网络。2009 年美国有线电视产业总收入为 902 亿美元，在基础用户基本数没有变化的情况下，收入比 1996 年增长了 3 倍多；数字电视实现 4210 万，有线电视高速互联网接入的用户数量达到了 4120 万，VoIP 电话服务的用户数量 2170 万，高清电视、VOD 业务和 DVR 业务等增值空间巨大；有线电视网络运营商在 2008 年开始进入移动通信行业，从而可以为客户提供四网融合的业务。

依托网络升级改造后的高带宽网络可以带来多种产品/服务共用的基础设施（和生产要素）的范围经济。因此，有线电视网络提供“三重播放”（Triple Play，集话音业务、数据业务和多媒体视频业务于一身）和“四重播放”（Quad Play，集话音业务、数据业务、多媒体视频业务与移动电话业务于一身）的捆绑服务是有线电视网络在未来竞争中取得突破的关键。三网融合的发展对消费者来说，最大的益处表现为利用多功能接收终端及时便捷地获取满足其需要的信息，他们并不关心这样的多元化信息业务由谁提供。所以，有线电视网络运营商在当前最直接的互联网宽带接入市场，利用有线宽带无需拨号、永久在线和高速带宽的特点，辅助广电部门内容产品的版权优势，对宽带接入、互动电视、VoIP 进行捆绑营销，并积极开发互联网视频空间，有助于有线电视网络打开良好的竞争局面。

总体而言，在三网融合的趋势下，各国根据自己国情都在引入不同程度的竞争机制，培养有线电视网络运营商，使之能与传统垄断经营的电信公司开展有效的多业务竞争。过去十多年的经验证明，美国、欧洲国家的有线电视行业都得到长足的发展，世界各国广播电视行业的有线网络是三网融合的主要推动者之一，在推进社会信息化过程中起着举足轻重的作用。三网融合后，每个国家社会信息化进程空前发展。在安全和可靠的网络中，随时随地、称心如意地获取所需信息和交流。三网融合必然带来社会政治更加开放，国民素质和生产能力得到巨大提升，人类文明进一步扩展到世界每个角落。

4. 总结

三网融合是一种广义的、社会化的说法，在现阶段它并不意味着电信网、计算机网和有线电视网三大网络的物理合一，而主要是指高层业务应用的融合。有关北美、欧洲、亚洲等部分国家和地区三网融合政策和发展情况的调研，对我们探索三网融合策略具有重要的学习借鉴作用。国外的经验中，完全商业化的三网融合并不完全适合我国国情，制定三网融合监管政策要从我国实际出发，走一条具有中国特色的三网融合之路。

①当前，我国三网融合政策的制定要体现以下目标：其一，构建和谐社会，满足人民群众的物质文化生活需要。随着社会的不断发展和进步，人民群众在生活学习上对获取信息内

容和途径的要求更加便捷和多样化。其二，加快融合，促进产业发展。融合有利于广电业和电信业在保持传统业务的基础上，更好地利用自身资源和技术，拓展产业边界，获取新的业务利益，从而从整体上带动我国信息业不断发展。

②目前由于各种不利因素的阻碍，我国的三网融合进展缓慢，需要从宏观层面制定政策加以协调和引导。在制定监管政策时要遵循以下原则：其一，保护消费者权益原则。三网融合的根本目的在于满足社会需要，制定政策要注重用户权益保护，注重社会效益，提高消费者福利。其二，技术中立和市场竞争原则。技术中立原则可以促进技术创新，实现技术融合，拓展融合业务。市场竞争有助于加快技术的进步和应用，提高资源利用和生产效率，改善服务水平，加快融合进程。其三，公开公正，依法简化监管原则。公开公正的监管政策有助于打破融合业务准入的体制性障碍。依法简化监管有助于发挥广电、电信自身技术资源优势，提升产业活力。

③三网融合政策要考虑广电和电信的属性差异。三网融合确实改变了广电与电信相互隔离的外部关系，但双方各自独立的内在特性依然存在。国外经验启示，一般对电信业采取促进竞争开放的宽松准入政策，同时培养能力弱小的广电有线网络尽快成长起来形成规模并参与竞争。但对进入广电业的准入则相对严格。结合立法规定和产业实践来看，美英等国均经历了电信与广电的互不准入、不对称进入和对称进入三个阶段。在我国，应加快广电改革步伐，先期采取单向准入方式推进融合，允许广电运营商经营电信业务。当前我国广电业正处在政企分离、企事分离的改革时期及网络双向化、数字化升级改造阶段。要想更大范围、更高层面推进三网融合，必须加快广电改革步伐和力度。依据扶植弱势产业原则，可以考虑允许广电部门在有条件的地方积极试点，开展基础电信业务和增值电信业务，包括移动通信业务。

④互联网宽带基础设施是三网融合的物理基础。在国外，互联网是典型的广电、电信双边市场，有线电视运营商和电信运营商围绕宽带用户展开了激烈的市场竞争。在美国，由于互联网政策的开放，有线电视运营商与电信运营商在宽带市场可以平分秋色。而在国内，互联网接入业务属电信监管部门管理，有线电视运营商发展宽带业务受到种种限制，无法正常获得互联网运营牌照，造成目前电信运营商垄断互联网接入市场，宽带上网费用居高不下，损害消费者利益。

⑤IPTV 业务是电信运营商进入广电领域主推的融合业务。IPTV 业务有两种形态：直播和点播。从国外三网融合实践看，针对直播业务和点播业务的市场准入和监管政策有很大不同：IPTV 直播业务归为广电基础业务，实行严格的准入和许可制度；IPTV 点播业务属广电增值业务，参照互联网视频业务管理，较为开放。

⑥多国重视内容监管，但对互联网内容和广播电视节目内容的监管力度不同。对于互联网上的内容监管较为宽松，而对于广播电视节目的内容进行严格的监管。在三网融合过程中，需要加强对网络管理、内容管理、安全管理，强调 IPTV 等融合业务的属地化许可和管理，建议形成以广电为主导的、协调顺畅、决策科学、管理高效的新型内容监管体系。

总之，每个国家必须结合政治体制、经济和社会具体情况逐步推进适合自己国情的三网融合。由于广电特殊的社会特性，许多国家在致力于广电和电信的融合监管中，区分公益性广播电视业务和商业性广播电视业务，将公益性广播电视监管体制予以保留，着重促进商业广播电视业务和电信业务的融合。从各国三网融合实践来看，首先全面开放电信市场，实现在国家层面监管体制下的平等竞争，然后逐步开放广播电视市场，形成国家统一监管下的融合业务开放竞争局面。

EPON 和 EoC 接入技术研究

摘要

本研究报告从我国有线电视网络接入网现状入手，结合我国广播电视业务需求，开展宽带接入技术 EPON、EoC 的标准研究和测试评估分析研究。针对我国有线电视网络的网络结构、组网模式、频率占用、网络管理、业务承载能力等特点及接入技术应用需求，以增强 EPON 及 EoC 系统的互通性和运维管理能力为目标，开展有线电视用户接入技术标准预研究工作，建立了适用于广电网络的 EPON 和 EoC 系统标准体系，同时制定了 EPON、EoC 系统测试评估方法，在完成多个厂家的 EPON、EoC 系统评估测试的基础上，根据测试评估数据全面分析比较 EPON 和 EoC 的技术能力，对 EPON 和 EoC 技术是否适应我国有线电视网络和业务运营的需求提出了针对性的结论和建议。本研究报告还在分析研究测试数据的基础上，研究了下一代广播电视网（NGB）的业务需求，提出了面向下一代广播电视网（NGB）的电缆宽带接入技术需求白皮书，这为总局决策和行业管理提供了技术依据，为下一代广播电视网（NGB）用户接入标准提供了技术支撑和依据。

本研究报告的提出，对指导各有线运营商进行有线电视网络双向改造、用户接入网建设和开展双向业务都具有非常重要的指导意义，同时为下一代广播电视网络（NGB）的发展及统一规划奠定了基础，为将来有线电视网络成为大容量、全双向、全交互、全功能的下一代综合传输网络做好了技术储备。

目录

Contents

1. 有线电视网络接入网概述

《国民经济和社会发展第十一个五年规划纲要》中明确指出：加强宽带通信网、数字电视网和下一代互联网等信息基础设施建设，推进三网融合，健全信息安全保障体系。加快建设新一代有线数字电视网络不仅是有线网络自身升级换代、实现可持续性发展的内在需求，更是推进国家信息化的必然要求。

有线电视网是国家重要的信息化基础设施，具有业务内容丰富、内容可控可管、用户群体巨大等方面的优势，可以满足未来多种业务发展的需求，符合以视频为主导的宽带业务发展趋势。因此，在国家信息化中更多地依靠有线电视网络，充分发挥广电网络的优势，是符合中国国情、从实际出发的选择，是以较短的时间、较低的成本，跨越数字鸿沟，实现进入千家万户的信息化和安全的信息化的有效途径。

2008 年 12 月 4 日，科技部与国家广电总局正式签署了《国家高性能宽带信息网暨中国下一代广播电视网自主创新合作协议书》，按照协议要求，广电总局开始着手建设下一代广播电视网（NGB）。电缆接入技术（EoC）是下一代广播电视网（NGB）的关键技术之一，即基于同轴电缆，通过各种数字调制技术来承载以太网业务和其他各种综合业务，实现下一代广播电视网（NGB）的用户宽带接入。利用该技术进行有线电视网络宽带、双向化改造，可以有效发挥有线电视网频带宽、成本低、易普及的优势，有利于有线电视网络建设成为千家万户的多媒体信息平台，满足社会各界和广大居民的多方面需求，推进三网融合。

在广电网络双向改造和接入网络建设规划上，随着有线电视网络“光进铜退”的发展趋势，光节点将越来越靠近用户，每个光节点覆盖的用户数将越来越少。根据国内外网络发展趋势，下一代广播电视网（NGB）的发展趋势是每个光节点覆盖的用户数逐渐减少、用户接入带宽需求逐渐增加。面向未来五年到十年，光节点覆盖发展到 200 户或 50 户以内，甚至大规模 FTTH 的部署。

目前，实现有线电视网网络双向接入的技术方案中，EPON + EoC 可以节省光纤资源，充分利用现有同轴分配网络，而且可以满足用户接入带宽渐进发展的需求，已成为广电运营商积极探讨的建设模式。

1.1 EPON、EoC 综合接入网络系统概述

根据目前广电网络状况，基于以太网无源光网络（EPON）和 EoC 实现宽带接入是一种广受认同的解决方案。

EPON 技术是 PON 技术和以太网技术的完美结合，EPON 系统由 OLT（Optical Line Terminal，光线路终端）、ONU（Optical Network Unit，光网络单元）和 ODN（Optical Distribution Network，光分配网络）组成，OLT 与 ONU 之间采用波分复用的方式实现以太网信号和有线电视信号的同纤传输。

EoC 则解决了在有线电视网络上同时传输以太网数据和有线电视信号的问题。EoC 系统由 EoC 局端（CBAT）、EoC 终端（CNU）以及电缆分配网络组成。

EPON + EoC 可以有效地与广电网络相结合，利用现有同轴网络资源实现有线电视网络双向接入。EPON + EoC 系统的拓扑结构如下图所示。

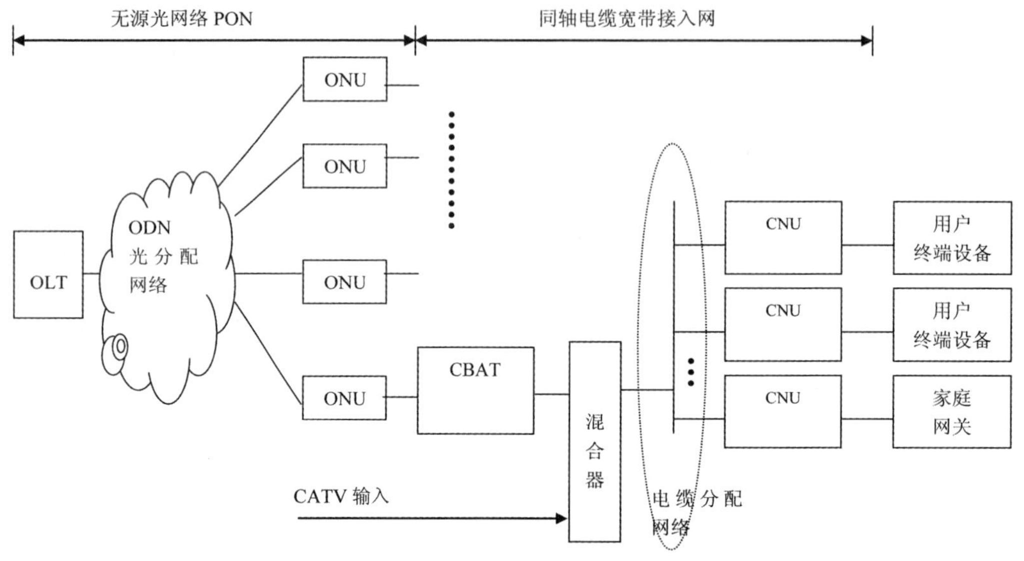

图 1　EPON + EoC 系统的拓扑结构

1.2　EPON 技术概述及发展

1.2.1　EPON 技术概述

无源光网络（PON）技术是一种点到多点的光纤接入技术，它由局侧的 OLT（光线路终端）、用户侧的 ONU（光网络单元）以及 ODN（光分配网络）组成。与有源光接入技术相比，PON 消除了局端与用户端之间的有源设备，从而使其维护简单、可靠性高、成本低，而且能节约光纤资源。随着 PON 成本的逐步降低，PON 不仅在 FTTB/FTTC 场合有了一定的应用市场，利用 PON 来实现 FTTH 在日本等发达国家也取得了很大的进展。

EPON 是在 PON 的基础上，用以太网（Ethernet）协议取代 ATM 作为数据链路层协议，将以太网协议与 PON 技术相结合，构成的一个可以提供宽带、低成本和多业务支持的新一代光接入技术。

EFM（Ethernet in the First Mile，第一英里以太网联盟）于 2001 年定义了 1000BASE-PX10-U/D 和 1000BASE-PX20-U/D 两种光接口，使 EPON 能够在 10km 和 20km 范围内传输；定义了 MPCP（多点控制协议），使 EPON 系统具备了下行广播发送，上行 TDMA（时分多址接入）的工作机制；定义了可选的 OAM 功能，使 EPON 具备良好的运营、维护和管理机制。2004 年 6 月，IEEE802.3ah 工作组对 EPON 进行了标准化。EPON 基于以太网承载技术，采用上下行各 1.25Gbit/s 的速率，对 IP 业务有较好的支持能力和效率。2006 年，IEEE 成立了

802.3av 工作组，开展 10G EPON 系统的研究，使 EPON 系统的带宽能力得到了一定程度的提高。

1.2.2 EPON 的网络结构

一个典型的 EPON 系统由 OLT、ONU 和 ODN 组成。

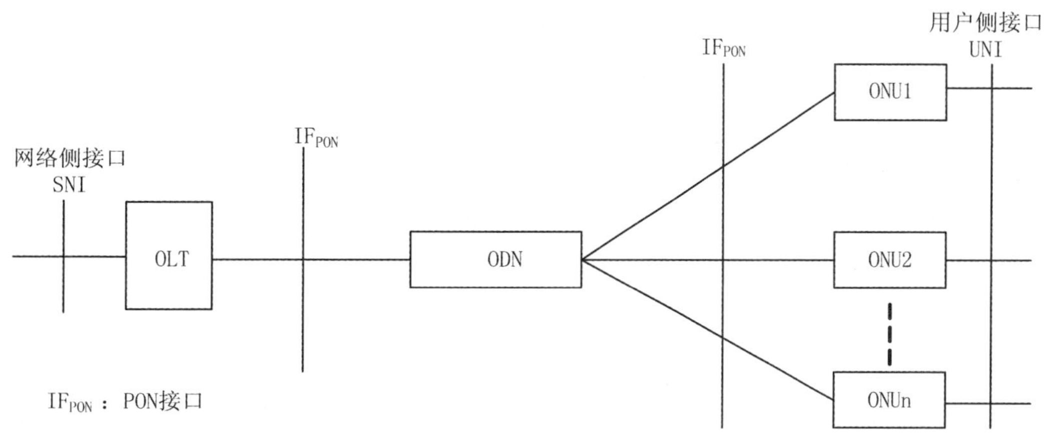

图 2 EPON 的网络结构

OLT：OLT 为光接入网提供 EPON 系统与服务提供商的数据、视频和语音等业务的接口，并经 ODN 与 ONU 通信。OLT 与 ONU 的关系是主从通信关系。

ONU：ONU 位于用户端，提供客户的数据、视频、语音网络与 PON 之间的接口，其主要功能是接收光信号并转化为客户需要的形式。

ODN：位于 OLT 和 ONU 之间的由光分路器和光纤组成的无源光分配网，其主要功能是完成光功率的分配。ODN 通常为星型或树型结构，也可以是环形结构。

1.2.3 EPON 的原理

EPON 通过采用时分复用（TDM）和波分复用（WDM）的方式，通过光分路器将最终信号分发给多个用户，并采用多点控制协议（MPCP），避免不同用户的冲突。EPON 系统采用波分复用技术可以在一根光纤中同时传输 TDM、IP 数据和视频广播信号：双向数据通信采用 1490nm 下行、采用 1310nm 上行，并可以通过叠加第三个波长（通常为 1550nm）实现广播。

EPON 在下行方向采用 802.3 帧广播技术，OLT 通过 1：N 无源分路器将以太网帧发送给每个 ONU，各 ONU 根据各自的 MAC 地址提取属于自己的数据信息。

EPON 上行方向采用时分复用相关接入协议，在给定的时刻只允许一个用户传输。为避免 ONU 发送到 EPON 的数据帧发生冲突，公平地分配信道资源，IEEE 802.3ah 工作组采用了多点控制协议（MPCP）。

MPCP 是 MAC 层协议，它在 Ethernet 控制帧的基础上，增加了五个控制帧，以实现 EPON 系统的启动注册、时间同步、时隙分配等功能。MPCP 通过消息、状态机和定时器实现 P2MP 拓扑结构的访问控制，其涉及内容包括 ONU 发送时隙分配、ONU 自动发现和加入、向高层报告拥塞情况以便实现动态带宽分配等。

EPON 为网络应用提供了很大的带宽支持，但随着互联网业务的发展，网络服务提供商（NSP）提供的服务种类也越来越多，用户对服务质量（QoS）的要求也越来越高。EPON 通过服务水平协议（SLA）实现服务质量（QoS）保障。SLA 是 NSP 与用户签署的关于某项服务所能达到的 QoS 水平的协议。它通过抖动、带宽等参数对 NSP 提供的各类服务进行有效的维护，并通过对网络资源的管理提供良好的 QoS 保证。

在网络运营、维护方面，EPON 定义了可选的 OAM 功能，但目前只包含远端故障指示、链路监视等基本 OAM 功能。

1.2.4 技术应用模式

为了同时承载有线电视业务和数据传输业务，结合 EPON 系统的传输特点，可以采用单纤三波和双纤三波两种解决方案。

（1）单纤三波

OLT 端通过内置 EDFA 视频合波器将 EPON 的两个波长（1310nm 和 1490nm）和有线电视 1550nm 波长复用在一起。ONU 端直接提供 RF 接口和 FE 接口。该方案的特点是不仅共用主干光纤，而且在终端设备上 EPON 和有线电视进行了融合。

（2）双纤三波

EPON 的两个波长（1310nm 和 1490nm）和有线电视 1550nm 波长不复用在一起，数据传输链路与有线电视链路完全分开。ONU 端内置有线电视接收模块，将 1550nm 波长接收出来并进行光电转换和放大，并提供 RF 接口连接电视机。该方案的特点是将数据传输链路与有线电视链路完全分离，避免了多波长之间的干扰。

1.2.5 EPON 多业务承载

EPON 系统可以承载视频、语音、数据等多种业务的综合接入。

（1）数据业务

EPON 系统能够提供高速的用户接入，所有用户的数据业务通过以太网口与上游的汇聚交换机、业务路由器、宽带接入服务器等连接。EPON 系统采用固定带宽分配或动态带宽分配的方式实现用户带宽管理，对 VLAN 的处理可以在 OLT 或 ONU 侧实现。

（2）CATV 业务

CATV 信号可以采用独立的 1550nm 波长信道与 EPON 的上行（1310nm）、下行（1490nm）信号同时在单纤上传送，通过透明的传输通道，实现视频业务的叠加。因此，EPON 接入网络不需要额外增加光纤即可提供 CATV 业务。

（3）语音业务

在 EPON 系统中，可以通过两种方式实现语音业务的承载：通过传统的 V5.2 协议与 PSTN 交换机连接，或通过 MGCP、H.248、SIP 等软交换协议与交换机连接。

（4）视频业务

EPON 系统高带宽和单拷贝广播等特性，可以很好地支持点播、组播等视频业务。视频业务管理可以通过 IGMP Snooping 方式实现，也可以通过可靠的组播管理方式实现。

1.2.6 EPON技术标准化情况

2000年开始，IEEE成立了802.3ah工作组，开始了EPON的标准化工作，并于2004年6月正式通过了IEEE 802.3ah-2004，后被合并到IEEE 802.3-2005，成为其中的第5部分。为了加速EPON的标准化，IEEE将其工作重点放在MAC协议上，其余主要参考IEEE 802现有的系列标准和ITU-T G.983建议，与现有的很多标准实现了很好的兼容。

为了支持PON这一新介质，IEEE在研究点到点（point to point，P2P）光纤以太网的基础上，定义了点到多点（point to multi-point，P2MP）光纤以太网，其传输速率大于1000Mbit/s，传输距离大于10km。EPON系统通过MAC控制子层的MPCP实现P2MP拓扑网络的访问控制，并通过802.1p来提供与APON类似的QoS。EPON还规定了系统同步、ONU自动识别、以太网管理和维护以及信息安全等功能。

2006年3月，一些业界领先的电信运营商、设备厂商、芯片厂商开始就开发下一代高速率、大容量的EPON系统广泛征求意见和建议。2006年9月，IEEE成立了IEEE 802.3av工作组，负责10G EPON的标准化工作。该工作组于2007年发布了10G EPON标准草案D1.0，并于2009年9月释放了正式版本。10G EPON系统支持下行10G、上行10G对称传输和下行10G、上行1G非对称传输两种工作模式，并可与现有的1G EPON系统兼容。

在国内，中国通信标准化协会（CCSA）与各相关委员会和工作组开展了大量与EPON标准化相关的工作，完成了系统、有源/无源器件、业务承载、网络管理等相关行业标准制定工作。目前已经发布的相关技术标准主要有：

（1）YD/T 1475－2006：《接入网技术要求——基于以太网方式的无源光网络(EPON)》；

（2）YD/T 1531－2006：《接入网设备测试方法——基于以太网方式的无源光网络（EPON）》；

（3）YD/T 1619－2007：《宽带光接入网总貌》；

（4）YD/T 1636－2007：《FTTH体系架构及总体要求》；

（5）YD/T 1664－2007：《基于以太网方式的无源光网络（EPON）网络管理接口技术要求》；

（6）YD/T 1771－2008：《接入网技术要求——EPON系统互通性》；

（7）YD/T 1809－2008：《接入网设备测试方法——以太网无源光网络（EPON）系统互通性》。

1.3 EoC技术概述及发展

1.3.1 EoC技术概念

EoC（Ethernet over Coax）是以太网信号在同轴电缆上的一种传输技术，它采用点到多点的用户网络拓扑结构，利用广电原有的同轴电缆实现数据、语音和视频的全业务接入。一个典型的EoC系统由头端、终端和同轴分配网组成。头端一般放在光节点位置，起分发上层以太网数据、汇聚终端设备的作用。终端放在用户家里，充当家庭终端猫接入用户电脑和互动机顶盒。

现在业界 EoC 技术方案较为多样，其规模、成熟程度不一，主要分为无源（基带）与有源（调制）EoC 两类。无源基带 EoC 系统通过对数据信号进行二四变换与耦合进行数据传输，其特点是设备相对简单廉价，但网络适应性差，不能通过有源放大器和无源分支分配等设备，只适用于集中分配型网络。有源调制 EoC 通过对数据进行调制解调进行传输，可透传放大器、分支分配器，适用于星型及树型网络。

目前常见的 EoC 技术方案具体分类如下表。

表 1　EoC 技术方案

序号	技术方案	无源/有源	标准/非标	高频/低频
1	基带 EoC	无源	标准	低频
2	HomePNA	有源	标准	低频
3	HomePlug BPL	有源	标准	低频
4	HomePlug AV	有源	标准	低频
5	IEEE P1901	有源	标准	低频
6	降频 WiFi	有源	标准	高频
7	ITU G. hn	有源	标准	高频
8	MoCA	有源	标准	高频
9	HiNOC	有源	标准	高频

1.3.2　EoC 技术方案概述

（1）MoCA

MoCA 是同轴电缆多媒体联盟（Multimedia over Coax Alliance）的缩写，MoCA 成立于 2004 年 1 月，创立者为 Cisco、Comcast、EchoStar、Entropic、Motorola 与 Toshiba 等。MoCA 利用 Entropic 的技术（c－1ink）作为 MoCA1. 0 规范的依据。该技术使用 800MHz～1500MHz 频段，可选 2MHz～38MHz。

（2）HomePlug BPL

2004 年 1 月 HomePlug BPL 开始制定，目前已经完成了市场需求文件，选定 HomePlug AV 作为基本技术。截至 2009 年 12 月 31 日，基于 HomePlug 的 BPL 标准仍然没有得到确认。另外，在 IEEE P1901 正式获得批准后，HomePlug 联盟的 BPL 基本上止步不前，大部分芯片厂家均将重点放在 P1901 标准兼容的芯片上。

（3）IEEE P1901

2005 年 7 月，电气和电子工程师学会 IEEE 成立 P1901 工作组，致力于统一电力线宽带通信的技术标准。内容涵盖电力线宽带通信的室内联网和室外宽带接入，以及两者的互操作性三部分。2008 年 12 月，IEEEP1901 通过了电力线宽带通信的物理层（PHY）和介质访问控制层（MAC）的技术标准提案。提案包括三个可选项，基于 HomePlug 电力线联盟的 HomePlug AV 技术、基于松下公司的 HDPLC 技术和 ITU－T G. hn 的物理层规范。2010 年 2 月，

IEEE 已经完成最初草案并发布，将 HomePlug 电力线联盟的 HomePlug AV 技术、基于松下公司的 HDPLC 技术定义为物理层可选的标准，放弃了对 G. hn 兼容的努力。

（4） HomePNA

HomePNA 是 Home Phoneline Networking Alliance（家庭电话线网络联盟）的简称，该组织于 1998 年成立，致力于开发利用电话线架设局域网络的技术，其创始会员包括 Intel 、IBM、HP、AMD、Lucent、Broadcom 及 3Com 等知名公司，现在已有公司会员 100 多个。

该组织共发布了三个技术标准，1998 年秋天发布 HomePNA V1. 0 版本，传输速度为 1. 0Mbit/s，传输距离为 150 米；1999 年 9 月发布 V2. 0 版本，可兼容 V1. 0 版本，HomePNA 2. 0 传输速度为 10Mbit/s，传输距离为 300 米。2003 年推出的 3. 0 版，将传输速率大幅提升到 128Mbps，且还可扩充到 240Mbps，该版本于 2005 年形成国际标准 ITU G. 9954。

（5） ITU G. hn

2009 年 10 月 16 日，ITU 一致通过一项技术标准——G. hn（G. 9660）。G. hn 系列标准试图统一电力线、同轴电缆和电话线的物理层（G. 9660，2009 年 10 月 16 日已发布）以及 MAC 层（G. 9661）规范，但它不能兼容目前已存的任何技术。G. hn 的 MAC 层规范预计在 2010 年 8 月发布。G. hn 能够实现以高达 1Gbit/s（物理层）的速度处理高带宽多媒体内容。目前市面尚无支持 G. hn 的芯片。

（6） HomePlug AV

2000 年 3 月，由 Cisco、HP、Motorola 及 Intel 等数十家企业共同成立 HomePlug Powerline Alliance（家庭电力线网络联盟），以电力线架设局域网络的构想终于有了一致的标准和具体的进度。家庭电力线网络联盟随后在 2001 年 6 月发表电力线网络的第一份标准 HomePlug 1. 0。2003 年 2 月开始 HomePlug AV 制定工作，2005 年 8 月，家庭电力线网络联盟批准了新的 HomePlug AV 标准。HomePlug AV 的目的是在家庭内部的电力线上构筑高质量、多路媒体流、面向娱乐的网络，专门用来满足家庭数字多媒体传输的需要。它采用先进的物理层和 MAC 层技术，提供 200Mbps 级的电力线网络，用于传输视频、音频和数据。

（7） 降频 WiFi

WiFi 降频方案将 WiFi 技术应用于电缆系统中。它以 802. 11g 为基础进行 2 信道捆绑，带宽 40MHz，物理层传输速率为 108Mbps。采用高本振或低本振方式，将 WiFi 信号从 2. 4GHz 降为 1GHz 频段。WiFi 降频不同的厂家实现的方式略有不同，最大的差别在于：使用的频段不同以及是否变频。

（8） HiNOC

HiNOC（High Performance Network Over Coax，高性能同轴接入技术）是我国自主研发的一种同轴电缆接入技术，符合 NGB 同轴电缆接入需求。HiNOC 系统在 FTTB 的网络结构基础上，利用有线电视网同轴电缆的网络布线，通过增加 HiNOC Bridge（HB）和 HiNOC Modem（HM）等相关设备，实现高速和高质量多业务接入，可承载包括 IPTV、VOD、VoIP、高速上网等宽带业务应用。HiNOC 系统采用 OFDM 传输方式，频带利用率可达 7bits/Hz/s。

1.3.3 EoC 技术方案参数比较

序号	功能参数	MOCA	HomePlug BPL	HomePlug AV	WiFi 降频	HomePNA	HiNOC
1	EoC 类型	高频调制 EoC	低频调制 EoC	低频调制 EoC	高频调制 EoC	低频调制 EoC	高频调制 EoC
2	参考规范	MOCA	HomePlug BPL	HomePlug AV	WiFi	HomePNA3.0	——
3	设备采用芯片	Entropic	SPIDCOM	Intellon	atheros	CopperGate	——
4	工作频段（MHz）	800～1500	2～62	5～30	960～1060	12～28	750～1006
5	上下行频段是否分离	否	否	否	否	否	否
6	是否支持多频道工作	是，4 频道	是，2 频道	否	是，2 频道	否	是
7	每频段标称带宽（MHz）	50	28	25	40	16	16
8	调制方式	OFDM，子载波数量：256 个	OFDM，子载波数量：1024 或 896 个	OFDM，子载波数量：1155 个,可用 917 个	OFDM，子载波数量：每频段 64 或 52 个	FDQAM，子载波数量：8 个	OFDM，子载波数量：256 个
9	MAC 层工作模式	TDMA	TDMA	CSMA/CA	CSMA/CA	CSMA/CA	TDMA
10	MAC 层最大传输带宽（Mbps）	120	66.4	94.4	78	96.9	84.062
11	MAC 层数据带宽（Mbps）（包长 1518，上/下行）	101.20/63.52	67.22/65.33	95.47/86.94	64.23/61.20	97.73/16.36	84.062/83.751
12	MAC 层数据传输时延（ms）（上/下行）	2.71/1.85	397.82/261.31	6.27/3.74	1.25/2.83	2.33/4.26	——
13	是否支持组播	支持	支持	不支持	支持	支持	支持
14	是否支持 VLAN	支持	支持	支持	支持	支持	支持
15	单局端支持最大终端	31	64	253	256	32	32

1.4 EPON、EoC 接入网标准体系

鉴于广电和电信在业务需求和网络基础上的差别，需要建立一套适用于广电有线电视网络的 EPON + EoC 接入网标准体系，针对 EPON + EoC 在广电网络中的应用场景、组网方式、业务承载、性能和功能要求、网络管理等方面，制定适合于广电网络的标准。

1.4.1 系统

①《FTTx 体系结构和总体要求》

②《EPON 和 EoC 系统组合应用评估测试方案》

③《EoC 系统技术需求》

④《EoC 系统总体技术要求》

⑤《EoC 系统物理层技术规范》

⑥《EoC 系统 MAC 层技术规范》

1.4.2 设备

①《有线电视宽带接入网络 EPON 设备技术要求》

②《EPON 系统设备测试方法》

③《EoC 系统局端设备规范》

④《EoC 系统终端设备规范》

1.4.3 互通

①《EPON、EoC 系统互通的技术要求》

②《EPON 系统设备互通技术要求》

③《EPON 系统设备互通测试方法》

④《EoC 系统互连互通认证测试规范》

1.4.4 网管

①《EPON 和 EoC 系统网管技术要求》

②《EPON 系统设备管理信息库（MIB）规范》

③《光网络单元（ONU）远程管理技术方法及要求》

④《EoC 系统设备管理规范和管理信息库（MIB)》

1.4.5 工程建设

①《面向 NGB 的 PON + EoC 宽带接入技术的技术和工程应用白皮书》

②《广电 EPON、EoC 网络建设指导意见》

③《广电 EPON、EoC 网络工程设计规范》

④《广电 EPON、EoC 网络工程施工规范》

⑤《广电 FTTH 网络建设指导意见》

⑥《广电 FTTH 网络工程设计规范》

⑦《广电 FTTH 网络工程施工规范》

2. EPON、EoC 系统测试评估方法

EPON 和 EoC 的组合应用已成为有线电视网络双向改造和 NGB 接入网的主流技术之一，为了充分评估 EPON 和 EoC 系统的物理层和数据链路层性能、系统组网能力和管理能力，评估 EPON 和 EoC 对有线广播电视基本业务的影响和对多媒体业务、三网融合业务的支持能力，了解技术成熟度和产品成熟度，需要研究和制定测试评估方法。通过对 EPON 和 EoC 系统的全面评估测试，为有线电视网络双向改造提供技术依据，为相关技术政策和标准的制定提供参考信息。

自 2008 年起，广播电视规划院对 EPON 和 EoC 评估测试方法进行了系统的、深入的研究，形成了 EPON 和 EoC 测试方案，搭建了评估测试平台。截至 2010 年 11 月，已完成 10 家左右 EPON 系统和 30 家左右 EoC 系统评估测试，对测试方法进行了验证。

2.1 EPON 系统测试评估方法

2.1.1 测试依据和内容

EPON 评估测量方法参考 YD/T 1531 -2006《接入网设备测量方法——基于以太网方式的无源光网络（EPON)》。

在实验室环境下，从物理层、以太网二层性能和功能等方面研究 EPON 系统的测试评估方法，并对 EPON 系统同时承载视频、语音、数据等多业务和上下行对称视频业务的性能，以及 EPON 系统应用于有线电视网络同时承载有线电视业务与数据业务的能力进行评估，研究相应的测试方法。考虑到实际应用环境中的多用户并发情况，还需要研究 EPON 系统分别在 1：1 和 1：32 情况下的传输性能。具体的评估测试内容包括：

（1）物理层接口性能测试

通过测试 PON 端口 1000BASE-PX20-D 和 1000BASE-PX20-U 接口的平均发送光功率、工作波长、发射机眼图和消光比，以及 ONU 的下联 10/100Base-T 和 GE 接口及 CATV RF 接口，对 EPON 系统设备的物理层接口性能进行评估。

（2）骨干光纤保护切换性能测试

考察 OLT 在单个 PON 端口主干光纤冗余、同一板卡不同的 PON 端口或者不同板卡的不同 PON 端口冗余、配线光纤冗余这三种情况下，EPON 是否支持自动倒换和人工强制倒换这两种保护倒换类型，并通过数据网络分析仪测量切换时间，同时观察 EPON 系统在保护倒换过程中是否重新注册。

（3）测距性能测试

在 1:32 分光比的接入条件下，搭建 EPON 系统，通过测试得到在 OLT 侧对 ONU 进行测距所能达到的最小距离和最大距离，并测量测距精度，同时观察新加入网络的 ONU 在测距时是否影响其他在线 ONU 的正常运行。

(4) 以太网性能测试

搭建包括不同类型的 ONU（野外型、FTTH、FTTB 等）的 EPON 测试系统，通过发送不同帧大小（64、128、256、512、1024、1280、1518 字节）的测试数据流，测试 EPON 系统 1 对 1 接入条件下的上下行吞吐量、传输时延和丢包率，以及 1 对 32 接入条件下的上下行吞吐量、传输时延和丢包率及长期丢包率。

(5) DBA 与服务质量（QoS）性能测试

为提高系统带宽利用率以及保证业务公平性，对 EPON 系统的 DBA 及 QoS 能力进行测试。

①通过数据网络分析仪发送不同流量的数据流，验证 OLT 的动态分配机制（DBA），测试系统最小分配带宽、最小带宽分配颗粒、带宽分配精度。

②测试验证 EPON 系统 OLT、ONU 是否均能实现业务流的分类、标记、排队和调度功能。

③测试 ONU 缓存容量能力。

(6) 以太网二层功能和组播功能测试

验证 EPON 系统是否具有较为完善的以太网二层功能。

①测试 OLT 对 ONU 的发现、认证、注册机制。

②测试 ONU 用户端源 MAC 地址过滤功能。

③测试 ONU 是否支持 MAC 地址最大学习数的设置。

④测试 ONU 是否具备基于端口的 VLAN 功能。

⑤测试 EPON 系统是否具备对广播包/未知包/未知组播包的抑制及丢弃功能。

⑥测试 EPON 系统中 OLT 是否具备 IGMP Proxy 功能。

⑦测试 EPON 系统是否具备可控组播功能测试。

⑧测试 ONU 端口的上行及下行业务流限速功能测试。

⑨测试 OLT 端不同 PON 端口之间以及不同 ONU 之间的二层隔离功能。

⑩测试系统 OLT 上联端口及 ONU 用户侧端口的 STP/RSTP 功能。

⑪测试 EPON 系统是否具备链路汇聚功能。

⑫测试系统的端口重定向、镜像功能。

⑬测试 OLT 基于各种 ACL 包过滤规则进行包过滤。

⑭测试 EPON 系统是否具备 QINQ 功能。

(7) 业务接入能力测试

验证 EPON 系统是否具有较好地支持宽带接入、对称视频、VoIP 语音和视频点播业务的能力。

①通过 FTP 下载/上传业务测试 EPON 系统单个 ONU 的宽带接入能力。

②通过 IP 视频性能测试，评估 EPON 系统对 VOD 点播业务的支持能力。

③通过对称视频业务测试，评估 EPON 系统对对称视频业务支持能力，测量保证带宽与视频码率的关系。

④验证 EPON 系统提供的 VoIP 业务（仅适用于具备 VoIP 功能的 EPON 系统）。验证 EPON 提供 VoIP 业务的各种功能（DTMF、二次拨号、铃流、回铃音、忙音信令、拨号信令的透传等）。

⑤在视频点播、宽带数据接入、语音业务同时接入的测试条件下，评估 EPON 系统的多业务同时接入能力；另外评估在上述多业务接入条件下，EPON 系统对突发数据接入业务的支持能力。

（8）网管功能测试

验证测试 EPON 系统是否均具备配置管理、性能管理、故障管理、安全管理等基本网管功能，观察各厂家的网管管理项及网管实现方式。

（9）一纤三波传输条件下电视业务与数据业务的相互影响测试

为评估 EPON 系统设备在一纤三波或两纤三波条件下同时承载有线电视业务和数据传输业务的性能，搭建有线电视仿真网络，仿真多路有线电视模拟信号和数字信号并通过 1550nm 光链路传输到 EPON 系统，与 EPON 系统混合后同时进行传输，测试评估 EPON 系统在一纤三波或两纤三波传输情况下有线电视业务和数据传输业务之间是否有影响。

2.1.2 测试平台、仪器设备和软件

EPON 系统测试评估平台包括有线电视仿真网和有线广播电视综合业务仿真测试平台，有线电视仿真网络配置了多路模拟有线电视信号和数字有线电视信号，通过 1550nm 光传输系统与 EPON 系统光信号混合后在 EPON 系统中进行传输。有线广播电视综合业务仿真测试平台由 VOD 视频点播系统、语音软交换系统、宽带数据接入系统、对称视频传输系统等组成。

EPON 评估测试所需仪器和设备如下：

①数据网络分析仪

②光眼图分析仪

③PON 光功率计

④光衰减器

⑤光谱分析仪

⑥实时频谱分析仪

⑦矢量分析仪

⑧EPON 协议分析仪

⑨SNMP 网管测试软件

⑩业务认证服务器（PPPoE/DHCP）

2.1.3 测试参考图

参考测试框图见图 3。

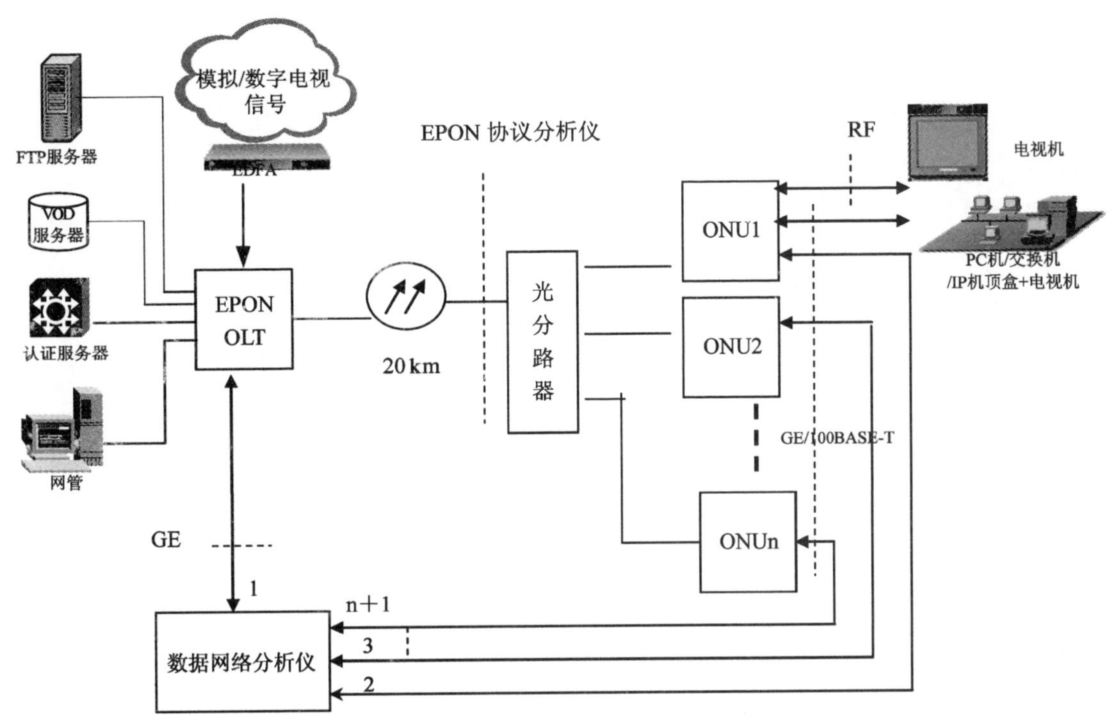

图 3　EPON 系统测试框图

2.1.4　EPON 物理层接口测试

2.1.4.1　PON 接口测试

测试项目：PON 接口测试。

测试说明：测试 PON 1000BASE-PX20-D PON 和 1000BASE-PX20-U 接口的平均发送光功率、工作波长、发射机眼图和消光比。

测试框图：

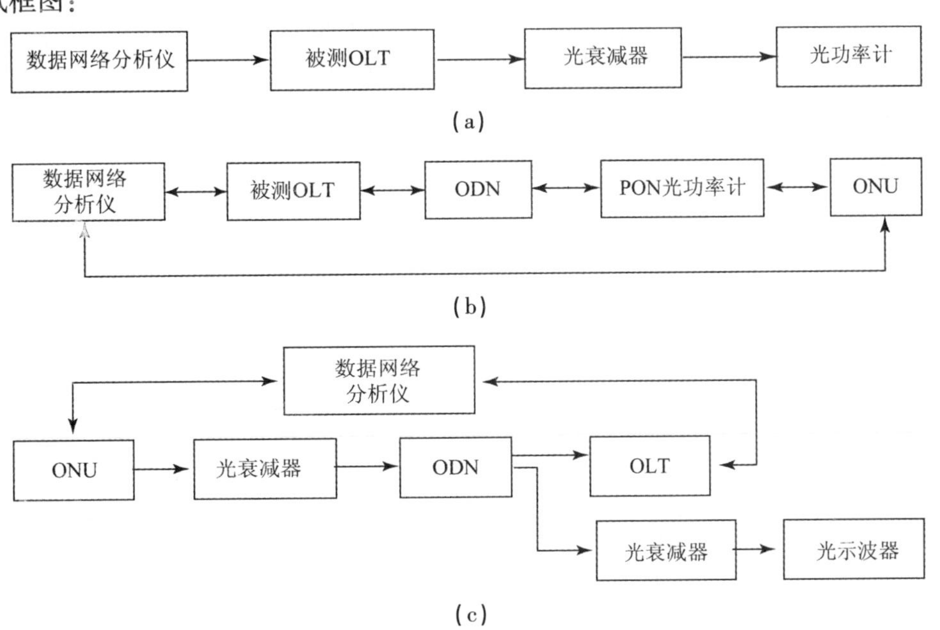

测试步骤：

①按图（a）连接测试设备，测试 OLT 的发射功率；

②反向应用光分路器，按图（b）连接 OLT 和 ONU，采用具有突发光功率测试的光功率计测试 ONU 平均发射功率；

③按图（c）连接测试设备，使光分路器反向安装于 OLT 和 ONU 之间，利用从 ODN 分下的 ONU 上行光信号进行测试：调整光衰减器，使示波器有合适的输入光功率；

④调整示波器，根据线路速率调出相应的模框，并由人工调整或仪表自动对准，使波形与眼图模板之间位置达到最佳；按照模板参数记录相应的消光比数值和眼图。

2.1.4.2　UNI 接口测试

测试项目：UNI 接口测试。

测试说明：测试 ONU 的下联 10/100Base-T 和 GE 接口；测试 ONU 的 CATV RF 接口，测试反射损耗，2 个模拟电视频道的输出电平、C/N、CTB 和 CSO；测试 4 个数字电视频道的信号电平、MER 和 BER。

测试框图：见图 3。

测试步骤：

①按图 3 连接测试设备，数据网络分析仪通过 ONU/OLT 发送上下行数据，ONU 下联接口包括 10/100Base-T 和 GE 接口两种，数据业务应正常；

②ONU 的 CATV RF 接口应为 RF 座，测量其 5MHz ~ 862MHz 反射损耗；

③测量 CATV RF 接口：2 个模拟电视频道的输出电平、C/N、CTB 和 CSO；4 个数字电视频道的信号电平、MER 和 BER。

2.1.5　骨干光纤保护切换性能测试

2.1.5.1　主干光纤保护切换

测试项目：骨干光纤保护切换性能测试——单个 PON 端口主干光纤保护切换。

测试说明：考察 OLT 单个 PON 端口主干光纤冗余情况下，EPON 是否支持两种保护倒换类型：自动倒换和人工强制倒换；观察系统在保护倒换过程中是否重新注册；通过网络测试仪测量切换时间。

测试框图：

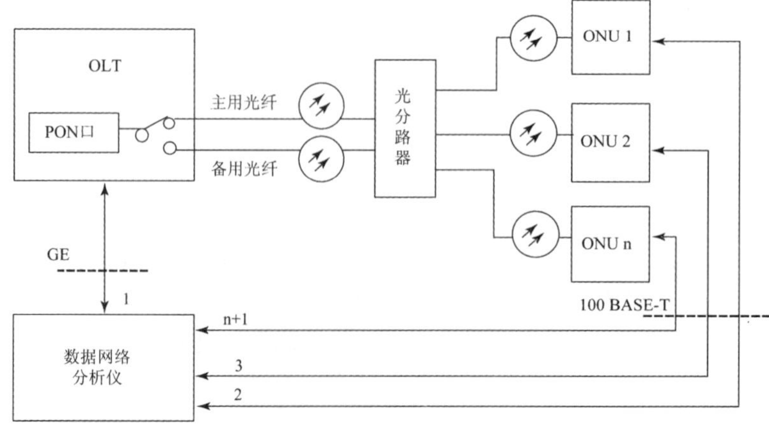

测试步骤：

①OLT 单个 PON 端口处内置 1×2 光开关，光开关外分别接主用光纤和备用光纤；

②配置数据业务，测试仪通过 ONU/OLT 发送上下行数据，数据业务正常；

③将工作的光纤拔掉，查看业务是否能自动倒换到备用光纤上，查看丢包情况，记录结果；

④根据速率，换算成业务中断时间；

⑤手动强制切换光纤线路，重复步骤②~③；

⑥观察系统在保护倒换过程中是否重新注册；

⑦设置主用光纤和备用光纤的长度不同，重复步骤②~⑥

2.1.5.2 不同 PON 口的保护切换

测试项目：骨干光纤保护切换性能测试——不同 PON 端口保护切换。

测试说明：考察 OLT 同一板卡不同的 PON 端口或者不同板卡的不同 PON 端口冗余情况下，EPON 是否支持两种保护倒换类型：自动倒换和人工强制倒换；观察系统在保护倒换过程中是否重新注册；通过数据网络分析仪测量切换时间。

测试框图：

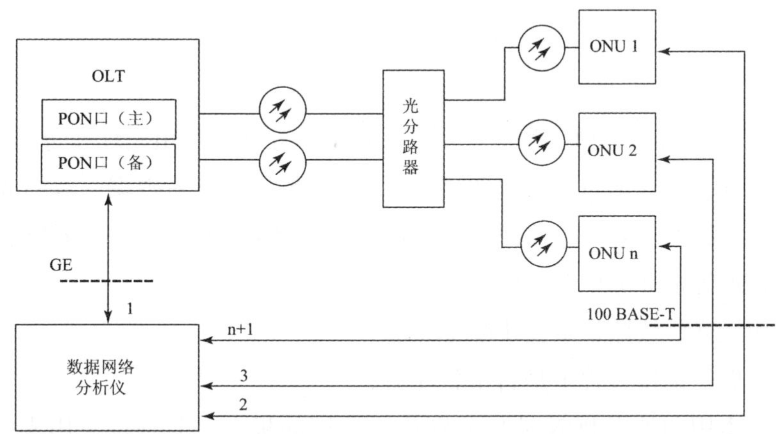

测试步骤：

①OLT 同一板卡不同 PON 端口分别作为主用端口和备用端口，分别接主用光纤和备用光纤；

②配置数据业务，数据网络分析仪通过 ONU/OLT 发送上下行数据，数据业务正常；

③将工作的光纤拔掉，查看业务是否能自动倒换到备用光纤上，查看丢包情况，记录结果；

④根据速率，换算成业务中断时间；

⑤手动强制切换光纤线路，重复步骤②~③；

⑥观察系统在保护倒换过程中是否重新注册；

⑦设置①中的主用和备用 PON 端口分别位于不同的板卡，分别接主用光纤和备用光纤，重复步骤②~⑥。

2.1.5.3 全线路保护切换

测试项目：骨干光纤保护切换性能测试——全线路保护切换。

测试说明：考察配线光纤冗余情况下，EPON 是否支持两种保护倒换类型：自动倒换和人工强制倒换；观察系统在保护倒换过程中是否重新注册；通过网络测试仪测量切换时间。

测试框图：

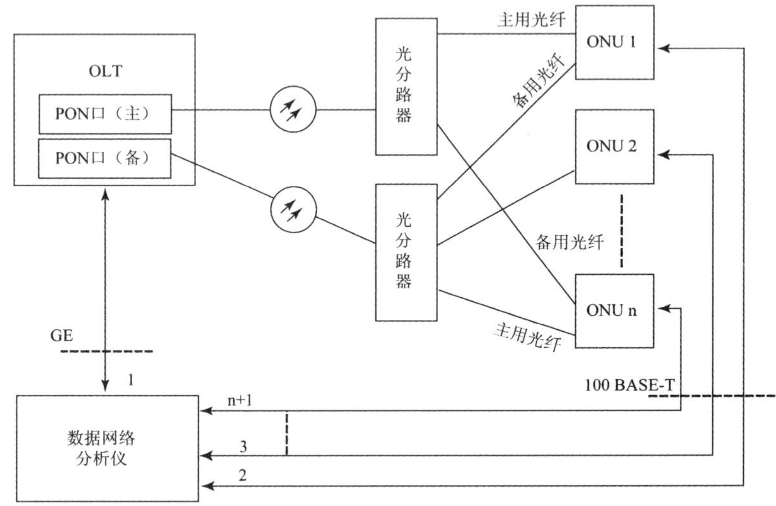

测试步骤：

①ONU 的 PON 端口处内置 1×2 光开关，光开关外分别接主用光纤和备用光纤；

②配置数据业务，数据网络分析仪通过 ONU/OLT 发送上下行数据，数据业务正常；

③将工作的光纤拔掉，查看业务是否能自动倒换到备用光纤上，查看丢包情况，记录结果；

④根据速率，换算成业务中断时间；

⑤手动强制切换光纤线路，重复步骤②~③；

⑥观察系统在保护倒换过程中是否重新注册；

⑦设置①中的主用和备用 PON 端口分别位于不同的板卡，分别接主用光纤和备用光纤，重复步骤②~⑥。

2.1.6 EPON 测距性能测试

测试项目：EPON 测距性能测试。

测试说明：OLT 侧对 ONU 进行测距所能达到的最小距离和最大距离；新加入网络的 ONU 在测距时是否影响其他在线 ONU 的正常运行；测量测距精度。

测试框图：

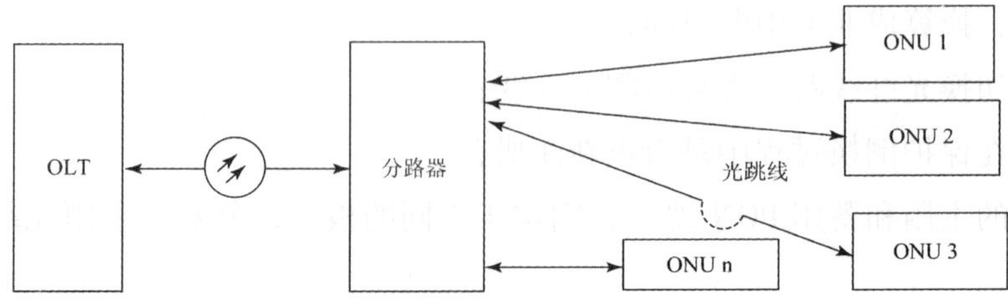

测试步骤：

①按图搭建好测试配置，使系统在最大分路比下工作，ONU1 ~ ONU n - 1 与 OLT 距离为 0km（通过分路器直连），ONUn 与 OLT 距离为 10 km /20km；

②在所有 ONU 正常工作的条件下，在 OLT 侧对各 ONU 分别测距；

③如果所有 ONU 都能正常测距，用误码测试仪或数据网络分析仪监视所有 ONU（ONU1 ~ ONUn）是否能正常工作（对于 IP 业务，要求在吞吐量的 90% 时测试，无丢包），并说明测距范围是否符合指标。

④对 ONU3 进行测距，记录测距值为 b1；

⑤在 ONU3 加入 3m 的光跳线；

⑥重新对 ONU3 进行测距，记录测距值为 b2；

⑦去掉光跳线，再对 ONU3 进行测距，记录测距值为 b3；

⑧计算测距值的变化 | b2-b1 | 和 | b2 - b3 | 应小于等于 16ns。

2.1.7 以太网业务性能测试

测试项目：以太网业务性能测试。

测试说明：测试 EPON 系统吞吐量、传输时延和丢包率。

测试框图：

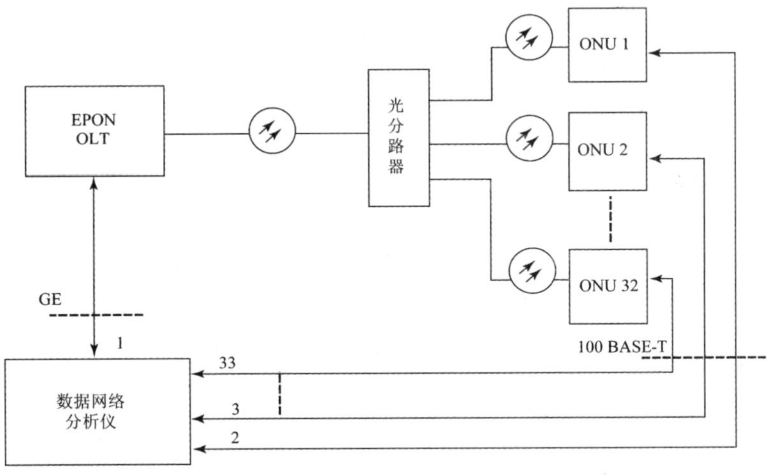

测试步骤：

①如图搭建测试配置，接入 32 台 ONU，分别为本方案中规定的不同类型的 ONU（野外型、FTTB、FTTH）；

②对于下行链路，从数据网络分析仪端口 1 向 OLT 发送帧大小依次为：64、128、256、512、1024、1280、1518 字节的测试数据流；对于上行链路，同时从网络分析仪的 2 ~ 33 端口向端口 1 发送测试数据流，帧大小与下行同；测试时间为 20s、2 次，取平均值；

③根据已经得出的系统吞吐量设置相应的测试流量，用数据网络分析仪发送不同大小帧的以太包，测试出各种帧的上、下行时延。帧大小依次为：64、128、256、512、1024、1280、1518 字节；测试时间为 20s、2 次，取平均值；

④从数据网络分析仪的GE接口发送1000Mbps的数据流，测出各种帧的过载丢包率，帧大小依次为：64、128、256、512、1024、1280、1518字节；测试时间为20s、2次，取平均值；

⑤测试系统长期丢包率，按系统吞吐量的90%设置测试流量，从数据网络分析仪的端口1向端口2~33端口（n>10）发送测试数据流，测试时间2小时；

⑥测试单个ONU端口的吞吐量和传输时延，测试方法参考②和③。

2.1.8 DBA与服务质量（QoS）性能测试

2.1.8.1 动态带宽分配（DBA）

测试项目：动态带宽分配（DBA）。

测试说明：OLT应采用动态分配机制（DBA）来提高系统宽带利用率以及保证业务公平性和QoS，并测试最小分配带宽、最小带宽分配颗粒、带宽分配精度。

测试框图：

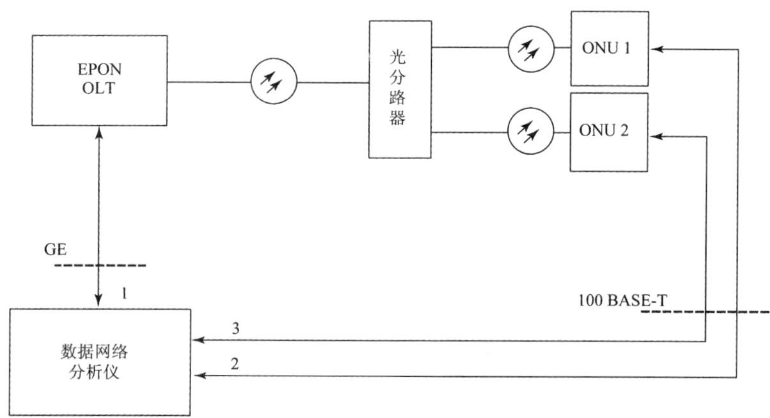

测试步骤：

①如图搭建测试环境；OLT+20km光纤+光分路器+2台ONU。

②利用数据网络分析仪向ONU发送以太网数据流，帧的大小设为随机包长。

③配置OLT对ONU1的DBA参数为CIR=60M，PIR=100M；配置OLT对ONU2（采用GE口，如果没有GE口可用10个ONU代替）的DBA参数为CIR=890M，PIR=1000M。上行吞吐量限950M。

④配置数据网络分析仪对参考ONU2发送上行1G流量，对参考ONU1发送上行50M流量，检查ONU1和ONU2获得的上行带宽。

⑤停止对参考ONU1发送业务流，检查ONU2占用的带宽，并且与步骤4的结果相比较。

⑥配置数据网络分析仪对参考ONU1发送上行80M流量，分别检查ONU1和ONU2所占用的带宽。

⑦配置数据网络分析仪对参考ONU1发送上行100M流量，分别检查ONU1和ONU2所占用的带宽。

⑧配置OLT对ONU1的DBA参数为CIR=60M，PIR=1000M；配置OLT对ONU2的DBA参数为CIR=60M，PIR=1000M。

⑨配置数据网络分析仪对参考 ONU2 发送上行 1000M 流量，对参考 ONU1 发送上行 50M 流量，检查 ONU1 和 ONU2 获得的上行带宽。

⑩停止对参考 ONU1 发送业务流，检查 ONU2 占用的带宽，并且与步骤 9 的结果相比较。

⑪配置数据网络分析仪对参考 ONU1 发送上行 800M 流量，分别检查 ONU1 和 ONU2 所占用的带宽。

⑫配置数据网络分析仪对参考 ONU1 发送上行 1000M 流量，分别检查 ONU1 和 ONU2 所占用的带宽。

⑬测试 DBA 的精度、颗粒度和最小可配带宽。

⑭DBA 的精度和颗粒度应该分别在 2M、20M、100M 的速率下测试。

2.1.8.2　EPON 系统 QoS 保证

测试项目：EPON 系统 QoS 保证。

测试说明：EPON 系统 OLT、ONU 均能实现业务流的分类、标记、排队和调度功能。

测试框图：

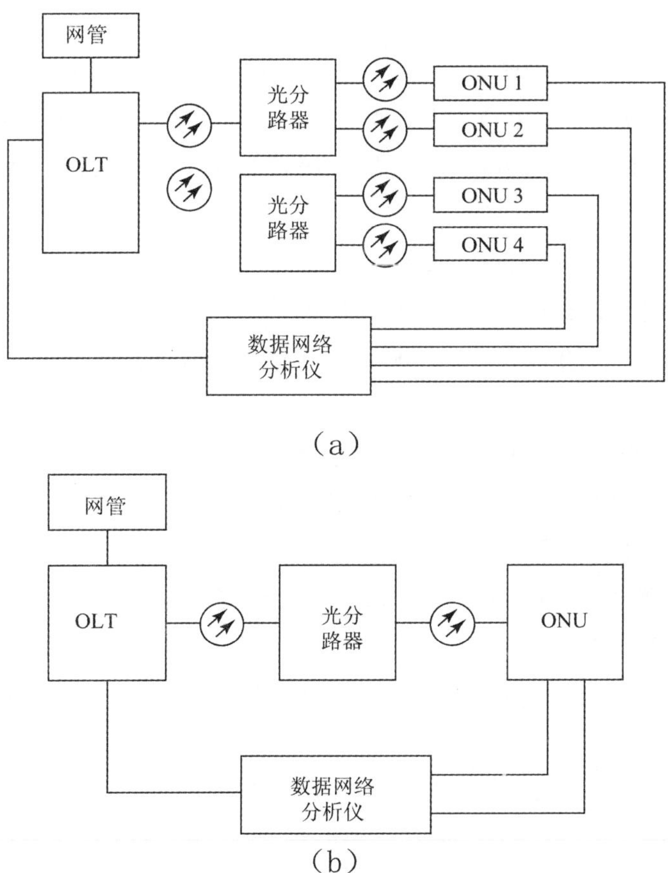

(a)

(b)

测试步骤:

(验证 OLT 的 QoS)

①如图（a）搭建测试环境;

②通过网管配置 ONU1 数据业务优先级指定为 3，ONU3 数据业务优先级指定为 6。使用数据网络分析仪向 ONU 端口发送上行优先级为 0 的报文，从 OLT 上联口观察报文优先级指定情况;

③同步骤 1 中优先级设置，ONU1 和 ONU3 的上行均发送 1000Mb/s 流量，并从 OLT 同一个 GE 上联口接收，观察 2 条业务流的比例，验证调度算法（权重优先级或严格优先级或两者混合算法）;

④分别通过源 IP、目的 IP、源 MAC、目的 MAC、VLANID、以太帧协议类型以及指定报文匹配字段等方式定义并修改优先级。

(验证 ONU 的 QOS)

①如图（b）连接网络，通过网管设置 ONU 的 PON 口上行 DBA 带宽均设置为 100M，从 ONU 的两个数据端口发送的报文的流量都是 100Mbps（如果 ONU 只有一个端口，可通过在此端口发送两条流代替）;

②通过网管设置 ONU 通过源 MAC 进行分类，ONU 的 2 个数据端口分别发送源 MAC 0x000000000001，0x000000000002 的报文，指定源 MAC 0x000000000001 的报文优先级标记为 7，源 MAC 0x000000000002 的优先级标记为 3，从 OLT 上行端口观察报文优先级指定是否生效;

③通过网管设置 ONU 通过源和目的 MAC 进行分类，ONU 2 个数据端口分别发送源 MAC 为 0x000000010001 和目的 MAC 为 0x000000010002 的报文，指定源 MAC 为 0x000000010001 的报文优先级标记为 7，目的 MAC 为 0x000000010002 的优先级标记为 3，从 OLT 上行端口观察报文优先级指定是否生效;

④通过网管设置 ONU 通过 VLANID 进行分类，ONU 2 个数据端口分别发送 VLAN100，VLAN200 的报文，指定 VLAN100 的报文优先级标记为 7，VLAN200 的优先级标记为 3，从 OLT 上行端口观察报文优先级指定是否生效;

⑤通过网管设置 ONU 通过源 IP 进行分类，ONU 2 个数据端口分别发送源 IP192.168.1.2、192.168.1.3 的报文，指定源 IP192.168.1.2 的报文优先级标记为 7，源 IP192.168.1.3 的优先级标记为 3，从 OLT 上行端口观察报文优先级指定是否生效;

⑥通过网管设置 ONU 通过源和目的 IP 进行分类，ONU 2 个数据端口分别发送源 IP192.168.1.2 和目的 IP 为 192.168.1.3 的报文，指定源 IP192.168.1.2 的报文优先级标记为 7，目的 IP192.168.1.3 的优先级标记为 3，从 OLT 上行端口观察报文优先级指定是否生效;

⑦通过网管设置 ONU 通过 L4 源端口进行分类，ONU 2 个数据端口分别发送 L4 源端口 100、L4 源端口 200 的报文，指定源端口 100 的报文优先级标记为 7，L4 源端口 200 的优先级

标记为 3，从 OLT 上行端口观察报文优先级指定是否生效（SMB 设置 2 条 UDP 或 TCP 类型，源端口设置为 200 和 100）；

⑧通过网管设置 ONU 通过以太网类型进行分类，ONU 2 个数据端口分别发送 ARP（0806）和 IP（0800）的报文，指定 ARP（0806）的报文优先级标记为 7，IP（0800）的优先级标记为 3，从 OLT 上行端口观察报文优先级指定是否生效；

⑨通过网管设置 ONU 通过 IP DSCP 进行分类，ONU 2 个数据端口分别发送 DSCP 优先级为 0 和 8 的报文，指定 DSCP 优先级为 0 的报文优先级标记为 7，DSCP 优先级为 8 的报文优先级标记为 3，从 OLT 上行端口观察报文优先级指定是否生效。

2.1.8.3 ONU 缓存容量测试

测试项目：ONU 缓存容量测试。

测试说明：本项目测试各厂家 ONU 的缓存容量。

测试框图：

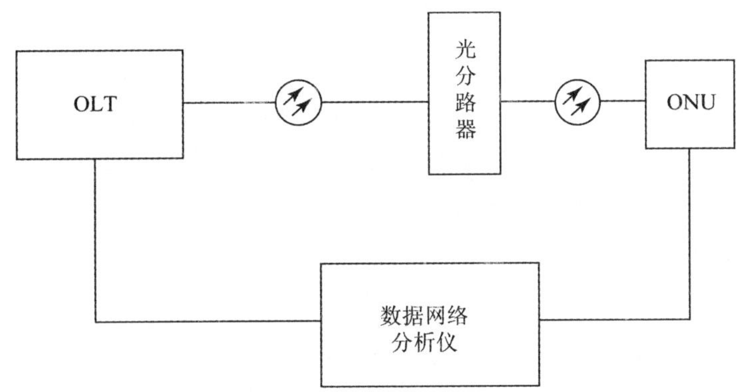

测试步骤：

①按图搭建测试平台，将 ONU 上行速度限速为 1M；

②数据网络分析仪用 100M、Time Burst 方式向 ONU 发送 10s、64 字节的包；

③观察从上联口收到的包数，计算 ONU 的缓存容量。

2.1.9 加密功能

测试项目：加密功能。

测试说明：EPON 系统应支持链路层 Payload 信息加密，其中下行方向支持，上行方向可选支持。

测试框图：

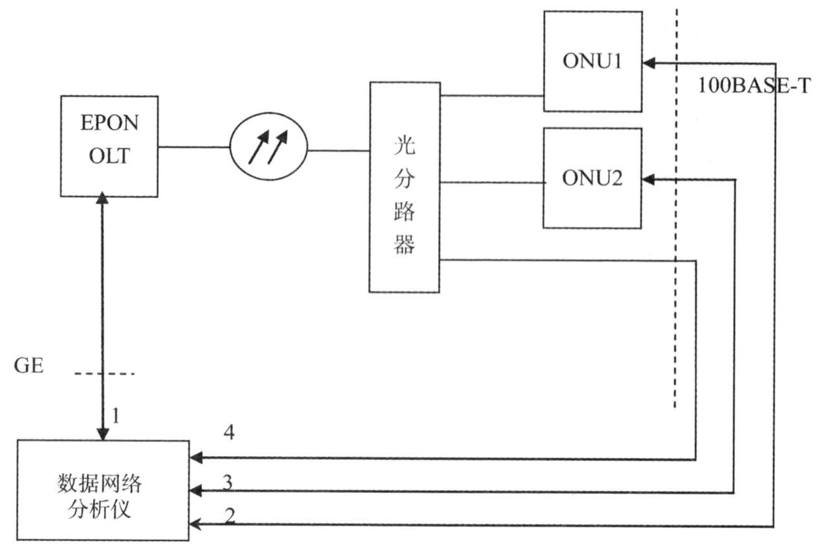

测试步骤：

①如图搭建测试环境；

②用数据网络分析仪端口 1 分别向端口 2 ~4 发送数据；

③在数据网络分析仪端口 4 截获数据流进行分析，看数据是否加密；

④对于步骤③，数据流应该没有加密；

⑤将 OLT 与 ONU1、ONU2 开启加密功能；

⑥重复步骤②和③；

⑦对应步骤⑥，发向端口 2、3 的数据流应该都已加密且不相同。

2.1.10 以太网二层功能和组播功能测试

2.1.10.1 发现、认证和注册功能测试

测试项目：OLT 对 ONU 的发现、认证和注册功能。

测试说明：验证 OLT 对 ONU 的发现、认证、注册机制。

测试框图：

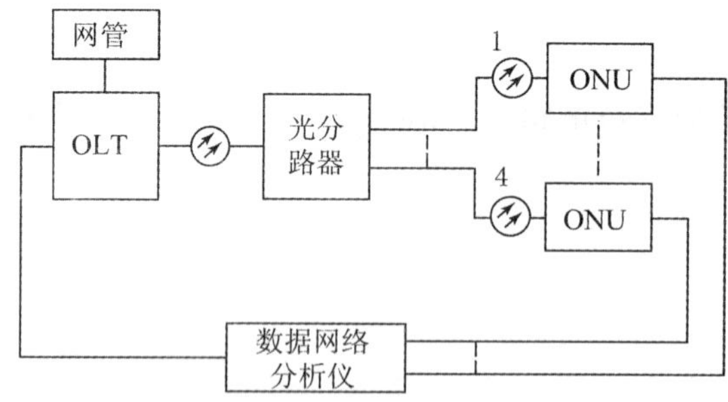

测试步骤：

①如图连接设备，将 OLT 至光分路器间的光纤暂时断开，在网管中配置 ONU1 的 MAC 地址为合法地址，不将 ONU2 的 MAC 地址配置进合法地址列表；

②开启所有 ONU 的电源，状态灯显示稳定后连接 OLT 至光分路器间的光纤；

③记录 ONU1 注册上的时间；

④在 OLT 网管上查看 ONU2 的状态，检查该 ONU 的注册请求是否被拒绝，以及网管上是否出现非法 ONU 注册的告警；

⑤配置 ONU1 至 ONU4 的 MAC 地址均为合法地址，通过数据网络分析仪向 ONU1 ~ ONU4 发送 400Mb/s 的双向流量，复位 ONU4，记录其重新注册的时间，检查 ONU1 ~ ONU3 的流量变化。

2. 1. 10. 2 广播 GATE 帧频率测试

测试项目：广播 GATE 帧频率测试。

测试说明：测试 OLT 发出的广播 GATE 帧频率。

测试框图：

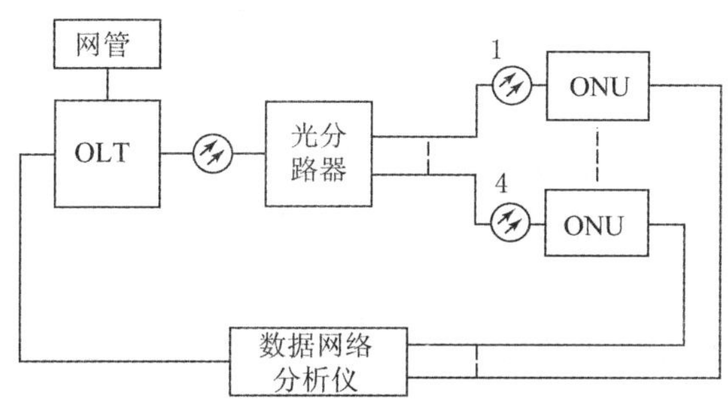

测试步骤：

①如图搭建测试系统，数据网络分析仪发背景数据流，总带宽大于 1000Mbps；

②通过 PON 协议分析仪，统计 10 分钟内 OLT 广播 GATE 数量，计算广播 GATE 帧率。

2. 1. 10. 3 ONU 用户端源 MAC 地址过滤

测试项目：ONU 用户端源 MAC 地址过滤。

测试说明：测试 ONU 用户端源 MAC 地址过滤功能。

测试框图：

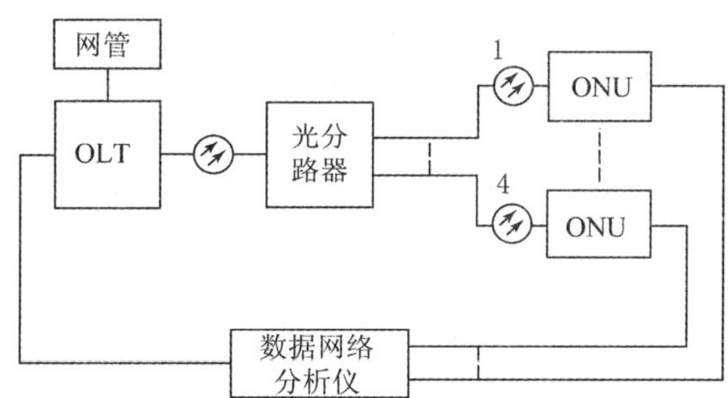

测试步骤：

①设置 ONU 对指定源 MAC 地址 00-00-00-00-00-01 的报文进行过滤。

②通过数据网络分析仪发送指定源 MAC 地址为 00-00-00-00-00-01 的上行报文，从 OLT 上联口观察是否可以收到此报文。

2. 1. 10. 4 ONU MAC 地址最大学习数限制

测试项目：ONU MAC 地址最大学习数限制。

测试说明：测试 ONU 是否支持 MAC 地址最大学习数的设置。

测试框图：

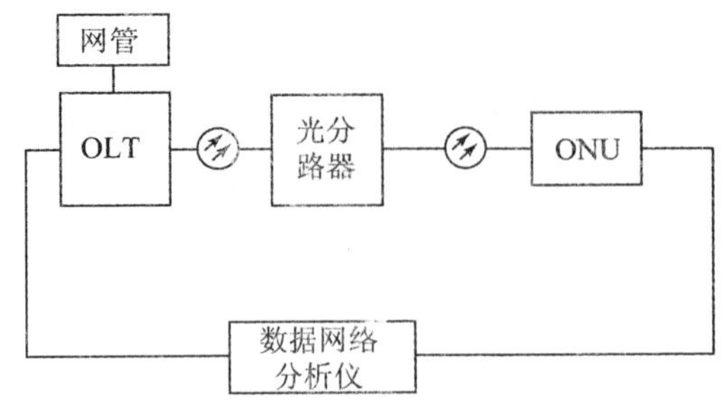

测试步骤：

①通过网管设置 ONU 的最大 MAC 地址学习数目为 10 个，通过数据网络分析仪上行发送 10 条源 MAC 不同的业务流，利用数据网络分析仪抓取 OLT 上联口业务流，观察业务流是否正常；

②验证是否收到 10 条源 MAC 业务流；再增加一条不同源 MAC 的业务流，利用数据网络分析仪抓取 OLT 上联口业务流，观察业务流是否正常；

③验证是否不能收到超过的 MAC 地址流。

2.1.10.5　ONU VLAN 功能测试

测试项目：ONU VLAN 功能测试。

测试说明：测试 ONU 基于端口的 VLAN 功能。

测试框图：

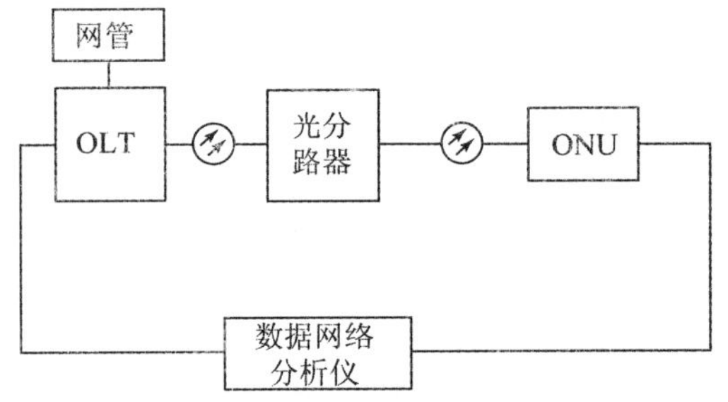

测试步骤：

①通过网管设置 OLT 上联端口为透传模式（或通过设置上联端口加入指定 VLAN 等效实现透传模式）；

②通过网管设置 ONU 端口为透传模式，使用数据网络分析仪分别向 ONU 数据端口分别发送不带标签和带标签（VID = 100）的上行报文，向 OLT 上联端口分别发送不带标签和带标签（VID = 200）的下行报文，从 OLT 上联口和 ONU 端口观察报文中的 VLAN 标签；

③通过网管设置 ONU 为 VLAN 标签模式，VID = 100。使用数据网络分析仪分别向 ONU 数据端口分别发送不带标签和带标签（VID = 100）的上行报文，向 OLT 上联端口分别发送不带标签和带标签（VID = 100）的下行报文，从 OLT 上联口和 ONU 的 UNI 端口观察收到的报文 VLAN 标签；

④通过网管设置 ONU 为 VLAN 转换模式，缺省 VID = 100，VLAN 转换列表中添加 ONU 侧输入 VLAN 子项：VID = 200，ONU 侧输出 VLAN 子项：VID = 300（上述 VLAN 子项“输

入/输出”均针对于上行，下行业务流相反）。通过数据网络分析仪向 ONU 数据端口分别发送不带标签的上行报文、VID = 200 的上行报文、VID = 201 的上行报文，向 OLT 上联端口分别发送不带标签的下行报文、VID = 100 的下行报文、VID = 300 的下行报文、VID = 301 的下行报文，从 OLT 上联口和 ONU 的 UNI 端口观察收到的报文 VLAN 标签。

2.1.10.6 广播包/未知包的抑制

测试项目：广播包/未知包抑制功能测试。

测试说明：验证系统对广播包/未知包抑制功能。

测试框图：

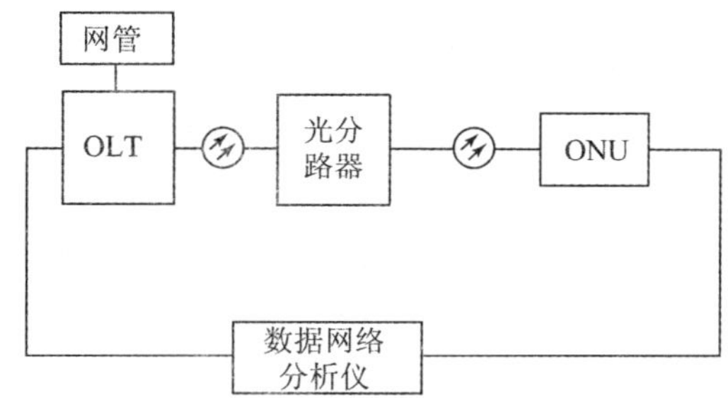

测试步骤：

①如图连接设备，通过图形网管在 OLT 上设置广播包抑制速率为 100pps；

②使用数据网络分析仪向 ONU 用户端口发送 0.05Mpps 的广播流量（包长固定为 512bytes，广播包 MAC 地址：ff ff ff ff ff ff），在数据网络分析仪上观察接收到的流量（按照收到的广播报文的数量进行计算）；

③在 OLT 设置未知包抑制速率为 200pps；

④使用数据网络分析仪向 ONU 用户端口发送 100kpps 的未知包流量（包长固定为 512bytes，未知包 MAC：00 00 00 00 00 99），在数据网络分析仪上观察接收到的流量。

2.1.10.7 未知组播包的抑制/丢弃

测试项目：未知组播包抑制/丢弃功能测试。

测试说明：验证系统对未知组播包抑制和丢弃功能。被测设备如有未知组播包丢弃功能，应测试未知组播包丢弃功能。

测试框图：

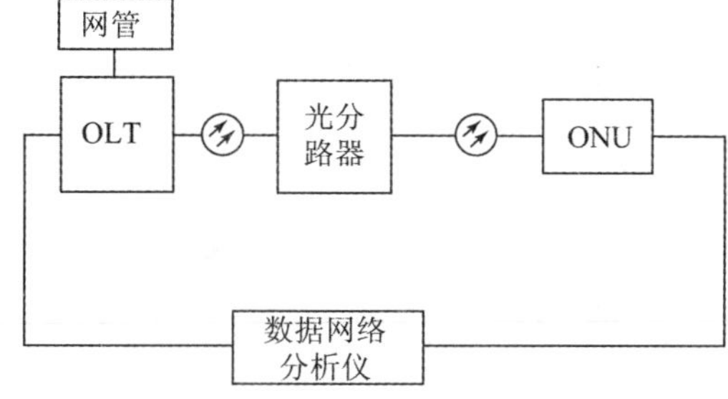

测试步骤：

①如图连接设备，通过图形网管在 OLT 上设置未知组播包抑制速率为 200pps；

②使用数据网络分析仪向 ONU 用户端口发送 100kpps 的未知组播包流量（包长固定为

512bytes，未知组播包 MAC：01 00 5e 01 01 01），在数据网络分析仪上观察接收到的流量；

③在 OLT 设置未知组播包丢弃功能；

④使用数据网络分析仪向 ONU 用户端口发送 100kpps 的未知组播包流量（包长固定为 512bytes，未知组播包 MAC：01 00 5e 01 01 01），在数据网络分析仪上观察接收到的流量。

2.1.10.8　IGMPv2 Proxy 功能测试

测试项目：IGMPv2 Proxy 功能测试。

测试说明：验证 EPON 系统中 OLT 的 IGMP Proxy 功能。

测试框图：

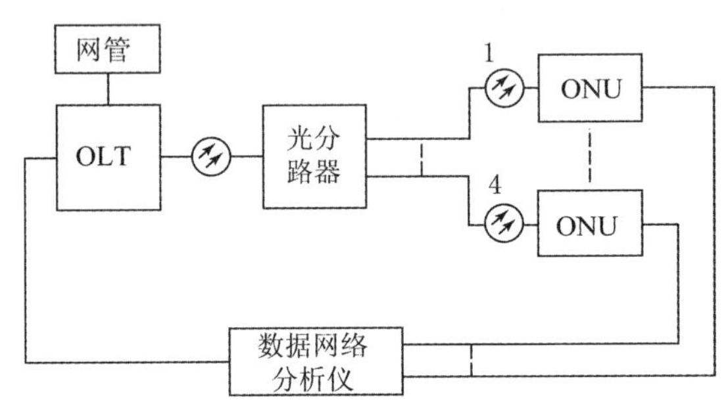

测试步骤：

①如图连接设备，通过图形网管在 OLT 上启动 IGMP Proxy 功能，使用数据网络分析仪向 OLT 上联口发送 224.1.1.1 的组播流；

②将 ONU1 加入组 224.1.1.1，观察 ONU1 能否收到组播流，同时在上联口抓包，能否收到加入报文；

③将 ONU2、ONU3、ONU4 依次加入组 224.1.1.1，观察它们能否收到组播流，同时在上联口抓包，能否收到加入报文；

④将 ONU1、ONU2、ONU3 依次离开组 224.1.1.1，观察它们能否收到组播流，同时在上联口抓包，能否收到离开报文；

⑤将 ONU4 离开组 224.1.1.1，观察它能否收到组播流，同时在上联口抓包，能否收到离开报文。

2.1.10.9　可控组播功能测试

测试项目：可控组播功能测试。

测试说明：验证 EPON 系统中组播权限控制功能。

测试框图：

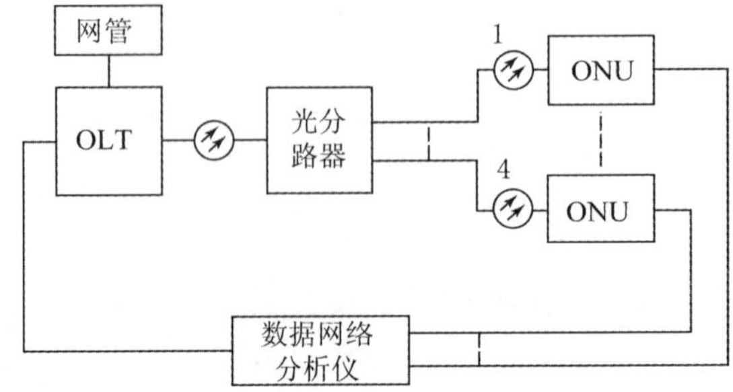

测试步骤：

①如图连接设备，通过图形网管配置 OLT 的组播 VLAN 为 4001、4002，其中，VID = 4001 的组播 VLAN 内包含两个组播频道（224.1.1.1 和 224.1.1.2），VID = 4002 的组播 VLAN 内包含一个组播频道（224.1.1.3）。单播 VLAN 为 2000 – 2999，启用 OLT 的 IGMP Proxy 功能。

②通过图形网管配置 ONU1 设备启用可控组播功能，ONU1 的 FE1 端口配置对组播 VLAN 为 4001，目的组播地址为 0x01–00–5e–01–01–01 和 0x01–00–5e–01–01–02 的组播访问权限均为允许；ONU1 的 FE1 对组播 VLAN 为 4002，目的地址为 0x01–00–5e–01–01–03 的频道访问权限为预览。ONU1 的 FE2 端口（或者对应于单端口 ONU 情况下的 ONU2 的 FE1 端口，下同）对组播 VLAN 为 4001，目的组播地址为 0x01–00–5e–01–01–01 和 0x01–00–5e–01–01–02 的频道访问权限为禁止，对组播 VLAN 为 4002，目的地址为 0x01–00–5e–01–01–03 的频道访问权限为允许。

③数据网络分析仪向 OLT 发送 3 个组播流，组播的 MAC 地址分别为：0x01–00–5e–01–01–01（目的 IP 为 224.1.1.1 映射到 MAC 地址的值），0x01–00–5e–01–01–02（目的 IP 为 224.1.1.2 映射到 MAC 地址的值），0x01–00–5e–01–01–03（目的 IP 为 224.1.1.3 映射到 MAC 地址的值）分别对应于组播 VLAN ID = 4001、4001 和 4002，流量分别为 30Mb/s，在 OLT 侧后用广播 LLID 传送到 ONU。

④通过数据网络分析仪向 ONU1 的 FE1 端口发送 IGMP REPORT 包，其目的 IP 组播地址为 224.1.1.1（该组的下行业务报文属于 VID1 = 4001），观察数据网络分析仪接收组播信息。

⑤通过数据网络分析仪向 ONU1 的 FE2 端口（或者对应于单端口 ONU 情况下的 ONU2 的 FE1 端口）发送 IGMP REPORT 包，其目的 IP 组播地址为 224.1.1.2（该组的下行业务报文属于 VID1 = 4001），观察数据网络分析仪接收组播信息。

⑥通过数据网络分析仪向 ONU1 的 FE2 端口发送 IGMP REPORT 包，组播地址为 224.1.1.3，VID1 = 4002，观察数据网络分析仪接收组播信息情况。

⑦通过数据网络分析仪向 ONU1 的 FE1 端口发送 IGMP REPORT 包，组播地址为 224.1.1.3，VID1 = 4002。观察 FE1 端口是否收到组播业务和该端口上的组播业务持续多长时间。

⑧待 ONU1 的 FE1 预览超时后，通过数据网络分析仪向 ONU1 的 FE1 主动发起 IGMP Leave 包使该端口自动离开 VLAN = 4001，目的 IP 组播地址为 224.1.1.1 的组播组，验证 IGMP snooping 的离开功能，观察数据网络分析仪接收组播信息情况。

⑨前面所有操作是否存在日志记录。

2.1.10.10 ONU 端口的上行业务流限速

测试项目：ONU 端口的上行业务流限速功能测试。

测试说明：测试 ONU 端口是否支持业务流的限速功能。

测试框图：

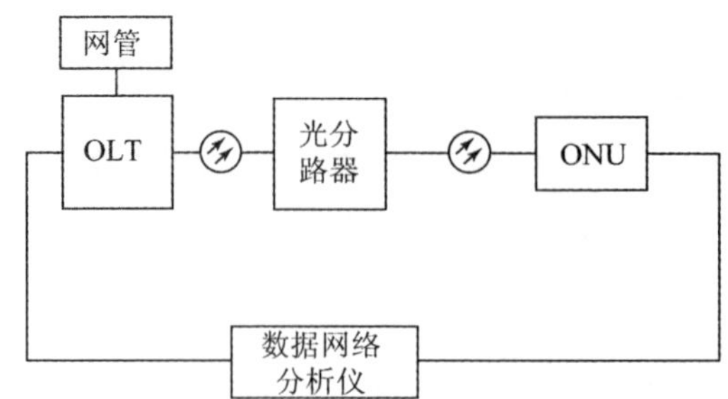

测试步骤：

①如图连接设备，通过图形网管配置 ONU 的 PIR = CIR = 100M；

②配置 ONU 的端口 1 的上限速功能，将端口 1 上行限速到 50M；

③用数据网络分析仪发送分别为 80M 的上行数据流，查看 OLT 上联口接收到的以太网业务的流量，验证其 ONU 的以太网端口的限速功能。

2.1.10.11　ONU 端口的下行业务流限速

测试项目：ONU 端口的下行业务流限速功能测试。

测试说明：测试 ONU 端口是否支持业务流的限速功能。

测试框图：

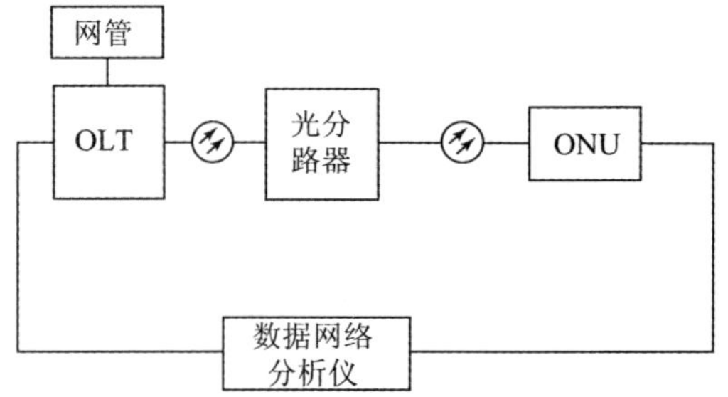

测试步骤：

①如图连接设备，通过图形网管配置 ONU 的 PIR = CIR = 100M；

②配置 ONU 的端口 1 的下行限速功能将端口 1 下行限速到 50M；

③用数据网络分析仪发送分别为 80M 的下行数据流，查看 ONU 端口 1 接收到的以太网业务的流量，验证其 ONU 的以太网端口的限速功能。

2.1.10.12　二层隔离功能测试

2.1.10.12.1　ONU 端二层隔离功能

测试项目：ONU 端二层隔离功能测试。

测试说明：测试系统 ONU 之间二层隔离功能。

测试框图：

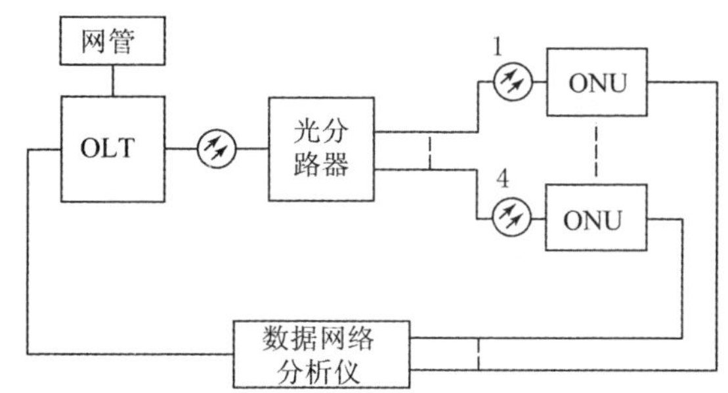

测试步骤：

①如图连接设备，开启二层隔离功能；

②使用数据网络分析仪向ONU1、ONU2之间相互打数据，验证双方能否收到流量；

③如果为多端口ONU，向一个ONU的两个端口之间相互打数据，验证双方能否收到流量。

2.1.10.12.2　OLT端二层隔离功能

测试项目：OLT端二层隔离功能测试。

测试说明：测试系统OLT端不同PON口之间二层隔离功能。

测试框图：

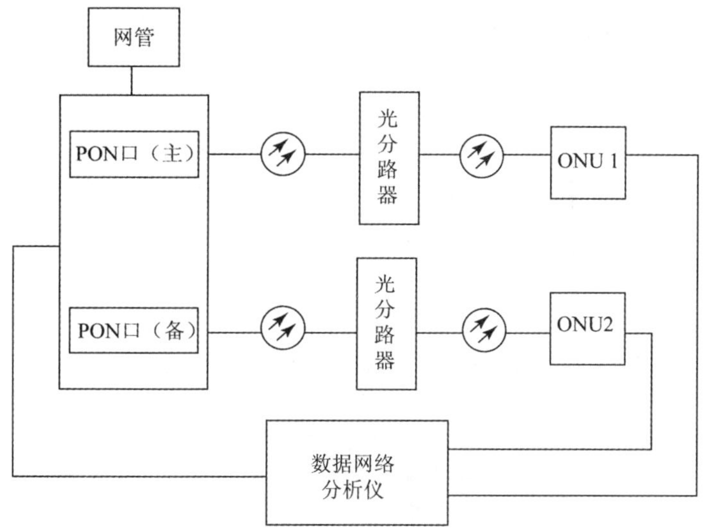

测试步骤：

①如图连接设备，通过网管开启OLT不同PON端口之间的二层隔离功能；

②使用数据网络分析仪向ONU1、ONU2之间相互打数据，验证双方能否收到流量；

③关闭OLT不同PON端口之间的二层隔离功能；

④使用数据网络分析仪向ONU1、ONU2之间相互打数据，验证双方能否收到流量。

2.1.10.13　STP/RSTP测试

2.1.10.13.1　OLT上联端口STP/RSTP功能

测试项目：OLT上联端口STP/RSTP测试。

测试说明：本项目测试系统上联端口的STP/RSTP功能。

测试框图：

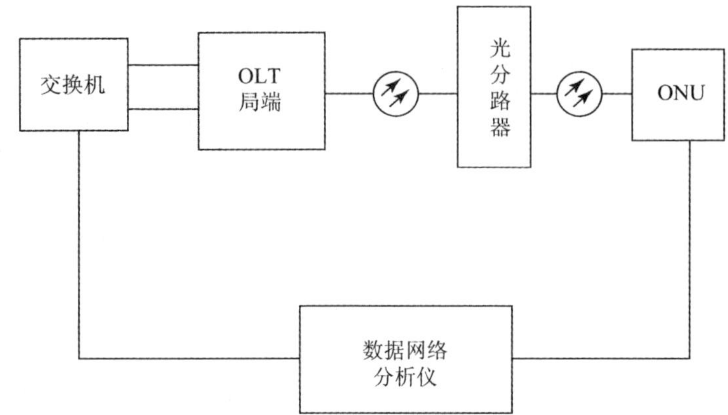

测试步骤：

①按图搭建测试平台，通过图形网管启动 STP/RSTP 功能；

②数据网络分析仪用 100M 向交换机、ONU 发送双向数据；

③将交换机和 OLT 之间的主用网线拔掉，观察数据是否断了，多长时间能恢复。

2.1.10.13.2　ONU 用户侧端口 STP/RSTP 功能

测试项目：ONU 用户侧端口 STP/RSTP 测试。

测试说明：本项目测试系统 ONU 用户侧端口的 STP/RSTP 功能——针对具有多个用户侧端口的 ONU。

测试框图：

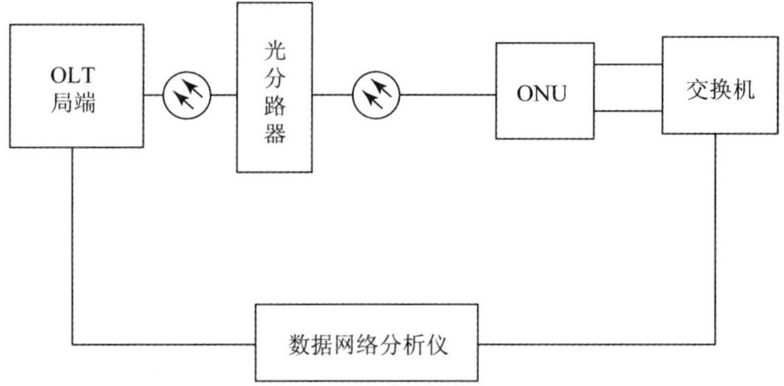

测试步骤：

①按图搭建测试平台，通过图形网管启动 ONU 用户侧端口 STP/RSTP 功能；

②数据网络分析仪用 100M 向交换机、ONU 发送双向数据；

③将交换机和 ONU 一个端口之间的网线拔掉，观察数据是否断了，多长时间能恢复。

2.1.10.14　链路汇聚测试

测试项目：链路汇聚测试。

测试说明：本项目测试系统链路汇聚功能。

测试框图：

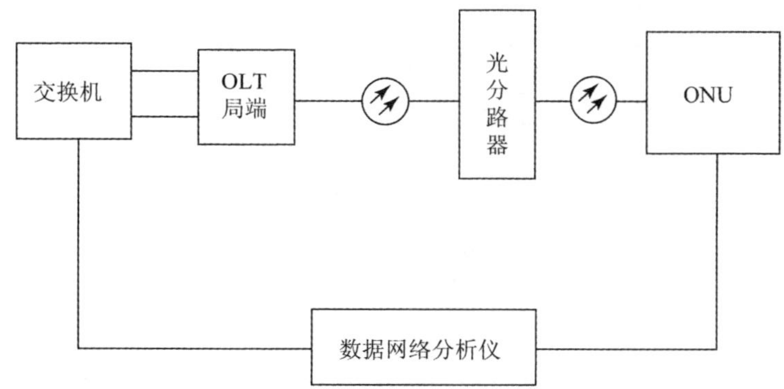

测试步骤：

①按图搭建测试平台，通过图形网管启动链路汇聚功能；

②数据网络分析仪用100M向交换机、ONU发送双向数据；

③将交换机和OLT之间的两根网线依次插拔一次，观察双向数据是否丢包。

2.1.10.15 端口重定向、镜像功能测试

测试项目：端口重定向、镜像功能测试。

测试说明：测试系统端口重定向、镜像功能。

测试框图：

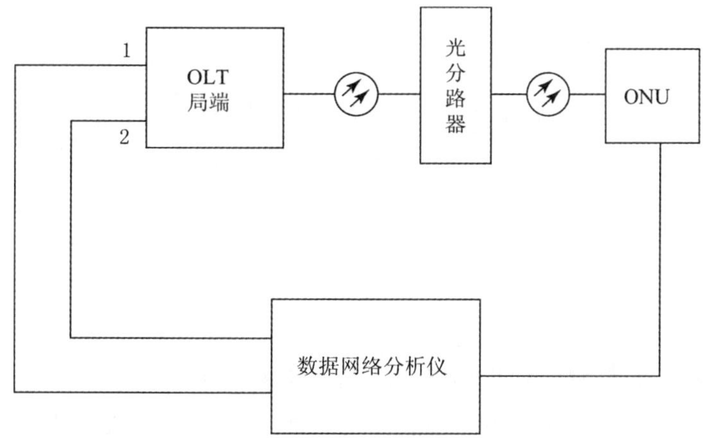

测试步骤：

①如图连接设备，通过图形网管配置端口2镜像端口1；

②用数据网络分析仪向端口1和ONU端口发送数据；

③从仪表上观察1、2端口是否收到数据；

④通过图形网管配置端口1重定向到端口2；

⑤用数据网络分析仪向端口1和ONU端口发送数据；

⑥从仪表上观察1、2端口是否收到数据。

2.1.10.16 OLT的ACL过滤功能

测试项目：OLT的ACL过滤功能测试。

测试说明：测试系统根据ACL进行包过滤的功能。

测试框图：

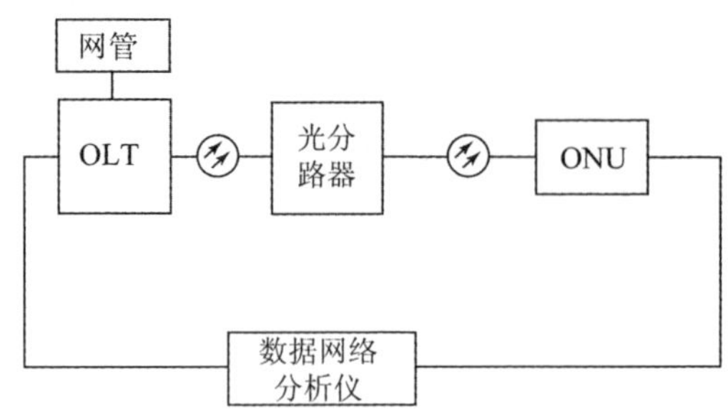

测试步骤：

①如图连接设备，通过图形网管配置 OLT 分别基于源 IP、目的 IP、源 TCP、目的 TCP、源 UDP、目的 UDP；基于协议号的 ACL 包过滤规则；

②用数据网络分析仪从 ONU 端口向 OLT 发送数据；

③从仪表上观察 OLT 上联端口是否收到数据，分析包结构，是否按指定的包过滤规则进行过滤，实现 ACL 功能。

2.1.10.17 QINQ 功能测试

测试项目：QINQ 功能测试。

测试说明：测试系统 QINQ 功能。

测试框图：

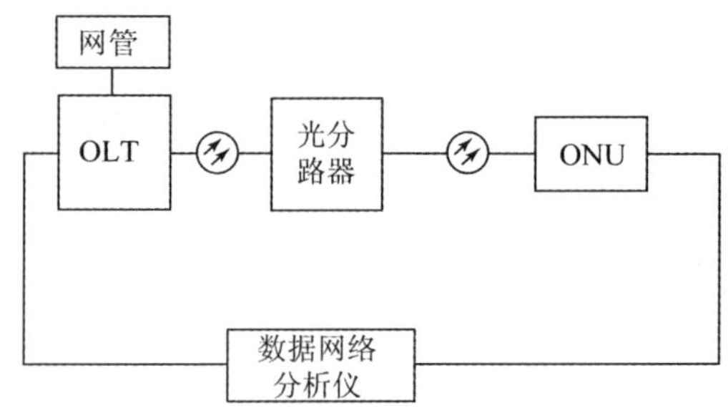

测试步骤：

①如图连接设备，将设备配为 QINQ 模式，外层 tag = 200；

②使用数据网络分析仪向 ONU 端口发送数据，tag = 100，在上联口抓包分析；

③使用数据网络分析仪向上联口发送数据，外层 tag = 200，内层 tag = 100，在 ONU 端口抓包分析。

2.1.11 业务接入能力测试

2.1.11.1 宽带接入能力测试

测试项目：宽带接入业务支持能力测试。

测试说明：本项目通过 FTP 下载/上传业务测试 EPON 系统单个 ONU 的宽带接入能力。

测试框图：

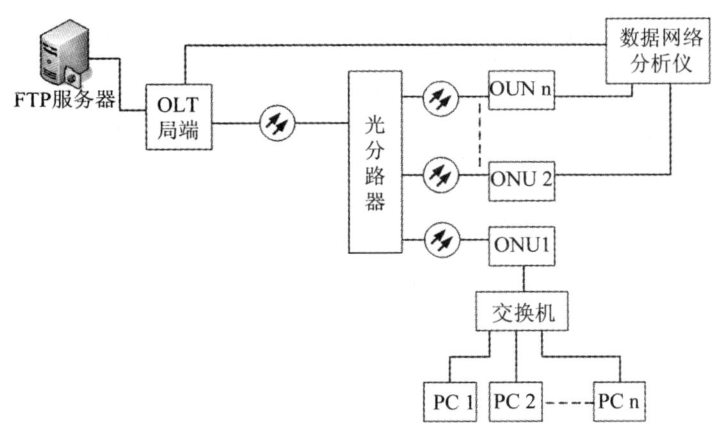

测试步骤：

①按图搭建测试平台，FTP 服务器放置超大文件；

②ONU2 至 ONUn，通过数据网络分析仪传送以太网数据，总带宽为 1000Mbps；

③设置 ONU1 的 DBA 保证带宽为 50Mbps，最大带宽为 100Mbps；

④接入 32 台 PC 机同时进行文件下载，记录下载速率；

⑤用 32 台 PC 机同时进行文件上传，记录每个 PC 机的上传速率；

⑥用 16 台 PC 机同时进行文件上传，16 台 PC 机同时进行文件下载，记录每个 PC 机的上传或下载速率；

⑦设置 ONU1 的 DBA 保证带宽为 100Mbps，最大带宽为 100Mbps，重复步骤④～⑥。

2.1.11.2　VOD 业务支持能力测试

测试项目：VOD 业务支持能力测试。

测试说明：本项目通过 IP 视频性能测试，评估 EPON 系统对 VOD 点播业务的支持能力。

测试框图：

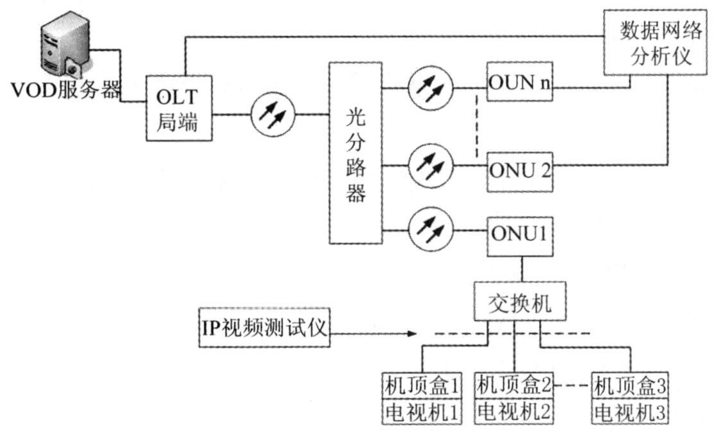

测试步骤：

①按图搭建测试平台，VOD 服务器内含 4 种视频流文件：（a）MPEG-2 标清视频流，码率为 3.75Mbps；（b）MPEG-4 标清视频流，码率为 1.5Mbps；（c）H.264 标清视频流，码率为 1.5Mbps；（d）MPEG-2 高清视频流，码率为 15Mbps。

②ONU2 至 ONUn，通过数据网络分析仪传送以太网数据；

③设置 ONU1 的 DBA 参数，保证带宽为 8Mbps，最大带宽为 8Mbps；

④接入 5 台 IP 机顶盒机同时点播视频流（a）；

⑤观察能否正常点播，视频流是否流畅，进行图像质量主观评价；

⑥用 IP 视频测试仪测量 IP 帧丢包率，时延及其抖动，测量视频帧速率。

⑦接入 5 台 IP 机顶盒机同时点播视频流（b），重复步骤⑤~⑥；

⑧接入 5 台 IP 机顶盒机同时点播视频流（c），重复步骤⑤~⑥；

⑨设置 ONU1 的 DBA 参数，保证带宽为 80Mbps，最大带宽为 80Mbps；

⑩接入 5 台 IP 机顶盒机同时点播视频流（d），重复步骤⑤~⑥。

2.1.11.3 上下行带宽对称的视频业务支持能力测试

测试项目：上下行带宽对称的视频业务支持能力测试。

测试说明：本项目通过对称视频业务测试，评估 EPON 系统对对称视频业务支持能力，测量保证带宽与视频码率的关系。

测试框图：

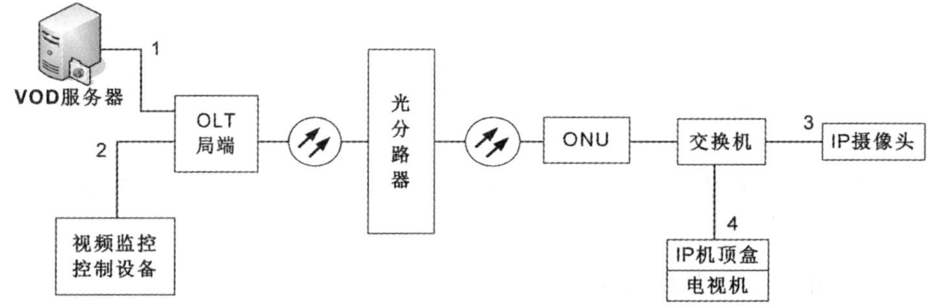

测试步骤：

①按图搭建测试平台，VOD 服务器内含 H.264 标清视频流，码率为 1.5Mbps；

②设置 ONU 上、下行保证带宽和最大带宽均为 2.0 Mbps；

③电视机 1 点播从 OLT 端口 1 下来的视频流；同时视频监控设备采集由 IP 摄像头监控的图像；

④观察能否双向正常点播，视频流是否流畅，进行图像质量主观评价；

⑤同时降低 ONU 下行保证带宽和最大带宽，重新点播 VOD 节目，直到图像出现停顿现象，记录此时的保证带宽和最大带宽设置值；

⑥同时降低 ONU 上行保证带宽和最大带宽，重新启动视频监控系统，直到图像出现停顿现象，记录此时的保证带宽和最大带宽设置值。

2.1.11.4 VoIP 性能测试

测试项目：VoIP 性能测试。

测试说明：验证 EPON 系统提供的 VoIP 业务（仅适用于具备 VoIP 功能的 EPON 系统）；验证 EPON 提供 VoIP 业务的各种功能（DTMF、二次拨号、铃流、回铃音、忙音信令、拨号信令的透传等）。

测试框图：

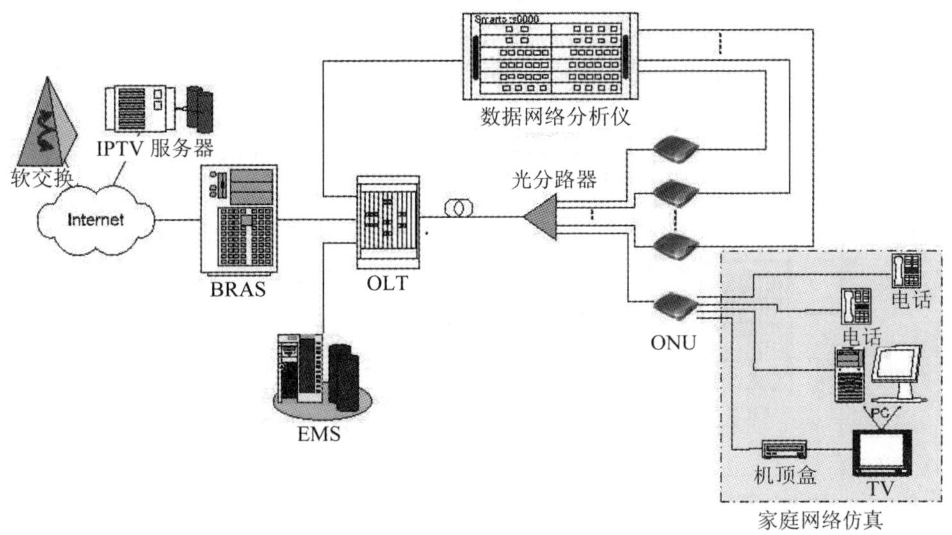

测试步骤：

①如图连接设备，配置软交换业务；

② ONU 1 侧软交换方式的话机摘机；

③拨打任意 ONU 侧软交换方式的话机；

④ 软交换方式的话机 1 拨打软交换方式的话机 2；

⑤ 软交换方式的话机 1 应能播放正确的回铃音，软交换方式的话机 2 应能播放正确的振铃音，完成呼叫建立；

⑥在软交换方式话机 1 上按任意一组键（二次拨号测试）；

⑦ 软交换方式的话机 2 摘机；

⑧ 软交换方式的话机 2 挂机；

⑨ 软交换方式的话机 1 应能听到忙音；

⑩软交换方式的话机 2 摘机；

⑪ 软交换方式的话机 1 拨打软交换方式的话机 2；

⑫软交换方式的话机 1 能听到正确的忙音。

2.1.11.5 E1 电路仿真业务性能测试

测试项目：E1 电路仿真业务性能测试。

测试说明：验证 EPON 系统的电路仿真功能及其性能（E1 的时延、抖动和 12 小时误码率）。

测试框图：

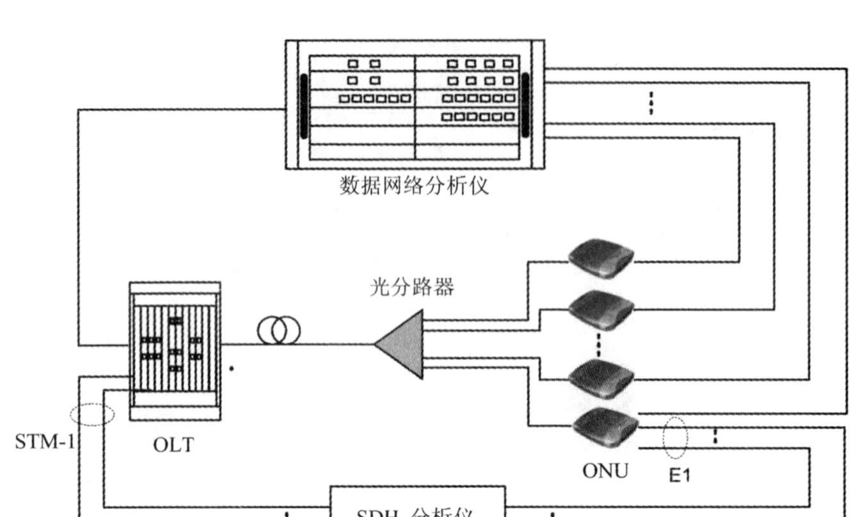

测试步骤：

①如图连接设备，配置1个E1业务，设置为高优先级；

②记录时延和抖动；

③利用数据网络分析仪打背景流量超过系统吞吐量；

④ 12 小时挂误码仪测误码，记录误码。

2.1.11.6 多业务同时接入能力测试

测试项目：多业务同时接入能力测试。

测试说明：本项目通过视频点播、宽带数据接入、语音业务同时接入条件下，评估EPON系统在多业务同时接入能力；另外评估在上述多业务接入条件下，EPON系统对突发数据接入业务的支持能力。

测试框图：

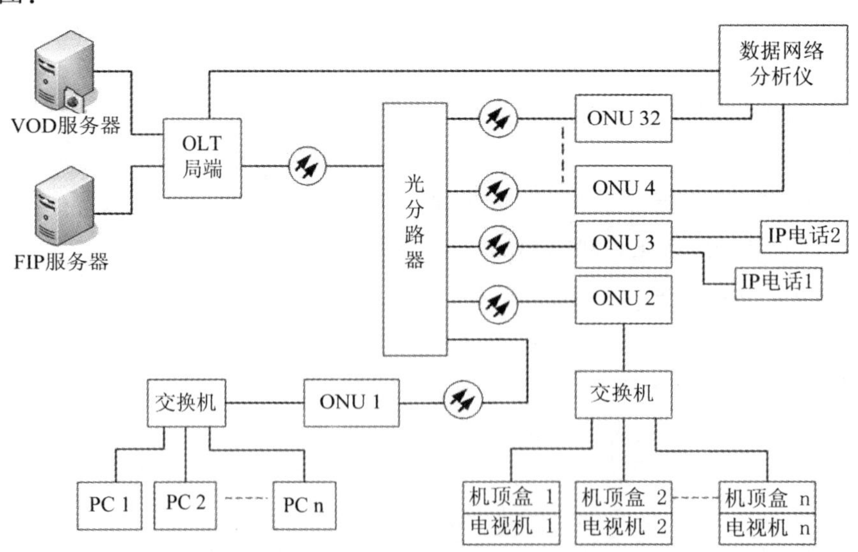

测试步骤：

①按上图连接测试系统，FTP服务器放置超大文件；VOD服务器内含码率为15Mbps的

MPEG-2 高清视频流文件；在语音软交换机上配置语音软交换业务。

②光分路器采用 1:32 光分路，按上图连接 32 个 ONU。

③通过网管设置 ONU1 的 DBA 保证带宽为 50Mbps，最大带宽为 100Mbps；ONU2 的 DBA 保证带宽为 80Mbps，最大带宽为 100Mbps；ONU3 的 DBA 保证带宽为 20Mbps，最大带宽为 100Mbps；ONU4 至 ONU32，通过数据网络分析仪传送以太网数据，总带宽为 1000Mbps。

④在 ONU1 下接入 32 台 PC 机同时进行文件下载，同时在 ONU2 下接入 5 台机顶盒点播 VOD 服务器上的视频流，在 ONU3 下软交换方式的话机 1 拨打软交换方式的话机 2。

⑤记录 PC 机 FTP 文件下载速率，观察机顶盒能否正常点播、视频流是否流畅，测试软交换话机振铃、摘机、呼叫、挂机是否正常。

⑥按步骤④在被测系统上继续运行 FTP 文件下载、VOD 视频点播、语音软交换等多种业务。

⑦数据网络分析仪以 Time Burst 方式向 ONU4 至 ONU32 发送 30s、包长随机、总带宽为 1000Mbps 的以太网数据。

⑧从 OLT 上联端口观察收到的突发数据包，记录 PC 机 FTP 文件下载速率，观察机顶盒能否正常点播、视频流是否流畅，测试软交换话机振铃、摘机、呼叫、挂机是否正常。

2.1.12 网管功能测试

序号	检验项目	测试要求
1	配置管理	应能对网络侧、用户侧端口的接口参数进行配置
2		应能对业务参数进行配置，如带宽、业务优先级等，配置的保证带宽总和不应超过 PON 最大系统带宽
3		应能配置以太网功能，如 VLAN、帧过滤和组播等
4		应能对 ONU 的各种参数进行批量配置
5		网络拓扑结构发生变化时应能自动更新，如 ONU 上线/下线等
6		应能通过网管对系统软件进行升级
7		应能通过网管对 ONU 软件进行远程在线升级和批量升级
8		应能通过网管对 ONU 软件进行强制升级
9		所有配置操作应记录到日志文件，并支持检索
10	性能管理	应能启动性能测量功能，采集和处理测量数据，分析测量结果
11		应具备对系统性能管理事件的当天和前一天的每 15 分钟计数以及 24 小时技术功能，统计参数应包括 PON 接口性能参数、网络侧和用户侧接口性能参数等
12		应能对 PON 系统带宽的使用情况、各 ONU 使用带宽情况进行统计
13		应能查询历史系统性能记录，并能将查询结果和统计结果保存到外部文件并输出
14		网管可对 ONU 掉电事件进行记录，当 ONU 恢复上电后，掉电记录应更新
15		OLT 和 ONU 可测量发射光功率和接收光功率

（续表）

序号	检验项目	测试要求
16	故障管理	应能对系统的各个部分进行持续的或间断的测试、观察和监测，以发现故障或性能的降低
17		当 PON 接口物理层性能（如光通道误码率）严重下降时，系统应能产生告警
18		应能通过指示灯和告警信号指示设备的故障，不同的故障原因对应不同的告警信息
19		应能判定故障发生的时间和故障的位置，故障定位应能定位到电路板
20		故障事件恢复后，系统网管的相应告警信息应能自动清除
21		系统告警日志统计列表应可针对故障严重程度、故障原因、时间段进行分级处理
22		应能按照不同等级、不同时间段和产生告警的原因等方式对告警统计进行过滤
23		OLT 应支持系统关键部件、软件的故障自动倒换和备份，自动倒换后，系统应能正常工作。
24	安全管理功能	网管系统应通过定义个人访问权限的方式，提供对于管理员/操作系统访问的安全措施，拒绝非法用户和密码错误用户的登录访问。不同级别的管理员有不同的权限，确保访问请求的发起者只能在自己的权限范围内执行管理操作。
25		网管系统应记录所有用户的操作，包括用户名、操作时间、操作类型。
26		非法用户登录应产生安全性告警，未经授权的操作尝试由系统日志记录并产生安全警告提示。
27		可选支持管理区域的划分，将不同的资源分配到不同的管理区域，在不同管理区域内对相应资源进行管理操作。
28	网管实现方式	支持 EPON OAM 和 SNMP 网管，能够通过通用 MIB 浏览器查看 OLT、ONU 管理信息参数。ONU 支持本地管理。
29		支持通过 TR－069 方式对 ONU 进行远程管理。
30		支持端到端的 802.1ag 管理。

2.1.13 工作环境测试

测试项目：工作环境试验。

测试说明：验证在环境温度－15℃～55℃条件下，被测系统是否工作正常。

测试框图：

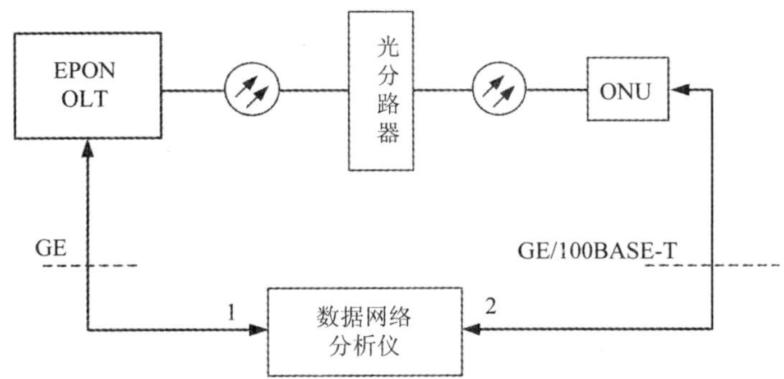

测试步骤：

①高温试验：将 ONU 设备加电放入高低温箱内，温度 55℃，湿度 93%，持续时间 2 小时。高温试验后，立即按图连接设备，对 EPON 系统进行丢包率测试，测试速率为端口吞吐量的 90%。测试为一对一，包长 1518 字节。

②低温试验：将 ONU 设备不加电放入高低温箱内，温度 -15℃，持续时间 2 小时。低温试验后在常温下搁置 30 分钟，然后按图连接设备，对 EPON 系统进行丢包率测试，测试速率为端口吞吐量的 90%。测试为一对一，包长 1518 字节。

2.1.14 电源供电方式及功耗测试

测试项目：电源供电方式和功耗测试。

测试说明：测试 OLT 和 ONU 的供电方式和功耗。

测试框图：

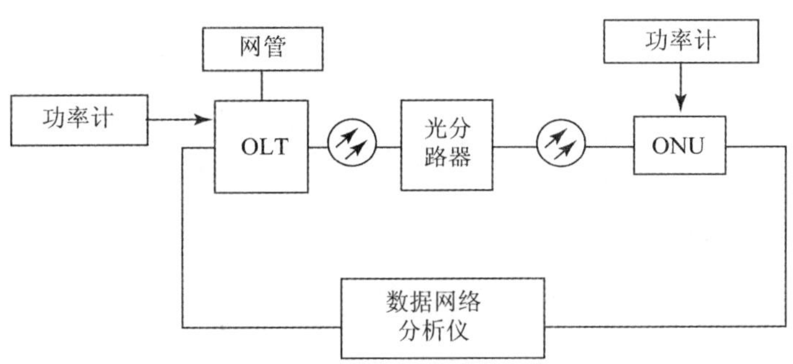

测试步骤：

①如图连接设备；

②检查系统 OLT 和 ONU 的供电方式：220V、48V 或者 60V，并测试相应供电电压；

③通过数据网络分析仪发送上下行数据业务，使系统正常工作；

④用功率计分别测试 OLT 和 ONU 的电源功耗。

2.1.15 系统可靠性测试

2.1.15.1 OLT 主控板备份

测试项目：OLT 主控板备份。

测试说明：测试系统主控板是否有备份，仅适用于机架式。

测试框图：

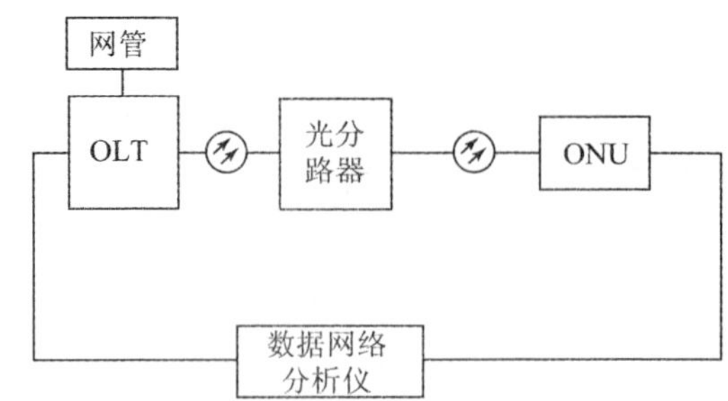

测试步骤：

①如图连接设备，OLT 端使用主备两块主控板；

②通过数据网络分析仪发送上下行数据业务；

③将 OLT 的主用主控板拔出；

④观测数据业务是否正常倒换到备用主控板；

⑤用网管下倒换命令；

⑥观测数据业务是否正常倒换到备用主控板；

⑦将 OLT 的 PON 板插拔一下；

⑧观测数据业务是否正常。

2.1.15.2 电源备份

测试项目：电源备份。

测试说明：测试系统是否有电源备份。

测试框图：

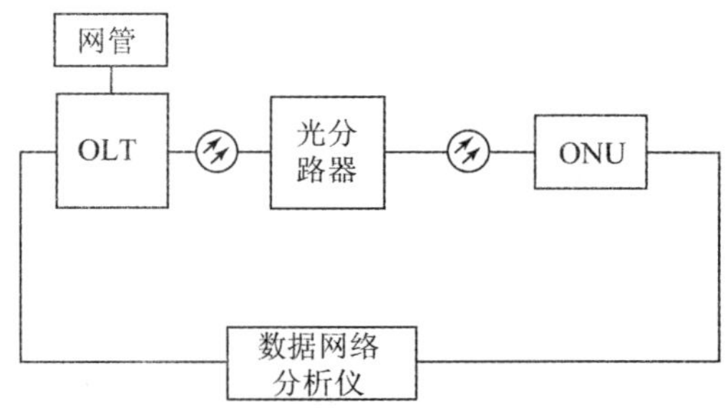

测试步骤：

①如图连接设备，OLT 端使用两路电源；

②通过数据网络分析仪发送上下行数据业务；

③将主路电源切断；

④观测系统供电是否能切换到备用电源；

⑤观测数据业务是否正常。

2.1.16 一纤三波传输条件下电视业务与数据业务的相互影响

测试项目：一纤三波传输条件下电视业务与数据业务的相互影响测试。

测试说明：本项目通过对称一纤三波传输条件下，电视与数据业务的测试，评估 EPON 系统对三波情况下业务之间是否有影响，适用于一纤三波 EPON 系统。

测试框图：

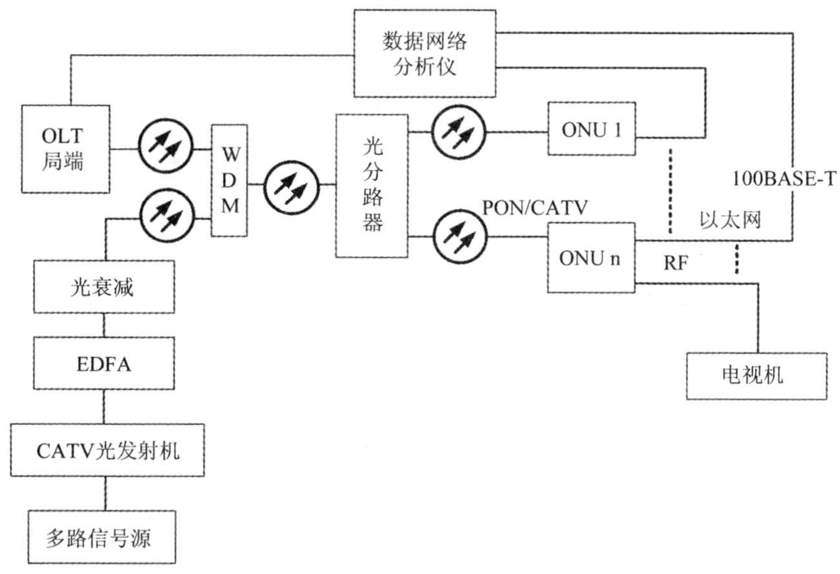

测试步骤：

①按图搭建测试平台，如果ONU1没有1G UNI口，可用10个具有FE端口的ONU代替ONU1；

②断开合波器OLT接口，通过电视机观看数字电视和模拟电视节目，主观评价图像质量；测量5套数字电视频道MER、5套模拟电视频道C/N。

③连接合波器OLT接口，使用数据网络分析仪对PON系统加载上行850M、下行900M数据；

④通过电视机观看数字电视和模拟电视节目，主观评价图像质量；测量5套数字电视频道MER、5套模拟电视频道C/N。

2.2 EoC系统测试评估方法

2.2.1 测试内容

对EoC系统的测试评估主要包括六个层面：物理层性能测试、数据链路层性能测试、数据链路层功能测试、QoS性能测试、系统应用测试、网管功能验证。

●物理层性能测试

（1）调制EoC实际RF带宽或基带EoC频谱

指EoC系统频谱在-3dB和-40dB处频谱带宽。该项测试主要目的是评估调制EoC及基带EoC的频谱占用情况，用频谱分析仪测试。由于各种EoC技术在信道上采用的调制载波数、调制级数、滤波特性等方案不同，在频率资源的占用上有很大区别，直接影响有线电视运营的频率资源分配和业务协调；因此要对EoC占用频率频谱特性进行考察。

（2）带外抑制及其杂散电平

指被测EoC系统标称带宽以外低频段和高频段的杂散电平，通常要求带外抑制大于60dB。本次测试主要评估EoC系统在有线电视频段的带外辐射电平，避免对有线电视信号形成干扰。

(3) 被测设备输出电平

指 EoC 局端设备、中继设备和终端设备（在保证 90% 吞吐率条件下）的最大输出电平。该指标能够反映 EoC 系统设备的传输能力、组网能力，同时要求兼顾不影响原有有线电视系统的传输性能，局端通常应不高于有线电视网络光站 RF 输出电平。

(4) 接收动态范围和差分链路衰减

指 EoC 局端设备和终端设备间最大和最小链路衰减值，评估 EoC 系统覆盖范围和组网能力。

(5) 抗干扰能力测试

测试系统仿真有线电视网络可能存在的各种干扰信号，分别测试 EoC 系统的高斯噪声性能、抗脉冲噪声能力、抗单频干扰能力和抗微反射能力，评估 EoC 系统的信道评估、载波恢复性能，测试系统根据干扰强度自适应调整 QAM 调制阶数的能力，测试系统的吞吐能力。

(6) 反射损耗测试和插入损耗测试

测试 EoC 设备 RF 接口的反射损耗和有线电视信号在 EoC 设备内的插入损耗，反射损耗值和插入损耗值应满足有线电视网络双向改造的工程需要。

●**数据链路层性能测试**

(1) 实际数据传输带宽

测试 EoC 系统 MAC 层数据带宽。分三种情况测试：“1 对 1”即 1 台局端设备对 1 台终端设备；“1 对 16”即 1 台局端设备对 16 台终端设备；1 对满配置终端测试。根据 MAC 层数据带宽和 RF 带宽，可计算系统频谱利用率。

(2) 系统时延测试

测试 EoC 系统传输时延。分两种情况测试：“1 对 1”即 1 台局端设备对 1 台终端设备；“1 对 16”即 1 台局端设备对 16 台终端设备。同时测试 CT（Cut Through）即直通模式时延和 S&F（Saving and Forwarding）即存储转发模式时延。

(3) 丢包率测试

测试 EoC 系统实验室环境下的丢包率。在测试系统中混入有线电视信号，不加干扰信号，包长为 64、512、1518 字节，测量速率为被测系统实际数据带宽的 90%，测试时间 180 分钟。

●**数据链路层功能测试**

为满足系统运营和承载多业务的需要，测试下列功能：VLAN 划分和管理，IGMPv2 Proxy 功能，同一局端设备下用户的相互隔离，广播包/未知包的抑制，MAC 地址数限制功能，链路汇聚功能，端口镜像功能等。

●**QoS 性能测试**

评估测试系统支持的优先级数和优先级效果，评估系统能否独立控制每个用户（PUPV）甚至每用户每业务（PUPSPV）的保证带宽和最大带宽。

●**系统应用测试**

（1）数据透传功能验证

验证系统能否承载IP电话、VOD视频点播、PPPoE拨号接入、DHCP方式接入、FTP上传下载、Email收发等业务。

（2）FTP应用测试

通过FTP下载/上传业务，测试EoC系统和每终端的应用层数据吞吐能力。

（3）上下行带宽对称的视频业务支持能力测试

通过下行VOD视频点播和上行视频监控业务测试，评估EoC系统对对称视频业务的支持能力，测量保证带宽与视频码率的关系。

（4）终端设备上线时间测试

在中断电源和中断射频两种情况下，测试终端设备的上线时间，评估终端设备的初始化和注册时间。

（5）工作环境试验

测试EoC局端设备在高温55℃或低温－15℃条件下，能否正常工作，以满足室外部署的需要。

●**网管功能验证**

测试EoC系统网管的系统功能、配置管理功能、故障管理功能、性能管理功能和安全管理功能，验证EoC设备是否支持SNMP管理，设备管理信息库（MIB）是否符合MIB－II（RFC1213）结构。

2.2.2　测试平台、仪器设备和软件

本次测试在实验室搭建了有线电视仿真网，仿真网由光链路和电缆分配网络组成。我们搭建了三种典型结构的电缆分配网络：无源树型、无源集中分配型和有源树型（含两级放大器）。在实验室环境下，进行了1台EoC局端设备带1台用户终端（“1对1”）、1台EoC局端设备带16台终端（“1对16”）、1台EoC局端设备带满配终端情况下（不同技术方案满配终端数不同）的性能和功能测试。在“1对1”或“1对16”情况下，进行了高斯噪声性能、抗脉冲噪声能力、抗单频干扰能力、抗微反射能力等物理层性能指标测试；在“1对1”、“1对16”的情况下，进行了典型包长（64、128、256、512、1024、1280、1518字节）的吞吐率、时延、丢包率等数据链路层性能指标测试；在“1对满配终端”情况下，进行了部分包长的吞吐率测试。

本次测试还建立了多业务仿真测试平台，在典型网络环境下，对QoS性能，用户隔离、VLAN划分、组播等数据链路层功能，视频、语音和数据等多业务支持能力和网络管理能力等进行了测试和验证。

EoC评估测试所需仪器如下：

①数据网络分析仪

②SNMP网管测试软件

③有线广播电视综合业务平台

⑦有线电视分析仪

⑤实时频谱分析仪

⑥矢量分析仪

⑦网络分析仪

⑧高斯噪声/脉冲噪声发生器

⑨高低温试验箱

2.2.3　测试参考图

基于无源树型网络的调制 EoC 测试框图如图 4（a）；

基于无源集中分配型网络的调制 EoC 测试框图如图 4（b）；

基于有源树型网络的调制 EoC 测试框图如图 4（c）；

基于无源集中分配型网络的基带 EoC 测试框图如图 4（d）；

基于无源集中分配型网络的基带 EoC 测试框图（外置分配型）如图 4（e）。

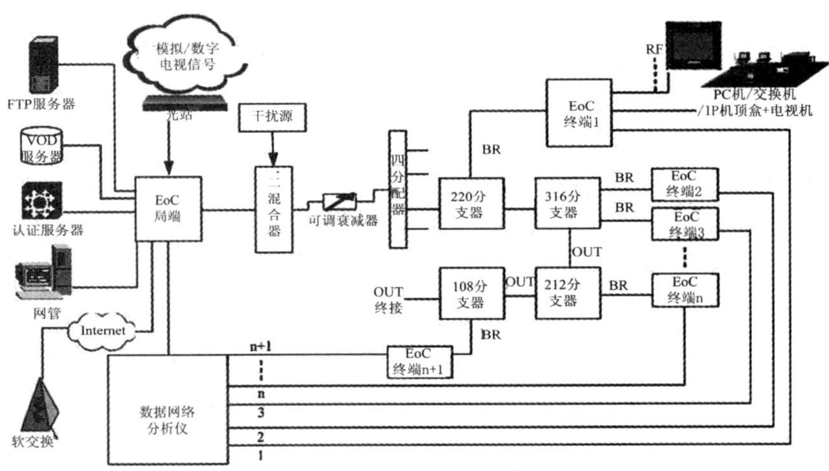

注：四分配器各路输出所接树型分配网络相同，图中仅画出 1 路输出连接图。

图 4（a）　基于无源树型网络的调制 EoC 测试框图

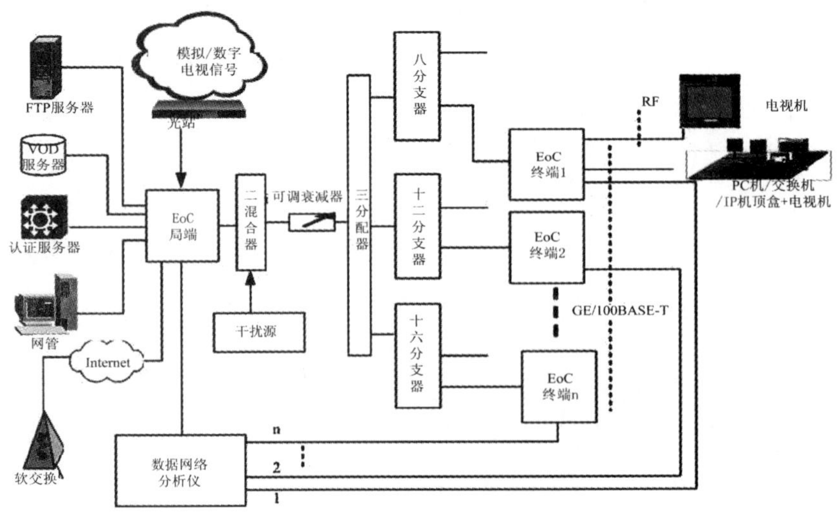

图 4（b）　基于无源集中分配型网络的调制 EoC 测试框图

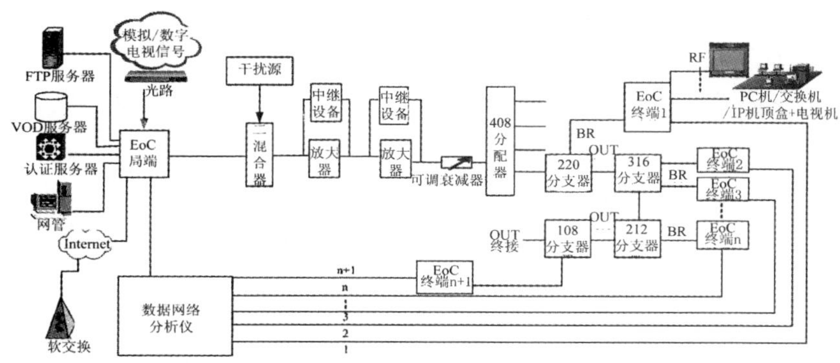

注：四分配器各路输出所接树型分配网络相同，图中仅画出 1 路输出连接图。

图 4（c） 基于有源树型网络的调制 EoC 测试框图

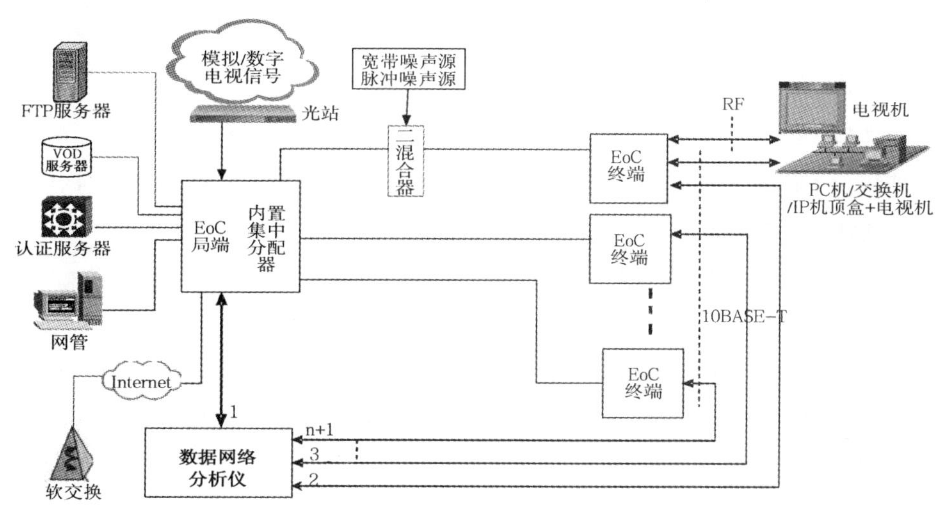

图 4（d） 基于无源集中分配型网络的基带 EoC 测试框图（内置分配型）

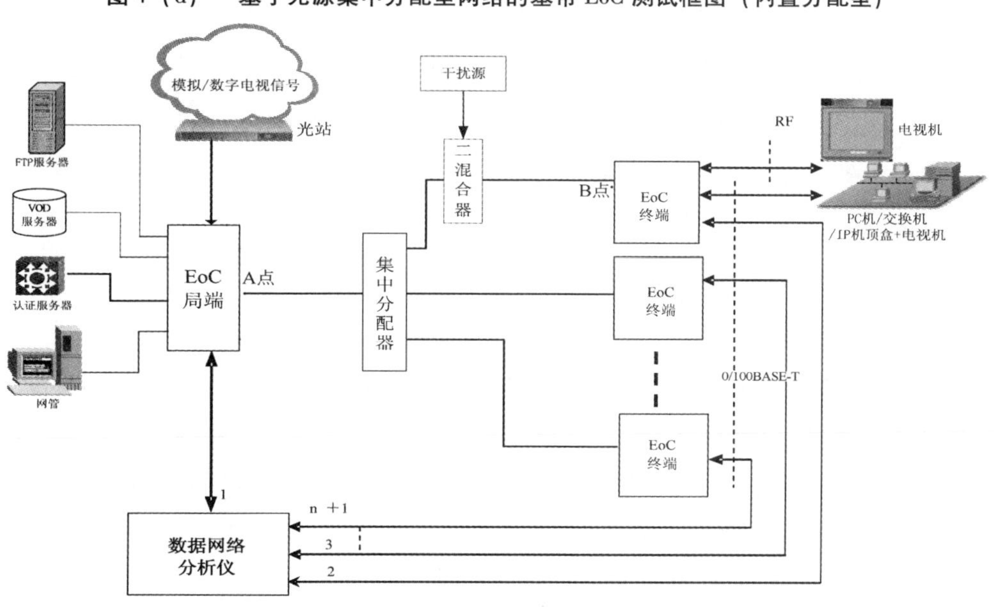

图 4（e） 基于无源集中分配型网络的基带 EoC 测试框图（外置分配型）

2.2.4　物理层性能测试

2.2.4.1　系统实际 RF 带宽测试

测试项目：系统数据通道的实际 RF 带宽。

测试说明：本项测试仅针对调制 EoC 系统。

测试框图：

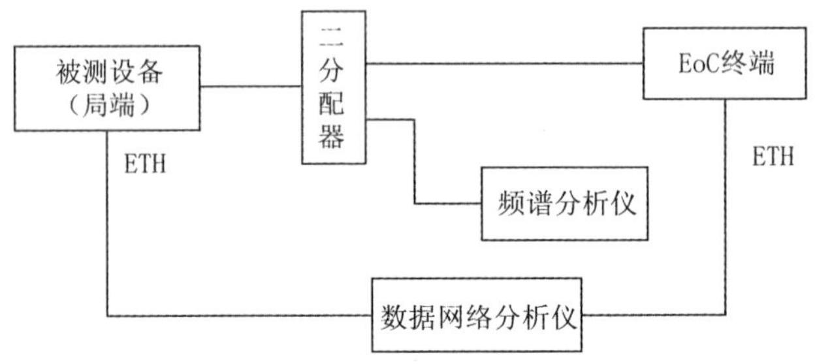

测试步骤：

①按图连接仪器，仪器开机预热 30 分钟以上，进行校准；

②将被测设备设置为连续发射并输出最大电平，若无此功能，则通过数据网络分析仪发送数据流（最大 MAC 层速率）；

③用频谱分析仪测量局端输出的 -3dB 和 -40dB 带宽。

2.2.4.2　被测设备输出电平测试

测试项目：被测设备输出电平。

测试说明：测试 EoC 局端、终端、中继设备的输出电平。

测试框图：

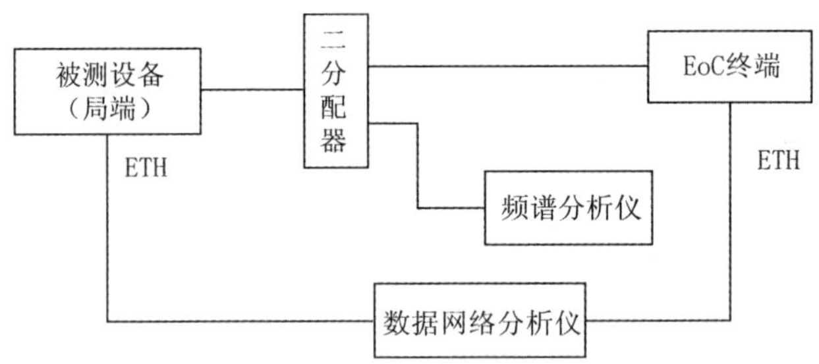

测试步骤：

①按图连接仪器，仪器开机预热 30 分钟以上，进行校准；

②测试衰减器及电缆衰减量，记为 A；

③将被测设备设置为连续发射并输出最大电平，若无此功能，则通过数据网络分析仪发送数据流（最大 MAC 层速率）；

④用频谱分析仪对被测设备标称带宽输出电平进行测量，测量结果记为 B；

⑤被测设备输出电平为：$P = A + B$

2.2.4.3　带外杂散电平测试

2.2.4.3.1　调制 EoC 带外杂散电平的测试

测试项目：带外抑制测试。

测试说明：测试被测 EoC 系统局端设备、终端设备、中继设备的带外抑制电平。

测试框图：

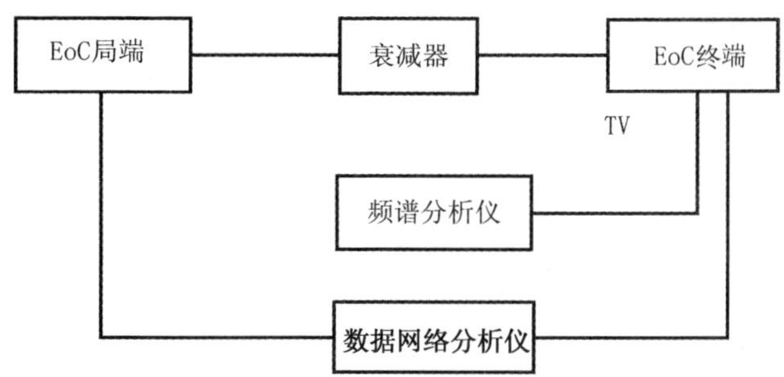

测试步骤：

①按图连接仪器，仪器开机预热 30 分钟以上，进行校准；

②将被测设备设置为连续发射并输出最大电平，若无此功能，则通过数据网络分析仪发送数据流（最大 MAC 层速率）；

③同时用数据网络分析仪对 EoC 系统进行吞吐率测试；

④用频谱分析仪对被测设备标称带宽以外，特别是 65MHz ~ 862MHz 有线电视频段内的杂散输出电平进行测量（测量设置：SPAN 为 20MHz，RBW 为 30kHz，VBW 为 100kHz）。

2.2.4.3.2　基带 EoC 带外杂散电平的测试

测试项目：基带 EoC 带外抑制测试。

测试说明：测试被测 EoC 系统（局端设备 + 终端设备）的带外抑制电平。

测试框图：

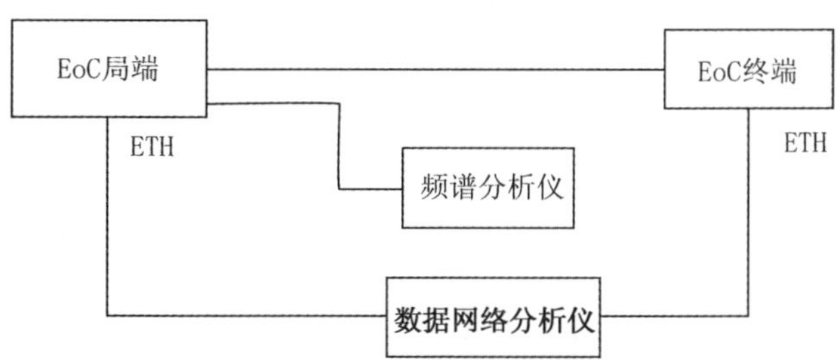

测试步骤：

①按图连接仪器，仪器开机预热 30 分钟以上，进行校准；

②局端与终端设备用 10 米同轴电缆相连接；

③用数据网络分析仪对 EoC 系统进行吞吐率测试；

④用频谱分析仪对被测设备标称带宽以外，特别是 65MHz ~ 862MHz 有线电视频段内的杂散输出电平进行测量（测量设置：SPAN 为 20MHz，RBW 为 30kHz，VBW 为 100kHz）。

2.2.4.4　设备接收动态范围测试

2.2.4.4.1　调制 EoC 设备接收动态范围测试

测试项目：调制 EoC 设备设备接收动态范围测试。

测试说明：测量“1 对 1”条件下，上、下行接收动态范围；测量“1 对 2”条件下，两终端链路衰减差为 15dB 时的上、下行信道吞吐率。

测试框图：

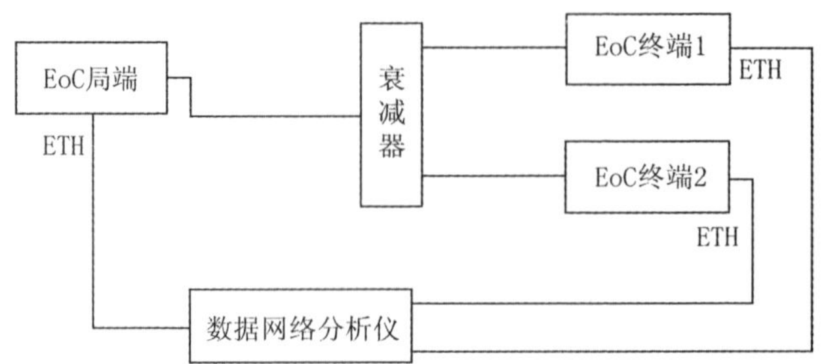

测试步骤：

①按图连接系统和测试仪器；

②调整可变衰减器衰减量，测试可变衰减器及电缆衰减量，使其为 40dB，记录此时的可变衰减器的衰减量为 A；

③用数据网络分析仪对 EoC 系统下行信道进行吞吐率测试，包长 512 字节；

④以 10dB 步进逐步增大或减少可变衰减器衰减量，测试 EoC 系统吞吐率，直至吞吐率为 0，记录可变衰减器衰减量 B 与相应的系统吞吐率；

⑤计算不同吞吐率下的链路衰减储备值：$Y = B - A + 40$（dB）；

⑥用数据网络分析仪对 EoC 系统上行进行吞吐率测试，包长 512 字节，重复步骤④～⑤；

⑦测量“1 对 2”条件下，两终端链路衰减差小于 3dB 和链路衰减差为 15dB 时的上、下行信道吞吐率。

2.2.4.4.2　基带 EoC 设备接收动态范围测试

测试项目：基带 EoC 设备接收动态范围测试。

测试说明：本项目在“1 对 1”条件下测试。

测试框图：

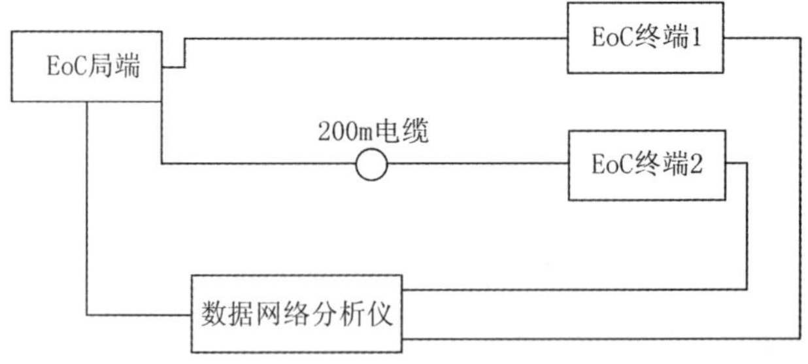

测试步骤：

①按图连接系统和测试仪器；

②连接 100m 电缆作为传输的最低长度；

③用数据网络分析仪对 EoC 系统下行信道进行吞吐率测试，包长 512 字节。

④以 100 米为基准测试，然后以 25 米同轴电缆（－5）为步进，逐步增大或减少电缆长度，测试 EoC 系统吞吐率，直至吞吐率为 0，记录电缆长度与相应的系统吞吐率；

⑤计算不同吞吐率下的链路长度值；

⑥用数据网络分析仪对EoC系统上行进行吞吐率测试，包长512字节，重复步骤④~⑤。

2.2.4.5 C/N性能测试

测试项目：C/N性能测试。

测试说明：集中分配网络环境下，调制EoC在“1对16”即1台局端设备对16台终端设备情况下测试；树形分配网络环境下，调制EoC在“1对1”即1台局端设备对1台终端设备情况下测试；基带EoC在“1对1”即1台局端设备对1台终端设备情况下测试。

测试框图：调制EoC设备参照图4（a）、4（b）、4（c）；基带EoC设备参照图4（d）。

测试步骤：

①按相应的设备类别和测试图连接系统和测试仪器，EoC系统中混入有线电视平台信号；高斯噪声发生器输出电平置为最低；

②将被测设备设置为最大输出电平；

③用数据网络分析仪对EoC系统进行上行吞吐率测试，包长512字节，以10dB步进逐步提高高斯噪声发生器输出电平，直至吞吐率为0，测量每一步EoC系统吞吐率与此时的高斯噪声电平，记录高斯噪声发生器输出电平N与相应的系统吞吐率；

④根据2.2.4.2节测得的局端设备输出电平C，计算不同C/N，绘制不同C/N下的吞吐率曲线。

2.2.4.6 抗脉冲噪声能力测试

测试项目：抗脉冲噪声能力。

测试说明：本项目在“1对1”即1台局端设备对1台终端设备情况下测试。

测试框图：调制EoC设备参照图4（a）、4（b）、4（c）；基带EoC设备参照图4（d）。

测试步骤：

①按相应的设备类别和测试图连接系统和测试仪器，EoC系统中混入有线电视平台信号；仪器开机预热30分钟以上，进行校准；

②将被测设备设置为最大输出电平；

③在EoC终端RF接口前混入脉冲噪声，用数据网络分析仪对EoC系统进行下行丢包率进行测试，包长512字节，码率为正常吞吐率的90%，测试时间60s；

④设置脉冲噪声发生器参数：脉冲噪声间隔为100ms，噪声电平（被测EoC系统标称带宽内）高于信号电平8dB，脉冲宽度1μs，逐步增加脉冲噪声发生器脉冲宽度至50μs，记录每一步EoC系统丢包率和此时的脉冲宽度；如果改变脉冲宽带对丢包率没有影响，可降低脉冲间隔至10ms测试。

2.2.4.7 抗单频干扰能力测试

测试项目：抗单频干扰能力测试。

测试说明：树型网络在“1对1”即1台局端设备对1台终端设备情况下测试；集中分配型网络在“1对16”即1台局端设备对16台终端设备情况下测试。

测试框图：调制EoC设备参照图4（a）、4（b）、4（c）；基带EoC设备参照图4（d）。

测试步骤：

①按相应的设备类别和测试图连接系统和测试仪器，EoC 系统中混入有线电视平台信号；仪器开机预热 30 分钟以上，进行校准；

②将被测设备设置为最大输出电平；

③用数据网络分析仪对 EoC 系统进行上行吞吐率测试，包长 512 字节；

④设置单频干扰信号，频率为被测信号中心频率 f_0；

⑤在 EoC 局端混入干扰信号，逐步增加单频信号幅度，直至吞吐率为 0，记录每一步 EoC 系统吞吐率和单频干扰信号电平；

⑥设置单频干扰信号频率为 f_0+5MHz，重复步骤⑤；

⑦设置单频干扰信号频率为 f_0-5MHz，重复步骤⑥；

⑧绘制不同干扰频率下，干扰信号幅度与吞吐率关系曲线曲线。

2.2.4.8 抗微反射能力测试

测试项目：抗微反射能力测试。

测试说明：本项目在“1 对 16”即 1 台局端设备对 16 台终端设备情况下测试。

测试框图：调制 EoC 设备参照图 4（a）、4（b）、4（c）；基带 EoC 设备参照图 4（d）。

测试步骤：

①按相应的设备类别和测试图连接系统和测试仪器，EoC 系统中混入有线电视平台信号；仪器开机预热 30 分钟以上，进行校准；

②将被测设备设置为最大输出电平（基带 EoC 系统无此项）；

③将分配网络中部分端口开路：（a）集中分配网络：三分配未用输出端口开路，分支器输出端口开路；（b）树型分配网络：四分配未用输出端口开路，所有 108 分支器输出端口开路。

④用数据网络分析仪对 EoC 系统进行上行吞吐率测试，包长 512 字节；

⑤逐步增加高斯噪声发生器输出电平，直至吞吐率为 0，记录高斯噪声发生器输出电平 N 与相应的系统吞吐率；

⑥绘制存在微反射条件时，不同 C/N 下的吞吐率曲线。

2.2.4.9 多信道工作能力测试

测试项目：多信道工作能力测试（仅针对调制型 EoC 设备）。

测试说明：本项目在“1 对 16”即 1 台局端设备对 16 台终端设备情况下测试。

测试框图：见图 4（a）。

测试步骤：

①按图 4（a）连接系统和测试仪器，EoC 系统中混入有线电视平台信号；仪器开机预热 30 分钟以上，进行校准；

②将被测设备设置为最大输出电平；

③所有终端工作在同一信道，用数据网络分析仪对 EoC 系统进行上、下行吞吐率测试，包长 512 字节，系统应工作正常；

④设置 8 个终端与另 8 个终端工作在相邻工作频道，进行上、下行吞吐率测试，观察测

试结果。

⑤测量外置滤波器的插入损耗和信道间隔离。

2.2.4.10　反射损耗测试

测试项目：反射损耗测试。

测试说明：测试被测 EoC 系统局端设备、终端设备、中继设备各 RF 接口的反射损耗性能。

测试框图：

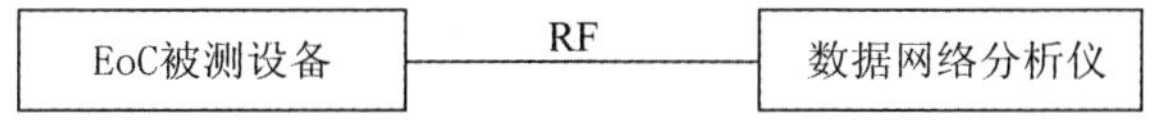

测试步骤：

①按图连接仪器，测试仪器预热 30 分钟以上；

②用数据网络分析仪对 EoC 系统的局端设备、终端设备、中继设备的 RF 端口进行反射损耗测试；

③记录 RF 端口各频段的反射损耗值。

备注：测试过程中，多余的端口需要接 75Ω 匹配负载。

2.2.4.11　插入损耗测试

测试项目：插入损耗测试。

测试说明：本项目适用于内置有线电视信号与 EoC 信号混合器的 EoC 设备；也适用于外置混合器。

测试框图：

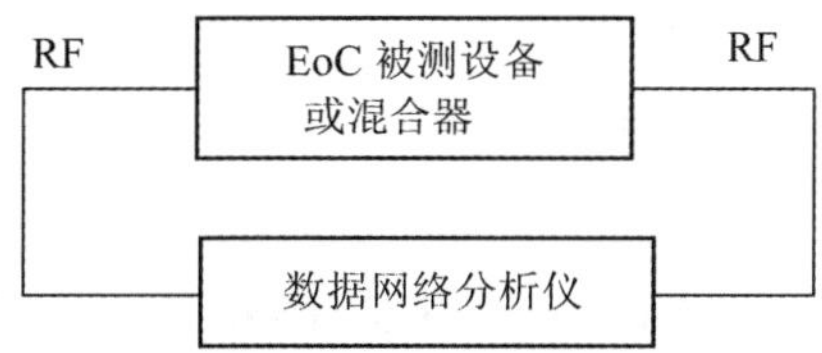

测试步骤：

①按图连接仪器，测试仪器预热 30 分钟以上；

②用数据网络分析仪对 EoC 系统的局端设备、终端设备的或外置混合器进行有线电视信号插入损耗测试；

③记录被测设备有线电视信号的插入损耗值。

2.2.5　数据链路层性能测试

2.2.5.1　实际数据传输带宽

2.2.5.1.1　调制 EoC 系统实际数据传输带宽

测试项目：调制 EoC 系统实际数据传输带宽。

测试说明：分三种情况测试："1 对 1" 即 1 台局端设备对 1 台终端设备；"1 对 16" 即 1 台局端设备对 16 台终端设备；1 对满配置终端测试。

测试框图：见图4（a)、4（b)、4（c)。

测试步骤：

①按图连接仪器，测试仪器预热30分钟以上；

②测试系统中混入有线电视信号，不加任何干扰信号，调整可调衰减器衰减量，使EoC系统链路衰减为40dB；

③用数据网络分析仪分别测量系统上行、下行吞吐量，即系统实际数据传输带宽，包长分别为64、128、256、512、1024、1280、1518字节，测试“1对1”条件下同时上、下行的吞吐量；

④利用2.2.4.1的测试结果，计算系统频谱利用率。

2.2.5.1.2　基带EoC系统实际数据传输带宽

测试项目：基带EoC系统实际数据传输带宽。

测试说明：分两种情况测试：“1对1”即1台局端设备对1台终端设备；“1对16”即1台局端设备对16台终端设备；1对满配置终端测试。

测试框图：见图4（e)。

测试步骤：

①按图4（e）连接仪器，同轴电缆长度100米，测试仪器预热30分钟以上；

②用数据网络分析仪分别测量系统上行、下行吞吐量，即系统实际数据传输带宽，包长分别为64、128、256、512、1024、1280、1518字节，测试“1对1”条件下同时上、下行的吞吐量。

2.2.5.2　系统时延测试

2.2.5.2.1　调制EoC系统时延测试

测试项目：调制EoC系统时延测试。

测试说明：分两种情况测试：“1对1”即1台局端设备对1台终端设备；“1对16”即1台局端设备对16台终端设备。同时测试CT（Cut Through）即直通模式时延和S&F（Saving and Forwarding）即存储转发模式时延。

测试框图：见图4（a)、4（b)、4（c)。

测试步骤：

①按图连接仪器，测试仪器预热30分钟以上；

②在测试系统中混入有线电视信号，不加任何干扰信号，调整可调衰减器衰减量，使EoC系统链路衰减为40dB；

③用数据网络分析仪测量系统时延，包长分别为64、128、256、512、1024、1280、1518字节，测量速率为被测系统实际数据带宽的90%。

2.2.5.2.2　基带EoC系统时延测试

测试项目：基带EoC系统时延测试。

测试说明：分两种情况测试：“1对1”即1台局端设备对1台终端设备；“1对16”即1台局端设备对16台终端设备。同时测试CT（Cut Through）即直通模式时延和S&F（Saving

and Forwarding）即存储转发模式时延。

测试框图：见图4（e）。

测试步骤：

①按图连接仪器，同轴电缆长度100米，测试仪器预热30分钟以上；

②在测试点A混入有线电视信号，不加任何干扰信号；

③用数据网络分析仪测量系统时延，包长分别为64、128、256、512、1024、1280、1518字节，测量速率为被测系统实际数据带宽的90%。

2.2.5.3 丢包率测试

2.2.5.3.1 调制EoC系统丢包率测试

测试项目：调制EoC系统丢包率测试。

测试说明：分两种情况测试："1对1"即1台局端设备对1台终端设备；"1对16"即1台局端设备对16台终端设备。

测试框图：见图4（a）。

测试步骤：

①按图4（a）连接仪器，测试仪器预热30分钟以上；

②在测试系统中混入有线电视信号，不加任何干扰信号，调整可调衰减器衰减量，使EoC系统链路衰减为40dB；

③用数据网络分析仪测量系统丢包率，包长为64、512、1518字节，测量速率为被测系统实际数据带宽的90%，测试时间60分钟。

2.2.5.3.2 基带EoC系统丢包率测试

测试项目：基带EoC系统丢包率测试。

测试说明：分两种情况测试："1对1"即1台局端设备对1台终端设备；"1对16"即1台局端设备对16台终端设备。

测试框图：见图4（e）

测试步骤：

①按图4（e）连接仪器，同轴电缆长度100米，测试仪器预热30分钟以上；

②在测试点A混入有线电视信号，不加任何干扰信号；

③用数据网络分析仪测量系统丢包率，包长为64、512、1518字节字节，测量速率为被测系统实际数据带宽的90%，测试时间60分钟。

2.2.6 业务质量（QoS）性能测试

2.2.6.1 支持VLAN优先级（802.1P协议）

测试项目：支持VLAN优先级（802.1P协议）。

测试说明：通过配置符合802.1P协议的两种业务，验证EoC系统是否支持VLAN优先级。

测试框图：

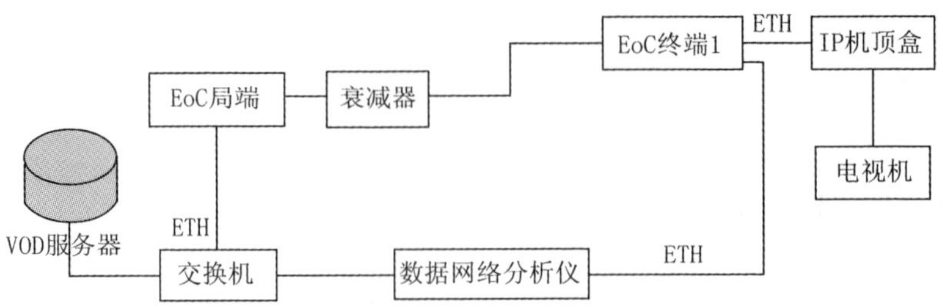

测试步骤：

①如图搭建测试环境，VOD 业务和数据网络分仪数据测试均不设优先级或设置为同一优先级，选择较低速率进行数据网络分析仪数据测试，使 VOD 业务工作正常；

②VOD 视频流编码格式为 MPEG4，码率为 1.5Mbps；

③调整数据网络分析仪的流量，使 VOD 图像处于时断时续状态；

④提高 VOD 业务的优先级，观察 VOD 收看效果；

⑤降低数据网络分析仪数据测试流的优先级，观察 VOD 收看效果。

2.2.6.2　动态带宽分配（DBA）

测试项目：动态带宽分配（DBA）。

测试说明：EoC 系统应采用动态分配机制（DBA）来提高系统宽带利用率以及保证业务公平性和 QoS。测试最小分配带宽、最小带宽分配颗粒、带宽分配精度。

测试框图：

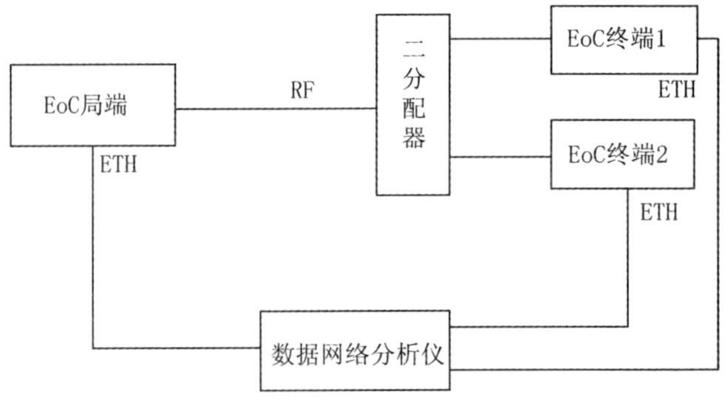

测试步骤：

①如图搭建测试环境。

②利用数据网络分析仪向终端发送以太网数据流，帧的大小设为 1518 字节（下行 DBA 性能）。

③配置局端对终端 1 的下行 DBA 参数为 CIR =5M，PIR =10M。

④配置数据网络分析仪对终端 2 发送下行 100M 流量，对终端 1 发送下行 20M 流量，检查终端 1 和终端 2 获得的带宽。

⑤停止对参考终端 1 发送业务流，检查终端 2 占用的带宽，并且与步骤④的结果相比较。

⑥配置局端对终端 1 的下行 DBA 参数为 CIR =20M，PIR =50M；配置局端对终端 2 的下行 DBA 参数为 CIR =80M，PIR =100M（具体参数视具体系统进行配置）。

⑦配置数据网络分析仪对终端 2 发送 100M 流量，对终端 1 发送 100M 流量，检查终端 1 和终端 2 获得的带宽。

⑧停止对终端 1 发送业务流，检查终端 2 占用的带宽，并且与步骤⑦的结果相比较。

⑨重复步骤③～⑧，测试上行 DBA 性能。

⑩测试 DBA 的精度、颗粒度和最小可配带宽，DBA 的精度和颗粒度应在 10M 速率下测试。

2.2.7　数据链路层功能测试

2.2.7.1　同一局端下的用户相互隔离

测试项目：同一局端下的用户相互隔离。

测试说明：同一局端的用户，可以根据网络环境需要，选择相互隔离或不隔离。

测试框图：

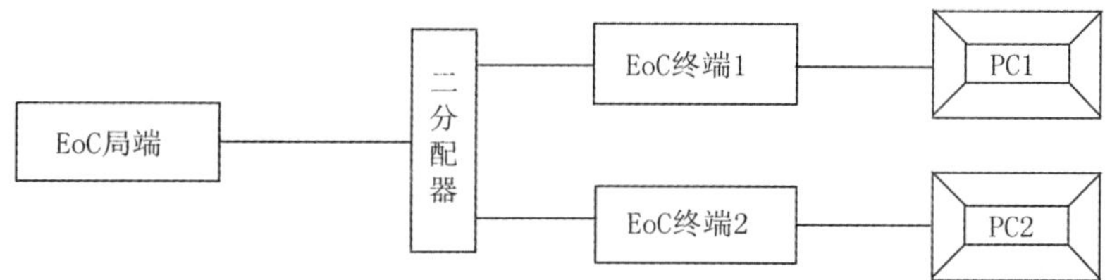

测试步骤：

①按图连接设备；

②打开终端隔离功能，用 PC1 Ping PC2，观察能否 Ping 通；

③关闭终端隔离功能，用 PC1 Ping PC2，观察能否 Ping 通。

2.2.7.2　广播包/未知包的抑制

测试项目：广播包/未知包抑制功能测试。

测试说明：验证系统对广播包/未知包抑制功能。

测试框图：

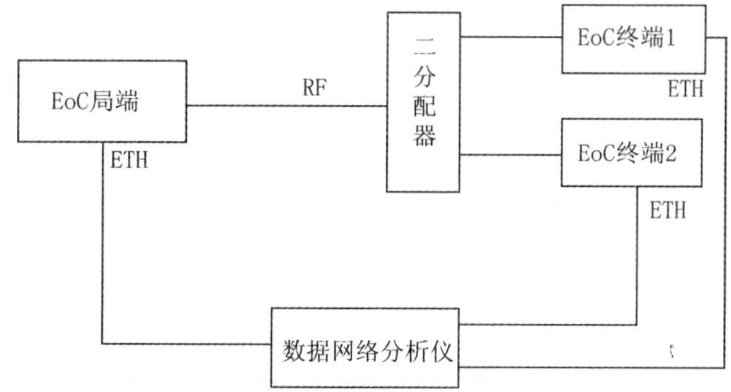

测试步骤：

①如图连接设备，通过网管在 EoC 局端上设置广播包抑制速率为 100pps。

②使用数据网络分析仪向 EoC 终端用户端口发送 10kpps 的广播流量（包长固定为 512bytes），在数据网络分析仪观察接收到的流量（按照收到的广播报文的数量进行计算）。

③在 EoC 局端设置未知包抑制速率为 200pps。

④使用数据网络分析仪向 EoC 终端用户端口发送 10kpps 的未知包流量（包长固定为 512bytes），在数据网络分析仪上观察接收到的流量。

2.2.7.3 MAC 地址数限制功能

测试项目：EoC 系统 MAC 地址数限制功能。

测试说明：验证 EoC 系统是否具备 MAC 地址数限制功能。

测试框图：

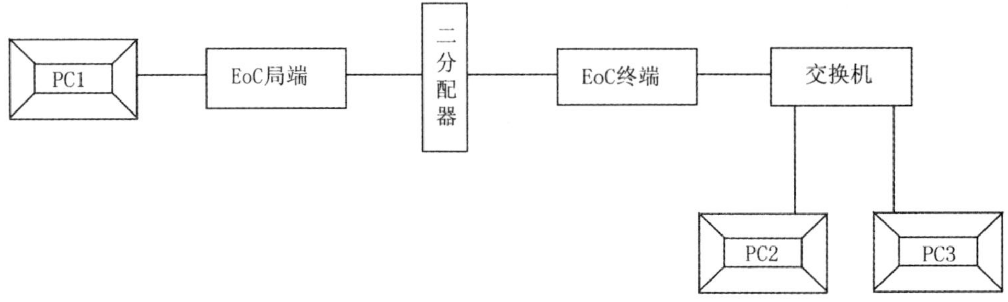

测试步骤：

①如图搭建测试环境；

②设置 EoC 终端的 MAC 地址数量为 2，让 PC2 和 PC3 同时 Ping PC1，测试结果应该是 PC2、PC3 均能 Ping 通 PC1；

③设置 EoC 终端的 MAC 地址数量为 1，让 PC2 和 PC3 同时 Ping PC1，测试结果应该是其中 1 台能 Ping 通 PC1，而另一台不能 Ping 通 PC1；

④设置 EoC 终端的 MAC 地址数量为 0，让 PC2 和 PC3 同时 Ping PC1，测试结果应该是 2 台均不能 Ping 通 PC1。

2.2.7.4 VLAN 划分和管理

测试项目：VLAN 划分和管理。

测试说明：验证 EoC 系统是否具备 VLAN 划分和管理功能。

测试框图：

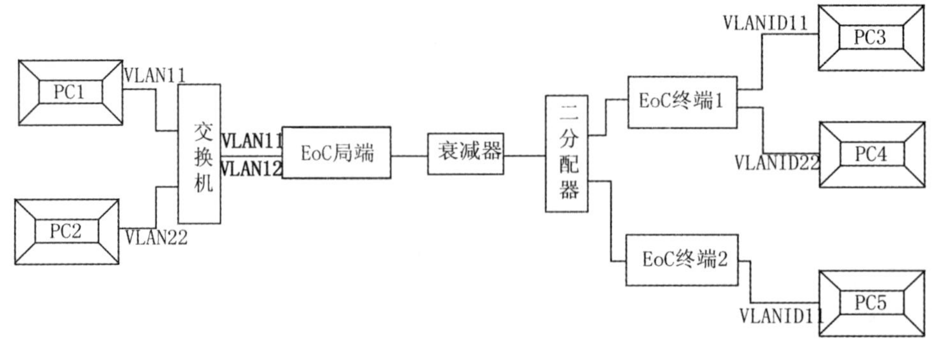

测试步骤：

①如图搭建测试环境；

②把 EoC 终端 1 Port0 的 VLAN ID 配为 11，Port1 的 VLAN ID 配为 22，EoC 终端 2 的

VLAN ID 为 11；

③让 PC 3 Ping PC1，PC 4 Ping PC2；

④让 PC 3 Ping PC2，PC 4 Ping PC1；

⑤让 PC 5 Ping PC1，PC 5 Ping PC2；

⑥设置交换机 TRUNK 端口 QinQ 功能，外层 Tag 值为 1000，重复步骤③～⑤。

2.2.7.5 IGMPv2 Proxy/snooping 功能测试

测试项目：IGMPv2 Proxy/snooping 功能测试。

测试说明：验证 EoC 系统中局端设备的 IGMP Proxy/snooping 功能。

测试框图：

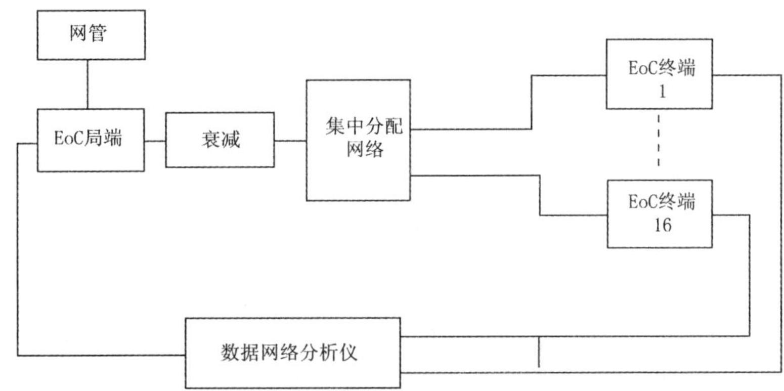

测试步骤：

①如图连接设备，在局端设备上启动 IGMP Proxy/snooping 功能，使用数据网络分析仪向局端设备上联口发送 224.1.1.1 的组播流；

②将终端 1 加入组 224.1.1.1，观察终端 1 能否收到组播流；

③将终端 2、终端 3、终端 4 依次加入组 224.1.1.1，观察它们能否收到组播流；

④将终端 1、终端 2、终端 3 依次离开组 224.1.1.1，观察它们能否收到组播流；

⑤将终端 4 离开组 224.1.1.1，观察它能否收到组播流终端。

2.2.7.6 链路汇聚功能

测试项目：链路汇聚功能测试。

测试说明：该功能的测试主要用于 EoC 与 EPON 的上联汇聚能力，如双 ONU 的应用：1 个 ONU 用于数据，1 个 ONU 用于 IP TV 图像业务。

测试框图：

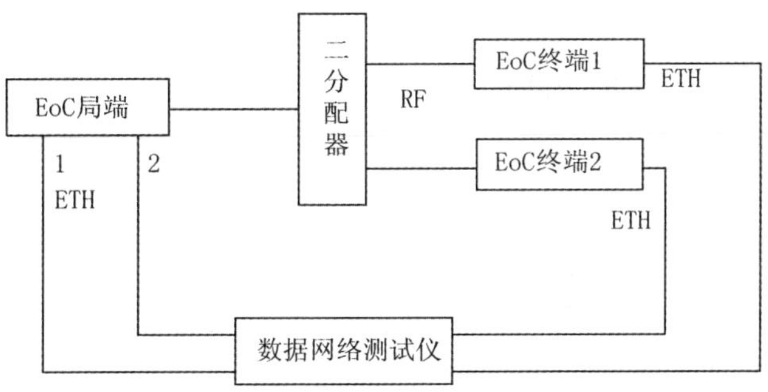

测试步骤：

①如图搭建测试环境，启用 EoC 设备的链路汇聚功能；

②用数据网络分析仪双向发送数据包；

③上联端口的两根网线依次拔插一次，观察双向数据是否丢包。

2.2.7.7　端口镜像功能

测试项目：端口镜像功能测试。

测试说明：该功能的测试主要评估 EoC 的维护能力。

测试框图：

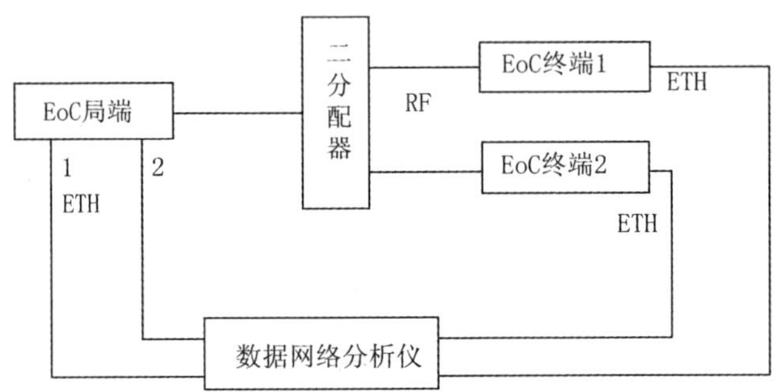

测试步骤：

①如图搭建测试环境，配置局端上联端口 2 镜像端口 1；

②用数据网络分析仪通过 EoC 终端 1 向局端端口 1 发包；

③观察端口 1 与端口 2 是否同时收到数据包。

2.2.8　系统应用测试

2.2.8.1　数据透传功能验证

测试项目：数据透传功能验证。

测试说明：验证 IP 电话、VOD 视频点播、PPPoE 拨号接入、DHCP 方式接入、FTP 上传下载、Email 收发等功能。

测试框图：见图 4。

测试步骤：

①按图连接设备；

②在 EoC 局端设备处混入有线电视信号，调整可调衰减器衰减量，使 EoC 系统链路衰减为 40dB；

③验证 PC 通过 DHCP 服务器获得 IP 地址，上网功能；

④验证 PPPoE 拨号上网功能；

⑤验证 FTP 下载和上传文件功能；

⑥验证 Email 邮件收发功能；

⑦验证视频点播功能；

⑧验证 IP 电话功能。

2.2.8.2　宽带接入能力测试

测试项目：宽带接入业务支持能力测试。

测试说明：本项目通过FTP下载/上传业务测试EoC系统单个终端的宽带接入能力。

测试框图：

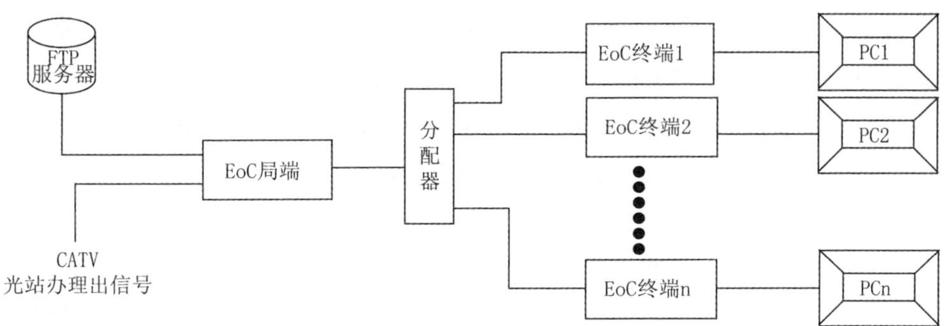

测试步骤：

①按图搭建测试平台，FTP服务器放置超大文件；

②设置所有终端的DBA保证带宽为512kbps，最大带宽为5Mbps；

③接入16台PC机同时进行文件下载，记录下载速率；

④用16台PC机同时进行文件上传，记录每个PC机的上传速率；

⑤用8台PC机同时进行文件上传，另8台PC机同时进行文件下载，记录每个PC机的上传或下载速率；

⑥用16台PC机同时进行文件上传和下载，记录每个PC机的上传或下载速率。

2.2.8.3 上下行带宽对称的视频业务支持能力测试

测试项目：上下行带宽对称的视频业务支持能力测试。

测试说明：本项目通过对称视频业务测试，评估EoC系统对对称视频业务支持能力，测量保证带宽与视频码率的关系。

测试框图：

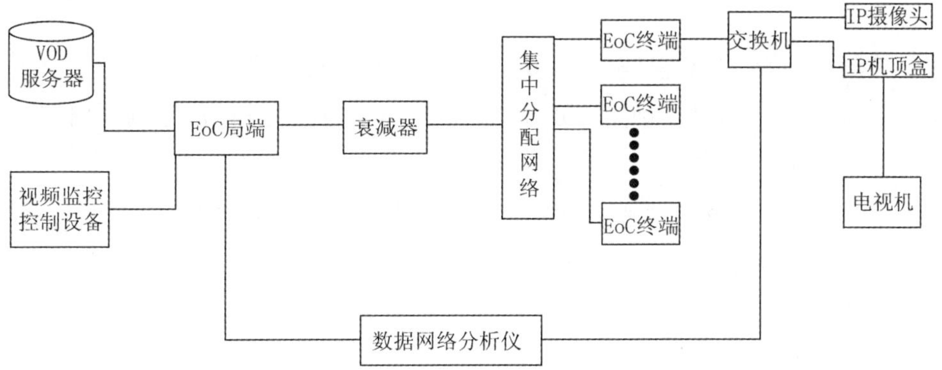

测试步骤：

①按图搭建测试平台，VOD服务器内含H.264标清视频流，码率为2.5Mbps；

②设置EoC上、下行保证带宽和最大带宽均为3.0 Mbps；

③电视机点播从EoC局端端口1下来的视频流；同时视频监控设备采集由IP摄像头监控的图像；

④通过数据网络分析仪向终端2发送上下行数据流，1518包长，测试速率大于被测系统

数据带宽；

⑤观察能否正常点播，IP视频流是否流畅，进行图像质量主观评价；

⑥若VOD点播图像正常，同时降低终端1下行保证带宽和最大带宽，重新点播VOD节目，直到图像出现停顿现象，记录此时的保证带宽和最大带宽设置值；

⑦若IP视频图像正常，同时降低终端1上行保证带宽和最大带宽，重新启动视频监控系统，直到图像出现停顿现象，记录此时的保证带宽和最大带宽设置值。

2.2.8.4 对有线电视系统基本业务的影响测试

测试项目：对有线电视系统基本业务的影响测试。

测试说明：测试被测系统对有线电视系统模拟电视和数字电视业务的影响测试仪表：有线电视分析仪、数字电视测试接收机。

测试框图：见图4（c）（有源树形网络），不加入干扰信号。两个测试点：测试点A：EoC终端TV输出口。测试点B：EoC终端RF输入口接二分配输出口，二分配的另一输出口接频谱分析仪。

测试步骤：

①不接入EoC系统，选择2个模拟电视频道，在测试点A和B测量接收电平、CSO、CTB。选择2个频点的数字电视频道，在测试点A和B测量接收电平、MER和BER。记录测试结果。

②接入EoC系统，重复步骤①中的测试项目。

2.2.8.5 终端设备上线时间测试

测试项目：终端设备上线时间测试。

测试说明：在仿真网中测试终端设备的上线时间。

测试框图：见图4。

测试步骤：

①如图1搭建测试环境，EoC链路衰减40dB，EoC系统工作正常；

②中断EoC终端1射频信号，确定EoC离线后，在重新连接射频信号的同时，启动秒表，记录EoC终端1的上线时间；

③关闭EoC终端1电源，确定EoC离线后，在重新打开EoC终端1电源的同时，启动秒表，记录EoC终端1的上线时间。

2.2.8.6 工作环境试验

测试项目：工作环境试验。

测试说明：在高温+55℃、低温－15℃的情况下进行高低温试验，试验完成后，测试EoC系统的1518字节、“1对1”的上行吞吐量和下行吞吐量。

测试框图：

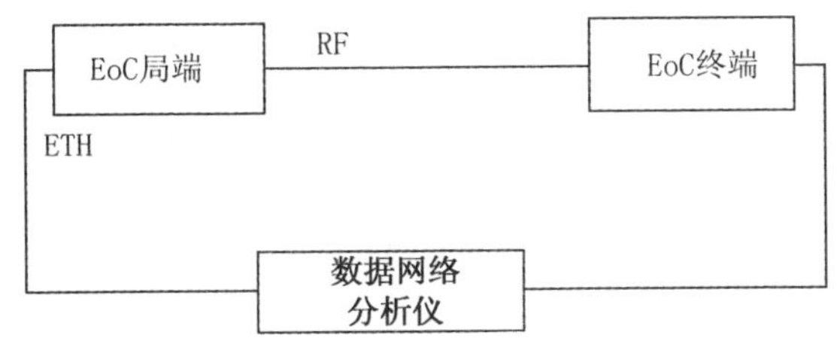

测试步骤：

①高温试验：将 EoC 局端设备加电放入高低温箱内，温度 55℃，持续时间 2 小时。高温试验后，立即对 EoC 系统进行了吞吐量测试。测试为一对一，包长 1518 字节，链路衰减 40dB。

②低温试验（仅对野外型设备进行试验）：将 EoC 局端设备放入高低温箱内，温度 -15℃，持续时间 2 小时。低温试验后在常温下搁置 30 分钟，对 EoC 系统进行了吞吐量测试，测试为一对一，包长 1512 字节，链路衰减 40dB。

2.2.9 网管功能验证

按下表进行网管功能验证。

序号	检验项目	测试要求
1	配置管理	配置管理方式
2		局端配置（IP 地址，子网掩码，TELNET 超时等），具备增加、修改、删除功能
3		配置局端设备、终端设备 VLAN ID
4		CPE 带宽限制功能
5		定义局端别名
6		CPE 自动升级
8		批量配置，全局配置
9	故障管理	查询历史告警记录。可以通过选择所属 ND、告警等级、开始时间、结束时间等条件查询历史告警记录
10		按条件查询告警
11		提供告警过滤功能
12		告警响应时间验证
13		允许对 TRAP 服务器地址进行配置。
14	安全管理	用户操作日志
15		权限管理

（续表）

序号	检验项目	测试要求
16	系统管理	远程管理能力
17		远程软件升级、重启操作
18		通过 MAC 地址定义终端别名及用户详细信息，如：门牌号、用户姓名、联系电话等
19		组管理，可定义组名
20		按照 MAC 地址查找局端和 CPE 用户
21		Syslog 信息可发送到管理日志服务器
22		查看 CPE 工作状态、上线时间、软件版本、线路状态信息
23		自动发现、更新网络拓扑
24		查看局端状态信息，包括生产厂家、型号、版本、最新软件版本与更新日期
25	性能管理	性能管理监测：监控局端上联端口流量，查看局端设备负载状态
26		CPE 上线数量、流量，局端流量。按日、周、月间隔收集数据并生成表格导出分析
27	设备 MIB	支持 SNMP 管理，设备管理信息库符合 MIB－II（RFC1213）结构

3. 测试评估结果

3.1 EPON 测试评估结果

截至 2010 年 11 月，广播电视规划院先后对 9 家公司提交的 EPON 设备（1.25Gbps，1:32）在 1:1 和 1:32 条件下分别进行了实验室环境的物理层、以太网二层性能和功能综合测试，对 EPON 系统同时承载视频、语音、数据等多业务以及上下行对称视频业务的性能进行了测试评估，并根据有线电视网络应用 EPON 系统的特点，利用有线电视仿真网络，对 EPON 系统同时承载有线电视业务与数据业务的系统性能进行了测试评估。本部分内容是以 2007 年 12 月～2010 年 11 月期间提交的被测 EPON 产品的评估测试结果为基础。

3.1.1 被测设备概况

本次测试一共对 9 个厂家提供的 EPON 系统进行了评估测试，被测 EPON 系统设备采用的芯片主要由 3 个芯片厂家提供，分别是 Teknovus、PMC 和 Cortina 公司生产的芯片。其中 Teknovus 提供的芯片型号主要是 OLT 为 3721、3723，ONU 为 3715；PMC 提供的芯片型号主要是 OLT 为 PMC5201，ONU 为 PMC6301；Cortina 公司提供的芯片型号主要是 OLT 为 CS8021，ONU 为 CS8016。

本次测试设备支持速率均为 1.25Gbps，分光比为 1:32（20km）。目前 Teknovus 公司有支持 2.5Gbps 速率的芯片，但是本次测试没有厂家提供采用该种芯片的设备。Teknovus 公司还有支持多 LLID 的芯片，本次测试采用 Teknovus 芯片的厂家也未提供使用该芯片的设备进行测试。

本次测试的 OLT 设备均需配置外置合波器后，方可与 1550nm 有线电视系统进行一纤三波传输；本次测试的 ONU 设备主要有应用于 FTTB 场合和 FTTH 场合的 ONU，FTTB 型 ONU 有多个以太网输出接口（4 个及以上），内置交换芯片；FTTH 型 ONU 有 1～4 个以太网输出接口，另配置有 Z/Za 接口、RF 接口，其中大部分厂家的 ONU 设备支持一纤三波传输，个别厂家的设备支持两纤三波传输（ONU 设备的 PON 输入口和有线电视光输入口独立）。

3.1.2 测试结果

3.1.2.1 EPON 物理层 PON 接口测试

8 个被测厂家的 OLT 和 ONU 的 PON 接口平均发送光功率和消光比测试结果如表 2 所示。

表 2 PON 接口平均发送光功率和消光比测试结果

测试项目	单位	测试结果								
		厂家 1	厂家 2	厂家 3	厂家 4	厂家 5	厂家 6	厂家 7	厂家 8	厂家 9
OLT 发送光功率	dBm	4.84	－－－	4.42	3.90	2.71	3.60	3.82	4.38	3.5
ONU 发送光功率	dBm	0.15	－－－	0.61	－6.25	1.70	0.80	1.58	5.87	1.0（室外型）
										1.9（室内型）
ONU 消光比	dB	17.96	－－－	12.66	11.43	1.89	21.09	26.1	14.88	13.5（室外型）
										12.6（室内型）
OLT 消光比	dB	18.59	－－－	13.54	11.89	2.10	16.82	18.25	13.27	12.7

3.1.2.2 光纤保护切换性能测试

本项测试主要测试 EPON 系统是否支持单个 PON 端口和不同 PON 端口的主干光纤保护切换功能以及配线光纤全线路保护切换功能。

表 3 光纤保护切换性能测试结果

测试项目		厂家 1	厂家 2	厂家 3	厂家 4	厂家 5	厂家 6	厂家 7	厂家 8	厂家 9
主干光纤保护切换	单个 PON 端口	支持	不支持	支持	支持	不支持	不支持	不支持	不支持	支持
	不同 PON 端口	支持	不支持	支持	支持	不支持	支持	不支持	支持	支持
	主备用光纤长度不一致，ONU 是否重新注册	不重新注册	－－－	重新注册	重新注册	－－－	不重新注册	－－－	不重新注册	不重新注册
配线光纤全线路保护切换		支持	不支持	不支持	不支持	不支持	不支持	不支持	不支持	不支持

3.1.2.3 EPON 测距性能测试

表 4 EPON 测距性能测试结果

测试项目	厂家 1	厂家 2	厂家 3	厂家 4	厂家 5	厂家 6	厂家 7	厂家 8	厂家 9
支持不同光纤距离的 ONU 进行测距	是	是	是	是	是	是	是	是	是
测距精度	±3m	±3m	±3m	±3m	±3m	±3m	±100m	±3m	±3m
新加入网络的 ONU 在测距时是否影响其他在线 ONU 的正常运行	否	否	否	否	否	否	否	否	否

3.1.2.4 以太网业务性能测试

在 20km 光纤传输以及 1∶1、1∶32 条件下分别测试 EPON 系统在 64、128、256、512、1024、1280、1518 字节包长情况下的吞吐量、传输时延和丢包率。

各厂家测试结果见表 5、表 6、表 7、表 8、表 9、表 10：

表 5 1∶32 下行吞吐量（%）

包长	厂家 1	厂家 2	厂家 3	厂家 4	厂家 5	厂家 6	厂家 7	厂家 8	厂家 9
64	95.45	92.80	97.0	98.83	95.5	97.85	95.51	93.36	97.66
128	97.37	95.47	98.0	99.06	97.0	98.63	96.09	96.09	98.63
256	98.57	97.34	99.0	98.91	98.5	98.63	96.48	97.17	99.22
512	99.24	98.28	99.0	99.06	99.0	98.63	96.68	97.75	99.22
1024	99.23	98.83	99.0	99.14	99.0	98.63	96.68	98.24	99.41
1280	99.37	98.98	99.0	99.14	99.0	98.63	96.68	98.44	99.22
1518	99.22	99.06	99.0	99.22	99.0	98.63	96.88	98.54	99.41

表 6 1∶32 单个 ONU 上行吞吐量（%）

包长	厂家 1	厂家 2	厂家 3	厂家 4	厂家 5	厂家 6	厂家 7	厂家 8	厂家 9
64	30.94	19.93	29.74	29.49	29.42	29.30	28.44	28.32	30.27
128	30.86	30.11	29.48	29.49	30.03	29.79	28.32	28.81	30.27
256	30.94	30.26	29.21	29.69	30.23	29.79	28.56	29.05	30.27
512	30.94	30.36	29.21	29.49	30.23	29.79	28.08	29.05	30.27
1024	30.86	30.41	28.69	29.30	30.03	29.30	27.83	28.93	30.27
1280	30.86	30.46	25.59	29.10	30.03	29.30	27.47	28.69	30.27
1518	30.86	30.46	28.16	29.30	30.03	29.30	27.47	28.44	30.27

注：ONU 为百兆端口。

表 7　1∶32 下行时延（μs）

包长	厂家 1	厂家 2	厂家 3	厂家 4	厂家 5	厂家 6	厂家 7	厂家 8	厂家 9
64	170. 1	316. 6	121. 0	27460. 9	187. 4	19. 22	92. 58	18. 79	118. 6
128	131. 7	144. 4	126. 0	78515. 0	148. 2	25. 10	93. 92	16973. 2	121. 6
256	144. 4	150. 2	152. 4	37751. 1	161. 3	31. 94	96. 57	4616. 4	127. 3
512	172. 7	174. 1	163. 4	52400. 4	190. 1	45. 76	102. 6	42. 25	137. 4
1024	227. 7	230. 4	208. 4	60234. 8	246. 4	73. 77	114. 5	9745. 2	161. 4
1280	257. 6	248. 5	230. 6	61814. 6	277. 0	87. 72	120. 6	21494. 8	171. 8
1518	281. 6	260. 7	251. 7	68447. 1	301. 6	100. 9	126. 5	26879. 7	184. 2

表 8　1∶32 上行时延（μs）

包长	厂家 1	厂家 2	厂家 3	厂家 4	厂家 5	厂家 6	厂家 7	厂家 8	厂家 9
64	10843. 3	523. 59	1640. 9	2570. 9	77815. 8	2195. 0	3808. 1	1995. 8	2243. 3
128	8101. 6	5627. 1	1685. 9	2600. 9	4889. 7	2594. 4	3521. 9	28577. 3	2250. 1
256	10294. 5	5322. 3	1590. 7	3118. 6	146338	2764. 7	9607. 8	2750. 5	2265. 9
512	8611. 4	5303. 3	1593. 1	7843. 4	4836. 6	4078. 5	5763. 1	2934. 8	2292. 2
1024	8574. 0	5264. 3	1659. 1	3420. 3	4785. 7	2985. 8	5269. 9	2795. 6	2344. 9
1280	8647. 4	5521. 5	1563. 7	3387. 1	4827. 4	8759. 5	11926. 1	2873. 0	2389. 1
1518	8711. 5	5464. 2	1689. 2	8456. 3	4820. 8	3301. 0	9782. 4	2615. 3	2413. 0

表 9　1∶32 下行过载丢包率（%）

包长	厂家 1	厂家 2	厂家 3	厂家 4	厂家 5	厂家 6	厂家 7	厂家 8	厂家 9
64	0. 250	0. 514	2. 321	0. 570	4. 542	0. 570	4. 107	5. 608	0. 633
128	0. 244	0. 493	1. 328	0. 673	2. 627	0. 673	3. 609	3. 727	0. 633
256	0. 232	0. 497	0. 714	0. 725	1. 422	0. 723	3. 304	2. 546	0. 632
512	0. 234	0. 499	0. 516	0. 752	0. 734	0. 751	3. 133	1. 877	0. 967
1024	0. 253	0. 494	0. 515	0. 765	0. 580	0. 762	3. 044	1. 518	3. 405
1280	0. 255	0. 496	0. 505	0. 767	0. 579	0. 767	3. 025	1. 443	3. 638
1518	0. 251	0. 493	0. 506	0. 770	0. 598	0. 768	2. 947	1. 395	3. 548

表 10　1∶32 上行过载丢包率（%）

包长	厂家 1	厂家 2	厂家 3	厂家 4	厂家 5	厂家 6	厂家 7	厂家 8	厂家 9
64	1. 978	2. 681	4. 171	4. 940	5. 666	3. 520	8. 802	8. 918	3. 148
128	2. 050	2. 656	4. 948	4. 841	4. 887	3. 659	8. 888	7. 638	3. 151
256	2. 124	2. 708	5. 729	4. 510	4. 378	3. 859	8. 507	6. 369	3. 150

（续表）

包长	厂家1	厂家2	厂家3	厂家4	厂家5	厂家6	厂家7	厂家8	厂家9
512	2.187	3.686	5.720	5.373	5.977	4.162	9.923	6.356	3.152
1024	2.279	5.488	9.367	5.675	7.585	4.457	10.57	9.077	3.153
1280	2.275	7.068	20.006	5.848	7.908	5.314	11.62	8.071	3.156
1518	2.334	4.747	10.976	5.916	9.165	4.681	11.32	11.74	3.163

3.1.2.5 DBA颗粒度、精度测试

各厂家最小分配带宽、最小带宽分配颗粒度见表11。

表11 最小分配带宽、最小带宽分配颗粒度测试结果

测试项目	单位	测试结果								
		厂家1	厂家2	厂家3	厂家4	厂家5	厂家6	厂家7	厂家8	厂家9
最小分配带宽	kbps	256	256	16	512	256	64	1024	512	512
颗粒度	kbps	64	64	64	256	64	64	1024	64	64

3.1.2.6 ONU缓存容量测试

各厂家ONU缓存容量见表12。

表12 ONU缓存容量

	ONU缓存容量（单位：kB）
厂家1	691.0
厂家2	878.0
厂家3	285.3
厂家4	121.6
厂家5	678.8
厂家6	505.8
厂家7	982.8
厂家8	850.8
厂家9	330.8（室外型）/264.2（室内型）

3.1.2.7 以太网二层功能、组播功能、网管测试

EPON系统网管实现方式均为扩展OAM和SNMP协议，不支持TR-069和802.1ag，带有交换芯片（多端口）ONU支持EMS通过SNMP协议进行远程管理。各厂家以太网二层功能、组播功能测试结果见表13。

表 13 以太网二层功能测试结果

测试项目	厂家 1	厂家 2	厂家 3	厂家 4	厂家 5	厂家 6	厂家 7	厂家 8	厂家 9
发现、认证和注册	支持	支持	支持	支持	支持	支持	支持	支持	支持
ONU 用户端源 MAC 地址过滤	支持	支持	支持	支持	支持	支持	支持	支持	支持
ONU MAC 地址最大学习数限制	支持	支持	支持	支持	支持	支持	支持	支持	支持
ONU VLAN	支持	支持	支持	支持	支持	支持	不支持	支持	支持
广播包/未知包抑制	支持广播包抑制速率 100pps 未知包抑制速率 200pps	支持广播包抑制速率 1563pps 未知包抑制速率 10938pps	支持广播包抑制速率 102pps 未知包抑制速率 204pps	支持广播包抑制速率 104pps 未知包抑制速率 203pps	支持广播包抑制速率 104pps 未知包抑制速率 208pps	支持广播包抑制速率 105ps 未知包抑制速率 209pps	支持广播包抑制速率 105pps 未知包抑制速率 209pps	支持广播包抑制速率 96pps 未知包抑制速率 190pps	支持广播包抑制速率 128pps 未知包抑制速率 255pps
未知组播包抑制和丢弃	支持	支持未知组播包抑制，不支持丢弃功能	支持	缺省支持未知组播包丢弃功能，不支持抑制功能	支持	支持	支持	支持	支持
IGMP Proxy	支持	支持	支持	支持	支持	支持，但对同一 PON 口下的 ONU 与其他厂家实现方式有区别	不支持	支持	支持
可控组播	支持	支持	支持	支持	支持	支持	不支持	支持	支持
ONU 端口的上行业务流限速	支持	支持	支持	支持	支持	支持	支持	支持	支持

（续表）

测试项目	厂家1	厂家2	厂家3	厂家4	厂家5	厂家6	厂家7	厂家8	厂家9
ONU端口的下行业务流限速	支持	支持	支持	支持	支持	支持	不支持	支持	支持
二层隔离	OLT和ONU均支持	OLT和ONU均支持	OLT和ONU均支持	OLT和ONU均支持	OLT和ONU均支持	OLT和ONU均支持	OLT支持，ONU之间支持，未提供多端口ONU设备	OLT和ONU均支持	OLT和ONU均支持
STP/RSTP	OLT和ONU均支持	OLT支持，ONU侧不支持	OLT和ONU均支持	OLT和ONU均支持	OLT和ONU均支持	OLT和ONU均支持	OLT支持，未提供多端口ONU设备	OLT和ONU均支持	OLT和ONU均支持
链路汇聚	支持	支持	支持	支持	支持	支持	支持	支持	支持
端口重定向、镜像	支持	不支持	支持	支持端口镜像，不支持端口重定向	支持	支持	支持端口镜像，不支持端口重定向	支持	支持
OLT的ACL过滤	支持	支持	支持	支持	支持	支持	支持	支持	支持
QINQ	支持	支持	支持	支持	支持	支持	不支持	支持	支持

3.1.2.8 QoS 性能测试

表14 QoS性能测试结果

测试项目	厂家1	厂家2	厂家3	厂家4	厂家5	厂家6	厂家7	厂家8	厂家9
是否支持通过源IP、目的IP、源MAC、目的MAC、VLANID、以太帧协议类型以及指定报文匹配字段对业务流进行分类	OLT和ONU支持	ONU支持	OLT和ONU支持	OLT和ONU支持	OLT和ONU支持	OLT和ONU支持	OLT支持	OLT和ONU支持	OLT和ONU支持
OLT是否支持优先级调度	支持严格优先级和权重优先级	支持混合优先级	支持严格优先级和权重优先级	支持权重优先级	支持严格优先级和权重优先级	支持严格优先级和权重优先级	支持严格优先级	支持严格优先级和权重优先级	支持严格优先级和权重优先级

（续表）

测试项目	厂家 1	厂家 2	厂家 3	厂家 4	厂家 5	厂家 6	厂家 7	厂家 8	厂家 9
ONU 是否支持优先级调度	支持严格优先级	支持严格优先级	支持严格优先级	支持严格优先级	支持严格优先级	支持严格优先级	不支持	支持严格优先级	支持严格优先级和权重优先级

3.1.2.9 业务接入能力测试

表 15 业务接入能力测试结果

测试项目	厂家 1	厂家 2	厂家 3	厂家 4	厂家 5	厂家 6	厂家 7	厂家 8	厂家 9
宽带接入业务能力	支持	支持	支持	支持	支持	支持	支持	因无法设置下行保证带宽，未测	支持
对称视频业务能力	支持	支持	支持	支持	支持	支持	支持	因无法设置下行保证带宽，未测	支持
VoIP 语音业务能力	支持	支持	支持	支持	支持	支持	支持	支持	支持
视频点播业务能力	支持	支持	支持	支持	支持	支持	支持	因无法设置下行保证带宽，未测	支持
支持视频点播、宽带数据接入、语音业务等多业务同时接入能力	支持	支持	支持	支持	支持	支持	支持	因无法设置下行保证带宽，未测	支持

3.1.2.10 一纤三波传输条件下电视业务与数据业务的相互影响

为了评估被测系统设备在一纤三波或两纤三波条件下同时承载有线电视业务和数据传输业务的性能，本次测试通过搭建的有线电视仿真网络，仿真多路有线电视模拟信号和数字信号并通过 1550nm 光链路传输到 EPON 系统，与 EPON 系统混合后同时进行传输，测试评估 EPON 系统在一纤三波或两纤三波传输情况下有线电视业务和数据传输业务之间是否有影响。

本次测试对6个厂家的ONU设备进行了一纤三波/两纤三波传输性能的测试，其中4个厂家的ONU为FTTH型ONU，2个厂家的ONU为FTTB型ONU。测试结果见表16。

表16 一纤三波/两纤三波测试结果

测试项目			测试结果						
			厂家1 FTTH一纤三波	厂家3 FTTH一纤三波	厂家4 FTTH一纤三波	厂家5 FTTB一纤三波	厂家6 FTTH两纤三波	厂家9 FTTB一纤三波	厂家9 FTTB两纤三波
ONU输入光功率 1550nm光功率 -1.0dBm 1490nm光功率 -14.1dBm	模拟电平 (dB μV)	DS4	75.3	76.0	78.8	98.1	77.4	95.7	96.1
		DS22	79.6	78.0	78.5	98.8	77.0	97.5	97.3
	C/N (dB)	DS4	48.6	50.1	50.5	49.9	50.1	47.9	53.2
		DS22	49.6	49.4	48.5	47.9	47.2	49.2	53.0
	CTB (dB)	DS4	67.3	68.3	67.7	67.3	69.5	71.4	75.7
		DS22	66.6	66.2	65.1	63.0	66.0	67.2	67.3
	CSO (dB)	DS4	60.4	59.9	60.7	67.4	60.4	68.6	67.9
		DS22	61.7	60.7	62.5	64.5	63.8	64.5	60.2
	数字电平 (dB μV)	259MHz	69.8	68.8	70.8	94.4	69.0	88.9	85.9
		554MHz	69.4	69.6	68.6	93.4	67.1	87.8	86.9
	MER (开均衡)	259MHz	35.0	37.2	37.2	38.3	36.5	37.7	39.4
		554MHz	37.1	37.1	36.5	37.9	36.7	37.9	39.0
	BER	259MHz	0	0	0	0	0	0	0
		554MHz	0.3×10^{-9}	0.3×10^{-9}	0	0	0	0	0
ONU输入光功率 1550nm光功率 -6.0dBm 1490nm光功率 -14.1dBm	模拟电平 (dB μV)	DS4	74.8	75.6	76.9	99.1	77.5	93.8	97.8
		DS22	80.9	77.0	76.8	99.0	77.0	96.0	95.8
	C/N (dB)	DS4	45.1	47.8	46.1	44.0	48.9	46.0	48.1
		DS22	47.5	45.8	44.1	42.9	43.7	45.3	48.3
	CTB (dB)	DS4	68.1	68.8	68.6	67.9	69.1	71.8	72.9
		DS22	67.4	66.7	66.0	62.9	65.6	67.0	66.8
	CSO (dB)	DS4	62.5	60.0	61.5	65.2	60.3	67.0	66.2
		DS22	64.7	61.3	62.0	62.4	61.5	66.9	65.3
	数字电平 (dB μV)	259MHz	70.7	69.5	69.0	95.2	68.8	86.0	85.1
		554MHz	68.8	67.9	67.0	93.4	67.1	87.8	87.4
	MER (开均衡)	259MHz	37.1	36.9	35.7	36.6	36.6	35.1	37.3
		554MHz	35.1	35.1	34.2	35.9	35.0	35.5	37.5
	BER	259MHz	0.3×10^{-9}	0	0	0	0	0	0
		554MHz	0.6×10^{-9}	0	0	0	0	0	0

3.2 EoC 测试评估结果

3.2.1 HomePlug BPL 方案 EoC 系统测试评估结果

3.2.1.1 被测设备概况

截至 2010 年 10 月，共对 9 个采用 HomePlug BPL 技术方案的厂家进行了测试，被测厂家使用的芯片型号有 SPC－200e（厂家 1）、SPC 200C（厂家 2、3、4）和 SPC310（厂家 2）。这里选取 4 个厂家的测试结果进行分析比较。4 个厂家单局端均支持 64 个终端设备。

3.2.1.2 测试结果

●物理层指标

所测 EoC 系统设备能基本适应不同电缆分配网络结构；系统工作在 2MHz～30MHz（SPC－200e、SPC 200C 型号芯片）或 2MHz～35MHz（SPC310），分为 7 个子频段，每个子频段有 128 个子载波；采用 OFDM 调制方式；EoC 局端设备和终端设备输出电平较高，大概为 120dBμV 左右。

（1）带外抑制及杂散

	频率范围（MHz）	厂家 1 杂散输出电平（dBμV）	厂家 2 杂散输出电平（dBμV）	厂家 3 杂散输出电平（dBμV）	厂家 4 杂散输出电平（dBμV）
终端设备	65～862	27.6	21.2	未测	17.2
局端设备	65～862	65.1	18.9	52.8	20.5

（2）接收动态范围

被测设备	厂家 1	厂家 2	厂家 3	厂家 4
下行链路衰减（dB）	0～79	0～93	0～96	0～90
上行链路衰减（dB）	0～79	0～94	0～96	0～83

在链路衰减达到上表所列最大值时，EoC 系统吞吐量接近为零。

（3）高斯噪声性能

网络结构	厂家 1 最大抗高斯噪声电平（dBμV）	厂家 2 最大抗高斯噪声电平（dBμV）	厂家 3 最大抗高斯噪声电平（dBμV）	厂家 4 最大抗高斯噪声电平（dBμV）
无源集中分配型（40dB 链路衰减）	75.5	82.0	81.3	84.0
无源树型（40dB 链路衰减）	70.5	82.0	81.3	74.0
有源树型（60dB 链路衰减）	55.5	82.0	81.3（40dB 衰减）	80.0

在高斯噪声达到上表所列值时，EoC 系统吞吐量接近为零。

（4）抗单频干扰能力

<table>
<tr><th>网络结构</th><th>单频干扰频率（MHz）</th><th>厂家 1
最大抗单频干扰电平（dBμV）</th><th>厂家 2
最大抗单频干扰电平（dBμV）</th><th colspan="2">厂家 3
最大抗单频干扰电平（dBμV）</th><th>厂家 4
最大抗单频干扰电平（dBμV）</th></tr>
<tr><td rowspan="3">无源集中分配型
（40dB 链路衰减）</td><td>16</td><td>94</td><td>127</td><td colspan="2">126</td><td>127</td></tr>
<tr><td>11</td><td>90</td><td>127</td><td colspan="2">123</td><td>127</td></tr>
<tr><td>21</td><td>91</td><td>127</td><td colspan="2">122</td><td>127</td></tr>
<tr><td rowspan="3">无源树型
（40dB 链路衰减）</td><td>16</td><td>112</td><td>127</td><td colspan="2">123</td><td>120</td></tr>
<tr><td>11</td><td>108</td><td>127</td><td colspan="2">124</td><td>123</td></tr>
<tr><td>21</td><td>111</td><td>127</td><td colspan="2">122</td><td>123</td></tr>
<tr><td rowspan="3">有源树型
（60dB 链路衰减）</td><td>16</td><td>120</td><td>127</td><td>123</td><td rowspan="3">40dB 链路衰减</td><td>120</td></tr>
<tr><td>11</td><td>115</td><td>127</td><td>124</td><td>120</td></tr>
<tr><td>21</td><td>113</td><td>127</td><td>123</td><td>120</td></tr>
</table>

在单频干扰达到上表所列值时，EoC 系统吞吐量接近为零。

（5）抗脉冲噪声能力

<table>
<tr><th rowspan="2">网络结构</th><th rowspan="2">脉冲宽度（μs）</th><th rowspan="2">脉冲间隔（ms）</th><th colspan="4">下行丢包率（%）</th></tr>
<tr><th>无源集中分配型（40dB 链路衰减）</th><th>无源树型（40dB 链路衰减）</th><th colspan="2">有源树型（60dB 链路衰减）</th></tr>
<tr><td rowspan="2">厂家 1</td><td>10</td><td>10</td><td>19.75</td><td>18.84</td><td colspan="2">23.92</td></tr>
<tr><td>1</td><td>100</td><td>0</td><td>0</td><td colspan="2">0</td></tr>
<tr><td rowspan="2">厂家 2</td><td>10</td><td>10</td><td>1.20</td><td>10.20</td><td colspan="2">28.90</td></tr>
<tr><td>100</td><td>100</td><td>0</td><td>0</td><td colspan="2">0</td></tr>
<tr><td rowspan="2">厂家 3</td><td>20</td><td>10</td><td>0</td><td>0</td><td>13.00</td><td rowspan="2">40dB 链路衰减</td></tr>
<tr><td>50</td><td>100</td><td>0</td><td>0</td><td>0</td></tr>
<tr><td rowspan="2">厂家 4</td><td>50</td><td>10</td><td>0</td><td>0</td><td colspan="2">35.40</td></tr>
<tr><td>100</td><td>100</td><td>0</td><td>0</td><td colspan="2">0</td></tr>
</table>

（6）抗微反射能力

网络结构	厂家1 最大噪声电平 （dBμV）	厂家2 最大噪声电平 （dBμV）	厂家3 最大噪声电平 （dBμV）	厂家4 最大噪声电平 （dBμV）
无源集中分配型 （40dB链路衰减）	72	未测	未测	未测
无源树型 （40dB链路衰减）	67	92	84	74
有源树型 （60dB链路衰减）	52	92	84 （40dB衰减）	80

在噪声电平达到上表所列值时，EoC系统吞吐量接近为零。

●**以太网性能指标**

以太网性能指标在64、128、256、512、1024、1280、1518字节不同包长度情况下，测试在无源集中分配型、无源树型、有源树型等网络结构下，1个局端设备对应1个终端设备和1个局端设备同时对16个终端设备的吞吐量、时延、长期丢包率等指标，以及1对32或1对64的网络吞吐量。

（1）实际数据传输带宽

无源集中分配型网络总吞吐量（Mbps）

包长（字节）	被测厂家	1对1下行	1对1上行	1对1双向	1对16下行	1对16上行
64	厂家1	3.11	3.60	2.00×2	3.40	0.37×16
	厂家2	5.08 （SPC200C）	5.33 （SPC200C）	2.77×2 （SPC200C）	5.79	0.45×16
		12.50 （SPC310）	12.50 （SPC310）	7.44×2 （SPC310）		
	厂家3	5.00	5.63	2.50×2	4.00	0.47×16
	厂家4	4.98	5.42	2.67×2	4.72	0.48×16
512	厂家1	23.74	21.67	14.24×2	25.31	1.89×16
	厂家2	33.89 （SPC200C）	35.24 （SPC200C）	17.50×2 （SPC200C）	33.74	2.77×16
		75.03 （SPC310）	62.33 （SPC310）	40.05×2 （SPC310）		
	厂家3	33.75	36.58	17.75×2	32.48	3.37×16
	厂家4	33.11	36.19	14.25×2	31.27	2.75×16

(续表)

包长(字节)	被测厂家	1 对 1 下行	1 对 1 上行	1 对 1 双向	1 对 16 下行	1 对 16 上行
1518	厂家 1	50.96	50.01	28.12×2	51.40	3.3×16
	厂家 2	58.58 (SPC200C)	58.80 (SPC200C)	34.38×2 (SPC200C)	58.59	3.64×16
		99.99 (SPC310)	99.99 (SPC310)	73.44×2 (SPC310)		
	厂家 3	58.13	56.87	36.20×2	58.47	5.83×16
	厂家 4	56.92	55.68	28.50×2	56.78	3.84×16

无源树型网络吞吐量(Mbps)

包长(字节)	被测厂家	1 对 1 下行	1 对 1 上行	1 对 1 双向	1 对 16 下行	1 对 16 上行
64	厂家 1	2.80	3.58	2.00×2	3.87	0.33×16
	厂家 2	5.00	5.37	2.77×2	4.79	0.47×16
	厂家 3	4.75	5.50	2.75×2	4.74	0.47×16
	厂家 4	4.92	5.25	2.50×2	4.69	0.47×16
512	厂家 1	25.49	24.46	16.25×2	22.50	1.70×16
	厂家 2	33.34	35.35	17.15×2	31.78	2.75×16
	厂家 3	35.20	36.54	16.88×2	32.48	2.06×16
	厂家 4	32.97	35.90	18.72×2	33.91	2.48×16
1518	厂家 1	50.80	49.26	29.37×2	50.63	2.87×16
	厂家 2	58.76	58.09	35.35×2	58.25	3.67×16
	厂家 3	57.49	57.49	36.86×2	59.06	4.50×16
	厂家 4	56.88	55.29	26.75×2	55.84	3.52×16

有源树型网络吞吐量(Mbps)

包长(字节)	被测厂家	1 对 1 下行	1 对 1 上行	1 对 1 双向	1 对 16 下行	1 对 16 上行
64	厂家 1	2.80	3.72	2.44×2	2.80	0.35×16
	厂家 2	5.00	5.37	2.50×2	4.79	0.48×16
	厂家 3	5.00	5.00	2.75×2	4.00	0.47×16
	厂家 4	4.93	5.39	2.50×2	4.73	0.45×16
512	厂家 1	24.85	22.84	15.58×2	22.50	1.52×16
	厂家 2	29.98	35.65	17.50×2	31.56	2.78×16
	厂家 3	34.46	37.24	17.75×2	32.75	3.37×16
	厂家 4	34.95	36.13	17.50×2	30.94	2.39×16

（续表）

包长（字节）	被测厂家	1 对 1 下行	1 对 1 上行	1 对 1 双向	1 对 16 下行	1 对 16 上行
1518	厂家 1	47.79	30.92	24.70×2	45.00	1.70×16
	厂家 2	58.17	58.45	34.81×2	58.11	3.59×16
	厂家 3	57.75	57.75	36.25×2	59.06	5.71×16
	厂家 4	56.50	55.25	33.91×2	56.19	3.44×16

混合型网络吞吐量（Mbps）

包长（字节）	厂家	1 对多下行（厂家 1 为 1 对 64，厂家 2 为 1 对 32，厂家 3、4 为 1 对 31）	1 对多上行（厂家 1 为 1 对 64，厂家 2 为 1 对 32，厂家 3、4 为 1 对 31）
64	厂家 1	1.84	0.07×64
	厂家 2	4.50	0.24×32
	厂家 3	4.00	0.20×31
	厂家 4	4.56	0.25×31
512	厂家 1	13.08	0.38×64
	厂家 2	30.50	1.34×32
	厂家 3	31.87	2.00×31
	厂家 4	30.02	1.41×31
1518	厂家 1	37.58	0.88×64
	厂家 2	58.40	2.46×32
	厂家 3	53.94	2.50×31
	厂家 4	57.09	1.87×31

（2）系统时延

①三种网络条件下 1 对 1 时延测试结果：

集中分配型网络 1 对 1 EoC 系统时延

包长（字节）	厂家	1 对 1 下行		1 对 1 上行	
		测试速率（Mbps）	系统时延（μs）	测试速率（Mbps）	系统时延（μs）
64	厂家 1	2.80	3902.2	3.24	4402.8
	厂家 2	4.50	4242.9	4.80	4502.6
	厂家 3	4.50	2991.7	5.01	3037.2
	厂家 4	4.40	4194.3	4.80	4707.8

(续表)

包长（字节）	厂家	1对1下行		1对1上行	
		测试速率（Mbps）	系统时延（μs）	测试速率（Mbps）	系统时延（μs）
512	厂家1	21.30	14845.5	19.50	27656.6
	厂家2	30.40	7106.3	30.00	8231.0
	厂家3	29.50	3756.7	32.50	6814.1
	厂家4	29.70	6386.2	32.40	10067.5
1518	厂家1	45.80	156132.3	44.50	12485.3
	厂家2	50.10	35631.3	49.50	22956.9
	厂家3	51.50	6619.7	50.50	5871.0
	厂家4	50.10	8668.2	50.00	13821.5

无源树型网络1对1 EoC系统时延

包长（字节）	厂家	1对1下行		1对1上行	
		测试速率（Mbps）	系统时延（μs）	测试速率（Mbps）	系统时延（μs）
64	厂家1	2.52	3674.6	3.20	50697.5
	厂家2	4.20	3995.9	4.50	4380.3
	厂家3	4.10	4598.4	4.10	3687.8
	厂家4	4.90	5891.2	4.60	4845.7
512	厂家1	22.90	8608.5	21.00	87763.5
	厂家2	28.00	6567.3	29.50	8517.9
	厂家3	31.10	4044.5	31.10	4352.6
	厂家4	29.00	13490.0	30.00	9140.0
1518	厂家1	45.70	41846.7	44.30	232213.7
	厂家2	48.00	9495.1	49.00	15053.9
	厂家3	51.20	5989.1	51.20	8264.0
	厂家4	49.00	8270.1	49.00	12555.9

有源树型网络1对1 EoC系统时延

包长（字节）	厂家	1对1下行		1对1上行	
		测试速率（Mbps）	系统时延（μs）	测试速率（Mbps）	系统时延（μs）
64	厂家1	2.52	3745.2	3.25	4773.7
	厂家2	4.40	4048.3	4.40	4313.7
	厂家3	4.50	2803.8	4.50	7235.9
	厂家4	4.40	4131.0	4.70	4952.8

（续表）

包长（字节）	厂家	1 对 1 下行		1 对 1 上行	
		测试速率（Mbps）	系统时延（μs）	测试速率（Mbps）	系统时延（μs）
512	厂家 1	20. 50	6682. 9	20. 50	8339. 4
	厂家 2	29. 00	22000. 3	27. 00	8410. 1
	厂家 3	30. 50	4256. 2	33. 00	4401. 2
	厂家 4	31. 40	8742. 7	32. 40	11272. 2
1518	厂家 1	42. 50	13110. 3	27. 80	11791. 2
	厂家 2	45. 00	12593. 7	44. 00	43238. 5
	厂家 3	51. 10	6321. 8	51. 30	6997. 4
	厂家 4	49. 50	9876. 3	49. 50	13987. 2

②三种网络条件下 1 对 16 时延测试结果：

集中分配型网络 1 对 16 EoC 系统时延

包长（字节）	厂家	1 对 16 下行		1 对 16 上行	
		测试速率（Mbps）	系统时延（μs）	测试速率（Mbps）	系统时延（μs）
64	厂家 1	3. 05	18690. 5	0. 34 × 16	120590. 2
	厂家 2	4. 20	4297. 8	0. 36 × 16	4143. 1
	厂家 3	3. 60	16792. 1	0. 42 × 16	83106. 5
	厂家 4	4. 20	17225. 8	0. 36 × 16	22331. 4
512	厂家 1	20. 25	23899. 9	1. 70 × 16	38014. 2
	厂家 2	28. 70	18041. 9	2. 10 × 16	11342. 4
	厂家 3	29. 30	25169. 4	2. 50 × 16	374690. 4
	厂家 4	28. 00	23608. 2	2. 30 × 16	47664. 8
1518	厂家 1	45. 00	52183. 9	2. 76 × 16	49580. 9
	厂家 2	48. 00	32298. 2	2. 90 × 16	44769. 9
	厂家 3	52. 10	62207. 1	3. 50 × 16	100808. 9
	厂家 4	50. 00	38861. 0	3. 20 × 16	45511. 9

无源树型网络 1 对 16 EoC 系统时延

包长（字节）	厂家	1 对 16 下行		1 对 16 上行	
		测试速率（Mbps）	系统时延（μs）	测试速率（Mbps）	系统时延（μs）
64	厂家 1	3. 40	18686. 3	0. 30 × 16	68500. 6
	厂家 2	4. 10	7069. 4	0. 39 × 16	6347. 4
	厂家 3	4. 20	17050. 5	0. 40 × 16	63943. 2
	厂家 4	4. 10	27611. 8	0. 41 × 16	117262. 2

（续表）

包长（字节）	厂家	1 对 16 下行		1 对 16 上行	
		测试速率（Mbps）	系统时延（μs）	测试速率（Mbps）	系统时延（μs）
512	厂家 1	20. 20	23703. 1	1. 52 × 16	27702. 6
	厂家 2	26. 50	25655. 4	2. 20 × 16	23038. 8
	厂家 3	29. 20	25044. 8	1. 50 × 16	22384. 3
	厂家 4	27. 50	50758. 2	2. 20 × 16	34889. 7
1518	厂家 1	45. 50	151246. 6	2. 58 × 16	76556. 7
	厂家 2	48. 00	37277. 2	2. 89 × 16	35565. 9
	厂家 3	51. 50	55566. 9	3. 40 × 16	73126. 1
	厂家 4	48. 80	41196. 1	2. 95 × 16	81055. 3

有源树型网络 1 对 16 EoC 系统时延

包长（字节）	厂家	1 对 16 下行		1 对 16 上行	
		测试速率（Mbps）	系统时延（μs）	测试速率（Mbps）	系统时延（μs）
64	厂家 1	2. 52	17995. 3	0. 31 × 16	94035. 7
	厂家 2	4. 00	7322. 6	0. 36 × 16	11378. 0
	厂家 3	2. 80	16671. 2	0. 40 × 16	42946. 1
	厂家 4	4. 20	17248. 1	0. 36 × 16	20773. 9
512	厂家 1	20. 20	24802. 2	1. 37 × 16	33958. 8
	厂家 2	23. 00	17006. 5	1. 90 × 16	25346. 7
	厂家 3	29. 10	25277. 8	2. 50 × 16	348491. 5
	厂家 4	25. 00	28287. 0	2. 00 × 16	28324. 3
1518	厂家 1	40. 50	40379. 9	1. 52 × 16	59918. 4
	厂家 2	42. 00	43014. 2	2. 40 × 16	35453. 2
	厂家 3	52. 50	63169. 8	3. 40 × 16	85497. 0
	厂家 4	48. 00	58770. 8	3. 00 × 16	91154. 7

（3）丢包率测试

集中分配型网络 1 对 16 EoC 系统平均丢包率

包长（字节）	厂家	1 对 16 下行		1 对 16 上行	
		测试速率（Mbps）	丢包率（%）	测试速率（Mbps）	丢包率（%）
64	厂家 1	3. 05	0	0. 34 × 16	0. 02
	厂家 2	4. 20	0	0. 36 × 16	0
	厂家 3	3. 60	0	0. 42 × 16	0
	厂家 4	4. 20	0	0. 36 × 16	0

（续表）

包长（字节）	厂家	1对16下行		1对16上行	
		测试速率（Mbps）	丢包率（%）	测试速率（Mbps）	丢包率（%）
512	厂家1	20.25	0.87	1.70×16	0.67
	厂家2	28.70	0	2.10×16	0
	厂家3	29.10	0	2.50×16	0
	厂家4	28.00	0	2.30×16	0.00
1518	厂家1	45.00	0.07	2.72×16	0.02
	厂家2	48.00	0	2.90×16	0
	厂家3	52.20	0.22	3.50×16	0
	厂家4	48.50	0	3.20×16	0

无源树型网络1对16 EoC系统平均丢包率

包长（字节）	厂家	1对16下行		1对16上行	
		测试速率（Mbps）	丢包率（%）	测试速率（Mbps）	丢包率（%）
64	厂家1	3.40	0.37	0.29×16	0
	厂家2	4.10	0	0.39×16	0
	厂家4	4.10	0	0.40×16	0
512	厂家1	20.20	0.07	1.52×16	0.53
	厂家2	26.50	0	2.20×16	0
	厂家4	27.50	0	2.05×16	0
1518	厂家1	45.50	0.61	2.58×16	0.08
	厂家2	48.00	0	2.89×16	0
	厂家4	48.50	0	2.90×16	0

注：厂家3未进行无源树型网络1对16EoC系统丢包率测试。

有源树型网络1对16 EoC系统平均丢包率

包长（字节）	厂家	1对16下行		1对16上行	
		测试速率（Mbps）	丢包率（%）	测试速率（Mbps）	丢包率（%）
64	厂家1	2.52	0	0.31×16	0
	厂家2	4.00	0	0.36×16	0
	厂家4	4.10	0	0.36×16	0
512	厂家1	20.20	0.43	1.37×16	1.16
	厂家2	23.00	0	1.90×16	0
	厂家4	25.00	0	2.00×16	0

(续表)

包长(字节)	厂家	1对16下行		1对16上行	
		测试速率(Mbps)	丢包率(%)	测试速率(Mbps)	丢包率(%)
1518	厂家1	40.50	0.98	1.52×16	0.73
	厂家2	42.00	0	2.40×16	0
	厂家4	48.50	0	3.00×16	0

注：厂家3未进行有源树型网络1对16EoC系统丢包率测试。

●业务质量(QoS)性能测试

测试项目	厂家1	厂家2	厂家3	厂家4
支持VLAN优先级(802.1P协议)	支持	支持	支持	支持
动态带宽分配(DBA)	支持DBA，支持限速功能	支持DBA，支持限速功能	支持DBA，支持限速功能	支持DBA，支持限速功能

●数据链路层功能测试

测试项目	厂家1	厂家2	厂家3	厂家4
同一局端下的用户相互隔离	具备	具备	具备	具备
广播包/未知包的抑制	具备	具备	具备	具备
MAC地址数限制功能	具备	具备	具备	具备
VLAN划分和管理	具备	具备	具备	具备
链路汇聚功能	不具备	不具备	不具备	不具备
端口镜像功能	不具备	不具备	不具备	不具备
IGMPv2 Proxy功能测试	具备	具备	具备	不具备

●系统应用测试

系统宽带接入能力较强，16终端FTP并发处理速率，厂家1的EoC系统每终端1.4Mbps~1.8Mbps，厂家2的EoC系统每终端1.8Mbps~4.4Mbps，厂家3的EoC系统每终端2.88Mbps~3.06Mbps，厂家4的EoC系统每终端1.26Mbps~3.6Mbps；系统支持VOD视频点播、PPPoE拨号接入、DHCP方式接入、FTP上传下载、Email收发等功能；系统支持上下行带宽对称的视频业务。

●网管系统

测试项目	厂家1	厂家2	厂家3	厂家4
是否具备网管系统	具备	具备	具备	具备

●其他测试结果

终端设备上线时间测试结果

测试项目	厂家 1 (s)	厂家 2 (s)	厂家 3 (s)	厂家 4 (s)
断电上线时间	18.3	10.4	21.3	9.6
断射频上线时间	0.5	<1	0.6	<1

工作环境测试结果

项目	1 对 1 下行吞吐量 (Mbps) (1518 字节)				1 对 1 上行吞吐量 (Mbps) (1518 字节)			
	厂家 1	厂家 2	厂家 3	厂家 4	厂家 1	厂家 2	厂家 3	厂家 4
高温试验	51.25	57.00	56.30	54.60	49.37	57.30	57.20	54.60
低温试验	49.99	57.00	56.00	54.60	49.67	57.3	56.20	54.60

3.2.2 HomePlug AV 方案 EoC 系统测试评估结果

3.2.2.1 被测设备概况

5 个被测厂家的 EoC 系统包括 EoC 局端设备、EoC 终端设备和跨接设备，采用 HomePlug AV（PLC）技术方案，厂家 1、厂家 2、厂家 3 采用芯片型号分别为 Intellon 6300，厂家 4 采用芯片型号为 Intellon 6400，厂家 5 采用芯片型号为 Intellon 7400。

厂家 1 的 EoC 局端设备为野外型，供电方式为交流 60V 供电。厂家 2 的 EoC 局端设备为室内型，供电方式为交流 220V 或交流 60V 供电。厂家 3、厂家 4、厂家 5 的局端设备均为野外型，供电方式为交流 220V 供电。5 家的 EoC 终端设备都是室内型，供电方式为交流 220V 供电。理论上，厂家 1、厂家 2、厂家 3 和厂家 4 的 EoC 系统一个局端设备最多能支持 253 个终端设备，厂家 5 的 EoC 系统一个局端设备最多能支持 255 个终端设备 。

3.2.2.2 测试结果

●物理层指标

所测物理层指标满足各公司设备性能指标要求。系统能基本适应不同电缆分配网络结构；厂家 1EoC 系统工作在 5MHz ~ 30MHz，厂家 2、厂家 3、厂家 4 EoC 系统工作在 7.5MHz ~ 30MHz，厂家 5EoC 系统工作在 7.5MHz ~ 68MHz，采用 OFDM（BPSK、QPSK、64QAM、256QAM、1024QAM）调制方式。

（1）系统实际 RF 带宽

项目	测试结果 (MHz)				
	厂家 1	厂家 2	厂家 3	厂家 4	厂家 5
系统中心工作频率	16.0	18.75	18.75	18.75	37.8
-3dB 带宽	26.0	22.5	21.7	22.5	59.6
-40dB 带宽	44.0	29.33	23.5	24.2	63.4

(2) 被测设备输出电平

被测设备	输出电平 (dBμV)				
	厂家 1	厂家 2	厂家 3	厂家 4	厂家 5
局端设备	114.0	124.5	116.1	116.9	125.5
终端设备	107.5	124.0	117.9	116.4	125.3

(3) 带外抑制及杂散

厂家	被测设备	频率范围 (MHz)	杂散输出电平 (dBμV)
厂家 1	终端设备	87 ~ 862	37.0
厂家 2		87 ~ 862	22.3
厂家 3		65 ~ 862	31.6
厂家 4		65 ~ 862	20.1
厂家 5		87 ~ 862	48.5

(4) 接收动态范围

被测设备	厂家 1	厂家 2	厂家 3	厂家 4	厂家 5
下行最大链路衰减 (dB)	83	96	88	94	94
上行最大链路衰减 (dB)	79	97	88	94	95

在链路衰减达到上表所列最大值时，EoC 系统吞吐量接近为零。

(5) 高斯噪声性能

网络结构	厂家 1 抗高斯噪声电平 (dBμV)	厂家 2 抗高斯噪声电平 (dBμV)	厂家 3 抗高斯噪声电平 (dBμV)	厂家 4 抗高斯噪声电平 (dBμV)	厂家 5 抗高斯噪声电平 (dBμV)
无源集中分配型	78	84	90	83.5	86.7
无源树型	76	79	91	未测	未测
有源树型	76	74	91	83.5	79.7

在混入的高斯噪声电平达到上表所列最大值时，EoC 系统吞吐量接近为零。

(6) 抗单频干扰能力

网络结构	单频干扰频率 (MHz)	厂家 1 最大抗单频干扰电平 (dBμV)	厂家 2 最大抗单频干扰电平 (dBμV)	厂家 3 最大抗单频干扰电平 (dBμV)	厂家 4 最大抗单频干扰电平 (dBμV)	厂家 5 最大抗单频干扰电平 (dBμV)
无源集中分配型 (40dB 链路衰减)	中心频率 f_0	127	127	127	127	120
	中心频率 f_0-5MHz	127	127	127	127	120
	中心频率 f_0+5MHz	127	127	127	127	120

（续表）

网络结构	单频干扰频率（MHz）	厂家1最大抗单频干扰电平（dBμV）	厂家2最大抗单频干扰电平（dBμV）	厂家3最大抗单频干扰电平（dBμV）	厂家4最大抗单频干扰电平（dBμV）	厂家5最大抗单频干扰电平（dBμV）
无源树型（40dB链路衰减）	中心频率 f_0	116	127	127	未测	未测
	中心频率 f_0-5MHz	105	127	127	未测	未测
	中心频率 f_0+5MHz	114	127	127	未测	未测
有源树型（40dB链路衰减）	中心频率 f_0	126	127	127	127	120
	中心频率 f_0-5MHz	126	127	127	120	120
	中心频率 f_0+5MHz	126	127	127	123	121

（7）抗脉冲噪声性能

被测5个厂家EoC系统混入脉冲宽度100μs、脉冲间隔100ms的脉冲噪声与脉冲宽度10μs、脉冲间隔10ms的脉冲噪声时，所测丢包率均为零。

（8）抗微反射性能

网络结构	厂家1高斯噪声电平（dBμV）	厂家2高斯噪声电平（dBμV）	厂家3高斯噪声电平（dBμV）	厂家4高斯噪声电平（dBμV）	厂家5高斯噪声电平（dBμV）
无源集中分配型	78	未测	未测	未测	未测
无源树型	未测	74	87	未测	未测
有源树型	未测	74	未测	83.5	78.7

分支分配器开路，在混入的高斯噪声电平达到上表所列最大值时，EoC系统吞吐量接近为零。

（9）反射损耗指标

端口	频段（MHz）	厂家1反射损耗（dB）	厂家2反射损耗（dB）	厂家3反射损耗（dB）	厂家4反射损耗（dB）	厂家5反射损耗（dB）
终端CATV口	87~862	7.2	16.4	17.8	19.9	21.3
终端混合口	87~862	7.2	17.6	17.8	17.3	22.4
局端CATV口	87~862	15.6	17.4	19.7	19.3	16.9
局端混合口	87~862	12.2	16.5	18.2	18.7	16.9

●**以太网性能指标**

以太网性能指标在64、128、256、512、1024、1280、1518字节不同包长度情况下，测试在无源集中分配型、无源树型、有源树型等网络结构下，1个局端设备对应1个终端设备和1个局端设备同时对16个终端设备的吞吐量、时延、长期丢包率等指标，以及1对32或1对61的网络吞吐量。

（1）实际数据传输带宽

无源集中分配型网络总吞吐量（Mbps）

包长（字节）	厂家	1对1下行	1对1上行	1对1双向	1对16下行	1对16上行
64	厂家1	19.00	19.00	16.00	19.38	11.04
	厂家2	18.36	18.56	15.60	20.31	20.00
	厂家3	22.79	15.50	20.00	23.89	28.87
	厂家4	27.26	26.41	23.60	22.97	29.06
	厂家5	40.28	53.67	90.00	38.75	115.84
512	厂家1	85.05	85.05	62.00	86.82	9.60
	厂家2	86.15	84.98	66.40	100.00	78.56
	厂家3	96.73	100.00	66.00	95.54	67.37
	厂家4	96.72	97.19	110.00	100.00	98.43
	厂家5	329.38	285.50	320.00	251.87	278.88
1518	厂家1	94.41	87.54	87.50	88.20	11.04
	厂家2	100.00	99.23	100.00	100.00	83.24
	厂家3	100.00	100.00	104.00	97.06	78.71
	厂家4	100.00	100.00	107.30	100.00	103.79
	厂家5	318.75	280.37	322.49	309.68	278.40

无源树型网络吞吐量（Mbps）

包长（字节）	厂家	1对1下行	1对1上行	1对1双向	1对16下行	1对16上行
64	厂家1	20.00	20.00	16.00	18.74	3.20
	厂家2	18.85	18.58	15.60	21.29	20.78
	厂家3	23.05	16.00	18.00	21.48	28.71
512	厂家1	84.51	70.56	58.00	86.35	2.40
	厂家2	86.43	84.71	65.60	100.00	76.99
	厂家3	96.73	100.00	66.00	94.99	65.64
1518	厂家1	93.79	72.01	63.00	86.82	4.80
	厂家2	100.00	98.95	100.00	100.00	87.73
	厂家3	100.00	100.00	104.00	99.62	79.23

注：厂家4、厂家5未对无源树型网络的吞吐量进行测试。

有源树型网络吞吐量（Mbps）

包长（字节）	厂家	1 对 1 下行	1 对 1 上行	1 对 1 双向	1 对 16 下行	1 对 16 上行
64	厂家 1	19.38	18.75	8.00	18.74	13.92
	厂家 2	19.49	18.79	15.60	21.39	20.81
	厂家 3	21.87	15.89	15.00	25.08	28.31
	厂家 4	25.66	25.14	22.50	23.14	28.75
	厂家 5	38.67	53.82	85.00	38.75	125.92
512	厂家 1	85.60	85.05	30.60	72.86	8.96
	厂家 2	85.67	82.87	62.50	78.12	70.49
	厂家 3	96.90	100.00	89.00	100.00	78.00
	厂家 4	96.68	97.17	103.00	99.51	100.00
	厂家 5	335.11	289.62	312.80	234.67	276.96
1518	厂家 1	90.66	87.54	43.7	76.58	12.80
	厂家 2	98.065	93.96	83.6	78.75	77.26
	厂家 3	100.01	100.01	106.2	100.00	87.73
	厂家 4	100.00	100.00	103.1	100.00	102.37
	厂家 5	331.25	284.88	320.0	316.79	272.96

混合型网络吞吐量（Mbps）

包长（字节）	厂家	1 对 32 下行	1 对 32 上行
64	厂家 1	18.73	未测
	厂家 2	21.09	19.87
	厂家 3	21.48	24.00
	厂家 4	21.46	28.00
512	厂家 1	79.81	未测
	厂家 2	100.00	61.48
	厂家 3	99.97	61.44
	厂家 4	98.95	99.14
1518	厂家 1	77.96	8.00
	厂家 2	100.00	70.09
	厂家 3	99.62	85.44
	厂家 4	100.00	103.20

注：厂家 5 未对混合型网络的吞吐量进行测试。

（2）系统时延

无源集中分配型网络 1:1 系统时延

包长（字节）	厂家	1 对 1 下行测试速率（Mbps）	1 对 1 下行时延（μs）	1 对 1 上行测试速率（Mbps）	1 对 1 上行时延（μs）
64	厂家 1	12.00	2449.2	15.00	2984.7
	厂家 2	16.50	3497.2	16.69	3489.6
	厂家 3	19.50	4240.2	13.50	2032.3
	厂家 4	24.50	3520.3	23.70	3677.0
	厂家 5	36.20	5650.1	48.30	4298.8
512	厂家 1	75.00	3654.4	80.00	5944.4
	厂家 2	77.50	3275.9	76.40	3494.9
	厂家 3	86.00	4051.6	90.00	3532.2
	厂家 4	87.00	4583.1	87.40	400.2
	厂家 5	296.40	3870.9	256.90	2968.7
1518	厂家 1	85.00	3254.3	82.00	5065.3
	厂家 2	90.00	3856.8	89.00	4487.1
	厂家 3	90.00	5011.1	90.00	3271.4
	厂家 4	90.00	5104.9	90.00	3722.6
	厂家 5	286.80	5275.5	252.30	2385.9

无源树型网络 1:1 系统时延

包长（字节）	厂家	1 对 1 下行测试速率（Mbps）	1 对 1 下行时延（μs）	1 对 1 上行测试速率（Mbps）	1 对 1 上行时延（μs）
64	厂家 1	18.00	5057.6	18.00	5264.7
	厂家 2	16.96	3567.8	16.71	3548.1
	厂家 3	20.00	3421.4	14.00	2623.4
512	厂家 1	75.00	6102.7	65.00	4504.4
	厂家 2	77.70	3314.5	76.20	3480.8
	厂家 3	86.00	4166.5	90.00	3618.2
1518	厂家 1	77.00	6367.1	66.00	3845.3
	厂家 2	90.00	3954.2	89.00	4538.8
	厂家 3	90.00	4661.9	90.00	3558.6

注：厂家 4、厂家 5 未对无源树型网络的 1:1 系统时延进行测试。

有源树型网络 1∶1 系统时延

包长（字节）	厂家	1 对 1 下行测试速率（Mbps）	1 对 1 下行时延（μs）	1 对 1 上行测试速率（Mbps）	1 对 1 上行时延（μs）
64	厂家 1	16.00	2489.3	16.00	4072.6
	厂家 2	17.50	3725.2	16.90	3626.8
	厂家 3	19.00	3456.0	14.00	2425.1
	厂家 4	23.00	3441.6	22.60	3049.5
	厂家 5	34.80	8473.7	48.40	9085.9
512	厂家 1	77.00	3665.2	77.00	5773.8
	厂家 2	77.10	3708.6	74.50	3888.7
	厂家 3	87.00	4544.8	90.00	3740.7
	厂家 4	87.00	3551.0	87.40	3418.0
	厂家 5	301.50	4549.4	260.60	4011.1
1518	厂家 1	81.00	3394.9	78.00	5881.7
	厂家 2	88.20	4196.8	84.50	4924.2
	厂家 3	90.00	4842.0	90.00	3585.5
	厂家 4	90.00	3972.6	90.00	3787.4
	厂家 5	298.10	2759.0	256.30	3089.8

无源集中分配型网络 1∶16 系统时延

包长（字节）	厂家	1 对 16 下行测试速率（Mbps）	1 对 16 下行时延（μs）	1 对 16 上行测试速率（Mbps）	1 对 16 上行时延（μs）
64	厂家 4	20.60	8102.8	1.6×16	9748.9
	厂家 5	34.80	8544.0	6.5×16	27866.2
512	厂家 4	90.00	26958.1	5.5×16	17120.8
	厂家 5	226.60	19760.5	15.0×16	27639.1
1518	厂家 4	90.00	27786.4	5.8×16	19919.6
	厂家 5	278.70	21998.5	15.6×16	30978.2

注：厂家 1、厂家 2、厂家 3 未对无源集中分配型网络的 1∶16 系统时延进行测试。

有源树型网络 1∶16 系统时延

包长（字节）	厂家	1 对 16 下行测试速率（Mbps）	1 对 16 下行时延（μs）	1 对 16 上行测试速率（Mbps）	1 对 16 上行时延（μs）
64	厂家 3	22.50	8317.3	1.5×16	11893.7
	厂家 4	20.80	8316.6	1.6×16	9936.6
	厂家 5	34.80	8400.3	7.0×16	27158.9

（续表）

包长（字节）	厂家	1对16下行测试速率（Mbps）	1对16下行时延（μs）	1对16上行测试速率（Mbps）	1对16上行时延（μs）
512	厂家3	88.00	29667.4	4.4×16	17299.0
	厂家4	89.50	41358.9	5.5×16	16836.8
	厂家5	211.20	15372.9	15.5×16	26831.0
1518	厂家3	90.00	30530.8	4.9×16	21961.0
	厂家4	90.00	46006.7	5.7×16	19313.5
	厂家5	285.10	18317.6	15.3×16	27082.2

注：厂家1、厂家2未对有源树型网络的1∶16系统时延进行测试。

（3）丢包率测试

除了厂家1EoC系统有源树型网络1对16下行EoC系统有丢包外，其他丢包率指标均符合要求。

●业务质量（QoS）性能测试

项目	厂家1	厂家2	厂家3	厂家4	厂家5
支持VLAN优先级（802.1P协议）	支持	支持，分为8个优先级（0~7），4个队列	支持	支持	支持
动态带宽分配（DBA）	系统不支持DBA，不支持限速功能	系统不支持DBA，支持Cable限速和LAN口限速	系统不支持DBA，支持限速功能	系统不支持DBA，支持限速功能	系统不支持DBA，支持限速功能

●数据链路层功能测试

项目	厂家1	厂家2	厂家3	厂家4	厂家5
同一局端下的用户相互隔离	具备	具备	具备	具备	具备
广播包/未知包的抑制	具备	具备	默认抑制速率，不可配置	具备	具备
MAC地址数限制功能	不具备	具备	具备	具备	具备
VLAN划分和管理	具备	具备	具备	具备	具备
链路汇聚功能	不具备	不具备	不具备	不具备	具备
端口镜像功能	不具备	具备	不具备	具备	具备
IGMPv2 Proxy功能测试	不具备	具备	具备	具备	具备

●系统应用测试

系统宽带接入能力较强，系统支持 VOD 视频点播、PPPoE 拨号接入、DHCP 方式接入、FTP 上传下载、Email 收发等功能；系统支持上下行带宽对称的视频业务。

●网管系统

项目	厂家 1	厂家 2	厂家 3	厂家 4	厂家 5
是否具备网管系统	不具备	具备	具备	具备	具备

●其他测试结果

终端设备上线时间测试结果

项目	厂家 1 (s)	厂家 2 (s)	厂家 3 (s)	厂家 4 (s)	厂家 5 (s)
断电上线时间	5.0	5.6	5.1	4.6	7.8
断射频上线时间	2.5	1.5	1.6	<1	2.6

工作环境测试结果

项目	1 对 1 下行吞吐量 (Mbps)				1 对 1 上行吞吐量 (Mbps)			
	厂家 2	厂家 3	厂家 4	厂家 5	厂家 2	厂家 3	厂家 4	厂家 5
高温试验	97.9	100.0	100.0	328.7	98.1	100.0	100.0	286.2
低温试验	98.3	100.0	96.2	328.4	97.4	100.0	100.0	270.7

3.2.3 HPNA 方案 EoC 系统测试评估结果

3.2.3.1 被测设备概况

被测厂家的 EoC 系统包括 EoC 局端设备和 EoC 终端设备，均采用 HomePNA3.1（ITU-T G.9954）技术方案，厂家 1 采用芯片型号为 CopperGate CG3110，厂家 2、厂家 3 和厂家 4 采用芯片型号为 CopperGate CG3210。厂家 1EoC 局端设备最大支持 32 台终端，厂家 2、厂家 3、厂家 4EoC 局端设备最大支持 61 台终端，四厂家 EoC 设备局端供电方式为交流 220V 供电；四厂家 EoC 设备终端设备均为室内型，供电方式为交流 220V 供电。

3.2.3.2 测试结果

●物理层指标

所测物理层指标满足各公司设备性能指标要求。系统能基本适应不同电缆分配网络结构；厂家 1 系统工作在 12MHz～28MHz，厂家 2 系统工作在 12MHz～44MHz，厂家 3 系统工作在 12MHz～44MHz，厂家 4 工作在 36MHz～64MHz，均采用 FDQAM（8 子载波）调制方式。

（1）带外抑制及杂散

	厂家 1		厂家 2		厂家 3		厂家 4	
	频率范围（MHz）	杂散输出电平(dBμV)	频率范围（MHz）	杂散输出电平(dBμV)	频率范围（MHz）	杂散输出电平(dBμV)	频率范围（MHz）	杂散输出电平(dBμV)
终端设备	40	52.6	48～160	60.2	未测	未测	未测	未测
	40～862	17.0	160～862	36.0	65～862	32.9	65～862	20.3
局端设备	40	45.8	48～160	53.4	未测	未测	未测	未测
	40～862	19.0	160～862	33.7	65～862	22.8	65～862	20.3

（2）被测设备输出电平

被测设备	输出电平（dBμV）			
	厂家 1	厂家 2	厂家 3	厂家 4
局端设备	119.0	120.0	121.5	116.7
终端设备	115.5	122.4	124.3	117.1

（3）带外杂散电平

		频率范围（MHz）	杂散输出电平（dBμV）
厂家 1	局端设备	40	52.6
		40～862	17.0
	终端设备	34.2	45.8
		40～862	19.0
厂家 2	局端设备	48～160	60.2
		160～862	36.0
	终端设备	48～160	53.4
		160～862	33.7
厂家 3	局端设备	65～862	22.8
	终端设备	65～862	32.9
厂家 4	局端设备	65～862	20.3
	终端设备	65～862	20.3

（4）接收动态范围

被测设备	厂家 1	厂家 2	厂家 3	厂家 4
下行最大链路衰减（dB）	64	74	73	68
上行最大链路衰减（dB）	64	74	73	68

在链路衰减达到上表所列最大值时，EoC 系统吞吐量接近为零。

（5）高斯噪声性能

网络结构	厂家 1 高斯噪声电平 (dBμV)	厂家 2 高斯噪声电平 (dBμV)	厂家 3 高斯噪声电平 (dBμV)	厂家 4 高斯噪声电平 (dBμV)
无源集中分配型	68	70	84.5	84.5
无源树型	68	68	80.5	未测
有源树型	68	68	81.5	84.5

在混入的高斯噪声电平达到上表所列最大值时，EoC 系统吞吐量接近为零。

（6）抗单频干扰能力

网络结构	单频干扰频率 (MHz)	厂家 1 最大 抗单频干扰电平 (dBμV)	厂家 2 最大 抗单频干扰电平 (dBμV)	厂家 3 最大 抗单频干扰电平 (dBμV)	厂家 4 最大 抗单频干扰电平 (dBμV)
无源集中分配型（40dB 链路衰减）	中心频率 f_0	69	96	115	113
	中心频率 f_0-5MHz	69	96	122	112
	中心频率 f_0+5MHz	69	96	116	112
无源树型（40dB 链路衰减）	中心频率 f_0	69	108	121	未测
	中心频率 f_0-5MHz	69	108	121	未测
	中心频率 f_0+5MHz	69	96	122	未测
有源树型（40dB 链路衰减）	中心频率 f_0	70	108	118	112
	中心频率 f_0-5MHz	70	108	119	111
	中心频率 f_0+5MHz	70	100	118	110

（7）抗脉冲干扰能力

网络结构	脉冲宽度 (μs)	脉冲间隔 (ms)	下行丢包率（%）			
			厂家 1	厂家 2	厂家 3	厂家 4
集中分配型	100	100	0.4	0.26	0.26	0
	10	10	未测	46.0	44.1	6.8
无源树型	100	100	0.5	0.13	0.212	未测
	10	10	未测	43.9	36.8	未测
有源树型	100	100	37.6	0.133	0.3	0
	10	10	未测	42.01	43.8	7.0

(8) 抗微反射能力

网络结构	厂家1 高斯噪声电平 (dBμV)	厂家2 高斯噪声电平 (dBμV)	厂家3 高斯噪声电平 (dBμV)	厂家4 高斯噪声电平 (dBμV)
无源集中分配型	68	未测	未测	未测
无源树型	68	67	85.5	未测
有源树型	69	68	82.5	84.5

分支分配器开路，在混入的高斯噪声电平达到上表所列最大值时，EoC 系统吞吐量接近为零。

(9) 反射损耗指标

端口	频段 (MHz)	厂家1 反射损耗 (dB)	频段 (MHz)	厂家2 反射损耗 (dB)	频段 (MHz)	厂家3 反射损耗 (dB)	频段 (MHz)	厂家4 反射损耗 (dB)
局端 RF 输出口	12～28	8.6	65～350	12.3	12～44	7.0	36～64	17.4
	50～862	20.5	350～862	8.6	65～862	16.9	87～862	18.9
局端 RF 输入口	50～862	21.1	12～44	8.6	65～350	15.8	未测	未测
			65～862	9.0	350～862	9.3	87～862	19.8
终端 RF 输入口	12～28	8.9	65～350	20.9	12～44	8.8	36～64	13.1
	50～862	19.0	350～862	12.4	65～862	11.2	87～862	17.7
终端 RF 输出口	50～862	19.4	12～44	8.7	65～350	23.9	未测	未测
			65～862	12.7	350～862	11.4	87～862	13.1

(10) 插入损耗

端口	频段 (MHz)	厂家1 插入损耗 (dB)	厂家2 插入损耗 (dB)	厂家3 插入损耗 (dB)	厂家4 插入损耗 (dB)
局端 RF 输入口到 RF 输出口	87～862	0.5	1.5	1.0	0.74
终端 RF 输入口到 RF 输出口	87～862	1.2	0.99	1.0	0.76

●以太网性能指标

以太网性能指标在 64、128、256、512、1024、1280、1518 字节不同包长度情况下，测试在无源集中分配型、无源树型、有源树型等网络结构下，1 个局端设备对应 1 个终端设备和 1 个局端设备同时对 16 个终端设备的吞吐量、时延、长期丢包率等指标，以及 1 对 32 或 1 对 61 的网络吞吐量。

（1）实际数据传输带宽

无源集中分配型网络总吞吐量（Mbps）

包长（字节）	厂家	1 对 1 下行	1 对 1 上行	1 对 1 双向	1 对 16 下行	1 对 16 上行
64	厂家 1	5. 75	1. 20	2. 00	5. 62	7. 52
	厂家 2	14. 22	10. 51	15. 62	14. 26	17. 00
	厂家 3	13. 67	11. 02	14. 98	13. 59	16. 50
	厂家 4	13. 48	12. 30	14. 54	13. 44	17. 00
512	厂家 1	41. 26	7. 75	15. 50	38. 47	47. 20
	厂家 2	90. 43	51. 52	100. 00	90. 35	76. 00
	厂家 3	87. 69	52. 50	101. 30	87. 50	75. 01
	厂家 4	87. 89	72. 66	101. 16	87. 54	70. 13
1518	厂家 1	96. 89	16. 24	26. 58	89. 38	52. 80
	厂家 2	154. 06	87. 34	151. 96	148. 89	126. 00
	厂家 3	151. 72	105. 00	156. 24	148. 59	127. 50
	厂家 4	132. 50	120. 04	143. 38	132. 71	114. 29

无源树型网络吞吐量（Mbps）

包长（字节）	厂家	1 对 1 下行	1 对 1 上行	1 对 1 双向	1 对 16 下行	1 对 16 上行
64	厂家 1	5. 75	1. 25	2. 00	5. 49	7. 20
	厂家 2	14. 03	10. 66	12. 10	13. 94	17. 01
	厂家 3	13. 07	10. 96	14. 10	13. 67	17. 06
512	厂家 1	40. 96	7. 49	14. 98	38. 95	38. 40
	厂家 2	88. 84	51. 72	98. 80	85. 00	70. 94
	厂家 3	80. 96	54. 67	98. 41	87. 70	75. 01
1518	厂家 1	96. 91	14. 36	29. 80	79. 93	47. 84
	厂家 2	150. 39	90. 44	151. 20	126. 89	116. 10
	厂家 3	150. 00	112. 50	155. 66	145. 47	122. 50

注：厂家 4 未对无源树型网络的吞吐量进行测试。

有源树型网络吞吐量（Mbps）

包长（字节）	厂家	1 对 1 下行	1 对 1 上行	1 对 1 双向	1 对 16 下行	1 对 16 上行
64	厂家 1	5. 84	1. 20	2. 00	5. 40	7. 52
	厂家 2	13. 87	9. 39	12. 00	13. 87	16. 78
	厂家 3	13. 48	10. 90	14. 19	13. 48	17. 01
	厂家 4	13. 50	10. 94	14. 00	13. 27	16. 26

（续表）

包长（字节）	厂家	1 对 1 下行	1 对 1 上行	1 对 1 双向	1 对 16 下行	1 对 16 上行
512	厂家 1	41.48	7.70	15.40	38.75	50.72
	厂家 2	90.98	47.92	98.40	87.07	67.02
	厂家 3	88.07	52.44	98.72	88.09	72.37
	厂家 4	87.94	71.78	97.70	87.71	70.00
1518	厂家 1	97.03	16.19	29.20	83.87	55.20
	厂家 2	136.80	82.84	136.50	132.50	101.57
	厂家 3	140.00	99.67	149.83	140.31	115.01
	厂家 4	133.16	120.04	138.50	132.81	115.01

混合型网络吞吐量（Mbps）

包长（字节）	厂家 1（1 对 32 下行）	厂家 2（1 对 61 下行）	厂家 3（1 对 61 下行）	厂家 4（1 对 61 下行）	厂家 1（1 对 32 上行）	厂家 2（1 对 61 上行）	厂家 3（1 对 61 上行）	厂家 4（1 对 61 上行）
64	4.99	11.20	10.80	13.30	0.16 × 32	12.37	11.40	16.20
512	34.46	84.60	84.20	86.40	0.69 × 32	69.70	66.00	71.20
1518	64.97	142.50	142.60	129.30	1.03 × 32	119.70	108.10	113.60

（2）系统时延

无源集中分配型网络 1∶1 系统时延

包长（字节）	厂家	1 对 1 下行测试速率（Mbps）	1 对 1 下行时延（μs）	1 对 1 上行测试速率（Mbps）	1 对 1 上行时延（μs）
64	厂家 1	5.00	590.3	1.00	5235.8
	厂家 2	12.90	783.4	9.40	1305.6
	厂家 3	12.30	799.5	9.90	904.5
	厂家 4	12.10	748.0	11.00	716.6
512	厂家 1	36.00	902.4	7.00	4281.4
	厂家 2	81.30	944.8	46.20	1832.9
	厂家 3	78.90	917.6	47.20	1094.8
	厂家 4	79.10	908.5	65.30	972.4
1518	厂家 1	86.00	1682.6	14.40	3643.7
	厂家 2	136.00	2922.8	78.60	1822.9
	厂家 3	134.40	1445.3	94.50	2166.3
	厂家 4	119.20	1432.4	108.00	1504.6

无源树型网络 1∶1 系统时延

包长（字节）	厂家	1 对 1 下行测试速率（Mbps）	1 对 1 下行时延（μs）	1 对 1 上行测试速率（Mbps）	1 对 1 上行时延（μs）
64	厂家 1	5.00	697.9	1.00	3500.7
	厂家 2	12.80	675.9	9.50	1891.9
	厂家 3	11.76	717.8	9.80	886.7
512	厂家 1	36.00	847.7	6.00	3853.3
	厂家 2	81.20	817.2	46.5	2363.3
	厂家 3	72.80	839.3	49.20	1082.3
1518	厂家 1	87.00	2117.7	11.00	4154.7
	厂家 2	133.80	1378.1	81.30	2639.7
	厂家 3	135.00	1413.7	101.2	2224.8

注：厂家 4 未对无源树型网络的 1∶1 系统时延进行测试。

有源树型网络 1∶1 系统时延

包长（字节）	厂家	1 对 1 下行测试速率（Mbps）	1 对 1 下行时延（μs）	1 对 1 上行测试速率（Mbps）	1 对 1 上行时延（μs）
64	厂家 1	5.20	689.1	1.00	5069.8
	厂家 2	12.60	721.2	9.50	1891.9
	厂家 3	12.20	809.4	9.60	892.5
	厂家 4	12.10	792.1	9.84	689.6
512	厂家 1	37.00	793.2	7.00	3190.0
	厂家 2	82.40	872.8	46.50	2363.3
	厂家 3	79.20	888.2	47.20	1105.1
	厂家 4	79.10	939.8	64.50	978.1
1518	厂家 1	87.00	2741.8	14.40	6096.5
	厂家 2	118.00	1322.8	81.30	2639.7
	厂家 3	126.00	1379.9	89.70	1637.7
	厂家 4	119.80	1481.2	108.00	1498.8

无源集中分配型网络 1∶16 系统时延

包长（字节）	厂家	1 对 16 下行测试速率（Mbps）	1 对 16 下行时延（μs）	1 对 16 上行测试速率（Mbps）	1 对 16 上行时延（μs）
64	厂家 2	12.80	675.9	0.94 × 16	7361.6
	厂家 3	12.20	618.0	0.89 × 16	5327.8
	厂家 4	12.00	676.3	0.95 × 16	4984.7

（续表）

包长（字节）	厂家	1对16下行测试速率（Mbps）	1对16下行时延（μs）	1对16上行测试速率（Mbps）	1对16上行时延（μs）
512	厂家2	81.20	817.2	4.14×16	10054.5
	厂家3	78.80	743.1	4.10×16	7111.6
	厂家4	78.70	862.8	3.94×16	7060.0
1518	厂家2	133.80	1378.1	6.30×16	19771.6
	厂家3	133.70	1009.0	6.30×16	10003.5
	厂家4	119.40	1476.0	6.42×16	11363.2

注：厂家1未对无源集中分配型网络的1∶16系统时延进行测试。

无源树型网络1∶16系统时延

包长（字节）	厂家	1对16下行测试速率（Mbps）	1对16下行时延（μs）	1对16上行测试速率（Mbps）	1对16上行时延（μs）
64	厂家2	12.40	854.6	0.95×16	5057.1
	厂家3	12.30	667.3	0.85×16	5174.2
512	厂家2	76.40	1059.4	3.99×16	7142.7
	厂家3	78.80	818.5	3.75×16	6714.3
1518	厂家2	114.20	1654.6	6.53×16	11295.2
	厂家3	131.00	1371.5	6.12×16	9997.3

注：厂家1、厂家4未对无源树型网络的1∶16系统时延进行测试。

有源树型网络1∶16系统时延

包长（字节）	厂家	1对16下行测试速率（Mbps）	1对16下行时延（μs）	1对16上行测试速率（Mbps）	1对16上行时延（μs）
64	厂家2	12.40	728.9	0.94×16	4936.8
	厂家3	11.40	820.2	0.85×16	5172.5
	厂家4	12.10	658.3	0.91×16	4903.1
512	厂家2	78.30	1151.9	3.75×16	7317.4
	厂家3	74.80	1076.7	3.60×16	6947.8
	厂家4	79.10	869.1	3.93×16	6909.2
1518	厂家2	119.00	1320.5	5.70×16	11274.1
	厂家3	119.20	1663.3	5.75×16	10662.1
	厂家4	119.40	1478.0	6.46×16	11662.8

注：厂家1未对有源树型网络的1∶16系统时延进行测试。

（3）业务质量（QoS）性能测试

测试项目	厂家 1	厂家 2	厂家 3	厂家 4
支持 VLAN 优先级（802.1P 协议）	系统能够识别 8 个优先级	支持 8 优先级	支持 8 优先级	支持 8 优先级
动态带宽分配（DBA）	系统不支持 DBA，只支持上行 UDP 限速，下行 TCP 限速	系统不支持 DBA，只支持限速功能	系统不支持 DBA	系统不支持 DBA，只支持限速功能

（4）数据链路层功能测试

测试项目	厂家 1	厂家 2	厂家 3	厂家 4
同一局端下的用户相互隔离	具备，但不能做打开或关闭此功能的修改	具备	具备	具备
广播包/未知包的抑制	不具备	具备	具备	具备
MAC 地址数限制功能	具备	具备	具备	具备
VLAN 划分和管理	具备	具备	具备	具备
链路汇聚功能	具备	不具备	不具备	不具备
端口镜像功能	不具备	不具备	具备	具备
IGMPv2 Proxy 功能测试	具备	具备	具备	具备

（5）系统应用测试

系统宽带接入能力较强，厂家 1 EoC 系统 16 终端 FTP 并发处理速率，可达到每终端 3.8Mbps～4.5Mbps，厂家 2、厂家 3、厂家 4 EoC 系统 16 终端 FTP 并发处理速率，可达到每终端 5.9Mbps～6.94Mbps；系统支持 VOD 视频点播、PPPoE 拨号接入、DHCP 方式接入、FTP 上传下载、Email 收发等功能；系统支持上下行带宽对称的视频业务。

（6）网管系统

测试项目	厂家 1	厂家 2	厂家 3	厂家 4
是否具备网管系统	具备	不具备	具备	不具备

（7）其他测试结果

终端设备上线时间测试结果

	厂家 1 测试结果（s）	厂家 2 测试结果（s）	厂家 3 测试结果（s）	厂家 4 测试结果（s）
断电上线时间	8.1	2.39	6.39	2.3
断射频上线时间	2.0	3.95	2.25	0.5

工作环境测试结果

项目	厂家 1		厂家 2	厂家 3		厂家 4	
	1 对 1 下行吞吐量（Mbps）	1 对 1 上行吞吐量（Mbps）	室内设备，未做高低温试验	1 对 1 下行吞吐量（Mbps）	1 对 1 上行吞吐量（Mbps）	1 对 1 下行吞吐量（Mbps）	1 对 1 上行吞吐量（Mbps）
高温试验	97.5	68.77		151.5	88.0	135.1	120.1
低温试验	93.79	51.19		149.6	103.0	135.1	120.1

3.2.4 WiFi 降频方案 EoC 系统测试评估结果

3.2.4.1 被测设备概况

截至 2010 年 10 月，共对 4 个采用 WiFi 降频技术方案的厂家进行了测试。厂家 1、厂家 2、厂家 3、厂家 4 测试的 EoC 系统包括 EoC 局端设备、EoC 终端设备，都采用 WiFi 降频技术方案，采用 Atheros 公司提供的芯片。

厂家 1 的 EoC 局端设备为野外型，每个局端能支持 32 个终端设备，供电方式为交流 220V 供电。厂家 2 的 EoC 局端设备为野外型，每个局端能支持 256 个终端设备，供电方式为交流 220V 供电。厂家 4 的 EoC 局端设备为野外型，每个局端能支持 256 个终端设备，供电方式为交流 220V 供电。厂家 1、厂家 2、厂家 4 的 EoC 终端设备都是室内型，供电方式为交流 220V 供电。

被测 EoC 系统采用技术标准对比如下表所示：

	厂家 1	厂家 2	厂家 3	厂家 4
采用芯片	Atheros	Atheros、Broadcom	Atheros AR7240 + 9285	Atheros
工作频段	960MHz ~ 1060MHz	950MHz ~ 1100MHz、40/20MHz	980MHz ~ 1100MHz	960MHz ~ 1060MHz
每频道带宽	40MHz	40MHz	40MHz	20MHz
MAC 层工作模式	CSMA/CA	CSMA/CA、TDMA	TDMA	CSMA/CA
MAC 层最大传输带宽	69Mbps	78Mbps	100Mbps	71.4Mbps

（续表）

	厂家 1	厂家 2	厂家 3	厂家 4
理论单局端最大支持终端数	32	256	255	256
是否支持 DBA	否	否	否	否
是否支持限速	是	是	是	是

3.2.4.2 测试结果

●**物理层指标**

所测 EoC 系统工作在 987MHz ~ 1017MHz，－3dB 带宽为 32.5MHz ~ 36.6MHz，厂家 1、厂家 2、厂家 3 每频道有 128 个子载波，厂家 4 每频道有 52 个子载波；采用 OFDM 调制方式；EoC 局端设备和终端设备输出电平较高，都在 100dBμV 以上。

（1）被测设备输出电平

	厂家 1 输出电平（dBμV）（20MHz 标称带宽）	厂家 2 输出电平（dBμV）（40MHz 标称带宽）	厂家 3 输出电平（dBμV）（32MHz 标称带宽）	厂家 4 输出电平（dBμV）（40MHz 标称带宽）
局端设备	104.5	118.7	118.2	107.7
终端设备	111.0	117.9	117.0	105.5

（2）带外抑制及杂散

		频率范围（MHz）	杂散输出电平（dBμV）
厂家 1	局端设备	5 ~ 970	17.62
	终端设备	65 ~ 862	10.21
厂家 2	局端设备	87 ~ 862	18.8
厂家 3	局端设备	65 ~ 862 862 ~ 950	无杂散（底噪）
	终端设备	65 ~ 862 862 ~ 950	无杂散（底噪）
厂家 4	局端设备	5 ~ 65	19.5
		65 ~ 862	12.5
	终端设备	5 ~ 65	17.4
		65 ~ 862	12.9

(3) 接收动态范围

被测设备	厂家1	厂家2	厂家3	厂家4
下行链路衰减(dB)	0~91	0~85	0~89	0~85
上行链路衰减(dB)	未测	0~89	0~89	0~85

(4) 高斯噪声性能

网络结构	厂家1 抗高斯噪声电平 (dBμV)	厂家2 抗高斯噪声电平 (dBμV)	厂家3 抗高斯噪声电平 (dBμV)	厂家4 抗高斯噪声电平 (dBμV)
无源集中分配型	81	80	85	72
无源树型	81	80	未测	72
有源树型	60	未测	85	75

在高斯噪声达到上表所列值时，EoC 系统吞吐量接近为零。

(5) 抗单频干扰能力

测试项目	网络类型	厂家1 最大抗单频干扰电平(dBμV)	厂家2 最大抗单频干扰电平(dBμV)	厂家3 最大抗单频干扰电平(dBμV)	厂家4 最大抗单频干扰电平(dBμV)
中心频率 f_0	无源集中分配型	未测	95	67	76
	无源树型	78	89	未测	58
	有源树型	未测	未测	62	56
中心频率 f_0 +5MHz	无源集中分配型	未测	72	74	72
	无源树型	74	70	未测	76
	有源树型	未测	未测	79	77
中心频率 f_0 -5MHz	无源集中分配型	未测	73	76	72
	无源树型	77	67	未测	77
	有源树型	未测	未测	75	74

在单频干扰达到上表所列值时，EoC 系统吞吐量接近为零。

(6) 抗脉冲噪声能力

在吞吐量为实际吞吐量的90%，脉冲宽度、脉冲间隔为以下值时测得的系统丢包率：

测试项目		厂家 1		厂家 2		厂家 3		厂家 4	
无源集中分配型	脉冲宽度（μs）	10	100	10	100	10	100	10	100
	脉冲间隔（ms）	100	100	10	100	1	100	10	100
	丢包率（%）	0	0	1.25	1.9	17.2	0	0	0
无源树型	脉冲宽度（μs）	10	100	未测		未测		100	100
	脉冲间隔（ms）	10	100					10	100
	丢包率（%）	1.5	0					0	0
有源树型	脉冲宽度（μs）	10	100			10	100	100	100
	脉冲间隔（ms）	100	100			1	100	10	100
	丢包率（%）	0	0			25.0	0	0	0

（7）抗微反射能力

网络结构	厂家 1 抗微反射噪声电平（dBμV）	厂家 2 抗微反射噪声电平（dBμV）	厂家 3 抗微反射噪声电平（dBμV）	厂家 4 抗微反射噪声电平（dBμV）
无源集中分配型	81	81	未测	未测
无源树型	81	未测	未测	71
有源树型	60	未测	85	75

在噪声电平达到上表所列值时，EoC 系统吞吐量接近为零。

（8）反射损耗

测试厂家	端口	频段（MHz）	反射损耗（dB）
厂家 1	局端 TV 口	5～862	8.5
	局端混合口	5～862	6.9
		997～1017	7.5
	终端	997～1017	7.8
厂家 2	局端混合输出口	5～65	9.3
		65～862	6.0
		862～1100	4.4
	局端 CATV 输入口	5～65	9.5
		65～862	6.3
		862～1100	2.1
	终端射频输入口	5～65	12.6
		65～862	4.7
		862～1100	4.4
	终端 CATV 输出口	5～65	12.5
		65～862	4.7
		862～1100	1.5

（续表）

测试厂家	端口	频段（MHz）	反射损耗（dB）
厂家3	局端混合输出口	87～862	18.9
		980～1100	13.5
	局端 TV 口	87～862	18.5
	终端混合输出口	87～862	17.5
		980～1100	13.5
	终端 TV 口	87～862	17.8
厂家4	局端 TV 输入口	87～862	14.2
	局端输出口	87～862	17.3
		950～1050	8.9
	终端 TV 输出口	5～862	8.1
	终端输入口	5～862	10.8
		950～1050	9.7

（9）插入损耗

厂家1的EoC系统的局端设备和终端设备采用相同的外置双向滤波器，双向滤波器的插入损耗见下表；厂家2、厂家3的EoC系统局端设备和终端设备的插入损耗如下：

测试厂家	端口	频段（MHz）	插入损耗（dB）
厂家1	TV 口入/混合口出	5～862	3.4
		948～1100	47.0
	TV 口入/数据口出	5～862	45.0
		862～950	26.9
		950～1100	47.3
厂家1	混合口入/数据口出	5～862	44.0
		862～1100	2.0
厂家2	局端	5～550	1.6
		550～750	2.0
		750～862	4.3
		862～1000	67
	终端	5～550	0.9
		550～750	2.7
		750～862	2.7
		862～1000	35

（续表）

测试厂家	端口	频段（MHz）	插入损耗（dB）
厂家3	局端TV口到混合口	87~862	1.1
		980~1100	53.9
	终端混合口到TV口	87~862	0.9
		980~1100	35.8
厂家4	局端设备	87~862	1.7
		960~1060	60.5
	终端设备	87~862	3.0
		960~1060	41.1

● **以太网性能指标**

以太网性能指标在64、128、256、512、1024、1280、1518不同包长度情况下，测试在无源集中分配型、无源树型、有源树型等网络结构下，1个局端设备对应1个终端设备和1个局端设备同时对16个终端设备的吞吐量、时延、长期丢包率等指标，以及1对32或1对64的网络吞吐量。

（1）实际数据传输带宽

无源集中分配型网络总吞吐量（Mbps）

包长（字节）	厂家	1对1下行	1对1上行	1对1双向	1对16下行	1对16上行
64	厂家1	3.50	3.50	2.00×2	3.19	未测
	厂家2	10.63	15.64	5.63×2	13.13	0.20×16
	厂家3	16.88	17.03	7.50×2	17.97	1.05×16
	厂家4	4.028	3.50	1.50×2	4.47	0.23×16
512	厂家1	24.26	26.88	13.50×2	26.97	未测
	厂家2	55.02	50.67	19.37×2	47.46	1.40×16
	厂家3	98.83	93.75	40.31×2	100.00	5.25×16
	厂家4	21.86	21.51	12.30×2	24.75	1.43×16
1518	厂家1	63.27	73.45	36.86×2	68.12	未测
	厂家2	76.25	67.50	38.12×2	63.59	2.83×16
	厂家3	100.00	100.00	50.27×2	100.00	6.25×16
	厂家4	62.08	55.36	27.65×2	62.50	4.22×16

无源树型网络吞吐量（Mbps）

包长（字节）	厂家	1对1下行	1对1上行	1对1双向	1对16下行	1对16上行
64	厂家1	3.76	4.52	2.00×2	4.45	3.19
	厂家2	10.63	15.64	5.63×2	13.00	0.30×16
	厂家4	2.50	3.67	1.55×2	4.75	0.23×16

（续表）

包长（字节）	厂家	1对1下行	1对1上行	1对1双向	1对16下行	1对16上行
512	厂家1	25.00	29.00	14.00×2	26.83	16.00
	厂家2	55.02	50.67	19.37×2	62.51	3.95×16
	厂家4	26.40	20.98	11.91×2	28.03	1.56×16
1518	厂家1	63.02	60.00	34.37×2	68.91	42.92
	厂家2	76.25	67.50	38.12×2	77.96	2.79×16
	厂家4	66.80	54.49	28.44×2	69.92	4.20×16

注：厂家3未进行无源树型网络吞吐量测试。

有源树型网络吞吐量（Mbps）

包长（字节）	厂家	1对1下行	1对1上行	1对1双向	1对16下行	1对16上行
64	厂家1	4.00	4.50	2.00×2	4.00	未测
	厂家3	16.88	16.09	7.44×2	18.00	0.98×16
	厂家4	4.41	3.67	1.56×2	4.73	0.23×16
512	厂家1	24.37	27.00	14.24×2	26.83	未测
	厂家3	99.80	91.25	37.50×2	100.00	5.06×16
	厂家4	26.44	21.02	10.74×2	27.86	1.46×16
1518	厂家1	62.50	69.31	37.18×2	67.92	未测
	厂家3	100.00	99.61	51.19×2	100.00	6.25×16
	厂家4	66.91	54.41	28.04×2	70.08	4.20×16

注：厂家2未进行有源树型网络吞吐量测试。

混合型网络吞吐量（Mbps）

包长（字节）	厂家	1对32下行	1对32上行	1对32双向	1对62下行	1对64上行	1对64下行	1对64双向
64	厂家1	4.86	6.36	5.16	未测	6.39	4.61	4.35
	厂家3	16.25	16.86	13.01	未测	未测	未测	未测
	厂家4	未测	4.71	6.87	4.33	未测	未测	未测
256	厂家2	未测	未测	未测	56.21	未测	未测	未测
512	厂家1	27.92	25.10	34.63	未测	25.10	28.63	34.69
	厂家2	未测	未测	未测	59.03	未测	未测	未测
	厂家3	96.67	90.04	67.55	未测	未测	未测	未测
	厂家4	未测	28.90	30.90	35.70	未测	未测	未测
1518	厂家1	69.96	52.70	65.90	未测	52.98	60.47	72.27
	厂家2	未测	未测	未测	59.51	未测	未测	未测
	厂家3	100.00	100.00	109.28	未测	未测	未测	未测
	厂家4	未测	71.40	66.70	88.70	未测	未测	未测

（2）系统时延

三种网络条件下“1对1”，测量速率为被测系统实际数据带宽的90%的情况下，时延测试比较：

四厂家所有包长系统时延 <5ms。

集中分配型网络1对1 EoC系统时延

包长（字节）	厂家	1对1下行		1对1上行	
		测试速率（Mbps）	系统时延（μs）	测试速率（Mbps）	系统时延（μs）
64	厂家1	3.10	791.6	3.10	911.8
	厂家2	9.00	590.6	未测	未测
	厂家3	15.10	2704.2	15.30	2818.2
	厂家4	3.62	1128.2	3.14	1078.1
512	厂家1	21.50	2687.7	24.00	1058.0
	厂家2	48.00	619.8	未测	未测
	厂家3	88.90	3597.7	84.30	3634.0
	厂家4	19.60	1162.1	19.30	1255.2
1518	厂家1	56.50	1383.4	53.50	1518.8
	厂家2	64.00	907.4	未测	未测
	厂家3	90.00	2678.4	90.00	4140.3
	厂家4	55.80	1814.1	49.80	1733.6

无源树型网络1对1 EoC系统时延

包长（字节）	厂家	1对1下行		1对1上行	
		测试速率（Mbps）	系统时延（μs）	测试速率（Mbps）	系统时延（μs）
64	厂家1	3.00	784.9	4.00	1040.3
	厂家4	2.25	675.2	3.30	950.8
512	厂家1	22.00	1773.4	26.00	1115.6
	厂家4	23.70	1276.6	18.80	1221.8
1518	厂家1	57.00	1137.4	67.00	2316.0
	厂家4	60.10	1862.2	49.00	1719.5

注：厂家2、3未进行无源树型网络1对1 EoC系统时延测试。

有源树型网络 1 对 1 EoC 系统时延

包长（字节）	厂家	1 对 1 下行		1 对 1 上行	
		测试速率（Mbps）	系统时延（μs）	测试速率（Mbps）	系统时延（μs）
64	厂家 1	3.60	748.0	4.00	1370.4
	厂家 3	15.10	2610.5	14.80	2529.0
	厂家 4	3.90	1059.1	3.30	983.0
512	厂家 1	22.00	1247.1	23.00	1173.5
	厂家 3	89.80	3680.4	82.10	3551.6
	厂家 4	23.70	1292.0	18.90	1214.6
1518	厂家 1	56.00	2036.0	63.00	2297.3
	厂家 3	90.00	2542.2	89.70	4074.0
	厂家 4	60.20	1883.6	48.90	1733.6

注：厂家 2 未进行有源树型网络 1 对 1 EoC 系统时延测试。

在“1 对 16”、“1 对 32”，测量速率为被测系统实际数据带宽的 90% 的情况下，时延测试比较：

集中分配型网络 1 对 16 EoC 系统时延

包长（字节）	厂家	1 对 16 下行		1 对 16 上行	
		测试速率（Mbps）	系统时延（μs）	测试速率（Mbps）	系统时延（μs）
64	厂家 3	16.10	4618.5	未测	未测
	厂家 4	4.02	1815.3	0.20×16	2052.3
512	厂家 3	90.00	7422.8	未测	未测
	厂家 4	22.20	1743.4	1.25×16	2226.7
1518	厂家 3	90.00	7247.4	未测	未测
	厂家 4	56.20	2177.1	3.70×16	15596.7

注：厂家 1、2 未进行集中分配型网络 1 对 16 EoC 系统时延测试。

无源树型网络 1 对 16 EoC 系统时延

包长（字节）	厂家	1 对 16 下行		1 对 16 上行	
		测试速率（Mbps）	系统时延（μs）	测试速率（Mbps）	系统时延（μs）
64	厂家 1	未测	未测	3.20	896.5
	厂家 4	4.00	1796.0	0.21×16	2072.9
512	厂家 1	未测	未测	16.00	1071.6
	厂家 4	25.20	2266.4	1.42×16	2236.5
1518	厂家 1	未测	未测	42.88	1506.6
	厂家 4	62.90	2755.8	3.60×16	14344.9

注：厂家 2、3 未进行无源树型网络 1 对 16 EoC 系统时延测试。

有源树型网络 1 对 16 EoC 系统时延

包长（字节）	厂家	1 对 16 下行		1 对 16 上行	
		测试速率（Mbps）	系统时延（μs）	测试速率（Mbps）	系统时延（μs）
64	厂家 3	16.2	4861.8	未测	未测
	厂家 4	4.2	1978.6	0.21×16	2069.7
512	厂家 3	90.0	7442.2	未测	未测
	厂家 4	25.0	2222.2	1.31×16	2247.2
1518	厂家 3	90.0	7131.1	未测	未测
	厂家 4	63.0	2759.0	3.60×16	14631.4

注：厂家 1、2 未进行有源树型网络 1 对 16 EoC 系统时延测试。

混合网络 1 对 32 EoC 系统时延

包长（字节）	厂家	1 对 32 上行	
		测试速率（Mbps）	系统时延（μs）
64	厂家 1	3.90	932.2
512		19.00	1030.0
1518		39.00	1296.0

注：厂家 2、3 未进行混合网络 1 对 32 EoC 系统时延测试。

（3）丢包率测试

在“1 对 16”、包长分别为 64、512、1518 字节、测量速率为被测系统实际数据带宽的 90% 的情况下，厂家 1、厂家 3 的 EoC 设备无丢包，厂家 4 在集中分配型网络下有少量丢包，丢包率为 0.0001%。厂家 2 未进行相关测试。

●业务质量（QoS）性能测试

测试项目	厂家 1	厂家 2	厂家 3	厂家 4
是否支持 VLAN 优先级（802.1P 协议）	上行可以设置 4 级优先级；下行可识别优先级，但不能设置优先级	支持 VLAN 优先级	支持 VLAN 优先级	不支持 VLAN 优先级
是否支持动态带宽分配（DBA）	不支持 DBA，只支持限速	不支持 DBA，只支持限速	不支持 DBA，只支持限速	不支持 DBA，只支持限速

●数据链路层功能测试

测试项目	厂家 1	厂家 2	厂家 3	厂家 4
同一局端下用户相互隔离	支持	支持	支持	支持
广播包/未知包的抑制	支持	支持	支持	支持
MAC 地址数限制功能	支持	支持	支持	支持

（续表）

测试项目	厂家1	厂家2	厂家3	厂家4
VLAN 划分和管理	支持	支持	支持	支持
链路汇聚功能	不支持	不支持	不支持	不支持
端口镜像功能	不支持	不支持	不支持	不支持

●**系统应用测试**

系统支持 VOD 视频点播、PPPoE 拨号接入、DHCP 方式接入、FTP 上传下载、Email 收发等功能；系统支持上下行带宽对称的视频业务。

FTP 应用测试中，厂家 1、厂家 3、厂家 4 是在“1 对 16”情况下进行测试，厂家 2 是在“1 对 32”情况下进行测试。测试结果如下：

厂家 1、厂家 3、厂家 4 FTP 应用测试总计结果

厂家	16 个客户端并发下行总计（kBps）	16 个客户端并发上行总计（kBps）	8 客户端并发下行，8 客户端并发上行总计（kBps）
厂家1	3086.72	3368.82	2270.04
厂家3	9156.6	8660.0	8166.9
厂家4	4458.6	3105，1	4620.2

厂家 2 FTP 应用测试总计结果

客户端速率	32 个并发下行（kBps）	32 个并发上行（kBps）	16 并发下行，16 并发上行（kBps）
总计	5535.80	4091.46	4528.20

●**网管系统**

厂家名称	厂家1	厂家2	厂家3	厂家4
是否具备网管系统	具备	具备	具备	具备

●**其他测试结果**

终端设备上线时间测试结果（s）

	厂家1	厂家2	厂家3	厂家4
断电上线时间	16.68	7.92	19.5	20.0
断射频上线时间	21.33	0.1	时间较短可忽略	5.2

工作环境测试结果

测试项目	厂家1		厂家2		厂家4	
	1对1下行吞吐量（Mbps）	1对1上行吞吐量（Mbps）	1对1下行吞吐量（Mbps）	1对1上行吞吐量（Mbps）	1对1下行吞吐量（Mbps）	1对1上行吞吐量（Mbps）
高温试验	63.75	69.41	59.37	60.16	60.8	63.7
低温试验	60.00	68.76	58.58	59.37	60.0	59.9

注：厂家3的EoC设备为室内设备，未做高低温环境试验。

3.2.5 MoCA方案EoC系统测试评估结果

3.2.5.1 被测设备概况

截至2010年10月，共对5个采用MoCA技术方案的厂家进行了测试。这里选取4个厂家的测试结果进行分析比较。厂家1、厂家2、厂家3、厂家4测试的EoC系统包括EoC局端设备、EoC终端设备、中继设备（跨接器）等，都采用MoCA技术方案，采用Entropic公司提供的芯片。厂家2的EoC系统局端设备采用的芯片型号为EN3011，终端设备采用的芯片型号为EN3230；厂家1和厂家3的EoC系统局端设备采用的芯片型号为EN3011/EN1011，终端设备采用的芯片型号为EN3230/EN1010。

厂家1的EoC局端设备为野外型，一个设备里有两个模块，每个模块能支持31个终端设备，供电方式为交流220V供电。厂家2、厂家3、厂家4的EoC局端设备为室内型，每个局端能支持31个终端设备，供电方式为交流220V供电。四家的EoC终端设备都是室内型，供电方式为交流220V供电。

3.2.5.2 测试结果

●物理层指标

所测EoC系统工作在975～1025MHz，采用OFDM调制方式，EoC局端设备和终端设备输出电平较高，约为100dBμV以上。

（1）带外抑制及杂散

	频率范围（MHz）	厂家1 杂散输出电平（dBμV）	厂家2 杂散输出电平（dBμV）	厂家3 杂散输出电平（dBμV）	厂家4 杂散输出电平（dBμV）
终端设备	5～971	35.0	30.1	未测	29.9
	>1029	32.1	18.0		未测
局端设备	5～971	26.88	13.1	5.6	29.9
	>1029	32.75	29.0	未测	未测

（2）接收动态范围

被测设备	厂家1	厂家2	厂家3	厂家4
下行链路衰减（dB）	0～80	0～80	0～76	0～80
上行链路衰减（dB）	0～80	0～80	0～76	0～80

在链路衰减达到上表所列最大值时，EoC系统吞吐量接近为零。

（3）高斯噪声性能

网络结构	厂家1 最大抗高斯噪声电平（dBμV）	厂家2 最大抗高斯噪声电平（dBμV）	厂家3 最大抗高斯噪声电平（dBμV）	厂家4 最大抗高斯噪声电平（dBμV）
无源集中分配型（40dB链路衰减）	77.5	62.5	58.4	61
无源树型（40dB链路衰减）	73.5	66.5	60.4	58
有源树型（60dB链路衰减）	52.5	60.5	53.4（40dB衰减）	60（40dB衰减）

在高斯噪声达到上表所列值时，EoC系统吞吐量接近为零。

（4）抗微反射能力

网络结构	厂家1 最大抗微反射噪声电平（dBμV）	厂家2 最大抗微反射噪声电平（dBμV）	厂家3 最大抗微反射噪声电平（dBμV）	厂家4 最大抗微反射噪声电平（dBμV）
无源集中分配型（40dB链路衰减）	75.8	未测	未测	未测
无源树型（40dB链路衰减）	69.8	67.5	61.4	58
有源树型（60dB链路衰减）	未测	58.5	62.4（40dB衰减）	61（40dB衰减）

在噪声电平达到上表所列值时，EoC系统吞吐量接近为零。

（5）抗单频干扰能力

网络结构	单频干扰频率（MHz）	厂家1最大抗单频干扰电平（dBμV）	厂家2最大抗单频干扰电平（dBμV）	厂家3最大抗单频干扰电平（dBμV）	厂家4最大抗单频干扰电平（dBμV）
无源集中分配型（40dB链路衰减）	中心频率 f_0	115	96	94	92
	中心频率 f_0+5MHz	85	72	75	68
	中心频率 f_0-5MHz	90	73	77	72
无源树型（40dB链路衰减）	中心频率 f_0	115	98	94	93
	中心频率 f_0+5MHz	105	76	70	59
	中心频率 f_0-5MHz	80	80	55	73

在单频干扰达到上表所列值时，EoC 系统吞吐量接近为零。

（6）抗脉冲噪声能力

在吞吐量为实际吞吐量的 90%，脉冲宽度、脉冲间隔为以下值时测得的系统丢包率：

测试项目		厂家 2		厂家 3		厂家 4	
无源集中分配型	脉冲宽度（μs）	10	100	10	100	10	100
	脉冲间隔（ms）	10	100	10	100	10	100
	丢包率（%）	2.90	0.18	1.1	0	0.43	1.09
无源树型	脉冲宽度（μs）	10	100	10	100	10	100
	脉冲间隔（ms）	10	100	10	100	10	100
	丢包率（%）	0.78	1.16	1.2	0.8	0.98	20.19
有源树型	脉冲宽度（μs）	10	100	10	100	10	100
	脉冲间隔（ms）	1	100	10	100	10	100
	丢包率（%）	100	0.6	1.4	0	0.73	0.94

注：厂家 1 未进行抗脉冲噪声丢包率测试。

●以太网性能指标

所测以太网性能指标在 64、128、256、512、1024、1280、1518 字节不同包长度情况下，均能满足设备性能指标要求，1 个局端设备对应 1 个终端设备和 1 个局端设备同时对 16 个终端设备的吞吐量、时延、长期丢包率等测试结果参见附件。另外也测试了 1 对 32 的网络吞吐量。

（1）实际数据传输带宽

无源集中分配型网络总吞吐量（Mbps）

包长（字节）	厂家	1 对 1 下行	1 对 1 上行	1 对 16 下行	1 对 16 上行
64	厂家 1	6.64	5.00	8.74	0.65×16
	厂家 2	6.64	5.47	6.25	9.38
	厂家 3	6.64	5.92	8.79	0.75×16
	厂家 4	6.56	6.63	8.40	0.62×16
512	厂家 1	41.61	22.50	52.50	3.42×16
	厂家 2	42.00	24.22	41.99	65.63
	厂家 3	42.06	38.71	50.00	3.87×16
	厂家 4	41.97	41.84	52.00	4.06×16
1518	厂家 1	100.00	63.12	99.82	6.25×16
	厂家 2	100.00	50.00	100.00	100.00
	厂家 3	100.00	69.96	100.00	6.27×16
	厂家 4	100.00	97.79	100.00	6.26×16

无源树型网络吞吐量（Mbps）

包长（字节）	厂家	1 对 1 下行	1 对 1 上行	1 对 16 下行	1 对 16 上行
64	厂家 1	6.00	6.00	9.00	0.00×16
	厂家 2	6.64	6.25	6.25	10.56
	厂家 3	6.63	6.00	8.79	0.69×16
	厂家 4	6.56	6.45	8.80	6.25
512	厂家 1	42.02	24.01	50.26	2.25×16
	厂家 2	42.08	21.09	50.00	55.98
	厂家 3	42.40	37.42	50.00	4.11×16
	厂家 4	41.22	40.63	50.00	2.16×16
1518	厂家 1	100.00	78.75	99.82	5.99×16
	厂家 2	100.00	52.35	100.00	98.02
	厂家 3	98.72	88.70	100.00	6.27×16
	厂家 4	100.00	100.00	100.00	6.26×16

有源树型网络吞吐量（Mbps）

包长（字节）	厂家	1 对 1 下行	1 对 1 上行	1 对 16 下行	1 对 16 上行
64	厂家 1	4.37	4.00	3.12	0.12×16
	厂家 2	6.64	5.47	6.56	10.00
	厂家 3	6.64	5.76	8.80	0.68×16
	厂家 4	6.25	6.25	5.00	0.55×16
512	厂家 1	40.64	32.51	41.88	1.12×16
	厂家 2	42.00	34.57	48.44	57.74
	厂家 3	42.09	41.93	50.00	4.12×16
	厂家 4	41.91	41.91	52.43	3.47×16
1518	厂家 1	100.00	40.93	99.82	5.91×16
	厂家 2	100.00	61.92	100.00	96.24
	厂家 3	100.00	86.71	100.00	6.26×16
	厂家 4	100.00	95.62	99.82	6.25×16

混合型网络吞吐量（Mbps）

包长（字节）	1 对 31 下行			1 对 31 上行		
	厂家 2	厂家 3	厂家 4	厂家 2	厂家 3	厂家 4
64	8.43	8.83	8.00	9.86	0.31×31	9.74
512	50.00	50.00	51.43	63.92	2.05×31	55.55
1518	100.00	100.00	99.98	100.00	3.24×31	99.94

（2）系统时延

三种网络条件下 1 对 1 时延测试比较：

集中分配型网络 1 对 1 EoC 系统时延

包长（字节）	厂家	1 对 1 下行		1 对 1 上行	
		测试速率（Mbps）	系统时延（μs）	测试速率（Mbps）	系统时延（μs）
64	厂家 1	6.00	1954.2	5.00	1540.0
	厂家 2	5.97	1783.0	4.90	1810.4
	厂家 3	5.95	1812.6	5.30	2032.2
	厂家 4	5.50	1762.7	5.00	1618.5
512	厂家 1	41.00	2051.5	18.00	1606.7
	厂家 2	37.75	2175.6	21.75	1797.0
	厂家 3	37.80	2030.3	28.00	3267.4
	厂家 4	36.50	1911.2	35.00	1709.9
1518	厂家 1	95.00	2941.6	42.00	1874.5
	厂家 2	90.00	2937.7	45.00	1980.5
	厂家 3	90.00	2843.7	59.00	3619.3
	厂家 4	90.00	2770.2	85.00	1985.0

无源树型网络 1 对 1 EoC 系统时延

包长（字节）	厂家	1 对 1 下行		1 对 1 上行	
		测试速率（Mbps）	系统时延（μs）	测试速率（Mbps）	系统时延（μs）
64	厂家 1	5.00	1697.4	5.00	1524.1
	厂家 2	5.97	1802.1	5.60	1834.5
	厂家 3	5.95	1875.6	5.35	1752.8
	厂家 4	5.20	1908.0	5.00	1980.5
512	厂家 1	38.00	2229.3	15.00	1709.7
	厂家 2	37.85	1985.4	18.95	1795.7
	厂家 3	33.60	1703.0	24.60	3455.6
	厂家 4	37.00	2123.7	36.00	1712.1
1518	厂家 1	90.00	2572.6	60.00	1709.6
	厂家 2	90.00	2781.0	47.10	2000.0
	厂家 3	88.80	2632.6	65.00	2042.5
	厂家 4	90.00	2893.2	90.00	2000.1

有源树型网络 1 对 1 EoC 系统时延

包长（字节）	厂家	1 对 1 下行		1 对 1 上行	
		测试速率（Mbps）	系统时延（μs）	测试速率（Mbps）	系统时延（μs）
64	厂家 1	3. 50	5024. 0	3. 50	4654. 8
	厂家 2	5. 97	1943. 2	4. 92	1772. 6
	厂家 3	5. 95	1805. 8	5. 15	1752. 7
	厂家 4	5. 60	2002. 4	5. 60	1601. 2
512	厂家 1	36. 00	5533. 1	18. 00	4905. 8
	厂家 2	37. 80	1998. 0	31. 10	2102. 0
	厂家 3	37. 80	2004. 8	35. 50	1862. 1
	厂家 4	37. 00	1884. 4	37. 00	2071. 9
1518	厂家 1	90. 00	7718. 1	36. 00	4952. 6
	厂家 2	90. 00	2840. 5	55. 70	2457. 2
	厂家 3	89. 00	2705. 7	75. 00	2082. 4
	厂家 4	90. 00	2733. 3	86. 00	3647. 6

三种网络条件下 1 对 16 时延测试比较：

集中分配型网络 1 对 16 EoC 系统时延

包长（字节）	厂家	1 对 16 下行		1 对 16 上行	
		测试速率（Mbps）	系统时延（μs）	测试速率（Mbps）	系统时延（μs）
64	厂家 2	5. 60	1827. 3	0. 52 × 16	3228. 5
	厂家 3	7. 85	1918. 8	0. 65 × 16	3449. 7
	厂家 4	7. 20	1854. 4	0. 50 × 16	3151. 3
512	厂家 2	37. 75	2178. 7	3. 68 × 16	3724. 9
	厂家 3	45. 00	2174. 2	3. 45 × 16	3522. 8
	厂家 4	46. 00	2170. 1	3. 50 × 16	3545. 0
1518	厂家 2	90. 00	2939. 3	5. 62 × 16	3855. 9
	厂家 3	90. 00	2502. 2	5. 60 × 16	3856. 4
	厂家 4	90. 00	2475. 2	5. 30 × 16	3640. 1

注：厂家 1 未进行集中分配型网络 1 对 16 EoC 系统时延测试。

无源树型网络 1 对 16 EoC 系统时延

包长（字节）	厂家	1 对 16 下行		1 对 16 上行	
		测试速率（Mbps）	系统时延（μs）	测试速率（Mbps）	系统时延（μs）
64	厂家 2	5.62	1777.2	0.60×16	3318.5
	厂家 3	7.85	2075.2	0.61×16	3314.2
	厂家 4	7.90	2094.8	0.50×16	3362.7
512	厂家 2	45.00	2162.0	3.14×16	3361.6
	厂家 3	45.00	2330.8	3.65×16	3667.0
	厂家 4	45.00	2346.9	1.90×16	3290.0
1518	厂家 2	90.00	3498.4	5.50×16	3795.6
	厂家 3	90.00	2614.4	5.60×16	3858.1
	厂家 4	90.00	2675.1	5.60×16	3887.8

注：厂家 1 未进行无源树型网络 1 对 16 EoC 系统时延测试。

有源树型网络 1 对 16 EoC 系统时延

包长（字节）	厂家	1 对 16 下行		1 对 16 上行	
		测试速率（Mbps）	系统时延（μs）	测试速率（Mbps）	系统时延（μs）
64	厂家 2	5.90	1865.4	0.56×16	3357.6
	厂家 3	7.90	1941.3	0.60×16	3314.3
512	厂家 2	43.50	2340.8	3.24×16	3681.6
	厂家 3	45.00	2190.8	3.65×16	3668.3
1518	厂家 2	90.00	2848.1	5.41×16	4226.8
	厂家 3	89.00	2524.3	5.60×16	3852.3

注：厂家 1、4 未进行有源树型网络 1 对 16 EoC 系统时延测试。

（3）丢包率测试

在“1 对 16”、包长分别为 64、512、1518 字节、测量速率为被测系统实际数据带宽的 90% 的情况下，测量系统平均长期丢包率，厂家 1、2、3 略有丢包，厂家 4 没有丢包。

集中分配型网络 1 对 16 EoC 系统平均丢包率

包长（字节）	厂家	1 对 16 下行		1 对 16 上行	
		测试速率（Mbps）	平均丢包率（%）	测试速率（Mbps）	平均丢包率（%）
64	厂家 1	7.00	0.09	未测	未测
	厂家 2	5.60	0.00	未测	未测
	厂家 3	7.85	0.00	0.52×16	0.00
	厂家 4	7.00	0.00	0.56×16	0.00

(续表)

包长（字节）	厂家	1对16下行		1对16上行	
		测试速率（Mbps）	平均丢包率（%）	测试速率（Mbps）	平均丢包率（%）
512	厂家1	47.00	0.14	未测	未测
	厂家2	37.75	0.00	未测	未测
	厂家3	45.00	0.00	3.69×16	0.00
	厂家4	40.00	0.00	3.60×16	0.00
1518	厂家1	90.00	0.14	未测	未测
	厂家2	90.00	0.00	未测	未测
	厂家3	90.00	0.00	5.62×16	0.00
	厂家4	85.00	0.00	5.60×16	0.00

无源树型网络1对16 EoC系统平均丢包率

包长（字节）	厂家	1对16下行		1对16上行	
		测试速率（Mbps）	平均丢包率（%）	测试速率（Mbps）	平均丢包率（%）
64	厂家1	8.00	0.10	未测	未测
	厂家2	5.62	0.00	未测	未测
	厂家3	7.85	0.00	0.59×16	0.00
	厂家4	12.40	0.00	0.27×16	0.00
512	厂家1	45.00	0.17	未测	未测
	厂家2	45.00	0.00	未测	未测
	厂家3	45.00	0.00	3.14×16	0.00
	厂家4	76.40	0.00	1.90×16	0.00
1518	厂家1	90.00	0.14	未测	未测
	厂家2	90.00	0.00	未测	未测
	厂家3	90.00	0.00	5.62×16	0.00
	厂家4	114.20	0.00	5.60×16	0.00

有源树型网络1对16 EoC系统平均丢包率

包长（字节）	厂家	1对16下行		1对16上行	
		测试速率（Mbps）	平均丢包率（%）	测试速率（Mbps）	平均丢包率（%）
64	厂家1	3.00	0.19	未测	未测
	厂家2	5.90	0.24	未测	未测
	厂家3	7.90	0.00	0.56×16	0.00
	厂家4	4.40	0.00	0.47×16	0.00

（续表）

包长（字节）	厂家	1 对 16 下行		1 对 16 上行	
		测试速率（Mbps）	平均丢包率（%）	测试速率（Mbps）	平均丢包率（%）
512	厂家 1	38.00	0.96	未测	未测
	厂家 2	43.50	0.00	未测	未测
	厂家 3	45.00	0.00	3.24×16	0.00
	厂家 4	47.00	0.00	2.70×16	0.00
1518	厂家 1	90.00	0.28	未测	未测
	厂家 2	90.00	0.00	未测	未测
	厂家 3	89.00	0.00	5.41×16	0.00
	厂家 4	89.00	0.00	5.60×16	0.00

● **业务质量（QoS）性能测试**

	厂家 1	厂家 2	厂家 3	厂家 4
支持 VLAN 优先级（802.1P 协议）	可识别 3 级优先级，不可配置 VLAN 优先级	系统支持 VLAN 优先级，分为 8 个优先级（0～7），3 个队列	系统支持 VLAN 优先级，分为 8 个优先级（0～7）	系统支持 VLAN 优先级，可设置 0～3 级优先级，支持 802.1p 0～7 级优先级映射
动态带宽分配（DBA）	系统支持 DBA	系统支持 DBA	系统支持 DBA	系统支持 DBA

● **数据链路层功能测试**

	厂家 1	厂家 2	厂家 3	厂家 4
同一局端下的用户相互隔离	具备	具备	具备	具备
广播包/未知包的抑制	具备	具备下行广播包抑制功能，无上行广播包和上、下行未知包的抑制功能	不具备	具备
MAC 地址数限制功能	不具备	具备	具备	具备
VLAN 划分和管理	具备	具备	具备	具备
链路汇聚功能	不具备	不具备	不具备	不具备
端口镜像功能	不具备	不具备	不具备	不具备
IGMPv2 Proxy 功能测试	具备	具备	具备	具备

●系统应用测试

系统宽带接入能力较高，16 终端 FTP 并发处理速率，厂家 1 的 EoC 系统每终端约 4.6Mbps，厂家 2 的 EoC 系统每终端约 3.9Mbps，厂家 3 的 EoC 系统每终端约 3.5Mbps，厂家 4 的 EoC 系统每终端约 4.4Mbps；系统支持 VOD 视频点播、PPPoE 拨号接入、DHCP 方式接入、FTP 上传下载、Email 收发等功能；系统支持上下行带宽对称的视频业务。

●网管系统

厂家名称	厂家 1	厂家 2	厂家 3	厂家 4
是否具备网管系统	具备	具备	具备	具备

●其他测试结果

终端设备上线时间测试结果（s）

	厂家 1	厂家 2	厂家 3	厂家 4
断电上线时间	6.97	14.0	13.2	14.42
断射频上线时间	4.14	6.8	10.1	4.33

工作环境测试结果

项目	1 对 1 下行吞吐量（Mbps）（1518 字节）				1 对 1 上行吞吐量（Mbps）（1518 字节）			
	厂家 1	厂家 2	厂家 3	厂家 4	厂家 1	厂家 2	厂家 3	厂家 4
高温试验	100	100	95.62	未测	79.39	100	98.27	未测
低温试验	100	未测	93.72	未测	100	未测	97.22	未测

3.2.6 基带方案 EoC 系统测试评估结果

3.2.6.1 被测设备概况

本次参与测试的 2 个厂家的基带 EoC 设备均为室内型无源设备，厂家 1 采用 Broadcom 芯片，工作频段为 0.5MHz ~ 42MHz，每频道带宽为 25MHz，厂家 2 采用 Marvell 芯片，工作频段为 0.3MHz ~ 30MHz，每频道带宽为 25MHz。厂家 1 和厂家 2 均采用 CSMA/CA 的 MAC 层工作模式，单局端最大支持终端数不同，其中厂家 1 为 14 个，厂家 2 为 24 个。

3.2.6.2 测试结果

●物理层指标

（1）实际频谱带宽

测试项目	厂家 1	厂家 2
-3dB 带宽（MHz）	15.0	14.0
-40dB 带宽（MHz）	65.0	45.0

（2）被测设备输出电平

厂家1	测试带宽	41.5MHz 标称带宽								
	局端输出电平（dBμV）	120.0								
厂家2	测试频点（MHz）	5	10	15	25	30	35	45	50	55
	局端输出电平（dBμV）	89.0	86.6	83.3	70.4	66.0	62.7	54.1	49.8	43.4

（3）带外抑制功能

测试厂家	频率范围（MHz）	杂散输出电平（dBμV）
厂家1	42～76	72.9（频点为 49.8MHz）
	76～862	12.3
厂家2	87～862	17.0
	942	19.8

（4）传输距离和差分距离

两厂家被测设备在1对1、包长512字节情况下，传输距离均为300米（－5电缆）。下行吞吐量均为10Mbps，上行吞吐量均为10Mbps。

两厂家被测设备在1对2、包长512字节情况下，传输距离相同和传输距离相差200米（－5电缆）时，均可以正常传输。下行吞吐量均为20Mbps，上行吞吐量均为10×2Mbps。

（5）抗高斯噪声性能

测试厂家	最大抗高斯噪声电平（dBμV）
厂家1	112.7
厂家2	未测

在高斯噪声达到上表所列值时，EoC 系统吞吐量接近为零。

（6）抗脉冲噪声能力

测试项目	厂家1	
脉冲宽度（μs）	100	100
脉冲间隔（ms）	100	10
丢包率（%）	0.68	5.32

注：厂家2未进行抗脉冲噪声能力测试。

（7）抗单频干扰能力

测试项目	厂家1最大抗单频干扰电平（dBμV）	厂家2最大抗单频干扰电平（dBμV）
中心频率 f_0	114	未测
中心频率 f_0+5MHz	115	
中心频率 f_0-5MHz	113	

在单频干扰达到上表所列值时，EoC 系统吞吐量接近为零。

(8) 抗微反射能力

测试厂家	最大抗微反射噪声电平（dBμV）
厂家 1	112.7
厂家 2	未进行相关测试

在噪声电平达到上表所列值时，EoC 系统吞吐量接近为零。

(9) 反射损耗测试

测试厂家	端口	频段（MHz）	反射损耗（dB）
厂家 1	局端 RF TV 口	0 ~ 65	4.3
		87 ~ 862	11.7
	局端 TV/DATA 口	0 ~ 42	16.5
		87 ~ 862	16.7
	终端 RF IN 口	0 ~ 42	12.5
		42 ~ 87	1.6
		87 ~ 862	12.6
	终端 RF TV 口	0 ~ 65	0.2
		87 ~ 862	14.7
厂家 2	局端 CATV 输入口	87 ~ 862	10.1
	局端 TV/DATA 口	0.3 ~ 30	19.2
		30 ~ 87	1.8
		87 ~ 862	12.0
	终端 RF 口	87 ~ 862	16.3
	终端 TV/DATA 口	0.3 ~ 30	18.2
		46MHz	1.8
		87 ~ 862	18.4

(10) 插入损耗测试

测试厂家	端口	频段（MHz）	插入损耗（dB）
厂家 1	终端	0 ~ 68	48.9
		80 ~ 862	0.6 ~ 2.3
	局端	0 ~ 68	42.9
		80 ~ 862	13.4 ~ 16.5
厂家 2	终端	0.3 ~ 30	63.0
		87 ~ 862	0.6 ~ 0.9
	局端	0.3 ~ 30	58.9
		87 ~ 862	9 ~ 10

●以太网性能指标

以太网性能指标在 64、128、256、512、1024、1280、1518 字节不同包长度情况下，测试 1 个局端设备对应 1 个终端设备和 1 个局端设备同时对满配置终端设备的吞吐量、时延、长期丢包率等指标。

（1）实际数据传输带宽

厂家 1 的 EoC 系统进行的是 1 对 16 测试，厂家 2 的 EoC 系统进行的是 1 对 4 测试。

两厂家“1 对 1”吞吐量测试比较

包长（字节）	厂家 1“1 对 1”下行/上行	厂家 2“1 对 1”下行/上行
64	10.00/10.00	10.00/10.00
512	10.00/10.00	10.00/10.00
1518	10.00/10.00	10.00/10.00

两厂家“1 对多”吞吐量测试比较

包长（字节）	厂家 1		厂家 2	
	1 对 16 下行	1 对 16 上行	1 对 4 下行	1 对 4 上行
64	99.99	6.25×16	39.07	10×4
512	99.97	6.25×16	39.99	10×4
1518	99.82	6.24×16	39.97	10×4

②系统时延

“1 对 1”下行时延比较

包长（字节）	测试速率（Mbps）	厂家 1		厂家 2	
		系统时延（CT）（μs）	系统时延（S&F）（μs）	系统时延（CT）（μs）	系统时延（S&F）（μs）
64	9.00	57.0	51.9	59.6	54.5
512	9.00	415.3	374.4	418.3	377.4
1518	9.00	1220.3	1098.9	1223.1	1101.7

“1 对 1”上行时延比较

包长（字节）	测试速率（Mbps）	厂家 1		厂家 2	
		系统时延（CT）（μs）	系统时延（S&F）（μs）	系统时延（CT）（μs）	系统时延（S&F）（μs）
64	9.00	18.0	0.0	14.0	0.0
512	9.00	53.7	0.0	49.7	0.0
1518	9.00	134.4	0.0	130.4	0.0

③丢包率测试

在1对16、包长分别为64、512、1518字节、测量速率为被测系统实际数据带宽的90%的情况下，两厂家设备均无丢包。

●**业务质量（QoS）性能测试**

测试项目	厂家1	厂家2
是否支持VLAN优先级（802.1P协议）	系统不能根据VLAN设置优先级，但能够识别VLAN优先级（4级）	不支持VLAN优先级
是否支持动态带宽分配（DBA）	系统具备上下行限速功能，不具备保证带宽设置功能	不支持DBA功能

●**数据链路层功能测试**

测试项目	厂家1	厂家2
同一局端下用户相互隔离	支持	支持
广播包/未知包的抑制	支持	不支持
MAC地址数限制功能	不支持	不支持
VLAN划分和管理	支持	不支持
链路汇聚功能	不支持	不支持
端口镜像功能	不支持	不支持

●**系统应用测试**

两厂家EoC系统均可以实现Internet接入、IP电话、VOD视频点播、PPPoE认证、DHCP认证、FTP上传下载、Email收发等数据透传功能，支持FTP、上下行带宽对称的视频业务、对等视频业务。在进行FTP应用测试时，厂家1的EoC系统进行了16台并发下行、16台并发上行、8台上行且8台下行测试，其中16并发下行文件传输速率为8171.4kbps，16并发上行速率为10866.8kbps，8并发下行8并发上行总速率为11190.4kbps。厂家2的EoC系统进行了6台并发下行、6台并发上行、3台上行且3台下行测试，其中6并发下行文件传输速率为2900.2kbps，6并发上行速率为6399kbps，3并发下行3并发上行总速率为4985.6kbps。可以看出，在FTP应用测试中，两厂家EoC系统的上行传输速率均好于下行传输速率。

●**网管系统**

两厂家均不支持EoC系统网管。

●**其他测试结果**

由于两厂家设备均为无源设备，所以只进行了中断射频的上线时间测试。

终端上线时间比较

测试项目	厂家 1	厂家 2
断射频上线时间（s）	8.3	0.8

工作环境试验比较

测试项目	厂家 1		厂家 2	
	1 对 1 下行吞吐量（Mbps）	1 对 1 上行吞吐量（Mbps）	1 对 1 下行吞吐量（Mbps）	1 对 1 上行吞吐量（Mbps）
高温试验	9.99	10.00	9.99	10.00
低温试验	未测		9.99	10.00

4. 测试评估分析

4.1 测试评估分析

4.1.1 EoC 结果分析

各技术方案初步评价结果见下表：

项目	MoCA 方案	HomePlug BPL 方案	HomePlug AV 方案	WiFi 降频方案	HomePNA 方案	基带 EoC 方案
频谱利用率	中	中	中	较低	较高	中
抗干扰能力	中	中	较强	中	较弱	较强
系统组网能力	中	中	较弱	中	较弱	较弱
系统吞吐量	较高	中	较高	中	中	较高
系统时延	中	较大	中	中	中	中
数据链路层功能	中	中	中	中	中	较弱
QoS 保障	较强	较强	中	中	中	较弱
业务支持能力	中	较强	中	较强	较强	较强
网管能力	较强	较强	较强	较强	较强	中

4.1.1.1 物理层参数和性能

目前 EoC 系统工作频段分低频（0MHz～60MHz）和高频（800MHz～1500MHz）两种。

调制 EoC 除 HomePNA 方案外，均采用 OFDM，子载波数各异，QAM 调制阶数能够根据网络噪声与干扰情况自动调整；但在自适应调整时，会出现网络吞吐能力的突变，导致影响业务；HomePNA 方案采用 FDQAM 方式，可根据网络干扰情况，最多分裂为 8 个子载波，其频谱利用率相对较高，但抗干扰能力和组网能力相对不足。

各种调制 EoC 的射频带宽差异较大，且频谱利用率相对不高，部分系统带外抑制性能较差，对有线电视信号有较大影响。在动态接收范围方面，HomePlug AV、MoCA、HomePNA 和 WiFi 接收范围较大，HomePlug BPL 的接收范围相对较小。

各系统抗多径干扰能力较强，在抗高斯噪声性能和抗单频干扰能力存在较大差异，即使采用相同技术的系统两种能力的差异也较大。调制 EoC 系统中 HomePlug AV 方案抗单频干扰能力较强；基带 EoC 系统由于基带电压较高，也具有比较强的抗单频干扰能力。

4.1.1.2 数据链路层性能

调制 EoC 系统 1518 字节的总吞吐量均在 60Mbps 以上，且具备升级提高能力。MoCA 系统吞吐量最高，达到 120Mbps，但其所占频谱较宽，MAC 层传输效率较低。调制 EoC 大小包长的吞吐量差异较大，大部分系统的 64 字节吞吐率低于 10Mbps，有待提高。

调制 EoC 系统上行吞吐量相对下行吞吐量较低，说明下行系统开销低，无论采用 TDMA 方式还是 CSMA/CA 方式，上行多终端接入开销较大，时隙分配和冲突避让均占用系统处理时间。一般来说，当多台终端都在线时，1 台局端对 1 台终端下的上行吞吐量低于 1 台局端对多台终端（测试 16 台）下的上行吞吐量，说明 1 台局端对多台终端情况下，系统效率更高；但当终端数大于某一值时，由于冲突概率的增大（针对 CSMA/CA 方式）或时隙分配效率的降低（针对 TDMA 方式），系统吞吐量反而会下降。

调制 EoC 系统传输时延较低，大部分系统上、下行时延均低于 10ms。HomePlug BPL 方案在传送包长为 1518 字节的大包时时延较大，达到几十 ms。

基带 EoC 大小包长的吞吐量一致，上下行的吞吐量一致，每用户接入带宽可达 10Mbps，传输时延低，用户端为半双工工作模式。

4.1.1.3 数据链路层功能

为满足多业务发展需求，大部分系统均支持 VLAN 配置，支持 VLAN 优先级的设置和识别，但测试结果表明，部分系统优先级效果并不明显；各系统均支持上、下行限速，部分系统支持含保证带宽设置的动态带宽分配（DBA）功能，但误差较大。

各系统均支持终端之间的隔离，部分系统支持终端隔离功能的“打开”和“关闭”，提高网络运营的灵活性。

调制 EoC 系统支持用户 MAC 地址数限制、广播包抑制，部分系统不支持未知包抑制。基带 EoC 不支持用户 MAC 地址数限制。

4.1.1.4 业务支持能力

各系统均支持 VOD 视频点播、IP 电话、PPPoE 拨号接入、DHCP 方式接入、FTP 上传下载、Email 收发等业务；支持上、下行带宽对称视频传输业务（下行为标清 VOD 业务，码率为 1.5Mbps；上行为 IP 视频监控业务，码率为 1.0Mbps）。

4.1.1.5 网管功能及其他

部分系统实现了网管，支持SNMP协议，但网管功能尚待进一步完善；部分系统的稳定性较差，测试中出现多次系统故障；个别系统的高低温性能较差。

4.1.2 EPON测试评估分析

4.1.2.1 物理层PON接口测试

各厂家OLT和ONU的PON接口平均发送光功率和消光比均能满足相关标准要求，但差异性较大。

4.1.2.2 光纤保护切换性能测试

①部分厂家不支持保护切换功能；

②部分厂家的EPON系统能较好地支持主干光纤保护切换功能，并且切换时间均在50ms以内；

③部分EPON系统不支持单个PON端口的主干光纤保护切换功能，支持不同PON端口的主干光纤保护切换功能，但保护切换时间相对较长，超出50ms，达到秒级；

④当线路主备用光纤长度不一致时，被测系统在进行光纤保护切换时，个别厂家保护切换时间较长，超过2秒；

⑤在主干光纤保护切换过程中，当主备光纤长度相差不大的情况下，ONU不重新注册，但部分厂家的设备在主备用光纤长度不一致、相差较大的情况下，会出现ONU重新注册的情况；

⑥配线光纤全线路保护切换功能目前仅有1个厂家支持，但切换时间与主干光纤保护切换时间相比较长；

⑦目前测试保护倒换功能时，各厂家多数均采用命令行方式实现手动倒换，仅少数厂家网管具备该功能。

本次测试仅有4个厂家的设备能够较好的支持光纤保护切换功能，3个厂家的设备在进行不同PON口之间的保护切换时，性能相对较差，达到秒级，全线路保护切换功能仅有1个厂家的设备支持。整体来看，目前EPON厂家对光纤保护切换的支持能力有待提高，保护切换性能有待改进。

4.1.2.3 EPON测距性能测试

各厂家的设备均能在0km～20km范围内对不同光纤距离的ONU进行测距，除1家公司测距精度为±100m，不满足要求以外，其他厂家OLT的测距精度均能满足设备要求（±3m）；在测试过程中，新加入网络的ONU在测距时不影响其他在线ONU的正常运行。

4.1.2.4 以太网业务性能测试

①各厂家在64、128、256、512、1024、1280、1518字节等不同包长下的吞吐量、传输时延和丢包率有较大差异，但整体传输性能较好；

②各厂家自身产品在1∶1和1∶32两种情况下吞吐量、时延和丢包率差别较小，表现出EPON系统无论是在1∶1传输还是在最大分光比条件下传输，系统以太网业务传输性能差异较小，稳定性好；

③在 1:32 和 20km 光纤传输条件下，下行吞吐量高于上行吞吐量，大字节包长吞吐量高于小字节包长吞吐量，差异较大。64 字节包长的下行吞吐量普遍在 970Mbps 以上，个别厂家性能相对较低，在 920Mbps 以上；1518 字节包长的下行吞吐量基本在 985Mbps 以上，个别厂家较低，在 960Mbps 以上；上行吞吐量在 64 字节包长下，大多数厂家的 ONU 在 28Mbps 以上，个别厂家在 19Mbps 以上；上行吞吐量在 1518 字节包长下，大多数厂家的 ONU 在 28Mbps 以上；

④在 1:32 和 20km 光纤传输条件下，上行时延比下行时延大，上行时延基本超过 2ms，下行时延在 200 μs 左右，个别厂家达到毫秒级传输时延；

⑤在 1:32 和 20km 光纤传输条件下，上行过载丢包率比下行过载丢包率大，上行一般在 10% 以下，个别厂家最高达到 20%，下行一般在 1% 以下，个别厂家最高达到 5.6%。2 小时长期丢包率，除个别厂家有丢包外，其他厂家被测设备的长期丢包率均为 0。

4.1.2.5 DBA 颗粒度、精度测试

各厂家产品均能较好地实现 DBA，多采用硬件方式实现，个别厂家采用软件方式实现。各厂家被测设备最小分配带宽、最小带宽分配颗粒、带宽分配精度有较大差异，且各厂家的带宽分配精度普遍不高，颗粒度以 64kbps 居多。

4.1.2.6 以太网二层功能、组播功能、网管测试

EPON 系统具有较为完善的以太网二层功能，对组播以及可控组播均有较好的支持能力；在网管方面，由于各厂家差异较大，目前还存在一定问题。

各厂家测试结果分析比较如下：

①个别厂家不具备端口重定向和镜像、VLAN、组播、IGMP proxy、QINQ、ONU 端口下行限速等以太网二层功能；

②大部分厂家能支持测试方案规定的源 MAC 地址过滤、MAC 地址学习、VLAN、二层隔离、STP/RSTP 等主要以太网二层功能；

③个别厂家在 IGMP proxy 功能方面，实现方式与其他厂家有区别；

④在设备网管方面，大部分厂家基本均具备配置管理、性能管理、故障管理、安全管理等基本网管功能，但在网管管理项上不一致，差异较大，各厂家目前还无法实现互联互通；个别厂家网管功能不完善，功能较弱；

⑤网管实现方式均支持扩展 OAM 和 SNMP 协议，不支持 TR－069 和 802.1ag，带有交换芯片（多端口）ONU 支持 EMS 通过 SNMP 协议进行远程管理。

4.1.2.7 QoS 性能测试

在 QoS 性能方面，EPON 系统具有较为完善的 QoS 支持能力，大部分厂家能够按照测试方案较好实现业务流分类、标记、排队和调度；OLT 支持严格优先级和权重优先级或者两者混合调度，ONU 支持严格优先级调度。

4.1.2.8 业务接入能力测试

EPON 系统具有较好支持宽带接入、对称视频、VoIP 语音和视频点播业务的能力，大部分厂家能够按照测试方案实现各类业务的接入。同时承载上述多业务时，在没有系统背景流

量情况下，各业务可以正常接入，但是当系统背景流量达到满负荷时，视频点播和对称视频业务将会出现停顿现象，提高各业务对应 ONU 的保证带宽后，业务不再出现停顿，但个别厂家无法消除业务停顿的问题。

若将上述业务在同一个 ONU 下面同时接入，必须按业务进行优先级划分后，各业务方能同时正常接入。当根据业务需求配置相应的保证带宽以及优先级划分后，EPON 系统能够同时承载宽带接入、视频点播、对称视频、VoIP 语音以及突发数据等业务，个别厂家的被测系统不支持 VoIP 语音业务。

有突发数据流时，系统能够在承载多业务的同时传输突发数据。

4.1.2.9 一纤三波传输条件下电视业务与数据业务的相互影响

测试结果表明在一纤三波/两纤三波传输条件下，4 种 FTTH 型 ONU 设备 CATV 光接收功率分别为 -1dBm 和 -6dBm 时，在传输数据信号的同时均能正常接收有线电视信号，其中光接收功率为 -1dBm 时，C/N、C/CTB、C/CSO 等技术指标满足 GY/T 106 - 1999《有线电视广播系统技术规范》的要求，在光接收功率为 -6dBm 时，C/N、C/CTB、C/CSO 等技术指标有劣化，性能有待提高。

在一纤三波/两纤三波传输条件下，2 种 FTTB 型 ONU 设备 CATV 光接收功率分别为 -1dBm 和 -6dBm 时，在同时承载数据业务和有线电视业务的性能上差异性较大，厂家 5 的 FTTB 型 ONU 设备在传输数据信号的同时已无法正常接收有线电视信号。被测厂家的 FTTB 型 ONU 设备的有线电视输出指标均无法满足 GY/T 143 - 2000《有线电视系统调幅激光发送机和接收机入网技术条件和测量方法》的要求。

根据本次测试结果，目前 EPON 系统在与有线电视业务进行一纤三波/两纤三波传输时，FTTH 型 ONU 可以较好地同时承载数据和有线电视两种业务，而 FTTB 型 ONU 在同时承载数据和有线电视两种业务时，性能指标比较差，有线电视输出指标无法满足 GY/T 143 - 2000《有线电视系统调幅激光发送机和接收机入网技术条件和测量方法》的要求。

4.2 测试结论

4.2.1 EoC 测试结论

4.2.1.1 测试结论

①通过实验室评估测试，基于各种技术方案的 EoC 系统基本能够实现视频、语音、数据等综合业务的双向传输；但在物理层性能、数据处理能力、组网能力、业务和设备管理能力以及设备稳定性等方面，有待完善提高。各技术方案实现的 EoC 系统差异较大，有的系统侧重提高抗干扰能力，有的系统 MAC 层处理能力较强，因而难以实现不同技术方案设备间互联互通。即使采用同一 EoC 技术方案，但由不同厂家所实现，其产品性能也有较大差异。

②在与 EPON 系统的有线电视网络双向改造组合应用方面，EoC 系统缺乏统一的业务和设备管理方案以及端到端的 QoS 保障能力。

③调制 EoC 能够适用于多种电缆网络双向改造，包括树形和集中分配型无源网络以及含电放大器的电缆分配网络。典型应用是：局端设备输出与光站 RF 输出混合，通过有源中继

设备或无源跨接器跨接有线电视电放大器，接入30~200用户。基带EoC系统是点到点的传输，适用于集中分配型电缆网络，解决最后100米宽带入户问题，一般接入20~50户左右。

④低频调制EoC工作于2MHz~65MHz频段，其优势是链路衰减低，覆盖范围大，不需对现有CATV网络分支、分配器件进行更换，EoC系统对有线电视信号影响不大；其缺点是频谱资源有限，难以实现多信道工作，系统可扩展性不高，对现有CATV网络低频噪声环境要求高。

⑤高频调制EoC工作于800MHz~1500MHz频段，其优势是频谱资源丰富，支持多信道工作，系统可扩展性高；其缺点是链路衰减大，尤其是1200MHz以上频段，部分现有CATV网络需要更换分支、分配器件。当网络中有线电视信号达几十路，EoC终端较大规模部署时，EoC系统影响模拟电视信号的CTB、CSO指标和数字电视信号的MER指标。

⑥在业务应用方面：针对单一的交互电视业务，回传信息所需带宽较低，且需要双向改造全覆盖、业务全接入，建议选择EoC局端支持63个终端以上的技术方案，以灵活进行设备组网，降低EoC局端或有源中继设备数量，从而降低成本。针对交互电视和互联网接入等多种业务接入需求，EoC系统应具备VLAN隔离，优先级识别和设置功能，实现不同用户业务隔离和同一用户的不同业务隔离。多业务要求EoC终端至少具备2个LAN接口。

⑦EoC与EPON系统组合，应用于有线电视网络双向改造时，应建立端到端的QoS保障能力，统一VLAN和优先级配置机制，实现带宽合理分配。建立统一的业务和设备管理系统，支持SNMP网管，制定符合国家标准《GB/T 20030-2005 HFC网络设备管理系统规范》要求的管理信息库（MIB），实现不同技术方案设备和网络的统一管理。

⑧针对高端用户的数字家庭多业务需求，可研发EoC终端和家庭网关一体机。EoC终端实现链路层功能，家庭网关提供三层及以上功能，可通过PUPSPV或者PUPV等技术，将VLAN与业务进行绑定，对业务进行标识，保证QoS。家庭网关提供多接口，可连接不同的业务终端，支持VOD、互联网接入、视频监控、IP电话等综合业务。支持家庭业务终端与业务的自动发现和配置，支持不同的媒体接入和排队优先级，支持公有地址与私有地址的地址转换，具备防火墙、身份鉴别机制、终端管理功能以及数字版权保护机制等。对广电运营商而言，家庭网关是接入网络的向下延伸，利用家庭网关可以加强对用户业务的精细化管理，能够对网络资源精耕细作，加强对网络的监控和管理能力。

⑨在工程方面：EoC局端设备和中继设备应采用野外型设备，以适应楼道或野外多尘、复杂的环境。应具备220V和60V两种电源，满足不同网络条件的双向化改造需要。应重视滤波器、接头的选择，设备反射损耗性能应满足有线电视网络相关设备行业标准的要求。

4.2.1.2 EoC各方案优势、劣势

4.2.1.2.1 HomePlug BPL方案

（1）优势

①系统工作于低频段，链路衰减较小，覆盖范围较大；

②设备接收动态范围较宽；

③系统以太网二层功能较全，支持同一局端下的用户相互隔离、广播包/未知包抑制、

MAC 地址数限制功能、VLAN 的划分和管理；

④系统支持 VOD 视频点播、PPPoE 拨号接入、DHCP 方式接入、FTP 上传下载、Email 收发、上下行带宽对称的视频业务；

⑤系统支持 VLAN 优先级、DBA，支持限速功能。

（2）劣势

①低频段频谱资源有限，系统不支持多信道工作，系统可扩展性不高；

②系统带外抑制性能较差；

③系统数据传输带宽有待提高；

④系统大包长数据包传输时延较大；

⑤系统长期丢包率较高，稳定性较差。

4.2.1.2.2 HomePlug AV 方案

（1）优势

①系统工作于低频段，链路衰减较小，覆盖范围较大；

②由于采用较多的抗干扰技术，系统在有线电视仿真网中抗干扰能力较强；

③采用 1024QAM 调制，系统 MAC 层总吞吐率较高；

④系统以太网二层功能较完善，支持限速功能。

（2）劣势

①低频段频谱资源有限，系统可扩展性不高；

②系统不支持 DBA。

4.2.1.2.3 HomePNA 方案

（1）优势

①系统工作于低频段，链路衰减较小，覆盖范围较大；

②系统数据传输能力较强，MAC 层最大传输能力接近 100Mbps，频谱利用率高；

③TDMA 工作方式，系统以太网二层功能较全，能够实现基于流的 QoS 保证，业务管理；

④系统网管能力较强，支持 SNMP 网管。

（2）劣势

①低频段频谱资源有限，系统不支持多信道工作，系统可扩展性不高；

②系统采用 FDQAM 调制方式，系统接收范围较窄，抗干扰能力相对较差；

③系统 1 台局端带 1 台终端测试数据显示，MAC 层上下行吞吐率差异较大；

④系统仅支持上下行限速，不支持 DBA。

4.2.1.2.4 WiFi 降频方案

（1）优势

①系统设备类型齐全，包括局端设备、终端设备、无源中继设备，网络适用性强；

②系统工作于高频段，1 台局端支持 256 台终端，实际测试 62 台终端，组网能力较强；

③系统以太网二层功能较全，系统稳定性高；

④系统支持 VLAN 划分和 VLAN 优先级，同一终端设备不同业务之间优先级设置，保证

高优先级业务传送带宽；

⑤系统网管能力较强，支持 SNMP 网管。

（2）劣势

①系统工作于高频段，链路衰减较大；

②系统射频频谱较宽，频谱利用率不高；

③系统不支持多信道工作，可扩展性不强；

④系统仅支持上下行限速，不支持 DBA；

⑤终端上线时间较长。

4.2.1.2.5　MOCA 方案

（1）优势

①系统设备类型齐全，包括局端设备、终端设备、有源中继设备，网络适用性强；

②系统工作于高频段，单信道支持 31 台终端，支持多信道工作，扩展性好，组网能力较强；

③系统数据传输能力较强，单信道最大传输能力达到 125Mbps 以上；

④通过软件实现 DBA 功能，能够设置每个终端的保证带宽和最大带宽 ，但误差较大；

⑤系统网管能力较强，支持 SNMP 网管。

（2）劣势

①系统工作于高频段，链路衰减较大；

②系统终端设备不支持用户 MAC 地址数限制功能；

③系统不支持 VLAN 优先级。

4.2.1.2.6　基带 EoC 方案

（1）优势

①系统工作电平较高，链路衰减较小，抗干扰能力强；

②系统无需调制，大小包长的吞吐率一致，上、下行的吞吐率一致；

③基带 EoC 系统是点到点的传输，适用于集中分配型电缆网络，解决最后 100 米宽带入户问题。

（2）劣势

①低频段频谱资源有限，系统可扩展性不高；

②系统不能跨接电放大器、分支分配器，不适用于有源和树型电缆分配网络；终端设备无源，用户接口单一，不能满足用户多功能需求；

③系统以太网二层功能较少，系统不支持 DBA，不支持 VLAN 优先级设置功能；

④被测设备没有实现网管，系统网管能力有待提高。

4.2.2　EPON 测试结论

①目前，EPON 系统能够较好地承载基于 IP 的多业务，系统数据传输带宽高，稳定性好，大部分厂家的设备具有较为完善的以太网二层功能、组播支持能力、QoS 支持能力、带宽管理能力和业务管理能力，系统扩展能力强，能够较好地应用于有线电视网络接入和双向改造；

但个别厂家的产品还不成熟，功能有待完善，性能有待进一步提高；

②根据本次测试结果，在与有线电视业务进行一纤三波或两纤三波传输方面，FTTH 型 ONU 可以较好地同时承载数据和有线电视两种业务，而 FTTB 型 ONU 在同时承载数据和有线电视两种业务时，性能指标比较差，有待改进；

③FTTH 型 ONU 在有线电视信号光接收功率降为 -6dBm 时，C/N、C/CTB、C/CSO 等技术指标有劣化，性能还有待提高；

④根据本次测试结果，建议有线电视网络运营商在进行 EPON 系统和有线电视光传输网络系统设计时分别采用各自的光纤路由，最好不采用一纤三波的传输方式。在采用两纤三波传输的情况下，建议分别采用有线电视系统光工作站（或接收机）和 ONU 分别接收各自的信号；

⑤目前 EPON 设备 MIB 不统一，导致各厂家在网管管理项上不一致，因此在设备网管方面各厂家目前还无法实现互联互通，急需统一各厂家设备的 MIB，以便在与 EoC 系统进行组合应用时可以建立统一的网管。

5. NGB 电缆接入技术需求

5.1 NGB 业务需求

NGB 承载的业务包括基本广播电视业务、广播电视宽带多媒体服务、信息化专网服务、基于广播电视网络开展的电信业务，以及为企业和集团用户提供的网络层服务。

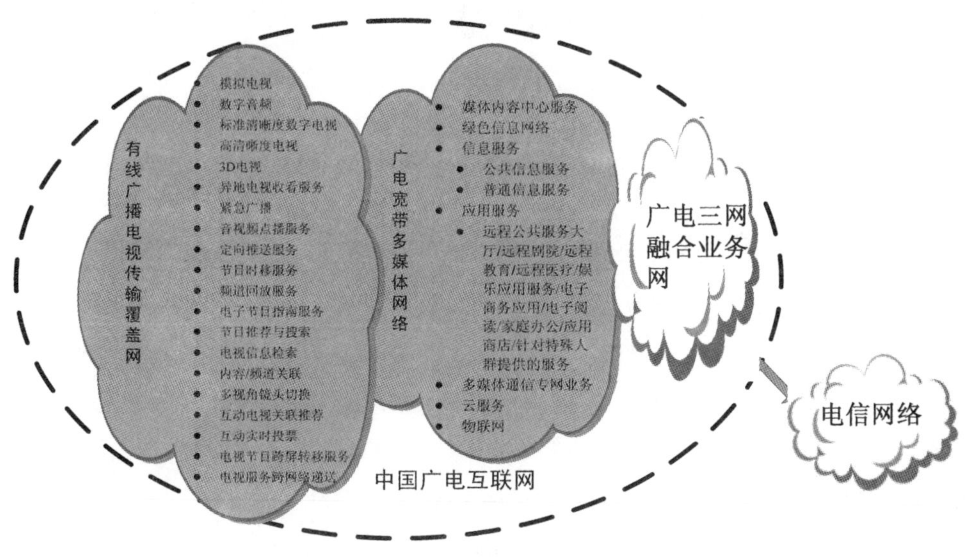

图 5　业务、网络、用户综合示意图

从业务、承载网络、用户性质、用户需求等不同对象和角度考虑，NGB 应用需求分类如下：

①按照业务需求分类：广播电视业务、广播电视宽带多媒体应用服务、网络服务、基于有线电视网络的电信业务。

②按照业务承载网络平台分类：有线广播电视传输覆盖网、广电宽带多媒体网络、广电“三网融合”业务网。

③按照用户性质可以分为：个人、企业、政府和社会组织等。

④按照用户需求分类：浏览、交流、娱乐、生活、办公、商务、托管/储存、发布信息、应用商店、下载、传输、分发、接入、数据中心等，见图6。

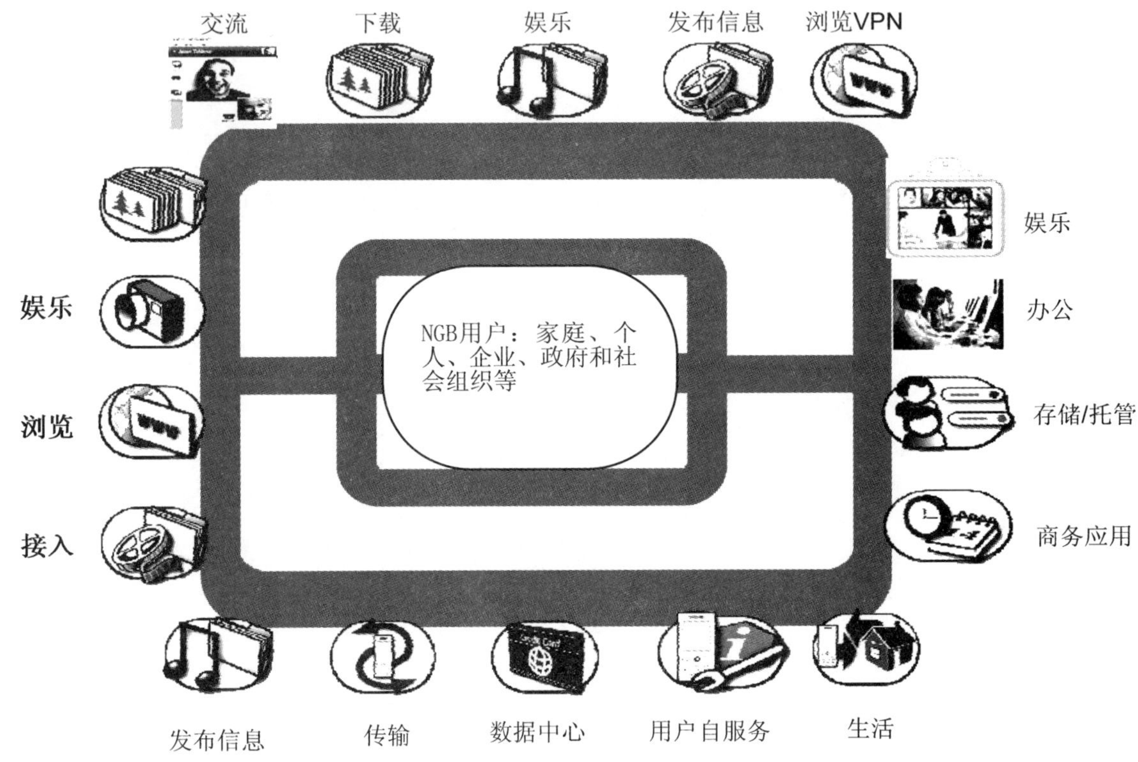

图6 用户需求示意图

5.2 面向NGB的电缆接入技术需求白皮书

有线电视网是国家重要的信息化基础设施，具有业务内容丰富、内容可控可管、用户群体巨大等方面的优势，可以满足未来多种业务发展的需求，符合以视频为主导的宽带业务发展趋势。因此，在国家信息化和NGB发展中更多地依靠有线电视网络，充分发挥广电网络的优势，是符合中国国情、从实际出发的选择，是以较短的时间、较低的成本，跨越数字鸿沟，实现进入千家万户的信息化和安全的信息化的有效途径。

为解决NGB的业务需求，“光进铜退”逐渐成为趋势，每个光节点覆盖的用户数逐渐减少，从2000户减少到500户、200户、50户，甚至部分实现了光纤到户（FTTH）。调研表明，目前我国有线电视网络中，光节点覆盖用户数为200户以下的用户已经占总用户数的15.5%以上。根据国内外网络发展趋势，NGB面向未来五年到十年，光节点覆盖发展到200

户或 50 户以内，甚至大规模 FTTH 的部署。从网络改造的方式上看，目前国内存在多种基于有线电视电缆分配网的双向接入技术，但实现方式存在很大差异。设备产品种类繁多，网络承载性能差异大，提供的带宽和支持的业务也各不相同，缺乏标准规范。一方面，众多技术方案的出现反映了市场的需求，给运营商提供了更多的选择空间；另一方面，众多的方案也给决策带来了困难。从技术角度来说，各技术方案均有其各自的局限性。从信道带宽来看，有些技术选用的信道带宽不是 8MHz 的整数倍，不符合我国有线电视网络的信道带宽规划要求，不利于信道的合理分配和有效利用。从协议性能来看，有些技术提供的业务速率不能满足当前和未来一段时期业务发展的带宽需要，有些技术没有很好地解决服务质量（QoS）保障问题，不能提供包括实时流媒体等各种业务所需的 QoS。另外，从成本角度来看，由于缺乏统一的标准，特别是缺乏具有中国自主知识产权的标准，各种方案均难以形成规模效应，造成双向化改造的效果不一和成本降低困难，因而难以大规模推广。

为解决有线电视网络电缆宽带接入技术标准的问题，2009 年 4 月，广电总局科技司颁布了《面向下一代广播电视网（NGB）电缆接入技术（EoC）需求白皮书》。《面向下一代广播电视网（NGB）电缆接入技术（EoC）需求白皮书》作为有线电视电缆宽带接入技术的开发和遴选的指导原则，它充分考虑到了我国有线电视网络的技术发展，根据现有网络的信道条件和应用需求，面向未来网络的发展趋势，聚合现有几种技术的突出优点，根据下一代广播电视网络发展的统一规划，制订相关的需求。以便促进相关接入技术的收敛，为将来有线电视网络成为大容量、全双向、全交互、全功能的下一代综合传输网络，业务相互之间实现融合，基本实现光纤到户（FTTH）的完整标准化体系做技术储备。

《面向下一代广播电视网（NGB）电缆接入技术（EoC）需求白皮书》作为有线电视电缆宽带接入技术的开发和遴选的指导原则，其设计遵循以下原则：

标准性原则：必须遵循已颁布的国家标准和行业标准。确保基于本需求开发出来的技术具有横向和纵向的兼容性。

合理性原则：所提出的需求应该在充分利用和挖掘现有有线电视电缆网络资产的前提条件下有充分的技术实现可行性。从而最大限度保护既有投资、发挥存量资产的效益最大化。

可扩展性原则：宽带接入的用户需求和技术的发展是长期的、渐进的。需求设计必须保证先进性和可扩展性，先进性是指能够反映近期和中期未来的用户需求；另一方面，可扩展性保证了可以通过扩展满足远期未来的需求。保证基于本需求开发的技术和系统可以随着业务需求扩展和技术进步进行平滑升级。并且扩展性必须能够符合主流技术发展的趋势，适应“光进铜退”的趋势。

可管可控原则：必须满足不同角度不同层面的可管理性、可控制性，保证网络运营的规范和网络的健康发展。

经济性原则：确保基于本需求开发出来的电缆宽带接入技术在保证性能的基础上，具有良好的经济性。

业务驱动原则：下一代广播电视网（NGB）的技术发展是业务驱动型的。在兼顾我国有线电视网络和技术发展现状的基础上，从业务发展和业务承载的角度出发，研究和制定符合下一代广播电视网（NGB）业务发展需要的电缆接入技术。

《面向下一代广播电视网（NGB）电缆接入技术（EoC）需求白皮书》内容包括：业务类型及用户接入带宽需求、信道带宽与可扩展需求、物理层需求、MAC 层需求、以太网支持能力需求、系统接入能力需求、带宽管理需求、安全需求、网络及设备管理需求、互通性需求、扩展性需求、应用场景和组网需求、接入设备需求。

5.2.1 系统结构描述

现有有线电视网络是以光纤为干线的光缆－同轴电缆混合网（HFC），有线电视网络双向化改造技术主要包括接入网光传输改造技术和用户接入改造技术两部分。

在光传输改造方面，相比有源光网络（AON）技术，无源光网络（PON）技术具有拓扑结构简单、设备成本低，并且其网络拓扑结构与 HFC 网光纤部分的拓扑结构相类似。因此，在现有 HFC 网络中采用 PON 技术，不需要对现有 HFC 网络进行大幅度改造，只需要在原来的光网络上作相应的配置，即可在较短时间内完成网络的升级。在光传输改造方面，除了采用 PON 技术以外，还可以利用其他各种光接入技术。本文在后面的叙述中，采用 PON 技术作为光接入技术是作为一种典型应用，并不排斥其他光接入技术的应用。

同轴电缆宽带接入网络用于解决电缆接入改造技术问题。由同轴电缆宽带接入技术和无源光网络技术一起构成有线电视网宽带接入技术。基于电缆接入技术（EoC）的有线电视宽带接入网络基本结构如图 7 所示：

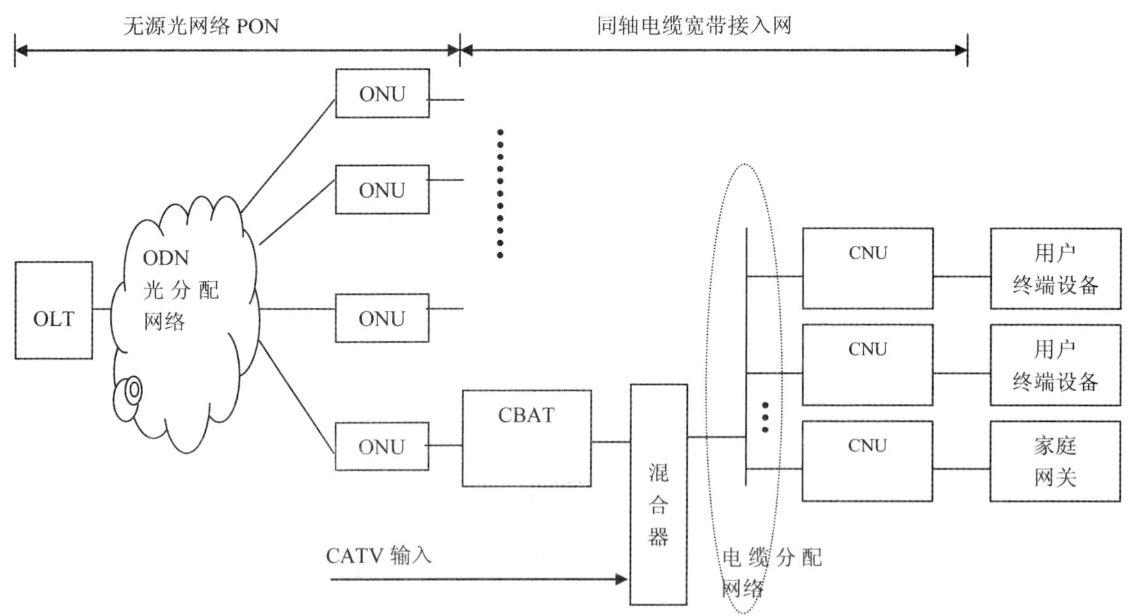

图 7　有线电视宽带接入网基本结构示意图

接入干线传输采用 PON 技术后，同轴电缆接入成为最后 100 米的接入技术问题，覆盖用户不多于 200 户，并逐步向 50 户或 20 户过渡。

5.2.2 业务类型及用户接入带宽需求

5.2.2.1 业务类型

下一代网络发展的一个基本趋势是IP化的全业务网。IP业务（由IP网所承载的业务）可以分为三大类：语音、数据和视频。语音业务主要是基于IP的语音即VoIP业务，数据业务主要是基于互联网的IP数据（如HTTP浏览、FTP下载、网络游戏等），视频业务主要是基于IP的组播、点播标清和高清视频业务（SDTV和HDTV）以及IPTV、视频会议。

从电缆宽带接入网络承载业务的技术特性来说，可以按照带宽、时延、抖动以及丢包等业务传输特性需求来区分不同的业务类型，主要包括以下典型业务：

（1）尽力而为业务

要求网络提供双向支持，用户通过竞争请求获取系统剩余带宽，网络尽最大努力来传输业务。例如互联网访问、邮件收发、文件下载等业务。

（2）保证下行带宽的非实时业务

要求网络提供双向支持，保证下行带宽，支持恒定带宽，对传输时延和抖动要求低。例如VPN业务、需要大带宽的FTP、在线游戏等业务。

（3）保证上下行带宽的非实时业务

要求网络提供双向支持，保证较高的上下行带宽和较低的丢包率，对传输时延和抖动要求低。例如基于P2P技术的文件下载及相关应用业务。

（4）保证下行带宽的实时业务

要求网络提供双向支持，保证较高的下行带宽和较低的传输时延及抖动，支持恒定带宽或可变带宽，对上行带宽要求较低。例如视频点播、互动电视、IPTV、时移电视和录播电视等业务种类。

（5）保证上下行带宽的实时业务

要求网络提供双向支持，保证较高的上下行带宽和非常低的传输时延及抖动，支持恒定带宽或可变带宽。例如VoIP、视频电话、视频会议、即时通信IM、视频监控等新通信业务。

除了作为目前基本业务的CATV广播业务（包括模拟和数字电视节目）以外，有线电视电缆宽带接入网必须能够提供以上业务承载的支持。

5.2.2.2 用户接入带宽演进策略

从系统承载业务所对应的系统接入带宽需求来看，目前有线电视接入网络由于承载业务比较单一，用户对带宽的需求相对较低，随着网络承载业务不断扩展，用户对接入带宽的需求将会逐渐增加。因此，根据我国有线电视网络发展及业务运营现状，接入网络系统接入带宽需求将是渐进式增加的。为了能够满足不同应用场景、不同发展阶段的用户接入带宽需求，系统的总带宽可以支持用户接入带宽渐进发展的模式，如1Mbps ~ 2Mbps →5Mbps ~ 10Mbps →20Mbps ~ 30Mbps →100Mbps逐步过渡的模式，逐步扩展用户接入带宽。

用户接入带宽与用户所开通的业务类型是相对应的，因此，在确定接入带宽需求时应从以下几个方面考虑：

①各种业务对带宽的需求；

②光节点覆盖范围和开通率；

③用户并发率。

基于我国有线电视网络目前的现状，应该首先考虑一个光节点覆盖用户数为500户或者200户的情况，在这种情况下，用户双向业务开通率相对较低。这种情况是为了满足开通双向并为交互业务提供上行信令传输信道，因此，对用户接入带宽需求相对较低。在一个光节点覆盖用户数为50户的情况下，用户业务开通率会比覆盖范围为200户的情况要高很多，并且承载业务类型也更丰富，用户并发率也相对较高。因此，在这种情况下，用户接入带宽需求较高。在实际应用时应根据具体模型实际测算。

总体来讲，接入网络覆盖范围较大时（例如200户），用户带宽相对较低，而接入网络覆盖范围较小时（例如50户），用户带宽相对较高。网络的建设应该能够适应用户接入带宽渐进发展的要求。

5.2.3 信道带宽与可扩展需求

根据GY/T 106－1999的频道划分原则，遵循广播电视的管理相关规定，标称信道带宽必须为8MHz的整数倍。

信道带宽需求主要考虑以下因素：

①必须保证有充分的频谱资源可用，以便能够满足不同应用场景（比如密集居住区域）、不同发展阶段（用户带宽需求是从1Mbps～2Mbps →5Mbps～10Mbps →20Mbps～30Mbps →100Mbps等渐进发展模式）的总带宽需求。

②信道带宽必须采用8MHz的整数倍信道带宽规划方式，以符合有线电视网络的频道规划。信道带宽太窄则会损失频带资源利用率。太宽则一方面对带内频域平坦度要求过高，现有有线电视电缆网络难以满足要求；另一方面对设备实现要求高，难以降低成本。

③应该支持通过信道捆绑或者等价的方式实现传输带宽提升或者各信道之间资源动态分配的应用方式，以提供更为灵活的组网方式。

④应该支持邻道可用原则，以便更充分利用空闲广播电视信道传输双向宽带信号。

5.2.4 物理层需求

①频带资源利用率：定义为有效信道带宽与标称信道带宽之比，该值必须大于80%。－40dB带宽不超过8×n MHz，－80dB带宽不超过8×n＋1MHz。

②频带利用率：建议物理层传输效率在有效信道带宽内大于7bits/Sec/Hz。频带利用率为7bits/Sec/Hz情况下，不同信道带宽对应的物理层传输速率及支持的调制格式见下表：

n	带宽	物理层传输速率	支持的调制格式	建议
1	8MHz	56Mbps	QAM256	
2	16MHz	112Mbps	QAM256	*
3	24MHz	168Mbps	QAM256	
4	32MHz	224Mbps	QAM256	

建议采用单信道 16MHz；调制格式应支持向下自适应。

③建议采用频率堆叠或其他方式增加带宽扩展性。

④带外辐射：5～2000MHz 频段范围内的带外辐射必须足够小至不影响现存有线电视信号，保证可以和有线电视信号共存。

⑤跨越放大器和分支分配器：应能跨越放大器和分支分配器。

⑥插入损耗：同轴电缆宽带接入系统局端设备射频输出信号与有线电视信号进行混合时，引起的有线电视系统插入损耗不得超过 1.5dB。

⑦发射频谱模板如图 8 所示：

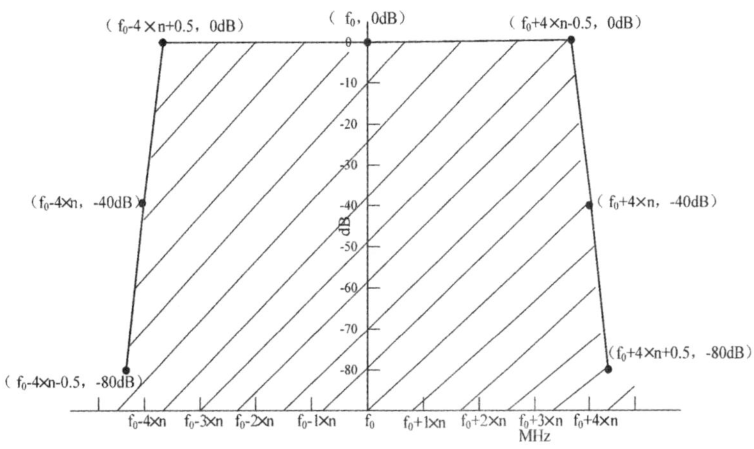

图 8　发射频谱模板

同轴电缆宽带接入系统设备发射信号频谱应该在该模板阴影区域以内。n 为 8MHz 电视信号频带的倍数，f_0为工作频带的中心频点。

⑧动态接收范围如图 9 所示：

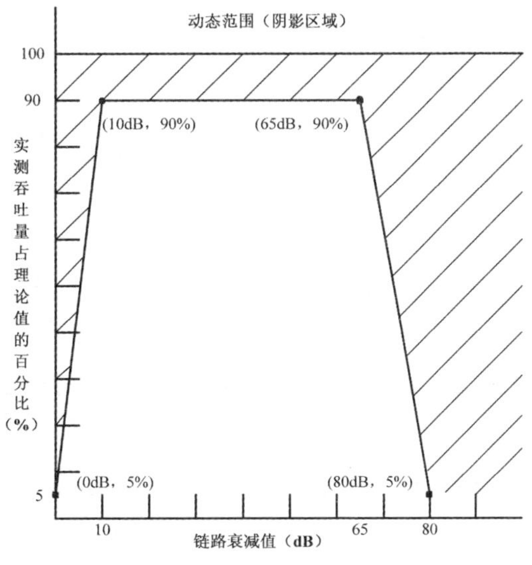

图 9　动态接收范围

电缆宽带接入系统实测吞吐量与链路衰减值之间的关系如上图所示，建议系统动态接收范围在如图所示的阴影区域内。

5.2.5 MAC 层需求

MAC 层应该满足以下功能和性能要求：

①MAC 层频谱利用率：在规定信道带宽内系统的最大 MAC 层传输速率与物理信道带宽之比应至少大于 4bit/s/Hz。MAC 层频谱利用率为 4bit/s/Hz 情况下，不同信道带宽对应 MAC 层传输速率及 MAC 层双工方式见下表：

n	带宽	MAC 层传输速率	MAC 层双工方式	建议
1	8MHz	32Mbps	TDD/TDMA	
2	16MHz	64Mbps	TDD/TDMA	*
3	24MHz	96Mbps	TDD/TDMA	
4	32MHz	128Mbps	TDD/TDMA	

注：建议采用 64Mbps 的 MAC 速率，以便于使用百兆 FE 端口和以太网进行桥接。

②上下行带宽分配：在上下行带宽总量约束条件下，应具备动态分配上下行能力，以提高带宽利用效率，更好地对应上下行对称和非对称业务共存的应用需求。

③双工方式：建议采用 TDD 方式。

④多址机制：在 TDD 方式下，建议采用预约许可和中心结点协调的 TDM/TDMA 机制实现多址接入和信道分配。

5.2.6 以太网支持能力需求

电缆接入技术应该满足以下以太网功能和性能要求：

①VLAN 支持：局端和终端设备应支持 VLAN，终端设备可根据需要配置是否透传或剥离 VLAN 标记。

②组播功能：建议有线电视电缆用户接入局端设备支持组播功能。

③组播过滤支持：建议支持组播过滤功能。

④广播风暴抑制：应该具备广播风暴抑制能力。

⑤二层隔离：局端设备应该具有在二层隔离各接入终端的能力。

⑥QoS 支持：建议支持 802.1p，支持的优先级数 > =3（对应实时业务、准实时业务和非实时业务；此处不包括 MAC 协议本身的控制信息，控制信息应具有最高优先级，但是不应计在 QoS 优先级数中）；建议支持 802.1d 的用户优先级标记（基于 CoS 的 QoS 功能）；应能根据用户和业务进行带宽分配。

⑦延时建议业务分组在 CBAT 和 CNU 之间的延时最大不超过 20ms。

5.2.7 系统接入能力需求

①建议同轴电缆宽带接入系统局端设备单信道输出时至少支持接入终端数为 32。

②同轴电缆宽带接入系统局端设备接入终端为单个终端时，系统 MAC 层传输带宽不低于 100Mbps。

③同轴电缆宽带接入系统局端设备同时接入终端为支持最大终端数时，系统 MAC 层传输效率不低于 65%。

5.2.8 带宽管理需求

考虑用户预先申请、并发使用等网络带宽应用场景，针对用户独占带宽和共享带宽的需求，同轴电缆宽带接入网应具备 DBA（动态带宽分配）功能，以提高带宽利用率以及保证业务公平性和 QoS。通常情况下，连接用户终端设备的接入设备需要提供基于用户或业务的优先级管理依据，而在具有汇聚功能的局端设备处完成最终的 DBA 行为。DBA 功能包括以下需求：

①上下行带宽分配：局端设备应能控制上行和下行流量，并进行上下行带宽资源动态分配，从而可以灵活适应对称业务和非对称业务共存的需求，从而提高整体网络带宽利用率。

②带宽管理和限制：接入端设备应能设定限制以太网端口带宽；局端设备应能设定限制各接入端设备的带宽。

③带宽分配类型：应支持固定带宽、保证带宽和尽力而为带宽等三种带宽分配类型。

④带宽分配粒度：<256kbps

⑤公平性原则：在所有前提条件相同的情况下遵循公平性原则平均分配带宽。

⑥基于优先级的带宽分配：根据业务优先级、用户带宽额度以及用户优先级进行带宽分配，为不同业务，不同用户提供不同带宽保障。（优先级调度：严格优先级/权重优先级）。

⑦流量整形：避免网络过载或空闲，也能缓解网络拥塞，以便于提高服务质量。

5.2.9 安全需求

5.2.9.1 加密

同轴电缆宽带接入网承载的数据为标准的以太网数据帧，恶意用户很容易窃听、泄露、篡改、破坏和伪造系统开销信息及其他用户的信息，存在安全隐患。为了保证用户数据与网络运营的安全，有效防止非法用户的攻击，建议对用户信息进行加密。

系统可根据业务传输需要选择使用。

5.2.9.2 接入端设备认证

局端设备具有对接入端设备进行认证的能力，能够拒绝非法接入端设备的接入，确保只有合法接入设备才能够方便快捷地接入网中，杜绝非法用户接入网中占用网络资源影响合法用户的使用，或者干扰网络正常运行。

5.2.9.3 用户标识和溯源

一方面，可溯源性提供了网络管理者在网络遭到攻击或者恶意使用时的用户定位能力。另一方面，出于精细化管理的需要，运营商要能对用户进行精确定位，实现可溯源性，便于业务和用户管理。可溯源性的前提是用户唯一性识别。

同轴电缆宽带接入网的局端设备能够唯一地识别接入端设备。

目前，主要有两类方案解决上行接入设备标志和端口溯源问题：一是借助设备物理地址；二是基于 VLAN（Stacking）技术。

5.2.10 网络及设备管理需求

5.2.10.1 基本要求

①在 HFC 网络管理标准 GB/T 20030－2005 中 HFC 设备网管根节点 17409 下定义 CBAT 和 CNU 设备的 MIB；

②局端设备应能通过其所带的 Console 口对其进行带外方式的操作维护，应支持通过标准 SNMP 网管系统远程进行操作管理维护，可选支持 Telnet 或者 Web 方式的网管；

③局端设备应该支持带外管理和带内管理方式，带外访问方式应该提供所有带内访问方式的功能，带外访问方式应该实现访问控制，防止非授权访问；

④局端设备应能按照相关协议向该局端设备上联的无源光网络（PON）系统发送包含该设备 IP 地址、MAC 地址、产品型号、技术类型、上联 ONU 端口等信息在内的报文，以便无源光网络（PON）管理系统能够自动发现下联的局端设备，实现设备的自动发现；

⑤管理系统通过局端设备 CBAT 的 SNMP 代理实现对接入端设备 CNU 的远程操作管理维护，可选支持 Telnet 或者 Web 方式的网管；

⑥管理系统应具备对设备进行配置管理、性能管理、故障管理、安全管理等方面的功能；

⑦建议管理系统采用中文界面。

5.2.10.2 配置管理需求

①应能对网络接口参数进行配置；

②可提供一种自动配置的方法，并能对接入端设备进行监控和管理。最好能够做到接入端设备的零配置即插即用；

③可对每个接入端设备的带宽、承载业务、传输能力进行配置；

④可对设备进行物理地址的配置；

⑤应能对业务流参数进行配置，如保证带宽、最大带宽和 55、业务优先级等；

⑥应能配置以太网相关功能，如 VLAN、帧过滤、组播等；

⑦应能配置系统功能，如加密等；

⑧应能通过网管对系统软件进行远程升级；

⑨所有配置操作应记录到日志文件，并支持检索；

⑩应能对环境监控参数进行配置（可选）。

5.2.10.3 性能管理需求

①网管应能启动性能测量功能，采集并处理测量数据，分析测量结果；

②性能管理应具备对系统性能进行周期性统计的功能，比如说带宽使用情况等等；

③应具有性能控制功能，当系统性能下降超越门限时，对制约网络性能的相关参数进行调整；

④应能查询历史系统性能记录，并能将查询结果和统计结果保存到外部文件并输出。

5.2.10.4 故障管理需求

①故障管理应负责对系统各个部分进行持续或间断的观测、检测，以发现故障、产生故障告警，进行故障诊断及定位分析，创建及维护告警日志，并能够通过冗余设备或冗余路由

即时恢复措施重新提供服务；

②告警信息应可通过图形或其他方式对不同的运行状态和告警级别进行显示，并同时产生告警日志供查询；

③告警信息应能区分为设备告警（如节点故障、接口故障、电源故障、CPU 利用率故障等）、环境告警（如超出工作温度限制、湿度过高等）、通信告警（如传输链路故障等）、服务质量告警（如网络出现性能下降超越性能门限、网络部分区域拥塞等）等；

④告警应根据故障严重程度、故障原因、时间段等进行分级处理；

⑤故障事件恢复后，网管的相应告警信息应能自动清除。

5.2.10.5 安全管理需求

①网管系统应能通过定义个人访问权限的方式，提供对管理员/操作系统访问的安全措施，拒绝非法用户和密码错误用户的登录访问。不同级别的管理员具有不同的权限，确保访问请求的发起者只能在自己的权限范围内执行管理操作。敏感信息或固定用户终端鉴权属性、数据库和配置数据只能由授权的个人和管理系统进行操作。

②网管系统应能记录所有用户的操作，包括用户名、操作时间、操作类型。非法用户登录应产生安全性告警，未经授权的操作尝试由系统日志记录并产生安全警告提示。

5.2.11 互通性需求

不同厂家设备之间应该实现互联互通。

5.2.12 扩展性需求

建议终端设备在设备形态功能及配置上具有可扩展性，能够面向未来的数字家庭业务。

5.2.13 应用场景和组网需求

随着有线电视网络“光进铜退”的发展趋势，现有 HFC 网络每个光节点覆盖的用户数越来越少。在进行有线电视宽带接入网络改造建设时，应结合 HFC 网络架构，在分前端和光节点之间采用 PON 技术或其他光接入技术，在光节点以下的同轴用户分配网络应采用有线电视电缆宽带接入技术。为了便于工程施工和网络管理维护，在分前端和光节点之间采用 PON 技术的情况下，ONU 功能和同轴电缆接入网局端（CBAT）功能应考虑集成在一个设备中实现。

电缆宽带接入技术的应用场景与有线电视网络每个光节点覆盖的用户规模有密切的关系。下一代广播电视网（NGB）的发展趋势是每个光节点覆盖的用户数逐渐减少，从 500 户到 200 户再到 50 户。但是就目前我国有线电视网络发展现状看，在研究电缆宽带接入技术应用场景时，还需分别考虑光节点覆盖 200 户和覆盖 50 户的应用场景。当前，有线运营商在选择电缆宽带接入技术时，可以按照“多用户数 + 低带宽要求”的模式，先考虑 200 户的应用场景，做到全网开通和业务开通，然后再逐渐推进，根据业务的开展不断地减少覆盖的用户规模，提升用户接入带宽。

总的发展策略是，网络的建设应该适应“多用户数 + 低带宽要求”向“少用户数 + 高带宽要求”的渐进发展趋势而平滑地发展，从 200 户向 50 户平滑过渡。

5.2.13.1 200 户应用场景

这种情况下，HFC 网络可以达到光纤到小区的程度，对于小于 200 户的小区，只需要一个有线电视光节点，而对于大的小区可能存在多个光节点。从有线分前端机房到小区光节点之间的网络完全是无源的PON光链路，而从光节点出来的同轴电缆用户分配网络由于带的用户数较多，传输距离较远。

针对该情况，ONU/CBAT交换机的组网可以采用将光节点的光纤延长到楼道，也可以将ONU/CBAT交换机安装在野外光节点位置。

对于后者的组网方式，如图10所示。

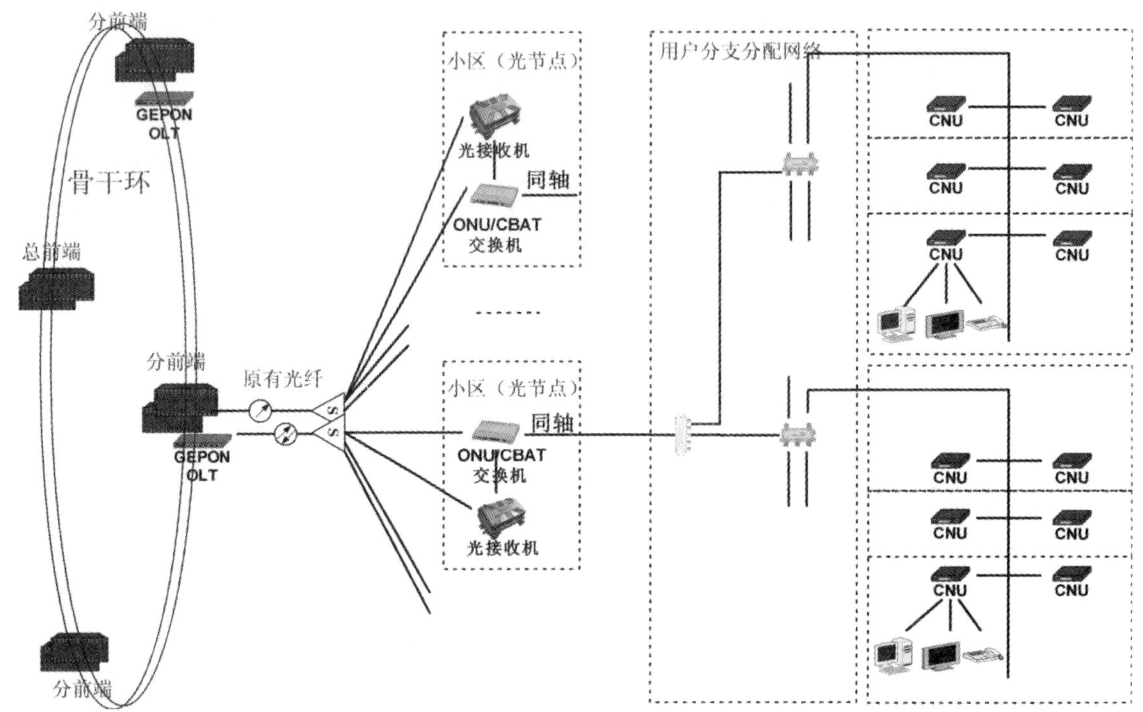

图10　200户应用场景组网

由于本场景下光节点带的用户数较多，相比50个用户数组网方式，ONU/CBAT交换机必须能够提供更多的信道的复用，而且应是野外型设计。另外，还需考虑以下几个关键技术问题：

①应保证将同轴电缆接入信号传输一定距离，典型情况下为100米左右；

②ONU的PON口带宽无法满足200个用户高带宽交互电视业务承载需求时，PON链路如何进行带宽扩展。

因此，这种组网方式对于技术要求较高，而且很难应用于高带宽需求的场景。

5.2.13.2　50户应用场景

这种情况下，HFC网络已经基本达到光纤到楼道的程度，从有线分前端机房到居民楼之间的网络完全是无源的PON光链路，在楼内则继续使用原有的电缆分配网络。

针对该情况，用于收发以太网数字信号的ONU/CBAT交换机设备以及接收模拟CATV信号的光接收机全部安装在楼道内。如果用于连接分前端CATV光发射机和楼道内光接收机的光缆中有剩余光纤，则可以用于PON OLT和ONU之间的ODN连接，否则需要另外布光缆或者采用波分复用技术，在同一根光纤中传输 CATV 信号和 PON 信号。在楼道内，光接收机输出的模拟 CATV 信号和 ONU 缆桥交换机输出的以太网数字信号经过混频后，通过楼内电缆分配网络传给每个用户家中的同轴电缆接入网终端（CNU）设备，在不影响原 CATV 广播业务的基础上实现有线电视电缆的宽带接入。如图 11 所示。

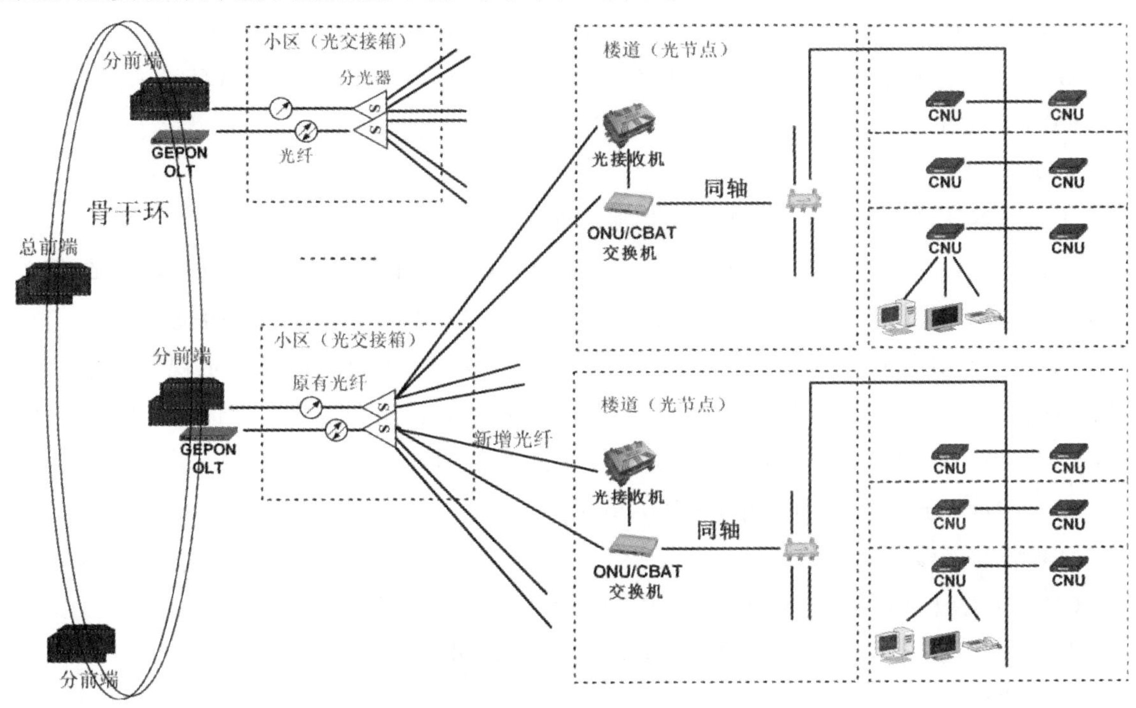

图 11　50 户应用场景组网

考虑到大多数的情况，应为每户居民提供客厅和卧室至少两个终端接入点。因此，一个楼道内需要 100 个左右的 CNU 终端。

针对上述应用场景，应考虑基于同轴电缆带宽接入技术的频分复用技术或者频带捆绑技术，即由多个信道带宽一起提供所需要的带宽要求。假定一个同轴电缆宽带接入局端设备 CBAT 对应一个信道带宽的信道，则需要多个 CBAT 设备。因此，从设备的角度来说，一个 ONU/CBAT 交换机中包括多个 CBAT 单元，再连接到更多的 CNU 终端。ONU/CBAT 交换机提供 1 个物理的同轴输出端口，但在该端口提供若干个同轴电缆宽带接入信道的频分复用。

在实际进行有线电视接入网络工程设计时，也可以考虑楼道内的 ONU/CBAT 交换机输出多个同轴电缆端口，每个同轴端口连接一个楼道，则一个 ONU/CBAT 交换机可以带多个单元楼道的用户，但这样会存在跨楼道同轴电缆布线。考虑到铜缆对信号的损耗，这种跨楼道的铜缆不宜超过 50 米，因此，建议一个 ONU/CBAT 交换机输出 2 个同轴电缆端口为宜，共提供 2 个楼道用户的宽带接入。

5.2.14　接入设备需求

5.2.14.1　局端设备

①接入系统局端设备（CBAT）必须支持信道捆绑和信道扩展。

②设备接口：接口类型：设备上联接口为 GE 或 FE 端口；用户侧接口为 RF 端口，接口类型为 F 型，75 欧姆阻抗。RF 接口发射电平≤120dBμV。

③设备电源：支持 220V 交流供电或者 60V 交流供电；在实际应用时，应根据实际情况确定设备电源供电方式。

④可靠性要求：平均故障间隔时间（MTBF）的下限值应不低于 15000 小时。

⑤工作温度范围：野外型工作温度范围为 -25℃ ~ +55℃；室内型工作温度范围为 -5℃ ~ +55℃。

5.2.14.2 接入终端设备

①接入终端设备必须支持设备自动注册功能。

②设备接口。接口类型：设备用户侧接口为 FE 端口和 RF 端口，其中 RF 端口的接口类型为 F 型，75 欧姆阻抗；上联接口为 RF 端口，接口类型为 F 型，75 欧姆阻抗。

RF 端口发射电平≤120dBμV；系统当前工作信道邻频如存在有线数字电视信号时，应根据实际应用情况采取措施（降低发射电平或者在系统工作信道与数字电视信道之间建立隔离带），保证其射频输出信号不影响有线电视信号的传输和接收。

③终端接收电平范围：40dBμV ~ 100dBμV

④接收端灵敏度要求：

64QAM 对应 40dBμV 至 45dBμV，MER = 25dB，QEF BER < 1E -9。

256QAM 对应 45dBμV 至 50dBμV，MER = 28dB，QEF BER < 1E -9。

⑤设备形态：

支持宽带接入终端功能，有 1 个以太网接口，1 个有线电视 RF 输出接口，提供以太网/IP 业务，不具备第二层交换功能。

支持宽带接入终端功能，有 1 ~ 4 个以太网接口，1 个有线电视 RF 输出接口，提供以太网/IP 业务，可以支持 VoIP 业务（内置 IAD），具备交换功能。

内置于有线电视双向机顶盒中，为双向机顶盒提供上行信令传输通道，支持宽带接入终端功能，提供以太网/IP 业务，不具备交换功能。

具有家庭网关功能，具备 1 ~ 4 个以太网接口、1 个 WLAN 接口和至少 1 个 USB 接口，提供以太网/IP 业务，可以支持 VoIP 业务（内置 IAD），实现对家庭网络内部的路由、管理、过滤、配置功能。

⑥可靠性要求：平均故障间隔时间（MTBF）的下限值应不低于 15000 小时。

⑦工作温度范围：-5℃ ~ +55℃。

广播电视电磁辐射和电磁兼容研究

摘要

我国建成的卫星、有线、地面等传输方式相结合的世界上规模最大的广播电视网已成为我国最便捷、最普及的宣传渠道、娱乐工具和信息载体。近年来，广播电视行业的电磁辐射和电磁兼容受到越来越多的社会关注，关系到广播电视的覆盖、电磁环境的质量和人民群众的健康安全，对于维护行业合法权益、保证各行业和谐健康发展是至关重要的。广电总局广播电视规划院经过科学的调研、规划、设计和建设，于2007年完成了广播电视系统电磁辐射和防护标准试验平台的建设，这是广电行业第一个电磁兼容实验室。随后于2009年再次启动了广播电视系统电磁辐射和防护标准试验平台（二期）暨广播电视系统电磁环境试验测试系统的建设，全面建成了5米法电波暗室、频谱与电磁兼容测试系统、环境电磁场测试系统和环境电磁场数值计算仿真系统。

自实验室建成以来，广播电视规划院依托广播电视系统电磁辐射和防护标准试验平台和广播电视系统电磁环境试验测试系统，开展了大量电磁兼容和电磁照射的研究、试验和系统测试，包括广播电视中心的电磁兼容与电磁照射研究和测试、移动多媒体广播电视系统局端设备的电磁兼容限值和试验方法研究、地面数字电视系统设备电磁兼容特性研究（地面数字电视单频网适配器和激励器电磁兼容标准研究、地面数字电视发射机电磁照射测试标准预研）、广播电视电磁辐射和电磁环境污染研究（广播电视发射塔电磁照射强度试验和测试、影视编辑工作环境EMF测试、电台计算机房环境EMF测试、视频服务器电磁兼容测试及问题探究、电磁屏蔽测试及问题探究）等。这些研究和测试工作在广电行业具有开创意义，为开展广播电视系统设备电磁兼容研究、制定广电行业电磁兼容标准规划、开展行业电磁环境分析创造了基本条件，奠定了坚实的基础。

未来，广播电视规划院将继续跟踪国家和国际标准，不断增强电磁兼容研究试验能力，建立和完善广播电视电磁兼容标准体系和电磁辐射标准体系，将电磁兼容和电磁辐射特性纳入广电行业设备器材的入网认定体系，加快电磁辐射对人身安全与健康影响的课题研究，为提高广播电视播出覆盖质量、保证行业健康发展提供强有力的技术保障。

目录

Contents

1. 概述

1.1 广播电视的电磁兼容和电磁辐射

我国目前已建成了卫星、有线、无线三种传输方式相结合的世界上规模最大、覆盖人口最多的广播电视网。广播电视已成为我们党和国家联系千家万户的最便捷、最普及的宣传渠道、娱乐工具和信息载体，是我国社会主义精神文明建设和国家信息化基础设施的重要组成部分，是人民群众享受文化娱乐、获取资讯信息的主要渠道和日常生活中必不可少的重要组成部分。

进入21世纪，电磁环境恶化的趋势已成定局。电磁辐射污染是继公认的大气污染、水质污染、噪音污染之后的“第四大公害”，联合国人类环境大会已经将电磁辐射列入必须控制的主要污染之一。随着科学技术的发展，大量技术含量高、内部结构复杂的电子产品正向“轻薄短小”和高功能化发展。由此而产生的电磁干扰所造成的危害也日益严重，引起了我国政府和世界各国的普遍关注。广播电视部门作为电磁应用领域的重要部门，一方面必须防止外界各类设备的电磁干扰，确保广播电视的良好覆盖；另一方面，广播电视的发射功率大、频率范围宽、覆盖面积广，可能造成电磁干扰和环境污染。过去，广播电视行业缺乏基本的辐射和防护测试条件，不能客观、真实、有效地掌握当前的辐射现状。如果不能及时掌握辐射现状并采取有效措施，不仅影响广播电视覆盖质量，而且会造成电磁污染，影响人民的身心健康。因此，建立广播电视系统电磁辐射和防护标准测试系统迫在眉睫。

为了不断满足人民生活需求和国家宣传任务的要求，我国建立了国家、省、地区和县级的广播电视播出覆盖网络。各系统中每个设备的电磁辐射和抗扰性能决定着该环节的质量，同时这些环节相互连接、相互影响，关系着节目播出质量和播出安全。目前可能存在的问题包括：来源不明的电磁噪声干扰设备或系统的正常运行，雷电造成设备停机或贵重设备损坏，地线问题导致系统性能下降，等等，这些都与电磁兼容密切相关。此外，电磁辐射和抗扰对设备、系统乃至人身的影响被国际国内越来越多的人所认识，家用电器、通信设备等系列的电磁兼容标准一一出台。与上述情况相比，广电行业电磁兼容标准仍存在较大缺口。近5年来，广电行业处于模拟向数字的全面转换阶段，数字播出和传输系统不断组建和运行，这正是规范数字系统电磁兼容性能的不容错过的时机，也是引导广播电视系统设备提高电磁兼容性能、提高广播电视传输和播出质量的重要契机。

近年来，广播电视行业的电磁辐射和电磁兼容受到越来越多的社会关注。作为一项重要的参数指标，广播电视系统设备的电磁兼容关系到广播电视的覆盖、国家电磁环境的质量和人民群众的健康安全，对于维护行业合法权益、保证各行业和谐健康发展是至关重要的。广播电视规划院经过科学而艰苦的调研、规划、设计、建设、调试、验收等工作，于2007年完成了广播电视系统电磁辐射和防护标准试验平台的建设，这是广电行业第一个电磁兼容实验室（一期），为开展广播电视系统设备电磁兼容研究、制定广电行业电磁兼容标准规划、开展行业电磁环境分析创造了基本条件。目前，实验室已投入运行，正在基于该实验室全面开展相关工作（如科研、规划、试验、检测、标准制/修订等）。

同时，广播电视规划院在电磁兼容实验室（一期）研究试验设施的基础上，不断增强电磁兼容的研究试验能力，扩展和完善电磁辐射、电磁防护标准、安全可靠性测试系统的配置，持续建立集广播电视、通信、信息等多种功能于一体的更为完善的电磁兼容和安全标准研究和评价平台，并以此为基础开展电磁辐射发射限值和测量方法、电磁传导发射限值和测量方法、抗扰度限值和测量方法、广播电视设备安全可靠性技术要求和测量方法的研究和试验。具体工作包括：

◆进一步扩展研究系统的频率配置范围，提高仪器设备的试验灵敏度和适应范围，添置环境电磁场测试仪器，增强系统的研究试验能力；

◆对研究试验场地进行扩展，增大电磁试验净区空间，满足大型设备的研究和试验需求，提升电磁兼容系统的预测试能力；

◆对半电波暗室进行性能扩展，增设吸波材料，使之具备全电波暗室的部分功能。

◆对地面数字电视广播系统设备、直播卫星系统设备和其他新媒体系统设备的电磁兼容研究试验进行有针对性的扩展和配置；

◆对广播电视系统设备的安全可靠性研究实验室进行重点配置，建立广播电视电磁兼容、电磁辐射、电磁抗扰度、安全可靠性分析测试和质量认证平台。

1.2 广播电视电磁兼容/电磁辐射研究和测试系统建设的必要性和可行性

广播电视系统电磁辐射和防护标准测试系统是开展广播电视系统急需的电磁兼容标准研究、为广播电视行业提供电磁兼容相关服务必备的基础设施，在此基础上将逐步开展广播电视电磁兼容相关标准的研究、广播电视电磁兼容和电磁环境测量、广播电视系统及设备电磁辐射和防护检测以及其他有关的电磁兼容研究试验。

广播电视电磁兼容/电磁辐射研究和测试系统的建设包括项目调研、暗室和仪器设备购置、实验室附属设施建设等。建立广播电视系统电磁辐射和防护标准测试系统，是开展广电行业电磁兼容的基本条件，是广电行业电磁兼容标准化、系列化的基本要求；是提高广电行业环境保护水平的重要保障，是保证行业健康发展的需要；是协调广电行业与相关的其他行业、协调我国与周边国家和地区电磁兼容问题的重要技术基础；是促进广播电视数字化建设、适应技术发展的必然要求。通过广播电视系统电磁辐射和防护标准测试系统，制定电磁辐射和防护系列标准，依据标准进行系统及设备的电磁辐射和防护检测，提高广播电视系统的电磁辐射和防护性能，实现广播电视网络建设和网络改造的电磁辐射和防护规范化；按照电磁辐射和防护要求对现有网络和设施进行维修改造，全面提高广播电视行业的电磁辐射和防护水平；通过标准测试系统的建立，开展对广播电视覆盖网遭受电磁干扰的评估评测，确保广播电视系统的电磁环境安全，维护广播电视行业健康发展。

广播电视电磁兼容/电磁辐射研究和测试系统的建设及相关项目的开展，将大大增强电磁辐射和防护标准测试系统的研究能力，提高广播电视行业电磁兼容的研究水平和标准化水平。通过研究和试验提出规划、标准和建议限值，限制来自广播电视内部和外部的电磁干扰，确保广播电视的播出质量和覆盖质量，为提高广播电视播出覆盖质量、保证行业健康发展提供技术保障，提高广电行业与相关的其他行业进行电磁兼容协调的能力。同时，掌握广播电视电磁辐射强度、相关数据及参数等实际情况，将为制定电磁兼容标准及相关政策提供可靠的技术依据。

1.3 广播电视电磁兼容/电磁辐射的研究基础

国家广播电影电视总局广播电视规划院是广播电视系统唯一的标准化研究归口单位和广播电视计量检测单位，是全国无线电干扰标准化技术委员会副主任委员单位。主要研究方向包括有标准研究、规划研究和电磁辐射和防护研究等，先后承担了我国广播电视电波传播及抗干扰研究、国家高清晰度电视技术政策研究和数字电视频率规划研究、调频规划、广播电视标准制定、广播电视系统质量检测，中国卫星广播规划、地面电视和广播规划的干扰分析和测试及其国际协调。自 1985 年以来，广播电视规划院（及其前身）一直开展电磁辐射和防护有关技术的研究，负责组织了多项广播电视电磁辐射和防护国家标准和行业标准的制定工作，对于产生干扰的机理、干扰的测量方法、测量数据的分析处理等方面积累了丰富经验，配备了少量先进的电磁辐射和防护测试仪器。

广播电视规划院组织老中青技术骨干组成项目组，共同开展有关测试系统项目的建设。项目组成员长期从事广播电视电磁兼容工作，在全国无线电干扰标准委员会以及分委会任主任委员和委员，负责和参加制定广播电视电磁兼容方面的国家标准和行业标准，制定的国家标准《架空电力线路、变电所对差转台、转播台无线电干扰防护间距》、《调频广播收音台、电视广播发射（差转）台与各级公路间无线电干扰防护间距》、《电视和声音信号电缆分配系统第 2 部分：设备的电磁兼容》和行业标准《交流电气化铁路对电视转播、差转台（站）辐射干扰的防护间距》已经颁布实施，有效地维护了广播电视行业和相关行业的利益。通过参与研究、试验和标准制定工作，培养了电磁兼容的技术研究人员，并与国内外有关公司和单位建立了协作关系，为电磁兼容实验室的工作展开打下了一个良好的基础。

1.4 相关的国内外电磁兼容标准研究组织概况

目前，对电磁兼容进行研究的国际标准化组织主要包括国际电信联盟（ITU）、国际电工委员会（IEC）等，我国的电磁兼容标准（民用）主要采用或参考 IEC 标准（特别是其所属的国际无线电干扰特别委员会颁布的标准）。

在 IEC 的研究管理架构中，承担主要电磁兼容研究工作的是 1981 年成立的 IEC 第 77 技术委员会（TC77）和 1934 年成立的国际无线电干扰特别委员会（CISPR）。IEC 第 77 技术委员会的内部划分成 SC77A（低频现象）、SC77B（高频现象）、SC77C（对高空核电磁脉冲的抗扰性）3 个分会，而国际无线电干扰特别委员会主要包含 A（无线电干扰测量方法与统计方法）、B（工、科、医设备无线电干扰）、C（电力线、高压设备和电牵引系统无线电干扰)、D（机动车和内燃机无线电干扰）、E（无线接收设备干扰）、F（家电、电动工具、照明设备及类似电器无线电干扰）、G（信息设备无线电干扰）等7个分会。

在国际电信联盟（ITU）的研究体系中，国际电信联盟电信标准局（ITU-T）下设的第5研究组（SG5，电磁环境影响及防护研究组）是研究通信系统设备电磁兼容的主要机构，其主要研究内容包括：开展电信网和设备对电磁干扰影响的防护的研究，开展与电信设备产生的电磁场相关的电磁兼容性的研究，开展电磁安全、健康影响和预防措施的研究等。由于第5研究组对于电信系统的电磁研究开展较早，因此在这方面的研究卓有成效，并积累了丰富的经验，其制定发布的K系列建议在限制电磁危险、保护电信系统设备和避免人身伤害等方面发挥了重要作用，具有很高的权威性。广播电视规划院等广电行业相关研究机构已于近几年开始派员参加第5研究组的工作会议并跟踪其研究情况。

除了国际电信联盟和国际电工委员会以外，欧洲电信标准协会（ETSI）、美国国家标准学会（ANSI）等地区标准组织也是开展电磁兼容标准研究的重要机构，而欧盟目前所采用的做法与我国类似，即基本采用或参考IEC的CISPR标准。

目前，国际上的电磁兼容标准可分为基础标准、通用标准、产品族标准、专用产品标准和系统间标准。主要可以依据的标准有：

①国际无线电干扰特别委员会（International Special Committee on Radio Interference，CISPR）系列标准，包括：

◆CISPR 22 信息技术设备无线电骚扰；

◆CISPR 25 为保护车辆上安装的接收机而制定的骚扰限值与测量方法；

◆CISPR 14 家用电器、电动工具及类似器具的射频发射EMC标准要求。

②欧洲系列标准（EN），如EN 61000系列标准。

③美国国家标准学会（American National Standards Institute：ANSI）标准，包括：

◆ANSI C 63.9-2008 发射机功率等级8瓦特以下的音频办公设备通用发射装置的射频抗扰度；

◆ANSI/IEEE 377-1997 地面移动通信发射机乱真（杂散辐射）发射测量的推荐实施规程。

④美国联邦通信委员会FCC（Federal Communications Commission）系列标准。

⑤日本工业标准（Japanese Industrial Standards，JIS）。

⑥我国国家标准。主要相关标准包括GB 9254、GB 13837、GB/T 17626系列标准等。

2. 广播电视系统电磁辐射和防护标准试验平台

电磁辐射和防护标准试验平台的建设是一个复杂的系统工程，涉及总体方案、场地方案、暗室屏蔽室安装、测试系统采购和布置等诸多关键要素，因此，项目组对电磁辐射和防护标准试验平台的技术方案进行了充分的前期调研和专家研讨，逐步形成了总体技术框架，即建设标准电波暗室和屏蔽室、放大器室、控制室等附属实验室，并配备完整的电磁辐射和防护标准试验测试系统。其中，电波暗室为主体实验室，主要用于辐射骚扰和辐射抗扰度测试；屏蔽室主要用于传导骚扰和传导抗扰度试验测试；放大器室主要用于抑制放大器漏场和噪声影响，保证操作人员的健康和放大器的散热要求；控制室主要用于放置测试设备以及为工作人员提供操作空间。

广播电视系统电磁辐射和防护标准试验平台是广电行业首个标准电磁兼容试验测试平台，经过精心设计和认真实施，已建设完成并投入使用。该试验平台的建设将为广播电视电磁辐射、电磁干扰、电磁抗扰度等方面的研究提供技术服务平台、试验平台和质量认证平台，为开展广电行业电磁兼容规划研究、标准研究和相关科研研究创造了基本条件。系统将根据广播电视系统重大工程系统设备对电磁兼容的需求，逐步提升和完善研究、试验和测试能力，为广播电视电磁环境、电磁辐射和安全可靠性认证提供技术支撑平台。

2.1 电波暗室和屏蔽室系统的设计和建设

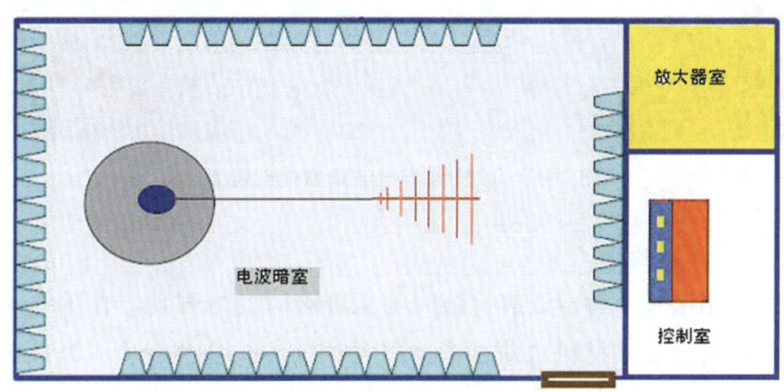

图 2－1 典型的电波暗室配置示意图

2.1.1 电波暗室总体设计方案

典型的电磁辐射和防护标准（电磁兼容）试验平台包括电波暗室（典型配置图见图 2－1）、屏蔽室、控制室、放大器室和测试系统等，而电波暗室是整个试验平台的主体和核心，它又可划分为全电波暗室（fully anechoic chamber）和半电波暗室（semi anechoic chamber）。全电波暗室是在暗室的所有内表面全部装设射频吸波材料的屏蔽室，可将信号反射降低到最低程度，可以用来模拟自由空间的电磁传播环境；而半电波暗室则是指除了暗室地面未装设射频吸波材料、存在反射以外，其他内表面均装设射频吸波材料的屏蔽室，用来模拟实际开阔场地。根据试验应用情况，广播电视系统电磁辐射和防护标准试验平台（即电磁兼容实验室一期）采用了改进型半电波暗室（modified semi anechoic chamber，内部配置见图 2－2）的建设方案，即首先完成半电波暗室的建设，在试验需要时在主反射区域地面装设附加吸波材料，形成全电波吸收区域。

在建设中，以 3 米法矩形暗室为主要目标，同时建设了满足要求的 5 米法暗室，设计工作频段为30MHz~26GHz。作为开阔场的替代场，所建设的电波暗室的技术规格满足IEC 61000-4-3、CISPR 11和相关国家标准的要求，能够依据国家标准、行业标准及CISPR、IEC、EN等相关国际标准进行3米法和5米法广播电视设备、信息技术设备的电磁辐射骚扰和辐射抗扰度测试。暗室的性能主要包括屏蔽性能、场均匀性性能、场地归一化衰减性能、背景噪声性能、静区性能等。

图2-2　改进型半电波暗室内部配置

（1）屏蔽效能（SE）要求

屏蔽效能一般是指某一个特定点有屏蔽时与无屏蔽时的场强比。作为电波暗室基础的屏蔽室在建成后，须在装设吸波材料之前，依据国家标准GB 12190-90《高性能屏蔽室屏蔽效能的测量方法》进行屏蔽效能的验收测试。屏蔽效能的测试需要事先设置数个测试点，包括屏蔽钢板接缝处、信号接口板、滤波器、屏蔽门、通风波导等。其性能参数的总体指标应达到1GHz~26GHz ≥100dB，1MHz~1GHz ≥110dB，10kH~100kHz >60dB。具体实施测试时，应根据需要将测试频点细化。

测试频点	屏蔽效能指标期望值（dB）
10kHz	≥ 70
100kHz	≥ 90
1 MHz	≥ 110
100 MHz	≥ 110
1 GHz	≥ 100
10 GHz	≥ 100
18 GHz	≥ 100
40 GHz	≥ 100

（2）场均匀性（FU）性能

系统在场均匀性方面提出的要求是，在26MHz～1GHz频段内达到IEC61000-5-3的有关要求，即转台以上0.8m～2.3m范围内、1.5m×1.5m的假想垂直平面为标准场，其75%的场强幅值偏差控制在0～+6dB之内（即16个测试点中，12个点的均匀性最大为0～+6dB）。测试示意图见图2-3。

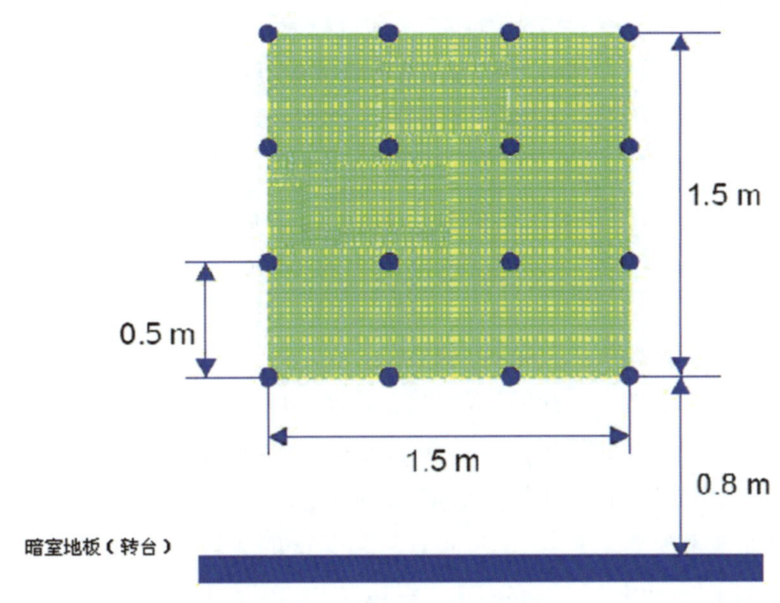

图2-3　场均匀性测试示意图

（3）场地归一化衰减（NSA）性能

5米法电波暗室30MHz～26GHz归一化场地衰减值与理论值的偏差应在±4dB以内，3米法电波暗室30MHz～26GHz归一化场地衰减值与理论值的偏差在±3.5dB以内。系统要求按照标准分段验收测试。测试示意见图2-4。

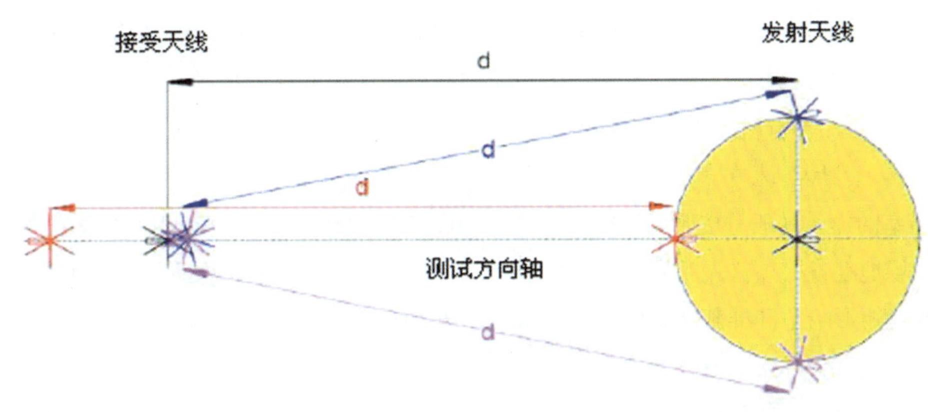

图2-4　场地归一化衰减测试示意图

场地归一化衰减测试频段	测试依据标准
30MHz ~ 1GHz	◆GB 9254-1998《信息技术设备的无线电骚扰限值和测量方法》 ◆CISPR 22《Information technology equipment—Radio disturbance characteristics —Limits and methods of measurement》(《信息技术设备——无线电骚扰特性——限值和测量方法》) ◆ANSI C 63.4-2003《Methods of Measurement of Radio-Noise Emissions from Low-Voltage Electrical and Electronic Equipment in the Range of 9kHz to 40GHz》(《9kHz ~ 40GHz 范围的低压电气和电子设备发出的无线电噪声的测量方法》)
1GHz ~ 26GHz	◆EN50147-1-1997《Anechoic chambers: Shield attenuation measurement》(《暗室：屏蔽衰减测试》)。测试时频率步长为 100MHz。

(4) 传输损耗、背景噪声、静区及其他性能

根据 CISPR 16-1-4 的要求，开展辐射骚扰测试的电波暗室应进行 30MHz ~ 1GHz 的传输损耗测试，旨在确定暗室测试范围内自由空间传输损耗值与理论自由空间传输损耗值的差异。此差异必须控制在规定值以内，否则将影响暗室的性能。

系统对于背景噪声的要求是：在 30MHz ~ 26GHz 的频段内，在受试设备关机的情况下，测试电平应低于 CISPR 22 所规定的 B 级限值电平 15dB（峰值）以上。此外，对于静区的要求是，在典型的 3m 和 5m 测试距离，应具备一个直径 2m、高度 2m 的圆柱体静区。

除了上述基本要求以外，场地性能还应符合 CISPR 13《Sound and television broadcast receivers and associated equipment radio disturbance characteristic limits and methods of methods of measurement》、CISPR20《Sound and television broadcast receivers and associated equipment immunity characteristic limits and methods of methods of measurement》、GB 13836-2000《电视和声音信号电缆分配系统 2：设备的电磁兼容》、GB 13837-1997《声音和广播接收机及有关设备无线电干扰特性限值和测量方法》、GB/T 9383-1999《声音和电视广播接收机及有关设备抗扰度限值和测量方法》等标准对测试的要求。

2.1.2 场地总体布置和场地准备

电波暗室的建设一般是按照场地准备、暗室建设安装、测试系统安装调试的顺序进行，因此，外围建筑和场地准备必须首先完成。建设场地是一块扇面形场地，平面总面积约 340 平方米。由于系统建设的是矩形暗室和屏蔽室，因此，首先必须根据场地的走向、高度、平整度等对暗室、屏蔽室、其他工艺室、办公区域进行统一规划。规划后的场地总体布置如图 2-5 所示。

电波暗室和屏蔽室的建设和安装对基础场地的要求很高。第一，电波暗室的自身整体重量较大，一般为 40 ~ 50 吨，因此，必须要求有足够的承重并受力均匀；第二，暗室的使用环境（包括温度、湿度等）必须符合规定要求，地面的干燥尤为重要，必须进行严格的放水处理；第三，暗室和测试系统对接地的要求高，必须在场地准备时就考虑提供符合要求的接地排，接地电阻≤1Ω；

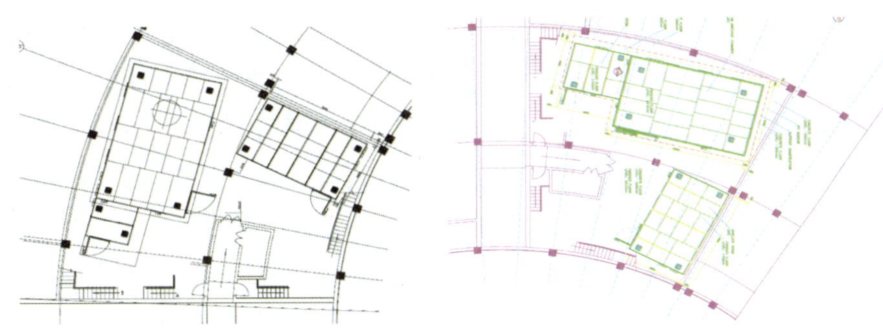

图 2-5　场地总体布置图

第四，电波暗室是一个全封闭场地，室内的换气和通风应充分考虑，因此，相应管道的敷设和维护空间必须提前预留和设置；第五，为保证试验和测试设备的运行，暗室的配电设计应留有充分的裕量，并与滤波器的设计和安装同步进行；第六，在信号接口板的设计过程中，必须充分考虑被测广播电视系统设备（包括无线广播电视、有线广播电视、广播电视中心、信息技术类设备、通用电气设备等）接口的多样性；第七，电波暗室的安装对于场地的平整度要求很高，一般每 1m 的平整度误差不能超过 2mm，每 15m 的平整度误差不能超过 8mm。

根据上述要求、试验测试需求和场地实际情况，最终确定的电波暗室尺寸（长×宽×高）为 11.7m×6.5m×6.0m，屏蔽室尺寸为 8.0m×4.8m×3.0m。电波暗室的最终设计如图 2-6 所示。

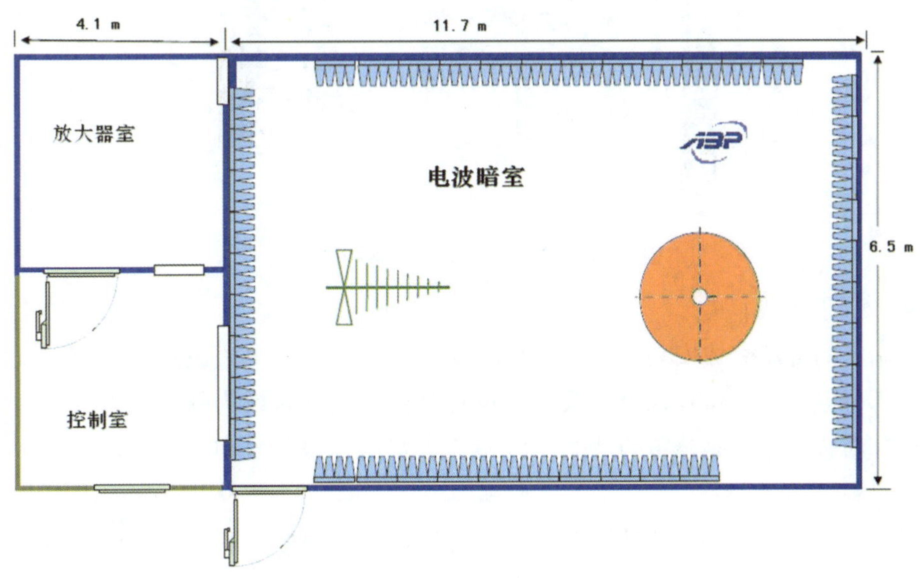

图 2-6　电波暗室最终设计示意图

2.1.3　屏蔽壳体和屏蔽门

在电波暗室和屏蔽室的建设和安装中，屏蔽壳体和屏蔽门的安装是关键的环节之一，也是其他装设和布置工艺的基础。电波暗室的性能很大程度上取决于屏蔽壳体的安装和屏蔽门的合理设置。屏蔽壳体的作用显而易见，无线电波在传输中要产生交变的电场和磁场，在自由空间是自然损耗，但在电波通过屏蔽壳体时，能量和强度将受到 60dB 以上的明显损耗，因而起到隔离和屏蔽电磁波的作用。本系统采用的是目前典型的钢板直贴式屏蔽壳体安装方式，即首先建设和安装暗室支撑建筑，之后搭建安装龙骨架，然后在龙骨上装设屏蔽钢板，形成六面屏蔽壳体，最后在保证屏蔽效能的前提下，采用合理的工艺完成屏蔽钢板之间的连接和紧固。

屏蔽门是进出电波暗室和屏蔽室的通道，因此，其设计和选型首先必须保证与屏蔽壳体具备相同的屏蔽效能（屏蔽性能），其次要考虑其耐用性、可靠性、安全性等因素，特别要考虑屏蔽门在长期使用过程中存在屏蔽性能下降的风险。屏蔽门一般分单刀、双刀、三刀等类型，开启方式有手动、电动、气动等。根据试验的需求和安全的考虑，本系统的电波暗室采用三刀四簧单扇屏蔽门（净开尺寸2m×1.5m），采用半自动开启方式（即既可以自动气动开启，也可以手动开启）；屏蔽室采用手动开关三刀四簧单扇屏蔽门的屏蔽门。屏蔽门均要求安装接触开关，屏蔽门开启时射频放大器会自动关闭或处禁止启动状态。实际电波暗室的屏蔽壳体和屏蔽门见图2-7。

图2-7　电波暗室屏蔽壳体和屏蔽门

2.1.4　吸波材料

在电波暗室的屏蔽壳体安装完毕后，为减少暗室内表面的电磁波反射，需要安装电磁吸波材料，大部分电磁波能量在入射到吸波材料时会被吸收并转换为热能。电波暗室吸波材料的选择和合理布置对于提高暗室的性能、压缩工程费用等都起着相当关键的作用。实际电波暗室的吸波材料见图2-8。

吸波材料的应用可以分为几种情况。第一是铁氧体块吸收材料，主要吸收磁场辐射，具有良好的安全可靠性、耐用性，低频性能良好，节省空间，价格比较昂贵。第二是泡沫角锥吸收材料（如聚氨基甲酸乙酯），主要吸收电场辐射，其电波反射值与吸收材料的应用频率和材料厚度有着密切的关系，吸波材料厚度应大于入射波长的1/4，所以应用频率越高、吸收材料越厚，反射值就越大。泡沫角锥吸收材料的特点是应用频段很宽，价格低廉，但占用空间大，存在性能老化和安全性（阻燃性）差的风险，并且在低频段（26MHz～30MHz）的工程难度较大。

系统采用的是目前普遍应用的铁氧体/泡沫尖劈复合型吸波材料，这种吸波材料能承受的场强不小于200V/m（瞬间场强不小于500V/m）。这种设计可以把两者的优势结合起来，形成满足需求（30MHz ~ 26GHz）的应用频段，同时可以将吸波材料的尺寸控制在800mm以内，使暗室的实际应用空间大大扩展。同时，采用改进型的安全吸收材料，阻燃性能必须符合DIN 4102 Class B - 2等标准的要求。在具体安装过程中，暗室的墙面、顶部等主反射区应全部覆盖复合型吸波材料，其余的区域则覆盖铁氧体吸收材料。

除了吸波材料本身的性能以外，吸波材料的安装工艺也是在设计和建设中必须关注的问题。在铁氧体块的安装中，如果安装不当，会形成所谓的“气缝”，导致干扰反射过大，降低电磁吸收效果，因此，在安装施工时气缝的宽度应控制在0.01mm ~ 0.1mm；同时，必须考虑吸波材料与电磁波入射角度的关系和适应性，避免性能劣化；此外，系统要求在天线与转台之间的地板上增加摆放式的活动吸波材料，以便在全频段内得到所需均匀场。

图2-8　电波暗室的吸波材料

2.1.5　转台、可升降天线塔、接口板、电源滤波器等辅助设施

转台电波暗室的重要辅助试验设施，在设计时应考虑转台的承重、直径、转角、转速及其可维护性和可靠性。系统设计的是电动转台，转台面与暗室地板平齐，与暗室反射面应具有良好的电连续性；直径为2m，承重为1000kg，转动角度为200°/ - 200°（精度 ± 1°/360°）；采用光纤控制，最大干扰电平比CISPR 22 Class B要求的辐射干扰电平至少低20dB。

天线塔也是电波暗室经常使用的设备，要考虑天线塔的定位精度、移动方便性、高度调整范围、能够适应的天线类型等。系统所设计的可升降天线塔的升降高度为1m ~ 4m，可在1m ~ 4m范围内进行自动高度扫描，定位精度为 ± 1cm，位移分辨率为1cm，调整速度在0.05m/s ~ 0.2 m/s范围内可调，天线杆承重不小于15kg；天线塔控制器采用光纤方式，控制器需具备IEEE-488/GPIB接口，可自动控制天线的极化方式（水平极化与垂直极化的转换），具备通用天线的转接口；最大干扰电平比CISPR 22 Class B要求的辐射干扰电平低至少20dB。此外，在总体设计时应对辅助伺服电机的骚扰水平进行充分的评估和考虑，在集成和建设之前和建设过程中提出标准符合性要求。

由于电波暗室、屏蔽室、放大器室均为密闭空间，对信号传输有特殊要求，因此，在相邻实验室（包括控制室）的墙壁上应设置信号传输装置（信号接口板），测试或试验时信号均通过信号传输装置转接，进行信号联系和数据传递。应保证传输装置的工艺和密封，确保没有电磁场泄漏。同时，所选接口在全频段的电压驻波比（VSWR）不大于1.2，工作频率应达到26GHz。本实验室的信号传输装置的接口类型主要包括：

◆N 型接口（75Ω、50Ω）、BNC 接口（75Ω、50Ω）、SMA 接口（50Ω）、F 座（公制、英制）、XLR（卡农接口）；

◆SPI、RJ45、RS422、RS232、RCA、1394、DS3、ADAT（数字音频接口）；

◆FC/SC（光口）、光/电转换接口（总控 38 芯或 25 芯）、TNC 接口、特制簸箕口。

电波暗室、屏蔽室和放大器室的供电线路应通过电源滤波器进入实验室内。电源滤波器一般采用 LC 元件制成，其性能应符合 CISPR 17 的要求，用来防止电源干扰进入电波暗室、屏蔽室和放大器室，同时必须保证其本身的屏蔽性能与屏蔽室相一致。实际布置图见图 2－9。

图 2－9　电波暗室的转台、天线塔和信号接口板

2. 1. 6　敞开式带状线 TEM 小室

除了电波暗室和屏蔽室外，系统还建设了一个敞开式 TEM 电磁波小室，主要用于高度小于 70cm 的被测件的辐射抗扰度试验。其基本结构是一个方形试验区域，区域的周围设置吸波板，区域两侧装设吸波材料，呈非对称棱锥形状。

2. 1. 7　安全要求

对于测试平台涉及的所有安全要求，包括安全准则、电源及外部连接、防触电、绝缘要求、机械强度、电器设备连接等，依据国家强制标准 GB 8898-2001《音频、射频及类似电子设备安全要求》进行设计施工。

2. 2　主要测试系统的设计和配置

任何可能引起装置、设备或系统性能降低或者对生物或非生物产生不良影响的电磁现象称为电磁骚扰。电磁骚扰一般分为辐射骚扰和传导骚扰。辐射骚扰是指不需传输介质、直接在空间传播的骚扰，传导骚扰是通过电源线传播的骚扰。由电磁骚扰所引起的设备、传输通道和系统性能的下降被称为电磁干扰（EMI）。与电磁干扰（EMI）相对应，电磁敏感性（EMS）是指在存在电磁骚扰的情况下，装置、设备或系统不能避免性能降低（包括非预期响应和性能劣化）的能力，在实际试验中我们主要关注的是造成系统设备非预期响应、故障或劣化的干扰门限电平。

2. 2. 1　一期测试系统的设计和配置

广播电视系统电磁辐射和防护标准试验平台（一期）的测试系统主要分为 EMI 测试子系统和 EMS 测试子系统，同时还包含一些安全可靠性测试设备。

2. 2. 1. 1　EMI 测试子系统

对于广电、通信、信息技术系统和设备而言，EMI 的测试通常包括辐射骚扰测试和传导骚扰测试两个部分。本实验室 EMI 测试系统的建设是严格按照 GB 9254-1998 的要求设计的，

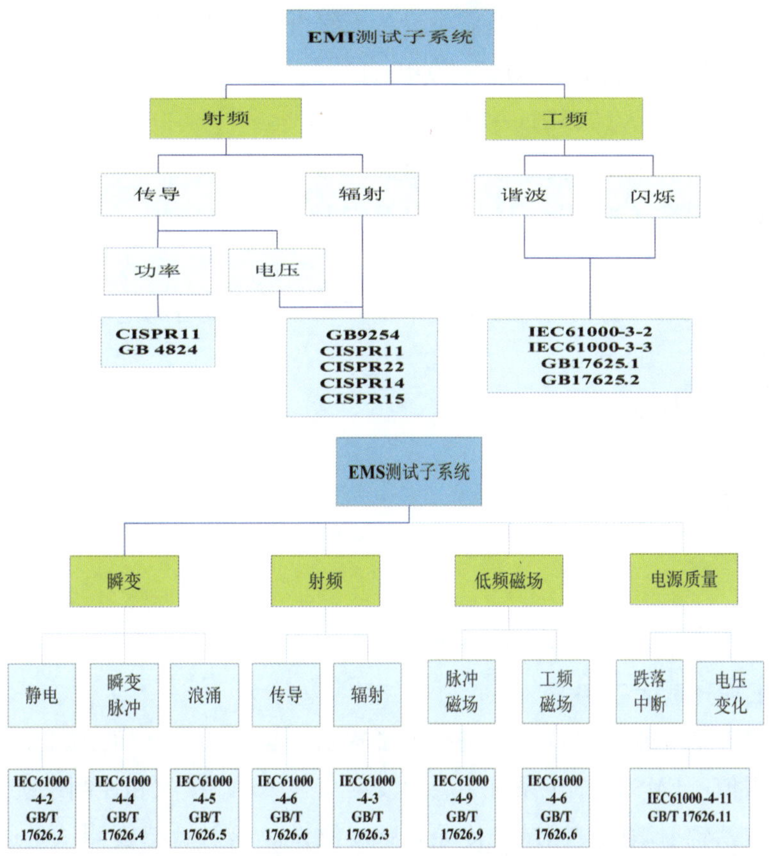

图 2－10　EMI 测试子系统和 EMS 测试子系统框图

该标准等同采用了 CISPR 22，同时还充分考虑了 GB 13836-2000、GB 13837-1997、CISPR 13 和 CISPR 20 的具体要求。无论是辐射骚扰测试和传导骚扰测试，一般都将仪器设备划分成以下几个模块：

◆业务仿真模块：是指采用信号仿真发生器、仿真传输设备、仿真接收设备等搭建的实际业务系统或链路，用来模拟被测系统设备的实际业务环境和工作状态。

◆骚扰汇集和接收模块：包括骚扰汇集设备（传导骚扰的汇集设备一般指电流探头或标准定向耦合器，辐射骚扰的汇集设备一般指标准天线）、信号放大和处理设备、专用测试接收机等。

◆测试控制和数据处理模块：由于电磁兼容测试的专业性较强，不确定度的控制难度较大，因此，系统参考了目前典型的 EMC 测试系统，采用了自动测试和数据处理软件。

在实施骚扰测试的过程中，有几个关键的因素需要在试验中予以特别的关注。首先，必须考虑被测系统设备及其辅助设备的位置和摆放，应根据相关标准的要求进行测前布置，同时必须考虑具体设备的工作方式，同时还应考虑转台的影响；其次，在试验测试时，应对系统设备的工作方式和功能进行筛选和配置，以确定被测系统设备的最大骚扰发射；此外，测试软件的调试和配置也是很关键的因素，虽然是外围设备和软件，但其正确使用与否直接影响测试的实施。实验室已经具备的 EMI 试验能力包括：

①GB 9254《信息技术设备的无线电骚扰限值和测量方法》；

②GB 13837《声音和广播接收机及有关设备无线电干扰特性限值和测量方法》:

◆注入电源的骚扰电压测量（9kHz～30MHz）

◆天线端骚扰电压测量（30MHz～1750MHz）

◆射频输出端有用信号和骚扰信号电平测量

◆辐射骚扰场强测量（30MHz～1GHz，1GHz～18GHZ）

◆骚扰功率测量（30MHz～1GHz）

③GB 13836《电视和声音信号电缆分配系统第2部分：设备的电磁兼容》:

◆有源设备的骚扰电压

√注入电源的骚扰电压

√输入端口的骚扰电压

◆有源设备的辐射

√用吸收钳法

√替代法

√室外单元输入端本机振荡器功率的测量

2.2.1.2 EMS 测试子系统

EMS 测试子系统就是对设备或系统进行电磁辐射干扰试验，从而测量出系统设备抗电磁干扰的敏感度门限值。EMS 测试子系统主要由发射（注入）、接收和控制系统等组成。

敏感度测试包括辐射敏感度测试和传导敏感度测试。辐射敏感度测试是通过信号发生器向发射天线注入能量，将天线指向被测系统设备，使被测区域成为一个辐射场；控制系统要根据试验的要求调整信号发生器的输出电平，使辐射场强达到所设定的期望值；同时对被测系统设备进行监控，观察是否出现劣化、非预期响应等故障情况，从而确定干扰门限电平。辐射敏感度试验测试一般在暗室中进行。此外，在特定的频率范围内（如 DC～150MHz）且在被测设备尺寸允许的情况下，也可以采用 TEM 小室法。在敞开式带状线 TEM 小室一端注入信号，另一端终接负载阻抗，即可在导体间的特定区域内建立起均匀场强，而被测设备就是在小室的均匀场区内完成敏感度测试。

传导敏感度测试是采用电流注入、直接注入等方式，将干扰直接加入到被测系统设备中，给设备的电子线路带来干扰，并通过监控和测试得出干扰门限电平。

实验室已经具备的 EMS 试验能力包括:

①GB/T 9383《声音和电视广播接收机及有关设备抗扰度限值和测量方法》:

◆150kHz～150MHz 对环境场的抗扰度测量

√电视接收机对环境场的抗扰度测量

√声音广播接收机对环境场的抗扰度测量

√与声音和电视接收机有关的设备对环境场的抗扰度测量

◆150MHz～1GHz 对环境场的抗扰度测量

◆150kHz～150MHz 频段内对射频感应电流的抗扰度测量

◆150kHz～150MHz 频段内对射频感应电压的抗扰度测量

◆电视接收机、声音接收机、卫星电视接收机、卫星声音接收机等内部抗扰度测量

◆屏蔽效果测量

②GB 13836《电视和声音信号电缆分配系统第 2 部分：设备的电磁兼容》：

◆有源设备的抗扰度

√对环境场的外部抗扰度（150kHz～150MHz）敞开带状线法

√对环境场的外部抗扰度（150MHz～1GHz）辐射法

√150kHz～230MHz 频率范围内对通过连接电缆传导电流的外部抗扰度测量

√对电源干扰抗扰度的测量（对电网供电设备）

√内部抗扰度 48. 5MHz～958MHz 频率范围内抗扰度的测量

√内部抗扰度 10. 95GHz～12. 75GHz 频率范围内部抗扰度的测量

√室外单元对镜像频率信号的抗扰度

◆无源设备的屏蔽效果

√吸收钳法

√1GHz～25GHz 用替代法

③实验室还具备以下安全可靠性和基础 EMC 试验能力：

◆GB 17625. 1-2003《低压电气及电子设备发出的谐波电流限值》

◆GB 17625. 2-2007《对额定电流不大于 16A 的设备在低压供电系统中产生的电压波动和闪烁的限制》

◆GB/T 17626. 2-1998《静电放电抗扰度试验》

◆GB/T 17626. 3-1998《射频电磁场辐射抗扰度试验》

◆GB/T 17626. 4-1998《电快速瞬变脉冲群抗扰度试验》

◆GB/T 17626. 5-1998《浪涌（冲击）抗扰度试验》

◆GB/T 17626. 6-1998《射频场感应的传导骚扰抗扰度试验》

◆GB/T 17626. 8-1998《工频磁场抗扰度试验》

◆GB/T 17626. 9-1998《电磁兼容试验和测量技术脉冲磁场抗扰度试验》

◆GB/T 17626. 11-1998《电压暂降、短时中断和电压变化抗扰度试验》

2. 2. 2　二期测试系统的设计和配置

二期扩展后的测试系统新增的系统和设备的主要功能包括：

2. 2. 2. 1　半电波暗室升级，建立天线测试系统

2007 年 4 月，新的国际标准 CISPR 16-1-4 ed. 2 开始实施，标准严格要求了暗室测试在 1GHz～18GHz 的使用，第一次提出了对暗室 1GHz～18GHz 的场地要求：把原来暗室的 1GHz～18GHz 的评估要求由原来的传输损耗，改为场地电压驻波比测试。此技术要求的实施意味着在 1GHz 以上的高频频段，原有的半波暗室需要升级为全波暗室，也就是说地面也需要敷设吸波材料，墙面的吸波材料除铁氧体以外推荐敷设全波泡沫吸波材料。通过原有半电波暗室进行升级改造，添加天线固定支架、标准天线及相应的测量仪器，将扩展功能配置范围，完成对天线方向图、天线增益、天线系数等参数的实验测量工作，满足日益紧迫的广播电视

覆盖研究和试验工作的需要。

2.2.2.2 环境电磁场监测系统和低频磁场测试系统

随着无线技术的发展，越来越多的无线设备的大量使用，公众对电磁环境的变化也越来越敏感，而作为大功率无线发射的广播电视系统，尤其需要对环境电磁场进行相关监测和研究。目前，国际上的一个主流标准是ICNIRP标准，它是国际非电离辐射防护委员会（The International Commission for Non-Ionizing Radiation Protection，ICNIRP）发布的标准，主要使用范围在欧洲、澳大利亚、新加坡、巴西、以色列以及我国的香港特区。值得注意的是，在欧洲，意大利、卢森堡、瑞士和比利时使用了比ICNIRP更严格的标准。目前，我国执行的还是1988年制定的GB 8702-88《电磁辐射防护规定》。

在GB 13837《声音和电视广播接收机及有关设备干扰特性允许值和测量方法》(CISPR 13、EN550 13)、GB 9254《信息技术设备的无线电骚扰限值及测量方法》（CISPR 22、EN550 22)、GB/T 9383《声音和电视广播接收机及有关设备传导抗扰度限值及测量方法》(CISPR 20、EN 55020）等民用标准中，没有对低频磁场有过多测试和限值要求，按照以上标准对专业级设备进行测试，无法保证这些设备组成编播系统时对低频磁场的骚扰和抗扰性能的电磁兼容要求。近年来，随着多媒体广播电视、数字广播电视、数字综合业务广播电视各项业务蓬勃发展，以及直播卫星广播电视业务的成功运营，各种广电行业的电子产品最高工作频率都有很大幅度的提升，工作频率超过1GHz的设备普遍出现在各演播中心、转播台站当中，尤其如涉及卫星发射、接收的设备工作频率可能超过10GHz，要研究这些设备及其谐波的电磁兼容特性，就要求配备最高测试频率26.5GHz或以上的测试接收机。同时，对于产品测试，随着CISPR 22提出的RE测试频段由30MHz~1GHz提高到30MHz~6GHz，测试接收机的接收频段也随之扩展。

广播电视规划院作为广播电视系统的研究单位和标准制定者，需要根据我国的广播电视播出、覆盖等实际情况，引进或建立必要的环境电磁场测试系统，针对广电系统产生的环境电磁场影响作深入研究，提出或制定适合我国国情并能保护人民群众健康安全的环境电磁场标准。

2.3 广播电视系统电磁辐射和防护标准试验平台的应用实例

广播电视系统电磁辐射和防护标准试验平台的测试系统在调试完成后进入了正常试验和测试阶段，根据广播电视系统设备的实际应用需求，主要开展了GB/T 9383、GB 13837和GB 9254等标准以及广播电视相关的测试和试验工作。现就近期开展的GB 9254的试验情况进行举例说明。

2.3.1 试验布置

①试验在电波暗室内进行，被测设备选用某型号编码器。被测设备（EUT）关机时，环境噪声电平至少比相应电平低6dB，被测设备置于80cm高非金属支架上，此支架能够360°旋转（转台），其几何中心与接收天线的距离为3m，接收天线在水平极化和垂直极化时都能在1m~4m范围内升降。

②如果悬垂电缆的末端与水平接地平板之间的距离不足40cm，又不能缩短至适宜的长

度，那么电缆的超长部分应来回折叠成长 30cm ~ 40cm 的线束。

③不与外设相连的 I/O 信号电缆的末端，如果操作需要，可以使用适当的终端阻抗对电缆的末端进行终接。

④多插座的电源盒应与金属接地平板等高，并直接连接到接地平板上。

⑤按被测设备正常使用时的设置，用信号线完成被测设备与暗室外的辅助设备的连接。

⑥电源电缆应垂落至地面，然后与插座相连。注意电源插座与电源线之间不能增加额外的电源线。测试的布置图 2 - 11 所示。

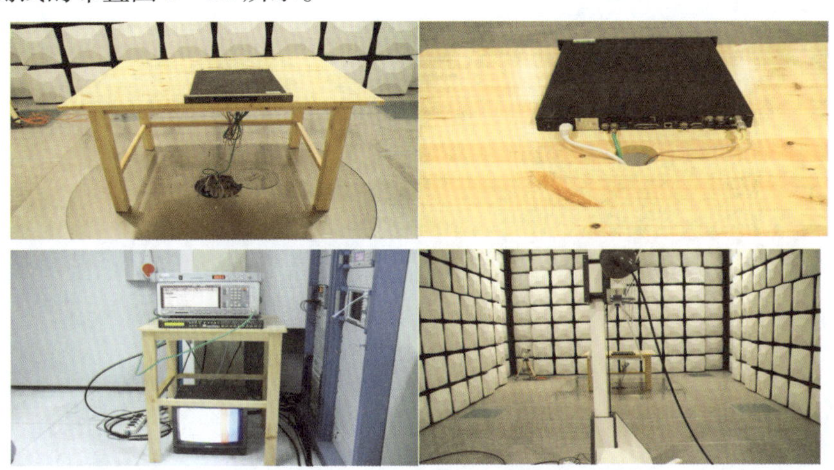

图 2 - 11　GB 9254 辐射骚扰场强测试布置图

2.3.2　试验结果

（1）辐射骚扰场强测试数据

Frequency (MHz)	QuasiPeak (dBμV/m)	Antenna height (cm)	Polarity	Turntable position (deg)	Limit (dBμV/m)
319.860000	61.7	100.0	H	108.0	57.0
324.900000	64.3	100.0	H	93.0	57.0
330.000000	62.5	100.0	H	92.0	57.0
335.040000	62.1	100.0	H	72.0	57.0
352.860000	64.5	100.0	H	63.0	57.0
390.900000	67.2	100.0	H	37.0	57.0
347.760000	55.4	236.0	V	0.0	57.0
352.860000	59.3	223.0	V	0.0	57.0
390.600000	51.2	214.0	V	0.0	57.0
390.900000	60.3	222.0	V	0.0	57.0
401.100000	57.2	200.0	V	0.0	57.0
406.140000	58.5	200.0	V	0.0	57.0

(2) 辐射骚扰场强测试曲线图（见图 2 – 12）

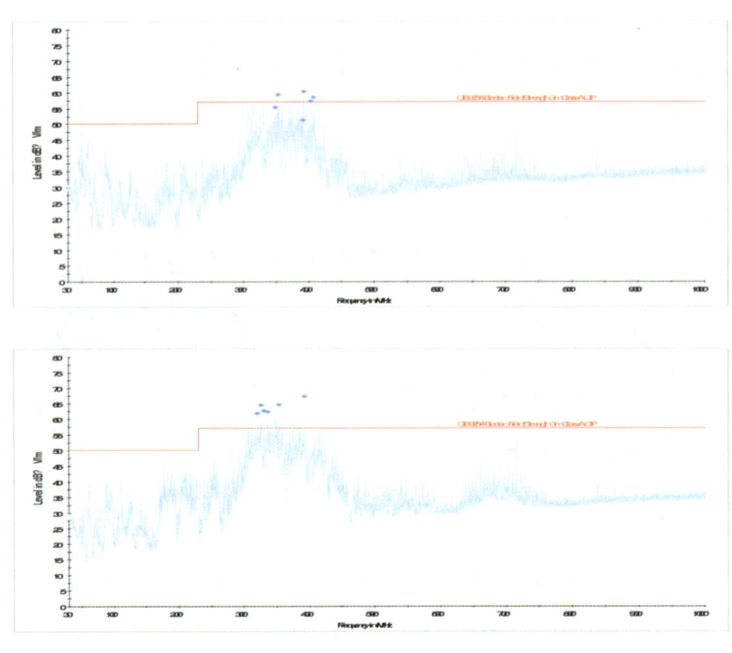

图 2 – 12　被测设备水平极化和垂直极化辐射骚扰场强测试结果

3. 广播电视系统电磁辐射和防护标准试验平台（二期）暨广播电视系统电磁环境试验测试系统建设

3.1　研究和建设背景

广播电视规划院于 2009 年至 2010 年间启动了基于广播电视系统电磁辐射和防护标准试验平台的二期建设：一方面，随着实验室工作的展开和相关技术的发展，国际、国内的标准和规范也在不断更新，展开进一步的系统升级工作已迫在眉睫；另一方面，在全国广播电视系统运行过程中出现了很多需要展开研究的新课题，需要引进新的电磁环境试验测试系统。

设备与设备之间的电磁兼容方面需要开展的研究课题包括：来源不明的电磁噪声干扰设备或系统的正常运行；雷电造成设备停机或贵重设备损坏；地线问题导致系统性能下降；在民用电网与工业电网未分离的农村地区使用某些设备时出现故障等。各系统、设备间的 EMC 性能决定着各个环节的运行质量，这些环节相互连接、相互影响，关系着节目播出质量和播出安全。

在电子设备和发射台站对生物体（尤其是人体）的电磁照射（亦即环境电磁场）方面，人民群众和各级机构对广播电视设施台站的电磁辐射和环境电磁照射的影响越来越关注，这对各地新建、改建广播电视播出、覆盖、传输、发射设施提出了新的课题，也带来了一定影响。同时，在广播电视机构工作的从业人员长期面对各类专业电子设备，对自身的电磁环境也非常关注。对各类设备及发射台站的电磁照射情况进行测试和研究，将为广电行业提供决策依据和技术支撑。

实际上，广播电视系统电磁辐射和防护标准试验平台（一期）自2007年9月投入使用以来，已开展了以下卓有成效的工作：

①广播电视专业设备电磁兼容测试，如：

◆数字电影流动放映播放器的抗电磁干扰测试

◆调音台电磁骚扰测试

◆地面数字电视发射机电磁兼容测试

②国家标准、行业标准起草与修订（电磁兼容部分），如：

◆GY/T 229.1－2008《地面数字电视广播单频网适配器技术要求和测量方法》电磁兼容部分

◆GY/T 229.2－2008《地面数字电视广播激励器技术要求和测量方法》电磁兼容部分

◆GY/T 229.4－2008《地面数字电视广播发射机技术要求和测量方法》电磁兼容部分

③广电行业电磁照射测试与研究，如：

◆通信管理培训中心电磁环境测试

◆新演播室环境电磁场测试

◆新台址演播室验收测试

在开展以上工作的过程中，逐渐积累了EMC/EMF的相关工作经验，为进一步升级和完善EMC测试系统，增添EMF测试系统和软件做了有益的准备。

3.2　广播电视系统电磁环境试验测试系统建设目标与内容

在广播电视系统电磁辐射和防护标准试验平台的二期建设中，需要建设一套满足最新国际、国内法规、标准要求以及符合实际测试及研究工作需求的广播电视系统电磁环境试验测试系统，这包含了以下四个方面的内容：

◆电波暗室配套设施建设（升级）

◆频谱与电磁兼容测试系统

◆环境电磁场测试系统

◆环境电磁场数值计算仿真系统

3.2.1 电波暗室配套设施建设升级

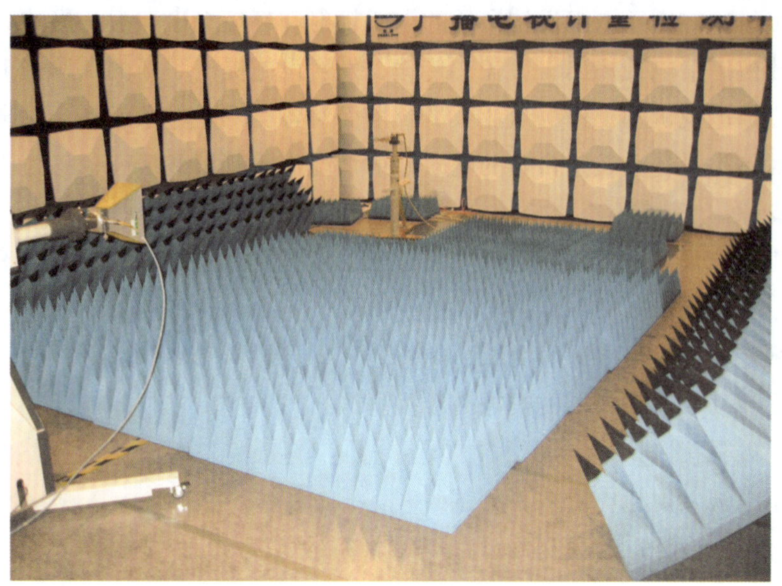

图 3-1 升级后的暗室：s-VSWR 测试配置

与最新的国际标准 CISPR 11 、CISPR 22 对应，我国 GB 9254-2008 已于2009 年9 月1 日起强制执行，其中，要求 EUT 的空间辐射骚扰测试的频率提高至 6GHz，也即要求暗室场地需符合 CISPR 16-1-4 ed.2 的规定：在 1GHz～18GHz 频段的评估要求为场地电压驻波比小于 6dB。为满足此要求，需要增加敷设吸波材料并做相关升级（见图 3-1）：

①5 米法电波暗室升级达到新标准要求：CISPR 16-1-4：2008 之 6.4 条性能要求，暗室必须使用复合型吸波材料，即铁氧体和尖劈吸波材料配合使用，尖劈吸波材料需要采用聚氨脂吸波材料。

②静区归一化场地衰减（NSA）要求：5m 测试距离，2m 静区（2m 直径，2m 高），从 30MHz～1GHz 按照 ANSI C 63.4 或 CISPR 16-1-4 的标准测试，实际的 NSA 和理论的 NSA 相比优于 +/-4.0dB；静区与转台同圆心，并且在电波暗室的中心长轴上。

③场地电压驻波比（s-VSWR）要求：依据标准 CISPR 16-1-4，静区为 2m 直径、2m 高的圆柱体，频率 1GHz～18GHz，场地电压驻波比≤5.5dB。

④升级过程中，为满足标准要求增加墙面和顶部复合吸波材料，暗室内四面墙和顶部满铺铁氧体保持不变。

⑤电波暗室新增吸波材料安装方式和原有暗室一样使用挂装方案，固定在墙面和顶部。吸波材料为完全阻燃型材料，满足 NRL 8093 要求，铁氧体达到 DIN 4102 A1 要求，尖劈吸波材料达到 DIN 4102 B2 要求。

⑥地面吸波材料根据性能要求进行配置：FU 测试吸波材料使用原有配置；增加 s-VSWR 测试吸波材料长度不高于 30cm，带背板；转台上面的 12 英寸泡沫吸波材料将切成圆形，便于测试时的旋转。

⑦固定摄像头电源升级为可直接连接交流电源插头。

暗室升级后，第三方权威机构对升级后的暗室按新标准要求进行了验收测试。

3.2.2 频谱与电磁兼容测试系统

同样，由于 GB 9254-2008 的强制执行，为配合升级后的暗室使用，应将测试接收机的 RE（Radiation Emissions）测试频段由 30MHz ~ 1GHz 提高到 30MHz-6GHz。也就是说，要研究设备的电磁兼容特性，就需要配备工作频率至少高至 6GHz 的标准 EMC 测量接收机，也即符合 CISPR 16-1-1 ed. 2 2006 的 EMC 测量接收机的要求。

此外，正在制订中的地面数字电视发射机标准，已制定了 EMC 测试指标，由于发射机体积、重量较大，为适应现场测试的研究和实际测试需要，进一步引进了 9kHz ~ 3GHz 的便携 EMC 测试接收机、满足最新 GB 9254-2008 要求的阻抗耦合网络（ISN）、电压探头、电流探头、宽带双锥对数周期复合天线和宽带喇叭天线，具体配置情况如下：

①宽频谱测试接收机（20Hz ~ 8GHz）

◆能与现有配置的软件协同工作

◆内置 100kHz ~ 8GHz 的 30dB 预放

◆显示方式：单频点频率、电平；RF 频谱；IF 频谱

◆频率范围：20Hz ~ 8GHz

◆频谱仪分辨率带宽（3dB）：1 Hz ~10 MHz

◆EMI 带宽（6dB）：10 Hz，100 Hz，200 Hz，1 kHz，9 kHz，10 kHz，100 kHz，120 kHz，1 MHz

◆检波方式：峰值、负峰值、采样、平均值、RMS、CISPR-AV、CISPR-RMS 及准峰值——脉冲响应符合 CISPR16-1 的要求

②电磁兼容测试接收机（9kHz ~ 3GHz），其技术指标及特点如下：

◆能与现有配置的软件协同工作

◆便携外壳设计，配备车载充电器及电源

◆在频率范围 9kHz ~ 3GHz 内符合所有商用标准：CISPR、GB、EN、ETS、FCC、ANSI 63.4、VCCI 和 VDE

◆内置预选器（11 个滤波器和 20dB 增益的前置放大器）

◆总测量不确定度：<1dB

◆输入冲击保护：10mW（20μs）

◆输入衰减器：70dB（5dB 步进）

◆输入驻波比：<1.2（9kHz ~ 1GHz）

◆灵敏度和动态范围符合 CISPR16-1-1

◆1dB 压缩点：5dBm

◆EMI 带宽：200Hz，9kHz，120kHz，1MHz

◆检波器：PK，QP，AV，CISPR-AV，RMS

◆扫描表可分为 10 个分区

◆时域分析：可进行 2 小时的断续干扰测量，最小测量时间 100μs

◆接收机模式扫描时最小的测量时间：100μs
◆在频谱分析仪模式下，预选器和前置放大器可以选通
◆分辨率带宽 RBW：10Hz～10MHz
◆信道滤波器：可至 5MHz
◆快速扫频：2.5ms，零扫描宽度为 1μs
◆时域分析功能：
√符合 CISPR16-1-1 的要求
√最小测量的脉冲宽度：10ms
√最大测量点数：100000
√可测量时间：1ms～10000s
√触发方式：内触发，或 TTL 电平外触发
√可进行咔哒声分析
③耦合网络
◆2 线/4 线/8 线网络
◆射频干扰测量符合 CISPR 22：2005 及 EN 55022：2006（150kHz～30MHz）
◆骚扰测量符合 CISPR 24 和 EN 55024（150kHz～80MHz）
◆整体符合 CISPR 16-1-2
◆频率范围
√辐射干扰测量：150kHz～30MHz
√骚扰测量：150kHz～80MHz
◆传输带宽（3dB）：大于 100MHz（源和负载阻抗为 100Ω）
◆允许的最大输入电压：小于 15V
④电流探头技术指标及特点如下：
◆频率范围：20Hz～100MHz
◆保证恒定的转换因子 Z T（-3dB）的频率范围：2MHz～100MHz
◆插入阻抗：小于等于 1Ω
◆传输阻抗（转化因子恒定的范围内）：7.1 Ω
◆负载能力（射频测量时）
√最大电流或峰值电流：300A（频率小于 1 kHz）
√射频电流的 RMS 值：1A（频率大于 1MHz）
◆负载能力（EMS 测量时）
√ AC（RMS 值）：6A（频率小于 1kHz）
⑤电压探头
◆频率范围：9 kHz～30 MHz
◆测量范围（中频带宽 200 Hz 平均指示）：+10 dBμV 至 +150 dBμV
◆衰减/校准不确定度：30dB/0.5dB

◆输入阻抗：1.5 dB（±2%）

◆最大输入电压：

√f 小于 63 Hz：250 V

√f 小于 500 Hz：250 V

√9 kHz～30 MHz：30 V

⑥宽带双锥对数周期混合天线

◆频率范围：30MHz～3GHz

◆可用频率范围：25MHz～4GHz

◆增益：6.4±1.2dBi

◆天线因子：7 dB/m～34 dB/m

◆阻抗：50 Ω

◆VSWR 典型值 <1.5

◆尺寸：1.5 m×0.93 m×0.62 m

◆重量：3.1 kg

◆最大输入功率：100 W（连续）

⑦宽带喇叭天线

◆频率范围：0.5GHz～6 GHz

◆增益：6 dBi～18 dBi

◆天线因子：19 dB/m～29 dB/m

◆VSWR 典型值 < 2

◆尺寸：424×314×820 mm

◆22 mm 管：22×185 mm

◆重量：4.1 kg

◆最大输入功率：300（500）W

3.2.3 环境电磁场测试系统

在实际工作中发现，目前广电行业缺乏对广播电视系统、发射台站电磁辐射情况的监测评估数据，因此，我们建立了广播电视系统的环境电磁场监测系统，主要包含一套从低频到高频、宽带与选频功能兼顾的电磁环境检测系统，其中包括处理和评估测试数据的配套软件。环境电磁场监测系统的建设和配置情况如下。

（1）电磁辐射报警器

①用途：用于提醒和保护测试人员，防止可能的高场强对测试人员身体的伤害；

②主要组件：主机、耳机

③主机技术指标：

◆测量范围：1MHz～40GHz

◆计权频响：根据 ICNIRP1998 职业标准设置

◆多种功能：个人测量/漏能跟踪/简化场强仪

◆同步测量：可同步测量电场强度及磁场强度

◆数据记录：连续数据记录功能

（2）低频环境电磁场测试仪

①用途：主要用于高压输电线、变电站等工频电场、磁场的测量。

②主要组件：

◆电场和磁场分析主机（5Hz～32kHz）

◆A＝100cm^{2}磁场探头

◆D＝30mm 磁场探头

◆FFT 窄带频谱分析/谐波测量分析功能

③技术指标：

◆可测频谱范围：5Hz～32kHz

◆探头均为各向同性探头

◆检波器：RMS 和峰值

◆5Hz～32kHz、30Hz～32kHz、5Hz～2kHz、30Hz～2kHz 宽带满足不同的测量需求，进行自然背景对比测量

◆0.7V/m～100kV/m 大动态电场测量范围

◆4nT～32mT 大动态磁场测量范围

◆主动鉴别污染源频率，可进行选频测量

◆RS-232 接口光纤数据传输

◆频谱分析/谐波分析功能模块

◆任何强场中均可自动调零的高精确度测量

◆灵敏度：

√A＝100cm^{2}磁场探头：4 nT～32 mT

√内置磁场探头：100 nT～32 mT

√D＝30mm 磁场探头：4 nT～32 mT

√电场探头：10 V/m～100 kV/m

（3）中短波广播台站电磁场测试仪

①用途：该设备特别针对中短波广播的近场测试，能进行有针对性的测试和研究。

②主要组件：主机及探头、充电器、软件、光电转换头。

③技术指标：

◆频率范围：9kHz～30 MHz

◆电场动态范围：0.02V/m～1000V/m

◆磁场动态范围：6mA/m～300 A/m

◆测量时，仪器可独立放置，采用 PC（软件）支持

◆测量结果为各向同性的三向分量值和总值，其线性误差为 ± 0.3 dB

◆结果显示单位可在 V/m、A/m、μT、mW/cm^2、W/m^{2}之间任选

◆对电磁场强的频谱分析功能拥有 1kHz 的最大中频滤波器带宽和 80dB 的动态范围

◆仪器供电采用内置可充锂电池，可进行最长连续 8 小时的测量或采用 10-15V 的 DC 外接电源，通过配套的 PC 软件控制，采用光纤进行实时数据传输

（4）环境电磁场宽频测试仪

①用途：宽带电磁辐射测试，可完成射频到微波范围的电场和磁场的测量，并方便给出环境评价结论。

②主要组件：主机、探头组。

③技术指标：

◆配置 100kHz～3GHz 的电场三维全向天线，精度 0.2V/m～320V/m。测量频率覆盖广播、电视、电台、手机机站等信号，可适合较好的环境监测要求

◆配置 3MHz～18GHz 的电场三维全向天线，精度 0.8V/m～1000V/m。测量频率覆盖广播、电视、电台、手机机站、雷达卫星等信号，主要针对常见的气象台雷达、高频微波通讯站、导航雷达、卫星的毫米波的信号

◆配置 300MHz～50GHz 的电场三维全向天线，精度 9V/m～614V/m. 测量频率覆盖广播、电视、电台、手机机站、卫星等信号，主要针对高频微波通讯站、导航雷达、卫星及特殊用途雷达等毫米波信号

◆配置 27MHz～1GHz 的磁场三维全向天线，精度 0.018A/m～16A/m. 测量频率。测量频率覆盖移动无线广播等信号

◆配置 300kHz～30MHz 的磁场三维全向天线，覆盖广播、电视、电台、等中波段波信号。主要用于近场测量精度 0.012A/m～17A/m

◆五种结果显示方式：即时值（Actual）；最小值（Min）；最大值保持（Max Hold）；平均值（Average）；最大平均值（Max Avg）

◆单位选择：当使用非计权探头时显示 V/m、A/m、mW/cm^2、W/m^2

◆主机支持从 100kHz～60GHz 的三维全向探头，高频到微波的超宽频率范围，智能性接口，可自动识别探头参数

（5）环境电磁场选频测试仪

①用途：使用选频方式，能够测量并确定电磁辐射的来源，以便查找辐射源并加以防护。

②主要组件：主机、探头组、远程控制分析软件。

③技术指标：

◆配备全向测量天线，测量范围 75MHz～3GHz

◆配置 100kHz～250MHZ 的磁场测量单方向天线

◆100kHz～3GHz 的手持式选频电磁场测量系统，可测量其中任意设定的频率范围的值，提供每个所关注频段的测量结果。

◆胜任高场强环境下的测量任务，高达 200V/m 的辐射不受影响，保持极其高度的灵敏度和准确性。极端环境下，可承受的破坏值高达 1000V/m

◆测量结果可按照 V/m、A/m、功率密度或测量限值的百分比直接显示，不必连接计

算机

◆具有频谱分析功能，并可对每一个电磁辐射源进行测量和安全评估，并用表格显示测量结果，用户可自定义运营商，可设置中国的标准限值曲线，可根据需要对任意频率范围进行积分，测量出所定义范围内地场强值

◆轻便坚固，携带方便，防水设计

◆分辨率带宽 RBW 可根据需要进行选择，1kHz ~ 5MHz 标识，提供峰值列表，频谱细化，最大值保持等功能

◆提供窄带宽场强测量的时域分析功能，可选择 1kHz 和 6MHz 带宽分辨率就某一指定的频率进行长时间跟踪测量

3.2.4 环境电磁场数值计算仿真系统

在评估广播电视发射台站及电子设备基本限值（电流密度、SAR 值和功率密度）时，数值计算方法和仿真软件是一个有效工具，在所有涉及电磁照射评估的国际标准中，基于理论基础上的数值计算方法是必不可少的。环境电磁场数值计算仿真系统的配置组件及技术指标如下：

①设计环境，包含三维实体建模、自动/手动网格生成器、自适应网格、优化器、参量扫描器、材料库、结果可视化、后处理模版等前后处理功能。

②求解器包含算法：

◆物理光学（PO）算法

◆弹跳射线（SBR）算法

◆时域有限积分法

◆频域有限元法

◆有限积分法

◆矩量法

◆多层快速多级子

③CAD 结构导入选项：DXF、STL、SAT。

④人体电磁模型人机界面。

⑤家庭人体模型库（非 CAD 模型）：用于计算 SAR 值。

⑥天线库：含 100 种以上天线，用以快速建立模型。

3.3 广播电视系统电磁环境试验测试系统建成后的研究、测试能力

3.3.1 电波暗室配套设施（升级）+ 频谱与电磁兼容测试系统的测试范围

通过电波暗室配套设施建设，能够将电波暗室的性能升级到满足最新的 GB 9254-2008 要求，该标准于 2009 年 9 月强制实施，而几乎所有辐射发射研究、试验和测试都需引用该标准。

①频谱与电磁兼容测试系统的具体功能包括：

◆频谱监测测试接收机覆盖频率范围为 20Hz ~ 8GHz，是进行最新的 GB 9254-2008 辐射

发射测试中必不可少的接收设备

◆电磁兼容测试接收机覆盖频率范围 9kHz ~ 3GHz，是对大型被测设备进行现场测试必不可少的接收设备

◆耦合网络（即阻抗稳定网络 ISN）为 GB 9254 ~ 2008 更新后的最新配置

◆电压探头、电流探头、宽带双锥对数周期混合天线和宽带喇叭天线均配置为现场测试使用

②系统建成后，能够覆盖的主要测试项目列举如下（涵盖的标准测试能力）：

◆GB 13837-2003/ EN55013：2001《声音和电视广播接收机及有关设备无线电骚扰特性限值和测量方法》

◆GB 9254-2008 /EN55022：2006《信息技术设备的无线电骚扰限值和测量方法》

◆GB 17625. 1-2003 EN61000-3-2：2006《电磁兼容限值谐波电流发射限值（设备每相输入电流≤16A)》

◆GB 17625. 2-2007/ IEC61000-3-3：2005 /EN61000-3-3：2005《电磁兼容 限值 对每相额定电流≤16A 且无条件接入的设备在公用低压供电系统中产生的电压变化、电压波动和闪烁的限制》

◆GB 13836-2000/ IEC60728-2：1997/ EN50083-2：1995《电视和声音信号电缆分配系统 第 2 部分：设备的电磁兼容》

◆GB/T 19954. 1-2005 /EN55103-1：2009《电磁兼容 专业用途的音频、视频、音视频和娱乐场所灯光控制设备的产品类标准 第一部分：发射》

3. 3. 2 环境电磁场监测系统的测试能力

该系统各组件的主要功能前文已有描述，系统建成后，能够覆盖的主要测试项目列举如下（涵盖的标准测试能力）：

◆GB 8702-88《电磁辐射防护规定》

◆GB/T 12720-91：《工频电场测量》

◆GB 9175-1988：《环境电磁波卫生标准》

◆HJ/T 10. 3-1996：《辐射环境保护管理导则电磁辐射环境影响评价方法与标准》（1996 年 5 月 10 日发布，1996 年 5 月 10 日实施）

◆HJ/T 24-1998：《500kV 超高压送变电工程电磁辐射环境影响评价技术规范》（1998 年 11 月 19 日发布，1999 年 2 月 1 日实施）

◆EN 50492-2009：《Basic standard for the in- situ measurement of electromagnetic field strength related to human exposure in the vicinity of base stations》

◆IEC 62311 - 2007：《Assessment of electronic and electrical equipment related to human exposure restrictions for electromagnetic fields（0Hz-300GHz）》

3. 3. 3 环境电磁场数值计算仿真系统的研究范围

分析和数值计算方法能够预测来自一个电磁辐射体的外部或内部场。在特定照射情况下，仿真和计算对于估计场强的电平是非常必要的；同时，为了确定是否需要进行测量及需要使

用什么样的仪器设备，也需要采用仿真和计算方法。仿真和计算可以作为测量的一种补充，并且能用来验证测量结果是否合理。计算的准确性和质量将决定于所使用的解析方法或数值方法，以及对电磁源及可能会影响场的辐射体与预测点之间物理目标的描述的准确性。对于SAR计算，身体模型的准确性也会影响到结果的质量。为了能够进行一次计算，必须知道或估计辐射源的参数，如：频率、平均功率、峰值功率、脉冲宽度、脉冲长度、脉冲重复速度、天线方向图、增益及几何关系。对于具体的研究问题，计算技术中哪一种最合适取决于研究和试验的频率范围、需要模型化的几何结构以及照射情形的类型（近场或远场）。用于仿真和计算来自一个发射源或内部场的EMF及生物体中单位吸收率的最通用的方案和计算模型方法如下：

◆物理光学（PO）

◆物理衍射理论（PTD）

◆几何光学（GO）

◆几何衍射理论（GTD）

◆均匀衍射理论（UTD）

◆等效电流法（MEC）

◆矩量法（MOM）

◆多重多极法（MMP）

◆有限差分时域法（FDTD）

◆有限元法（FEM）

◆阻抗法

在许多照射情形中，由于测量整个身体平均的SAR或局部的峰值SAR的困难性，能够使用上述计算技术中的几个数字计算方法来估计受近场或远场电磁辐射所照射的生物体中单位吸收率的分布，例如FDTD、MOM和MMP。对于一个特定的问题，这些方法中的哪一个是最合适的，决定于诸如频率、照射条件、受照射物体的尺寸、要求的准确度及最大能忍受的计算时间等因素。每种方法都要求有生物物理学和数值分析的经验。该仿真系统所能完成的工作或涵盖的标准，示例如下：

示例1：ITU-R BS. 1698：附录1，3. 3，采用MOM方法的AWAS程序：

“已经用AWAS程序在理论上研究了高功率发射HF幛形天线附近的近电场和近磁场。该理论尤其适用于南斯拉夫电台新中心的天线。确定了这些天线附近对于人类的安全区域。使用严格的理论第一次得到了幛形天线近场的结果，它们被发现与其他地方发表的实验数据符合得很好。”（见图3－2）

示例2：IEC 62311-2007：Assessment of electronic and electrical equipment related to human exposure restrictions for electromagnetic fields（0Hz～300GHz）（见图3－3和图3－4）

C. 6 Numerical modelling methods：

“Any numerical method and any field calculation software package that is suitable for the models in Clause C. 3 can be used for compliance demonstration with reference and basic limits.”

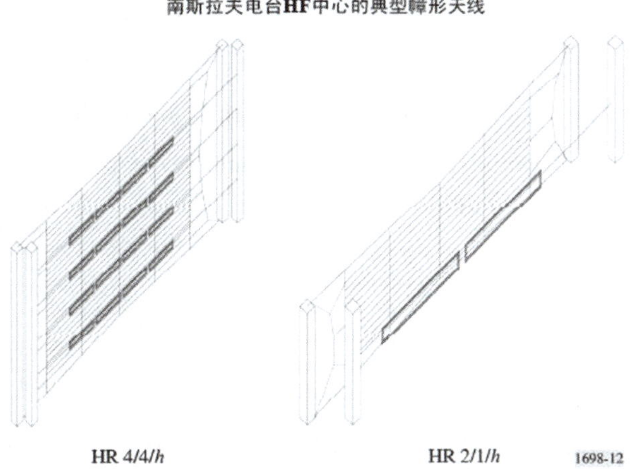

图 3－2　引用原文（ITU-R BS. 1698：附录 1）图表

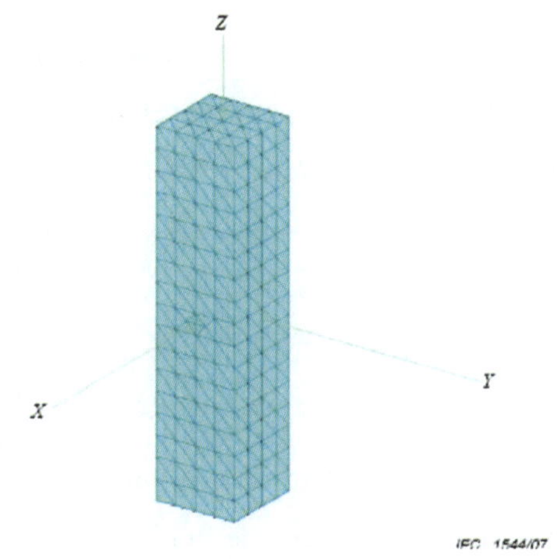

图 3－3　引用原文（IEC 62311-2007：Figure C. 2 – Numerical model of a homogenous cuboid）图表

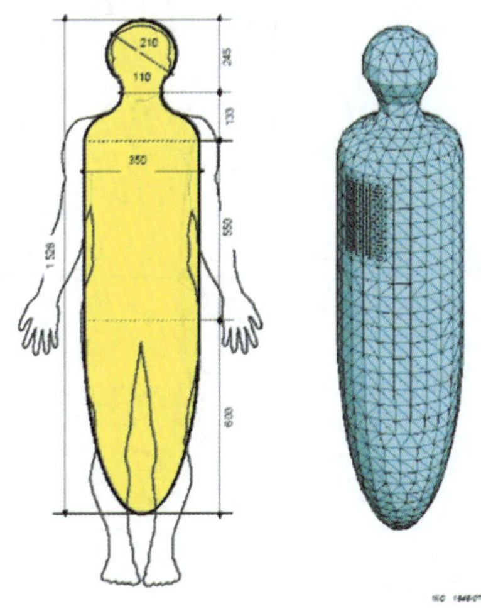

图 3－4　引用原文（IEC 62311-2007：Figure C. 3a — Description of the whole body）图表

示例3：ITU-T SG5 K. 61：Guidance on measurement and numerical prediction of electromagnetic fields for compliance with human exposure limits for telecommunication installations（见图3－5）

"This appendix provides guidance in selecting calculation methods to assess compliance with EMF levels. There are several methods useful for determining compliance with exposure limits："

Table I.1 – Selection of numerical techniques

Field zone	Topology	Evaluated quantity	Suitable numerical technique
Near-field	Open	Field	FDTD, MOM
Near-field	Open	SAR	FDTD
Near-field	Closed, multiple scatterers	Field	FDTD, MOM
Near-field	Closed, multiple scatterers	SAR	FDTD, MR/FDTD
Far-field	Open	Field	Ray tracing, MOM
Far-field	Multiple scatterers (complex urban environment)	Field	Ray tracing

图3－5　引用原文（ITU-T SG5 K. 61：Appendix I Calculation methods）图表

示例4：EN50383-2002：Basic standard for the calculation and measurement of electromagnetic field strength and SAR related to human exposure from radio base stations and fixed terminal stations for wireless telecommunications system（110MHz～40GHz）（见图3－6）

图3－6　引用原文（EN50383-2002：Electromagnetic field calculation）图表

示例5：EN50413-2009：Basic standard on measurement and calculation procedures for human exposure to electric, magnetic and electromagnetic fields（0Hz～300GHz）（见图3－7）

"Annex A（informative）Analytical models for validation of calculation methods"

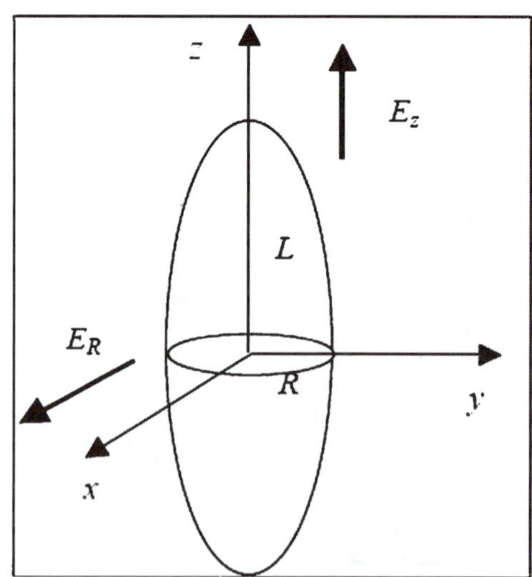

图3－7　引用原文（EN50413-2009：Figure A. 1—Scheme of the spheroid）图表

4. 电磁兼容和电磁照射实验室研究、试验和系统测试实例

4.1 广播电视中心的电磁兼容与电磁照射研究和测试

4.1.1 研究背景

广电行业面临模拟向数字转换阶段，广播电视中心正逐步进入数字化、网络化阶段。到目前为止，我国还没有针对广播电视中心系统及设备的电磁兼容标准和要求，在实际应用中也发生过部分设备电磁辐射和抗扰性能出现问题而导致系统工作异常的情况。因此，为了保证广播电视中心的正常运行，提高播出质量，保证播出安全，开展广播电视中心系统设备的电磁兼容研究势在必行。2007 年 12 月，总局计财字［2007］397 号文，下达了“广播电视中心电磁辐射和抗扰限制值和测试方法的研究”课题。

本案例课题，主要研究广播电视中心专业级设备和系统的电磁兼容特性，通过对国际上相关领域电磁兼容标准规范和应用的调研，探索适宜的测试方法及恰当的限值要求，选取部分广播电视中心典型设备和系统开展相关测试，积累测试经验和测试数据，掌握广播电视中心设备的电磁兼容现状，以便未来规范其在市场中生产和使用，保证广播电视中心的制播质量。

4.1.2 研究思路

项目组首先开展了大量的调研工作，充分了解国际相关领域电磁兼容标准规范和应用情况，在没有相应的国家标准可以遵循的情况下，项目组决定暂时参照 EN 55103－1 和 EN 55103–2 两个欧洲标准，对广播电视中心系统和设备尝试进行研究，并不要求严格按照标准规定进行测试，而是将主要精力放在摸索测试方法，并熟悉广播电视中心专业设备的相关特性及电磁兼容现象方面，已有标准中的限值仅作参考用：

EN 55103－1：1997《Electromagnetic compatibility—Product family standard for audio，video，audiovisual，and entertainment lighting control apparatus for professional use—Part 1：Emission.》

EN 55103-2：1997《Electromagnetic compatibility—Product family standard for audio，video，audiovisual，and entertainment lighting control apparatus for professional use—Part 2：Immunity.》

以上两个欧洲标准，介绍了对广播电视中心专业设备及照明仪器的电磁兼容特性要求，包括测试方法以及参考限值，EN 55103-1 针对的是电磁发射，EN 55103–2 针对的是抗扰度，分别对应了我们国家的 GB/T 19954. 1 和 GB/T 19954. 2。

项目组选取部分广播电视中心典型设备和系统，开展了设备电磁兼容性试验研究工作。充分利用现有设备和测试条件，探索实践了广播电视中心设备电磁发射测量方法和抗扰度测量方法，先后完成了数字电视编码器、数字卫星综合解码器、数字视频信号发生器、数字分量发生器、监视器、数字视频分路器、模块化媒体系统等系统设备的测试，取得了大量有意

义的试验数据。

除了对设备之间电磁兼容特性的研究和实验，项目组同时对广播电视中心机房的电磁环境作了一些初步研究，考察作为有人员值守的工作环境的机房、演播监控室及机柜、配电箱等周围的电磁场辐射情况，其测试限值主要遵照 GB 8702 – 1988《电磁辐射防护规定》的规定。项目组选择某频道电视中心和某电视台新台址电视中心的两个专业机房进行电磁环境测试。通过对测试数据分析表明，两个机房的电磁环境的电磁辐射都远低于国家防护标准，电磁环境中的最高电场强度不超过国家标准最严限值的 1%。

4.1.3 研究成果

在本案例中，通过调研国内外的相关标准，确定了参照 EN 55103–1 和 EN 55103–2 的测试方法及其电磁发射限值、抗扰度测试等级等要求，对应用于广播电视中心的典型设备进行了电磁兼容试验并获得了测试数据；并参照 GB 8702–1988 的测试方法和要求，对广播电视制作、播出机房进行了电磁环境、电磁辐射试验。

通过实际的测试，获得了测试数据，积累了测试经验，这些试验的过程和结果均表明，对于广播电视中心设备及环境，我们所采用的测试方法、测试等级及限值要求是合理、可行的：EMC 侧重于广播电视中心设备与设备之间的电磁干扰与抗干扰的研究，测试结果表明一部分设备无法达到必要的限值要求；电磁环境测试侧重于广播电视中心环境电、磁场的测试，主要比对的限值是 GB 8702–1988《电磁辐射防护规定》，也即对人体电磁照射的要求，测试结果表明环境电场强度大大低于标准所规定的限值要求。

由此看来，虽然电磁兼容与电磁环境的测试技术、方法和测量设备均较为成熟，但我国对广播电视中心设备还缺乏必要的 EMC 限制要求，从相关测试结果来看，有部分设备的 EMC 指标无法达到相关标准的限值，因此，在电子仪器、设备大量集中使用的广播电视制播中心，引起设备不正常工作的隐患是客观存在的；而广播电视中心的环境电磁场强度则大大优于 GB 8702–1988《电磁辐射防护规定》对公众限值的要求。因此，我们有必要采取一定的措施，制定相关标准，对广播电视中心使用到的专业设备进行电磁兼容要求并进行相关测试，以保障电视节目的质量和安全播出。

由于受到测试条件的限制，我们仅针对广播电视中心演播室的环境电磁场进行了测试，对系统级电磁兼容特性更深入地研究和测试工作留待以后展开。其次，在整个测试过程中，发现了自身研究能力和经验的欠缺，尤其对电磁兼容的特殊测试方法和原理尚缺乏足够的知识和认识，在测试过程中也出现了一些问题，暴露出了自身的不足，我们将在后续的工作中积极总结，尽快完善。

4.1.4 研究实例和试验测试数据

4.1.4.1 广播电视中心电磁环境初步研究

（1）研究和测量设备及其设置

研究和测试采用频谱分析仪、全向探头和测试软件等进行环境电磁场测量。

具体方法是：把探头置于设备或机柜等被测物附近，保持一定高度，用软件控制测试仪器进行测量。测试分为两步：Single Measurement 和 Peak/Average Measurement。先进行 Single

Measurement，再进行 Peak/Average Measurement。在进行 Peak/Average Measurement 时，80MHz～200MHz 范围内的测试时间设置为 2min，200MHz～2500MHz 范围内的测试时间设置为 4min。其设置示例如图 4－1、图 4－2、图 4－3 所示：

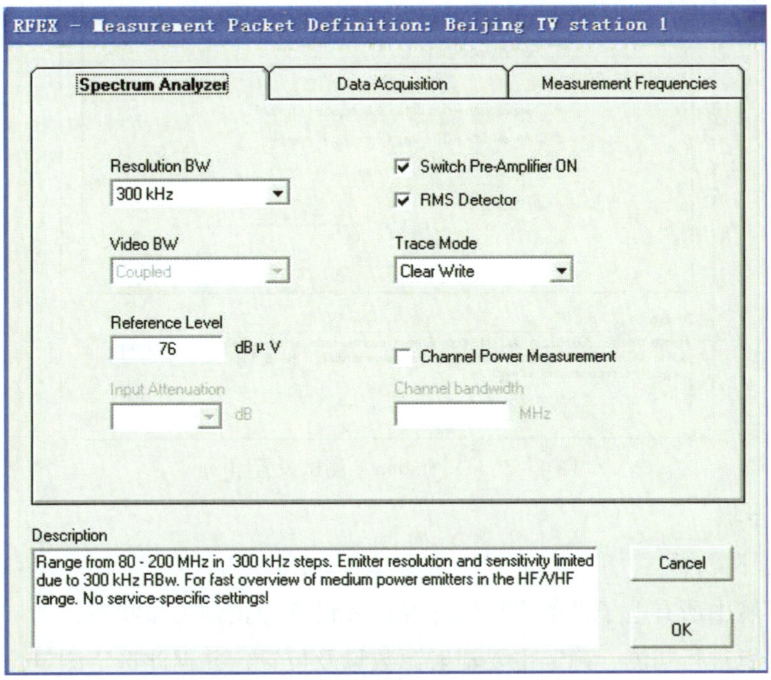

RFEX - Measurement Packet Definition: Beijing TV station 1
Spectrum Analyzer
Data Acquisition
Measurement Frequencies
Resolution BW
300 kHz
Switch Pre-Amplifier ON
RMS Detector
Video BW
Coupled
Trace Mode
Clear Write
Reference Level
76
dBμV
Channel Power Measurement
Input Attenuation
dB
Channel bandwidth
MHz
Description
Range from 80 - 200 MHz in 300 kHz steps. Emitter resolution and sensitivity limited due to 300 kHz RBw. For fast overview of medium power emitters in the HF/VHF range. No service-specific settings!
Cancel
OK

图 4－1　TV Station 1 测试设置（a）

RFEX - Measurement Packet Definition: Beijing TV station 1
Spectrum Analyzer
Data Acquisition
Measurement Frequencies
Channels per sub-packet
150
Cable
0m Cable
Frequency span per sub-packet
(= Analyzer Res BW * Channels)
45.000
MHz
Acceptance threshold
Table
Threshold_60
Dwell time
250
ms
Relative to max. level
dB
Use dwell time as Analyzer sweep time
Relative to Limit Line
dB
Extrapolation factor
0
dB
Description
Range from 80 - 200 MHz in 300 kHz steps. Emitter resolution and sensitivity limited due to 300 kHz RBw. For fast overview of medium power emitters in the HF/VHF range. No service-specific settings!
Cancel
OK

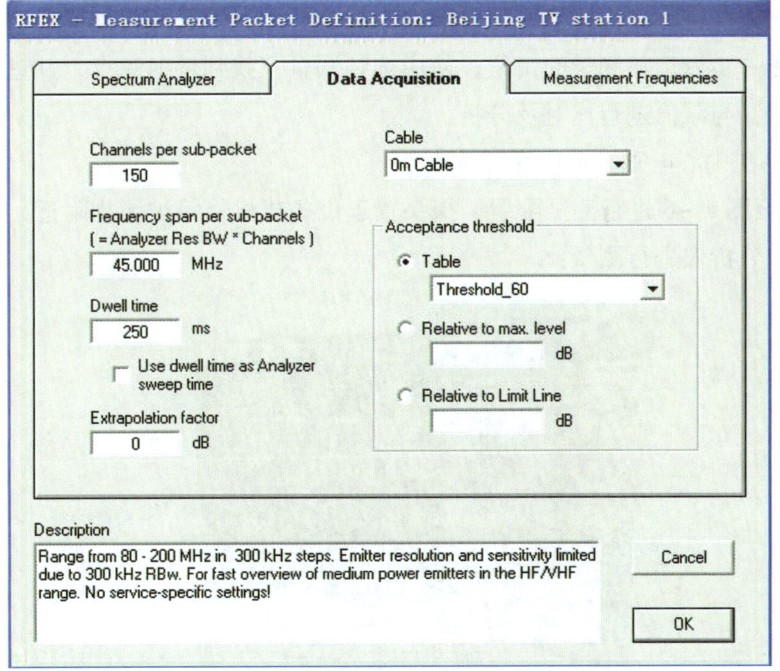

图 4－2　TV Station 1 测试设置（b）

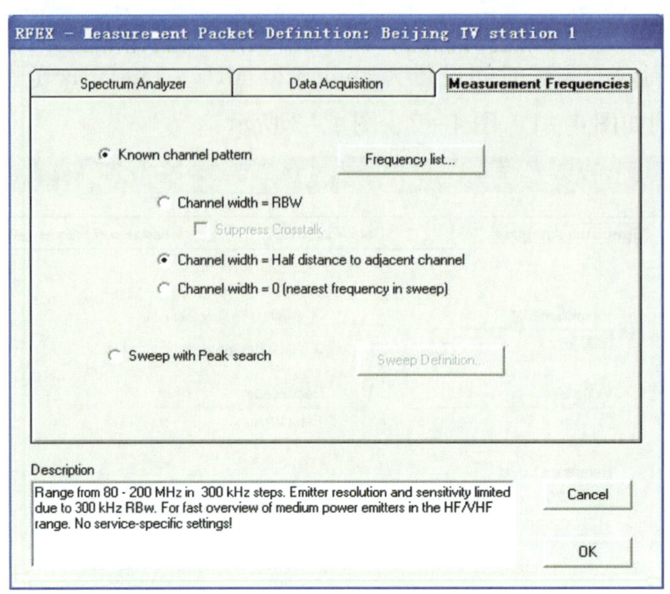

图 4－3　TV Station 1 测试设置（c）

（2）测试步骤

①观察试验环境；

②将试验环境中所有电子设备均接通电源，并设置为正常工作状态；

③对试验环境进行初测，确定主要辐射源数量及位置，并据此选定测量位置；

④根据初测结果，判定空间平均及时间平均方案，并确定测量探头摆放点位；

⑤用宽频测试仪进行宽频测量，记录数据，判定各测量位置是否需要进行选频测量；

⑥对需要进一步做选频测量的位置，使用选频测量仪找到辐射频点，并进行选频测量；

⑦整理数据，与限值进行比对及分析。

（3）广播电视中心电磁环境研究测试实例一

按图 4－4 至图 4－6 进行测试配置，探头置于设备或机柜等被测物附近，保持一定高度，用软件控制频谱分析仪进行测量：

图 4－4　高清演播室机柜后

图 4 - 5　总控室前排机柜前

图 4 - 6　高清监控室

测试结果表明：该中心电磁环境的电磁辐射远低于国家防护标准，该电磁环境中的最高电场强度不超过国家标准最严限值的 1%。

（4）广播电视中心电磁环境测试实例二

按图 4 - 7 至图 4 - 9 进行测试配置，探头置于设备或机柜等被测物附近，保持一定高度，用软件控制频谱分析仪进行测量：

测试结果表明：该电视中心电磁环境的电磁辐射远低于国家防护标准，该电磁环境中的最高电场强度不超过国家标准最低限值的 1%。

图4－7　监测控制室操作台正面

图4－8　机房东南角机柜背面

图4－9　监测控制室电视墙正面4.5m远处

4.1.4.2 设备电磁兼容试验测试报告

本节选取了广播电视中心典型设备、典型试验项目的试验测试报告，列出各测试项目与参照标准的对应关系。具体结果见本节的数据附件1～9。

（1）电磁发射测试

数据附件编号	测试项目	被测设备	参考标准
1	外壳端口辐射骚扰	数字电视编码器	GB 9254
2	电源端子传导骚扰	模块化媒体系统	GB 9254
3	谐波电流	数字视频信号发生器	GB 17625.1
4	电压闪烁	数字视频分路器	GB 17625.2
5	天线端骚扰电压	数字卫星综合解码器	GB 13837

（2）抗扰度测试

数据附件编号	测试项目	被测设备	参考标准
6	静电放电抗扰度试验	数字电视编码器	GB/T 17626.2
7	电快速瞬变脉冲群抗扰度试验	模块化媒体系统	GB/T 17626.4
8	射频场感应的传导骚扰抗扰度	数字电视编码器	GB/T 17626.6
9	电压暂降、短时中断和电压变化的抗扰度试验	监视器	GB/T 17626.11

☆数据附件1——外壳端口辐射骚扰

（1）受试设备描述——数字电视编码器

受试设备安装形式：移动式。

受试设备接地方式：浮地。

受试设备一般描述：本受试设备归属于广播电视设备类别，其辐射骚扰特性按照GB 9254-2008《信息技术设备的无线电骚扰限值和测量法》中A类设备的要求。

受试设备供电方式：

电压：110V～120V/220V～240V，AC

电流：2.0A/1.3A

频率：50Hz～60Hz。

输入电源线：附带可拆卸

电源线插头型式：单相三线

输出电源线：不附带

信号线：不附带

I/O 信号端口：DVB ASI 口、CVBS 信号口、Digital - Audio 口、Analog - Audio 口、RS-232 串口

(2) 受试设备的设置和工作状态

测试时供电电源：220V/50Hz，AC

测试信号输入口：CVBS 信号口

标准信号和测试状态：625i/50 标准彩条信号。输入信号足够强，以便获得无噪声的图像。被测设备各按钮置于正常操作状态，其他设置按标准。

(3) 辐射骚扰场强测试数据

Frequency (MHz)	QuasiPeak (dBμV/m)	Antenna height (cm)	Polarity	Turntable position (deg)	Limit (dBμV/m)
319. 860000	61. 7	100. 0	H	108. 0	57. 0
324. 900000	64. 3	100. 0	H	93. 0	57. 0
330. 000000	62. 5	100. 0	H	92. 0	57. 0
335. 040000	62. 1	100. 0	H	72. 0	57. 0
352. 860000	64. 5	100. 0	H	63. 0	57. 0
390. 900000	67. 2	100. 0	H	37. 0	57. 0

Frequency (MHz)	QuasiPeak (dBμV/m)	Antenna height (cm)	Polarity	Turntable position (deg)	Limit (dBμV/m)
347. 760000	55. 4	236. 0	V	0. 0	57. 0
352. 860000	59. 3	223. 0	V	0. 0	57. 0
390. 600000	51. 2	214. 0	V	0. 0	57. 0
390. 900000	60. 3	222. 0	V	0. 0	57. 0
401. 100000	57. 2	200. 0	V	0. 0	57. 0
406. 140000	58. 5	200. 0	V	0. 0	57. 0

(4) 测试结果说明

被测样品不符合 GB 9254-2008 中 A 级产品辐射骚扰场强限值要求。

（5）辐射骚扰场强测试曲线图（见图 4－10 和图 4－11）

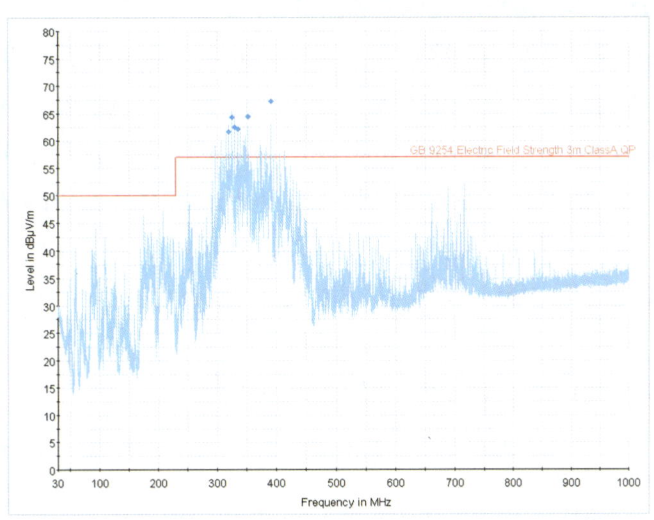

图 4－10　数字电视编码器 水平极化 EMI 测试

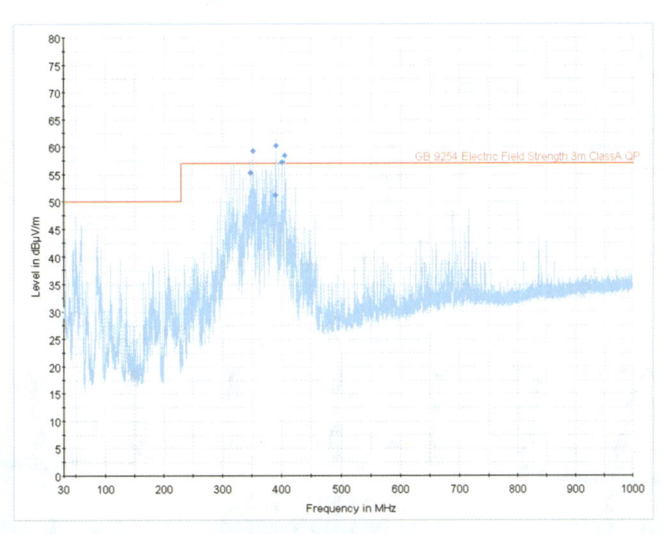

图 4－11　数字电视编码器 垂直极化 EMI 测试

（6）测试布置（通用要求）

①天线：天线为超宽带天线，频率范围为 30MHz～3GHz。

②天线到受试单元的距离：天线放在距 EUT 边框 3m 远的水平距离处，EUT 的边框系由一条反映 EUT 简单集合构型的假想直线确定，ITE 系统间的所有电缆及所有连接的 ITE 都包括在这一边框内。

③天线到地的距离：天线到地的距离可以在 1m～4m 范围内进行调节，以便在每一测试频率上获得最大指示值。

④天线相对于受试单元的方位和极化：在测量过程中可以改变天线相对于受试单元的方位和极化（水平极化和垂直极化），受试单元放置在可以 360°旋转的可旋转面的中心，以此

带动受试单元转动，以寻找其最大场强发射的角度。

⑤测试场地：测试在3米法半电波暗室中进行。

⑥设备连接：如果悬垂电缆的末端与水平接地平板之间的距离不足40cm，又不能缩短至适宜的长度，那么电缆的超长部分来回折叠成长30cm～40cm的线束。不与外设相连的I/O信号电缆的末端，如果由于操作的需要，可以使用适当的终端阻抗与电缆的末端相连。多插座的电源盒与金属接地平板等高，并直接接到接地平板上。手动操作的装置（如键盘、鼠标等）的电缆按正常使用时的位置放置。除了显示器，外设相互之间及外设与控制器之间的距离为10cm。电源电缆垂落至地面，然后与插座相连。电源插座与电源线之间不增加额外的电源线。

（7）测试连接和试验布置图（见图4－12至图4－17）

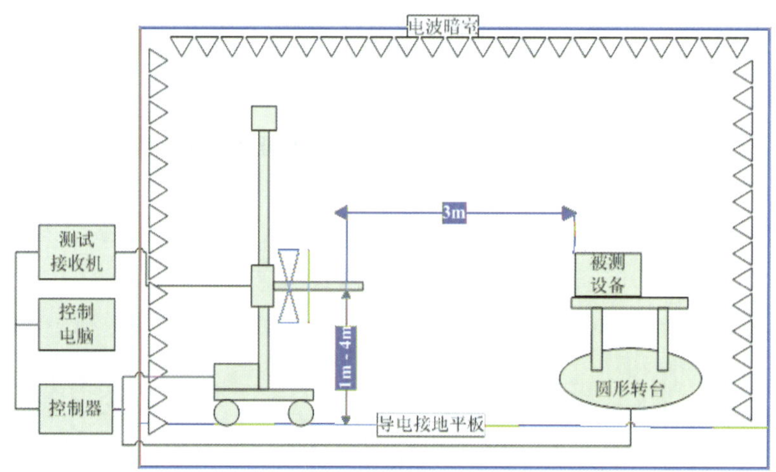

图4－12　辐射骚扰场强试验设备连接图

图4－13　被测设备正面布置图

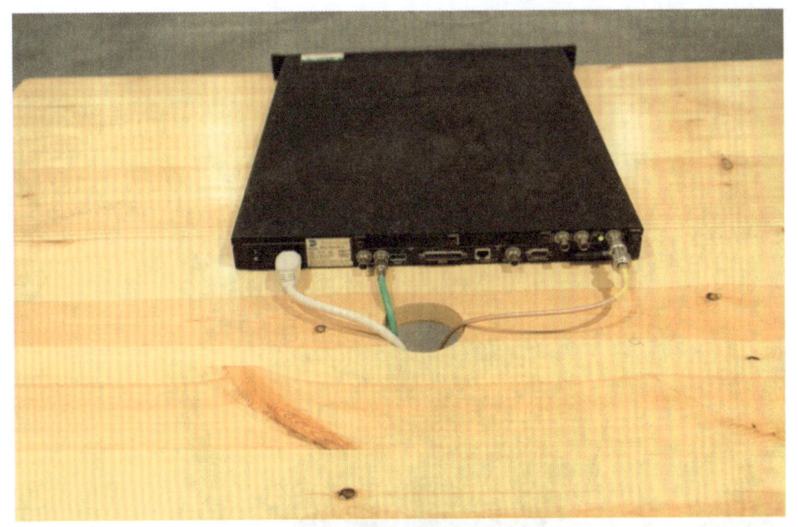

图 4－14　被测设备背面布置图

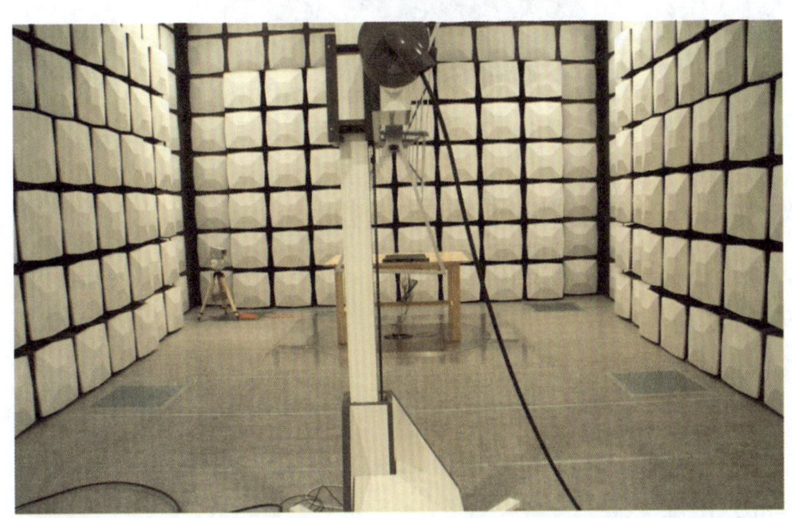

图 4－15　暗室整体布置图

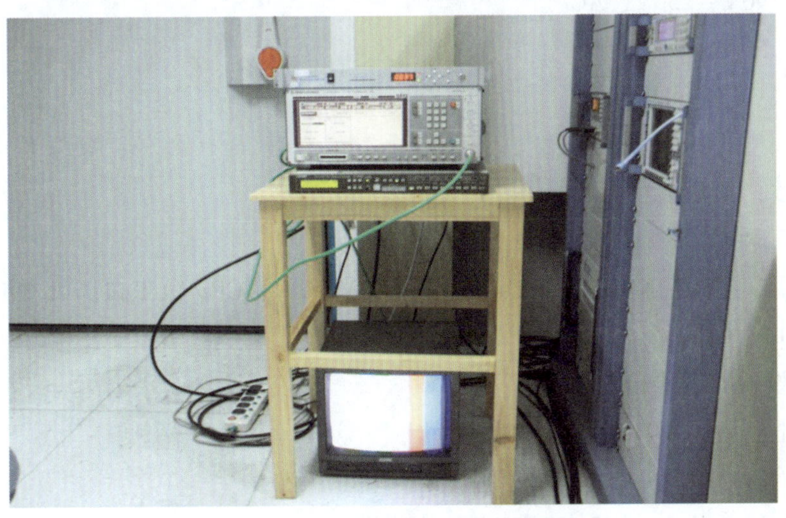

图 4－16　辅助设备正面布置图

图4-17　辅助设备背面布置图

☆数据附件2——电源端子传导骚扰

（1）受试设备描述——模块化媒体系统

受试设备安装形式：移动式

受试设备接地方式：浮地

受试设备一般描述：本受试设备归属于广播电视设备类别，电源端骚扰电压特性按照GB 9254-2008《信息技术设备的无线电骚扰限值和测量方法》中B类设备的要求。

受试设备供电方式：

电压：90V~250V，AC

频率：50/60Hz

输入电源线：附带可拆卸

电源线插头型式：单相三线

输出电源线：不附带

信号线：不附带

I/O信号端口：SDI IN口、SDI OUT口、Y/CVBS口、CPr/OUT口、Pb/OUT口、REF IN口、REF OUT口、GPI口、ETHERNET口

（2）受试设备的设置和工作状态

测试时供电电源：220V/50Hz，AC

测试信号输入口：SDI IN口

标准信号和测试状态：625i/50标准彩条信号。输入信号足够强，以便获得无噪声的图像。被测设备各按钮置于正常操作状态，其他设置按标准。

（3）电源端骚扰测试数据

Frequency（MHz）	QuasiPeak（dBm）	Line	Limit（dBm）
0. 156091	93. 7	L1	65. 7
0. 206241	101. 8	L1	63. 4
0. 310136	72. 6	L1	60. 0
0. 339191	37. 0	N	59. 2
0. 363658	36. 7	N	58. 6
0. 374678	36. 2	L1	58. 4
0. 393790	36. 3	N	58. 0
0. 413877	57. 4	N	57. 6
0. 520311	39. 7	N	56. 0
0. 616207	38. 1	L1	56. 0
1. 044141	27. 0	N	56. 0
1. 554584	29. 1	L1	56. 0
2. 158835	22. 9	L1	56. 0
3. 731599	13. 8	L1	56. 0
6. 450161	11. 0	N	60. 0
16. 933386	10. 2	N	60. 0
27. 300446	11. 3	N	60. 0

Frequency（MHz）	Average（dBm）	Line	Limit（dBm）
0. 156091	44. 2	L1	55. 7
0. 206241	99. 4	L1	53. 4
0. 307065	67. 2	L1	50. 0
0. 409779	54. 6	N	47. 7
0. 515159	36. 6	L1	46. 0
0. 616207	33. 1	L1	46. 0
1. 075780	21. 7	L1	46. 0
1. 585831	23. 8	N	46. 0
2. 137460	17. 7	N	46. 0
3. 806604	9. 0	N	46. 0
7. 949126	7. 1	N	50. 0
16. 599731	5. 6	N	50. 0
29. 858096	7. 0	L1	50. 0

(4) 电源端骚扰测试曲线图（见图4－18）

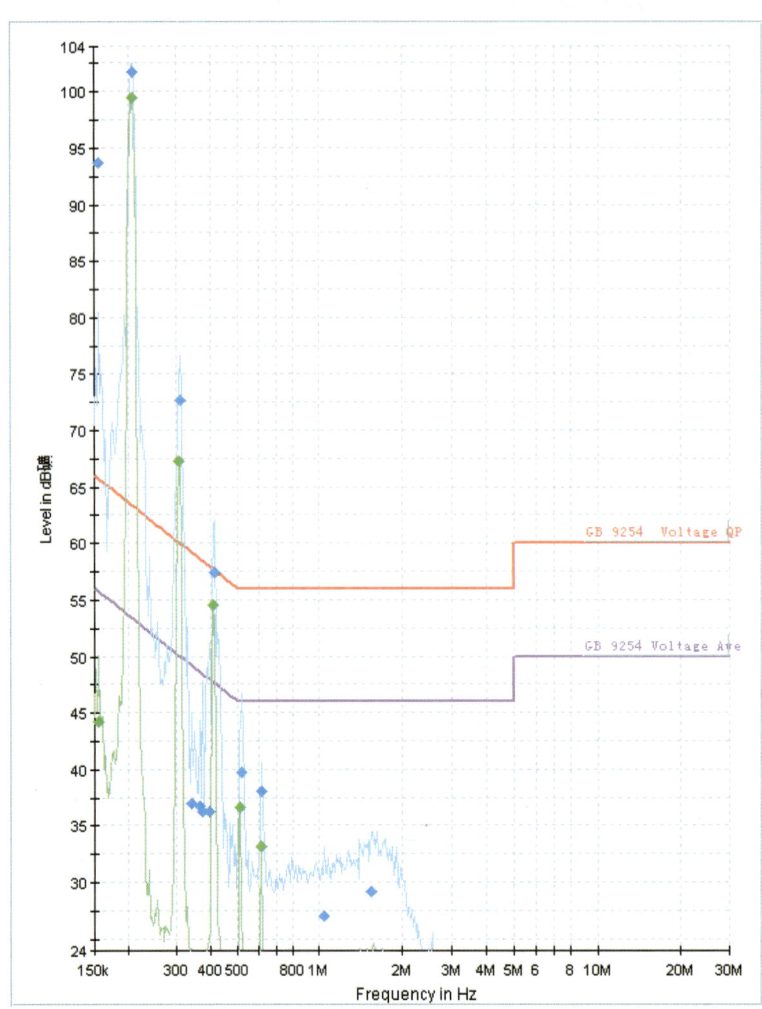

图4－18　电源端骚扰电压测试曲线图

(5) 测试结果说明

被测样品不符合 GB 9254-2008 中 B 类设备电源端骚扰电压限值要求。

(6) 测试布置（通用要求）

如果悬垂电缆的末端与水平接地平板之间的距离不足 40cm，又不能缩短至适宜的长度，那么电缆的超长部分应来回折叠成长 30cm～40cm 的线束。不与外设相连的 I/O 信号电缆的末端，如果由于操作的需要，可以使用适当的终端阻抗与电缆的末端相连。多插座的电源盒应与金属接地平板等高，并直接接到接地平板上。手动操作的装置（如键盘、鼠标等）的电缆应按正常使用时的位置放置。除了显示器，外设相互之间及外设与控制器之间的距离应为 10cm；如果条件允许，显示器应直接放在控制器的上面。电源电缆应垂落至地面，然后与插座相连。电源插座与电源线之间不应增加额外的电源线。

(7) 测试连接和试验布置图（见图4－19至图4－22）

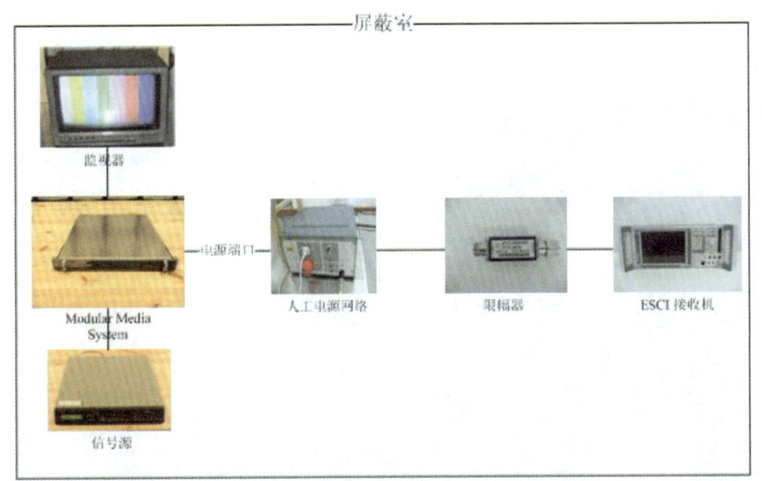

图 4－19　电源端骚扰电压连接图

图 4－20　被测设备正面布置图

图 4－21　被测设备背面布置图

图4-22　屏蔽室整体布置图

☆数据附件3——谐波电流

（1）受试设备描述——数字视频信号发生器

受试设备安装形式：移动式

受试设备接地方式：浮地

受试设备一般描述：本受试设备归属于广播电视设备类别，其谐波电流发射特性按照GB 17625.1-2003《谐波电流发射限值（设备每相输入电流≤16 A）》中A类设备的要求。

受试设备供电方式：

电压：220V~230V，AC

频率：50/60Hz

输入电源线：附带可拆卸

电源线插头型式：单相三线

输出电源线：不附带

信号线：不附带

I/O信号端口：SD-SDI口、HD-SDI口、H. DRIVE、V. DRIVE

（2）受试设备的设置和工作状态

测试时供电电源：220V/50Hz，AC

标准信号和测试状态：625i/50标准彩条信号。输出信号足够强，以便获得无噪声的图像。被测设备各按钮置于正常操作状态，其他设置按标准。

（3）谐波电流测试数据（见图 4－23）

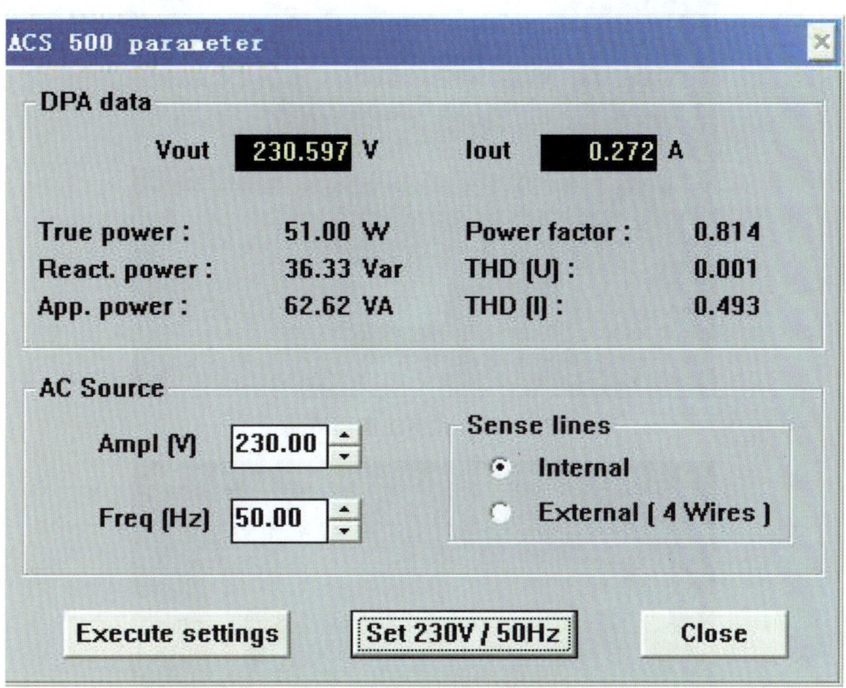

图 4－23　谐波电流实验截图

（4）测试结果说明

被测设备功率小于 75W，谐波电流无适用限值。

（5）试验布置

本试验采用单相谐波闪烁分析仪和单相交流电源，测试场地为屏蔽室，被测设备调整到额定电流时进行测量。

（6）测试连接和试验布置图（见图 4－24 至图 4－27）

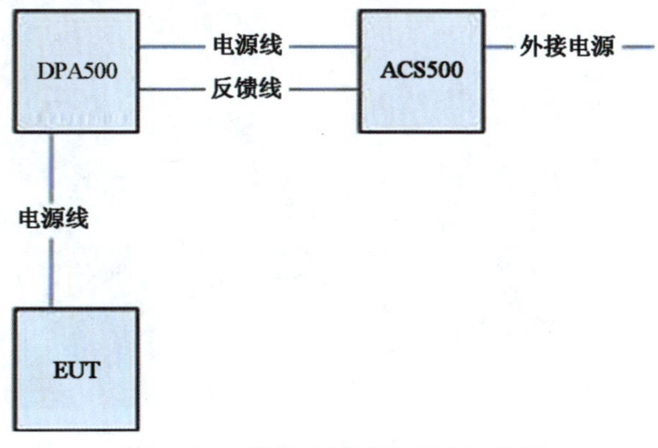

图 4－24　谐波电流试验设备连接图

图 4－25　设备正面布置图

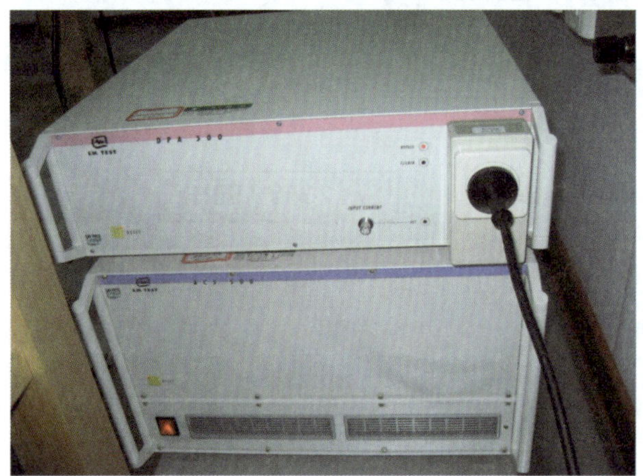

图 4－26　谐波闪烁分析仪和 AC 电源正面布置图

图 4－27　谐波闪烁分析仪和 AC 电源背面布置图

☆数据附件 4——电压闪烁

(1）受试设备描述——数字视频分路器

受试设备安装形式：移动式

受试设备接地方式：浮地

受试设备一般描述：本受试设备归属于广播电视设备类别，其电压变化、电压波动和闪烁的特性按照 GB 17625.2-2007《对每相额定电流≤16A 且无条件介入的设备在公用低压供电系统中产生的电压变化、电压波动和闪烁的限制》的要求。

受试设备供电方式：

电压：220V，AC

频率：50/60Hz

输入电源线：附带可拆卸

电源线插头型式：单相三线

输出电源线：不附带

信号线：不附带

I/O 信号端口：INPUT 口、SDI 输出口

（2）受试设备的设置和工作状态

测试时供电电源：220V/50Hz，AC

标准信号和测试状态：625i/50 标准彩条信号。输入信号足够强，以便获得无噪声的图像。被测设备各按钮置于正常操作状态，其他设置按标准。

（3）电压变化、电压波动和闪烁测试数据

	EUT values	**Limit**	**Result**
Pst	0.028	1.00	PASS
Plt	0.028	0.65	PASS
dc [%]	0.005	3.30	PASS
dmax [%]	0.067	4.00	PASS
dt [s]	0.000	0.50	PASS

Flicker measurement 1	**EUT values**	**Limit**	**Result**
Pst	0.028	1.00	PASS
dc [%]	0.005	3.30	PASS
dmax [%]	0.060	4.00	PASS
dt [s]	0.000	0.50	PASS

Flicker measurement 2	**EUT values**	**Limit**	**Result**
Pst	0.028	1.00	PASS
dc [%]	0.005	3.30	PASS
dmax [%]	0.061	4.00	PASS
dt [s]	0.000	0.50	PASS

Flicker measurement 3	EUT values	Limit	Result
Pst	0. 028	1. 00	PASS
dc [%]	0. 004	3. 30	PASS
dmax [%]	0. 057	4. 00	PASS
dt [s]	0. 000	0. 50	PASS

Flicker measurement 4	EUT values	Limit	Result
Pst	0. 028	1. 00	PASS
dc [%]	0. 005	3. 30	PASS
dmax [%]	0. 060	4. 00	PASS
dt [s]	0. 000	0. 50	PASS

Flicker measurement 5	EUT values	Limit	Result
Pst	0. 028	1. 00	PASS
dc [%]	0. 004	3. 30	PASS
dmax [%]	0. 060	4. 00	PASS
dt [s]	0. 000	0. 50	PASS

Flicker measurement 6	EUT values	Limit	Result
Pst	0. 028	1. 00	PASS
dc [%]	0. 004	3. 30	PASS
dmax [%]	0. 061	4. 00	PASS
dt [s]	0. 000	0. 50	PASS

Flicker measurement 7	EUT values	Limit	Result
Pst	0. 028	1. 00	PASS
dc [%]	0. 004	3. 30	PASS
dmax [%]	0. 067	4. 00	PASS
dt [s]	0. 000	0. 50	PASS

Flicker measurement 8	EUT values	Limit	Result
Pst	0. 028	1. 00	PASS
dc [%]	0. 004	3. 30	PASS
dmax [%]	0. 062	4. 00	PASS
dt [s]	0. 000	0. 50	PASS

Flicker measurement 9	EUT values	Limit	Result
Pst	0. 028	1. 00	PASS
dc [%]	0. 004	3. 30	PASS
dmax [%]	0. 060	4. 00	PASS
dt [s]	0. 000	0. 50	PASS

Flicker measurement 10	EUT values	Limit	Result
Pst	0. 028	1. 00	PASS
dc [%]	0. 004	3. 30	PASS
dmax [%]	0. 061	4. 00	PASS
dt [s]	0. 000	0. 50	PASS

Flicker measurement 11	EUT values	Limit	Result
Pst	0. 028	1. 00	PASS
dc [%]	0. 004	3. 30	PASS
dmax [%]	0. 059	4. 00	PASS
dt [s]	0. 000	0. 50	PASS

Flicker measurement 12	EUT values	Limit	Result
Pst	0. 028	1. 00	PASS
dc [%]	0. 004	3. 30	PASS
dmax [%]	0. 063	4. 00	PASS
dt [s]	0. 000	0. 50	PASS

（4）测试结果说明

被测样品符合 GB 17625. 2-2007 电压变化、电压波动和闪烁限制要求。

（5）试验布置说明

本试验采用单相谐波闪烁分析仪和单相交流电源，测试场地为屏蔽室，试验电压为单相 220V。

（6）测试连接和试验布置图（见图 4－28 至图 4－31）

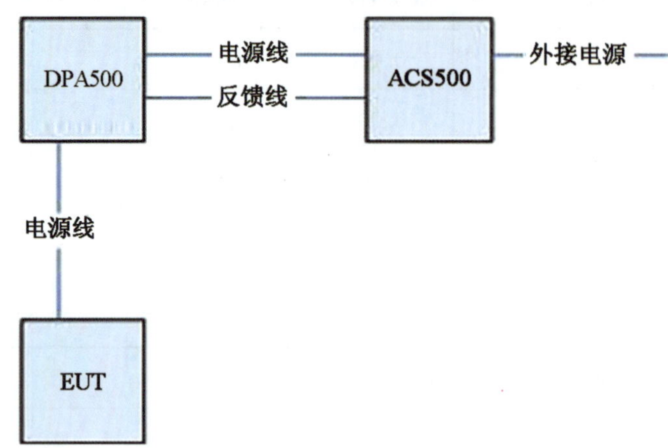

图 4－28　电压变化、电压波动和闪烁试验设备连接图

图 4－29　系统设备布置图

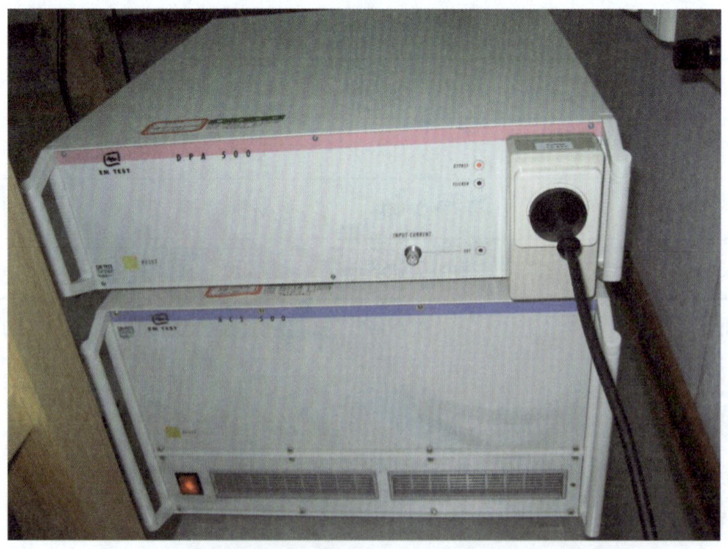

图 4－30　谐波闪烁分析仪和 AC 电源正面布置图

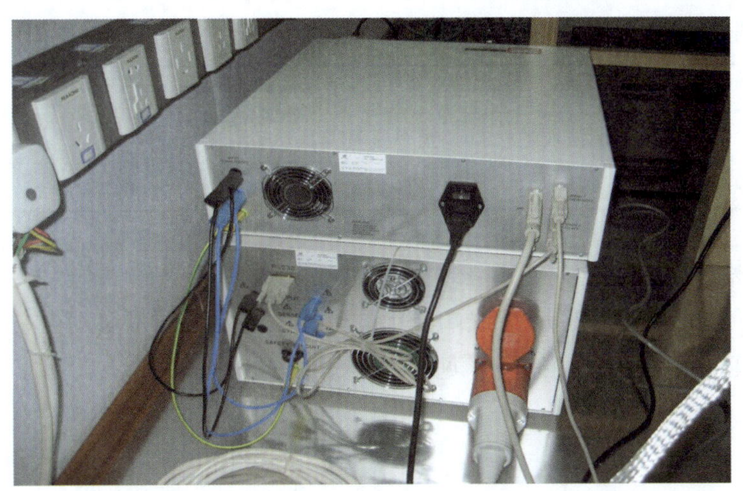

图 4－31　谐波闪烁分析仪和 AC 电源背面布置图

☆数据附件 5——天线端骚扰电压

（1）受试设备描述——数字卫星综合解码器

受试设备安装形式：移动式

受试设备接地方式：浮地

受试设备一般描述：本受试设备归属于广播电视设备类别，其天线端骚扰电压特性按照 GB 13837-2003《声音和电视广播接收机及有关设备无线电骚扰特性限值和测量方法》的要求。

受试设备供电方式：

电压：90V～260V，AC

频率：50/60Hz

输入电源线：附带可拆卸

电源线插头型式：单相三线

输出电源线：不附带

信号线：不附带

I/O 信号端口：TS ASI 口、SAT 输入口、AV 口、Video 口、S－Video、RS-232 串口

（2）受试设备的设置和工作状态

测试时供电电源：220V/50Hz，AC

测试信号输入口：SAT 输入口

标准信号和测试状态：625i/50 标准彩条信号。输入信号足够强，以便获得无噪声的图像。被测设备各按钮置于正常操作状态，其他设置按标准。

（3）试验布置说明

本试验采用功分器将被测设备和接收机相连，最小衰减为 6dB。测试在屏蔽室内进行。被测设备的标称输入阻抗为 75 欧姆。调整辅助信号发生器的输出电平，使被测设备天线输入端为 70dBμV。

(4) 天线端骚扰电压测试数据

骚扰源			试验值 (dBμV)	标准限值 (dBμV)
频道	谐波次数	频率 (MHz)		
载波频率 1450.00MHz	基波	1450.00	50.6	54

(5) 测试结果说明

被测样品符合 GB 13837-2003 天线端骚扰电压的限值要求。

(6) 天线端骚扰电压测试曲线图 (见图 4-32)

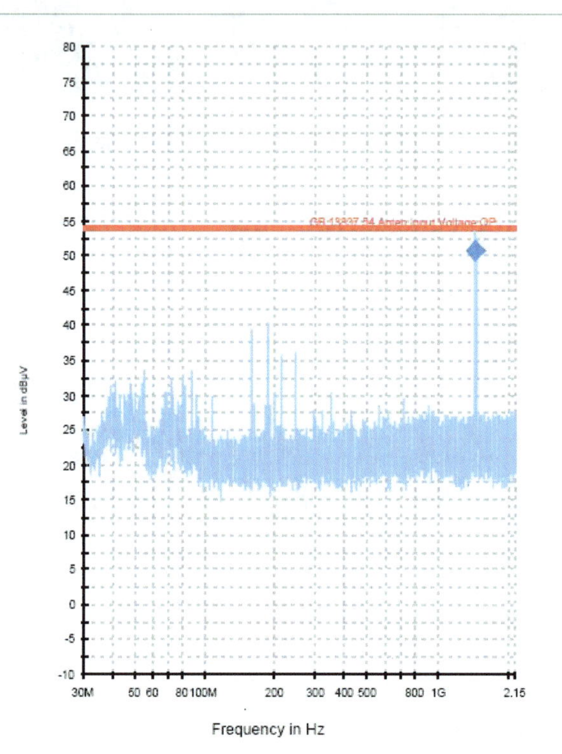

图 4-32 天线端骚扰电压测试曲线图

(7) 测试仪器连接图 (见图 4-33 至图 4-37)

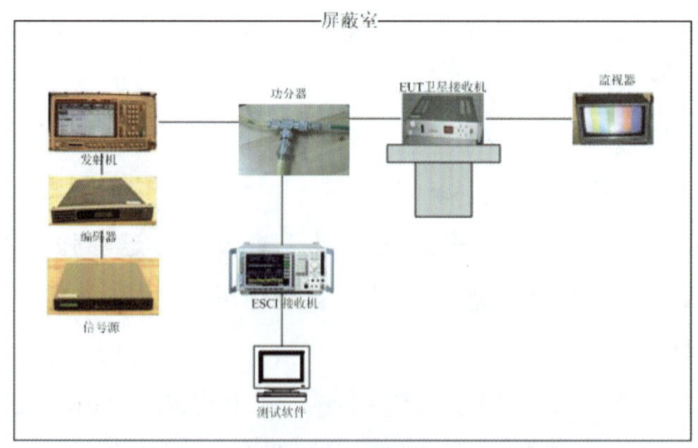

图 4-33 天线端骚扰电压试验设备连接图

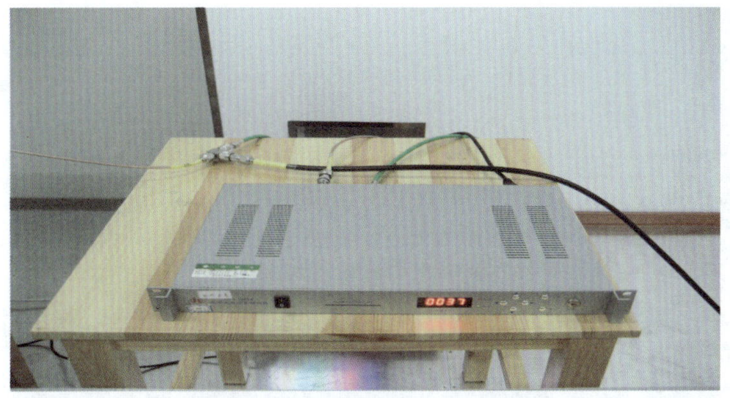

图 4－34　被测设备正面布置图

图 4－35　被测设备背面布置图

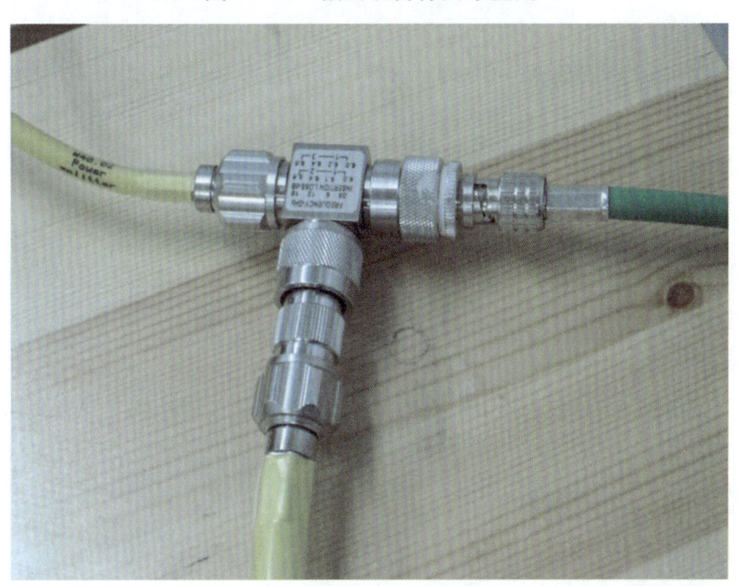

图 4－36　功分器布置图

图 4－37　辅助设备布置图

☆数据附件 6——静电放电抗扰度试验

（1）受试设备描述——数字电视编码器

受试设备安装形式：移动式

受试设备接地方式：浮地

受试设备一般描述：本受试设备归属于广播电视设备类别，其抗扰度特性按照 GB 17626.2-1999《静电放电抗扰度试验》中的要求。

受试设备供电方式：

电压：110V～120V/220V～240V，AC

电流：2.0A/1.3A

频率：50/60Hz

输入电源线：附带可拆卸

电源线插头型式：单相三线

输出电源线：不附带

信号线：不附带

I/O 信号端口：DVB ASI 口、CVBS 信号口、Digital－Audio 口、Analog－Audio 口、RS-232 串口

（2）受试设备的设置和工作状态

测试时供电电源：220V/50Hz，AC

标准信号和测试状态：625i/50 标准彩条信号。输出信号足够强，以便获得无噪声的图像。被测设备各按钮置于正常操作状态，其他设置按标准。

(3) 静电放电抗扰度测试数据

接触放电				空气放电			
正电压		负电压		正电压		负电压	
2kV	4 kV	2 kV	4 kV	2 kV	4 kV	2 kV	4 kV
OK	OK	OK	OK	OK	OK	OK	FAIL

(4) 测试结果说明

空气放电加载4kV负电压时，被测样品液晶屏功能丧失，不可恢复，不合格。

(5) 试验布置（通用要求）

实验室的地面应设置接地参考平面它应是一种最小厚度为0.25 mm的铜或铝的金属薄板，其他金属材料虽可使用，但它们至少有0.65 mm的厚度。接地参考平面的最小尺寸为1 m^2,实际的尺寸取决于受试设备的尺寸，而且每边至少应伸出受试设备或耦合板之外0.5 m，并将它与保护接地系统相连。应始终遵守国家有关安全规程的规定，受试设备应按其使用要求布置和连接。受试设备与实验室墙壁和其他金属性结构之间的距离最小1m。按照受试设备的安装技术条件应该将它与接地系统连接，不允许有其他附加的接地连接线。电源与信号电缆的布置应能反映实际安装条件。

静电放电发生器的放电回路电缆应与接地参考平面连接，该电缆的总长度一般为2m。如果这个长度超过所选放电点需要的长度如可能将多余的长度以无感方式离开接地参考平面放置，且与试验配置的其他导电部分保持不小于0.2 m的距离。与接地参考平面连接的接地线和所有连接点均应是低阻抗的，例如在高频场合下采用夹具等。规定有耦合板的地方，例如允许采用间接放电的地方，这些耦合板应采用和接地参考平面相同的金属和厚度，而且经过每端设置一个470 Ω的电阻电缆与接地参考平面连接，当电缆置于接地参考平面上时，这些电阻器应能耐受住放电电压且具有良好的绝缘，以避免对接地参考平面的短路。台式设备试验配置包括一个放在接地参考平面的0.8 m的木桌，放在桌面上的水平耦合板（HCP）面积为1.6 m×0.8 m，并用一个厚0.5 mm的绝缘衬垫将受试设备和电缆与耦合板隔离，如果受试设备过大而不能保持与水平耦合板各边的最小距离为0.1 m，则应使用另一块相同的水平耦合板并与第一块短边侧距离0.3 m，但此时必须将桌子扩大或使用两个桌子，这些水平耦合板不必焊在一起，而应经过另一根带电阻电缆接到接地参考平面上。落地式设备与电缆用厚度约0.1 m的绝缘支架与接地参考平面隔开。

(6) 测试连接和试验布置图（见图4-38至图4-41）

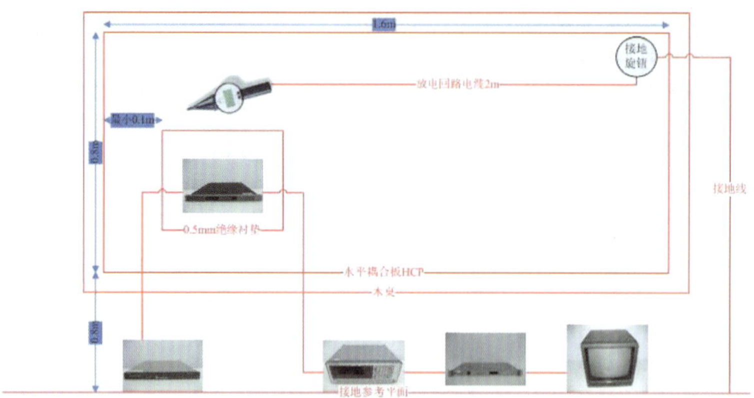

图 4－38　静电放电抗扰度试验设备连接图

图 4－39　设备正面布置图

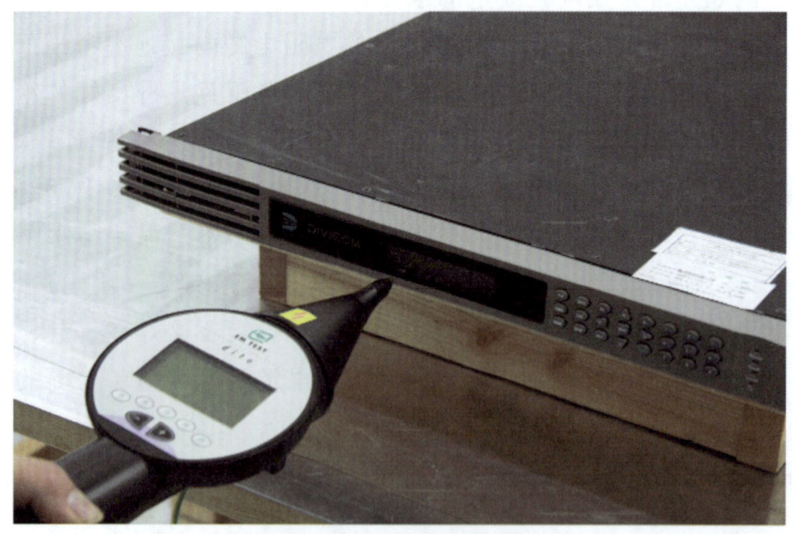

图 4－40　正面试验操作图

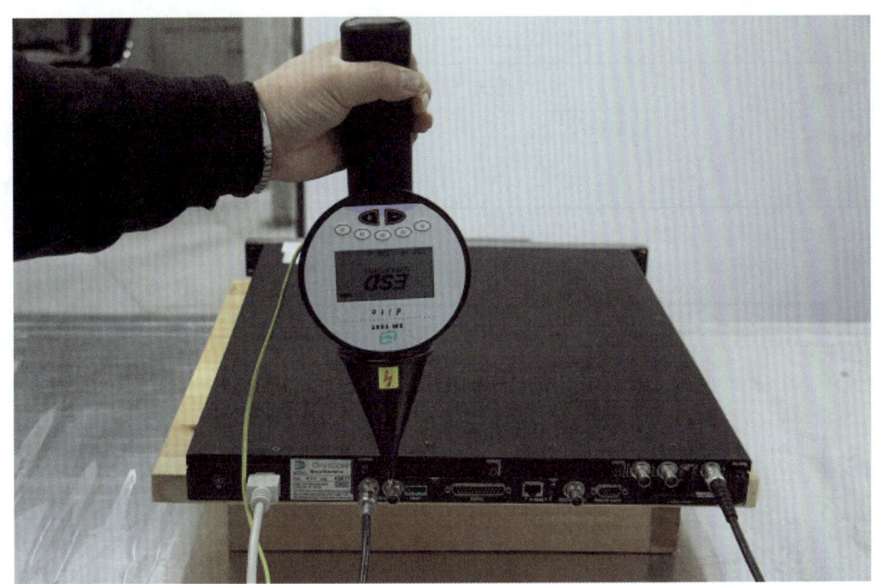

图 4－41　背面试验操作图

☆数据附件 7——电快速瞬变脉冲群抗扰度试验

（1）受试设备描述——模块化媒体系统

受试设备安装形式：移动式

受试设备接地方式：浮地

受试设备一般描述：本受试设备归属于广播电视设备类别，其抗扰度特性按照 GB17626.4-1998《电快速瞬变脉冲群抗扰度试验》中的要求。

受试设备供电方式：

电压：220V，AC

频率：50/60Hz

输入电源线：附带可拆卸

电源线插头型式：单相三线

输出电源线：不附带

信号线：不附带

I/O 信号端口：Pb IN 口、C/Pr IN 口、Y/CVBS IN 口、SDI OUT 口、SDI IN 口

（2）受试设备的设置和工作状态：

测试时供电电源：220V/50Hz，AC

标准信号和测试状态：625i/50 标准彩条信号。输出信号足够强，以便获得无噪声的图像。被测设备各按钮置于正常操作状态，其他设置按标准。

（3）电快速瞬变脉冲群抗扰度测试数据

①供电线路测试：

环境 1：具有良好保护的环境

Test Procedure

Pulse Name:	IEC 61000 - 4 - (2004): **Part** 4 (**5kHz**)		
Test generator:	EFT500 M4	Software No. : Serial No. :	000712 V0606101144

Test Setup

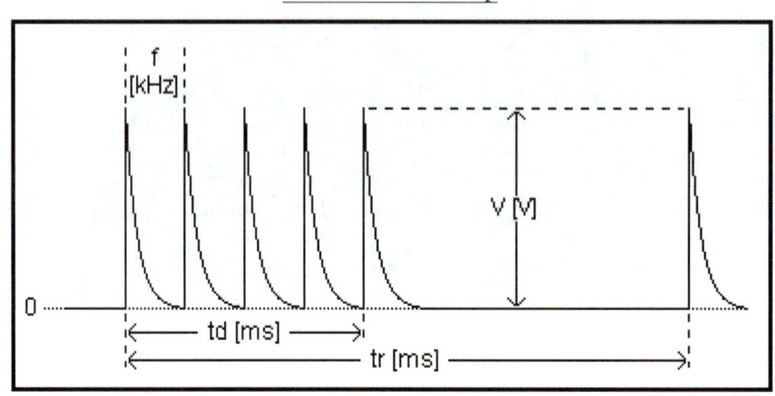

V:	500	V
f:	5	kHz
td:	15	ms
tr:	300	ms
Mode:	Asynchronous	
Polarity:	Alternate	
Coupling:	L, N, PE, L+N, L+PE, N+PE, L+N+PE	
Test duration:	1	m
Time between Tests:	2	s

Test Result

V:	± 500	V	f:	5	kHz
			td:	15	ms
			tr:	300	ms
Coupling:	L, N, PE, L+N, L+PE, N+PE, L+N+PE				
Elapsed Test time:	14 m 28 s				
Result:	Test passed ! 信号发生器显示屏：正常显示； 信号发生器输出：加干扰时显示器间歇性闪烁，但去除干扰后能正常显示。				

环境 2：受保护的环境

Test Procedure

Pulse Name：	IEC 61000 –4 – （2004）：Part 4（5kHz）		
Test generator：	EFT500 M4	Software No.：	000712
		Serial No.：	V0606101144

Test Setup

V：	1000	V
f：	5	kHz
td：	15	ms
tr：	300	ms
Mode：	Asynchronous	
Polarity：	Alternate	
Coupling：	L，N，PE，L+N，L+PE，N+PE，L+N+PE	
Test duration：	1	m
Time between Tests：	2	s

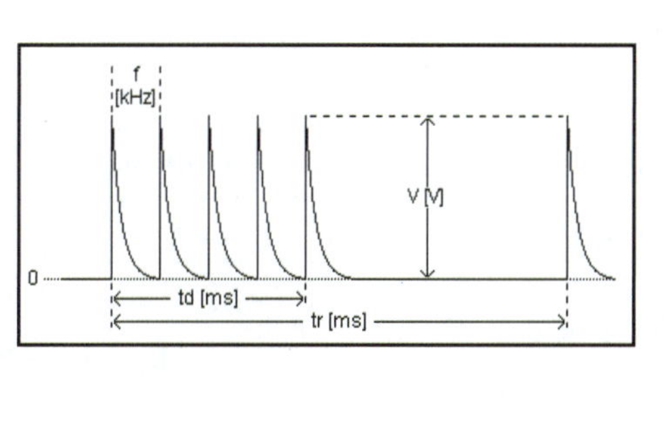

Test Result

V：	±1000	V	f：	5	kHz
			td：	15	ms
			tr：	300	ms
Coupling：	L，N，PE，L+N，L+PE，N+PE，L+N+PE				
Elapsed Test time：	14 m 28 s				
Result：	Test passed！ 信号发生器显示屏：正常显示； 信号发生器输出：加干扰时显示器间歇性闪烁，但去除干扰后能正常显示。				

环境 3：典型的工业环境

Test Procedure

Pulse Name:	IEC 61000 –4 – （2004）: Part 4 (5kHz)		
Test generator:	EFT500 M4	Software No. :	000712
		Serial No. :	V0606101144

Test Setup

V:	2000	V
f:	5	kHz
td:	15	ms
tr:	300	ms
Mode:	Asynchronous	
Polarity:	Alternate	
Coupling:	L, N, PE, L+N, L+PE, N+PE, L+N+PE	
Test duration:	1	m
Time between Tests:	2	s

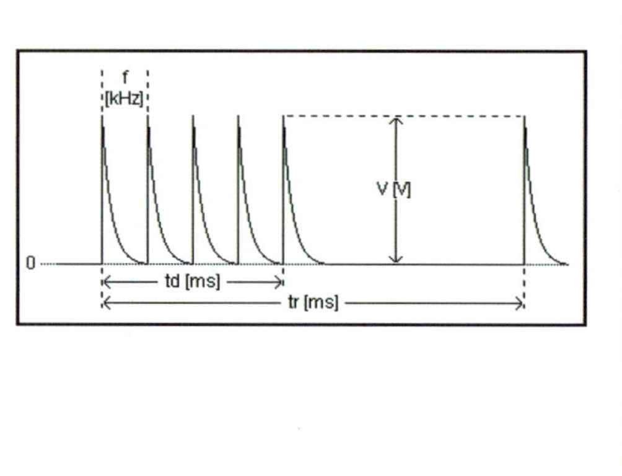

Test Result

V:	±2000	V	f:	5	kHz
			td:	15	ms
			tr:	300	ms
Coupling:	L, N, PE, L+N, L+PE, N+PE, L+N+PE				
Elapsed Test time:	14 m 28 s				
Result:	Test passed ! 信号发生器显示屏：正常显示； 信号发生器输出：加干扰时显示器间歇性闪烁，但去除干扰后能正常显示。				

②数据线路测试：

环境 1：具有良好保护的环境

Test Procedure

Pulse Name:	IEC 61000 -4 - (2004): Part 4 (5kHz)		
Test generator:	EFT500 M4	Software No.:	000712
		Serial No.:	V0606101144

Test Setup

V:	250	V
f:	5	kHz
td:	15	ms
tr:	300	ms
Mode:	Asynchronous	
Polarity:	Alternate	
Coupling:	L, N, PE, L+N, L+PE, N+PE, L+N+PE	
Test duration:	1	m
Time between Tests:	2	s

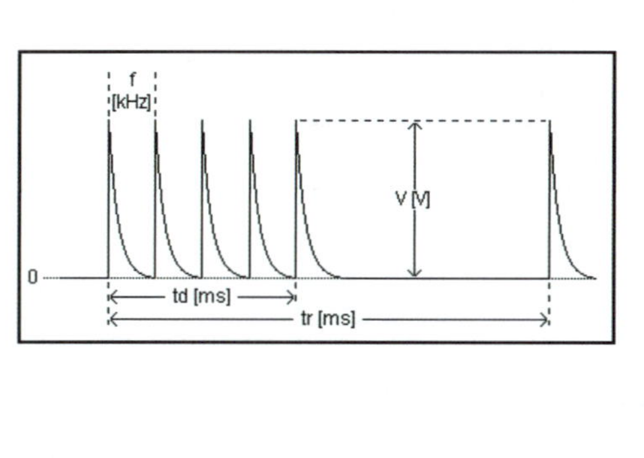

Test Result

V:	±250	V	f:	5	kHz
			td:	15	ms
			tr:	300	ms
Coupling:	L, N, PE, L+N, L+PE, N+PE, L+N+PE				
Elapsed Test time:	14 m 28 s				
Result:	Test passed! 信号发生器显示屏：正常显示； 信号发生器输出：加干扰时显示器间歇性闪烁，但去除干扰后能正常显示。				

环境2：受保护的环境

Test Procedure

Pulse Name:	IEC 61000 -4 - (2004): Part 4 (5kHz)		
Test generator:	EFT500 M4	Software No.:	000712
		Serial No.:	V0606101144

Test Setup

V:	500	V
f:	5	kHz
td:	15	ms
tr:	300	ms
Mode:	Asynchronous	
Polarity:	Alternate	
Coupling:	L, N, PE, L + N, L + PE, N + PE, L + N + PE	
Test duration:	1	m
Time between Tests:	2	s

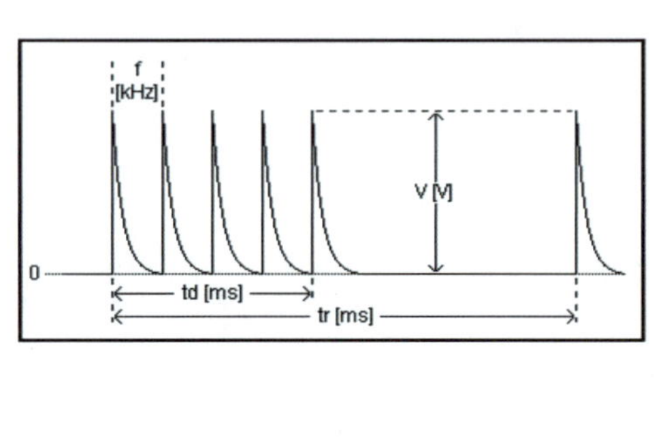

Test Result

V:	± 500	V	f:	5	kHz
			td:	15	ms
			tr:	300	ms
Coupling:	L, N, PE, L + N, L + PE, N + PE, L + N + PE				
Elapsed Test time:	14 m 28 s				
Result:	Test passed ! 信号发生器显示屏：正常显示； 信号发生器输出：加干扰时显示器间歇性闪烁，但去除干扰后能正常显示。				

环境 3：典型的工业环境

Test Procedure

Pulse Name:	IEC 61000 – 4 – (2004): Part 4 (5kHz)		
Test generator:	EFT500 M4	Software No.:	000712
		Serial No.:	V0606101144

Test Setup

V:	1000	V
f:	5	kHz
td:	15	ms
tr:	300	ms
Mode:	Asynchronous	
Polarity:	Alternate	
Coupling:	L, N, PE, L+N, L+PE, N+PE, L+N+PE	
Test duration:	1	m
Time between Tests:	2	s

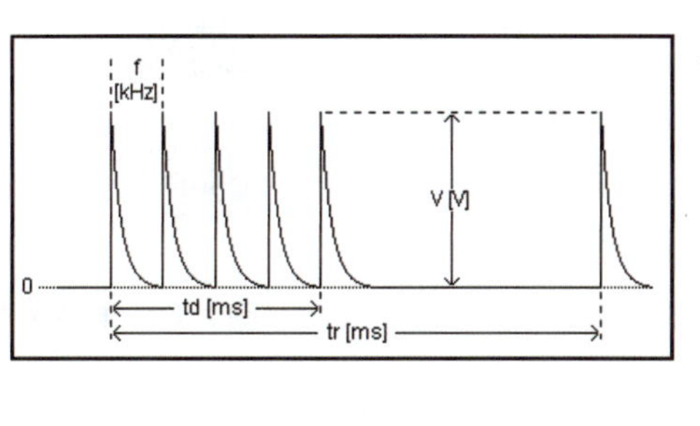

Test Result

V:	±1000	V	f:	5	kHz
			td:	15	ms
			tr:	300	ms
Coupling:	L, N, PE, L+N, L+PE, N+PE, L+N+PE				
Elapsed Test time:	14 m 28 s				
Result:	Test passed ! 信号发生器显示屏：正常显示； 信号发生器输出：加干扰时显示器间歇性闪烁，但去除干扰后能正常显示。				

(4) 测试结果说明

测试环境等级覆盖 GB 17626. 4-1998《电快速瞬变脉冲群抗扰度试验 1 级 -3 级》:

①被测样品电源线部分测试，属于：功能性暂时降低或丧失，但能自行恢复；

②被测样品数据线部分测试，属于：功能性暂时降低或丧失，但能自行恢复。

(5) 试验布置说明（通用要求）

本试验采用快速瞬变脉冲群发生器和电容耦合钳。测试场地为屏蔽室。试验电压为单相 220 V。受试设备应该放置在接地参考平面上，并用厚度为 0.1 m ±0.01 m 的绝缘支座与之隔开。接地参考平面的最小尺寸为 1 m×1 m。除位于受试设备下方的接地参考平面外，受试设备和所有其他导电结构之间的最小距离应大于 0.5 m。在使用耦合夹时，耦合板和所有其他导电性结构之间的最小距离是 0.5 m。耦合装置和受试设备之间的信号线和电源线的长度不应大于 1 m。

(6) 测试连接和试验布置图（见图 4-42 至图 4-45）

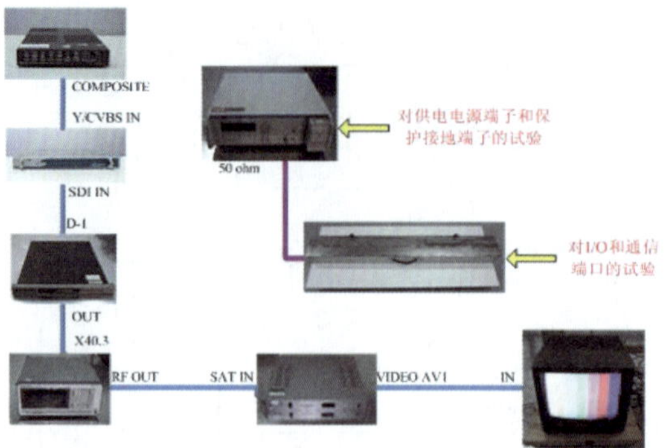

图-42　电快速瞬变脉冲群抗扰度试验设备连接图

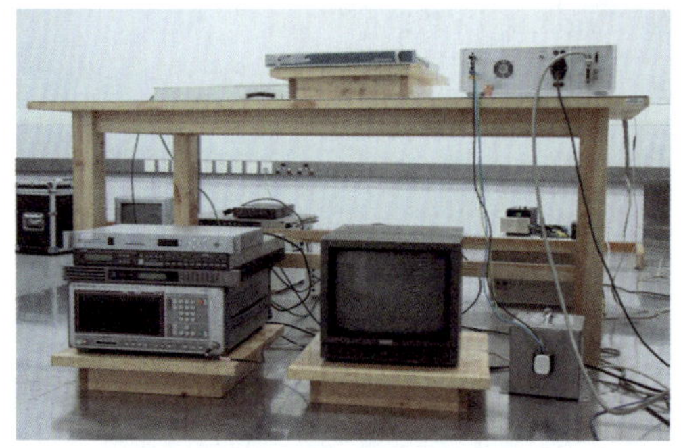

图4-43　设备正面布置图

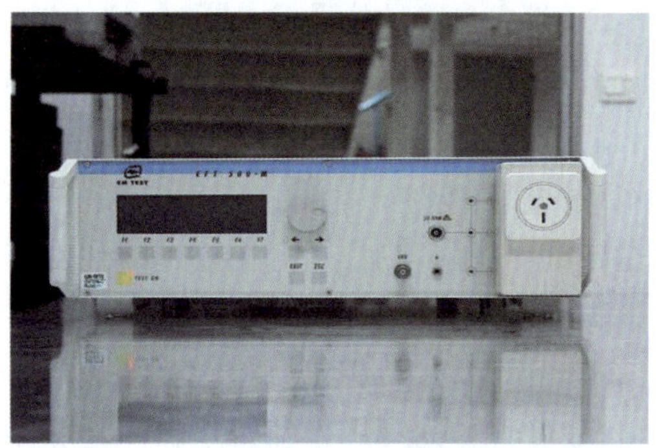

图4-44　电快速瞬变脉冲群测试仪正面布置图

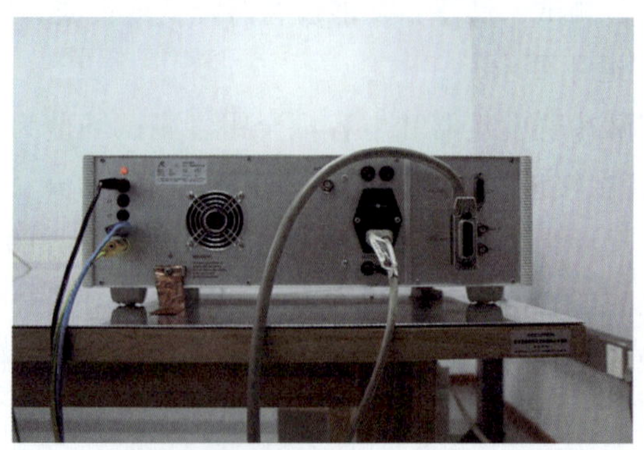

图4-45　电快速瞬变脉冲群测试仪背面布置图

☆数据附件8——射频场感应的传导骚扰抗扰度

1. 受试设备描述——数字电视编码器

受试设备安装形式：移动式

受试设备接地方式：浮地

受试设备一般描述：本受试设备归属于广播电视设备类别，其抗扰度特性按照GB 17626.6-1998《射频场感应的传导骚扰抗扰度试验》中的要求。

受试设备供电方式：

电压：110V～120V/220V～240V，AC

电流：2.0A/1.3A

频率：50Hz～60Hz

输入电源线：附带可拆卸

电源线插头型式：单相三线

输出电源线：不附带

信号线：不附带

I/O信号端口：DVB ASI口、CVBS信号口、Digital-Audio口、Analog-Audio口、RS-232串口

（2）受试设备的设置和工作状态

测试时供电电源：220V/50Hz，AC

标准信号和测试状态：625i/50标准彩条信号。输出信号足够强，以便获得无噪声的图像。被测设备各按钮置于正常操作状态，其他设置按标准。

（3）射频场感应的传导骚扰抗扰度试验测试数据

①供电线路测试：

环境：具有良好保护的环境

Diagrams

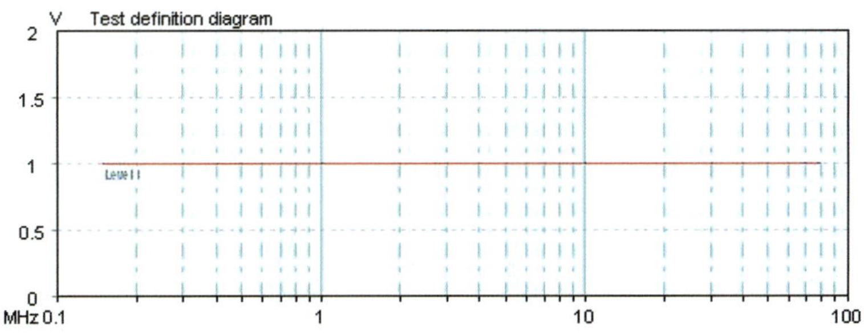

Diagrams

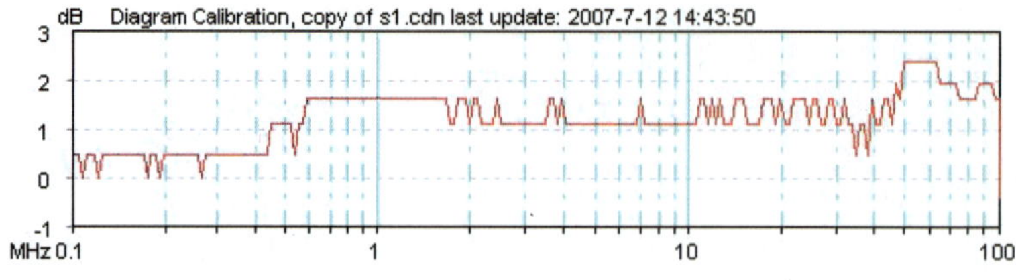

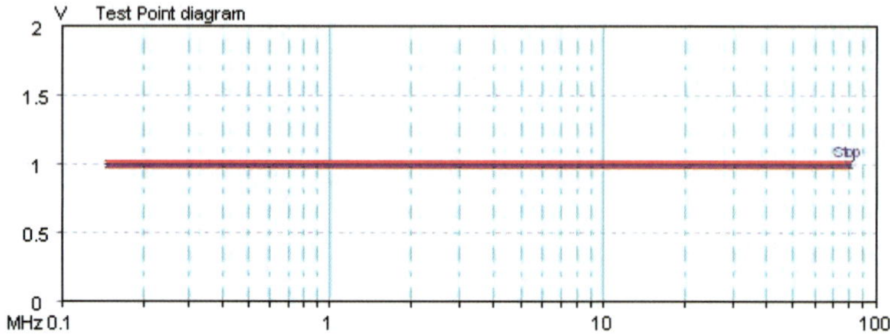

②数据线路测试：

环境：具有良好保护的环境

Diagrams

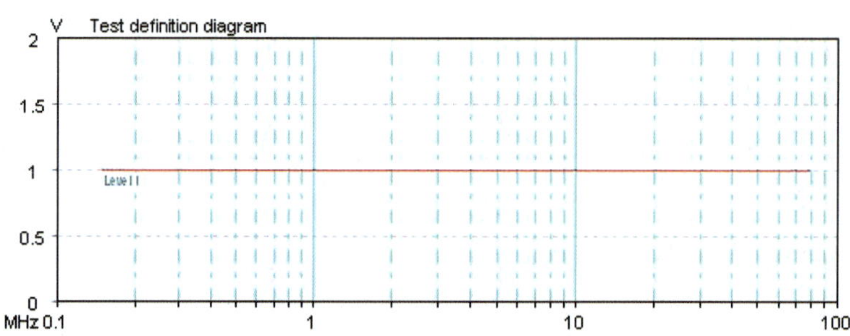

Diagrams

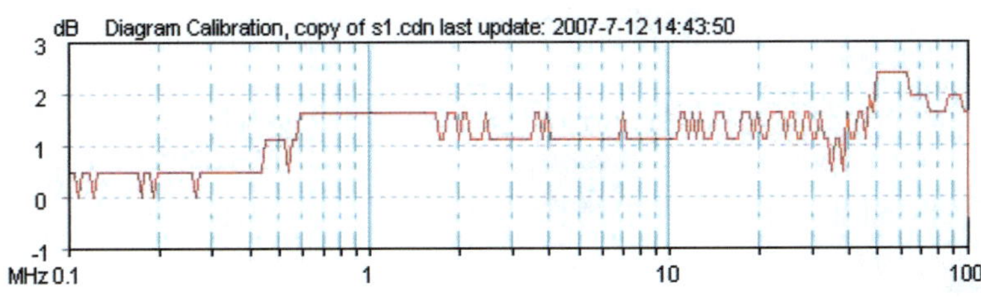

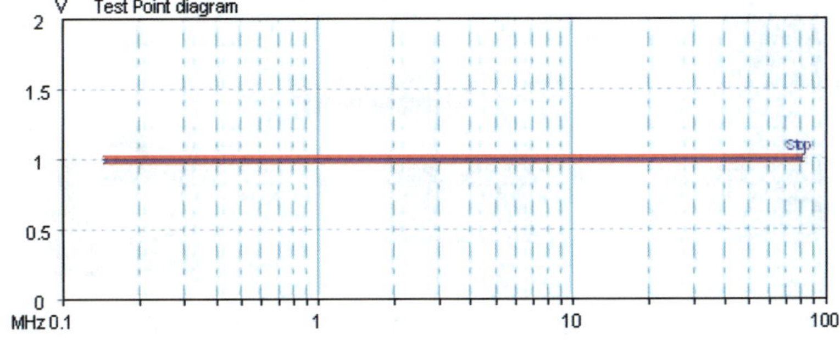

（4）测试结果说明

测试环境等级覆盖 GB 17626.6–1998《射频场感应的传导骚扰抗扰度试验》1 级。

①被测样品电源线部分测试，属于：功能性暂时降低或丧失，但能自行恢复；

②被测样品数据线部分测试，属于：功能性暂时降低或丧失，但能自行恢复。

（5）试验布置说明（通用要求）

本试验采用连续波模拟器，耦合去耦合网络，电磁钳，测试场地为屏蔽室。试验电压为单相 220 V。受试设备应该放置在接地参考平面上，并用厚度为 0.1 m ±0.01 m 的绝缘支座与之隔开。接地参考平面的最小尺寸为 1 m×1 m。除位于受试设备下方的接地参考平面外，受试设备和所有其他导电结构之间的最小距离应大于 0.5 m。连接到辅助设备的全部电缆除了与受试设备相连接的以外，均应连接上去耦合网络，这些网络与辅助设备的距离应小于 0.3 m，辅助设备与注入钳之间的电缆应平直放置，辅助设备与注入钳之间的电缆长度应尽可能的短（<0.3 m）。辅助设备与去耦合网络或辅助设备与注入钳之间的电缆，不能盘起来，也不能绕成圈，并应与参考接地平面保持 30 mm – 50 mm 的高度。耦合装置和受试设备之间的信号线和电源线的长度不应大于 1 m。除屏蔽线和电源线外，可使用电磁钳施加试验骚扰信号。试验骚扰应耦合到受试设备和辅助之间的线路上，且应施加于离 EUT 较近的电磁钳一侧。在使用电磁钳时，受试线缆离地高度应为 0.3 m。电磁钳和受试设备之间的信号线和电源线的长度应不大于 0.3 m。

（6）测试连接试验布置图（见图 4 – 46 至图 4 – 50）

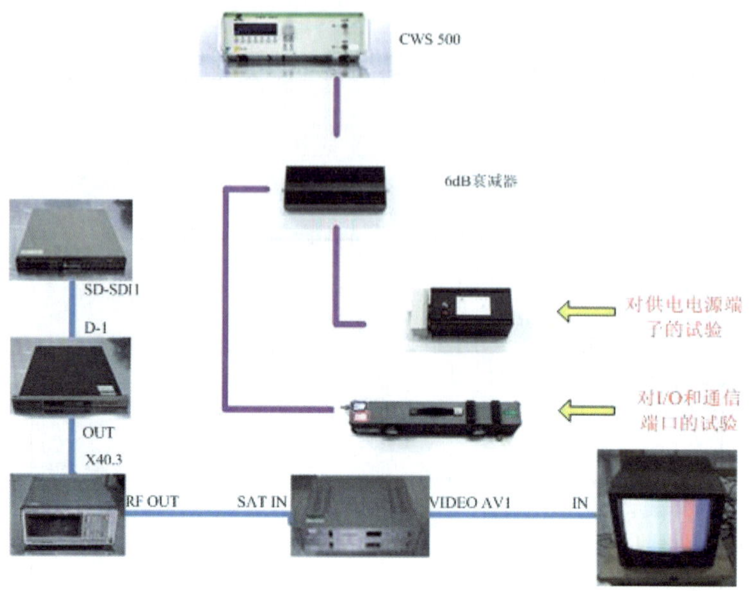

图 4－46　射频场感应的传导骚扰抗扰度试验设备连接图

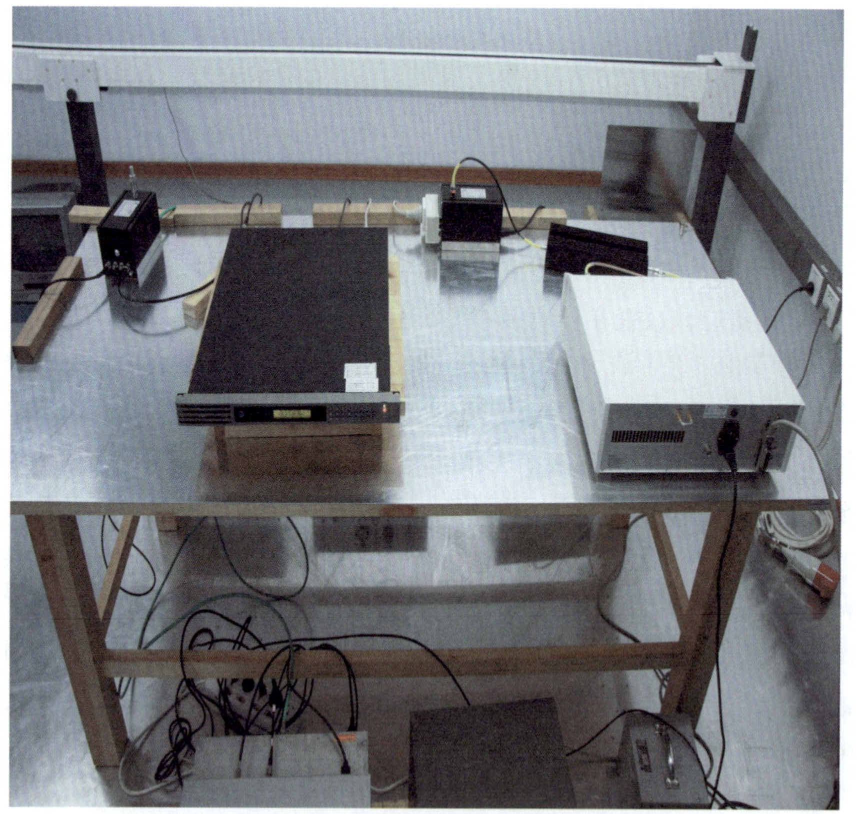

图 4－47　设备正面布置图 电源线

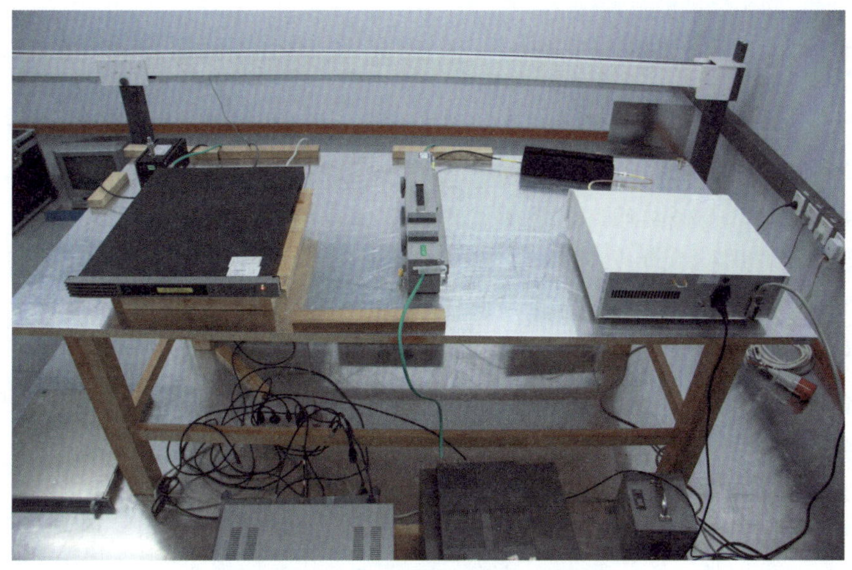

图 4－48　设备正面布置图 数据线

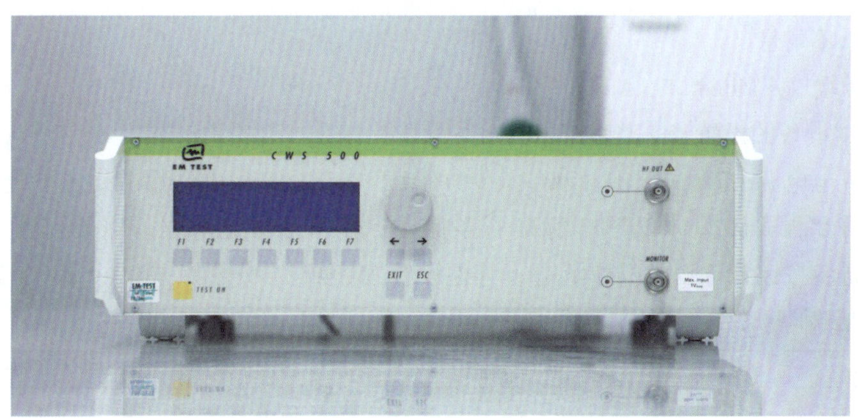

图 4－49　连续波模拟器正面布置图

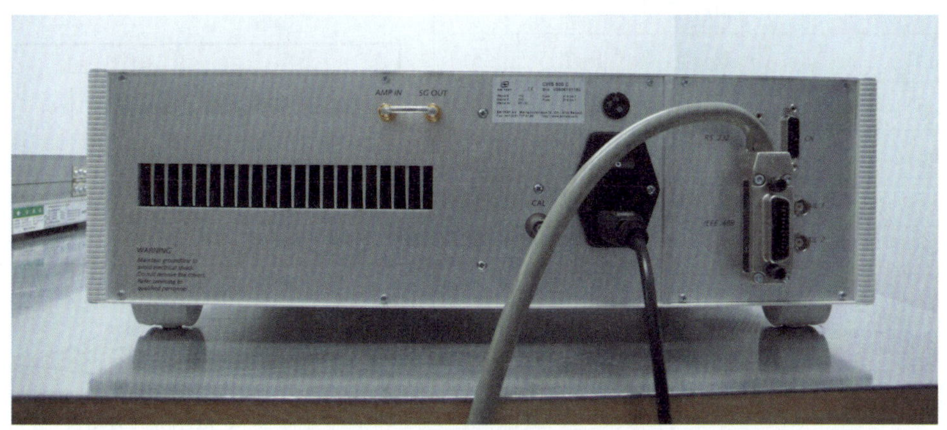

图 4－50　连续波模拟器背面布置图

☆数据附件9——电压暂降、短时中断和电压变化的抗扰度试验

（1）电压变化的抗扰度试验

受试设备描述——监视器

受试设备安装形式：移动式

受试设备接地方式：浮地

受试设备一般描述：本受试设备归属于广播电视设备类别，其抗扰度特性按照 GB 17626.11-1999《电压暂降、短时中断和电压变化的抗扰度试验》中的要求。

受试设备供电方式：

电压：220V，AC

频率：50/60Hz

输入电源线：附带可拆卸

电源线插头型式：单相三线

输出电源线：不附带

信号线：不附带

I/O 信号端口：Video 口、Audio 口

（2）受试设备的设置和工作状态

测试时供电电源：220V/50Hz，AC

标准信号和测试状态：625i/50 标准彩条信号。输出信号足够强，以便获得无噪声的图像。被测设备各按钮置于正常操作状态，其他设置按标准。

（3）电压暂降、短时中断、电压变化抗扰度测试数据

Test Setup		
V：	161	V 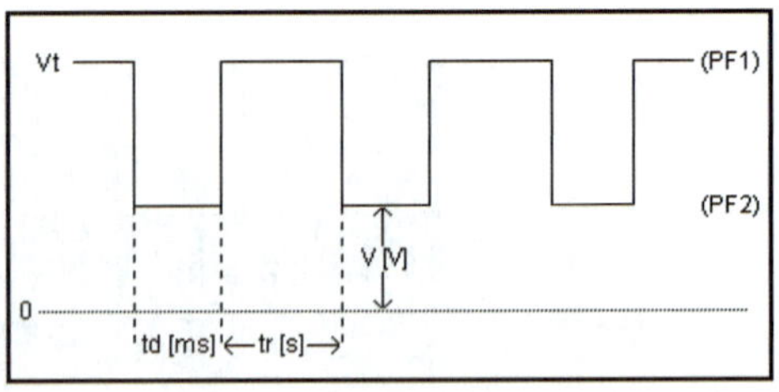
td：	500	ms
tr：	10	s
Angle（Start）：	0	°
Angle（Stop）：	315	°
Angle（Step）：	45	°
Mode：	Synchronous	
Test Type：	Dips	
Events：	3	
Time between Tests：	10	s
Test Result		
Pulses：	3	
Result：	Test passed！监视器间断黑屏，可自行恢复。	

Test Setup		
V:	161	V
td:	1000	ms
tr:	10	s
Angle (Start):	0	°
Angle (Stop):	315	°
Angle (Step):	45	°
Mode:	Synchronous	
Test Type:	Dips	
Events:	3	
Time between Tests:	10	s
Test Result		
Pulses:	3	
Result:	Test passed！监视器间断黑屏，可自行恢复。	

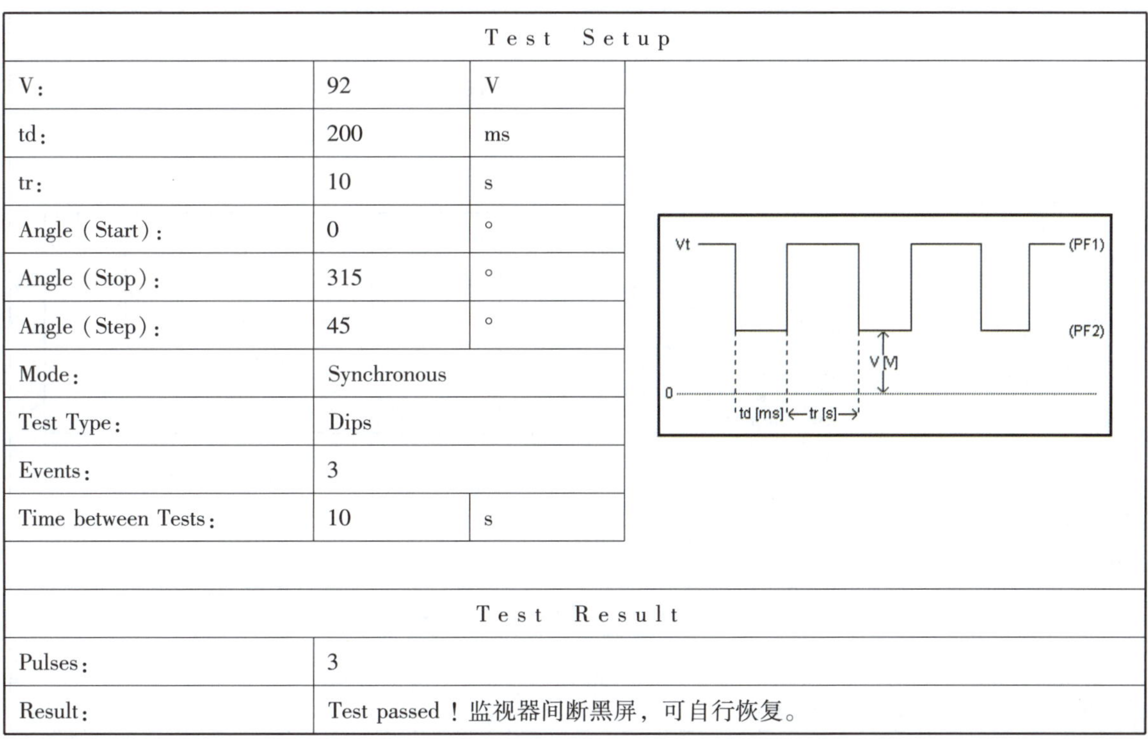

Test Setup		
V:	92	V
td:	200	ms
tr:	10	s
Angle (Start):	0	°
Angle (Stop):	315	°
Angle (Step):	45	°
Mode:	Synchronous	
Test Type:	Dips	
Events:	3	
Time between Tests:	10	s
Test Result		
Pulses:	3	
Result:	Test passed！监视器间断黑屏，可自行恢复。	

Test Setup		
V:	92	V
td:	500	ms
tr:	10	s
Angle (Start):	0	°
Angle (Stop):	315	°
Angle (Step):	45	°
Mode:	Synchronous	
Test Type:	Dips	
Events:	3	
Time between Tests:	10	s
Test Result		
Pulses:	3	
Result:	Test passed！监视器间断黑屏，可自行恢复。	

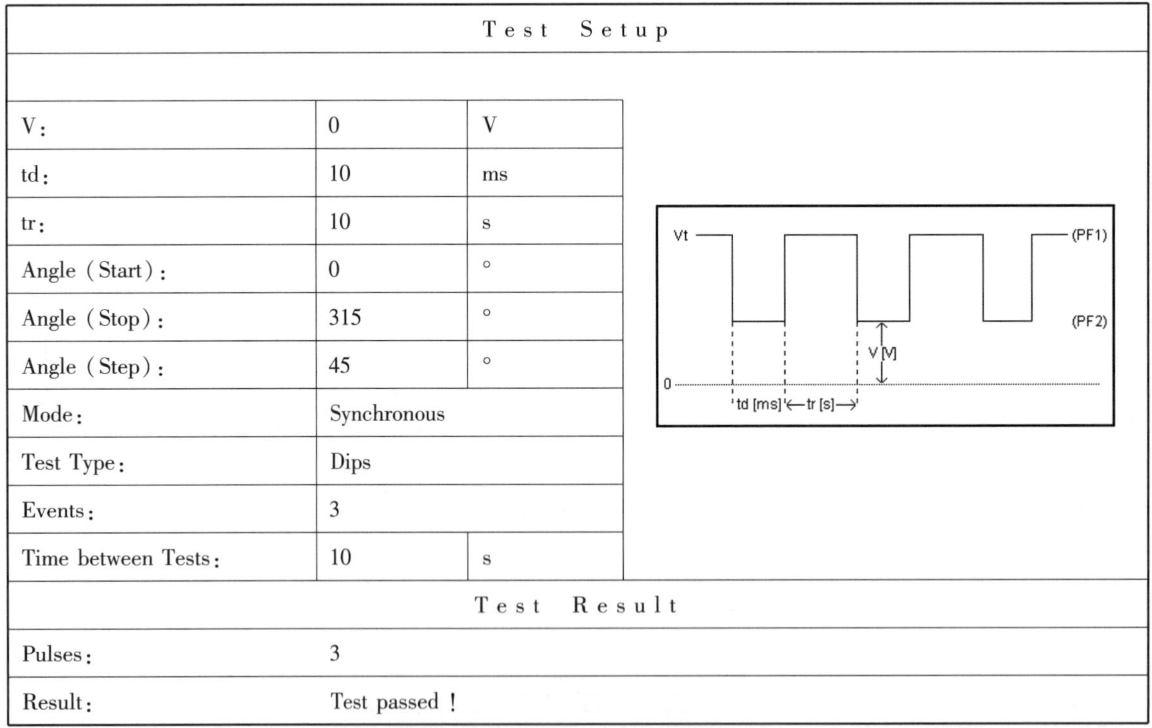

Test Setup		
V:	0	V
td:	10	ms
tr:	10	s
Angle (Start):	0	°
Angle (Stop):	315	°
Angle (Step):	45	°
Mode:	Synchronous	
Test Type:	Dips	
Events:	3	
Time between Tests:	10	s
Test Result		
Pulses:	3	
Result:	Test passed！	

Test Setup		
V:	0	V
td:	20	ms
tr:	10	s
Angle (Start):	0	°
Angle (Stop):	315	°
Angle (Step):	45	°
Mode:	Synchronous	
Test Type:	Dips	
Events:	3	
Time between Tests:	10	s
Test Result		
Pulses:	3	
Result:	Test passed !	

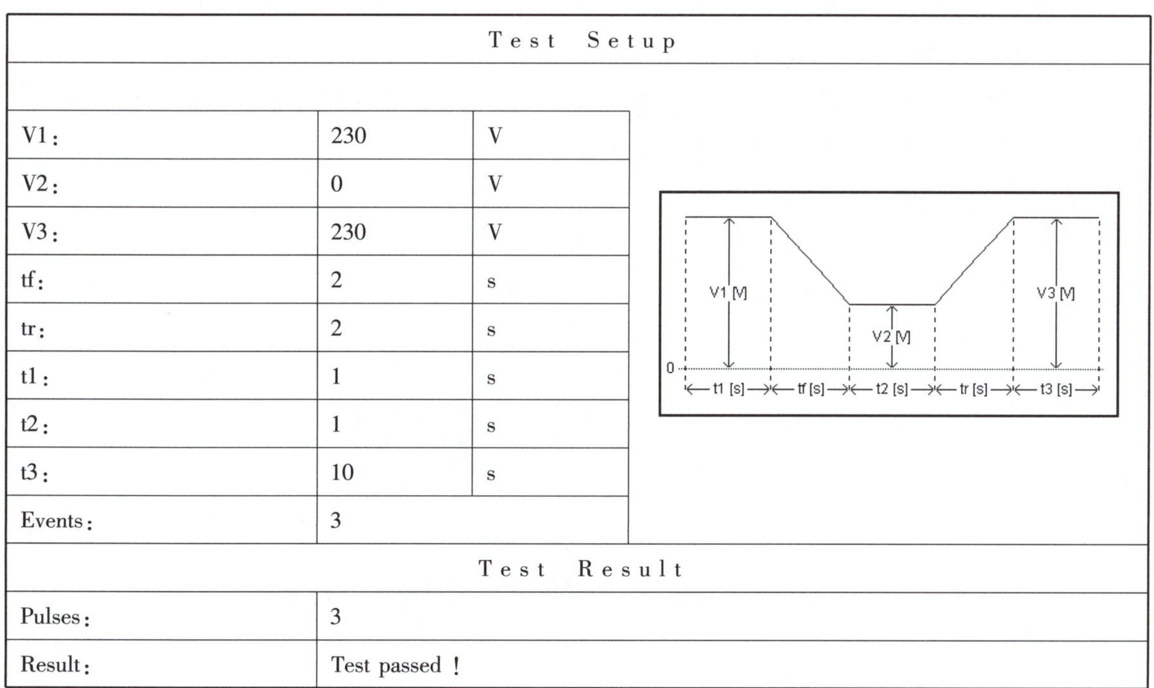

Test Setup		
V1:	230	V
V2:	0	V
V3:	230	V
tf:	2	s
tr:	2	s
t1:	1	s
t2:	1	s
t3:	10	s
Events:	3	
Test Result		
Pulses:	3	
Result:	Test passed !	

Test Setup		
V1:	230	V
V2:	92	V
V3:	230	V
tf:	2	s
tr:	2	s
t1:	1	s
t2:	1	s
t3:	10	s
Events:	3	
Test Result		
Pulses:	3	
Result:	Test passed !	

（4）测试结果说明

被测样品符合 GB 17626.11－电压暂降、短时中断、电压变化抗扰度限值要求。

（5）试验布置说明（通用要求）

用 EUT 制造商规定的最短的电源电缆把 EUT 连接到试验发生器上进行试验，如果无电缆长度规定，则应是适合于 EUT 所用的最短电缆。

（6）测试连接和试验布置图（见图 4－51 至图 4－54）

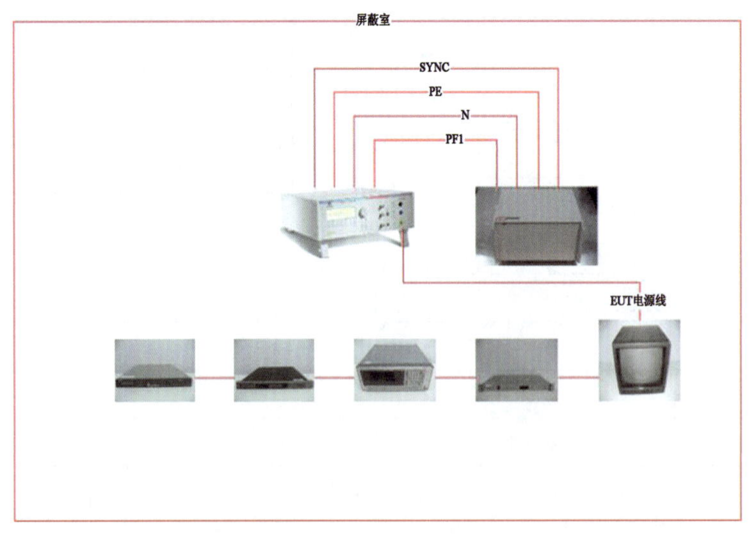

图 4－51　电压暂降、短时中断、电压变化抗扰度试验设备连接图

图 4－52　系统正面布置图

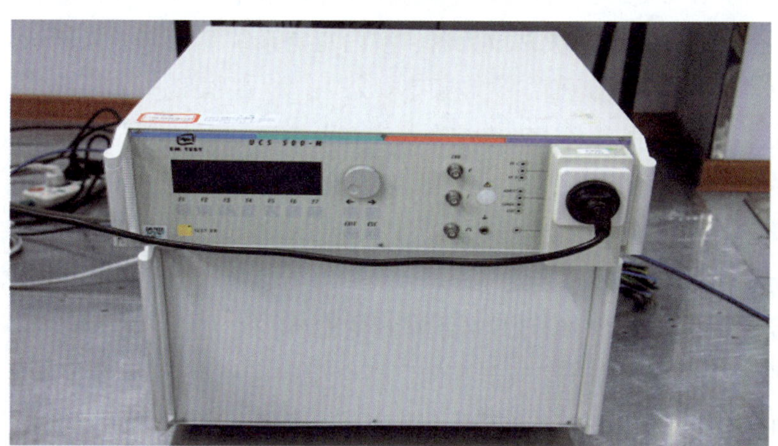

图 4－53　电压跌落模拟器正面布置图

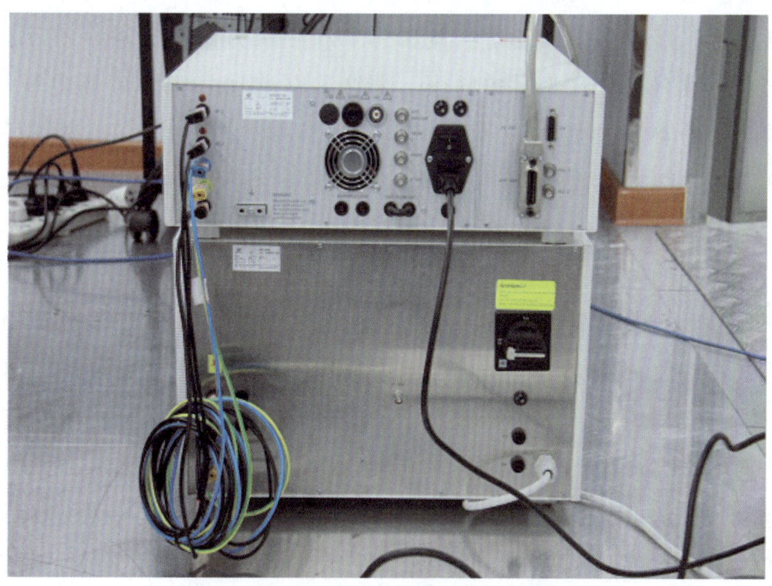

图 4－54　电压跌落模拟器背面布置图

4.2 移动多媒体广播电视系统局端设备的电磁兼容限值和试验方法研究

4.2.1 移动多媒体广播电视系统标准及其实施

作为广播电视体系的重要组成部分，移动多媒体广播电视（CMMB）系统、地面数字电视广播系统与有线数字电视广播系统、卫星数字电视广播系统等一起相互协同提供全面覆盖。作为广播影视“十一五”发展规划的重要内容和重点项目，移动多媒体广播电视系统和地面数字电视广播在近几年发展迅猛。2006 年 8 月，国家标准化管理委员会颁布了国家标准 GB 20600-2006《数字电视地面广播传输系统帧结构、信道编码和调制》。2006 年 10 月，广电总局颁布了移动多媒体广播电视系统的帧结构、信道编码和调制标准，移动多媒体广播电视系统的应用开始迅猛推进。随后，广电总局先后发布了多个移动多媒体广播电视系统设备标准或行业技术文件，并于 2008 年 7 月启动了相关设备器材的检测，移动多媒体广播电视系统的接收终端、复用器、发射机、直放站放大器、室内覆盖系统等设备的入网认定工作已经全面展开，移动多媒体广播电视的地面组网和频率规划工作也在紧张进行。

2008 年 1 月，中央电视台高清晰度综合频道在北京正式试验播出，拉开了中国地面高清晰度电视播出的序幕。此后，中央电视台高清频道播出了高清晰度的奥运体育赛事，上海、天津、青岛、沈阳等城市地面数字电视也陆续开始试验播出。在移动多媒体广播电视方面，广大用户在奥运期间通过 CMMB 接收终端可以免费收看多套节目，用户和观众体验了前所未有的奥运观赛新感觉，开创了随时随地收看奥运的先河，成为北京奥运会的一个耀眼的亮点。

除了先进的传输性能以外，移动多媒体广播电视的电磁兼容近来也引起了很多的关注。我们注意到在相关的标准中对电磁兼容涉及并不多，例如，GB 20600-2006 规定了传送地面数字电视广播信号的帧结构、信道编码和调制方式，GY/T 220.1-2006 规定了传送移动多媒体广播电视信号的帧结构、信道编码和调制方式，GY/T220 系列行业标准主要规定了移动多媒体广播电视复用器、接收终端等设备的技术要求和测量方法。上述标准都是有关传输性能的技术标准，均未涉及有关电磁兼容的内容。那么，在移动多媒体广播电视领域，有哪些与电磁兼容有关的问题需要关注呢？

4.2.2 移动多媒体广播电视系统设备需要重点考虑的电磁兼容问题

我们知道，系统或设备的电磁兼容性是指在其电磁环境中能够正常工作且不对该环境中任何事物构成不能承受的电磁骚扰的能力。这个定义给出了电磁兼容性的两个基本含义，即电磁骚扰和电磁敏感度。电磁骚扰指的是可能引起系统或设备性能降低或可能对生物/非生物产生不良影响的电磁现象，分为传导骚扰和辐射骚扰；传导骚扰是通过线缆传播的电磁骚扰，辐射骚扰是指直接在空间传播、不需传输介质的电磁骚扰；由电磁骚扰所引起的系统、设备、传输通道等性能的下降（即电磁骚扰引发的不良后果）称为电磁干扰。而在另一方面，电磁敏感度是指在电磁骚扰的情况下，系统或设备不能避免性能降低的能力，其具体性能表现为造成系统设备故障、劣化或非预期响应的电磁门限电平。就移动多媒体广播电视系统设备而言，需要关注和考虑的电磁兼容特性参数包括电磁骚扰、电磁敏感度、电磁辐射、电磁防护等。限于篇幅，仅对电磁骚扰、电磁辐射、电磁防护等进行探讨。

4.2.2.1 关于设备的电磁骚扰

设备的电磁骚扰所以重要，一方面是因为与人民群众的身体健康直接密切相关，同时直接关系到技术系统和设备的正常运行；另一方面，随着市场全球化的推进和普及，国际标准和国家标准对电磁兼容的要求趋向一致，设备的电磁骚扰必然成为与传输性能、回放播出性能等同等重要的关键参数（某种程度上其重要性甚至要超过设备的性能参数）。换句话说，如果因为设备的电磁兼容特性不合格而不能在国内市场或某个国家的市场销售，那么即使设备所具有的功能多么强大、性能多么优异，都是于事无补的。

目前，移动多媒体广播电视系统设备的电磁骚扰限值均未提出。我国目前执行的相近设备的电磁骚扰国家标准包括 GB 9254-2008《信息技术设备的无线电骚扰限值和测量方法》、GB/Z 19871-2005《数字电视广播接收机电磁兼容性能要求和测量方法》、GB 13836-2000《电视和声音信号电缆分配系统第 2 部分：设备的电磁兼容》、GB 13837-2003《声音和电视广播接收机及有关设备无线电骚扰特性限值和测量方法》等，以上标准均对相近设备提出了骚扰限值。我们先以两个相关国家标准为参照，对辐射骚扰和传导骚扰进行研究。

（1）辐射骚扰特性

对于辐射骚扰特性，前面提到的 GB 9254 对于我们研究移动多媒体广播电视系统设备（如直放站放大器）的电磁辐射骚扰特性是很有借鉴价值的，也有可能成为设备辐射骚扰限值的主要参考蓝本之一。

GB 9254 将信息技术设备分为 A 级和 B 级两类设备，其中 B 级设备是指满足 B 级骚扰限值的设备，可以包括不在固定场所使用的设备（如由内置电池供电的便携式设备）、靠电信网络供电的电信终端设备、个人计算机及相连的辅助设备等主要用于生活环境的设备。这个“生活环境”是有所指的，它定义为有可能在离有关设备 10 m 远的范围内使用广播和电视接收机的环境（按照这个定义，移动多媒体广播电视 UHF 频段直放站放大器等都是用于生活环境的设备）。与 B 级设备相对应，A 级设备是指满足 A 级限值但不满足 B 级限值要求的那类设备，对于这类设备不限制其销售，但应在其有关的使用说明中和铭牌上包含如下内容的声明：此为 A 级产品。在生活环境中，该产品可能会造成无线电干扰。在这种情况下，可能需要用户对其干扰采取切实可行的措施 。我们所关心的 A 级和 B 级设备的辐射骚扰限值要求如表 4 - 1 所示：

表 4 - 1　GB 9254 规定的 A 级和 B 级设备辐射骚扰限值（10 测量距离）

频率	A 级设备限值（准峰值）	B 级设备限值（准峰值）	备注
30MHz ~ 230MHz	40dBμV/m	30dBμV/m	在过渡频率处采用较低限值
230MHz ~ 1GHz	47dBμV/m	37dBμV/m	

设备的骚扰发射在不同的工作状态和工作频率时是不同的，有时甚至差异很大，在评价设备时，需要对设备的最大骚扰发射进行预测，因此，在具体的试验和测试时必须查找并确定最大骚扰频率。典型的台式设备测试布置如图 4 - 55 所示，试验人员应参照图 4 - 55 进行布置，并使被测设备处于典型工作状态，包括按典型的工作模式布置配件、电缆等，之后通

过对足够多的典型工作频率进行骚扰测试，根据试验结果确定最高的骚扰频率，同时确定在此最大骚扰发射状态时的设备配置、工作状态和配件布置。一般情况下，图 4 - 55 的测试布置就是被测设备的典型应用场景，包括：非金属试验桌的尺寸通常为 150 cm×100 cm×80 cm（除非被测设备有特殊要求）、设备和配件按正常使用要求摆放、被测设备所有单元的间距为 10 cm、单元的背面应与试验桌的背面边沿齐平、电缆应从试验桌背面垂落（与水平接地平板的距离不应小于 40 cm）等。

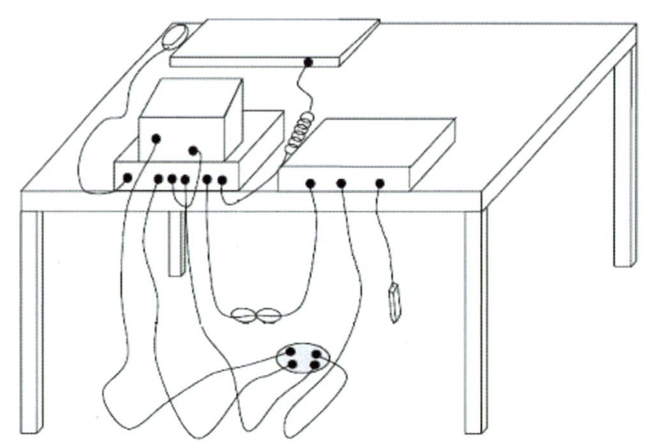

图 4 - 55　台式设备辐射骚扰测试的典型布置图

另一个需要重点参考的标准是 2005 年颁布实施的国家标准化指导性技术文件 GB/Z 19871-2005《数字电视广播接收机电磁兼容性能要求和测量方法》，它对数字电视接收机的通用电磁兼容特性进行了规定，其中对辐射骚扰场强提出了如表 4 - 2 所示的限值要求（3m 测量距离）：

表 4 - 2　GB/Z 19871 规定的辐射骚扰场强限值

被测骚扰源	频率	辐射骚扰场强限值（准峰值）
本振	≤1GHz	基波　57　dBμV/m
	30MHz～300MHz	谐波　52　dBμV/m
	300MHz～1GHz	谐波　56　dBμV/m
其他	30MHz～230MHz	40　dBμV/m
	230MHz～1GHz	47　dBμV/m

GB/Z 19871-2005 对于测试场地、测试设备和测试布置的规定与我们熟悉的 GB 13837-2003《声音和电视广播接收机及有关设备无线电骚扰特性限值和测量方法》是基本一致的（见图 4 - 56），由信号发生器发出标准数字电视静止和运动图像信号及 1kHz 音频信号，信号通过信号传输路径接入被测数字电视接收机，采用标准测量天线（距离 3m）和测试仪对辐射骚扰场强进行测量。这里的测试仪指的是符合 EMC 测试要求的测试接收机或频谱分析仪，除了具有准峰值检波能力以外，还必须具备带内功率（Band Power）测量功能。辐射骚扰场强限值的测量是一个相当复杂的过程，第一，需要将测量天线的极化方式调整到水平方式，

同时在1m～4m的范围内调整测量天线高度，以获取最大读数；第二，利用暗室场地的转台将被测设备进行水平旋转，以获取最大读数，之后再次在1m～4m的范围内调整测量天线高度，以获取最大读数；第三，将测量天线的极化方式调整到垂直方式，按上述步骤（除了测量天线高度调整范围改为2m～4m以外）进行重复试验，以获取最大读数；第四，按上述步骤对被测频率范围内各频点的辐射骚扰场强性能进行试验，并按式（4－1）获得最终测试结果：

辐射骚扰场强＝测试仪读数＋天线系数＋标定的电缆损耗 ………………（4－1）

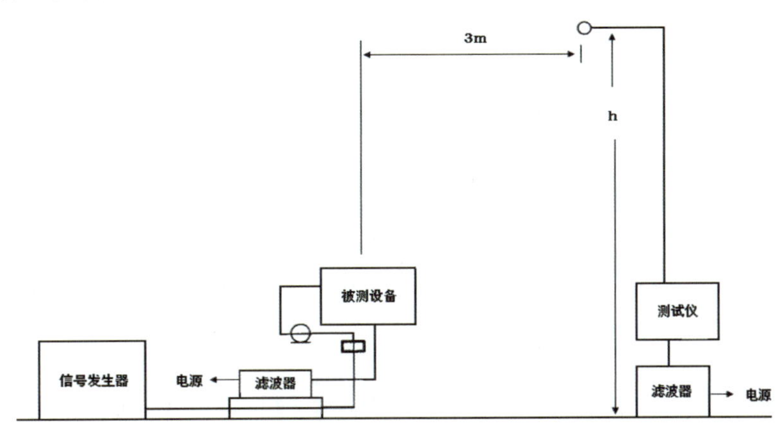

图4－56 辐射骚扰场强测试布置图（3米法）

GB 9254和GB/Z 19871所定义的限值和测量方法，对于移动多媒体广播电视系统终端接收设备辐射限值的研究是很有参考或参照价值的。在设备辐射限值的研究方面，目前，我们正在开展的研究包括通过试验并通过统计分析确定一个参考限值，并给出限值的意义（即何种比例的设备器材以何种置信度满足限值的要求，才能判定设备器材是合格的），同时对于试验的抽样方式也需要研究确定。此外，系统的信道编码方式和调制方式、电路设计技术的变化对骚扰形式和限值是否有明显的影响也有待进一步分析研究。

在对移动多媒体广播电视系统设备进行辐射骚扰研究时应该注意几个问题。首先，辐射骚扰对于测试场地的要求非常严格，除了必备的测量仪器设备以外，必须在符合要求的开阔场或暗室进行，并需要配备电动转台、电源滤波器、可升降天线塔等辅助设施；其次，虽然有很多标准对功能相近的设备进行了限值规定，但对于具体的移动多媒体广播电视系统设备，仍需对其各个工作频点和相关频点的辐射骚扰性能进行严格的测试试验，并在此基础上提出具体设备的科学、合理的限值；此外，由于很多设备（如移动多媒体广播电视UHF频段直放站放大器、编码器等）都有可能工作在生活环境，对用户的身体健康和其他电子电气产品的性能会带来直接影响，因此，对这些设备电磁骚扰性能的研究需求是非常紧迫的。

（2）传导骚扰特性

对于传导骚扰特性，GB 9254《信息技术设备的无线电骚扰限值和测量方法》和GB 13837《声音和电视广播接收机及有关设备无线电骚扰特性限值和测量方法》同样是我们开展相关研究和试验的主要参考依据，其规定的限值也成为我们制定设备传导骚扰性能要求的重点研究对象。GB 9254和GB 13837分别提出了以下限值（测量的结果均应在相应的限值以内，见表4－3至表4－5）：

表4－3 GB 9254规定的设备电源端子传导骚扰限值

频率	A级设备限值		B级设备限值		备注
	准峰值	平均值	准峰值	平均值	
150kHz～500kHz	79dBμV	66dBμV	66～56dBμV	56～46dBμV	在过渡频率处采用较低限值
500kHz～5MHz	73dBμV	60dBμV	56dBμV	46dBμV	
5MHz～30MHz			60dBμV	50dBμV	

表4－4 GB 9254规定的A级和B级设备电信端口传导共模骚扰限值

频率	A级设备限值				B级设备限值			
	电压限值		电流限值		电压限值		电流限值	
	准峰值	平均值	准峰值	平均值	准峰值	平均值	准峰值	平均值
150kHz～500kHz	97～87 dBμV	84～74 dBμV	53～43 dBμA	40～30 dBμA	84～74 dBμV	74～64 dBμV	40～30 dBμA	30～20 dBμA
500kHz～30MHz	87dBμV	74dBμV	43dBμA	30dBμA	74dBμV	64dBμV	30dBμA	20dBμA

表4－5 GB 13837规定的A级和B级设备电源端子传导骚扰限值

频率	电视和声音接收机及有关设备电源端骚扰电压限值	
	准峰值	平均值
150kHz～500kHz	66～56 dBμV	56～46 dBμV
500kHz～5MHz	56 dBμV	46 dBμV
5MHz～30MHz	60 dBμV	50 dBμV

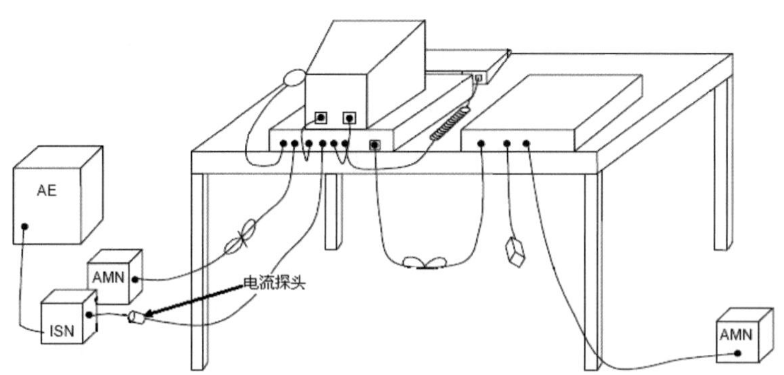

图4－57 台式设备传导骚扰测试典型布置图

在进行传导骚扰测量时，为了排除外界耦合所造成的传导环境噪声，试验和测量一般均在屏蔽室内进行，并需使用人工电源网络（AMN），以将被测电路和电网上的背景噪声隔开。按图4－57连接和布置仪器设备，用具备准峰值和平均值检波器的测试接收机测量传导骚扰量值，测量位置一般在相线与参考地之间及中线与参考地之间。实际试验时应注意，被测设备需放在水平参考接地平板上方 0.8m 的非导电试验桌上，被测设备背面距垂直参考接地平板 0.4m，垂直参考接地平板应搭接到水平参考接地平板。此外，如果在人工电源网络和电源之间加入射频滤波器，那么，必须处理好滤波器的屏蔽和接地环节，并对滤波器接入后对人工电源网络所带来的阻抗失配的影响进行充分考虑和适当处理，以保证人工电源网络在被测频率点的良好阻抗匹配。

4.2.2.2 关于系统的电磁辐射和电磁防护

随着移动多媒体广播电视系统组网和相关台站建设的不断推进，数字电视发射设备将大量启用，如果不认真对待电磁辐射的影响并及时解决这个问题，不仅影响数字电视的覆盖质量，而且会造成电磁污染，影响人民群众身心健康和广播电视的社会形象。特别是近年来，随着公众环境保护意识和维权意识的不断增强，对于通讯系统和广播电视系统电磁辐射的危害越来越敏感，极少数超标（阳性）案例常常引发强烈的疑虑。因此，迫切需要对移动多媒体广播电视发射台站的电磁辐射水平、防护距离等进行深入研究，避免造成危害和纠纷。

我国对于电磁辐射的管理非常严格，1988 年环保局发布国家标准 GB 8702–1988《电磁辐射防护规定》，对电磁辐射进行了明确规定，适用于中国境内产生电磁辐射污染的所有单位、个人、设施或设备（但并不包括为病人安排的医疗或诊断照射），其限值是所有各种可能的电磁辐射的总量值。根据 GB 8702–1988 的要求，电磁辐射分为职业照射和公众照射，其中公众照射的标准要高于职业照射标准，两者的导出限值要求如表 4－6 所示。

表 4－6 GB8702 要求的照射导出限值

频率	职业照射导出限值（功率密度）	公众照射导出限值（功率密度）	备注
0.1MHz～3MHz	20 W/m^2	40 W/m^2	f 为频率（单位为 MHz）
3 MHz～30MHz	60/f W/m^2	12/f W/m^2	
30MHz～3GHz	2 W/m^2	0.4 W/m^2	
3GHz～15GHz	f/1 500 W/m^2	f/7 500 W/m^2	
15GHz～30GHz	10 W/m^2	2 W/m^2	

1988 年，国家卫生部发布了国家标准 GB 9175–1988《环境电磁波卫生标准》。在这一标准中，根据电磁波辐射强度及其频段特性对人体可能引起潜在性不良影响的阈下值为界，将环境电磁波容许的辐射强度划分为两级：

一级标准：安全区。是指在该环境电磁波强度下，长期居住、工作、生活的一切人群均不会受到任何有害影响的区域。该标准要求新建、改建或扩建电台、电视台和雷达站等设施，在其居民覆盖区内应符合一级标准要求。

二级标准：中间区。是指该电磁波强度下，长期居住、工作、生活的一切人群可能引起潜在性不良反应的区域。该标准允许在二级标准区（中间区）建设工厂和机关，但必须采取适当的防护措施，不允许建设住宅、学校、医院等设施。

GB 9175–1988 对电磁辐射限值的规定更加严格，具体如表 4－7 所示。

表 4 –7　GB 9175 要求的照射导出限值

工作波长	容许场强	
	一级标准区（安全区）	二级标准区（中间区）
长波、中波、短波	$<10\ V/m$	$<25\ V/m$
超短波	$<5\ V/m$	$<12\ V/m$
微波	$<10\ \mu W/cm^2$	$<40\ \mu W/cm^2$
复合情况	根据标准要求，按主要波段的场强计算； 如果各波段场强分散，复合场强应加权计算。	

由表 4 –6 和表 4 –7 可以看出，在移动多媒体广播电视系统工作的 470MHz ~ 860MHz 典型频段，公众照射的限值是 0. 4W/m^2（亦即 40μW/cm^2，或电场强度小于 12V/m）。值得注意的是，我国对于电磁辐射限值的要求比欧美国家要严格得多。与 GB 8702–1988 和 GB 9175 –1988 同期的美国通信系统相关电磁辐射的限值标准（非职业照射）是 2mW/cm^2，欧洲部分国家直到 21 世纪初都执行 200μW/cm^{2}的限值标准，这都比我国的电磁辐射标准要宽松许多，而中国香港地区的标准更是比国家标准宽松一个量级。即便是后来修订的《电磁辐射暴露限值和测量方法》，对公众照射的限值建议为 1. 5W/m^2（即 150μW/cm^2），仍然是相当严格的标准。这就对移动多媒体广播电视系统的电磁辐射提出了相当高的要求。从某种意义上说，根据电信部门建设通信系统的经验，只要在工程建设和实际应用中严格依据国家标准并定期监测，电磁辐射完全可以控制在一个很小的范围以下，给公众和居民一个放心的回答。在过去，无线发射台站如果发生电磁辐射和电磁污染，只能采取治理、整顿、搬迁等方式，而随着技术复杂度的提高和城市建设的飞速发展，这种方式的代价越来越大，有时候甚至是无法承受的。因此，先污染后治理的方式是不可取的，必须在先期规划设计和系统建设中就予以充分考虑。此外，由于公众的环境意识普遍提高，对于无线发射台站建设的心理承受力较为脆弱，因此，必须研究发射台站建设的宣传策略，既应对公众的质疑，也规范我们自身的建设。

4. 2. 3　移动多媒体广播电视系统设备电磁兼容的研究方向和重点

4. 2. 3. 1　移动多媒体广播电视系统前端设备、增补覆盖设备电磁兼容特性限值研究

对于移动多媒体广播电视系统前端设备和增补覆盖设备电磁兼容特性的研究，首先应从系统设备功能和应用环境（场景）的分析入手。根据国际和国内相关标准的规定，广播电视设备的应用电磁环境分为以下几个典型类别：

E1：住宅区，如城市居住区或农村居住区等。

E2：商业区或轻工业区，如剧院、机房、演播室等。

E3：市区户外，如交通区等。

E4：受控 EMC 环境和农村户外环境，如机房、演播室等。

E5：重工业区或广播电视发射机附近的环境

上述几种环境分别对应不同的限值，其中E2和E4环境都有可能出现机房或演播室环境。设备生产制造厂家在研发和生产产品时，一般应指明其产品所应用的环境。从具体设备的角度来看，对于移动多媒体广播电视的前端设备，参照GB 9254的划分原则和实际试验测试分析的结果，应归属A类设备；而移动多媒体广播电视的增补覆盖设备（如直放站放大器）则应归属B类设备。当然，由于相关的系统设备尚在不断优化改进的阶段，限值标准尚未制定，因此划分的方法有可能发生变化。

对于移动多媒体广播电视系统前端设备和增补覆盖设备电磁兼容特性限值的研究主要将在以下几个领域（或参数）重点开展：

（1）辐射骚扰特性

辐射骚扰场强：是指在指定位置上测量到的由辐射骚扰所产生的场强。

（2）传导骚扰特性

电源端骚扰电压：是指经由供电电源线传输的电磁骚扰所引起的电压。

电压波动：是指以每个相连的电源电压过零点间的半周期上的有效值电压作为单一值，所评定的有效值电压的一系列变化。

闪烁特性：是指亮度或频谱分布随时间变化的光刺激所引起的不稳定的视觉效果。

谐波电流发射特性：由于供电系统中存在非线性负荷，当电流通过非线性负荷后会形成由基频正弦波和谐波频率正弦波组成的非正弦波形。所有的非线性负荷设备（如开关电源、不间断电源、电气设备等）均会带来谐波电流。一般将分析2次~40次谐波电流分量的总有效值。

电压变化特性：是指在电压处于稳态至少1s的时间间隔内，以每个相连的电源电压过零点间的半周期上的有效值电压作为单一值，所评定的有效值电压变化对时间的函数。

（3）抗扰度特性

射频电磁场辐射抗扰度：对设备在电磁辐射状况下的性能影响程度进行评价。这些电磁辐射的源头包括固定或移动广播电视发射机、工业电磁源、无线电收发信机、操作维修工具等。

射频场感应的传导骚扰抗扰度：是指设备对某一频段射频发射机电磁骚扰的传导抗扰度，其耦合方式可以通过信号线、电源线等线缆与射频场耦合。

电快速瞬变脉冲群：是指耦合到电源线路、控制线路、信号线路上的由许多快速瞬变脉冲组成的脉冲群。这种脉冲的重复频率较高，脉冲波形的上升时间较短，单个脉冲的能量较低，容易造成设备的误动作。

静电放电（ESD）：是指具有不同静电电位的物体相互靠近或直接接触引起的电荷转移。

电压变化、电压暂降和电压短时中断抗扰度：电压变化是指电压逐渐高于和低于额定电压；电压暂降是指电压突然下降并在半个周期至几秒的短暂持续期后恢复正常；电压短时中断是电压暂降的极限情况（100%幅值下降），即供电电压消失一段时间（一般不超过1分钟）。

在上述辐射骚扰、传导骚扰、抗扰度特性方面，将开展的研究工作包括：

①通过试验和研究提出设备的分类（级别）建议，确定设备的分类；

②通过试验和实际测量，获得设备的骚扰特性、抗扰度特性等性能数据；

③通过数据分析和研究，提出设备的特性限值建议；

④在研究分析和协调的基础上，分步骤提出前端设备、增补覆盖设备的限值标准。

4.2.3.2 移动多媒体广播电视系统前端设备、增补覆盖设备电磁兼容特性测试试验方法研究

对移动多媒体广播系统前端设备和增补覆盖设备电磁兼容特性测试试验方法的研究与限值的研究是同步进行的。在测试试验方法研究方面需要重点开展的研究包括：

①试验和测量系统的研究和建立。试验和测量系统的研究应从辐射骚扰、传导骚扰、骚扰功率、抗扰度等几个领域分别考虑。

②对于辐射骚扰、传导骚扰、骚扰功率而言，需要对骚扰的类型（如窄带连续骚扰、宽带连续骚扰、宽带不连续骚扰等）进行研究和确定。

③对被测设备与试验测量设备的连接、被测设备与辅助试验设备（如人工电源网络）的连接、试验测量设备与辅助试验设备的连接、参考接地方式等进行研究，提出试验方法和操作建议。

④对试验测量条件和要求进行研究，对试验场地、环境电平、运行条件、导出方式等具体方面进行分析，提出试验指南。

⑤对测试试验的测量不确定度进行研究分析。测量不确定度是与试验测量结果有关、描述试验测量结果的一个参数，用来表征合理地赋予被测量之值的分散性，并说明测量结果正确性的可疑程度。测量不确定度是由所有与测量相联系的有关影响量引起的，在一般的电气试验和测试中，主要考虑的是测量仪器设备和人员操作的不确定度，而在电磁骚扰和抗扰度的试验测试中，还有一个重要的方面需要研究，那就是与被测参数和被测量相关的固有不确定度，而研究的目的是要评估这种固有不确定度在总的测量不确定度中所占的比例，并提出数学模型。

4.2.3.3 预研实例：移动多媒体广播电视系统直放站放大器电磁兼容研究初探

2008 年 9 月，广电总局发布行业标准 GY/T235-2008《移动多媒体广播 UHF 频段直放站放大器技术要求和测量方法》，该标准对 CMMB 直放站放大器的频率范围、带宽、输入功率范围、标称输出功率、最大增益及误差、增益调节范围、自动电平控制、驻波比、反射损耗、带内平坦度、传输时延、噪声系数、杂散辐射、频谱特性等性能业务指标和相关测量方法进行了明确规定。由于 CMMB 直放站放大器主要用于信号增强和增补覆盖，是移动多媒体广播电视传输覆盖系统中的重要有源设备，而且主要分布在建筑内部和室内，因此，其电磁兼容性能必将成为运营商、实际用户、无线电监测部门和广播电视相关主管部门关注的重点之一；如果不从建网和部署的前期就进行关注和要求，必然成为一个复杂的电磁兼容协调问题。本节对 CMMB 直放站放大器的辐射骚扰场强和传导骚扰进行初探。

（1）辐射骚扰场强

目前，CMMB 直放站放大器（UHF 频段）的工作频率是 470MHz ~ 798MHz，由于它是无线发射设备，通过端口或设备外壳必然会发射辐射骚扰。我们暂将 CMMB 直放站放大器的辐射骚扰场强限值确定为 30dBμV/m（30MHz ~ 230MHz）和 37dBμV/m（230MHz ~ 1GHz）。我

们在电波暗室内采用测试接收机对其骚扰场强进行试验测试，试验前要先评估环境噪声是否符合测试要求，被测设备关机时，周围环境噪声电平应至少比相应电平低6dB，特别要注意附属的计算机控制设备所带来的背景噪声。被测设备置于高度0.8m、可360°旋转的非金属试验桌或试验支架上，布置设备时采用终端阻抗对没有连接的端口和电缆末端进行终接，悬垂电缆末端超长部分应来回折叠成长30cm～40cm的线束，测试接收天线可调整极化方式（水平/垂直）和测量高度（1m～4m）。

CMMB直放站放大器辐射骚扰场强的实际试验对于准峰值测试接收机的要求很高，在脉冲响应、阻抗、电压准确度、屏蔽效能、选择性、互调效应抑制、本机噪声/失真等均有严格的要求。一般将准峰值测试接收机的测量频率范围划分为A频段（9kHz～150kHz）、B频段（150kHz～30MHz）、C频段（30MHz～300MHz）和D频段（300MHz～1GHz）四个频段，这四个频段对于检波器前端电路的过载系数、检波器与指示器之间直流放大器过载系数、检波器充电时间常数、检波器放电时间常数、临界阻尼指示器机械时间常数、6dB带宽等特性参数均有不同的要求。

在试验中需要注意的是，如果因为客观原因不能进行10m测量距离的试验，那么也可以在3m等较近距离进行试验，并采用20dB/10倍距离的反比因子将近距测量数据归一化到规定的测量距离上。此外，在试验中经常会遇到测试读数在限值附近波动（临界）的情况，一般要求试验或测试读数的观察时间不少于15秒，记录最高读数，同时根据测量不确定度的要求，剔除离散、孤立的异常瞬间高值。目前，CMMB直放站放大器生产厂家对于已经发现的辐射骚扰问题的整改措施大多采用传统方式（如屏蔽、接地等），一方面是因为辐射骚扰的控制非常复杂，另一方面是因为其属于新产品，在电磁兼容设计方面仍在摸索中。

（2）传导骚扰（电源端口）

如果CMMB直放站放大器的电源采用开关电源，那么在电源端口（参考地与中线、参考地与相线之间）必然存在共模骚扰电压。传导骚扰电压的测试频率范围为150kHz～30MHz，准峰值限值可暂定为66dBμV～56dBμV（150kHz～500kHz）、56dBμV（500kHz～5MHz）和60dBμV（5MHz～30MHz），平均值限值暂定为56dBμV～46dBμV（150kHz～500kHz）、46dBμV（500kHz～5MHz）和50dBμV（5MHz～30MHz）。在实际试验中，按图4－57进行仪器设备连接，对宽带骚扰和窄带骚扰分别采用准峰值测试接收机和平均值测试接收机进行评价，平均值测试接收机的测量频率范围一般为9kHz～18GHz，它对阻抗、脉冲响应、电压准确度、选择性、互调效应抑制、本机噪声、屏蔽等方面的要求与准峰值测试接收机有所不同，主要是要避免宽带噪声和信号调制所带来的影响。

除了准峰值测试接收机和平均值测试接收机以外，在传导骚扰电压的试验或测试中还要采用人工电源网络（线路阻抗稳定网络）、电压探头、电流探头等辅助设备。人工电源网络的作用主要体现在以下两点：一是可以在参考地和被测设备之间（或各端口间）提供稳定阻抗，二是将被测设备或电路与来自供电电源的无用信号相互隔离，这样我们就可以通过测试接收机对从被测设备中耦合过来的骚扰电压进行定量评价。常用的人工电源网络包括V型网络（耦合不对称电压）和△型网络（耦合不对称电压和对称电压），均可涵盖150kHz～

30MHz 的测试频率范围。

除了以上介绍的辐射骚扰场强和传导骚扰电压以外，其他需要关注的电磁兼容特性参数还包括电力系统畸变负荷所引起的闪烁和谐波、射频场感应的传导骚扰抗扰度、射频电磁场辐射抗扰度、浪涌冲击抗扰度、电快速瞬变脉冲群抗扰度、静电放电抗扰度等。可以看出，对 CMMB 直放站放大器电磁兼容特性参数的研究和试验，具有相当的代表性和典型意义，同时工作量也是相当繁重的。

本部分是对移动多媒体广播电视电磁兼容研究情况的初步探讨，目前研究还处在初期阶段，因此只能是综述和列举。随着研究的深入，具体设备的限值和测量试验方法将逐渐清晰，目前我们特别以复用器、编码器、直放站放大器等前端（局端）设备的 EMC 特性为研究重点。此外需要提出的是，电磁兼容研究和测试的最终目的并不限于发现问题，而是要找到解决问题的方法和途径。近年来，国内外的有关专家和机构将电磁兼容设计的意义提升到了一个相当的高度，其设计内容涵盖了线路板设计、滤波设计、搭接设计、地线设计、屏蔽设计等多个方面，主要目标是在产品的研发阶段就引入电磁兼容设计的思路，通过有效控制系统内和系统间的电磁骚扰，以较低的成本和代价实现最终的电磁兼容特性目标。目前很多先知先觉的研发机构或厂商都在逐渐从电磁兼容“后整改”的传统做法向电磁兼容“先设计”的思路过渡。

4.3 地面数字电视系统设备电磁兼容特性研究

4.3.1 地面数字电视单频网适配器和激励器电磁兼容标准研究

4.3.1.1 研究背景

随着越来越多的无线通信设备投入使用，无线频谱资源的利用越来越密集，设备或系统之间的电磁干扰是不可避免的；电磁兼容对整个系统的良好运转带来较大的影响，给整个行业的有序发展带来影响。所以，针对行业中，在日常运行中起到重要作用的，使用比较普遍的重要设备，进行电磁兼容指标上的限值，以及制定出一套完整的测试方法和判断方法就显得尤为迫切和重要。本标准根据国家标准化管理委员会国标委计［2007］66 号文《关于下达〈地面数字电视系统数据广播技术要求〉等 13 项国家标准制修订计划的通知》，由国家广电总局广播电视规划院和国家广电总局广播科学研究院负责编制。

2006 年 8 月 30 日，GB 20600-2006《数字电视地面广播传输系统帧结构、信道编码和调制》正式发布，2007 年 8 月 1 日起实施。地面数字电视单频网和激励器是地面数字电视广播的重要应用，也是提高无线频率资源利用率、改善地面数字电视广播有效覆盖的重要手段。同时，单频网适配器也是构建地面数字电视广播单频网的核心设备，该设备的技术指标直接影响地面数字电视网络覆盖效果，因此特制定并升级相应标准。

4.3.1.2 研究概述

标准的预研和编制遵循了以下原则：

①一致性：要求本标准与数字电视系列标准中的其他相关标准保持一致，并对未来相关标准的制定提供支持；

②前瞻性：要求本标准在一定时间范围内，保持先进性和可用性；

③准确性：要求本标准的规范和定义简练、准确，不引起歧义；要求不应因本标准测量方法存在缺陷而导致测量结果失真；

④可操作性：要求本标准的测量方法具有可实现性和易操作性。

标准的编制主要参照了 GB 20600-2006《数字电视地面广播传输系统帧结构、信道编码和调制》、GB/T 14433-1993《彩色电视覆盖网技术规定》、GY/T 229.1-2008《地面数字电视单频网适配器技术要求和测量方法》，并参考了 GY/T 177-2001《电视发射机技术要求和测量方法》、GB 6277-1986《电视发射机测量方法》、GB 13421-1992《无线电发射杂散发射功率电平的限值和测量方法》、SJ/T 10351-1993《电视发射机通用技术条件》。

电磁兼容性试验要求和测量方法参照了 GB/T 19954.1-2005《电磁兼容 专业用途的音频、视频、音视频和娱乐场所灯光控制设备的产品类标准 第 1 部分 发射》和 GB/T 19954.2-2005《电磁兼容 专业用途的音频、视频、音视频和娱乐场所灯光控制设备的产品类标准 第 2 部分 抗扰度》及各自对应的 EN 55103-1：2009 及 EN 55103-2：2009。尤其参考了 EN 301489-14 V1.2.1（2003-5）《Electromagnetic compatibility and Radio spectrum Matters（ERM）；ElectroMagnetic Compatibility（EMC）standard for radio equipment and services；Part 14：Specific conditions for analogue and digital terrestrial TV broadcasting service transmitters》和 EN 30296 V1.1.1（2005-1）《Electromagnetic compatibility and Radio spectrum Matters（ERM）；Transmitting equipment for the digital television broadcast service，Terrestrial（DVB-T）》。

在单频网适配器电磁兼容标准方面，2007 年 3 月至 2007 年 4 月，起草小组根据任务要求，认真研究包括 GB 20600-2006 和 GB/T 17975.1 在内的国家标准，同时重点分析了欧洲 DVB-T 的单频网标准：TS 101 191。此外，起草小组调查了国、内外地面数字电视单频网适配器制造商和使用单位的实际应用情况，初步确定了本标准的框架结构。2007 年 5 月至 2007 年 6 月，根据我国地面数字电视应用实际、设备厂商制造情况以及标准制定要求，起草小组确定了地面数字电视单频网适配器接口要求、功能要求和性能要求等具体技术指标，并详细定义了单频网适配器秒帧初始化包（SIP）插入和输出码率适配的过程，在 2009 年 7 月又确定了电磁兼容性试验要求，最后给出了相应的测量方法，形成了本标准的讨论稿。2007 年 7 月 24 日，起草小组将本标准讨论稿提交全国广电标委会秘书处审阅，经修改后于 2007 年 7 月 27 日形成了行业标准的征求意见稿。2008 年 10 月，本标准作为广播电影电视行业标准颁布并实施。2009 年 7 月，起草小组在行业标准基础上加入了电磁兼容特性技术要求和测量方法，并进行了验证性测试。2010 年 6 月，结合电磁兼容技术试验，在广播电影电视行业标准 GY/T 229.1 的基础上，起草小组修改形成了本标准的国家标准征求意见稿。

在激励器电磁兼容标准方面，2007 年 3 月至 2007 年 4 月，起草小组根据任务要求，认真研究包括 GB 20600-2006、GB/T 14433-1993 和 GY/T 177-2001 等在内的国家标准、行业标准以及相关国际标准，调查了国内外地面数字电视发射设备，特别是激励器制造商和使用单位的实际应用情况，初步确定了本标准的基础框架。2007 年 7 月 24 日，起草小组将本标准讨论稿提交全国广电标委会秘书处审阅，经修改后于 2007 年 7 月 27 日形成了行业标准的征求意见稿。2008 年 10 月，本标准作为广播电影电视行业标准颁布并实施。2009 年 7 月，起草小组在行业标准基础上加入了电磁兼容性技术要求和测量方法，并进行了验证性测试。2010 年 6 月，结合电磁兼容技术试验，在广播电影电视行业标准 GY/T 229.1 的基础上，起草小组修改形成了本标准的国家标准征求意见稿。2007 年 7 月，起草小组在国家数字电视系统测试实验室进行了地面数字电视激励器的接口指标、功能指标和性能指标的测试试验，2009 年 7 月，又在广播电视规划院电磁兼容与安全检测实验室进行了地面数字电视激励器的电磁兼容性试验，目的是验证地面数字电视激励器测量方法的可行性和准确性，测试地面数字电视激励器设备的各项功能和性能指标，确认各项指标是否符合本标准及相关标准要求。测试表明，被测地面数字电视激励器的各项指标符合本标准的要求，地面数字电视激励器功能要求和性能要求的测量方法是可行的，测量结果是一致的、准确的。

4.3.1.3 研究结论

在单频网适配器和激励器标准中，加入了电磁兼容性技术要求，并明确了具体的测试方法和要求。该标准将会对单频网适配器、激励器等设备的生产和使用起到规范和指导的作用。无论是单频网适配器或者激励器，都将会在最大程度上避免由于电磁兼容问题带来的意外和影响，从而推动整个行业内系统和设备的正常良好运转。

4.3.1.4 地面数字电视广播单频网适配器电磁兼容试验测试结果及说明（见表 4 - 8）

表 4 - 8 100kHz - 3GHz 宽频测量数据

测试项目（辐射骚扰/抗扰）	测量方法	已完成	通过	失败
外壳端口辐射骚扰	GB 9254-2008	√	√	-
电源端口传导骚扰	GB 9254-2008	√	√	-
谐波电流	GB 17625.1-2003	√	√	-
电压闪烁	GB 17625.2-2007	√	√	-
静电放电抗扰度	GB/T 17626.2-2006	√	√	-
射频电磁场辐射抗扰度	GB/T 17626.3-2006	√	√	-
电快速瞬变脉冲群抗扰度	GB/T 17626.4-2008	√	√	-
浪涌（冲击）抗扰度	GB/T 17626.5-2008	√	√	-
射频场感应的传导骚扰抗扰度	GB/T 17626.6-2008	√	√	-
电压暂降、短时中断和电压变化的抗扰度	GB/T 17626.11-2008	√	√	-

（1）辐射骚扰

◆测试说明

项目	描述
测量标准	GB 9254-2008《信息技术设备的无线电骚扰限值和测量方法》
测试环境	电波暗室
测试时供电电源	220V_{AC}/50Hz
测试端口	外壳端口

◆测试结果

Frequency (MHz)	QuasiPeak (dBμV/m)	Meas. Time (ms)	Bandwidth (kHz)	Antenna height (cm)	Polarity
121.500000	41.9	1000.000	120.000	289.0	H
540.000000	54.0	1000.000	120.000	112.0	V
567.000000	56.0	1000.000	120.000	100.0	V
594.000000	52.6	1000.000	120.000	100.0	V
648.000000	50.4	1000.000	120.000	100.0	V
702.000000	49.4	1000.000	120.000	100.0	V

Frequency (MHz)	Turntable position (deg)	Corr. (dB)	Margin (dB)	Limit (dBμV/m)	Comment
121.500000	284.0	10.8	8.1	50	
540.000000	0.0	19.0	3.0	57	
567.000000	0.0	19.6	1.0	57	
594.000000	0.0	20.0	4.4	57	
648.000000	36.0	21.1	6.6	57	
702.000000	36.0	21.9	7.6	57	

◆测试曲线图（见图4－58）

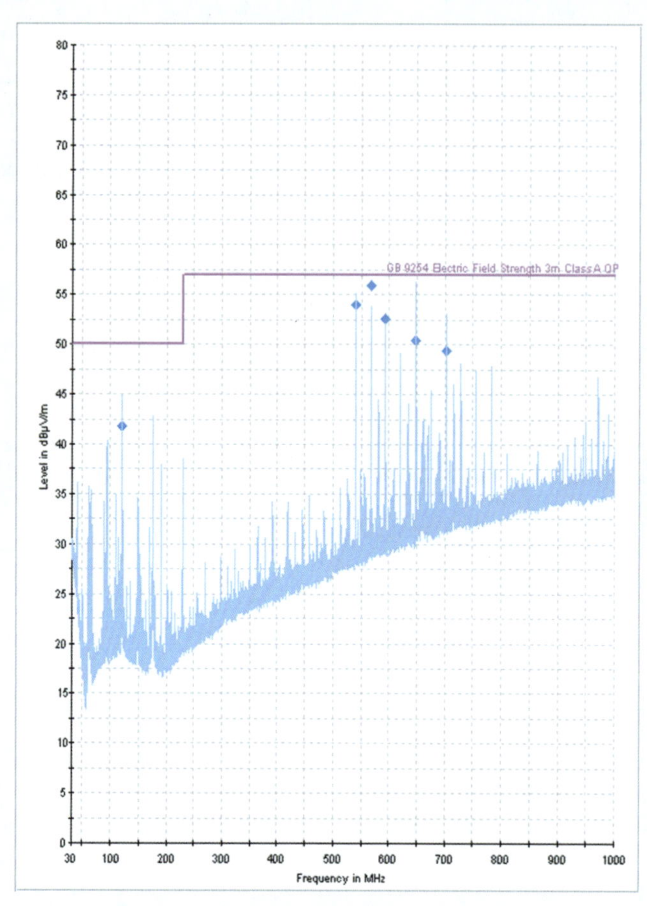

图 4－58　外壳端口辐射骚扰场强测试曲线图

◆测试结果说明

被测设备符合标准 GB 9254-2008《信息技术设备的无线电骚扰限值和测量方法》的要求。

◆测试连接图（见图 4－59）

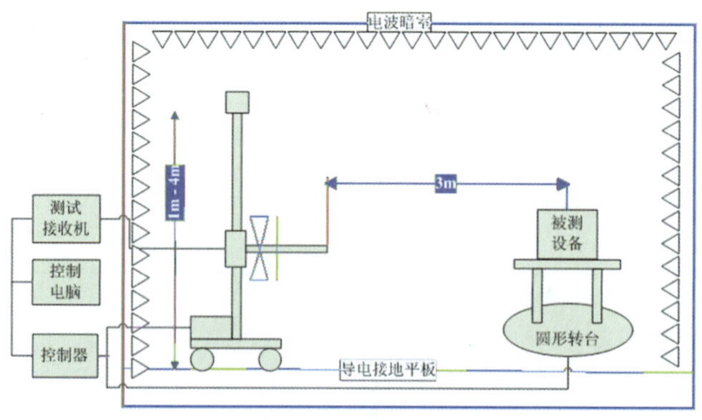

图 4－59　辐射骚扰场强测试连接图

◆测试布置图（见图 4－60）

图 4－60　辐射骚扰场强测试布置图

（2）电源端口传导骚扰

◆测试说明

项目	描述
测量标准	GB 9254-2008《信息技术设备的无线电骚扰限值和测量方法》
测试环境	屏蔽室
测试时供电电源	$220V_{AC}$/50Hz
测试端口	交流电源端口

◆测试曲线图（见图 4－61）

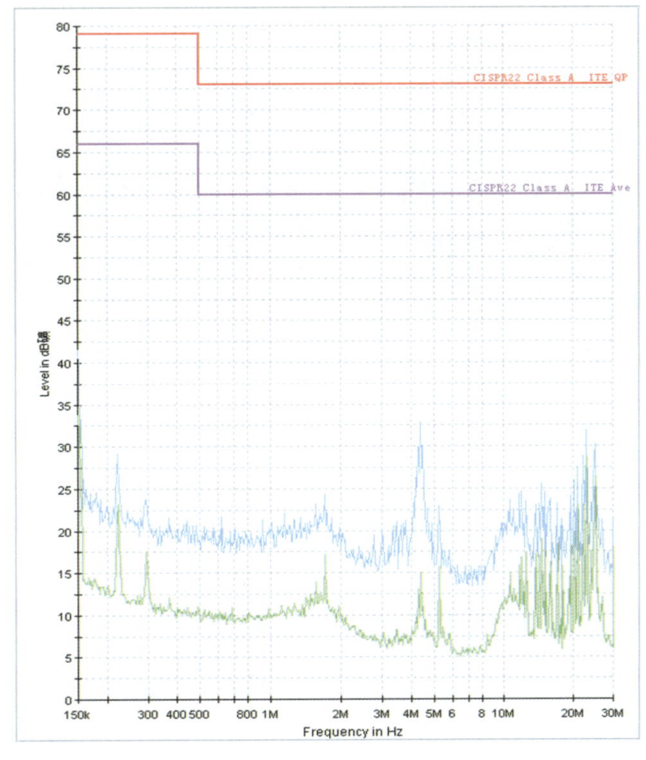

图 4－61　电源端口骚扰电压测试曲线

◆测试结果说明

被测设备符合标准 GB 9254-2008《信息技术设备的无线电骚扰限值和测量方法》的要求。

◆测试连接图（见图 4-62）

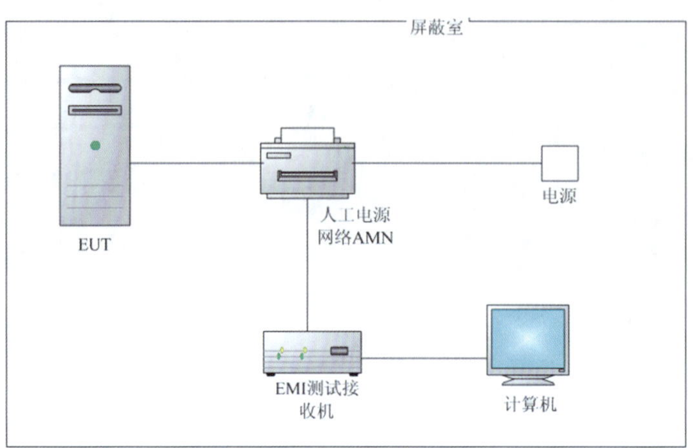

图 4-62　电源端口传导骚扰测试连接图

◆测试布置图（见图 4-63）

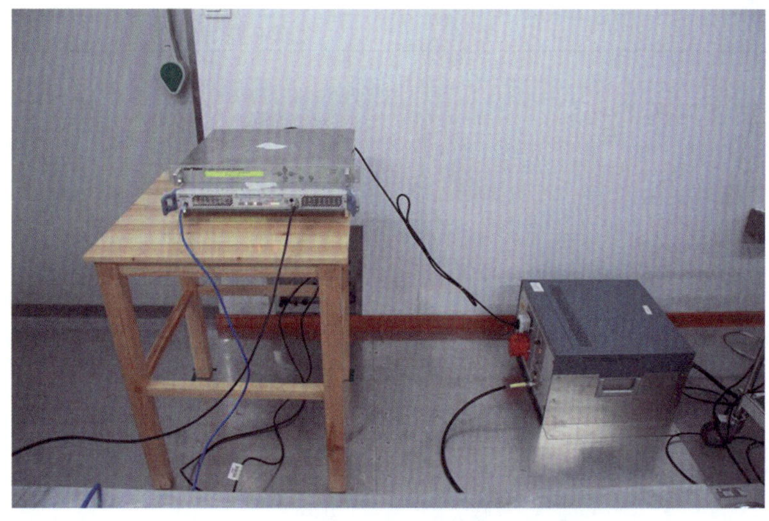

图 4-63　电源端口传导骚扰测试布置图

（3）谐波电流

◆测试说明

项目	描述
测量标准	GB 17625. 1-2003 《电磁兼容　限值　谐波电流发射限值（设备每相输入电流≤16A)》
测试环境	屏蔽室
测试时供电电源	$220V_{AC}$/50Hz
实际功率	13. 4W
测试端口	交流电源端口

◆谐波电流测试曲线图（见图4－64）

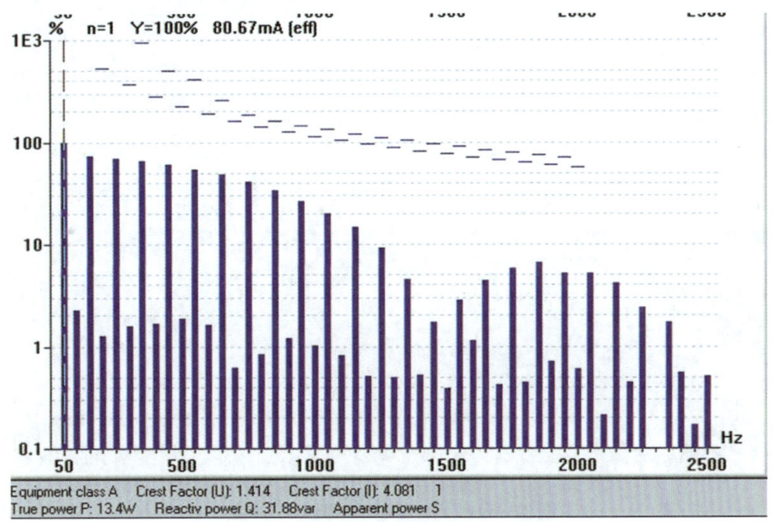

图4－64　谐波电流测试曲线图

◆测试结果说明

被测设备实际功率不足75W，无对应限值。

◆测试连接图（见图4－65）

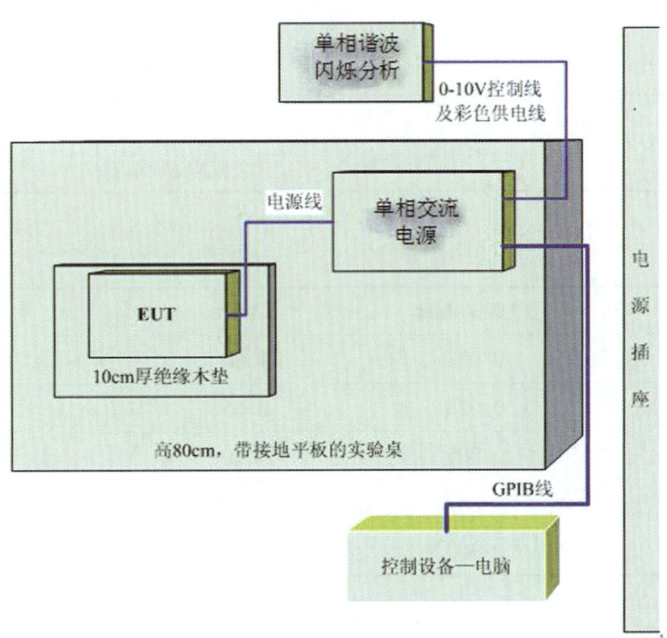

图4－65　谐波电流发射测试连接图

◆测试布置图（见图4－66）

图4－66　谐波电流测试布置图

（4）电压变化、电压波动和闪烁

◆测试说明

项目	描述
测量标准	GB 17625.2-2007《电磁兼容　限值　对每相额定电流≦16A且无条件接入的设备在公用低压系统中产生的电压变化、电压波动和闪烁的限制》
测试环境	屏蔽室
测试时供电电源	$220V_{AC}$/50Hz
测试端口	交流电源端口

◆测试数据

	EUT values	Limit	Result
Pst	0.028	1.00	PASS
Plt	0.028	0.65	PASS
dc [%]	0.005	3.30	PASS
dmax [%]	0.067	4.00	PASS
dt [s]	0.000	0.50	PASS

◆测试结果说明

被测设备符合标准GB 17625.2-2007《电磁兼容　限值　对每相额定电流≦16A且无条件接入的设备在公用低压系统中产生的电压变化、电压波动和闪烁的限制》的要求。

◆测试连接图（见图4－67）

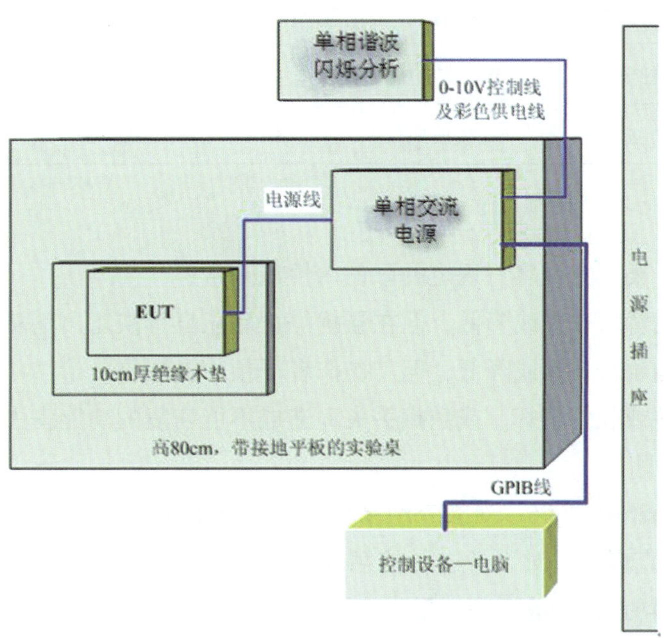

图4－67　电压变化、电压波动和闪烁测试连接图

◆测试布置图（见图4－68）

图4－68　电压变化、电压波动和闪烁测试布置图

（5）静电放电抗扰度

◆测试说明

项目	描述
测量标准	GB/T 17626.2-2006《电磁兼容　试验和测量技术　静电放电抗扰度试验》
测试环境	屏蔽室
测试时供电电源	$220V_{AC}$/50Hz
测试端口	外壳端口

◆环境等级与评判要求

环境等级	放电类型	放电方式	电压（kV）	极性	评判要求	评判结果
E5	接触放电	间接放电	4	+/-	B	A
	空气放电	直接放电	8	+/-	B	A

◆评判等级

A. 在制造商、委托方或客户规定的限值内性能正常；

B. 功能或性能暂时丧失或降低，但在骚扰停止后能自行恢复，不需要操作者干预；

C. 功能或性能暂时丧失或降低，但需操作者干预才能恢复；

D. 因设备硬件或软件损坏，或数据丢失而造成不能恢复的功能丧失或性能降低。

◆测试结果说明

依据 GB/T 17626.2-2006，对涂有绝缘材料的设备正面板进行空气放电（直接放电），通过水平耦合板和垂直耦合板对设备进行接触放电（间接放电），在所有的静电放电测试过程中，被测设备性能均正常，故评判结果为 A 级。

◆测试连接图（见图 4－69）

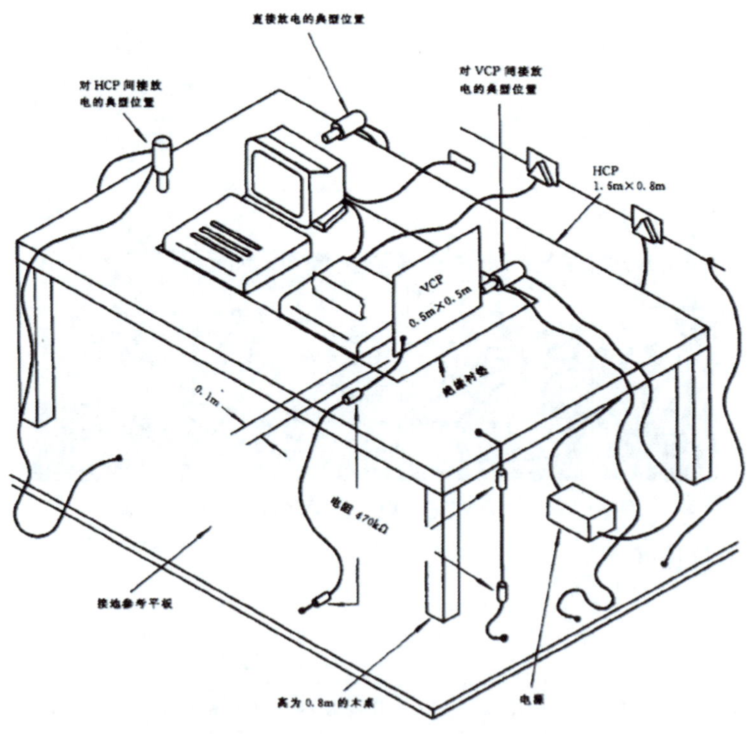

图 4－69　静电放电测试连接图

◆测试布置图（见图4－70和图4－71）

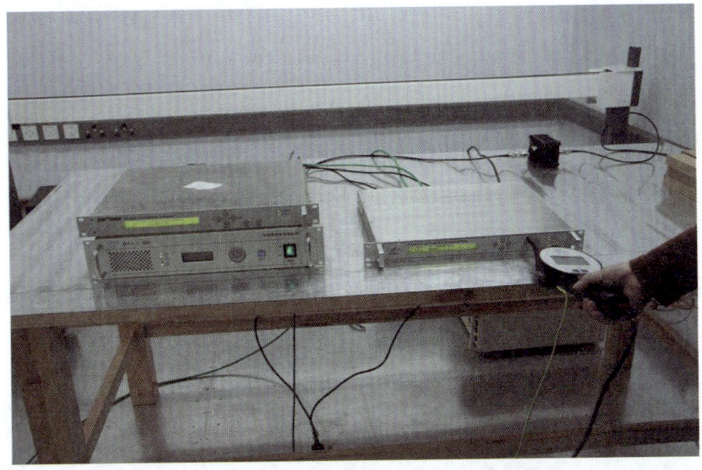

图4－70　空气放电布置照片（直接放电）

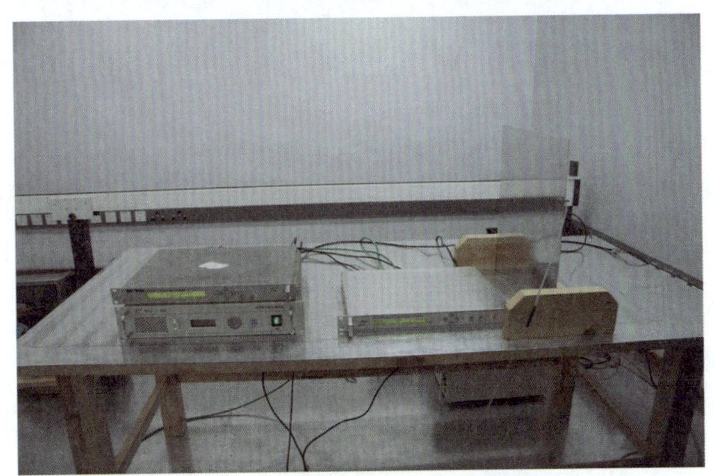

图4－71　接触放电布置照片（间接放电）

（6）射频电磁场辐射抗扰度

◆测试说明

项目	描述
测量标准	GB/T 17626.3-2006《电磁兼容　试验和测量技术　射频电磁场辐射抗扰度试验》
测试环境	电波暗室
测试时供电电源	$220V_{AC}$/50Hz
测试端口	外壳端口

◆环境等级与评判要求

环境等级	试验场强	频率范围	极化方向	调制方式	评判要求	评判结果
E5	10V/m	80MHz～1GHz	垂直极化	幅度调制（调制度：80%；调制信号：1kHz正弦波）	A	A
	10V/m	80MHz～1GHz	水平极化		A	A

◆评判等级

A. 在制造商、委托方或客户规定的限值内性能正常；

B. 功能或性能暂时丧失或降低，但在骚扰停止后能自行恢复，不需要操作者干预；

C. 功能或性能暂时丧失或降低，但需操作者干预才能恢复；

D. 因设备硬件或软件损坏，或数据丢失而造成不能恢复的功能丧失或性能降低。

◆射频电磁场辐射场强监测图（见图4－72）

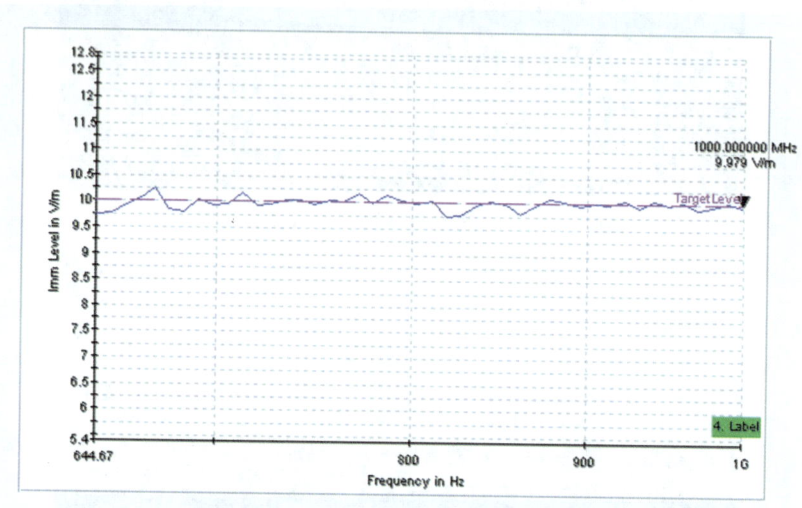

图4－72　射频电磁场辐射场强监测图

◆测试结果说明

被测设备符合标准 GB/T 17626.3-2006《电磁兼容　试验和测量技术　射频电磁场辐射抗扰度试验》的评判要求。

◆测试连接图（见图4－73）

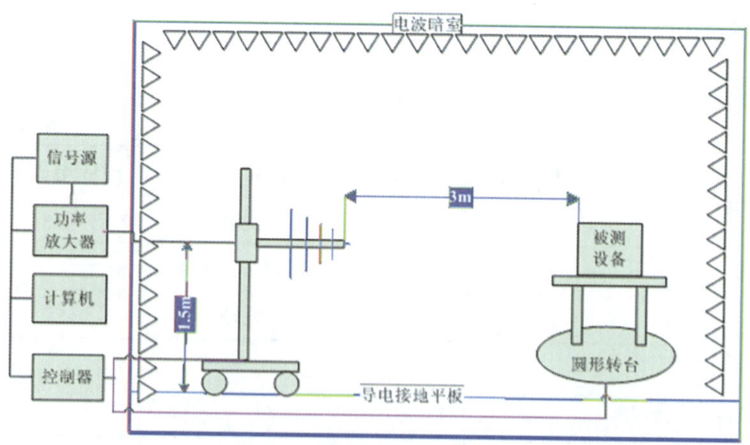

图4－73　射频电磁场辐射抗扰度试验设备连接示意图

◆测试布置图（见图4－74和图4－75）

图4－74　射频电磁场辐射抗扰度测试布置图（垂直极化）

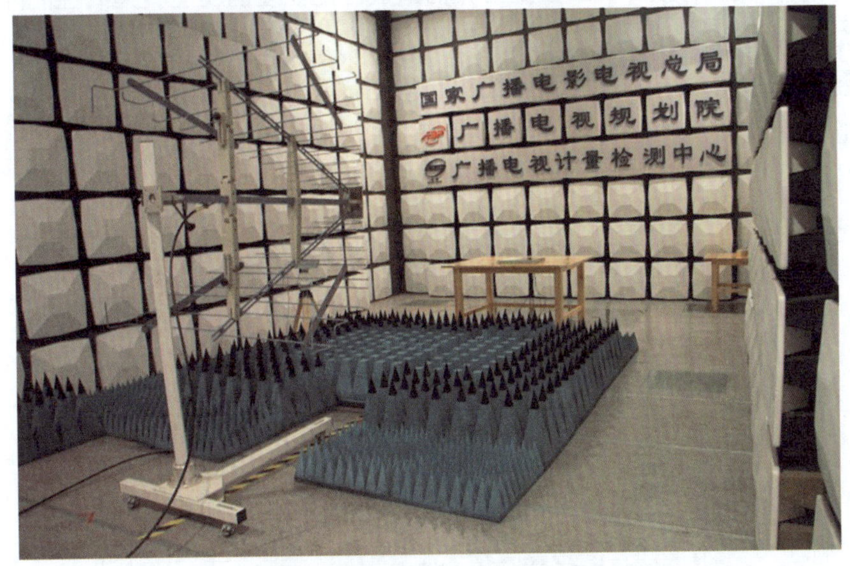

图4－75　射频电磁场辐射抗扰度测试布置图（水平极化）

（7）电快速瞬变脉冲群抗扰度

◆测试说明

项目	描述
测量标准	GB/T 17626.4-2008《电磁兼容　试验和测量技术　电快速瞬变脉冲群抗扰度试验》
测试环境	屏蔽室
测试时供电电源	$220V_{AC}$/50Hz
测试端口	交流电源端口、信号端口

◆环境等级与评判要求

环境等级	测试端口	电压峰值(kV)	频率(kHz)	极性(+/-)	测试时间	评判要求	评判结果
E5	电源端口	2	5	+/-	14min28s	B	B
	1pps	1	5	+/-	2min4s	B	B
	10MHz	1	5	+/-	2min4s	B	B
	ASI 输入	1	5	+/-	2min4s	B	B
	ASI 输出	1	5	+/-	2min4s	B	B

◆评判等级

A. 在制造商、委托方或客户规定的限值内性能正常；

B. 功能或性能暂时丧失或降低，但在骚扰停止后能自行恢复，不需要操作者干预；

C. 功能或性能暂时丧失或降低，但需操作者干预才能恢复；

D. 因设备硬件或软件损坏，或数据丢失而造成不能恢复的功能丧失或性能降低。

◆测试结果说明

被测设备符合标准 GB/T 17626.4-2008《电磁兼容　试验和测量技术　电快速瞬变脉冲群抗扰度试验》的评判要求。

◆测试连接图（见图 4-76 和图 4-77）

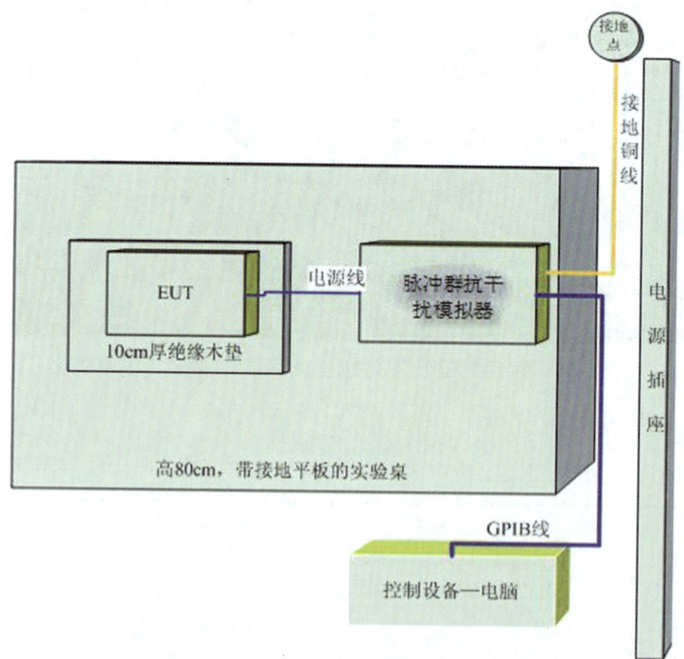

图 4-76　EFT 信号耦合到电源端口时的测试连接图

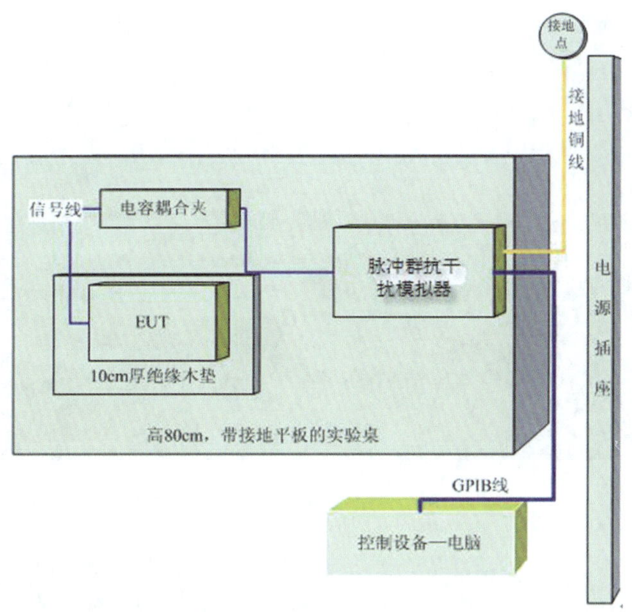

图 4－77　EFT 信号耦合到信号端口时测试连接图

◆测试布置图（见图 4－78 至图 4－82）

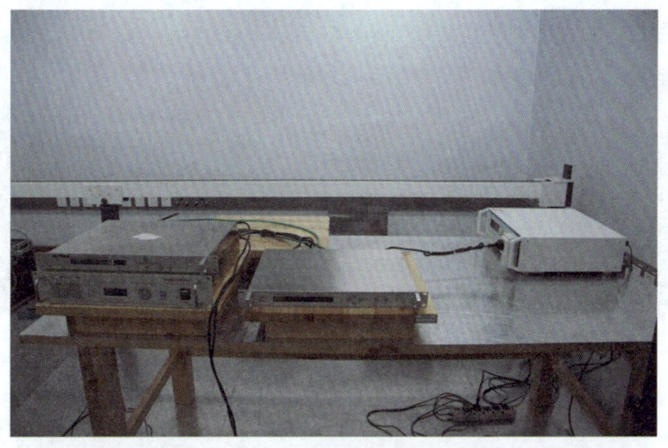

图 4－78　电源端口测试布置图

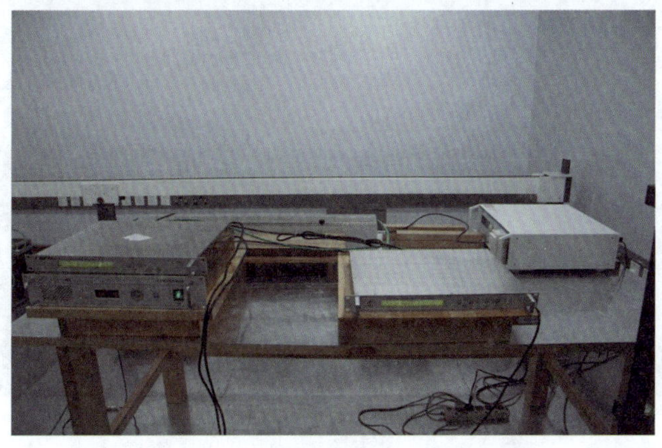

图 4－79　ASI 输入端口测试布置图

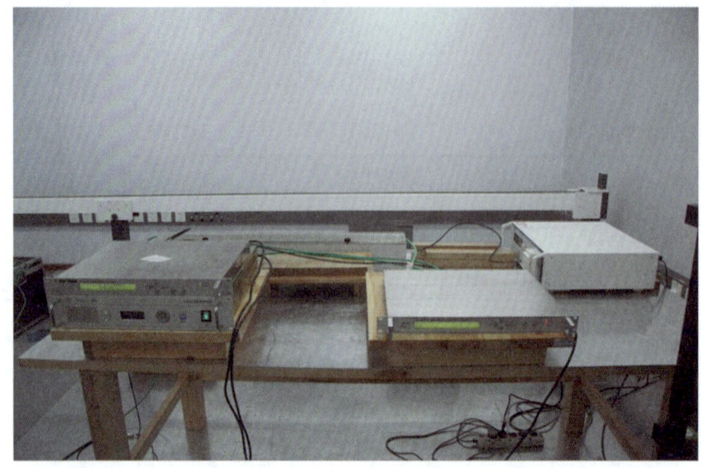

图 4-80　ASI 输出端口测试布置图

图 4-81　1pps 端口测试布置图

图 4-82　10MHz 端口测试布置图

（8）浪涌（冲击）抗扰度

◆测试说明

项目	描述
测量标准	GB/T 17626.5-2008《电磁兼容　试验和测量技术　浪涌（冲击）抗扰度试验》
测试环境	屏蔽室
测试时供电电源	$220V_{AC}$/50Hz
测试端口	交流电源端口

◆环境等级与评判要求

环境等级	电压（kV）	极性	测试时间	评判要求	评判结果
E5	2.0	+/-	28min	B	B

◆评判等级

A. 在制造商、委托方或客户规定的限值内性能正常；

B. 功能或性能暂时丧失或降低，但在骚扰停止后能自行恢复，不需要操作者干预；

C. 功能或性能暂时丧失或降低，但需操作者干预才能恢复；

D. 因设备硬件或软件损坏，或数据丢失而造成不能恢复的功能丧失或性能降低。

◆测试连接图（见图4-83）

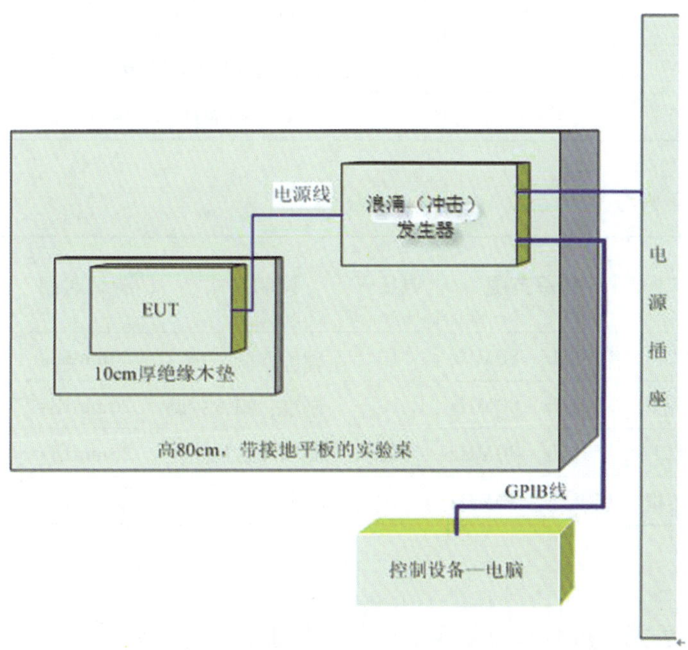

图4-83　浪涌（冲击）抗扰度测试连接图

◆测试布置图（见图 4－84）

图 4－84　浪涌（冲击）抗扰度测试布置图

（9）射频场感应的传导骚扰抗扰度

◆测试说明

项目	描述
测量标准	GB/T 17626.6-2008 《电磁兼容　试验和测量技术　射频场感应的传导骚扰抗扰度》
测试环境	屏蔽室
测试时供电电源	$220V_{AC}$/50Hz
测试端口	交流电源端口、信号端口
排除带	666 ±4MHz

◆环境等级与评判要求

环境等级	测试端口	频率范围	电压 V	调制方式	测试时间	评判要求	评判结果
E5	电源端口	150kHz～80MHz	10	幅度调制（调制度：80%；调制信号：1kHz 正弦波）	26min18s	A	A
	ASI 输入端口	150kHz～80MHz	10		26min18s	A	A
	1PPS 端口	150kHz～80MHz	10		26min18s	A	A
	10MHz 端口	150kHz～80MHz	10		26min18s	A	A

◆评判等级

A. 在生产商、委托方或购买方规定的限值内性能正常；

B. 功能或性能暂时丧失或降低，但在骚扰停止后能自行恢复，不需要操作者干预；

C. 功能或性能暂时丧失或降低，但需要操作人员干预才能恢复。

D. 由硬件或软件的损坏，或数据丢失而造成不能恢复的功能丧失或性能降低。

◆测试连接图（见图 4－85）

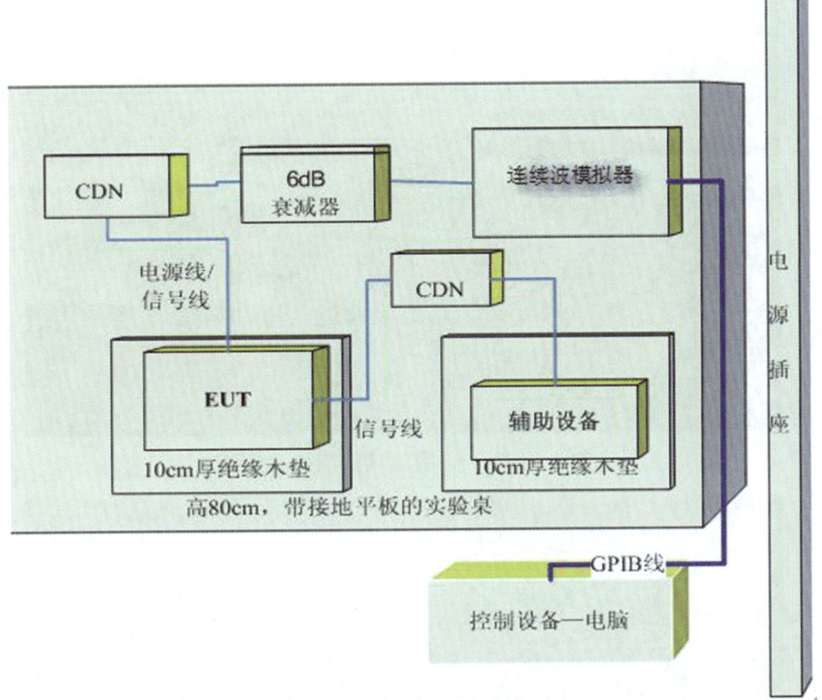

图 4－85　射频场感应的传导骚扰抗扰测试连接图

◆测试布置图（见图 4－86 至图 4－89）

图 4－86　电源端口测试布置图

图 4-87　ASI 输入端口测试布置图

图 4-88　1pps 端口测试布置图

图 4-89　10MHz 端口测试布置图

(10) 电压暂降和短时中断抗扰度

◆测试说明

项目	描述
测量标准	GB/T 17626.11-2008《电磁兼容　试验和测量技术　电压暂降、短时中断和电压变化的抗扰度试验》
测试环境	屏蔽室
测试时供电电源	$220V_{AC}$/50Hz
测试端口	交流电源端口

◆环境等级与评判要求

环境等级	试验等级,% U_T	电压暂降和短时中断	持续时间	评判要求	评判结果
E5	0	100	0.02s	B	B
	40	60	0.10s	C	C
	<5	>95	5s	C	C

◆评判等级

A. 在制造商、委托方或客户规定的限值内性能正常;

B. 功能或性能暂时丧失或降低,但在骚扰停止后能自行恢复,不需要操作者干预;

C. 功能或性能暂时丧失或降低,但需操作者干预才能恢复;

D. 因设备硬件或软件损坏,或数据丢失而造成不能恢复的功能丧失或性能降低。

◆测试连接图(见图4-90)

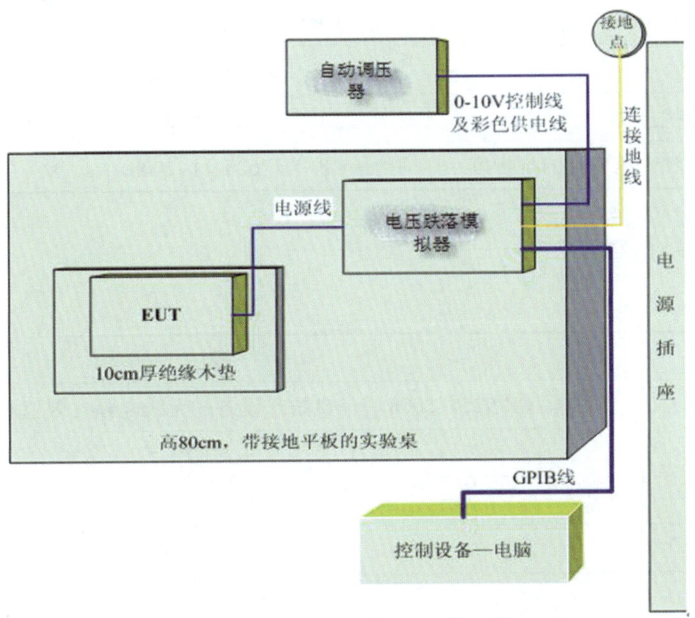

图4-90　电压暂降和短时中断抗扰度测试连接图

◆测试布置图（见图 4 - 91）

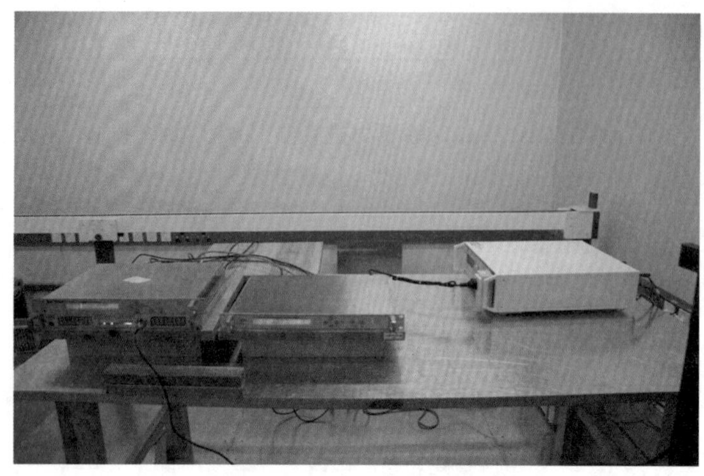

图 4 - 91　电压暂降和短时中断抗扰度测试布置图

4.3.1.5　地面数字电视广播激励器电磁兼容试验测试结果及说明

表 4 - 9　测试项目及结果一览

测试项目（辐射骚扰/抗扰）	测量方法	已完成	通过	失败
外壳端口辐射骚扰	GB 9254-2008	√	√	-
电源端口传导骚扰	GB 9254-2008	√	√	-
谐波电流	GB 17625. 1-2003	√	√	-
电压闪烁	GB 17625. 2-2007	√	√	-
静电放电抗扰度	GB/T 17626. 2-2006	√	√	-
射频电磁场辐射抗扰度	GB/T 17626. 3-2006	√	√	-
电快速瞬变脉冲群抗扰度	GB/T 17626. 4-2008	√	√	-
浪涌（冲击）抗扰度	GB/T 17626. 5-2008	√	-	√
射频场感应的传导骚扰抗扰度	GB/T 17626. 6-2008	√	-	√
电压暂降、短时中断和电压变化的抗扰度	GB/T 17626. 11-2008	√	√	-

（1）外壳端口辐射骚扰

◆测试说明

项目	描述
测量标准	GB 9254-2008《信息技术设备的无线电骚扰限值和测量方法》
测试环境	电波暗室
测试时供电电源	$220V_{AC}$/50Hz
测试端口	外壳端口
排除带	666 ±4MHz

◆辐射骚扰测试数据

Frequency (MHz)	QuasiPeak (dBμV/m)	Meas. Time (ms)	Bandwidth (kHz)	Antenna height (cm)	Polarity
67. 500000	41. 5	1000. 000	120. 000	187. 0	V
121. 500000	40. 6	1000. 000	120. 000	289. 0	H
148. 500000	30. 2	1000. 000	120. 000	225. 0	H
175. 500000	38. 4	1000. 000	120. 000	124. 0	V
483. 840000	47. 0	1000. 000	120. 000	139. 0	V
663. 240000	55. 3	1000. 000	120. 000	100. 0	V

Frequency (MHz)	Turntable position (deg)	Corr. (dB)	Margin (dB)	Limit (dBμV/m)	Comment
67. 500000	20. 0	6. 7	8. 5	50. 0	–
121. 500000	106. 0	10. 8	9. 4	50. 0	–
148. 500000	237. 0	9. 0	19. 8	50. 0	–
175. 500000	110. 0	10. 0	11. 6	50. 0	–
483. 840000	206. 0	18. 0	10. 0	57. 0	–
663. 240000	160. 0	21. 6	1. 7	57. 0	–

◆测试曲线图（见图 4 – 92）

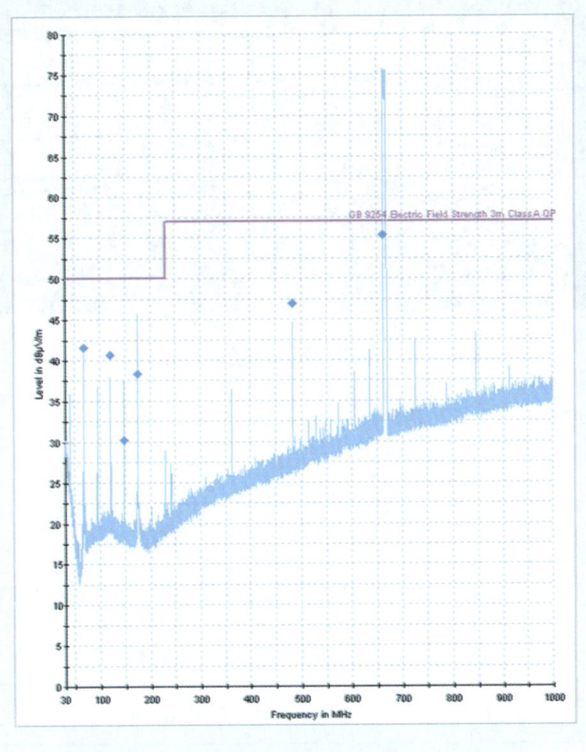

图 4 – 92　外壳端口辐射骚扰场强测试曲线图

◆测试连接图（见图4－93）

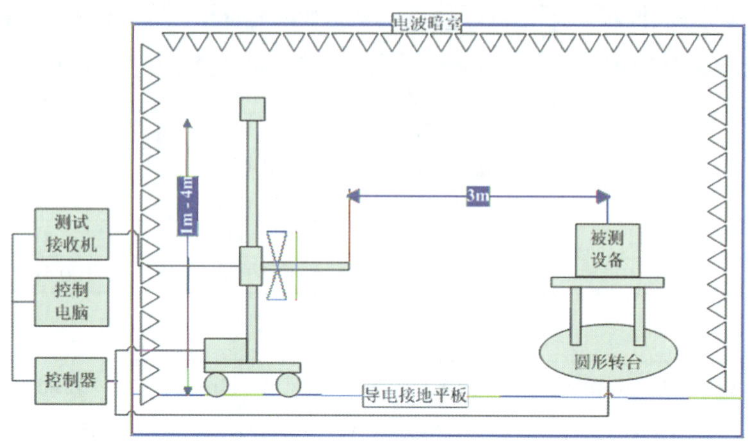

图4－93　辐射骚扰场强测试连接图

◆测试布置图（见图4－94）

图4－94　辐射骚扰场强测试布置图

（2）电源端口传导骚扰

◆测试说明

项目	描述
测量标准	GB 9254-2008《信息技术设备的无线电骚扰限值和测量方法》
测试环境	屏蔽室
测试时供电电源	$220V_{AC}$/50Hz
测试端口	交流电源端口

◆传导骚扰测试数据

准峰值：

Frequency (MHz)	QuasiPeak (dB)	Meas. Time (ms)	Bandwidth (kHz)	PE	Line	Corr. (dB)	Margin (dB)	Limit (dB)	Comment
0. 150000	68. 8	1000. 000	9. 000	GND	N	9. 9	10. 2	79. 0	–
0. 198194	70. 0	1000. 000	9. 000	GND	L1	9. 9	9. 0	79. 0	–
0. 232398	61. 5	1000. 000	9. 000	GND	N	9. 9	17. 5	79. 0	–
0. 283569	65. 9	1000. 000	9. 000	GND	L1	10. 0	13. 1	79. 0	–
0. 339191	60. 1	1000. 000	9. 000	GND	L1	10. 0	18. 9	79. 0	–
0. 382209	48. 7	1000. 000	9. 000	GND	N	10. 0	30. 3	79. 0	–
0. 426418	60. 3	1000. 000	9. 000	GND	N	10. 0	18. 7	79. 0	–
0. 434989	56. 7	1000. 000	9. 000	GND	L1	10. 0	22. 3	79. 0	–
0. 485303	50. 3	1000. 000	9. 000	GND	L1	10. 0	28. 7	79. 0	–
0. 569056	39. 4	1000. 000	9. 000	GND	L1	10. 0	33. 6	73. 0	–
0. 628592	32. 4	1000. 000	9. 000	GND	L1	10. 0	40. 6	73. 0	–
0. 759408	28. 6	1000. 000	9. 000	GND	N	10. 0	44. 4	73. 0	–
1. 449988	17. 2	1000. 000	9. 000	GND	L1	10. 1	55. 8	73. 0	–
2. 768559	19. 2	1000. 000	9. 000	GND	N	10. 1	53. 8	73. 0	–
3. 806604	12. 4	1000. 000	9. 000	GND	L1	10. 1	60. 6	73. 0	–
8. 780781	9. 1	1000. 000	9. 000	GND	L1	10. 3	63. 9	73. 0	–
12. 815789	9. 3	1000. 000	9. 000	GND	L1	10. 4	63. 7	73. 0	–
28. 408954	24. 1	1000. 000	9. 000	GND	L1	10. 9	48. 9	73. 0	–

平均值：

Frequency (MHz)	Average (dB)	Meas. Time (ms)	Bandwidth (kHz)	PE	Line	Corr. (dB)	Margin (dB)	Limit (dB)	Comment
0. 150000	52. 2	1000. 000	9. 000	GND	N	9. 9	13. 8	66. 0	–
0. 192365	60. 1	1000. 000	9. 000	GND	L1	9. 9	5. 9	66. 0	–
0. 241834	51. 5	1000. 000	9. 000	GND	N	9. 9	14. 5	66. 0	–
0. 289269	53. 7	1000. 000	9. 000	GND	L1	9. 9	12. 3	66. 0	–
0. 339191	48. 7	1000. 000	9. 000	GND	L1	10. 0	17. 3	66. 0	–
0. 382209	35. 3	1000. 000	9. 000	GND	N	10. 0	30. 7	66. 0	–

(续表)

Frequency (MHz)	Average (dB)	Meas. Time (ms)	Bandwidth (kHz)	PE	Line	Corr. (dB)	Margin (dB)	Limit (dB)	Comment
0.434989	45.8	1000.000	9.000	GND	L1	10.0	20.2	66.0	–
0.485303	37.9	1000.000	9.000	GND	N	10.0	28.1	66.0	–
0.574747	24.2	1000.000	9.000	GND	L1	10.0	35.8	60.0	–
0.628592	20.4	1000.000	9.000	GND	N	10.0	39.6	60.0	–
0.782419	12.8	1000.000	9.000	GND	L1	10.0	47.2	60.0	–
1.769261	12.2	1000.000	9.000	GND	L1	10.1	47.8	60.0	–
2.824207	13.8	1000.000	9.000	GND	L1	10.1	46.2	60.0	–
3.883117	7.9	1000.000	9.000	GND	L1	10.1	52.1	60.0	–
7.488437	5.8	1000.000	9.000	GND	N	10.3	54.2	60.0	–
15.027520	4.8	1000.000	9.000	GND	L1	10.5	55.2	60.0	–
28.408954	17.3	1000.000	9.000	GND	L1	10.9	42.7	60.0	–

◆测试曲线图（见图4-95）

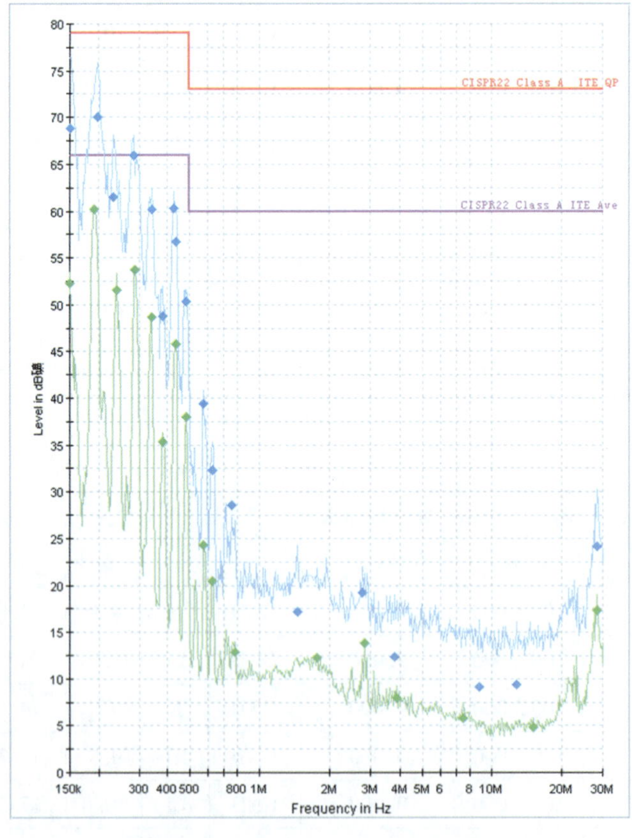

图4-95 电源端口骚扰电压测试曲线图

◆测试连接图（见图4－96）

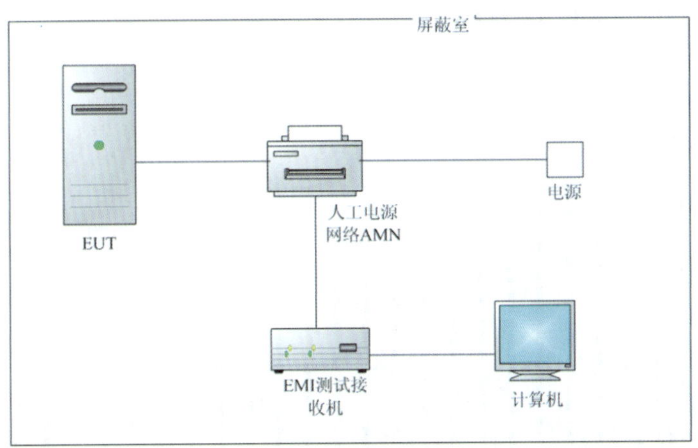

图4－96　电源端口骚扰电压测试连接图

◆测试布置图（见图4－97）

图4－97　电源端口传导骚扰测试布置图

（3）谐波电流

◆测试说明

项目	描述
测量标准	GB 17625.1-2003《电磁兼容　限值　谐波电流发射限值（设备每相输入电流≤16A）》
测试环境	屏蔽室
测试时供电电源	$220V_{AC}$/50Hz
实际功率	80.83W
测试端口	交流电源端口

◆谐波电流测试曲线图（见图4－98）

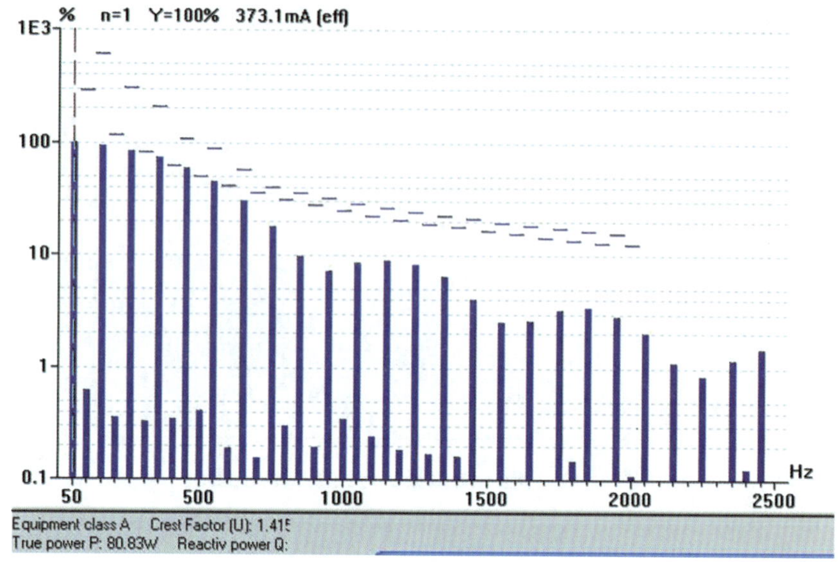

图4－98　谐波电流测试曲线图

◆测试连接图（见图4－99）

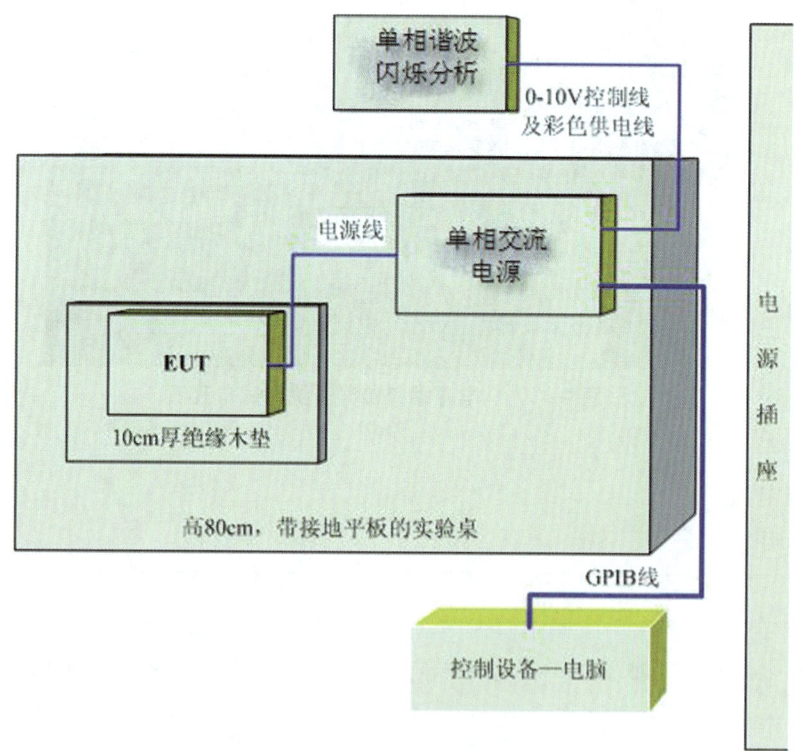

图4－99　谐波电流发射测试连接图

◆测试布置图（见图 4－100）

图 4－100　谐波电流测试布置图

（4）电压变化、电压波动和闪烁

◆测试说明

项目	描述
测量标准	GB 17625. 2-2007《电磁兼容　限值　对每相额定电流≤16A 且无条件接入的设备在公用低压系统中产生的电压变化、电压波动和闪烁的限制》
测试环境	屏蔽室
测试时供电电源	$220V_{AC}$/50Hz
测试端口	交流电源端口

◆测试数据

	EUT values	Limit	Result
Pst	0. 028	1. 00	PASS
Plt	0. 028	0. 65	PASS
dc [%]	0. 005	3. 30	PASS
dmax [%]	0. 072	4. 00	PASS
dt [s]	0. 000	0. 50	PASS

◆测试连接图（见图4－101）

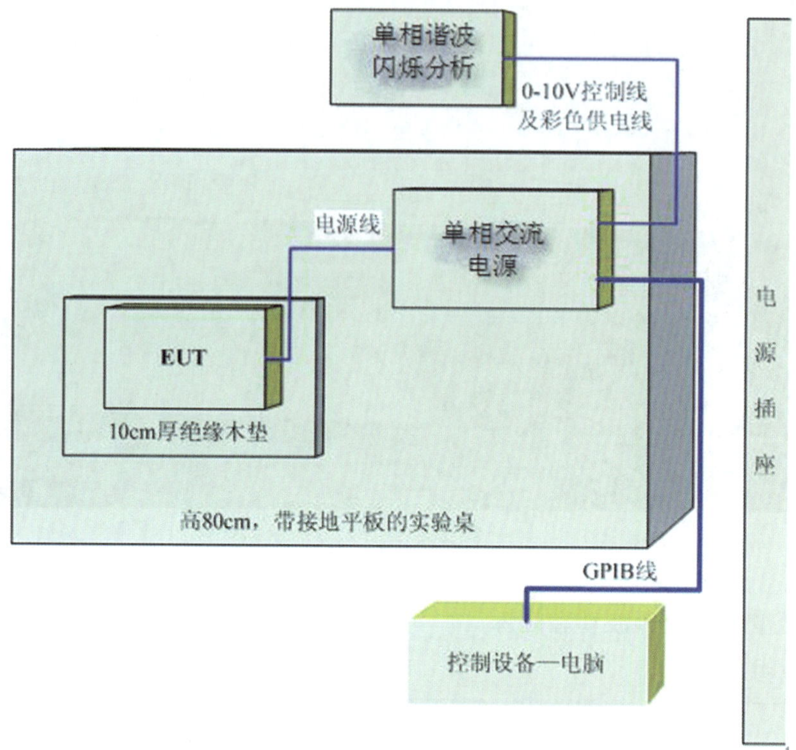

图4－101　电压变化、电压波动和闪烁测试连接图

◆测试布置图（见图4－102）

图4－102　电压变化、电压波动和闪烁测试布置图

(5) 静电放电抗扰度

◆测试说明

项目	描述
测量标准	GB/T 17626. 2-2006《电磁兼容　试验和测量技术　静电放电抗扰度试验》
测试环境	屏蔽室
测试时供电电源	$220V_{AC}$/50Hz
测试端口	外壳端口

◆环境等级与评判要求

环境等级	放电类型	放电方式		电压（kV）	极性	评判要求	评判结果
		间接放电	直接放电				
E5	接触放电	√	——	4	+/-	B	A
	空气放电	——	√	8	+/-	B	A

◆评判等级

A. 在制造商、委托方或客户规定的限值内性能正常；

B. 功能或性能暂时丧失或降低，但在骚扰停止后能自行恢复，不需要操作者干预；

C. 功能或性能暂时丧失或降低，但需操作者干预才能恢复；

D. 因设备硬件或软件损坏，或数据丢失而造成不能恢复的功能丧失或性能降低。

◆测试结果说明

依据 GB/T 17626. 2-2006，对涂有绝缘材料的设备正面板进行空气放电（直接放电），通过水平耦合板和垂直耦合板对设备进行接触放电（间接放电），在所有的静电放电测试过程中，被测设备性能均正常，故评判结果为 A 级。

◆测试连接图（见图 4 - 103）

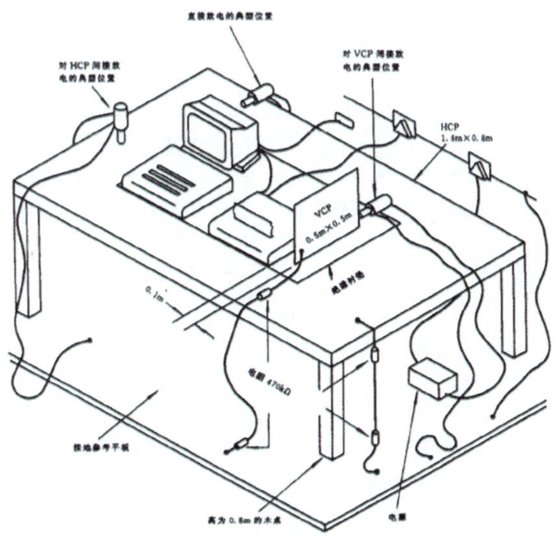

图 4 - 103　静电放电测试连接图

◆测试布置图（见图 4－104 和图 4－105）

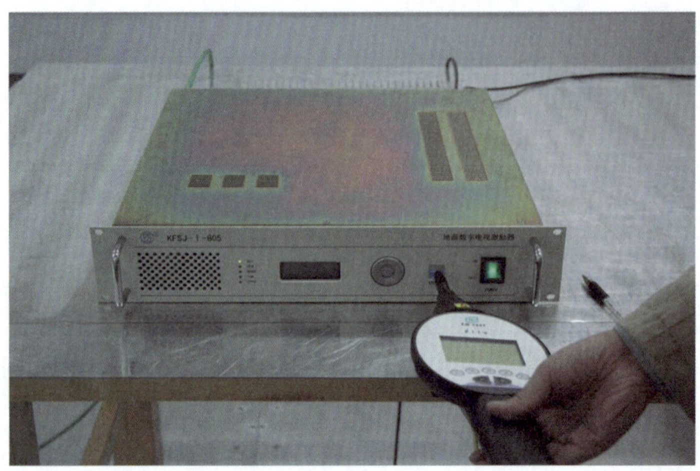

图 4－104　空气放电布置照片（直接放电）

图 4－105　接触放电布置照片（间接放电）

（6）射频电磁场辐射抗扰度

◆测试说明

项目	描述
测量标准	GB/T 17626. 3-2006《电磁兼容　试验和测量技术　射频电磁场辐射抗扰度试验》
测试环境	电波暗室
测试时供电电源	$220V_{AC}$/50Hz
测试端口	外壳端口
排除带	666 ±4MHz

◆环境等级与评判要求

环境等级	试验场强	频率范围	极化方向	调制方式	评判要求	评判结果
E5	10V/m	80MHz～1GHz	垂直极化	幅度调制（调制度：80%；调制信号：1kHz 正弦波）	A	A
	10V/m	80MHz～1GHz	水平极化		A	A

◆评判等级

A. 在制造商、委托方或客户规定的限值内性能正常；

B. 功能或性能暂时丧失或降低，但在骚扰停止后能自行恢复，不需要操作者干预；

C. 功能或性能暂时丧失或降低，但需操作者干预才能恢复；

D. 因设备硬件或软件损坏，或数据丢失而造成不能恢复的功能丧失或性能降低。

◆射频电磁场辐射场强监测图（见图 4－106）

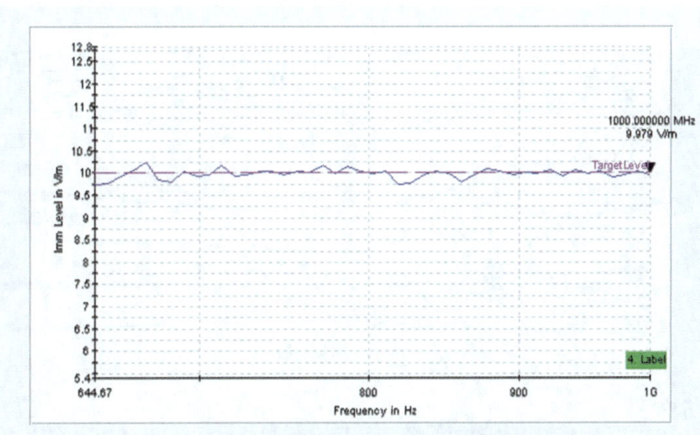

图 4－106　射频电磁场辐射场强监测图

◆测试连接图（见图 4－107）

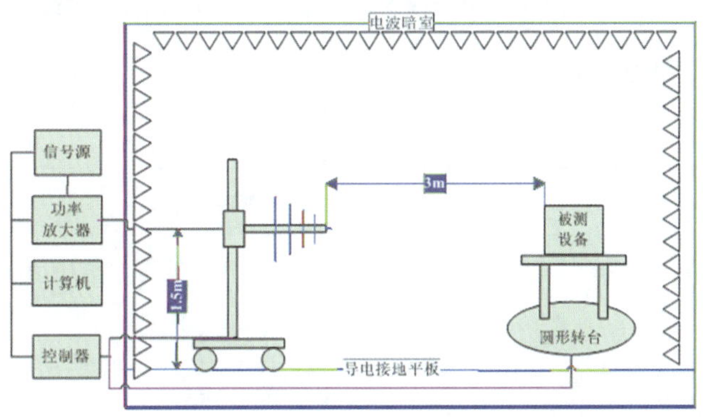

图 4－107　射频电磁场辐射抗扰度测试连接图

◆测试布置图（见图 4－108 和图 4－109）

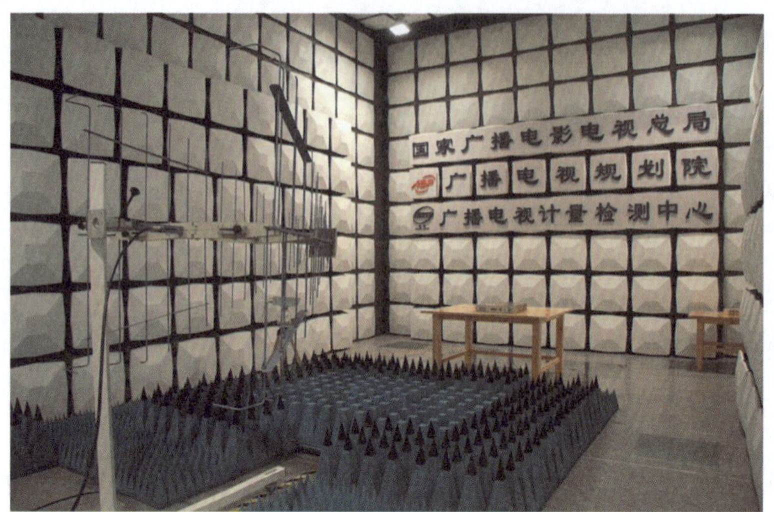

图 4－108　射频电磁场辐射抗扰度测试布置图（垂直极化）

图 4－109　射频电磁场辐射抗扰度测试布置图（水平极化）

（7）电快速瞬变脉冲群抗扰度

◆测试说明

项目	描述
测量标准	GB/T 17626.4-2008《电磁兼容　试验和测量技术　电快速瞬变脉冲群抗扰度试验》
测试环境	屏蔽室
测试时供电电源	$220V_{AC}$/50Hz
测试端口	交流电源端口、信号端口

◆环境等级与评判要求

环境等级	测试端口	电压峰值(kV)	频率(kHz)	极性(+/-)	测试时间	评判要求	评判结果
E5	电源端口	2	5	+/-	14min28s	B	B
	1pps	1	5	+/-	2min4s	B	A
	10MHz	1	5	+/-	2min4s	B	B
	ASI 输入	1	5	+/-	2min4s	B	B
	RF 输出	1	5	+/-	2min4s	B	A

◆评判等级

A. 在制造商、委托方或客户规定的限值内性能正常；

B. 功能或性能暂时丧失或降低，但在骚扰停止后能自行恢复，不需要操作者干预；

C. 功能或性能暂时丧失或降低，但需操作者干预才能恢复；

D. 因设备硬件或软件损坏，或数据丢失而造成不能恢复的功能丧失或性能降低。

◆测试连接图（见图 4－110 和图 4－111）

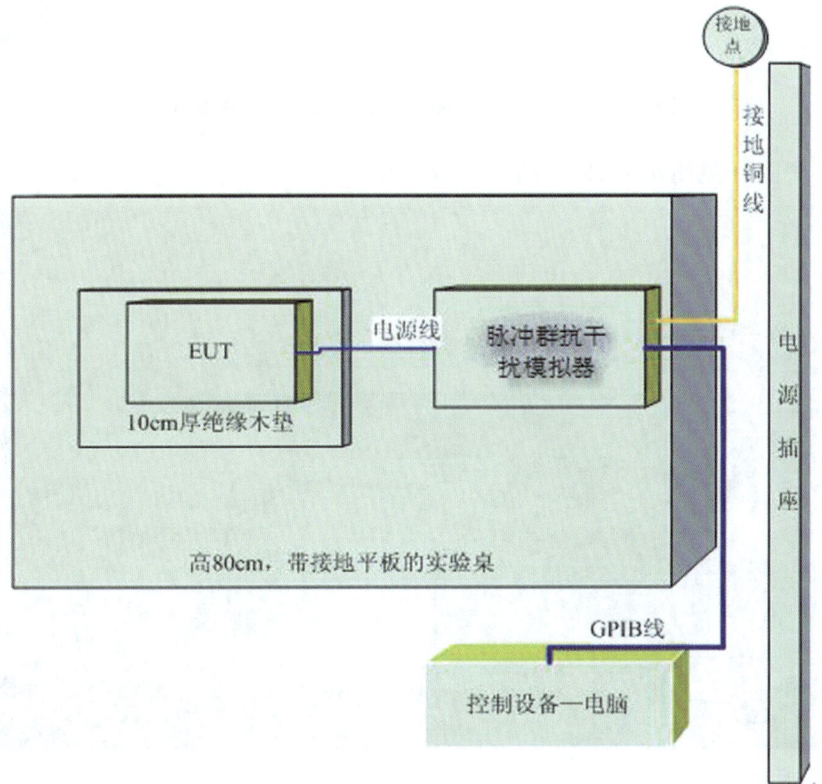

图 4－110　EFT 信号耦合到电源端口时的测试连接图

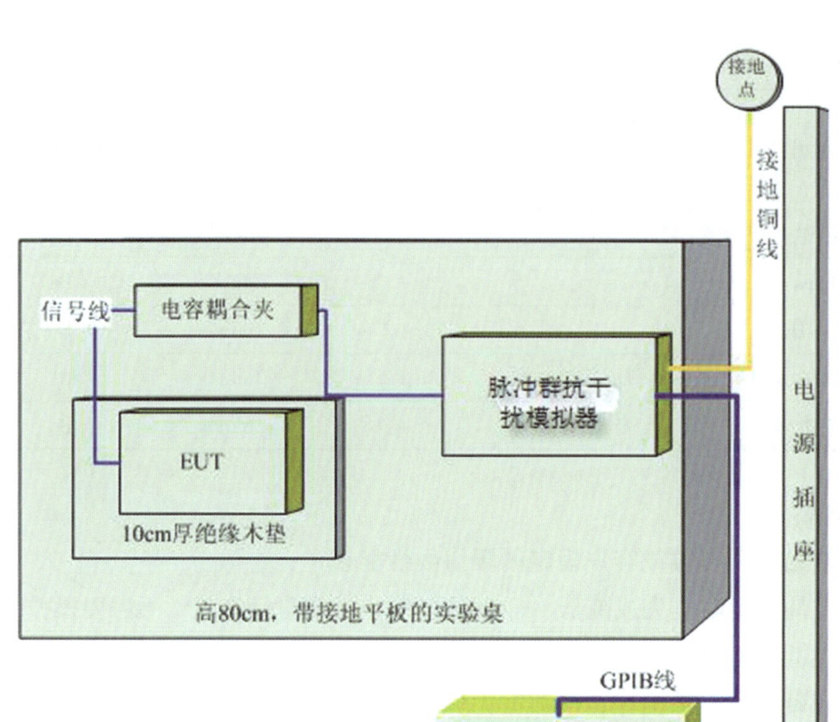

图 4－111　EFT 信号耦合到信号端口时测试连接图

◆测试布置图（见图 4－112 至图 4－116）

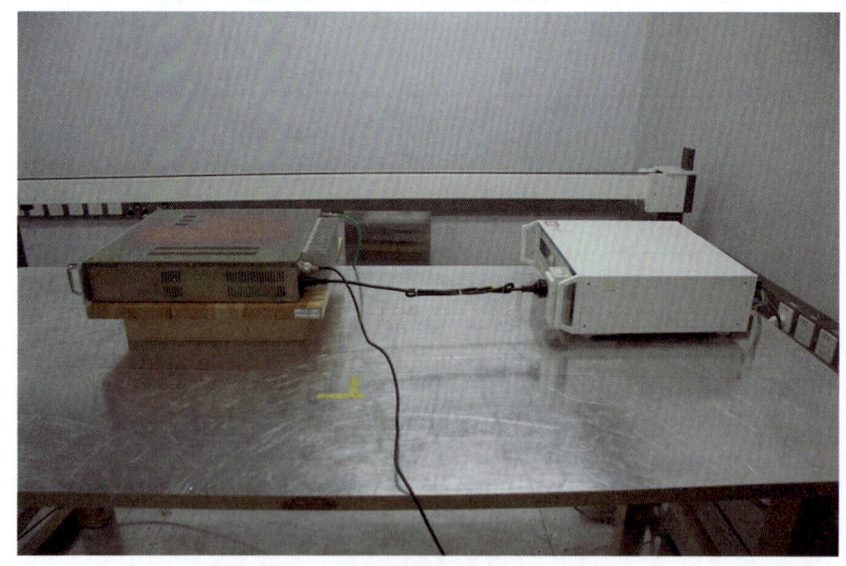

图 4－112　电源端口测试布置图

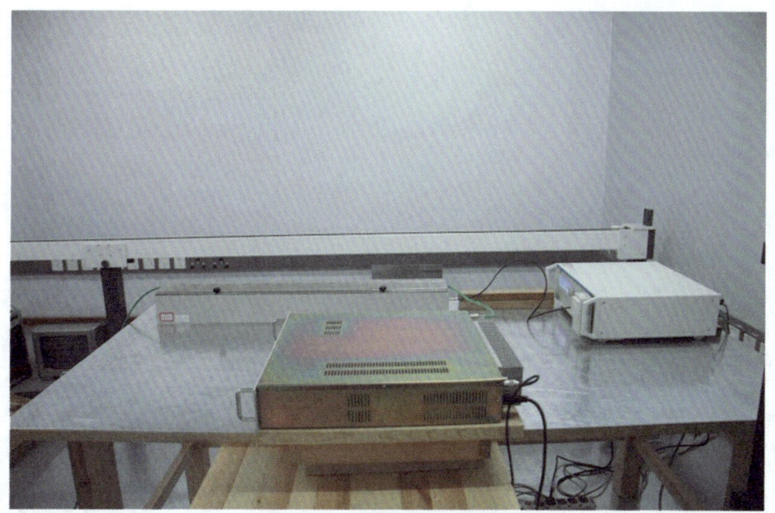

图 4－113　ASI 输入端口测试布置图

图 4－114　RF 输出端口测试布置图

图 4－115　1pps 端口测试布置图

图 4－116　10MHz 端口测试布置图

（8）浪涌（冲击）抗扰度

◆测试说明

项目	描述
测量标准	GB/T 17626.5-2008《电磁兼容　试验和测量技术　浪涌（冲击）抗扰度试验》
测试环境	屏蔽室
测试时供电电源	$220V_{AC}$/50Hz
测试端口	交流电源端口

◆环境等级与评判要求

环境等级	电压（kV）	极性	测试时间	评判要求	评判结果
E5	2.0	+/－	28min	B	C

◆评判等级

A. 在制造商、委托方或客户规定的限值内性能正常；

B. 功能或性能暂时丧失或降低，但在骚扰停止后能自行恢复，不需要操作者干预；

C. 功能或性能暂时丧失或降低，但需操作者干预才能恢复；

D. 因设备硬件或软件损坏，或数据丢失而造成不能恢复的功能丧失或性能降低。

◆测试连接图（见图 4－117）

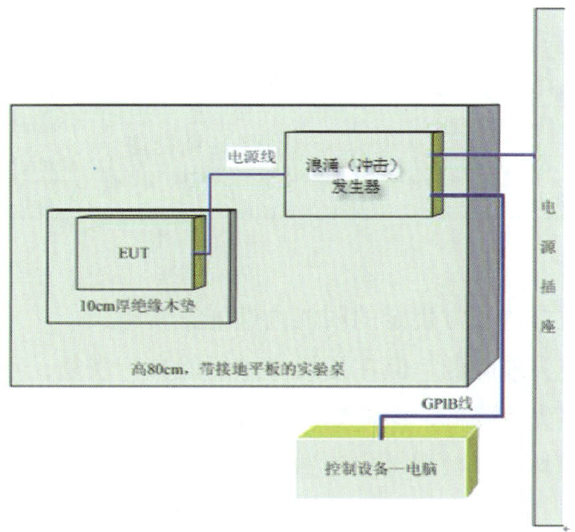

图 4－117　浪涌（冲击）抗扰度测试连接图

◆测试布置图（见图 4－118）

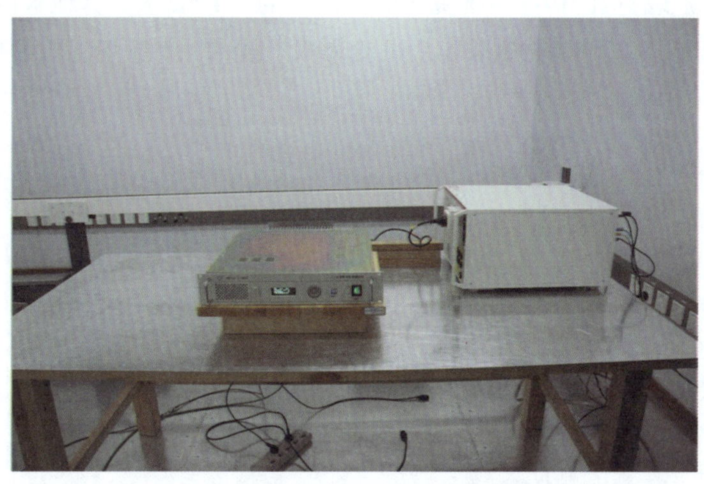

图 4－118　浪涌（冲击）抗扰度测试布置图

（9）射频场感应的传导骚扰抗扰度

◆测试说明

项目	描述
测量标准	GB/T 17626. 6-2008《电磁兼容　试验和测量技术　射频场感应的传导骚扰抗扰度》
测试环境	屏蔽室
测试时供电电源	$220V_{AC}$/50Hz
测试端口	交流电源端口、信号端口
排除带	666 ±4MHz

◆环境等级与评判要求

环境等级	测试端口	频率范围	电压 V	调制方式	测试时间	评判要求	评判结果
E5	电源端口	150kHz~80MHz	10	幅度调制（调制度：80%；调制信号：1kHz 正弦波）	26min18s	A	A
	ASI 输入端口	150kHz~80MHz	10		26min18s	A	A
	1PPS 端口	150kHz~80MHz	10		26min18s	A	A
	10MHz 端口	150kHz~80MHz	10		26min18s	A	B

◆评判等级

A. 在生产商、委托方或购买方规定的限值内性能正常；

B. 功能或性能暂时丧失或降低，但在骚扰停止后能自行恢复，不需要操作者干预；

C. 功能或性能暂时丧失或降低，但需要操作人员干预才能恢复。

D. 由硬件或软件的损坏，或数据丢失而造成不能恢复的功能丧失或性能降低。

◆测试结果说明

在测试 10MHz 端口的过程中，数字电视接收测试终端监控软件出现红灯闪烁，但能自行恢复的现象，所以此端口评判结果为 B 级，不符合标准 GB/T 17626. 6-2008《电磁兼容　试验和测量技术　射频场感应的传导骚扰抗扰度》规定的 A 级要求。其他被测端口的测试结果符合标准 GB/T 17626. 6-2008《电磁兼容　试验和测量技术　射频场感应的传导骚扰抗扰度》的评判要求。

◆测试连接图（见图 4－119）

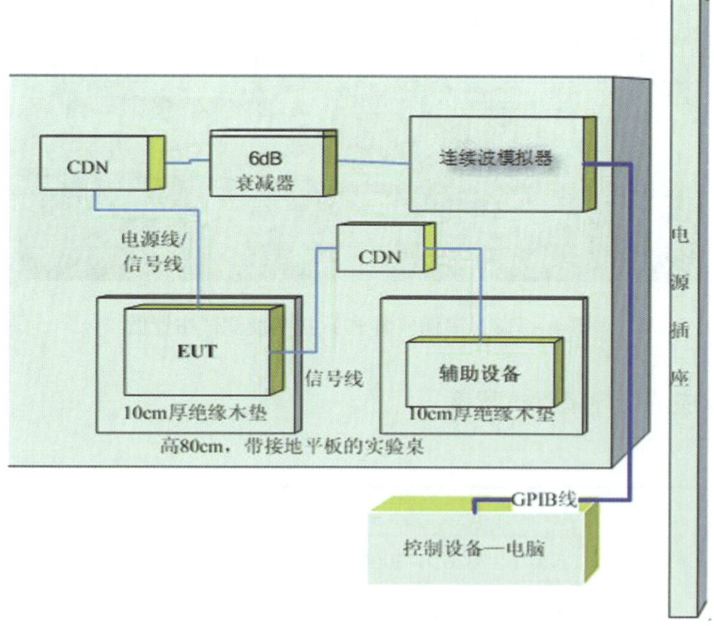

图 4－119　射频场感应的传导骚扰抗扰度测试连接图

◆测试布置图（见图 4 - 120 至图 4 - 123）

图 4 - 120 电源端口测试布置图

图 4 - 121　ASI 端口测试布置图

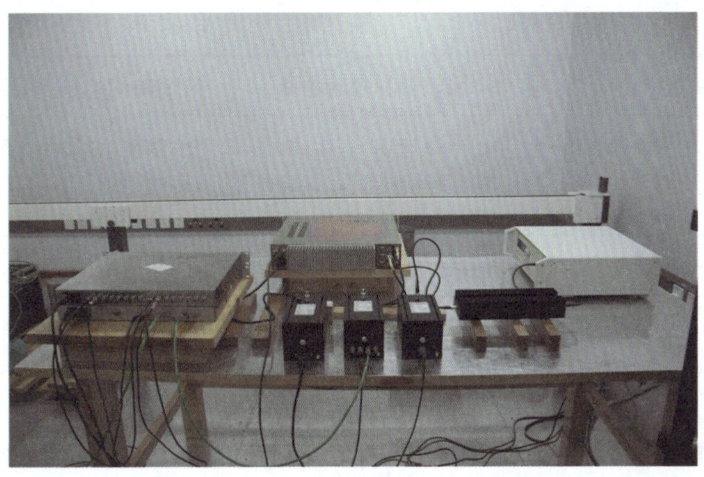

图 4 - 122　1pps 端口测试布置图

图 4－123　10MHz 端口测试布置图

（10）电压暂降和短时中断抗扰度

◆测试说明

项目	描述
测量标准	GB/T 17626.11-2008《电磁兼容　试验和测量技术　电压暂降、短时中断和电压变化的抗扰度试验》
测试环境	屏蔽室
测试时供电电源	$220V_{AC}$/50Hz
测试端口	交流电源端口

◆环境等级与评判要求

环境等级	试验等级，% U_T	电压暂降和短时中断	持续时间	评判要求	评判结果
E5	0	100	0.02s	B	B
	40	60	0.10s	C	C
	<5	>95	5s	C	C

◆评判等级

A. 在制造商、委托方或客户规定的限值内性能正常；

B. 功能或性能暂时丧失或降低，但在骚扰停止后能自行恢复，不需要操作者干预；

C. 功能或性能暂时丧失或降低，但需操作者干预才能恢复；

D. 因设备硬件或软件损坏，或数据丢失而造成不能恢复的功能丧失或性能降低。

◆测试连接图（见图 4－124）

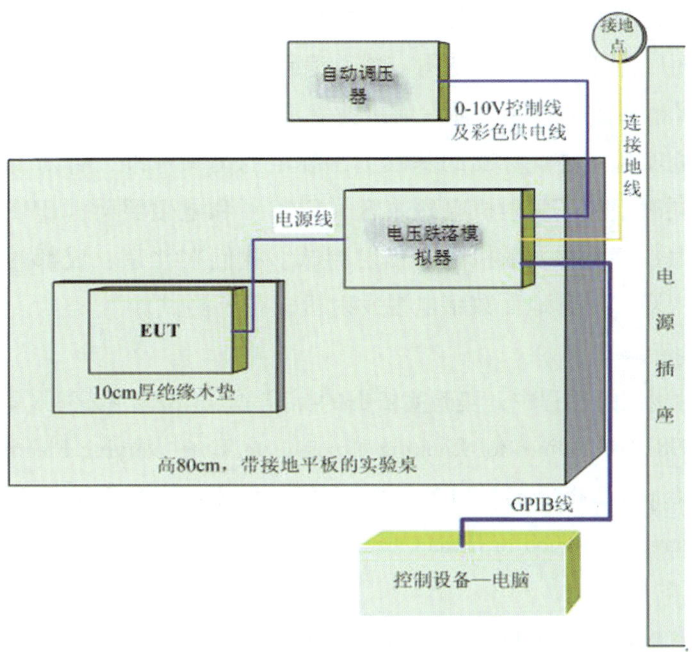

图 4－124 电压暂降和短时中断抗扰度测试连接图

◆测试布置图（见图 4－125）

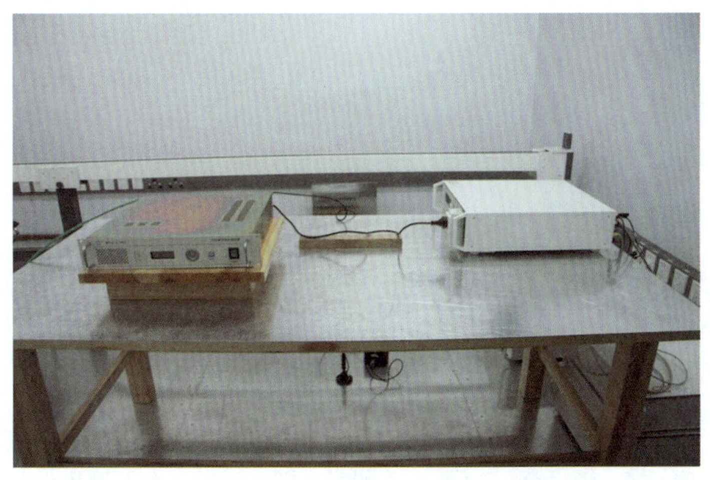

图 4－125 电压暂降和短时中断抗扰度测试布置图

4.3.2 地面数字电视发射机电磁照射（EMF）测试标准预研

4.3.2.1 研究背景

当今世界上，在为数众多的电磁波辐射源中，电视和调频广播发射系统是当前城市环境中最主要的辐射源之一，这一点已被国内外研究人员所证实。在城市中最大的、影响最广的电磁辐射源于电视、广播发射塔。这是因为为了提高接收效果和向较远的地方传送信号，需加大发射机的发射功率或者用辐射性能良好的天线，使发射体附近产生较强的电磁污染。而作为电视广播发射系统中最重要的设备之一——地面数字发射机，人们对其的电磁辐射也日益关注。

地面数字电视发射机是广播电视体系中的重要组成部分。2006 年 8 月 18 日，GB 20600-2006《数字电视地面广播传输系统帧结构、信道编码和调制》发布，2007 年 8 月 1 日起实施。GY/T 229.4-2008《地面数字电视广播发射机技术要求和测量方法》行业标准已于 2008 年 3 月颁布并实施，我们实验室在此标准的基础上，制定的国家标准，针对部分技术指标和测量方法进行了修改，同时增加了发射机电磁兼容（EMC）和电磁照射（EMF）技术要求和测量方法。为了进行地面数字电视发射机电磁辐射测试，我们在北京、成都两座城市的不同的发射机生产厂家及电视塔，对其地面数字电视发射机进行了测试。

4.3.2.2 依据标准简介

在进行电磁照射测试的过程中，实验室依据的标准是 GB 8702 - 1988《电磁辐射防护规定》、ICNIRP Guidelines 1998《Guidelines for Limiting Exposure to Time-Varying Electric, Magnetic, and Electromagnetic Fields (up to 300 GHz)》、EN 50492-2009《Basic standard for the in-situ measurement of electromagnetic field strength related to human exposure in the vicinity of base stations》。

4.3.2.3 研究结论

此次我们实验室对电视发射机房及发射机生产厂家的电视和调频发射机进行了电磁辐射测试，收集到宝贵的数据，为制定相关的国家标准打下了坚实的基础。

4.3.2.4 研究测试结果

◆试验步骤

测试流程见图 4 - 126。

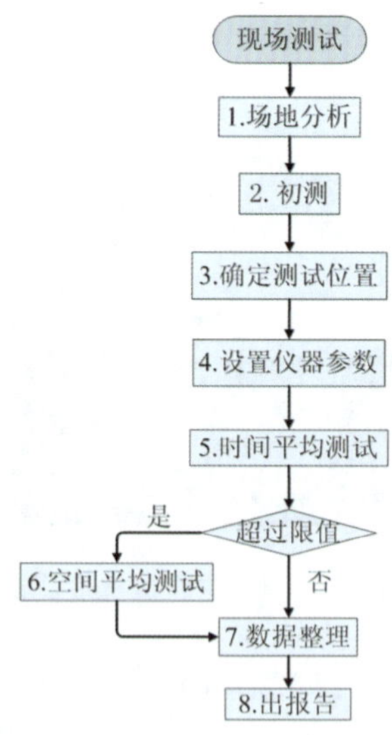

图 4 - 126 发射机 EMF 测试流程图

①结合工作人员描述，观察试验环境。

②将试验环境中所有电子设备均接通电源，并设置为正常工作状态。

③使用宽频测量仪对试验环境进行初测，确定主要辐射源的数量及位置，并据此选定测量位置。

④根据初测结果，判定空间平均及时间平均方案，并确定测量探头摆放点位。

⑤对于使用时间平均方案的测试位置，使用选频测量仪找到辐射频点，并进行选频测量；对于需要进行空间平均方案的测试位置选取 3 个高度进行测试。

⑥整理数据，与限值进行比对及分析。

◆场地分析

对测试环境进行分析，初步推测测试环境中可能存在的辐射源。使用校准过的温湿度仪进行温湿度测量并记录。

◆初测

对测量环境进行初测，确定频率范围、近场远场判断、可能的功率值。初测时使用宽频测量仪在发射机表面粗扫，粗扫时探头走 Z 字形路线。如图 4－127 和图 4－128 所示。

图 4－127　环境电磁场初测示例

图 4－128　初测方法示意图

根据初测值选择场强较大的几个点作为测试位置。主要待测发射机信息如表4-9，发射机及测试位置分布情况如图4-129至图4-136，发射机房各测试位置初测值如表4-10至表4-15：

表4-9 待测发射机信息

编号	生产厂家	测试功率（kW）	业务类型	中心频率（MHz）
A. 1	厂家A	1	地面数字电视，14频道	482
D. 1	厂家D	1	地面数字电视，22频道	546
B. 1	厂家B	3	调频	90. 0
C. 1	厂家C	3	调频	101. 8
E. 1	厂家E	1	CMMB，46频道	778
E. 2	厂家E	1	CMMB，28频道	634
E. 3	厂家E	1	地面数字电视，43频道	754
E. 4	厂家E	1	CMMB，35频道	690
F. 1	厂家F	1	地面数字电视，25频道	610
F. 2	厂家F	1	地面数字电视，44频道	762
G. 1	厂家G	1	地面数字电视，19频道	522
G. 2	厂家G	1	CMMB，35频道	690
G. 3	厂家G	0. 2	地面数字电视，20频道	530
H. 1	厂家H	1	地面数字电视，32频道	666
H. 2	厂家H	0. 2	地面数字电视，20频道	530
I. 1	厂家1	1	CMMB，13频道	474
I. 2	厂家1	1	地面数字电视，32频道	666

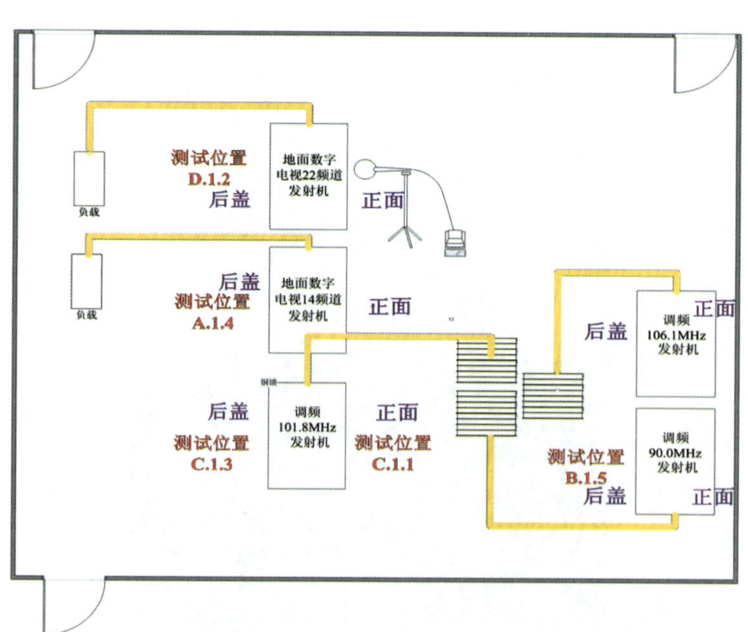

图4-129 某电视发射机房场地布置及辐射源分布示意图

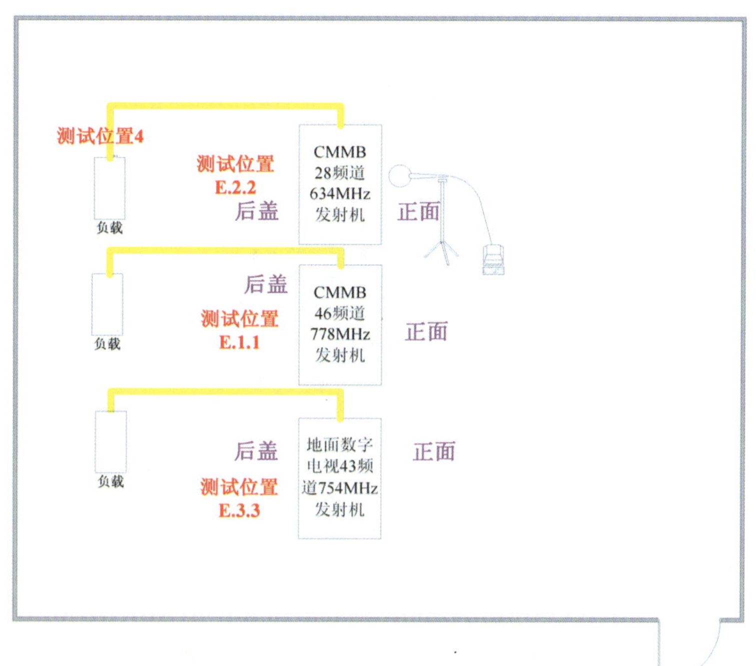

图 4－130　厂家 E 发射机房间 1 场地布置及辐射源分布示意图

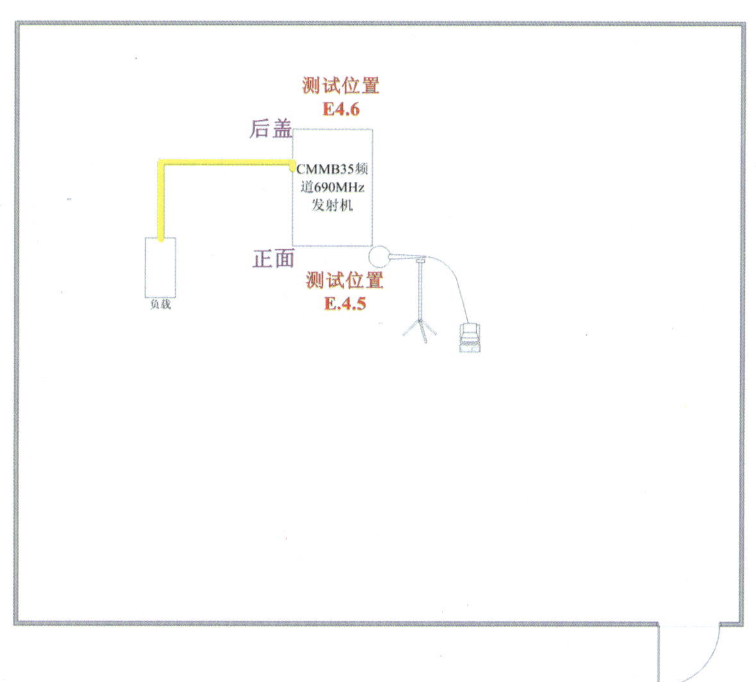

图 4－131　厂家 E 发射机房间 2 场地布置及辐射源分布示意图

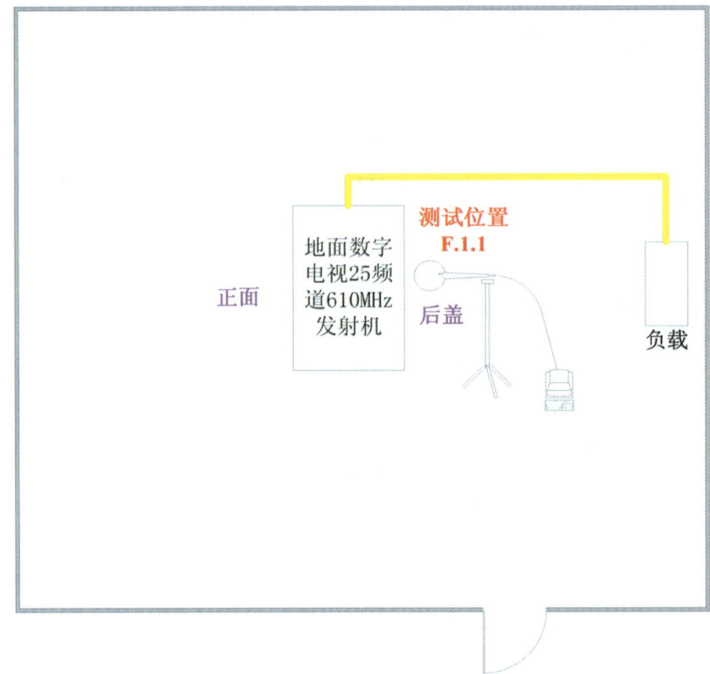

图 4-132　厂家 F 发射机房间 1 场地布置及辐射源分布示意图

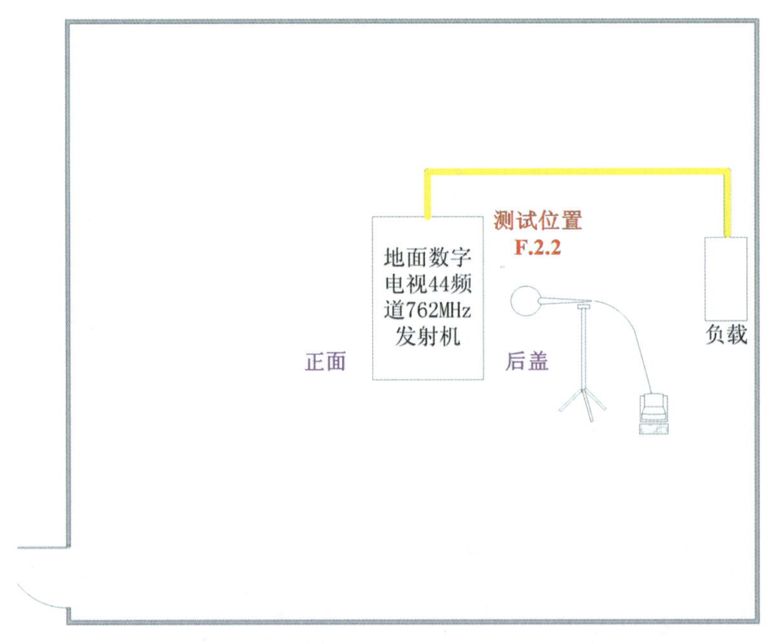

图 4-133　厂家 F 发射机房间 2 场地布置及辐射源分布示意图

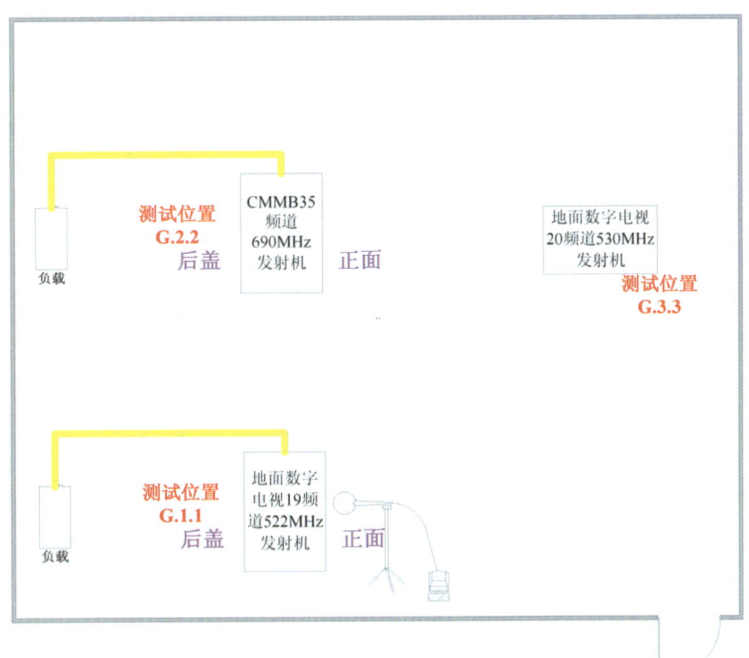

图 4－134　厂家 G 发射机房场地布置及辐射源分布示意图

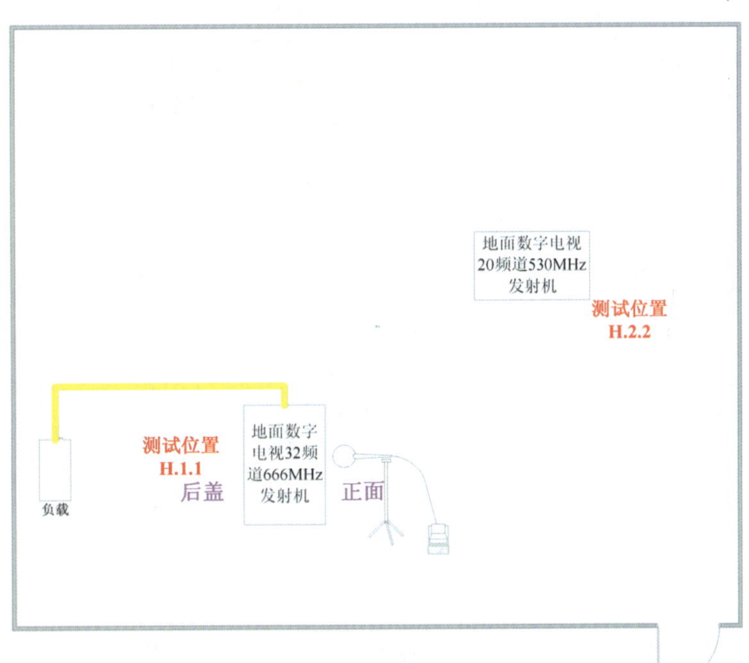

图 4－135　厂家 H 发射机房场地布置及辐射源分布示意图

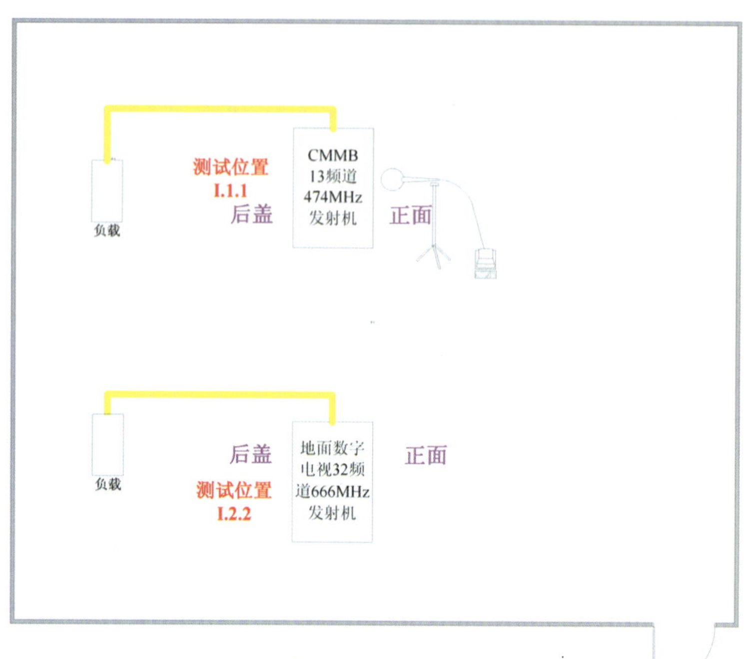

图 4－136　厂家 I 发射机房场地布置及辐射源分布示意图

表 4－10　电视发射机房各测试位置初测值

<table>
<tr><th>位置</th><th>探头高度（cm）</th><th>是否打开发射机后盖</th><th>测试功率（kW）</th><th>业务类型</th><th>探头中心与机柜表层距离（cm）</th><th>初测值（V/m）</th><th>备注</th></tr>
<tr><td>测试位置 C. 1. 1</td><td>173</td><td>－－</td><td>3</td><td>调频 101. 8MHz</td><td>10</td><td>2</td><td>－－</td></tr>
<tr><td rowspan="7">测试位置 D. 1. 2</td><td>170</td><td>否</td><td rowspan="7">1</td><td rowspan="7">地面数字电视 22 频道 546MHz</td><td>10</td><td>4</td><td>－－</td></tr>
<tr><td>110</td><td>是</td><td>10</td><td>16</td><td>－－</td></tr>
<tr><td>150</td><td>是</td><td>10</td><td>30</td><td>－－</td></tr>
<tr><td>170</td><td>是</td><td>10</td><td>60</td><td>－－</td></tr>
<tr><td>110</td><td>是</td><td>50</td><td>9</td><td>－－</td></tr>
<tr><td>150</td><td>是</td><td>50</td><td>14</td><td>－－</td></tr>
<tr><td>170</td><td>是</td><td>50</td><td>11</td><td>－－</td></tr>
<tr><td rowspan="2">测试位置 D. 1. 3</td><td>110</td><td>是</td><td rowspan="2">3</td><td rowspan="2">调频 101. 8MHz</td><td>10</td><td>14</td><td>－－</td></tr>
<tr><td>110</td><td>是</td><td>50</td><td>3</td><td>－－</td></tr>
<tr><td rowspan="2">测试位置 A. 1. 4</td><td>147</td><td>是</td><td rowspan="2">1</td><td rowspan="2">地面数字电视 14 频道 482MHz</td><td>13</td><td>9</td><td>－－</td></tr>
<tr><td>147</td><td>是</td><td>47</td><td>1. 3</td><td>－－</td></tr>
<tr><td rowspan="2">测试位置 B. 1. 5</td><td>132</td><td>是</td><td rowspan="2">3</td><td rowspan="2">调频 90. 0MHz</td><td>9</td><td>12</td><td>－－</td></tr>
<tr><td>132</td><td>是</td><td>50</td><td>1. 6</td><td>－－</td></tr>
</table>

表 4－11　厂家 E 发射机房各测试位置初测值

<table>
<tr><th>位置</th><th>探头高度（cm）</th><th>是否打开发射机后盖</th><th>测试功率（kW）</th><th>业务类型</th><th>探头中心与机柜表层距离（cm）</th><th>初测值（V/m）</th><th>备注</th></tr>
<tr><td rowspan="2">测试位置 E. 1. 1</td><td>83</td><td>否</td><td rowspan="2">1</td><td rowspan="2">CMMB46 频道 778MHz</td><td>6</td><td>3. 7</td><td>－－</td></tr>
<tr><td>115</td><td>是</td><td>6</td><td>10</td><td>－－</td></tr>
<tr><td rowspan="2">测试位置 E. 2. 2</td><td>83</td><td>否</td><td rowspan="2">1</td><td rowspan="2">CMMB28 频道 634MHz</td><td>6</td><td>6. 7</td><td>－－</td></tr>
<tr><td>107</td><td>是</td><td>6</td><td>20</td><td>－－</td></tr>
<tr><td rowspan="2">测试位置 E. 3. 3</td><td>77</td><td>否</td><td rowspan="2">1</td><td rowspan="2">地面数字电视 43 频道 754MHz</td><td>6</td><td>3. 8</td><td>－－</td></tr>
<tr><td>170</td><td>是</td><td>6</td><td>43</td><td>－－</td></tr>
<tr><td>测试位置 4</td><td>100</td><td>－－</td><td>－－</td><td>－－</td><td>－－</td><td>18</td><td>－－</td></tr>
<tr><td rowspan="2">测试位置 E. 4. 5</td><td rowspan="2">135</td><td rowspan="2">－－</td><td rowspan="2">1</td><td rowspan="2">CMMB35 频道 690MHz</td><td>6</td><td rowspan="2">2. 3</td><td rowspan="2">－－</td></tr>
<tr><td>6</td></tr>
<tr><td rowspan="2">测试位置 E. 4. 6</td><td rowspan="2">167</td><td rowspan="2">－－</td><td rowspan="2">1</td><td rowspan="2">CMMB35 频道 690MHz</td><td>6</td><td rowspan="2">5</td><td rowspan="2">－－</td></tr>
<tr><td>6</td></tr>
</table>

表 4－12　厂家 F 发射机房各测试位置初测值

<table>
<tr><th>位置</th><th>探头高度（cm）</th><th>是否打开发射机后盖</th><th>测试功率（kW）</th><th>业务类型</th><th>探头中心与机柜表层距离（cm）</th><th>初测值（V/m）</th><th>备注</th></tr>
<tr><td rowspan="7">测试位置 F. 1. 1</td><td rowspan="7">171</td><td>否</td><td>1</td><td rowspan="7">地面数字电视 25 频道 610MHz</td><td>6</td><td>6. 4</td><td>－－</td></tr>
<tr><td rowspan="6">是</td><td rowspan="3">1</td><td>6</td><td>26. 7</td><td>－－</td></tr>
<tr><td>10</td><td>6. 9</td><td>－－</td></tr>
<tr><td>50</td><td>2. 4</td><td>－－</td></tr>
<tr><td rowspan="3">0. 35</td><td>5</td><td>8. 1</td><td>－－</td></tr>
<tr><td>10</td><td>3. 1</td><td>－－</td></tr>
<tr><td>50</td><td>1. 3</td><td>－－</td></tr>
<tr><td>测试位置 F. 2. 2</td><td>136</td><td>是</td><td>1</td><td>地面数字电视 44 频道 762MHz</td><td>6</td><td>1. 75</td><td>－－</td></tr>
</table>

表 4－13　厂家 G 发射机房各测试位置初测值

位置	探头高度(cm)	是否打开发射机后盖	测试功率(kW)	业务类型	探头中心与机柜表层距离（cm)	初测值(V/m)	备注
测试位置G. 1. 1	164	否	1	地面数字电视 19 频道 522MHz	6	0. 80	－－
	135	是	1		6	2. 67	－－
测试位置G. 2. 2	174	否	1	CMMB35 频道 690MHz	6	6. 08	－－
	145	是	1		6	55. 70	－－
测试位置G. 3. 3	140	否	0. 2	地面数字电视 20 频道 530MHz	6	0. 98	－－
	129	是	0. 2		6	1. 75	－－

表 4－14　厂家 H 发射机房各测试位置初测值

位置	探头高度(cm)	是否打开发射机后盖	测试功率(kW)	业务类型	探头中心与机柜表层距离（cm)	初测值(V/m)	备注
测试位置H. 1. 1	164	否	1	地面数字电视 32 频道 666MHz	6	1. 57	－－
	139	是	1		6	12. 31	－－
测试位置H. 2. 2	104	－－	0. 2	地面数字电视 20 频道 530MHz	6	2. 98	－－

表 4－15　厂家 I 发射机房各测试位置初测值

位置	探头高度(cm)	是否打开发射机后盖	测试功率(kW)	业务类型	探头中心与机柜表层距离（cm)	初测值(V/m)	备注
测试位置I. 1. 1	48	否	1	CMMB13 频道 474MHz	6	3. 31	－－
	185	是	1		6	4. 2	－－
测试位置I. 2. 2	103	否	1	地面数字电视 32 频道 666MHz	6	5. 16	－－
	90	否	1		6	9. 13	更换机盖后
	86	否	1		6	0. 79	更换机盖和负载后
	142	是	1		6	2. 57	更换机盖和负载后

◆测试位置

测量位置是指在试验环境中选取进行电磁照射测试的具体位置，测量人员依据以下两种方式确定测量位置：

①将测试环境中的工作人员经常停留的位置定为测量位置；

②通过初测找出试验环境中的主要辐射源，并据此寻找电场强度较大的位置，确定为该环境的测量位置。

在测量中，测量人员使用宽频测量设备对试验环境进行初测，一般发现均为发射机背面后盖附近辐射值较大，故选定发射机后盖周围初测电场值较大处为进一步选频测试位置。在关闭后盖与打开后盖的两种情况下，分别进行两次初测，并按照初测最大值的位置进行两次选频测试。在五种环境中分别进行了发射机后盖打开与否的对比测试；在厂家 E 和厂家 F 测试时还进行了 6 分钟时间平均和 1 分钟时间平均的对比测试；在某电视塔和厂家 F 测试时进行了不同距离的对比测试。测试时探头摆放方式如图 4 – 137 所示。

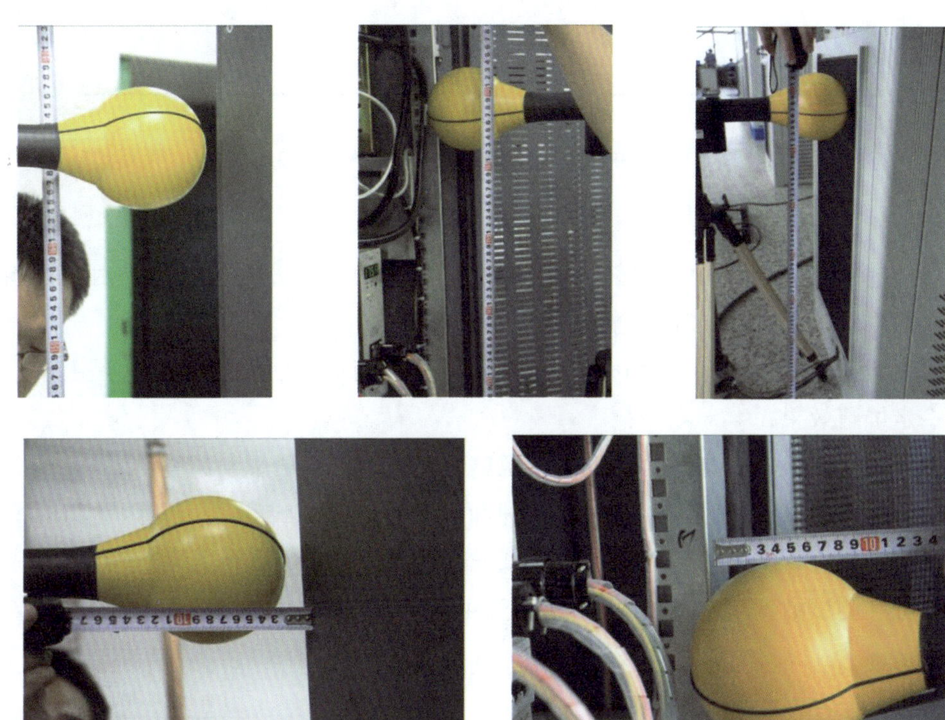

图 4 – 137　探头摆放方式

◆时间平均

使用选频测量设备对测量点位进行 6 分钟时间平均测量，记录数据并对比参考限值，若此测量值远低于 GB 8702 – 88 所规定的参考限值，则可直接判定该位置符合标准要求；若此测量值接近或超过参考限值，则需对该位置进行空间平均测试。此次测试中均使用时间平均测试。为了对比测试时间不同是否会对测试结果产生影响，进行了 1 分钟时间平均和 6 分钟时间平均的对比测试。

◆空间平均

对于选频测量中电场强度或磁场强度仍然超过该频点参考限值的测量位置，需要使用空间平均的测量方法，以进一步精确判定该测量位置针对全身平均的电磁照射情况。空间平均的测试点位选取可参照 EN 50492–2009 中 9. 2. 2 规定的三点法或六点法，如图 4 – 138。每一点位先做选频测量的时间平均，然后所有点位（3 点或 6 点）再取平均值，作为该位置的最终测量值。在电视发射机房中，由于存在初测值很大的情况，所以在该环境中进行了空间平均测试。

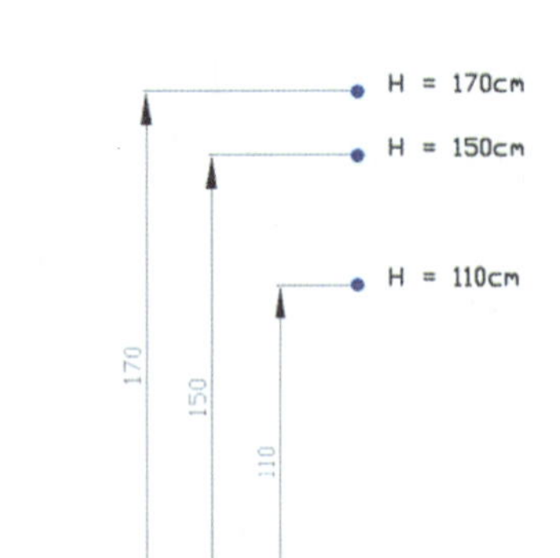

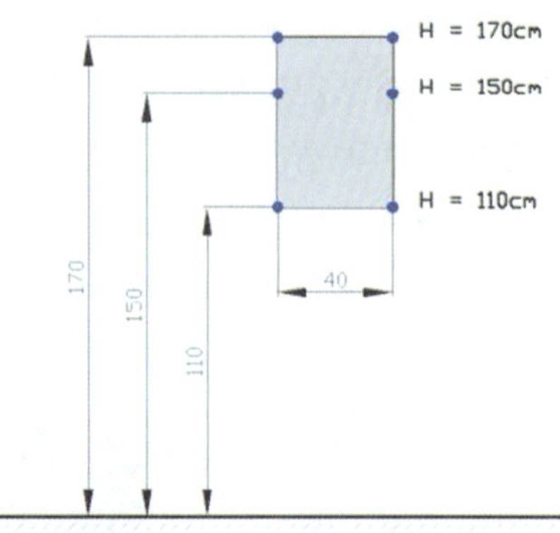

图 4－138　空间平均法：3 点法或 6 点法

◆数据分析

①发射机周围电磁辐射最强处普遍集中在发射机背面，经分析，可能是由于机箱背面可插拔型预放的屏蔽未经良好处理，电磁辐射泄露较多的缘故；

②将发射机背面机箱盖打开后电磁辐射较未打开机箱盖有明显增强，这是由于发射机机箱盖具有一定屏蔽效果；

③在发射机背面机箱盖打开的情况下，距离发射机越近电磁辐射越强；

④在时间平均测试中，测试时间为 1 分钟和 6 分钟的测试结果相近，因此将时间平均测试中测试时间设置为 1 分钟，并不会影响测试准确性。

测试数据和测试数据对比见图 4－139 至图 4－144。

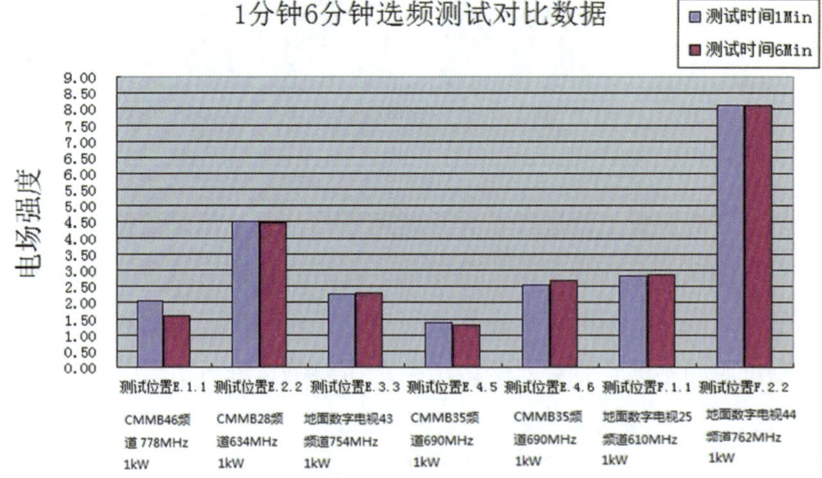

图 4－139　1 分钟 6 分钟选频测试对比数据

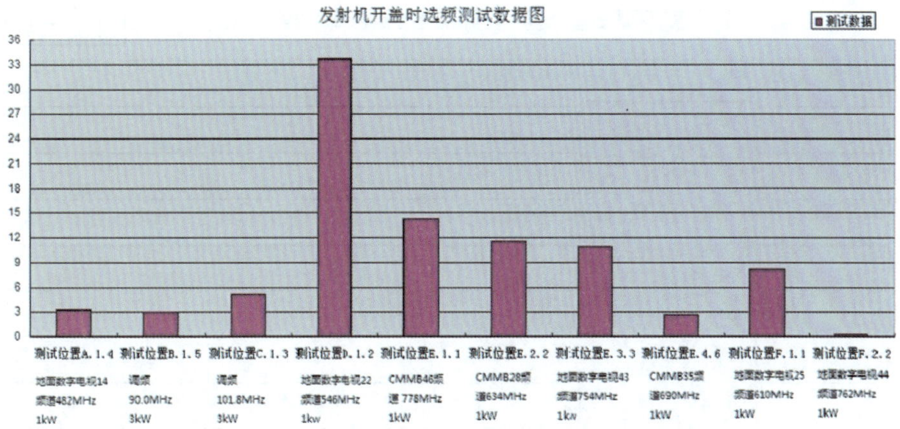

图 4－140　不同厂家发射机后盖打开时测试数据图

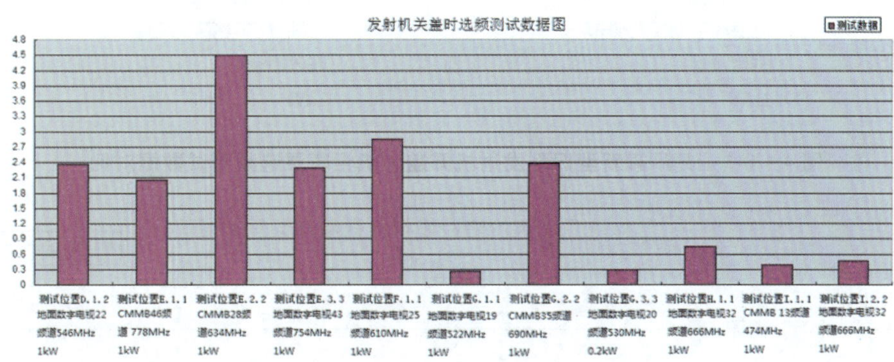

图 4－141　不同厂家发射机后盖关闭时测试数据图

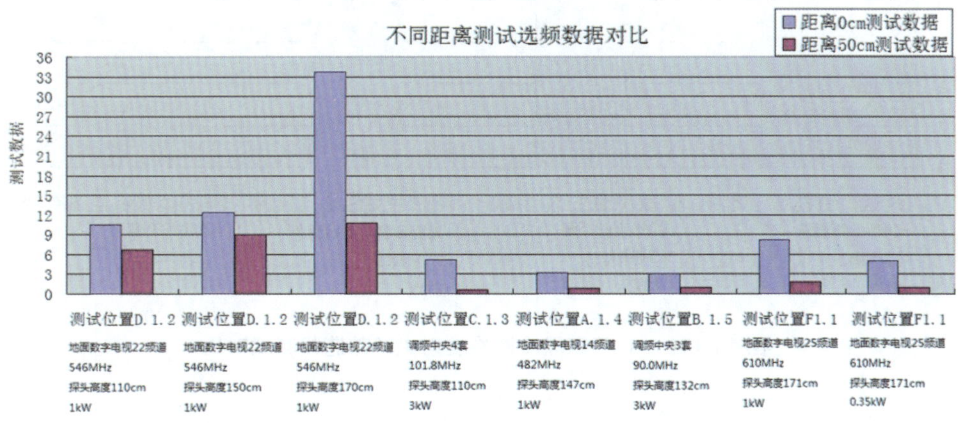

图 4－142　探头与被测发射机表面不同距离测试数据对比

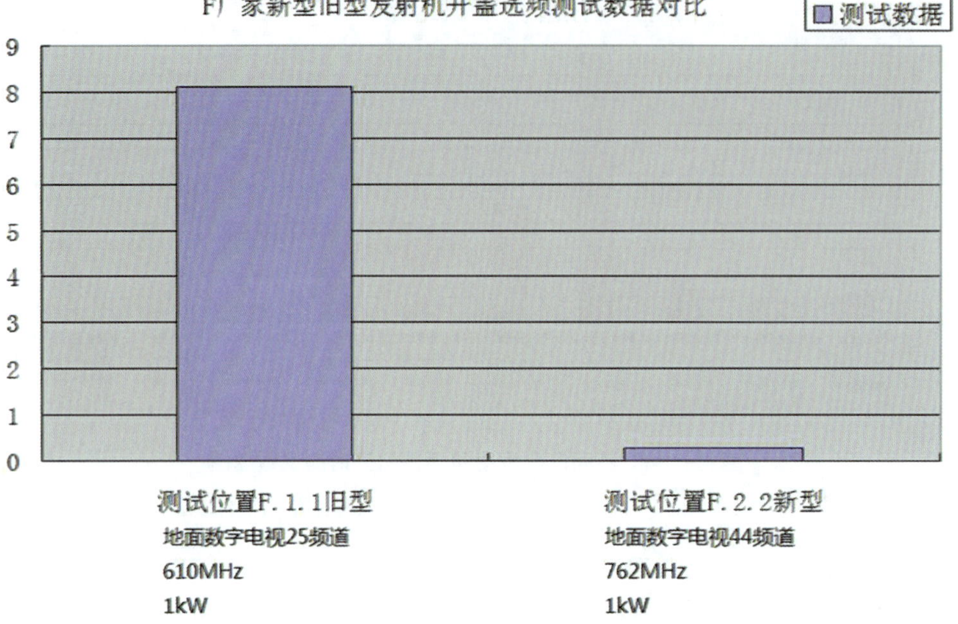

图 4－143　F 厂家新型旧型发射机开盖、机柜表层选频测试数据对比

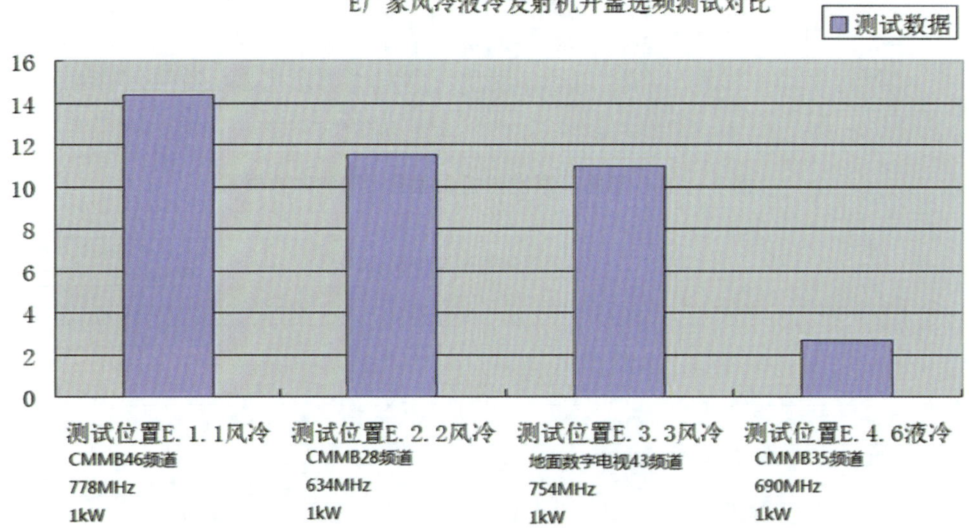

图 4－144　E 厂家风冷液冷发射机开盖选频测试对比

◆试验测试数据

试验测试数据见表 4－16 至表 4－21 和图 4－145 至图 4－197。

表 4－16　某电视塔发射机房选频测试时间平均测试数据

<table>
<tr><th>位置</th><th>探头高度（cm）</th><th>是否打开发射机后盖</th><th>测试功率（kW）</th><th>业务类型</th><th>测试时间（Min）</th><th>探头中心与机柜表层距离（cm）</th><th>电场强度 Int Value（时间平均）（V/m）</th><th>备注（空间平均）（V/m）</th></tr>
<tr><td>测试位置 C. 1. 1</td><td>173</td><td>－－</td><td>3</td><td>调频 101. 8MHz</td><td>6</td><td>10</td><td>0. 589</td><td>－－</td></tr>
<tr><td rowspan="8">测试位置 D. 1. 2</td><td>170</td><td>否</td><td rowspan="8">1</td><td rowspan="8">地面数字电视 22 频道 546MHz</td><td>6</td><td>10</td><td>2. 375</td><td>－－</td></tr>
<tr><td>110</td><td>是</td><td>6</td><td>10</td><td>10. 55</td><td rowspan="3">－21. 60</td></tr>
<tr><td>150</td><td>是</td><td>6</td><td>10</td><td>12. 37</td></tr>
<tr><td>170</td><td>是</td><td>6</td><td>10</td><td>33. 69</td></tr>
<tr><td>110</td><td>是</td><td>6</td><td>50</td><td>6. 753</td><td rowspan="3">9. 03</td></tr>
<tr><td>150</td><td>是</td><td>6</td><td>50</td><td>9. 086</td></tr>
<tr><td>170</td><td>是</td><td>6</td><td>50</td><td>10. 79</td></tr>
<tr><td></td><td></td><td></td><td></td><td></td><td></td></tr>
<tr><td rowspan="2">测试位置 C. 1. 3</td><td>110</td><td>是</td><td rowspan="2">3</td><td rowspan="2">调频 101. 8MHz</td><td>6</td><td>10</td><td>5. 143</td><td>－－</td></tr>
<tr><td>110</td><td>是</td><td>6</td><td>50</td><td>0. 629</td><td>－－</td></tr>
<tr><td rowspan="2">测试位置 A. 1. 4</td><td>147</td><td>是</td><td rowspan="2">1</td><td rowspan="2">地面数字电视 14 频道 482MHz</td><td>6</td><td>13</td><td>3. 206</td><td>－－</td></tr>
<tr><td>147</td><td>是</td><td>6</td><td>47</td><td>0. 824</td><td>－－</td></tr>
<tr><td rowspan="2">测试位置 B. 1. 5</td><td>132</td><td>是</td><td rowspan="2">3</td><td rowspan="2">调频 90. 0MHz</td><td>6</td><td>9</td><td>3. 007</td><td>－－</td></tr>
<tr><td>132</td><td>是</td><td>6</td><td>50</td><td>1. 015</td><td>－－</td></tr>
</table>

表 4－17　厂家 E 发射机房选频测试时间平均测试数据

位置	探头高度（cm）	是否打开发射机后盖	测试功率（kW）	业务类型	测试时间（Min）	探头中心与机柜表层距离（cm）	电场强度 Int Value（时间平均）（V/m）	备注（空间平均）（V/m）
测试位置 E. 1. 1	83	否	1	CMMB46 频道 778MHz	1	6	2. 055	－－
					6	6	1. 584	－－
	115	是			1	6	14. 36	－－
测试位置 E. 2. 2	83	否	1	CMMB28 频道 634MHz	1	6	4. 51	－－
					6	6	4. 466	－－
	107	是			1	6	11. 49	－－
测试位置 E. 3. 3	77	否	3	地面数字电视 43 频道 754MHz	1	6	2. 267	－－
					6	6	2. 296	－－
	170	是			1	6	10. 95	－－
测试位置 4	100	－－	－－	－－	－－	－－	12. 4	－－
测试位置 E. 3. 5	135	－－	1	CMMB35 频道 690MHz	1	6	1. 387	－－
					6	6	1. 316	－－
测试位置 E. 3. 6	167	－－	1	CMMB35 频道 690MHz	1	6	2. 525	－－
					6	6	2. 672	－－

表 4－18　厂家 F 发射机房选频测试时间平均测试数据

位置	探头高度（cm）	是否打开发射机后盖	测试功率（kW）	业务类型	测试时间（Min）	探头中心与机柜表层距离（cm）	电场强度 Int Value（时间平均）（V/m）	备注（空间平均）（V/m）
测试位置 F. 1. 1	171	否	1	地面数字电视 25 频道 610MHz	6	6	2. 847	－－
					1	6	2. 820	－－
		是	1		6	6	8. 117	－－
					1	6	8. 109	－－
					1	10	3. 168	－－
					1	50	1. 799	－－
			0. 35		1	6	5. 040	－－
					1	10	2. 099	－－
					1	50	1. 033	－－
测试位置 F. 1. 2	136	是	1	地面数字电视 44 频道 762MHz	1	6	0. 289	－－

表 4－19　厂家 G 发射机房选频测试时间平均测试数据

位置	探头高度（cm）	是否打开发射机后盖	测试功率（kW）	业务类型	测试时间（Min）	探头中心与机柜表层距离（cm）	电场强度 Int Value（时间平均）（V/m）	备注（空间平均）（V/m）
测试位置 G. 1. 1	164	否	1	地面数字电视 19 频道 522MHz	1	6	0. 258	－－
	135	是	1		1	6	1. 922	－－
测试位置 G. 2. 2	174	否	1	CMMB35 频道 690MHz	1	6	2. 392	－－
	145	是	1		1	6	21. 32	－－
测试位置 G. 3. 3	140	否	0. 2	地面数字电视 20 频道 530MHz	1	6	0. 293	－－
	129	是	0. 2		1	6	1. 066	－－

表 4－20　厂家 H 发射机房选频测试时间平均测试数据

位置	探头高度（cm）	是否打开发射机后盖	测试功率（kW）	业务类型	测试时间（Min）	探头中心与机柜表层距离（cm）	电场强度 Int Value（时间平均）（V/m）	备注（空间平均）（V/m）
测试位置 H. 1. 1	164	否	1	地面数字电视 32 频道 666MHz	1	6	0. 747	－－
	139	是	1		1	6	4. 712	－－
测试位置 H. 2. 2	104	－－	0. 2	地面数字电视 20 频道 530MHz	1	6	0. 753	－－

表 4－21　厂家 I 发射机房选频测试时间平均测试数据

位置	探头高度（cm）	是否打开发射机后盖	测试功率（kW）	业务类型	测试时间（Min）	探头中心与机柜表层距离（cm）	电场强度 Int Value（时间平均）（V/m）	备注（空间平均）（V/m）
测试位置 I. 1. 1	48	否	1	CMMB13 频道 474MHz	1	6	0. 387	－－
	185	是	1		1	6	2. 304	－－
测试位置 I. 2. 2	103	否	1	地面数字电视 32 频道 666MHz	1	6	4. 274	－－
	90	否	1		1	6	4. 818	更换机盖
	86	否	1		1	6	0. 465	更换机盖和负载后
	142	是	1		1	6	1. 619	更换机盖和负载后

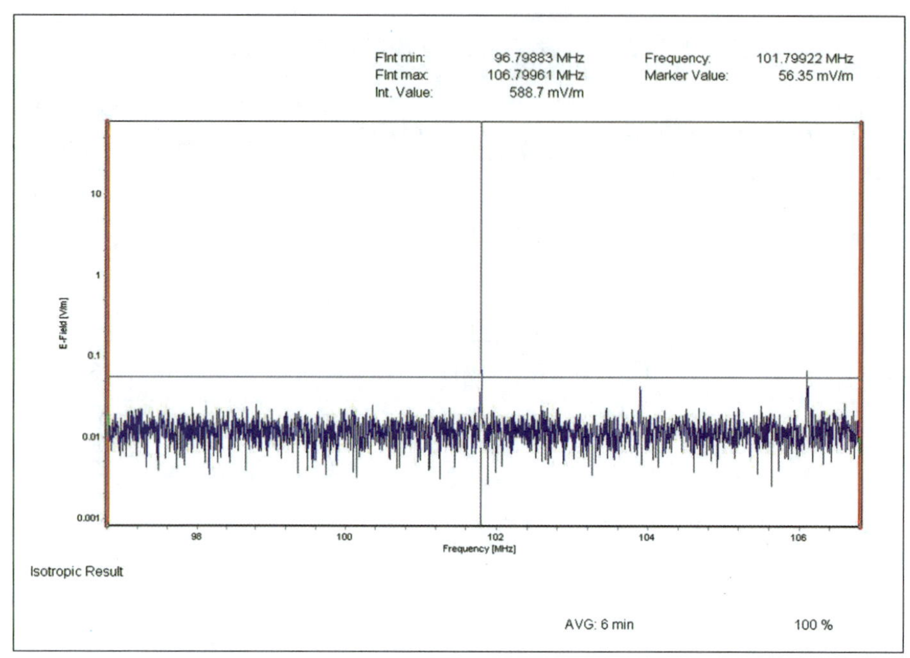

图 4 - 145　测试位置 C. 1. 1，3kW 高度 173cm 距离 10cm 处 6 分钟平均测试数据图

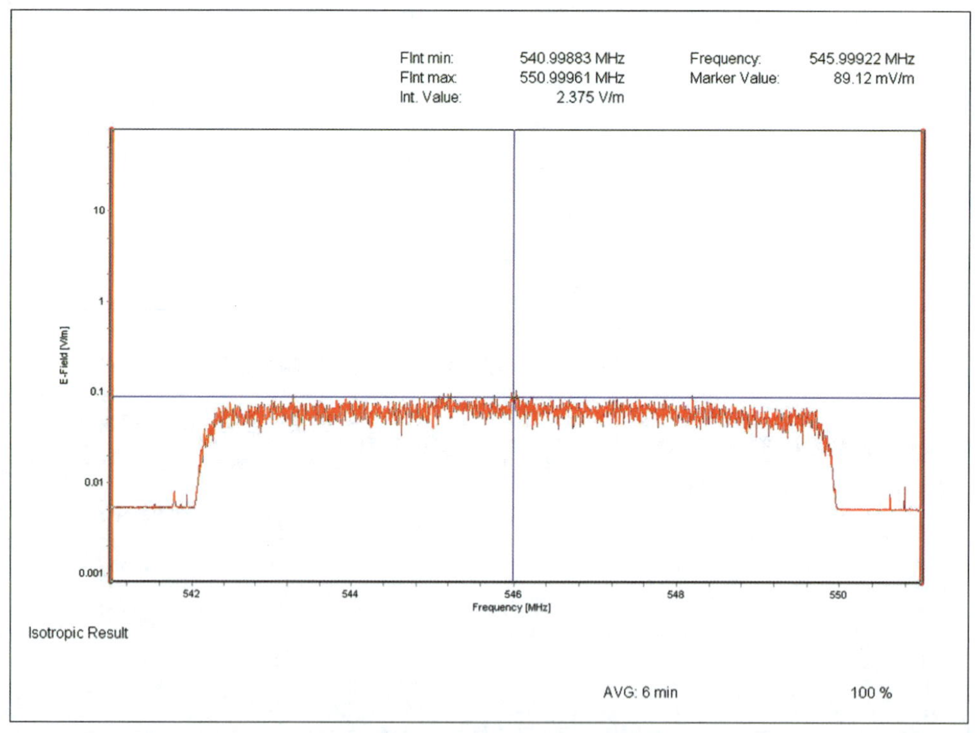

图4 - 146　测试位置 D. 1. 2，未开盖，1kW 高度 170cm 距离 10cm 处 6 分钟平均测试数据图

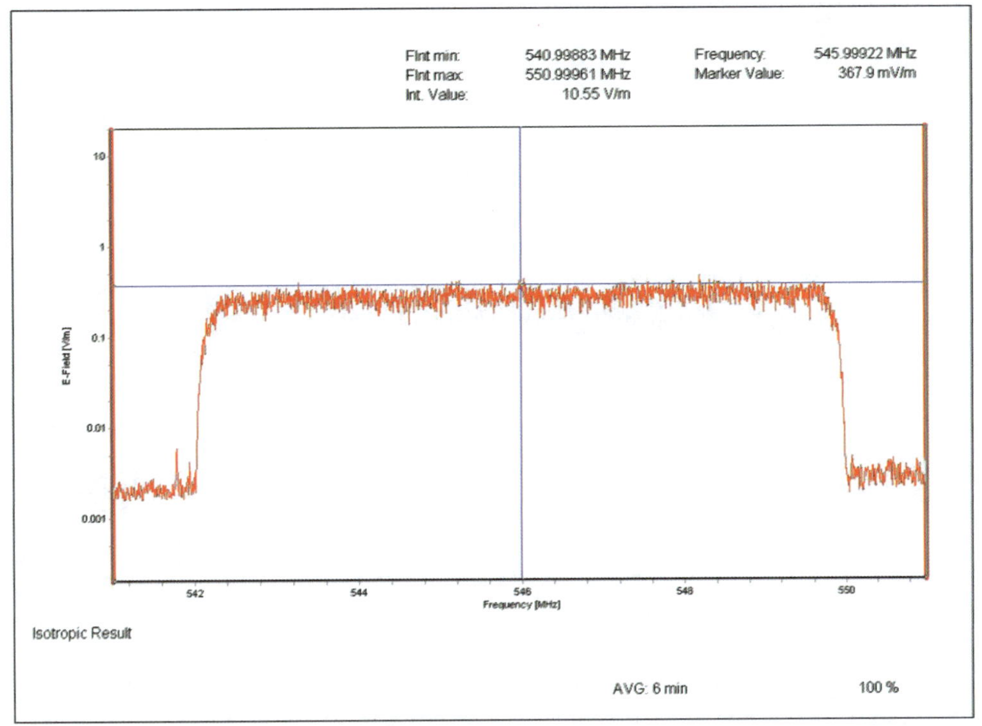

图 4 - 147　测试位置 D. 1. 2，开盖，1kW 高度 110cm 距离 10cm 处 6 分钟平均测试数据图

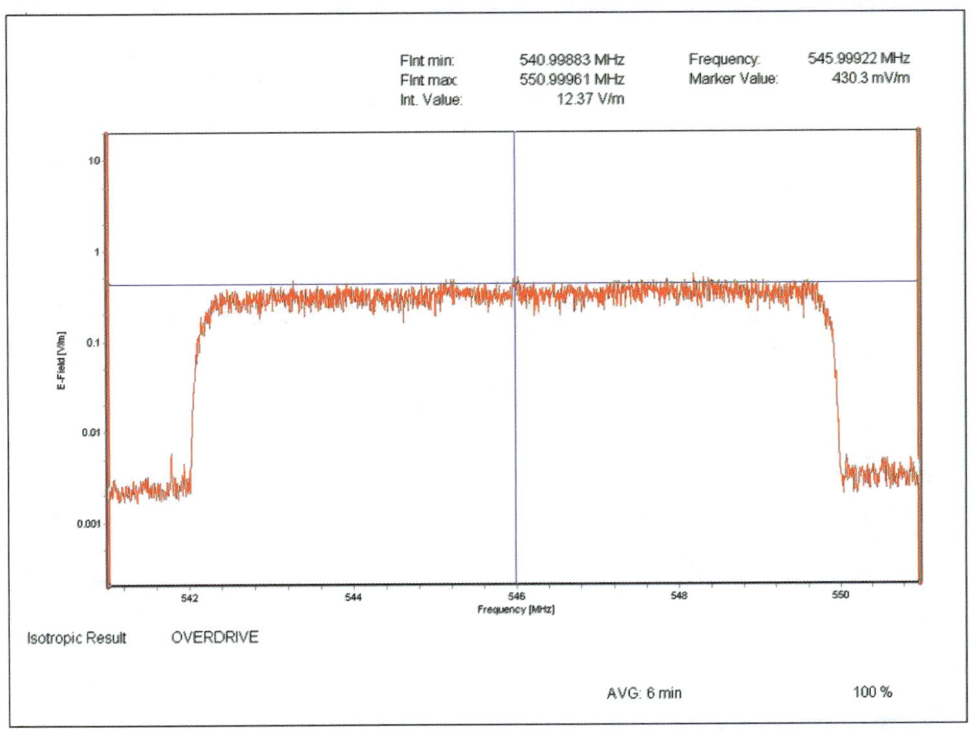

图 4 - 148　测试位置 D. 1. 2，开盖，1kW 高度 150cm 距离 10cm 处 6 分钟平均测试数据图

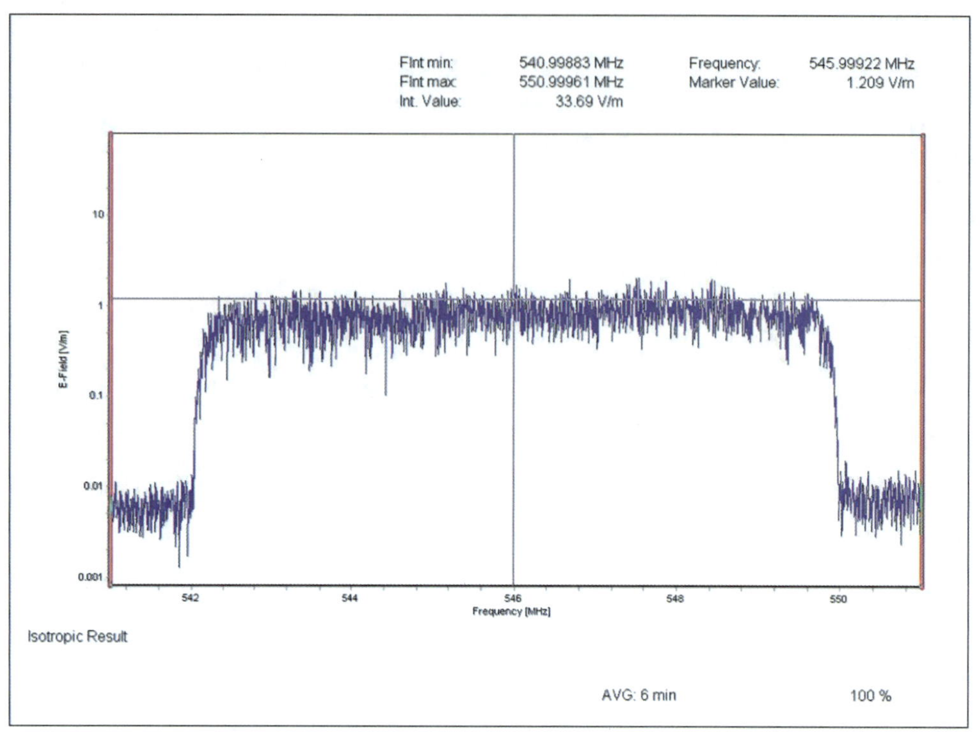

图 4 - 149　测试位置 D. 1. 2，开盖，1kW 高度 170cm 距离 10cm 处 6 分钟平均测试数据图

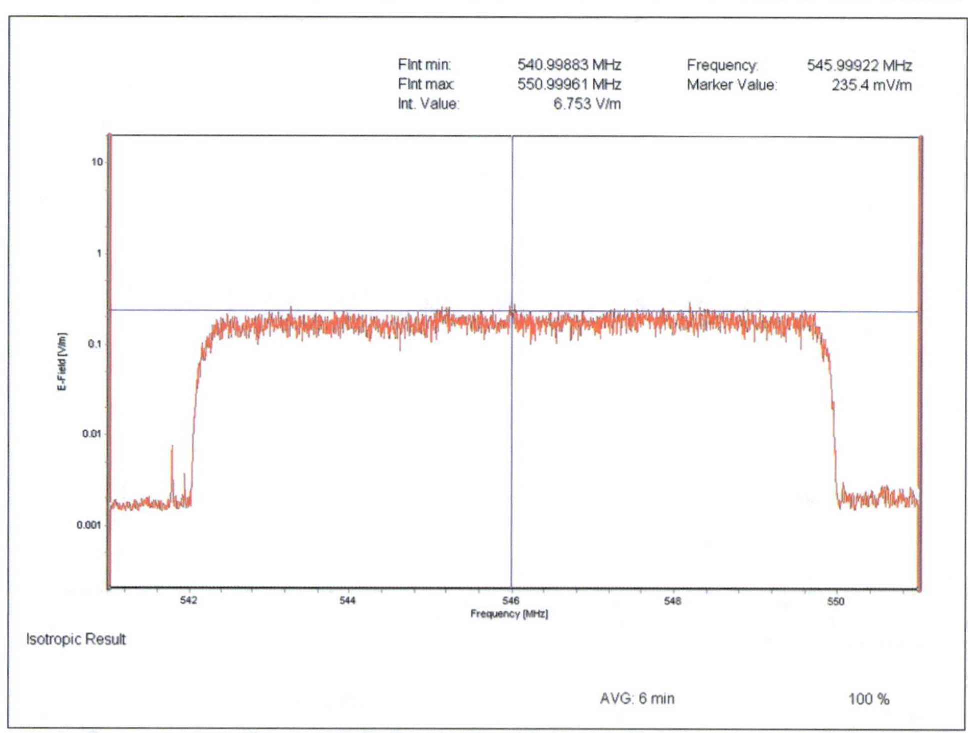

图 4 - 150　测试位置 D. 1. 2，开盖，1kW 高度 110cm 距离 50cm 处 6 分钟平均测试数据图

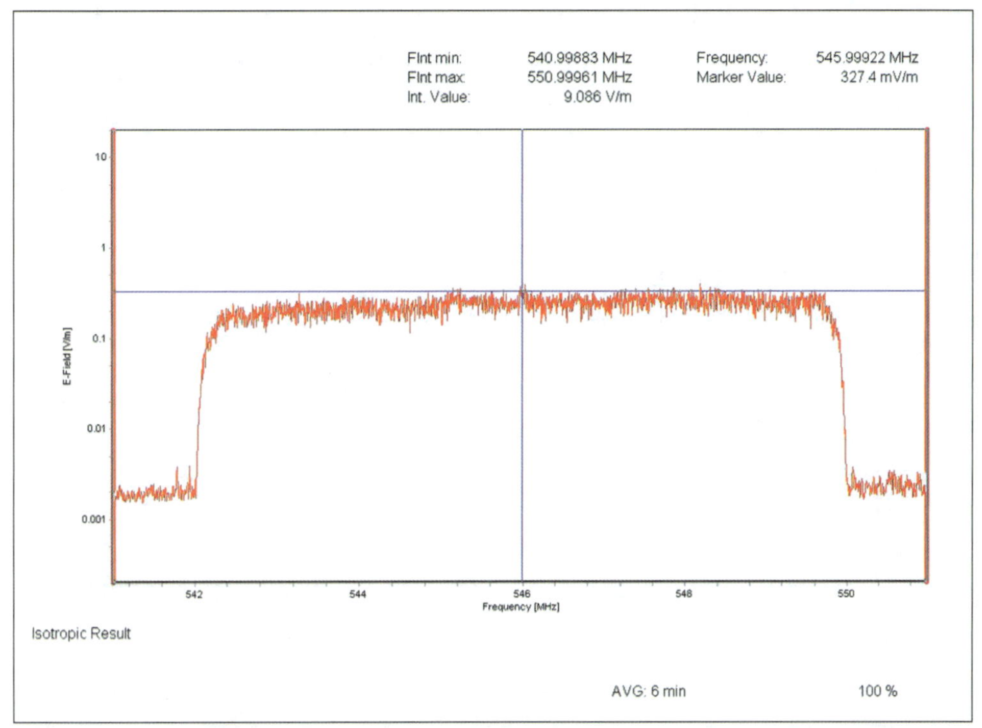

图 4－151　测试位置 D. 1. 2，开盖，1kW 高度 150cm 距离 50cm 处 6 分钟平均测试数据图

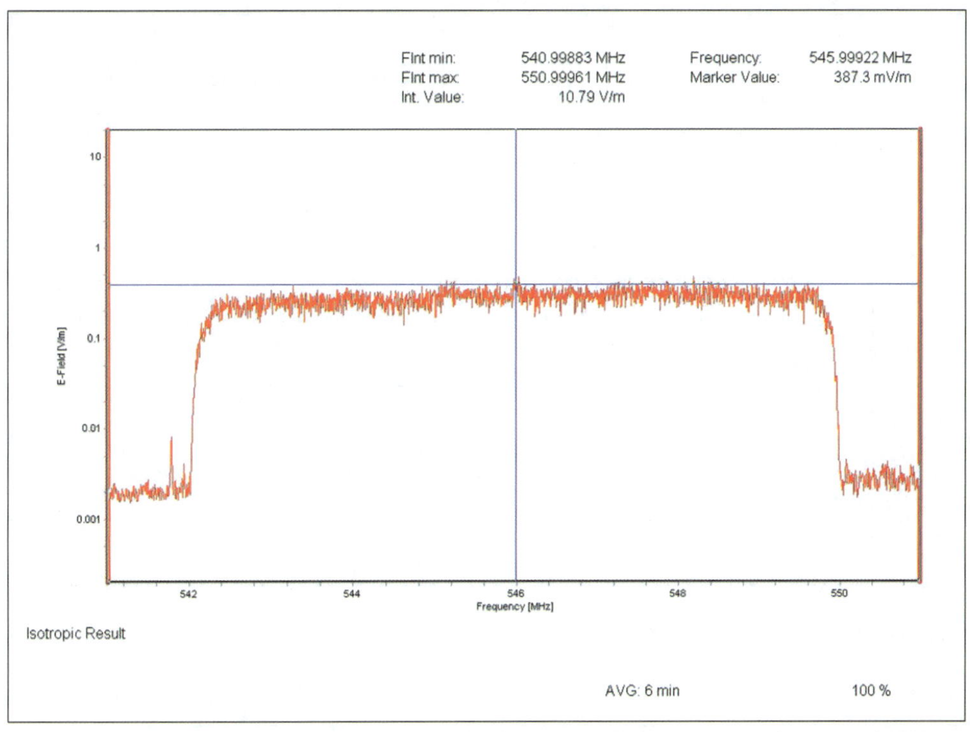

图 4－152　测试位置 D. 1. 2，开盖，1kW 高度 170cm 距离 50cm 处 6 分钟平均测试数据图

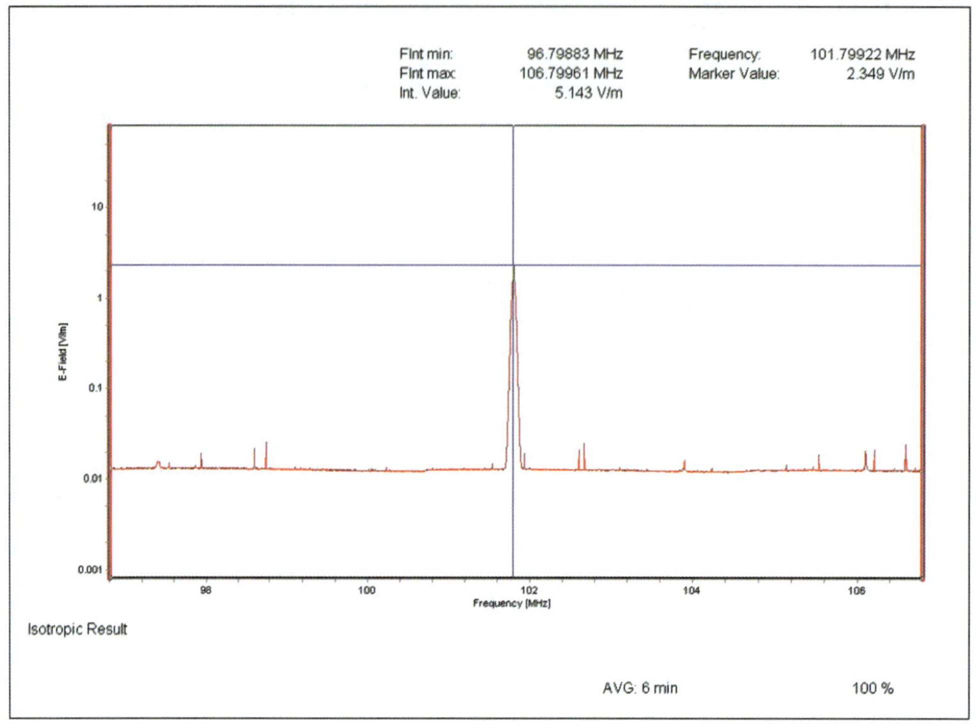

图 4－153　测试位置 C. 1. 3，开盖，3kW 高度 110cm 距离 10cm 处 6 分钟平均测试数据图

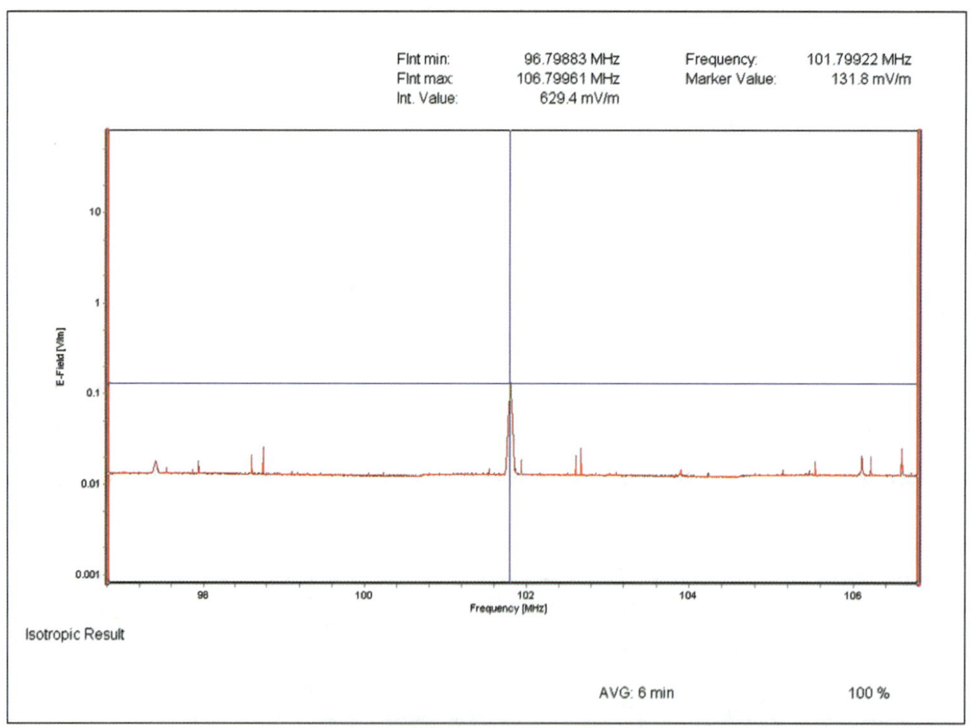

图 4－154　测试位置 C. 1. 3，开盖，3kW 高度 110cm 距离 50cm 处 6 分钟平均测试数据图

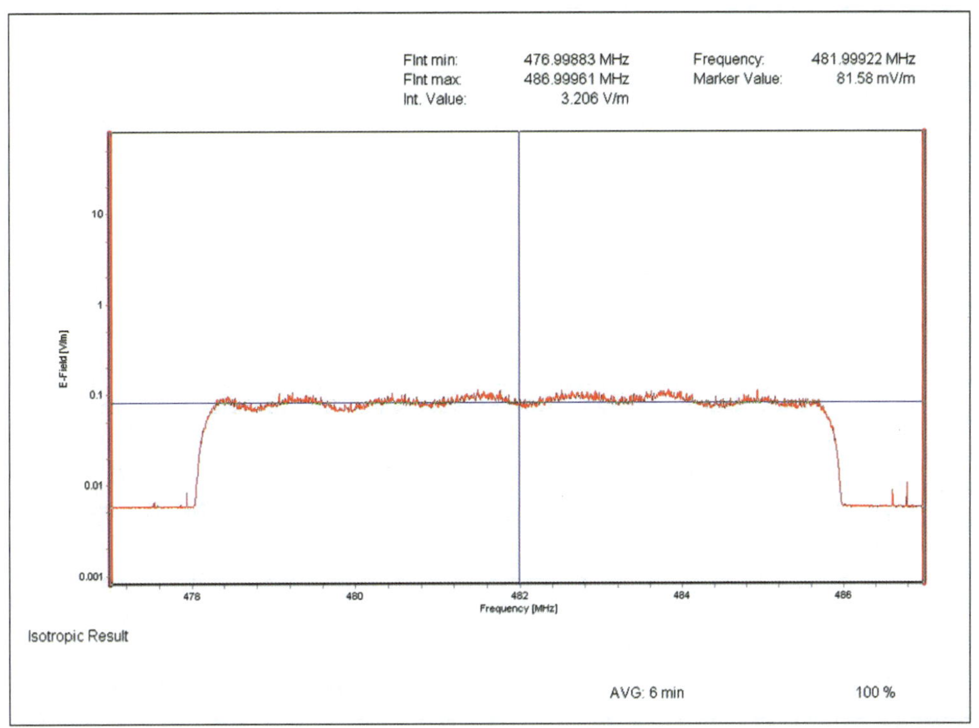

图 4－155　测试位置 A. 1. 4，开盖，1kW 高度 147cm 距离 13cm 处 6 分钟平均测试数据图

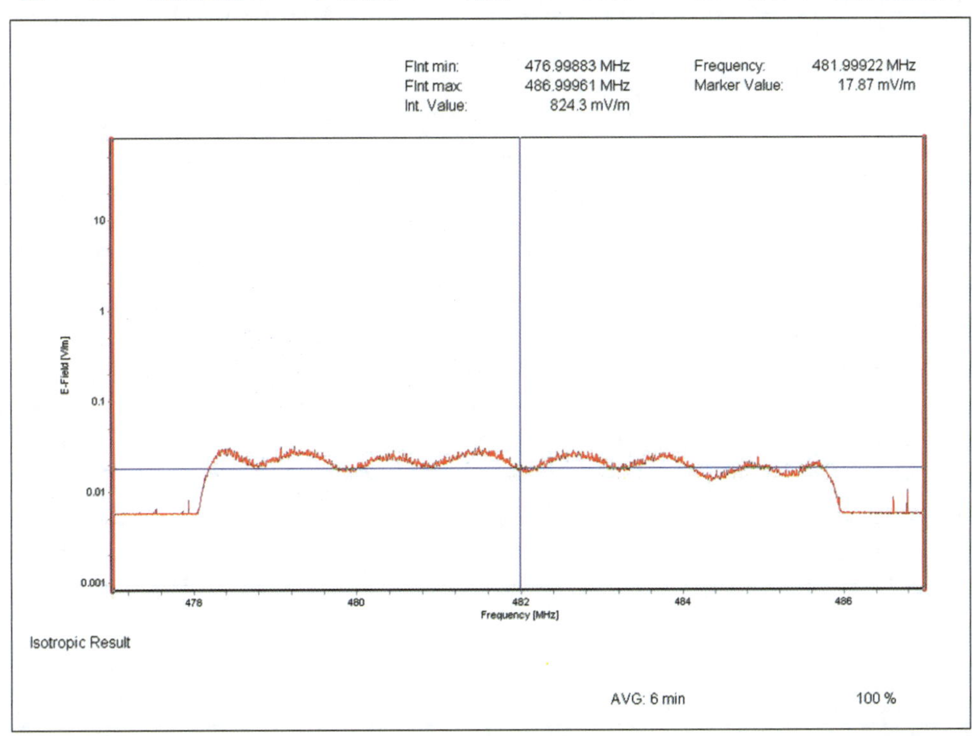

图 4－156　测试位置 A. 1. 4，开盖，1kW 高度 147cm 距离 47cm 处 6 分钟平均测试数据图

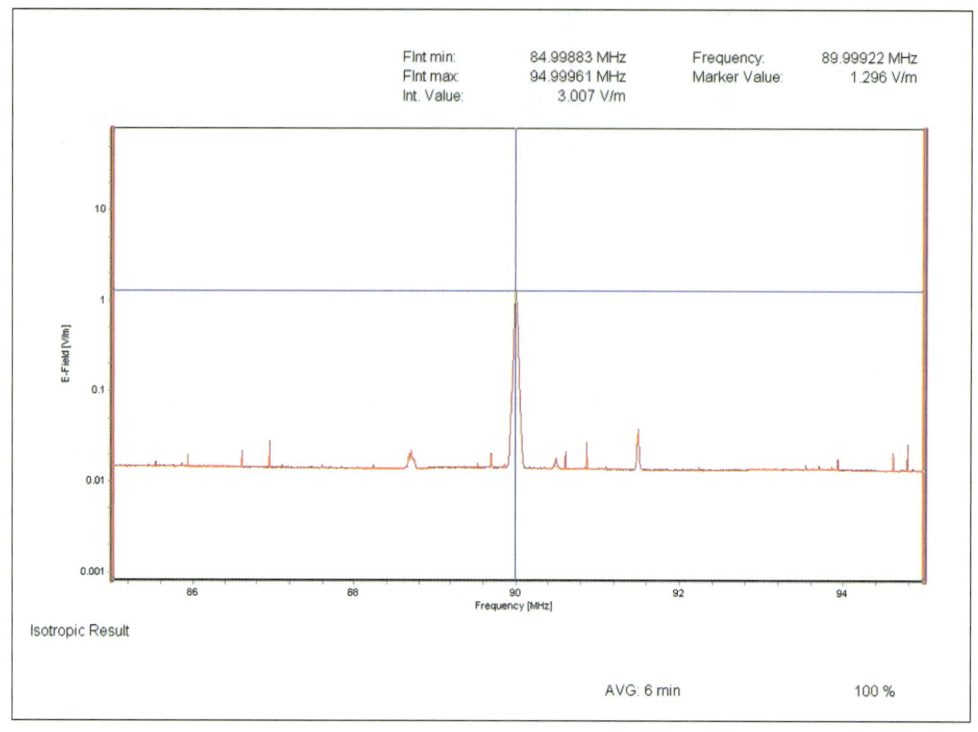

图 4－157 测试位置 B. 1. 5，开盖，3kW 高度 132cm 距离 9cm 处 6 分钟平均测试数据图

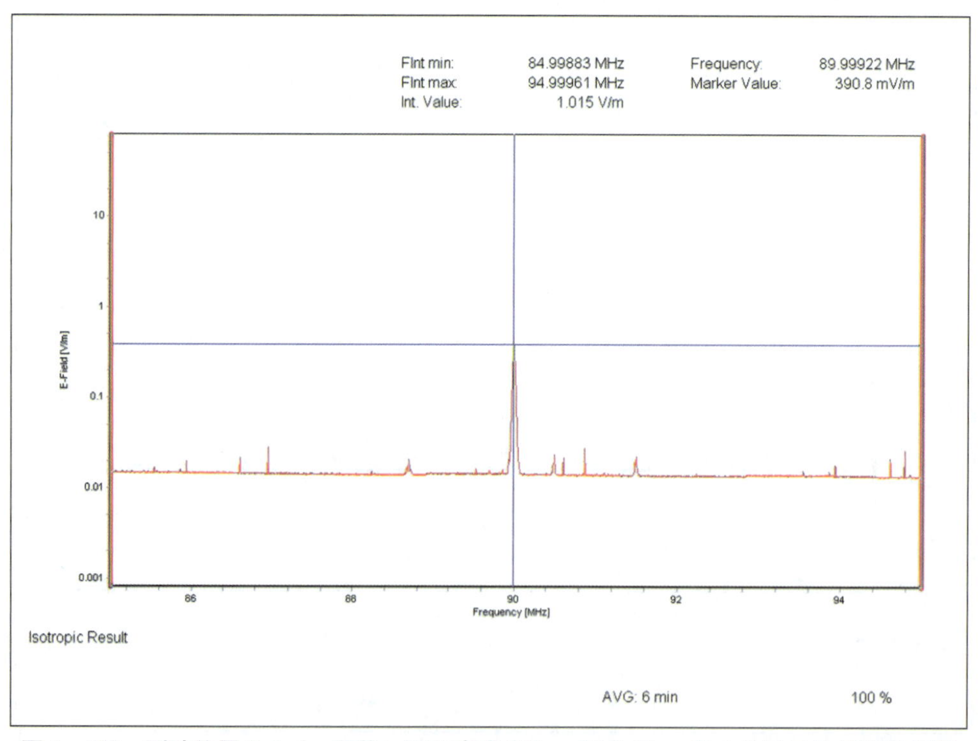

图 4－158 测试位置 B. 1. 5，开盖，3kW 高度 132cm 距离 50cm 处 6 分钟平均测试数据图

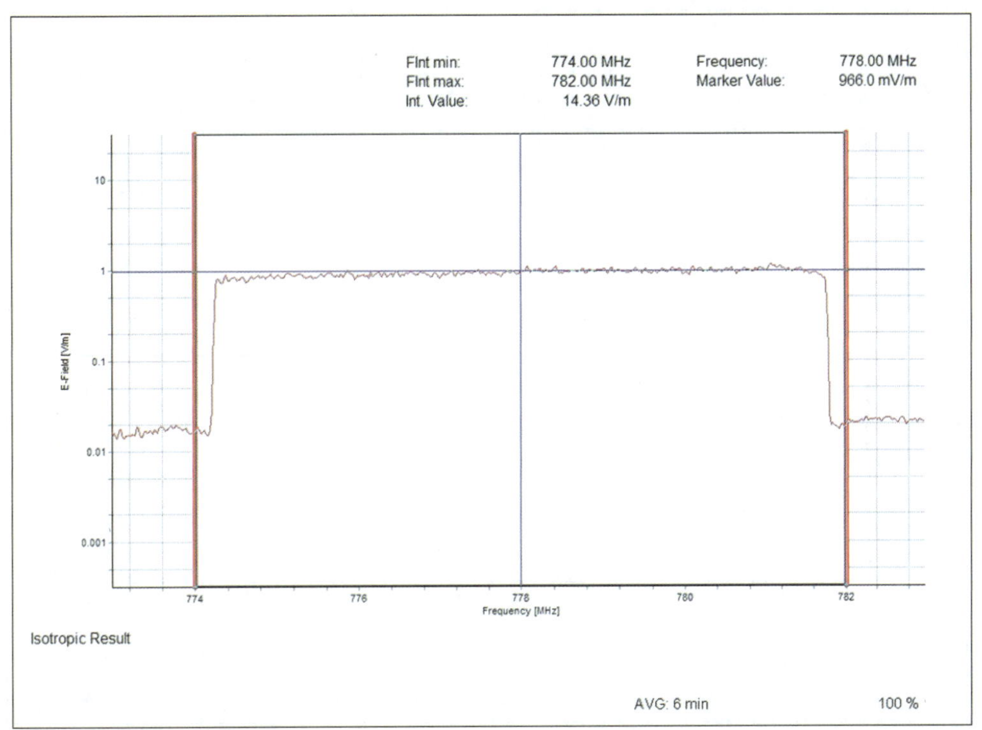

图 4－159　测试位置 E. 1. 1，开盖，1kW 高度 115cm 距离 6cm 处 1 分钟平均测试数据图

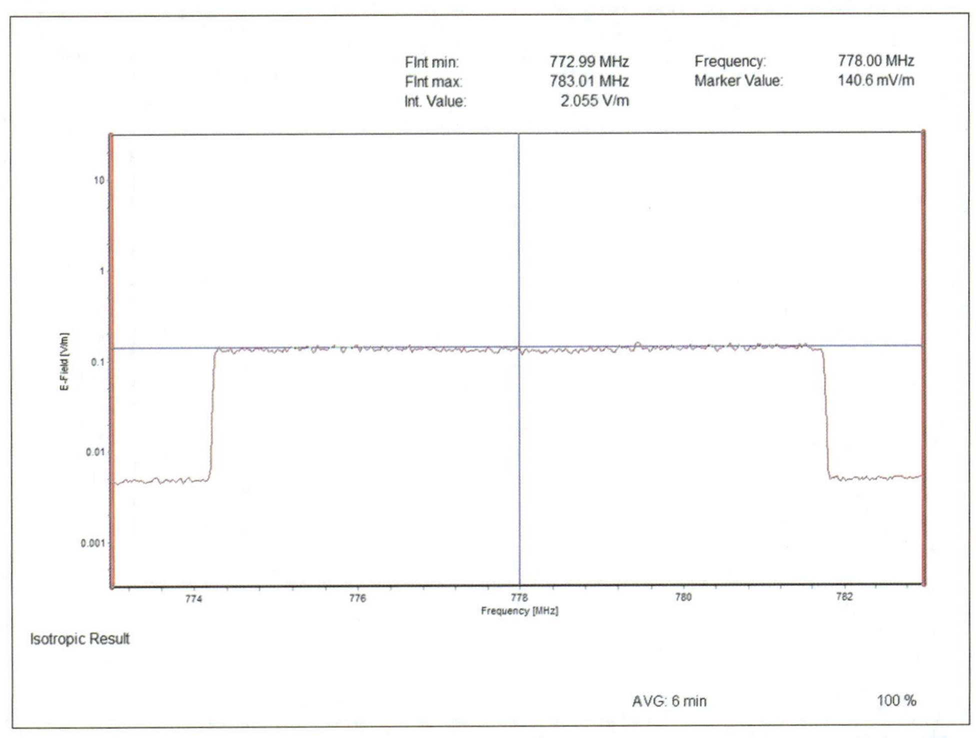

图 4－160　测试位置 E. 1. 1，未开盖，1kW 高度 83cm 距离 6cm 处 1 分钟平均测试数据图

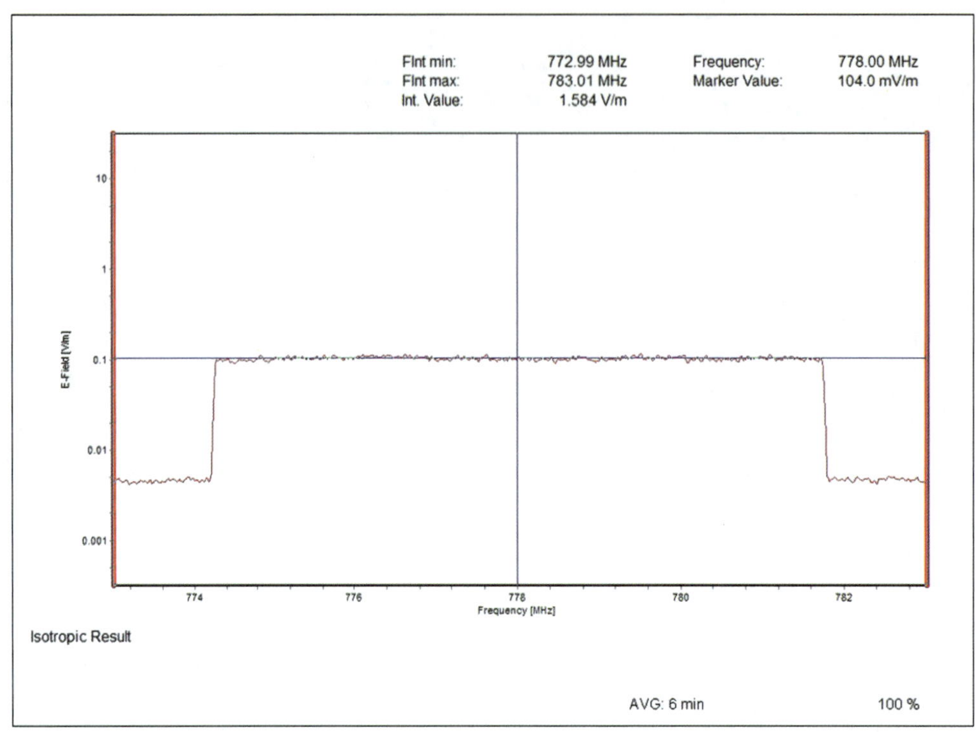

图 4－161　测试位置 E. 1. 1，未开盖，1kW 高度 83cm 距离 6cm 处 6 分钟平均测试数据图

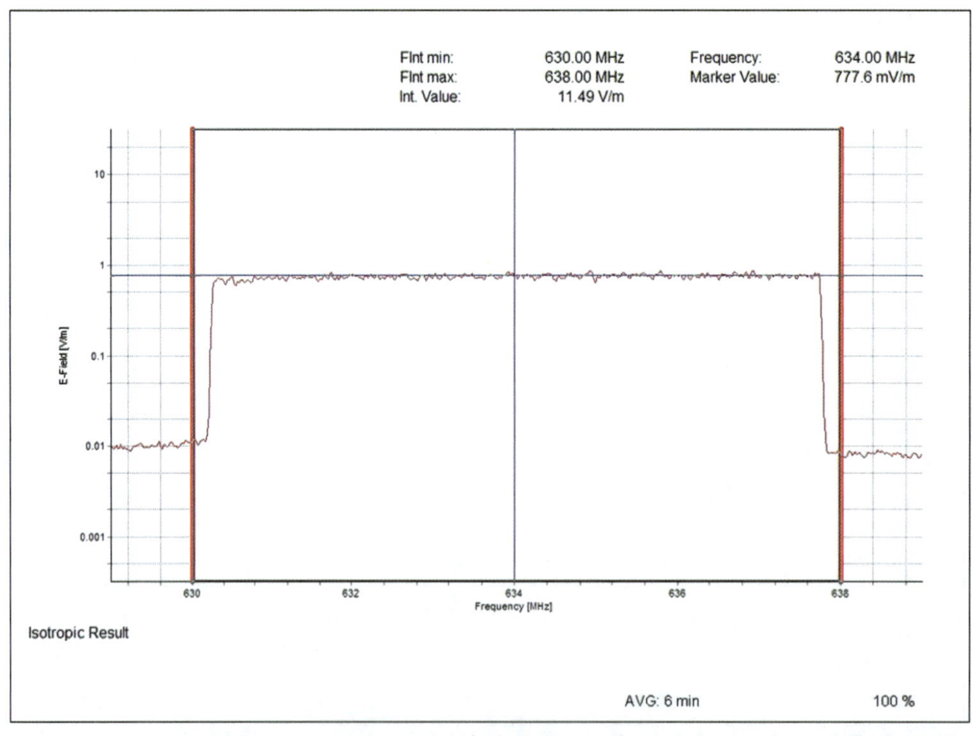

图 4－162　测试位置 E. 2. 2，开盖，1kW 高度 107cm 距离 6cm 处 1 分钟平均测试数据图

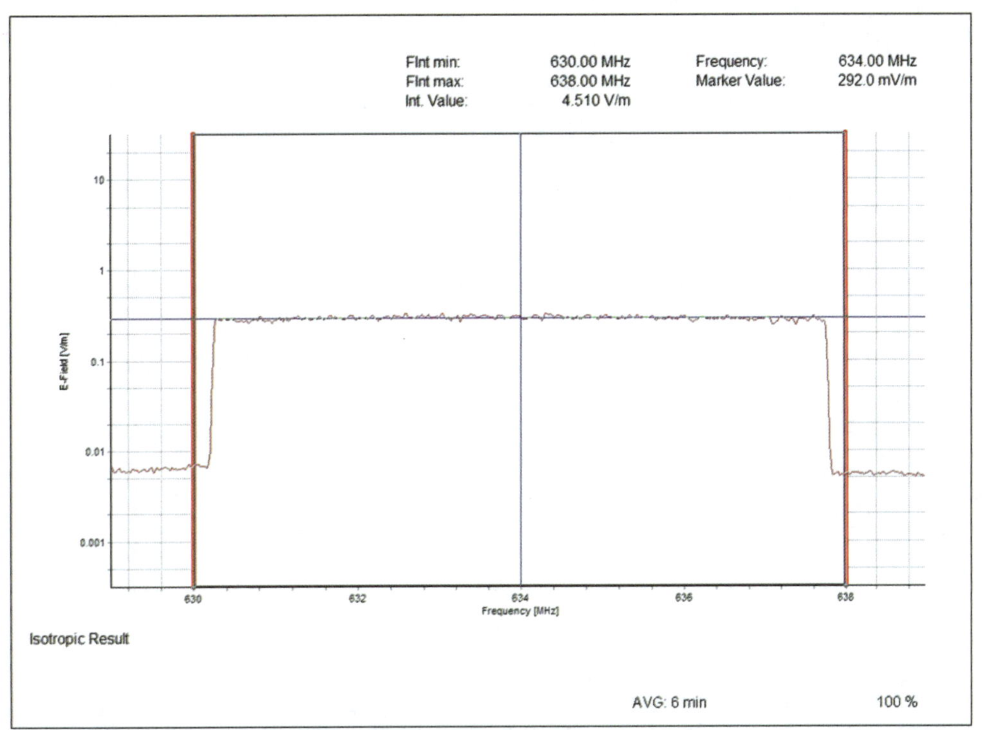

图 4－163　测试位置 E. 2. 2，未开盖，1kW 高度 83cm 距离 6cm 处 1 分钟平均测试数据图

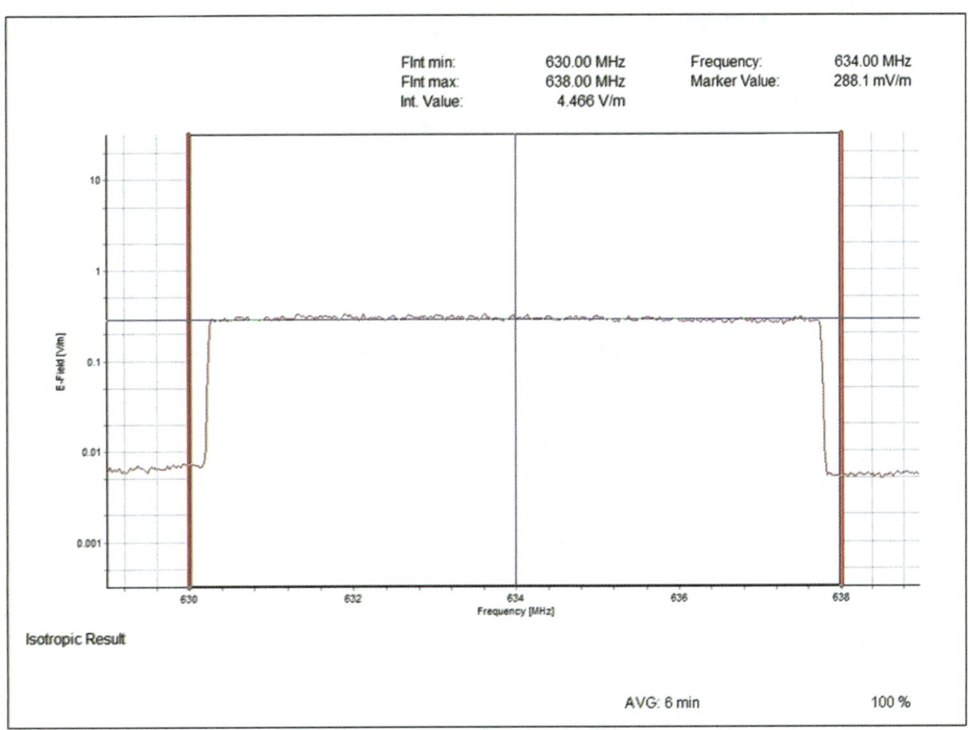

图 4－164　测试位置 E. 2. 2，未开盖，1kW 高度 83cm 距离 6cm 处 6 分钟平均测试数据图

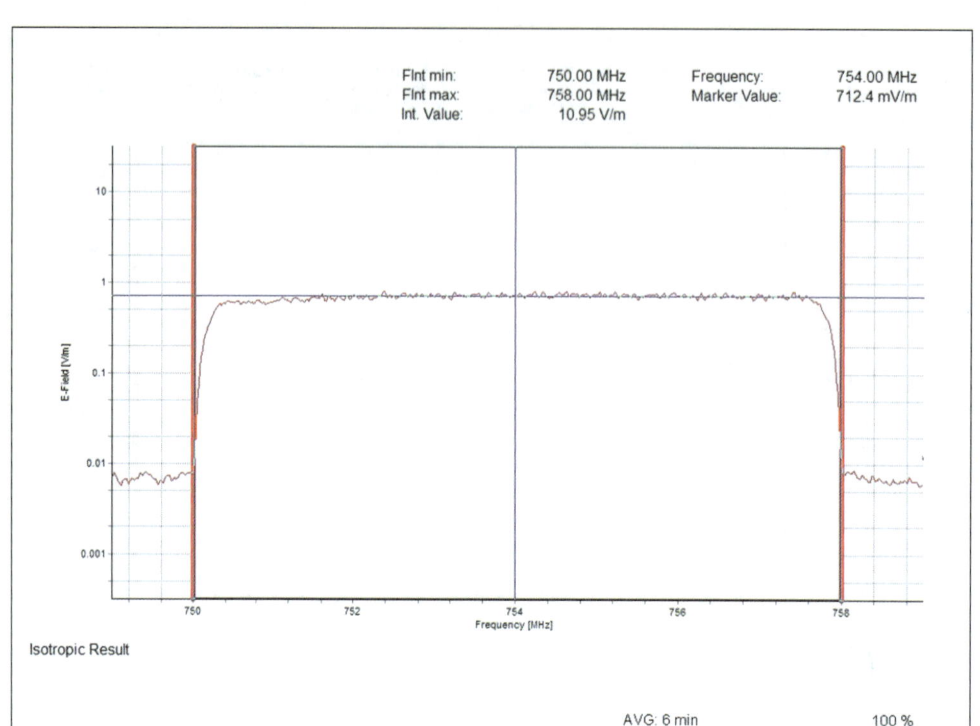

图 4 - 165　测试位置 E. 3. 3，开盖，1kW 高度 170cm 距离 6cm 处 1 分钟平均测试数据图

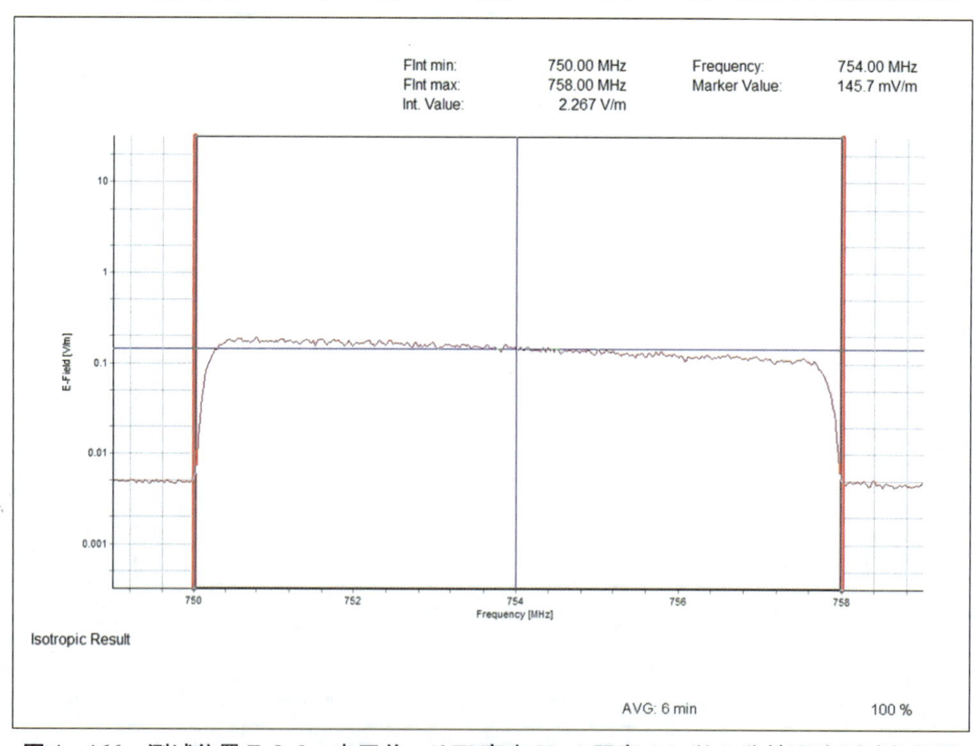

图 4 - 166　测试位置 E. 3. 3，未开盖，1kW 高度 77cm 距离 6cm 处 1 分钟平均测试数据图

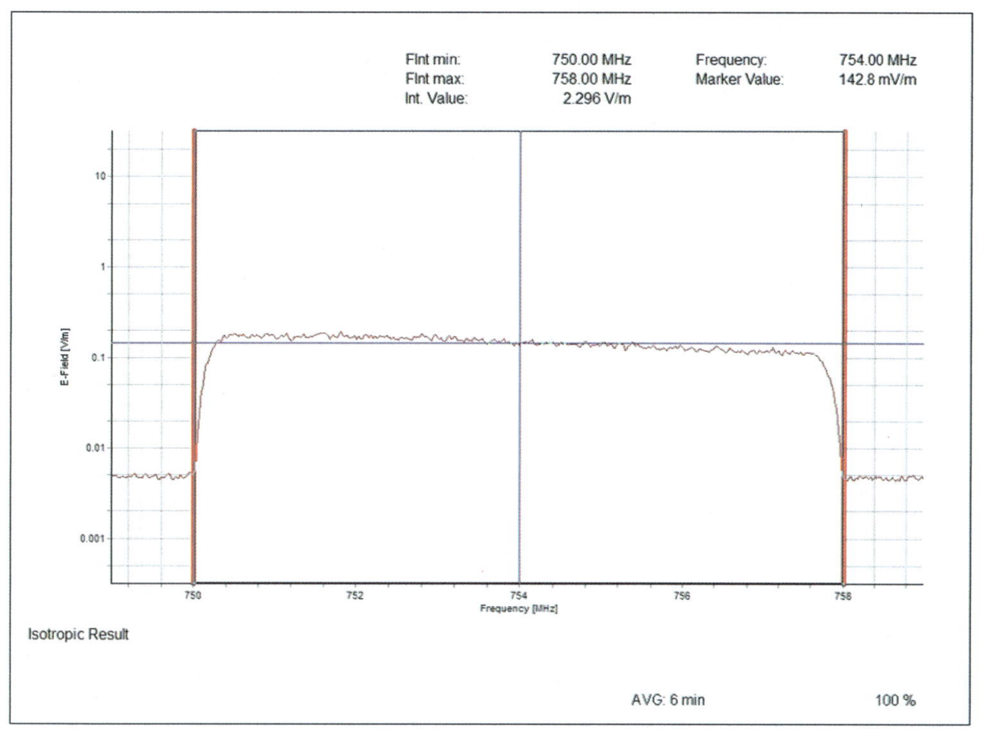

图 4－167　测试位置 E. 3. 3，未开盖，1kW 高度 77cm 距离 6cm 处 6 分钟平均测试数据图

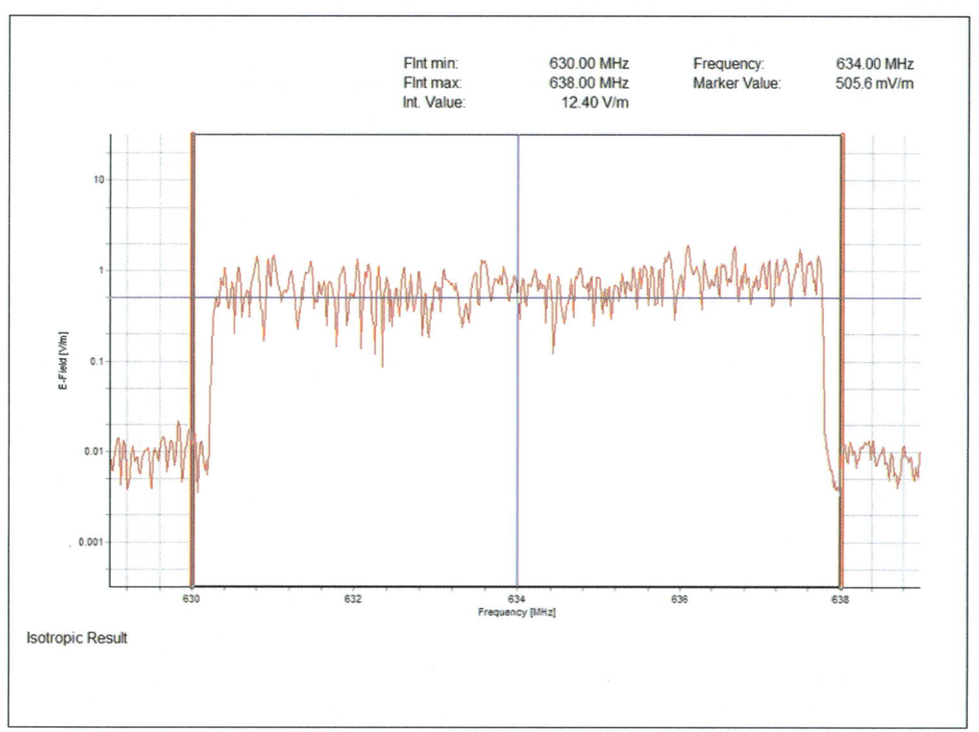

图 4－168　厂家 E 发射机房测试位置 4 高度 100cm 处测试数据图

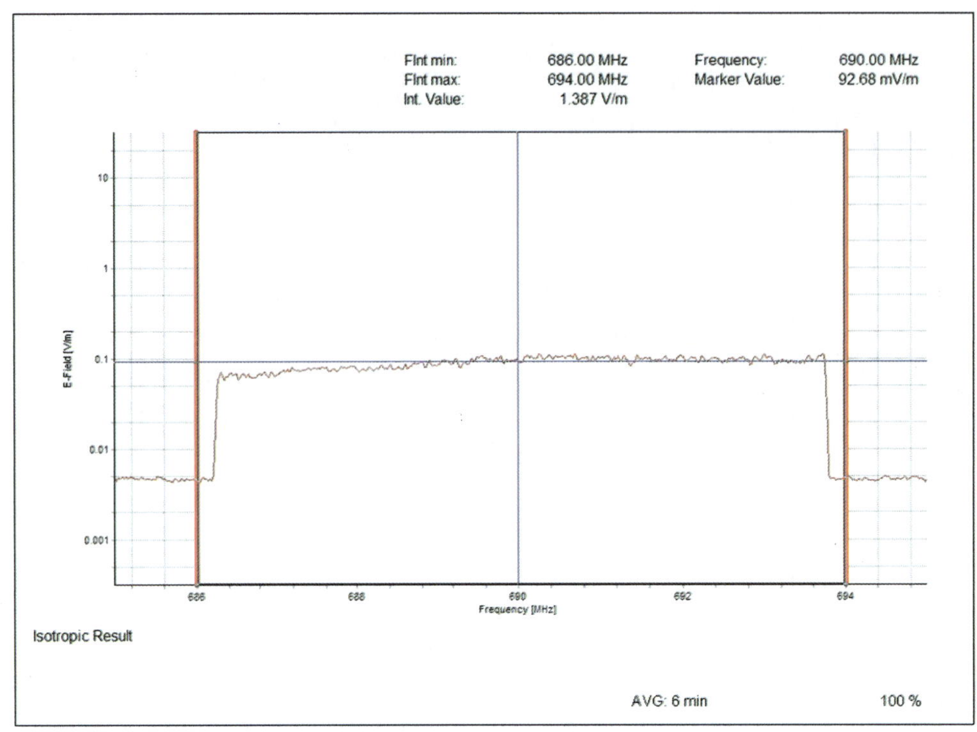

图 4－169　测试位置 E. 4. 5，1kW 高度 135cm 距离 6cm 处 1 分钟平均测试数据图

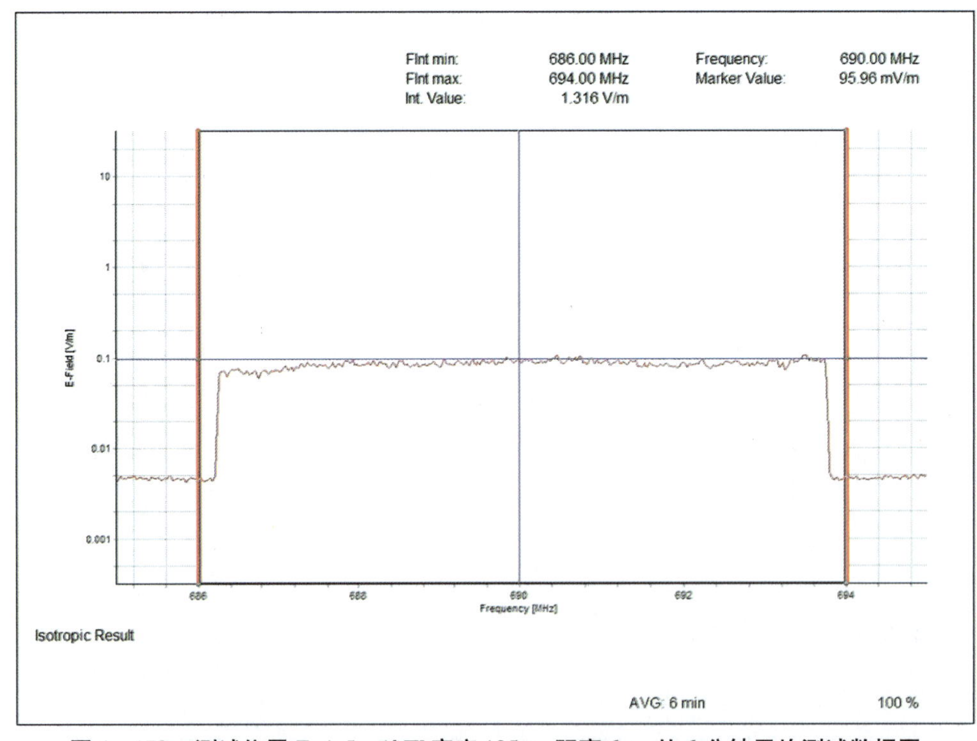

图 4－170　测试位置 E. 4. 5，1kW 高度 135cm 距离 6cm 处 6 分钟平均测试数据图

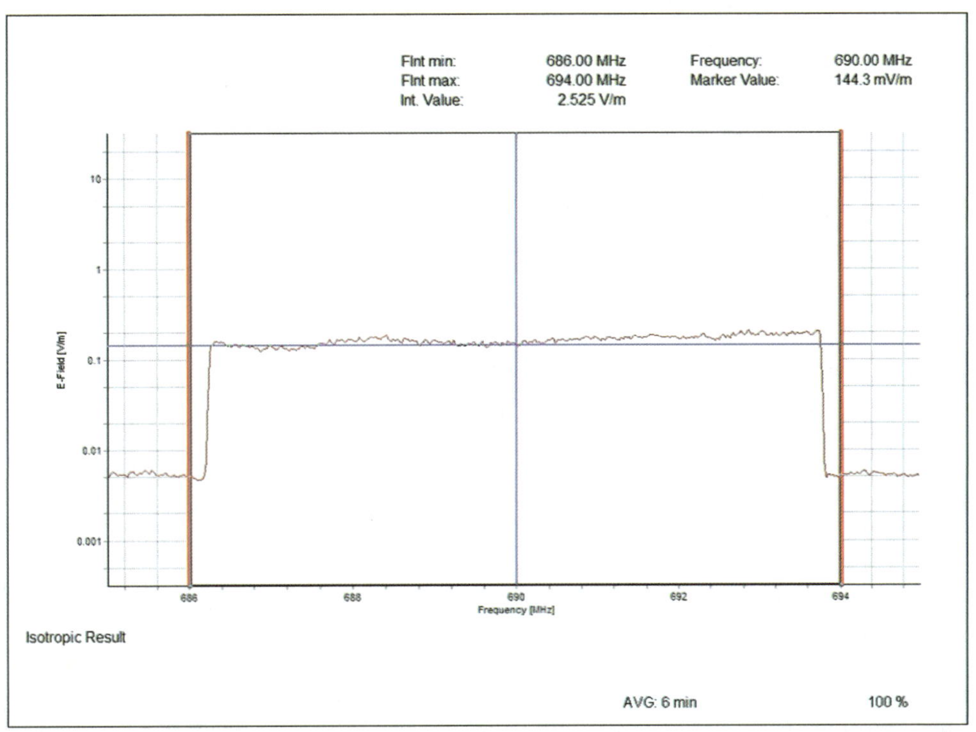

图 4－171　测试位置 E. 4. 6，开盖，1kW 高度 167cm 距离 6cm 处 1 分钟平均测试数据图

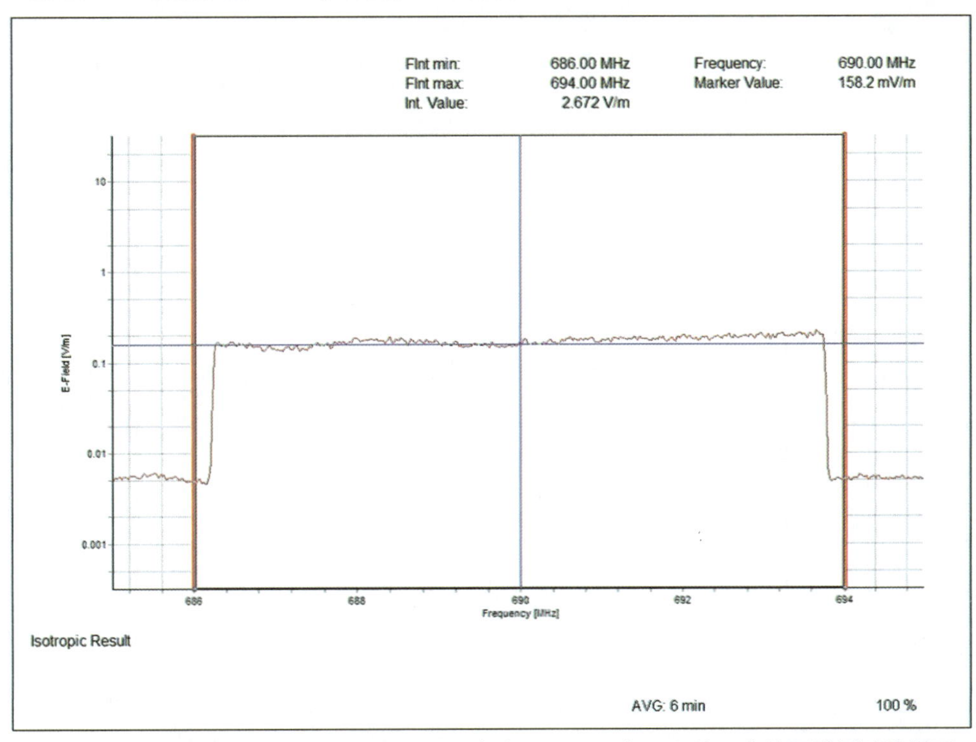

图 4－172　测试位置 E. 4. 6，开盖，1kW 高度 167cm 距离 6cm 处 6 分钟平均测试数据图

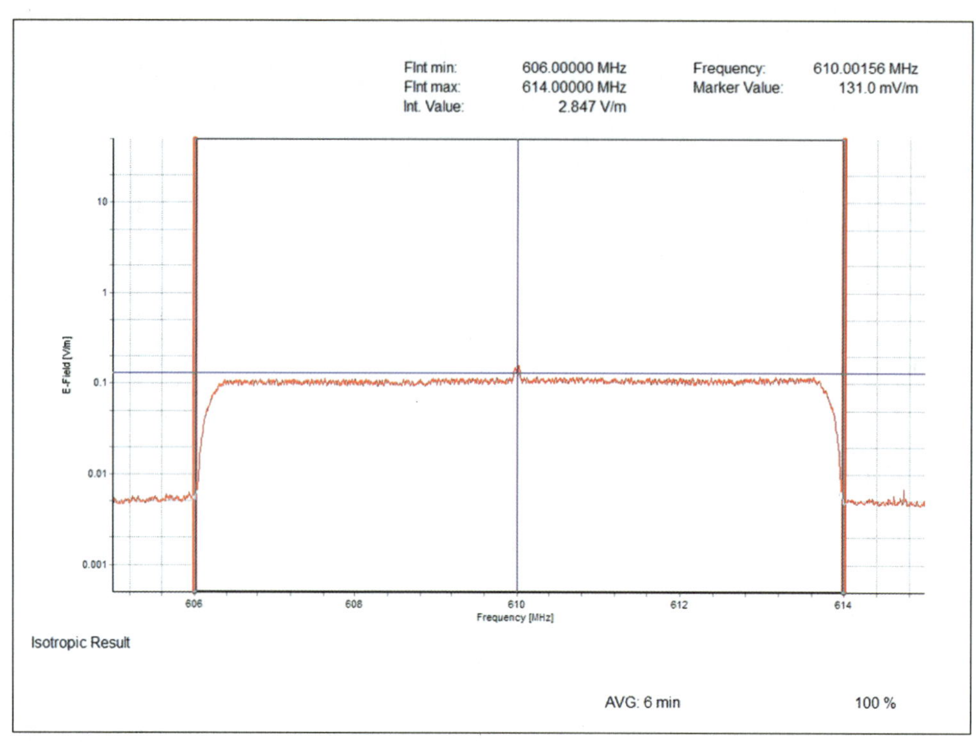

图 4－173　测试位置 F. 1. 1，未开盖，1kW 高度 171cm 距离 6cm 处 6 分钟平均测试数据图

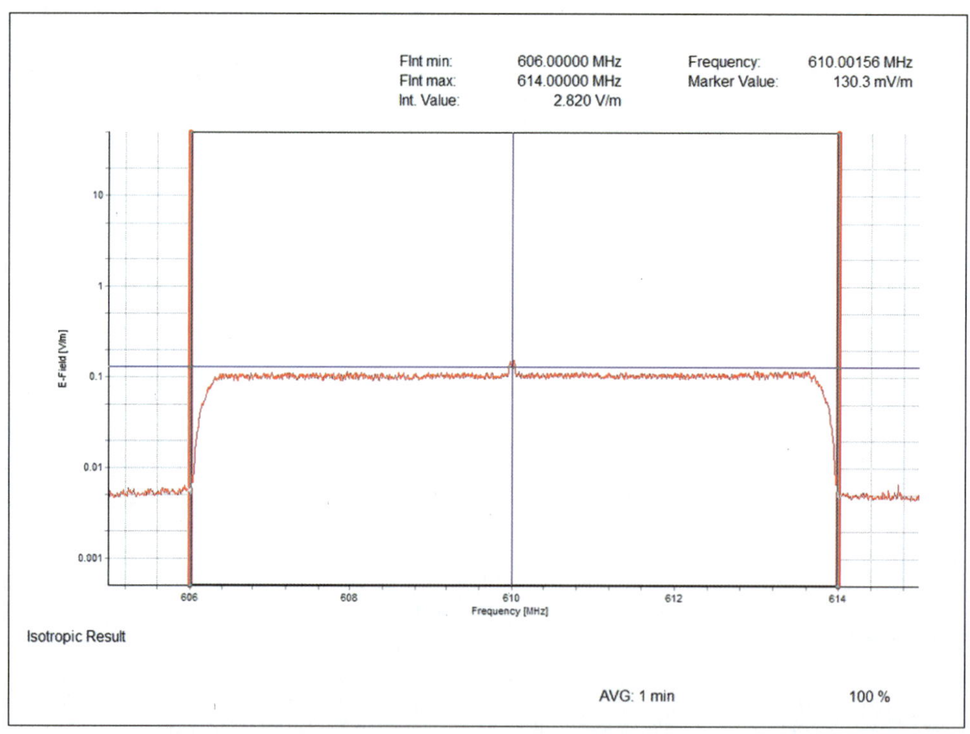

图 4－174　测试位置 F. 1. 1，未开盖，1kW 高度 171cm 距离 6cm 处 1 分钟平均测试数据图

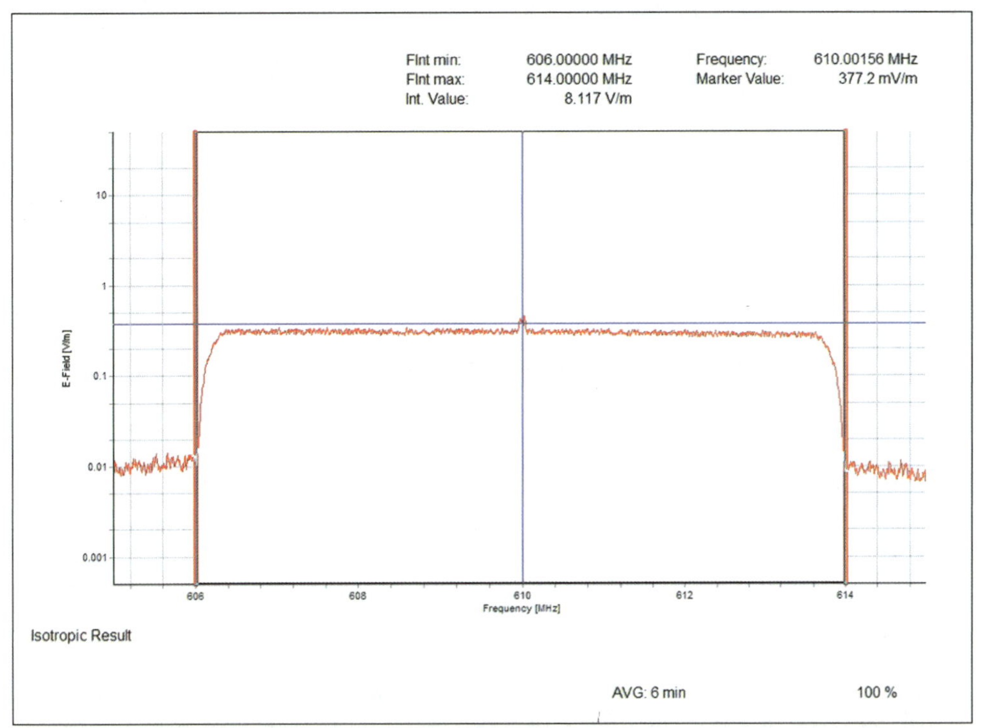

图 4－175　测试位置 F. 1. 1，开盖，1kW 高度 171cm 距离 6cm 处 6 分钟平均测试数据图

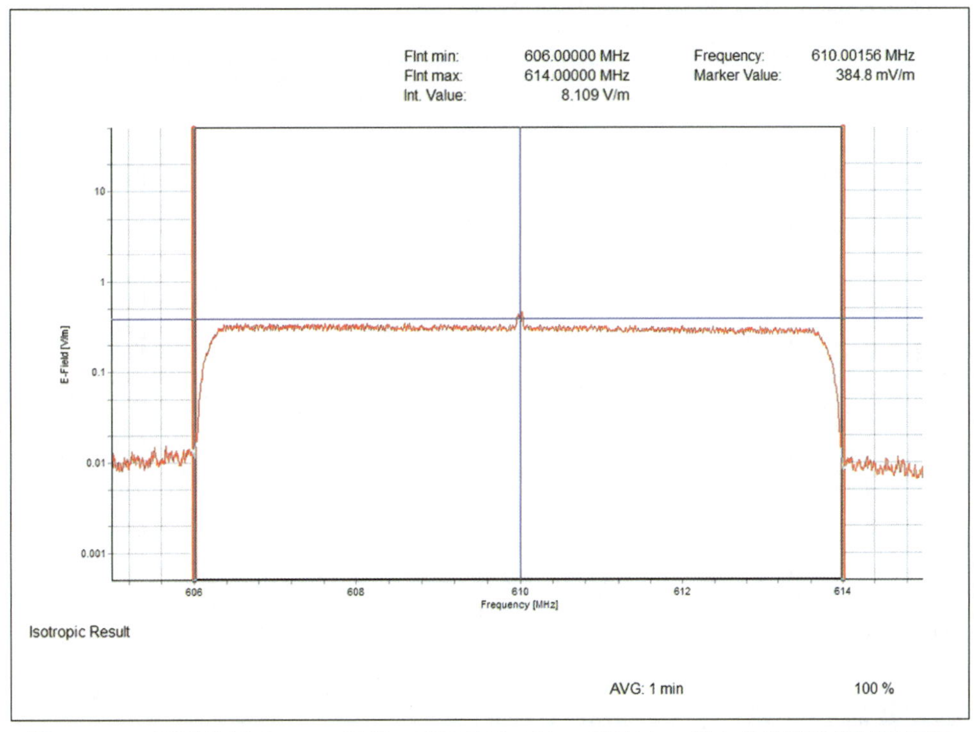

图 4－176　测试位置 F. 1. 1，开盖，1kW 高度 171cm 距离 6cm 处 1 分钟平均测试数据图

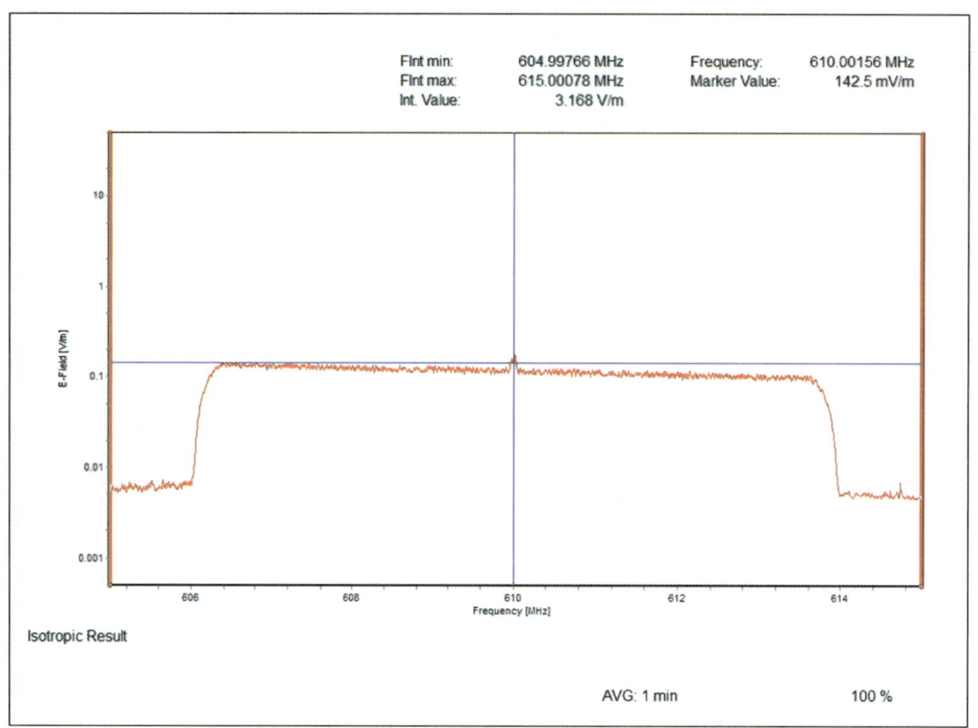

图 4-177 测试位置 F. 1. 1，开盖，1kW 高度 171cm 距离 10cm 处 1 分钟平均测试数据图

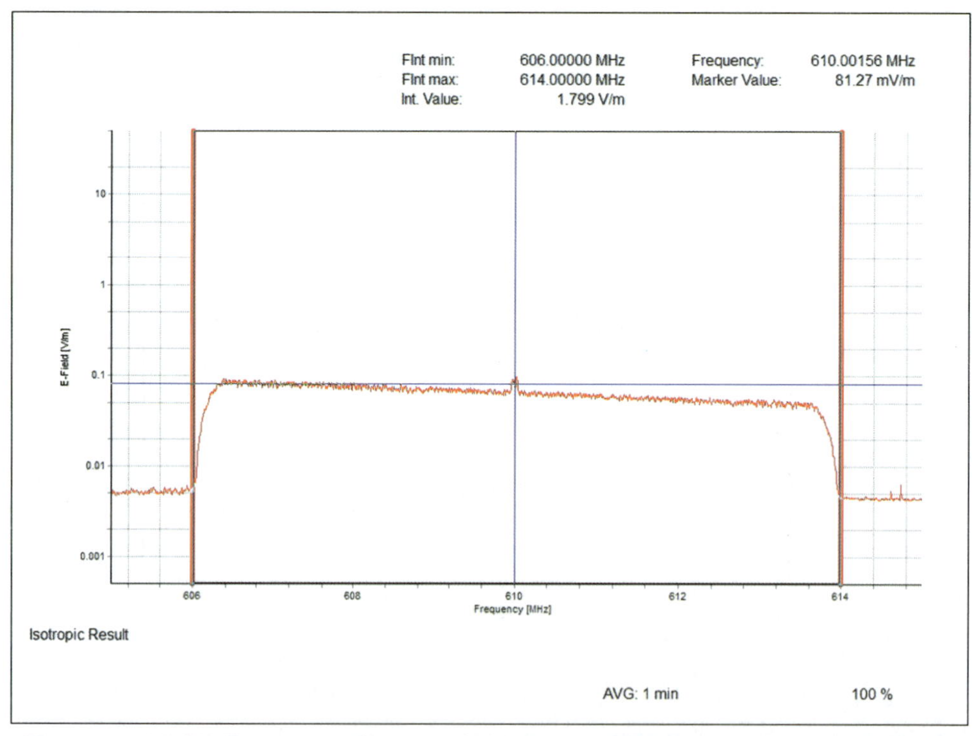

图 4-178 测试位置 F. 1. 1，开盖，1kW 高度 171cm 距离 50cm 处 1 分钟平均测试数据图

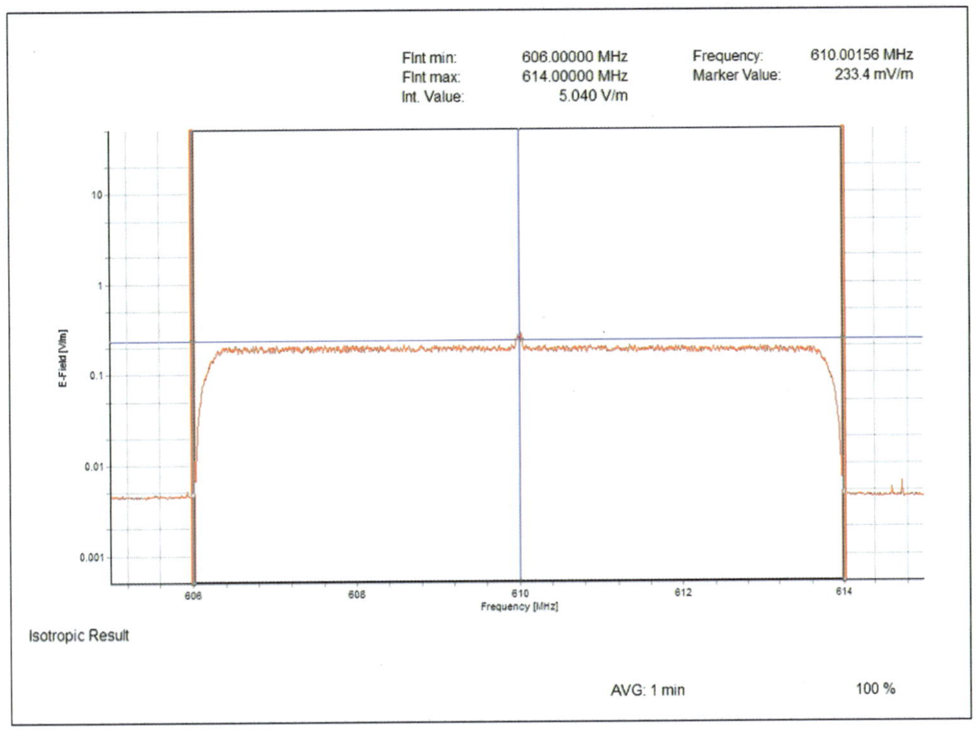

图 4－179　测试位置 F. 1. 1，开盖，350W 高度 171cm 距离 6cm 处 1 分钟平均测试数据图

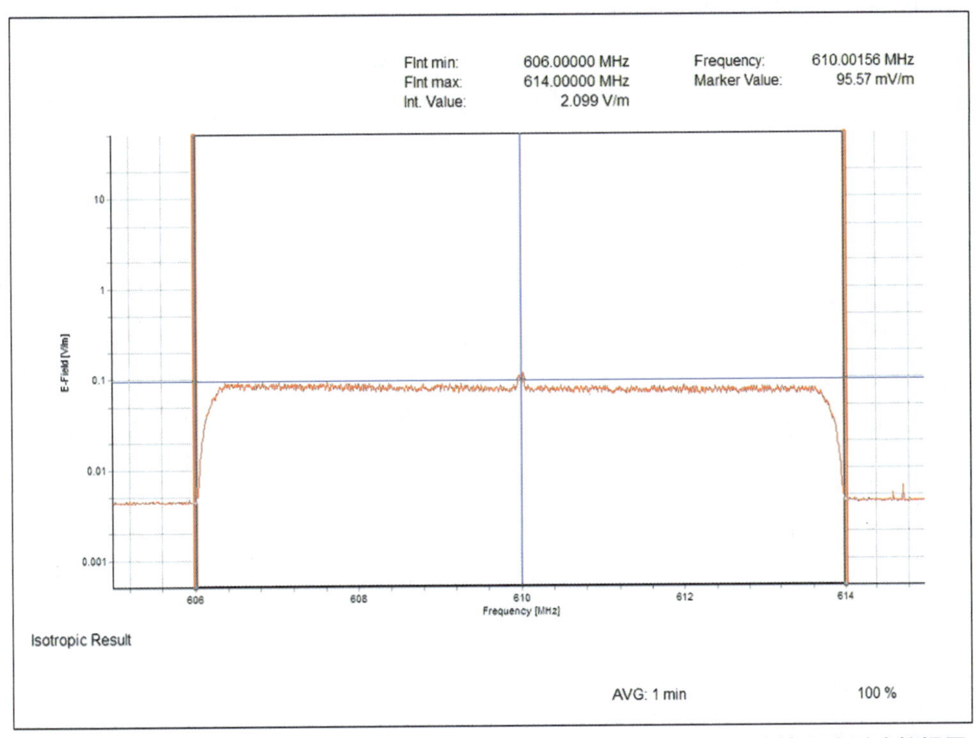

图 4－180　测试位置 F. 1. 1，开盖，350W 高度 171cm 距离 10cm 处 1 分钟平均测试数据图

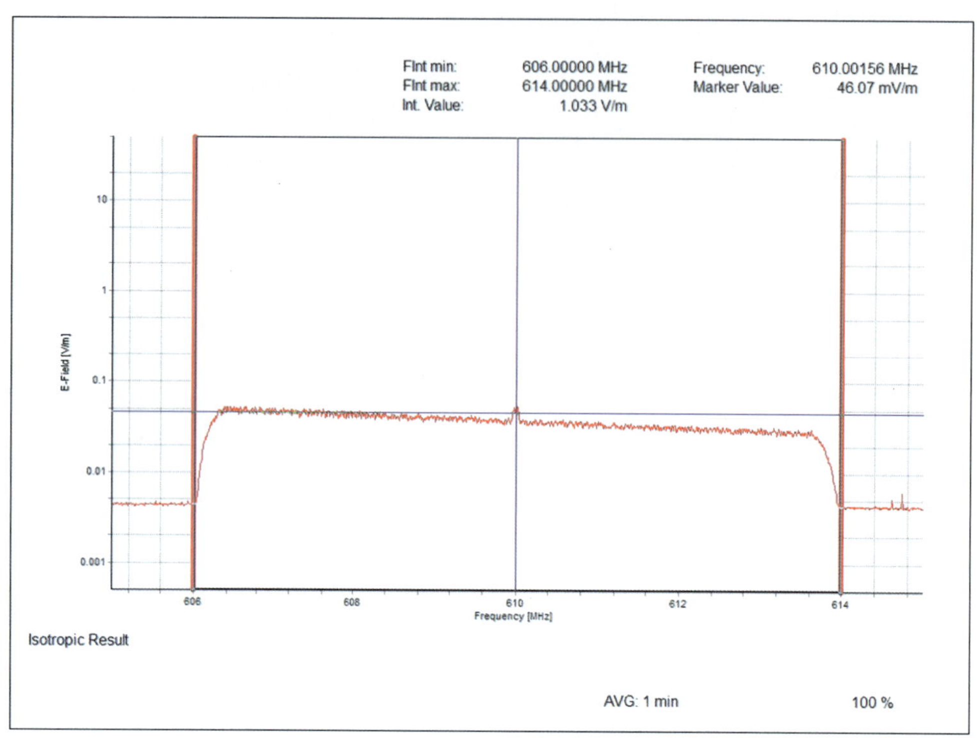

图 4－181　测试位置 F. 1. 1，开盖，350W 高度 171cm 距离 50cm 处 1 分钟平均测试数据图

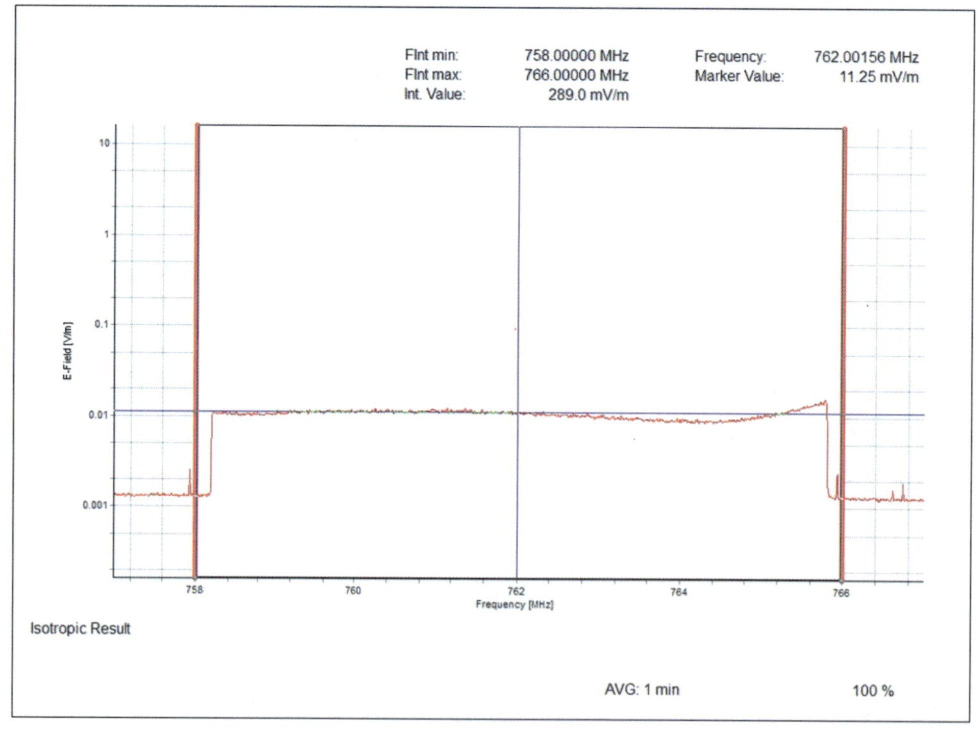

图 4－182　测试位置 F. 2. 2，开盖，1kW 高度 136cm 距离 6cm 处 1 分钟平均测试数据图

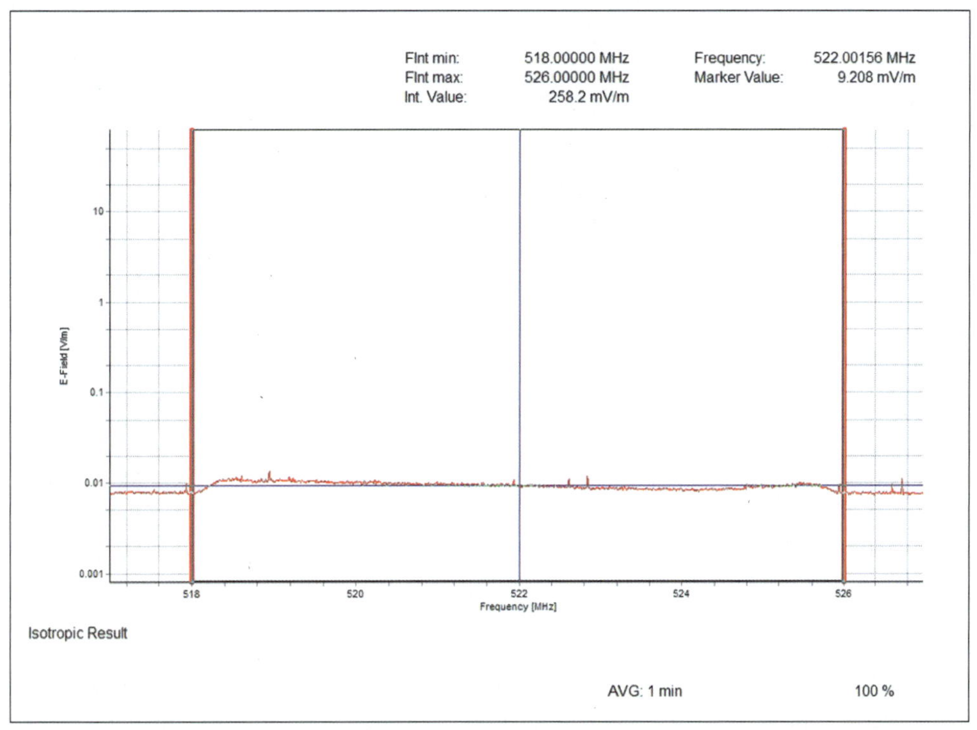

图 4－183　测试位置 G. 1. 1，未开盖，1kW 高度 164cm 距离 6cm 处 1 分钟平均测试数据图

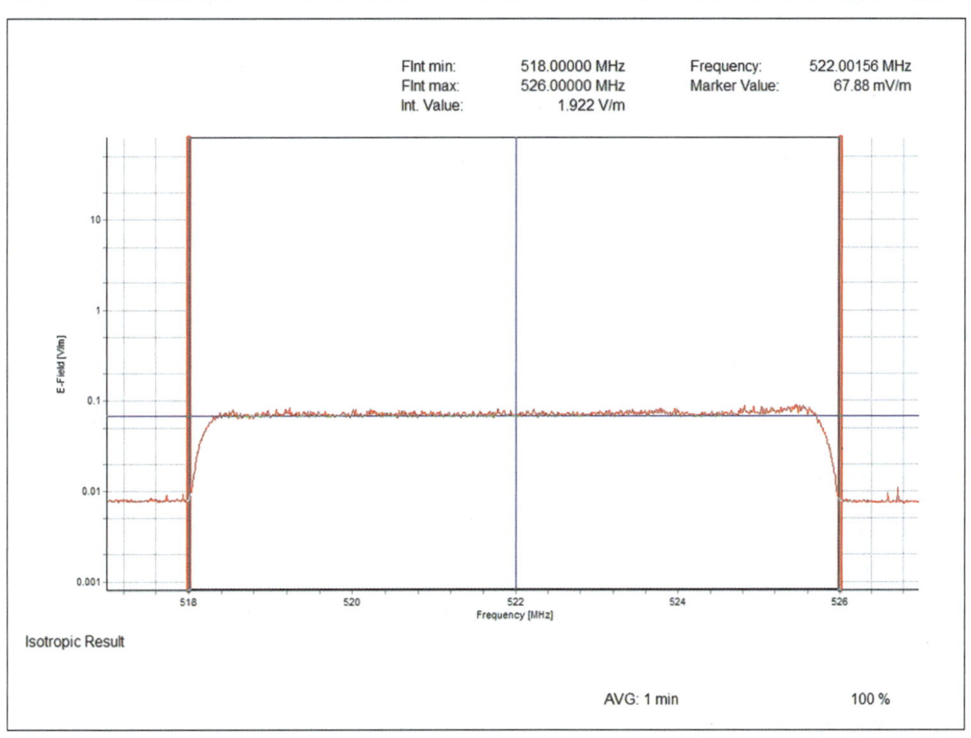

图 4－184　测试位置 G. 1. 1，开盖，1kW 高度 135cm 距离 6cm 处 1 分钟平均测试数据图

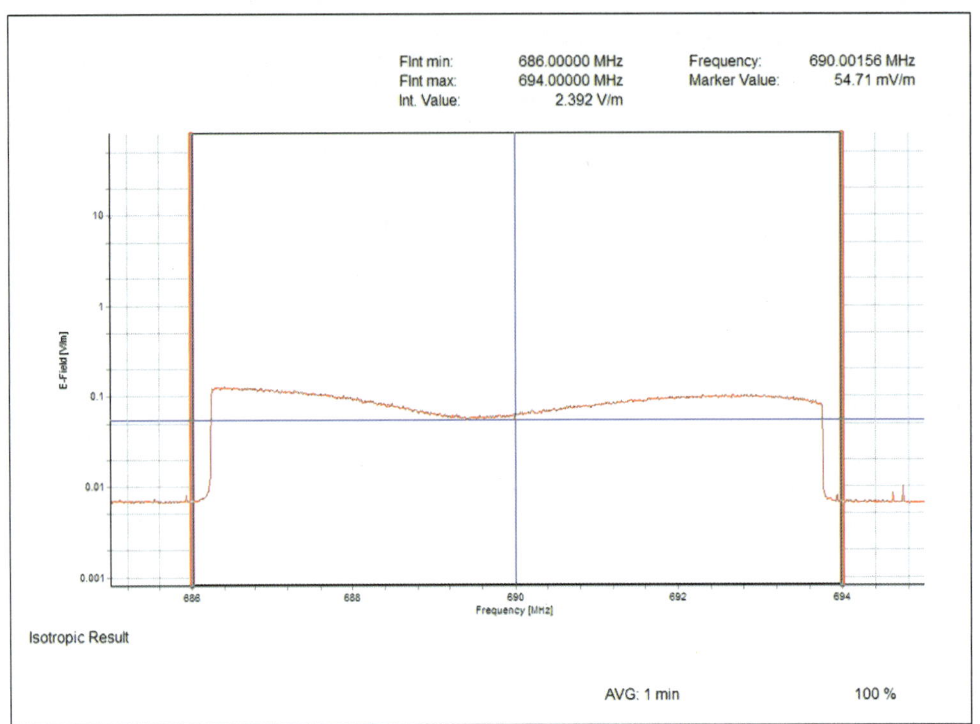

图 4－185　测试位置 G. 2. 2，未开盖，1kW 高度 174cm 距离 6cm 处 1 分钟平均测试数据图

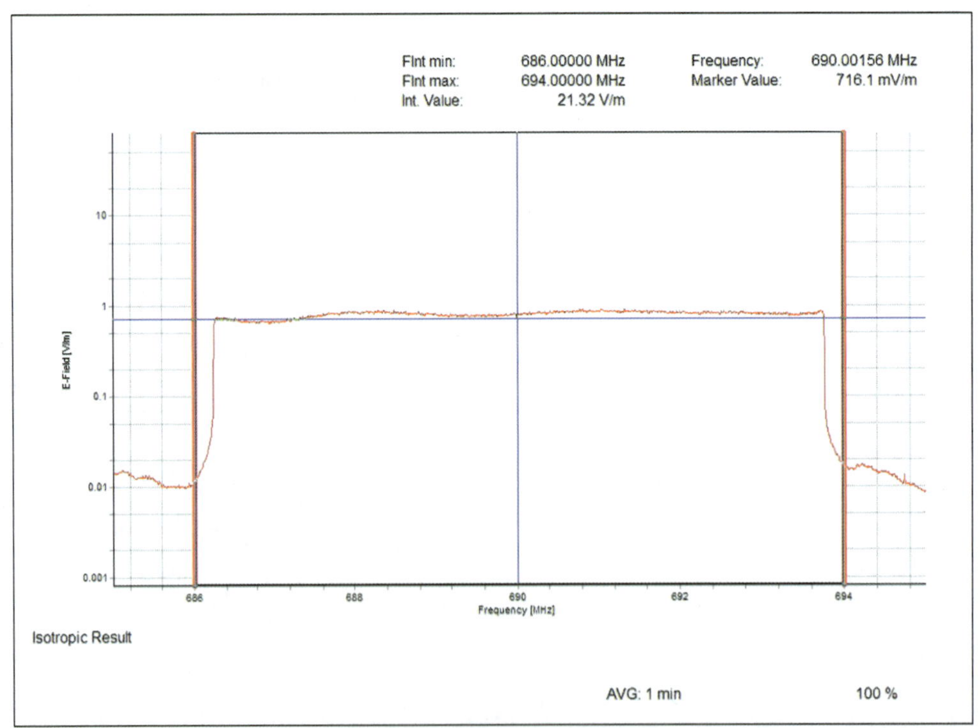

图 4－186　测试位置 G. 2. 2，开盖，1kW 高度 145cm 距离 6cm 处 1 分钟平均测试数据图

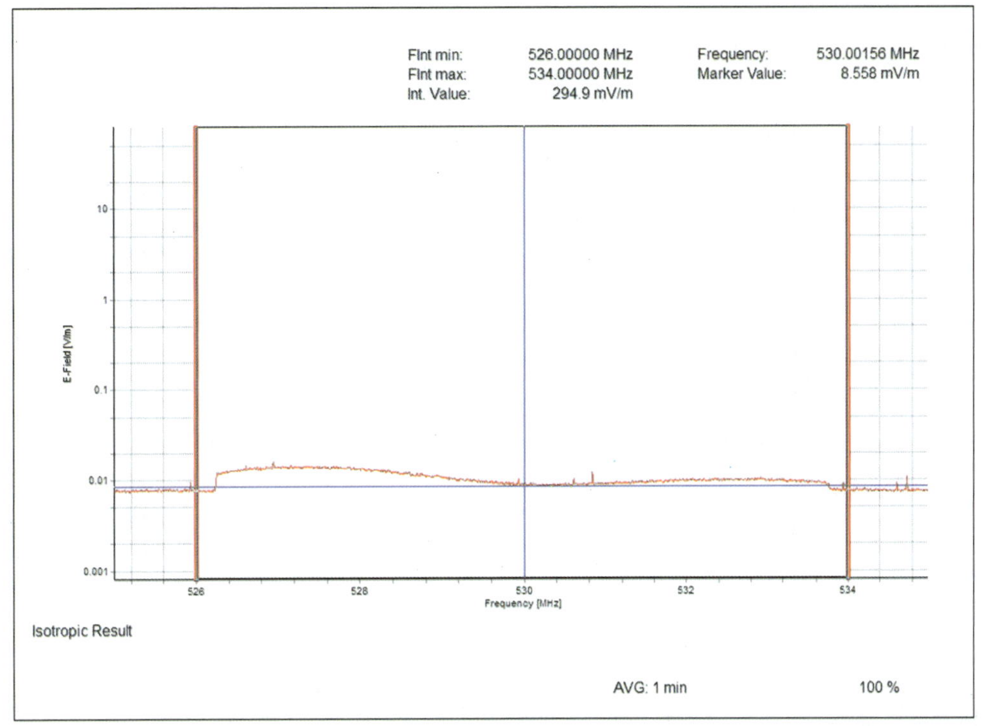

图 4－187　测试位置 G. 3. 3，未开盖，0. 2kW 高度 140cm 距离 6cm 处 1 分钟平均测试数据图

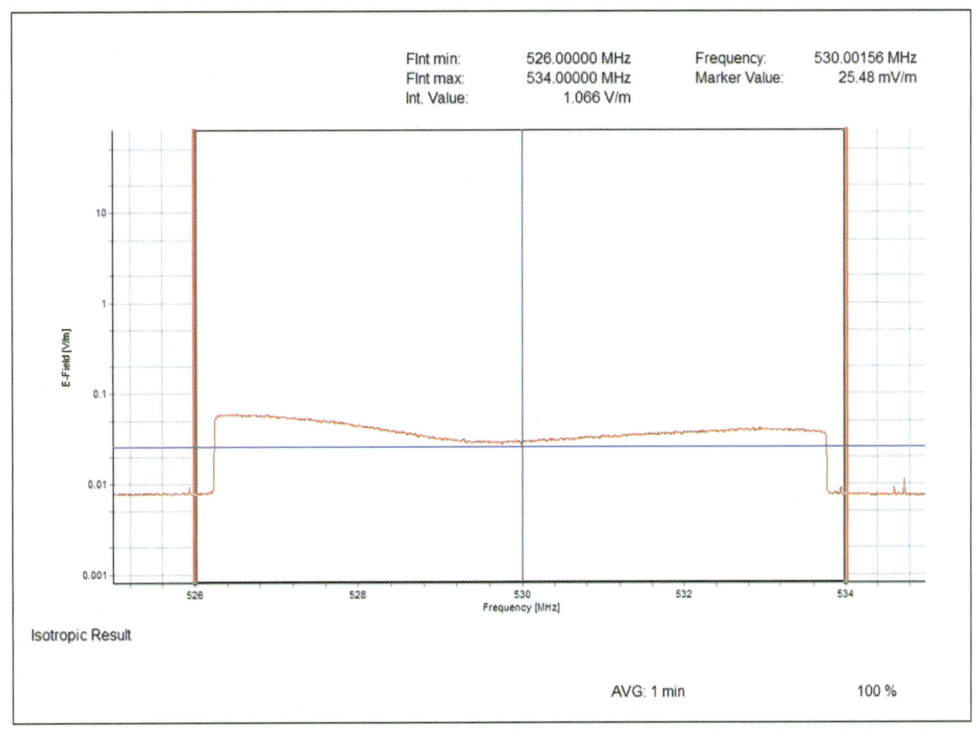

图 4－188　测试位置 G. 3. 3，开盖，0. 2kW 高度 129cm 距离 6cm 处 1 分钟平均测试数据图

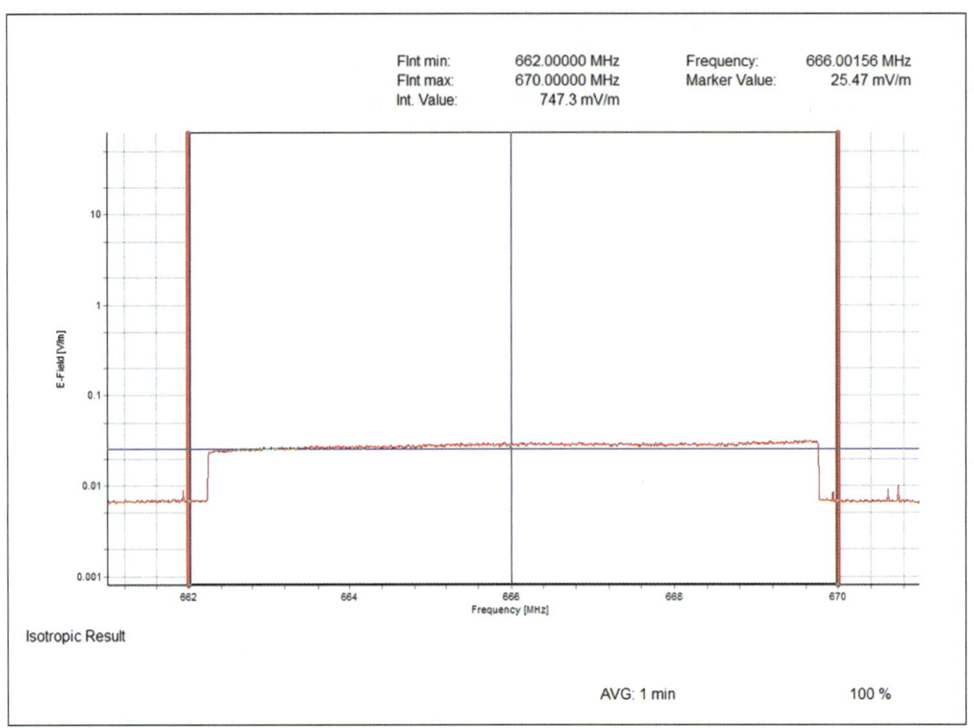

图 4－189 测试位置 H. 1. 1，未开盖，1kW 高度 164cm 距离 6cm 处 1 分钟平均测试数据图

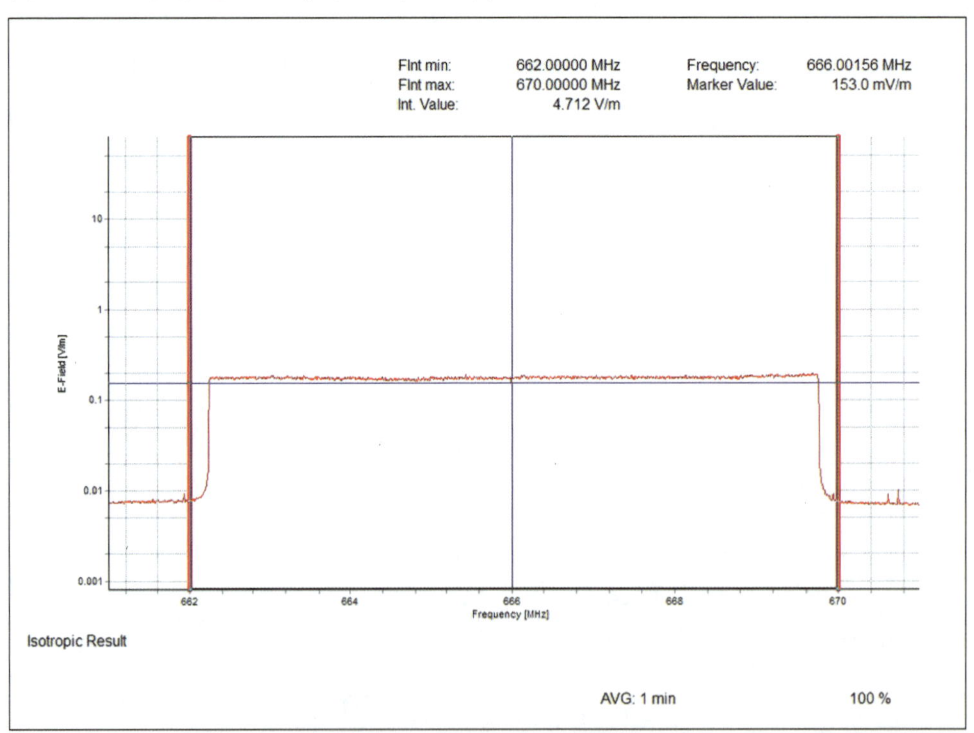

图 4－190 测试位置 H. 1. 1，开盖，1kW 高度 139cm 距离 6cm 处 1 分钟平均测试数据图

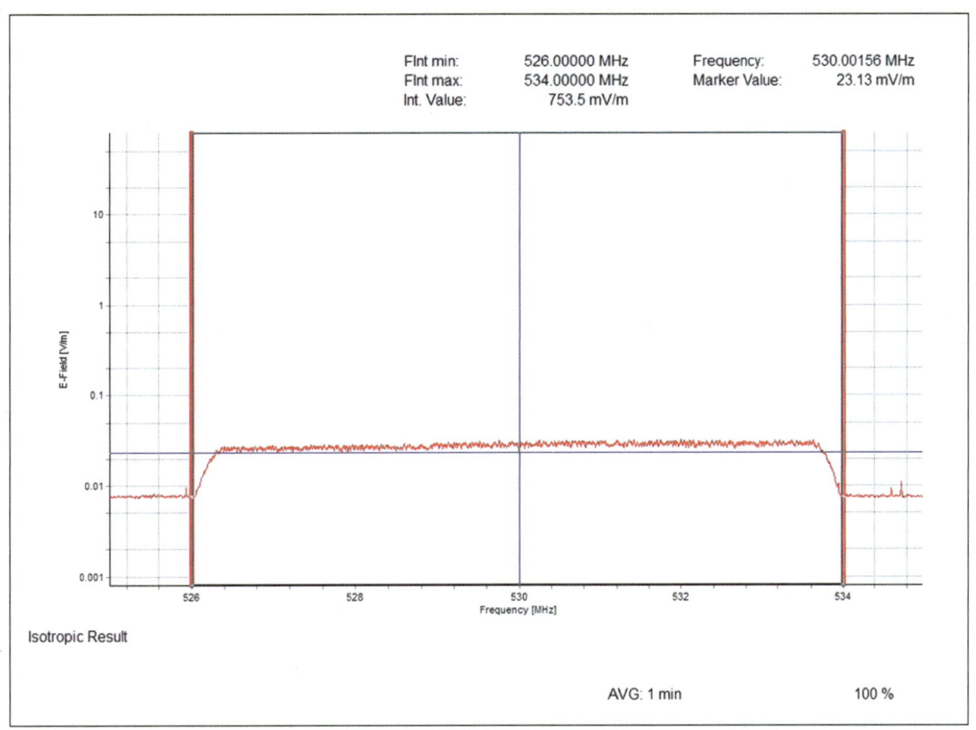

图 4－191　测试位置 H. 2. 2，0. 2kW 高度 104cm 距离 6cm 处 1 分钟平均测试数据图

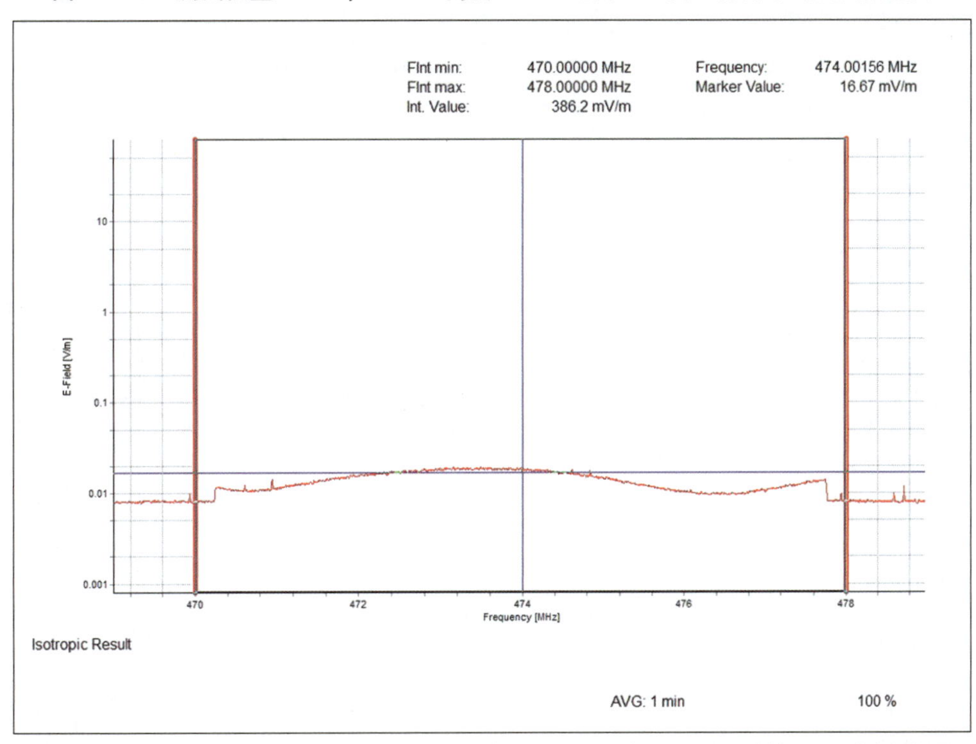

图 4－192　测试位置 I. 1. 1，未开盖，1kW 高度 48cm 距离 6cm 处 1 分钟平均测试数据图

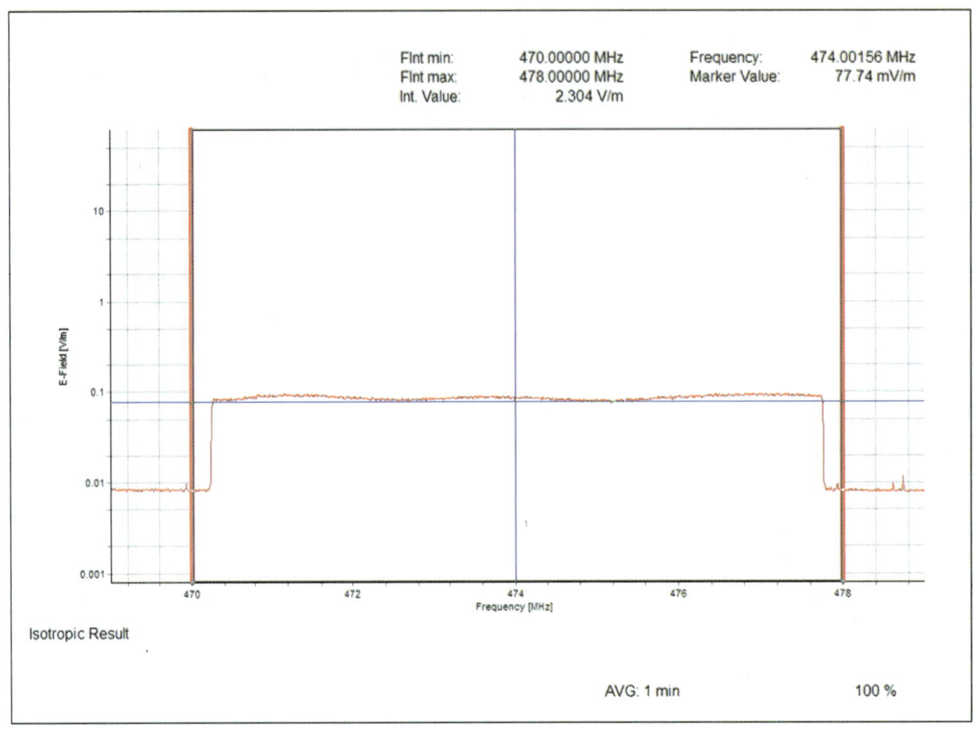

图 4－193　测试位置 I. 1. 1，开盖，1 kW 高度 185 cm 距离 6 cm 处 1 分钟平均测试数据图

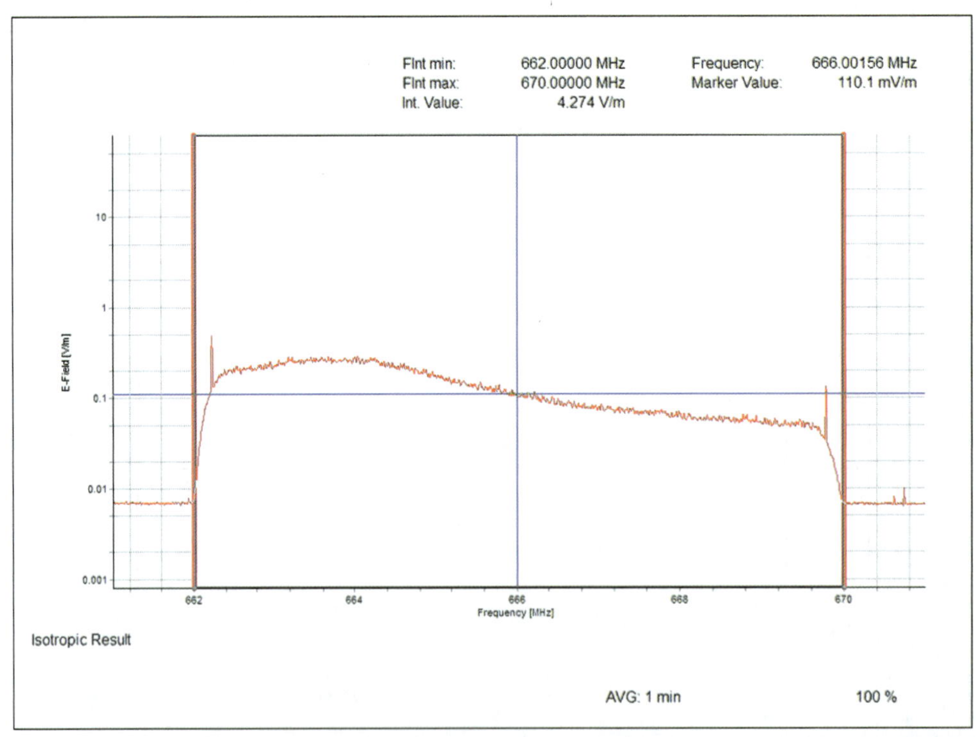

图 4－194　测试位置 I. 2. 2，未开盖，1 kW 高度 103 cm 距离 6 cm 处 1 分钟平均测试数据图

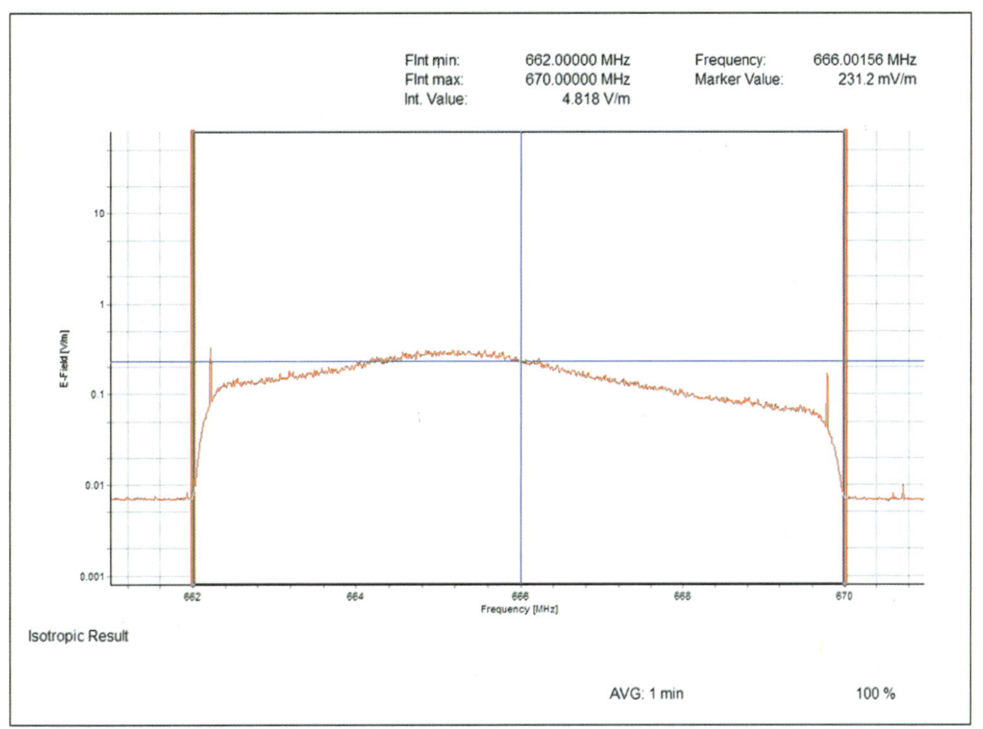

图 4－195 测试位置 I. 2. 2，未开盖，1kW 高度 90cm 距离 6cm 处更换机柜盖后 1 分钟平均测试数据图

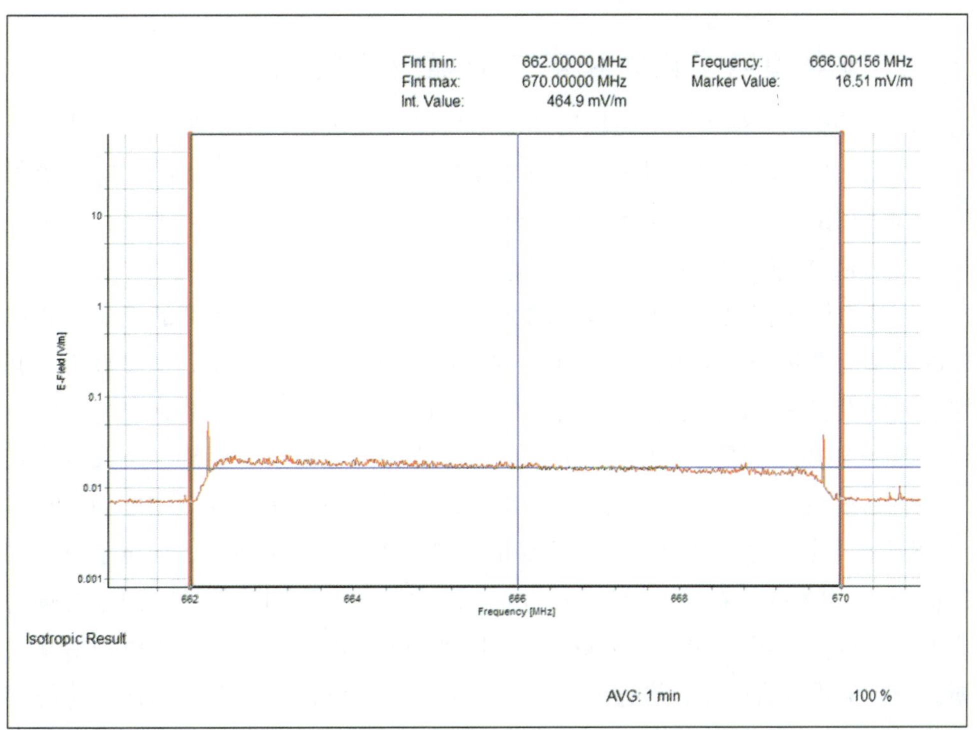

图 4－196 测试位置 I. 2. 2，未开盖，1kW 高度 86cm 距离 6cm 处更换机柜盖和负载后 1 分钟平均测试数据图

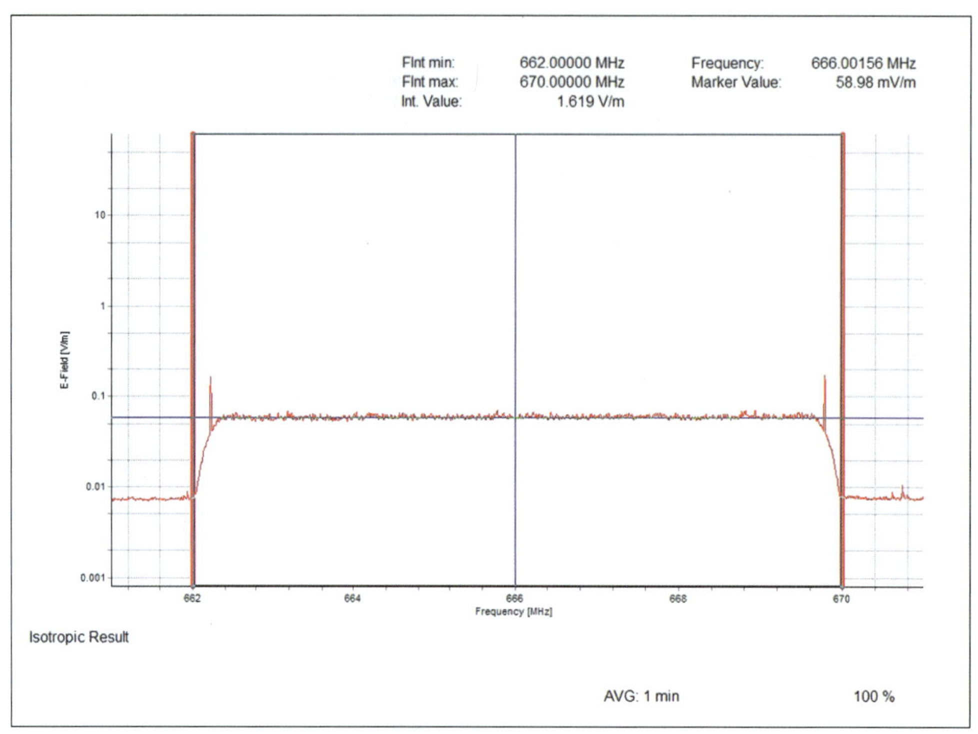

图 4-197 测试位置 I. 2. 2，开盖，1kW 高度 142cm 距离 6cm 处更换机柜盖和负载后 1 分钟平均测试数据图

4.4 广播电视电磁辐射和电磁环境影响研究

目前，广电行业对广播电视电磁辐射和电磁环境污染现状、辐射限值和监测方法的研究尚处于起步阶段。自实验室建立以来，广播电视规划院开展了大量广播电视电磁辐射和电磁环境污染的调研和试验，获得了很多有价值的数据。

4.4.1 广播电视发射塔电磁照射强度试验和测试

广播电视发射塔大多数建在人口稠密的城市中心，服务区内有较高的场强。我国电视和调频广播的频率范围是 48.5MHz～960MHz，属于超短波与分米波频段，电磁波为空间直线传播，电视、调频设备一般都安装在同一发射台，电视和调频天线绝大部分安装在同一塔的桅杆上。位于北京的中央广播电视塔坐落于北京市海淀区西三环中路西侧，航天桥附近，塔高 386.5m，目前有超过 10 个频段用于发射电视节目，并且在 85MHz～110MHz 频率范围内有不低于 10 套的广播节目。建于市区内的高广播电视塔尽管发射功率较大，但由于塔上发射天线在较高的桅杆处（300m 左右），天线发射的电磁波主瓣越过周围建筑顶部向远处辐射，以求得较大服务区（服务半径为 70km～90km），周围地面和一些高层建筑均在电视塔辐射电磁波的弱副瓣区域。值得注意的是，增益不高、功率不大但架设高度较低的电视天线的最大辐射场强在某些场合可能还要大。

4.4.1.1 测试场景

场景 1：电视塔内部的环境场强

场景 2：电视塔周围 500m 以内的住宅小区

场景 3：位于电视塔周围 8 个方向、不同距离处的场强

4.4.1.2 依据标准

◆GB 8702－1988《电磁辐射防护规定》;

◆EN 50492－2009《Basic standard for the in-situ measurement of electromagnetic field strength related to human exposure in the vicinity of base stations》;

◆IEC 62311－2007《Assessment of electronic and electrical equipment related to human exposure restrictions for electromagnetic fields (0Hz-300GHz)》。

4.4.1.3 测试方案及布置

(1) 场景1：电视塔内部的环境场强

测试仪器选用宽频环境电磁场测试仪。

选用100kHz～3GHz的电场三维全向天线，精度0.2V/m，测量频率覆盖广播、电视、电台、手机机站等信号，可适合较好的环境监测要求。

测量参数：电场强度、磁场强度、功率密度。

选择4处典型的工作区域进行测量，布置位置如图4－198至图4－202。

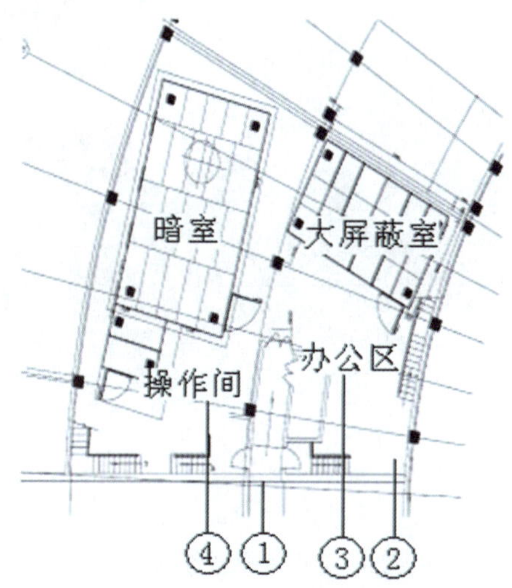

图4－198 测试布置图

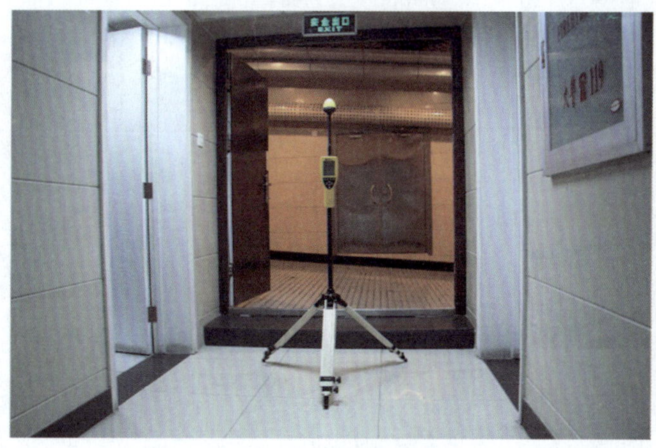

图4－199 测量位置1

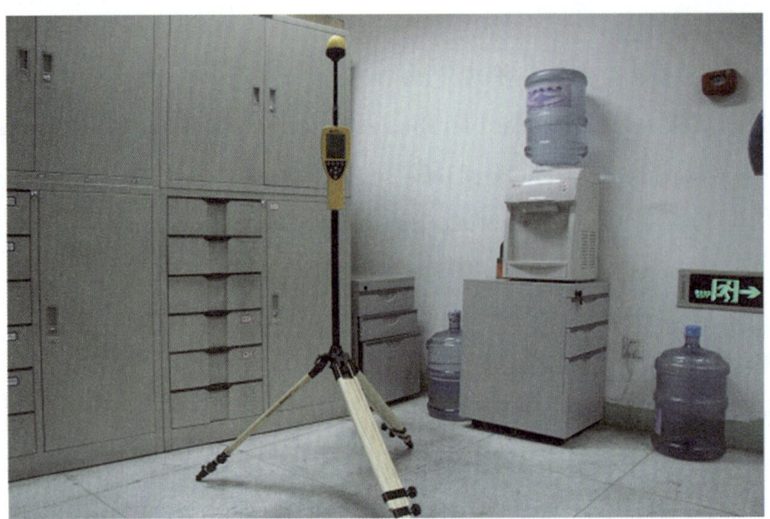

图 4-200　测量位置 2

图 4-201　测量位置 3

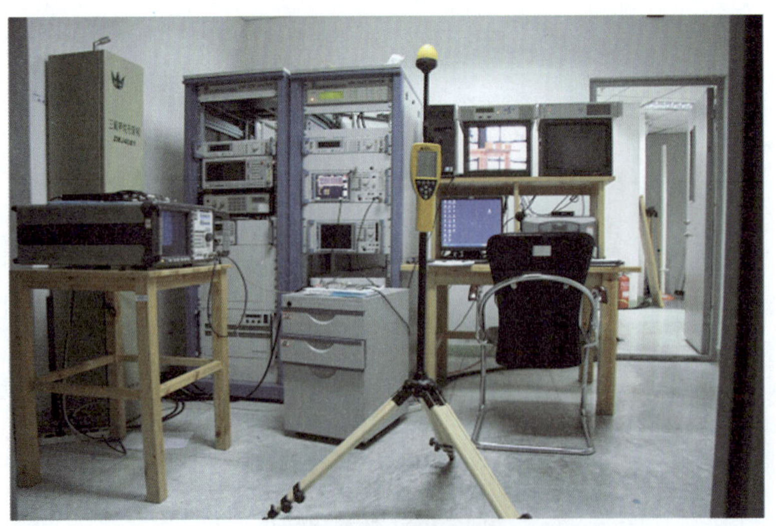

图 4-202　测量位置 4

（2）场景 2：电视塔周围 500m 以内的住宅小区

测试仪器选用选频环境电磁场测试仪，主要组件包括主机、探头组、远程控制分析软件。

选用 100kHz ~ 3GHz 的电磁场测量探头，可测量其中任意设定的频率范围的值，并提供每个频段的测量结果。

首先对广播电视发射塔上的工作频率进行调研，得到电视塔发射的频道列表及其频率范围，并将相应数据输入软件。

在安全评估模式下进行测量，可以得到相应频段的辐射场强以及频段列表中全部频段的总辐射功率，测量结果以场强值表示，单位为 V/m。

测量地点选择有较少楼宇遮挡的空旷地带，数据统计方法采用时间平均。

（3）场景 3：位于电视塔周围 8 个方向、不同距离处的场强测试方案及线路

测试仪器选用选频环境电磁场测试仪，主要组件包括主机、探头组、远程控制分析软件。

选用 100kHz ~ 3GHz 的电磁场测量探头，可测量其中任意设定的频率范围的值，并提供每个频段的测量结果。

首先对广播电视发射塔上的工作频率进行调研，得到电视塔发射的频道列表及其频率范围，并将相应数据输入软件。

在安全评估模式下测量总辐射功率，数据统计方法采用时间平均，测量结果以场强值表示，单位为 V/m。

测量直线距离到发射塔分别为 500 m、1000 m 和 2000 m 三个环形区域 8 个方向地面处的场强，8 个方向分别为：东、西、南、北、东南、东北、西南和西北，使用 GPS 确定直线距离。

测试时，尽量保证发射塔与测量设备之间没有直接的遮挡物。路测方位图见图 4 – 203。

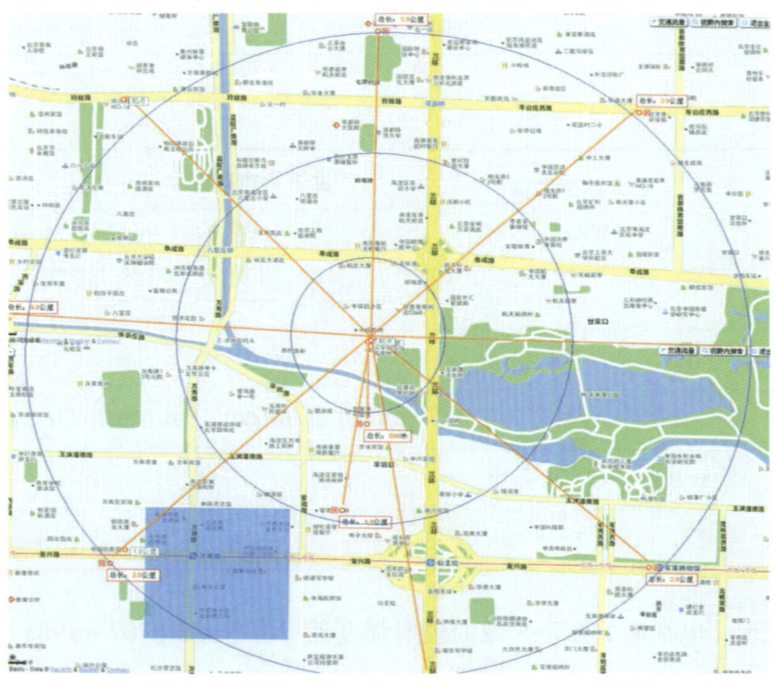

图 4 – 203　路测方位图

4.4.1.4 数据结果分析

(1) 场景1：电视塔内部的环境场强

◆电场强度

测量频率 (MHz)	公众照射限值 (V/m)		位置及电场强度 (V/m)				结果评判
			①	②	③	④	
0.1-3	40		——	——	——	——	——
3-30	$67/\sqrt{f}$	40~12	0.19	0.17	0.20	0.27	合格
30-3000	12						合格
3000-15000	$0.22\sqrt{f}$	12~27					合格
15000-300000	27		——	——	——	——	——

◆磁场强度

测量频率 (MHz)	公众照射限值 (A/m)		位置及磁场强度 (A/m)				结果评判
			①	②	③	④	
0.1-3	0.1		——	——	——	——	——
3-30	$0.17/\sqrt{f}$	0.1~0.032	0.0005	0.0004	0.0004	0.0006	合格
30-3000	0.032						合格
3000-15000	$0.001\sqrt{f}$	0.05~0.122					合格
15000-300000	0.073		——	——	——	——	——

◆功率密度

测量频率 (MHz)	公众照射限值 (W/m^2)		位置及功率密度 (W/m^2)				结果评判
			①	②	③	④	
0.1-3	4		——	——	——	——	——
3-30	12/f	4~0.4	0.0001	0.0001	0.0001	0.0002	合格
30-3000	0.4						合格
3000-15000	f/7500	0.4~2					合格
15000-300000	2		——	——	——	——	——

测试结果表明，电视塔下办公区域的辐射强度低于标准GB 8702-1988《电磁辐射防护规定》的限值。

（2）场景 2：电视塔周围 500m 以内的住宅小区

电场强度示意图见图 4 -204。

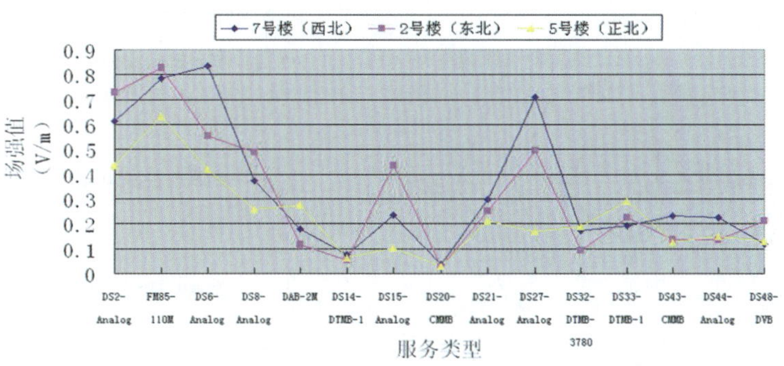

图 4 -204　各频段电场强度示意图

测试结果表明，各频点辐射强度低于标准 GB 8702–1988《电磁辐射防护规定》的限值。

（3）场景 3：位于电视塔周围 8 个方向、不同距离处的场强

点位	测量位置	电场值 total（V/m）
1	正西 2280	2. 573
2	正西 1230	2. 103
3	西北 1040m	2. 007
4	正东 420m	1. 936
5	正北 680m	1. 905
6	西南 800	1. 737
7	正西 730	1. 571
8	东北 740m	1. 521
9	东北 2040m	1. 521
10	正东 1090	1. 465
11	正南 910m	1. 391
12	东南 300m	1. 179
13	正北 1090m	1. 032
14	正南 1960	1. 032
15	东北 1530m	1. 028
16	正东 2090	1. 016
17	西南 1240	0. 9715
18	东南 1700m	0. 9666
19	正北 1970m	0. 8936
20	西北 2250	0. 744
21	西南 1960	0. 3397

电视塔周边场强的分布情况见图 4 - 205。

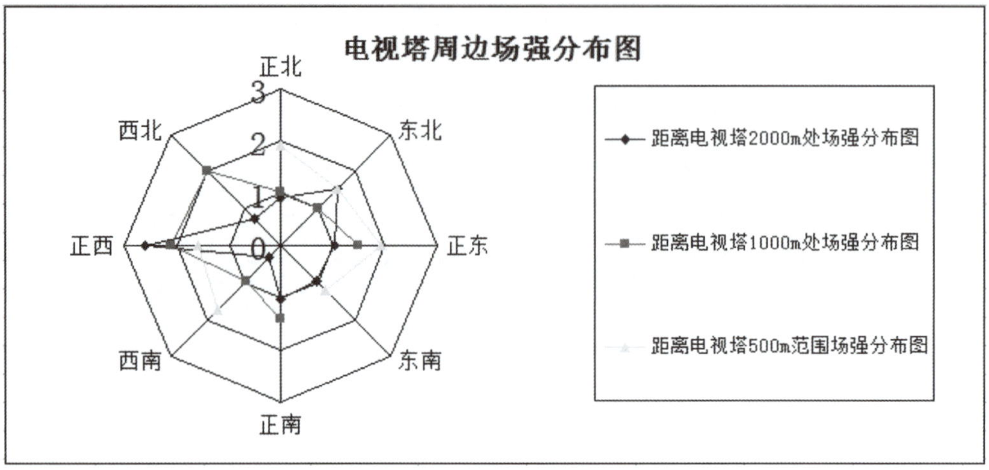

图 4 - 205　电视塔周边场强分布图

测试结果（如图 4 - 205 所示）表明，黄色、粉色、蓝色三种点分别代表近、中、远三个距离上的场强值，整体上看成近大远小的趋势，最大强度出现在正西 2280m 处，为 2.573 V/m，该处位于河道上方，测试点到电视塔之间无高大建筑及直接遮挡物，同一方向上距离更近的正西 1230m 处场强次之，为 2.103 V/m。发射塔周围各个方向上的场强值均远低于标准 GB 8702-1988《电磁辐射防护规定》的限值。

4.4.2　影视编辑工作环境 EMF 测试

4.4.2.1　研究背景

随着科学技术的进步，无线电技术已经被广泛应用于国防。广播电视节目制作单位中大量的电子设备形成复杂电磁环境，各种电子设备的电磁辐射对测试人员的身体健康造成相当的损害，因而更多的广播电视节目制作单位对工作环境的电磁辐射问题越来越关注。北京某影视编辑公司委托我们实验室对其工作环境的电磁辐射进行测试，实验室测试工程师对该单位的环境电磁场进行测量，分析该环境电磁场的强弱以及主要辐射源，判断其是否符合标准。

通过测试分析发现该环境电磁场中主要的辐射源来自于计算机、扫描仪、打印机等办公电子设备以及节目监视器、录像机、渲染集群等影视编辑设备。

4.4.2.2　依据标准

在进行电磁照射测试的过程中，实验室依据的标准是 GB 8702-1988《电磁辐射防护规定》、ICNIRP Guidelines 1998《Guidelines for Limiting Exposure to Time-Varying Electric, Magnetic, and Electromagnetic Fields (up to 300 GHz)》、EN 50492-2009《Basic standard for the in-situ measurement of electromagnetic field strength related to human exposure in the vicinity of base stations》。

4.4.2.3　试验结论

经过测试，该影视编辑工作环境符合 GB 8702-1988 对于环境电磁场公众暴露导出限值的要求。

通过此次对影视编辑工作环境的 EMF 测试，我们对广播电视节目制作单位的电磁环境有了初步的了解。通过实际测试积累测试数据，分析了对电磁照射强度造成影响的各种因素。我们通过此次试验积累了测试经验，为未来进行更深入的研究工作打下了基础。

4.4.2.4 试验测试结果

（1）试验描述

①结合客户提供的设备列表，观察试验环境，并对房间进行编号（见表 4－25）；

②将试验环境中所有电子设备均接通电源，并设置为正常工作状态；

③对试验环境进行初测，确定主要辐射源的数量及位置，并据此选定测量位置；

④根据初测结果，判定空间平均及时间平均方案，并确定测量探头摆放点位；

⑤使用宽频环境电磁场测量仪进行宽频测量，记录测量数据，判定各测量位置是否需要选频测量；

⑥对需要进一步做选频测量的位置，使用选频环境电磁场测量仪找到辐射频点，并进行选频测量；

⑦整理数据，与限值进行比对及分析。

（2）试验说明

①辐射源：凡是在环境中可能产生电磁波的电子设备都被认为是辐射源，根据电磁能量的大小，通过测量人员对所在环境进行初测，找出试验环境中的主要辐射源（本次测试过程中的主要辐射源见表 4－26）。

②测量位置：测量位置是指在试验环境中选取进行电磁照射测试的具体位置，测量人员依据以下两种方式确定测量位置。

◆与客户协商，将客户认为可能产生较强电磁照射的敏感位置确认为测量位置；

◆通过初测找出试验环境中的主要辐射源，并据此寻找电场强度较大的位置，确定为该环境的测量位置。

本次测量使用宽频测量设备对试验环境进行初测（示例见图 4－206），房间 1 三处位置场强值较大，其他位置场强值均不高于 1V/m（不及 GB 8702－1988 最严限值 12V/m 的 10%），故房间 1 仅选取这三个测量位置；房间 2、3、4、5 的测量位置同理选取（所有测量位置分布图见图 4－207 至图 4－211）。

③测量探头摆放点位：测量点位指的是在每一个测量位置上选取的测量探头与辐射源的距离及高度；对于每一个测量位置，测量人员依据以下两种方式确定测量探头摆放点位：

◆与客户协商，了解工作人员平时在工作中与主要辐射源的距离和高度，以此确定探头的摆放位置；

◆通过初测，找到测量环境中电场强度较大位置后，不断调整测量探头与主要辐射源的距离及高度，寻找电场强度较大的位置，以此确定探头摆放位置。此次试验中各测量位置的探头摆放点位见表 4－27 及图 4－212 至图 4－221。

④时间平均：使用宽频测量设备对测量点位进行 6 分钟时间平均测量，记录数据并对比参考限值，若此宽频测量值远低于 GB 8702-1988 所规定的参考限值，则可直接判定该位置符

合标准要求；若此宽频测量值接近或超过参考限值，则判定该位置需进行选频测量。根据试验环境中的辐射源工作方式的不同，对于连续工作的电子设备进行6分钟时间平均测量，例如电脑、电视、监视器；对于类似扫描仪、打印机等正常工作情况下无法连续工作6分钟的电子设备，缩短测量时间，进行1分钟时间平均测量。

（3）测量数据及数据分析

我们将测量数据与GB8702–1988《电磁辐射防护规定》及ICNIRP导则中公众照射要求的各频段对应最严限值进行比对（导出限值见表4–28至表4–30）。

◆宽频测试数据

使用宽频测量仪配置探头，在100kHz～3GHz进行宽频测量，若测量值远小于该频率范围内最严的限值，则通过测试，否则进一步做选频测量。

测试数据见表4–22。

表4–22　100kHz～3GHz 宽频测量数据

位置	电场强度 RMS（时间平均）（V/m）	GB8702-88 公众照射导出限值（V/m）		结果评判
		所在频段最低限值	所在频段最高限值	
测量位置1	10.67	12	87	进行选频测量
测量位置2	0.116	12	87	通过
测量位置3	7.21	12	87	进行选频测量
测量位置4	0.833	12	87	通过
测量位置5	1.950	12	87	通过
测量位置6	3.346	12	87	通过
测量位置7	0.082	12	87	通过
测量位置8	46.12	12	87	进行选频测量
测量位置9	0.394	12	87	通过
测量位置10	6.78	12	87	进行选频测量
测量位置11	0.485	12	87	通过
测量位置12	0.860	12	87	通过

经过宽频测量后发现测量位置1、3、8、10的测量结果接近或超过该频率范围内GB 8702–1988要求的最严导出限值，因而对这些位置进一步做选频测量。

◆选频测试数据

使用选频环境电磁场测量仪进行选频测量，数据见表4–23和表4–24：

表 4－23 选频测量电场强度测量数据

测量位置	测量频点（MHz）	测量值（V/m）	该频点限值（V/m）	评判结果
测量位置 1	0.0490	1.0183	87	通过
	0.0493	1.3950		
	0.0495	1.6512		
	0.0498	1.3886		
	0.0500	1.1589		
测量位置 3	0.0090	1.2407	87	通过
	0.4115	1.1422	40	
	0.4140	1.2881		
	0.4165	1.2392		
	0.4190	1.0316		
测量位置 8	0.0305	1.8029	87	通过
测量位置 10	0.0270	4.6457	87	通过
	0.0278	5.4662		
	0.0285	5.5881		
	0.0293	4.8093		
	0.0555	4.1723		
	0.0563	4.3867		
	0.0840	3.7741		
	0.0848	3.7305		
	0.1118	3.3189	40	
	0.1125	3.5656		
注 1：1Hz～100kHz 参考 ICNIRP Guidelines 1998：general public Reference level. 注 2：100kHz～300GHz 参考 GB 8702－1988 公众照射导出限值。				

表 4－24 选频测量磁场强度测量数据

测量位置	测量频点（MHz）	测量值（A/m）	测量频点限值 E_s（A/m）	评判结果
测量位置 10	0.0263	0.0723	5	通过
	0.0270	0.1027		
	0.0278	0.1163		
	0.0285	0.1126		
	0.0293	0.0916		
注：1Hz－100kHz 参考 ICNIRP Guidelines 1998：general public Reference level.				

◆宽频测量数据分析

将各个测量位置的宽频测量最终值 E 或 H，与其频率范围内最严的限值 E_L或 H_L（下角标 L 代表 Lowest）做一比较，若有：

$$E < E_L, \text{或} H < H_L,$$

E 代表该位置的最终电场强度值（如果进行电场强度测量）；

H 代表该位置的最终磁场强度值（如果进行磁场强度测量）；

E_L代表该宽频探头工作频率范围内的最严电场强度限值；

H_L代表该宽频探头工作频率范围内的最严磁场强度限值。

则在该测量位置，此频率范围内环境电磁场照射符合所选用标准限值的要求，原则上，不需再做进一步选频测量。否则，进入选频测量流程，对该频率范围内的照射源及频率做进一步评估。

本次试验中，通过测量数据可知测量位置 2、4、5、6、7、9、11、12 的场强值都远小于最严导出限值，因而符合 GB 8702-1988 对于公众暴露导出限值的规定要求，测量位置 1、3、8、10 则需进一步做选频测量，见表 4－22。

◆选频测量数据分析

通过对测量位置 1、3、8、10 的选频测量，可知每一个测量位置的选频测量值都满足 GB 8702-88 对于公众暴露导出限值的规定要求，数据如表 4－23 和表 4－24 以及图 4－222 至图 4－227 所示。

注意到测量位置 8，使用宽频环境电磁场测量仪对日光灯进行宽频测量时，其电场场强值高达 46.12V/m，而在选频测量过程中，使用选频环境电磁场测量仪对同样位置同样状况下进行精确测量：从 100kHz 到 30MHz 扫频，并未发现过高的场强值，最高的场强测试数据见图 4－225（RBW＝1kHz，6 分钟平均 RMS 值）。该频点低于 100kHz，已不在 GB 8702-1988 的限制范围（100kHz～300GHz）之内。（对于 100kHz 以下频点，ICNIRP1998 所规定的公众导出限值从 3kHz～100kHz 为 87V/m，频率越低，限值越高，见表 4－30。）

在关闭日光灯后该点位电场强度大幅降低甚至消失，因此，这种现象可能是由于日光灯及其引线搭接引起的，其频率范围可能低于 100kHz，已不在 GB 8702－1988 的限制范围（100kHz～300GHz）之内。

4.4.2.5 试验环境信息与参考限值说明

◆房间编号（见表 4－25）

表 4－25 测试房间编号

房间名称	房间标号
某大厦 20 层办公室 A	房间 1
某大厦 20 层办公室 B	房间 2
某大厦 20 层机房	房间 3
某大楼办公室 C	房间 4
某大楼办公室 D	房间 5

◆主要辐射源信息（见表 4－26）

表 4－26 测量现场主要辐射源

序号	名称	工作方式（持续/断续）	位置
1	扫描仪	断续	房间 1
2	电视	持续	房间 1　房间 4　房间 5
3	传真机	断续	房间 1
4	打印机	断续	房间 1
5	电脑液晶屏	持续	房间 1　房间 2　房间 4
6	监视器	持续	房间 2　房间 3　房间 4　房间 5
7	录像机	持续	房间 2　房间 3 房间 4　房间 5
8	日光灯	持续	房间 1　房间 2　房间 3　房间 4　房间 5
9	渲染集群	持续	房间 3

◆测量仪探头点位信息（见表 4－26）

表 4－27 测量探头摆放位置

测试位置标号	房间编号	探头垂直高度（cm）	探头水平距离（cm）
测试位置 1	房间 1	110	40
测试位置 2	房间 1	110	40
测试位置 3	房间 1	50	5
测试位置 4	房间 2	83	23
测试位置 5	房间 3	163	22
测试位置 6	房间 3	170	23
测试位置 7	房间 3	136	24
测试位置 8	房间 3	34（距离日光灯）	——
测试位置 9	房间 4	100	20
测试位置 10	房间 4	93	22
测试位置 11	房间 5	91	26
测试位置 12	房间 5	152	27

◆参考限值

表 4－28 和表 4－29 分别引自 GB 8702-1988 中职业照射导出限值及公众照射导出限值，表 4－30 引自 ICNIRP guidelines 1998 中公众导出限值。

本次测量主要参考国家标准 GB 8702-1988 的公众照射导出限值，对于其中未进行规定的 100kHz 以下频段，参照 ICNIRP guidelines 1998 中公众导出限值的规定。

表 4 - 28　GB 8702-1988 职业照射导出限值

频率范围（MHz）	电场强度（V/m）	磁场强度（A/m）	功率密度（W/m^2）
0. 1 ~ 3	87	0. 25	20
3 ~ 30	$150/\sqrt{f}$	$0.40/\sqrt{f}$	60/f
30 ~ 3000	28	0. 075	2
3000 ~ 15000	$0.5\sqrt{f}$	$0.0015\sqrt{f}$	f/1500
15000 ~ 30000	61	0. 16	10

表 4 - 29　GB 8702-1988 公众照射导出限值

频率范围（MHz）	电场强度（V/m）	磁场强度（A/m）	功率密度（$(W/m)^2$）
0. 1 ~ 3	40	0. 1	4
3 ~ 30	$67/\sqrt{f}$	$0.17/\sqrt{f}$	12/f
30 ~ 3000	12	0. 032	0. 4
3000 ~ 15000	$0.22/\sqrt{f}$	$0.001\sqrt{f}$	f/7500
15000 ~ 30000	27	0. 073	2

表 4 - 30　ICNIRP 1998 公众导出限值

频率范围	电场强度（V/m）	磁场强度（A/m）	磁通密度（μT）
< 1 Hz	-	3.2×10^4	4×10^4
1 ~ 8 Hz	10 000	$3.2\times10^4/f^2$	$4\times10^4/f^2$
8 ~ 25 Hz	10 000	4 000/f	5 000/f
0. 025 ~ 0. 8 kHz	250/f	4/f	5/f
0. 8 ~ 3 kHz	250/f	5	6. 25
3 ~ 150kHz	87	5	6. 25

4. 4. 2. 6　测量位置照片及示意图

◆初测

对测量环境进行初测，以确定辐射源可能的频率范围、近场远场信息、功率范围，并据此选择场强较大的位置作为后续时间平均的测量位置，初测示例见图 4 - 206。

图 4－206　环境电磁场初测示例

◆测量位置分布（见图 4－207 至图 4－211）

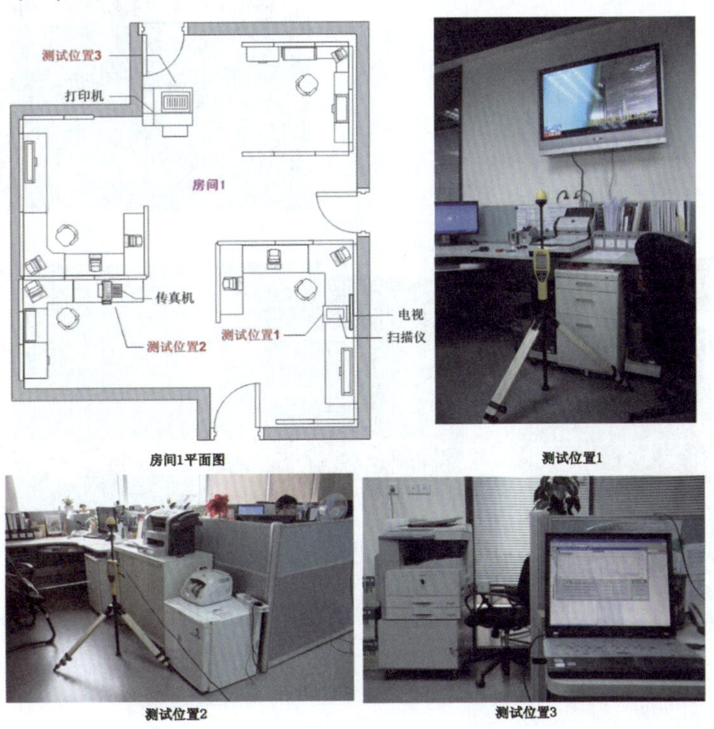

图 4－207　房间 1 平面图及测试位置分布图

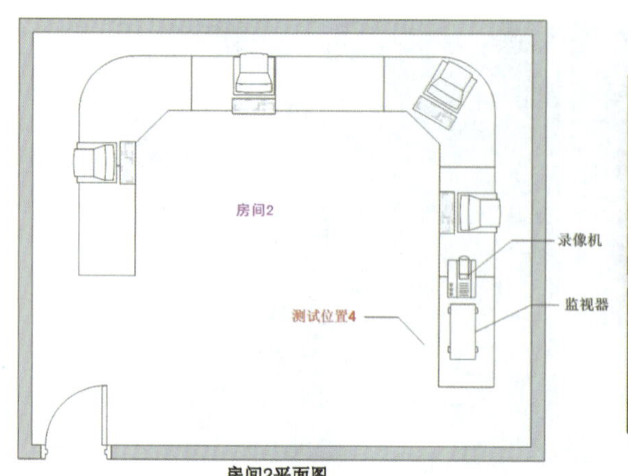

房间2平面图

测试位置4

图 4－208　房间 2 平面图及测试位置分布图

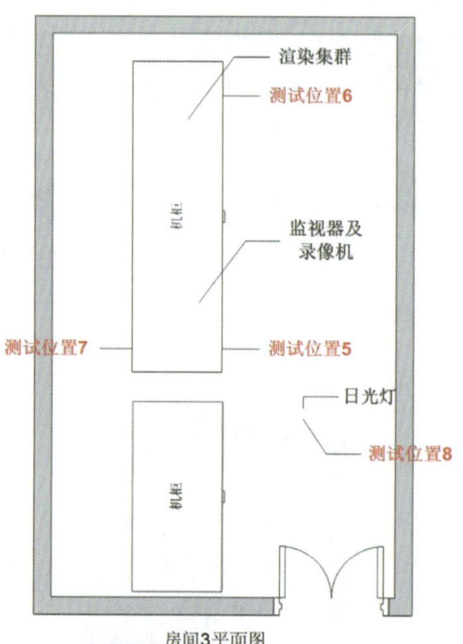

房间3平面图

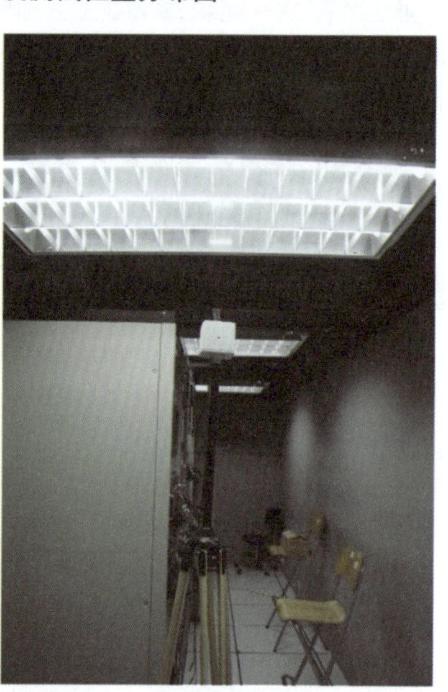
测试位置8

测试位置5

测试位置6

测试位置7

图 4－209　房间 3 平面图及测试位置分布图

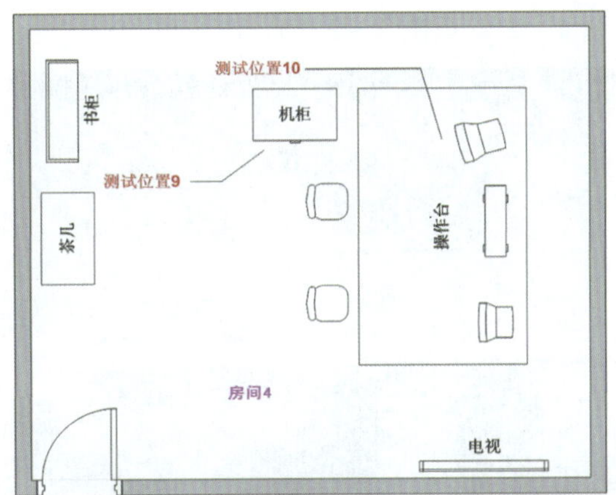

房间4平面图

测试位置9　　测试位置10

图 4－210　房间 4 平面图及测试位置分布图

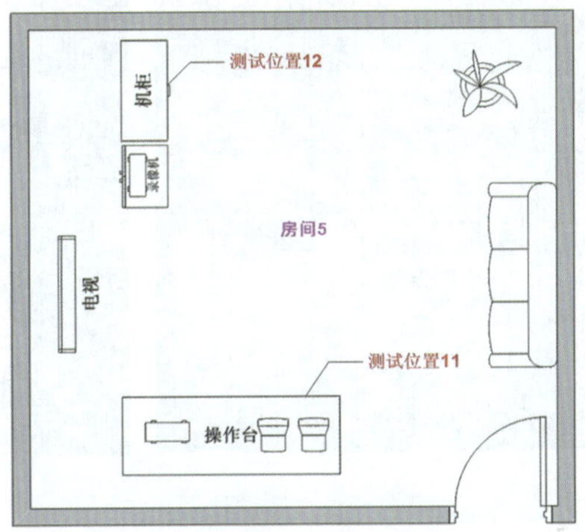

房间5平面图

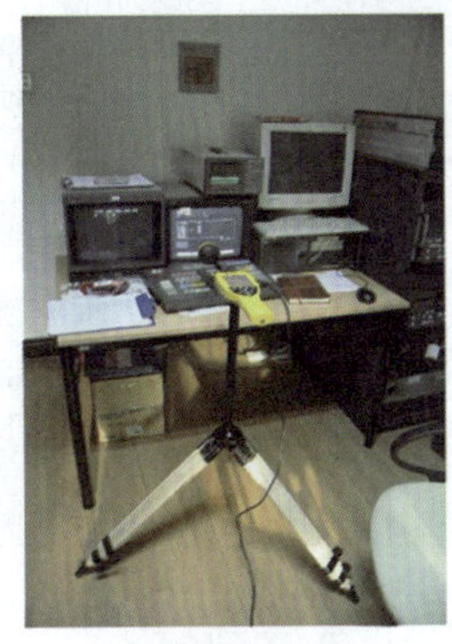
测试位置11

测试位置12

图 4－211　房间 5 平面图及测试位置分布图

◆ 探头摆放点位（见图 4 - 212 至图 4 - 221）

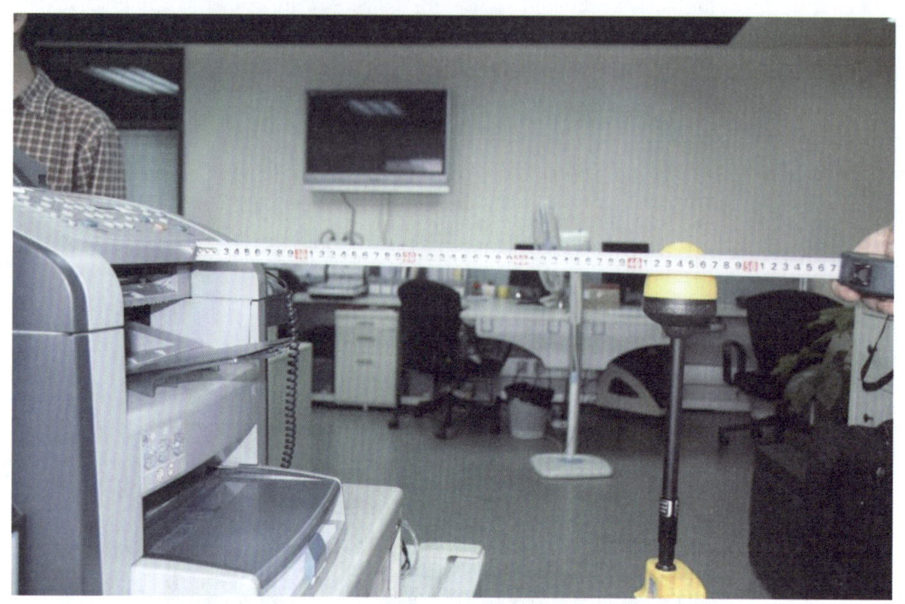

图 4 - 212　测试位置 2

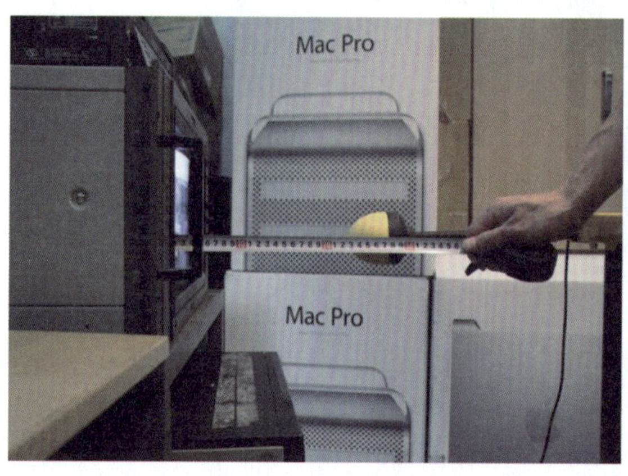

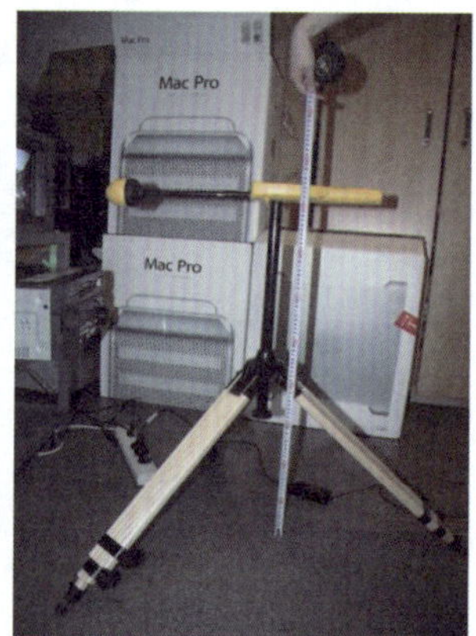

图 4 - 213　测试位置 4

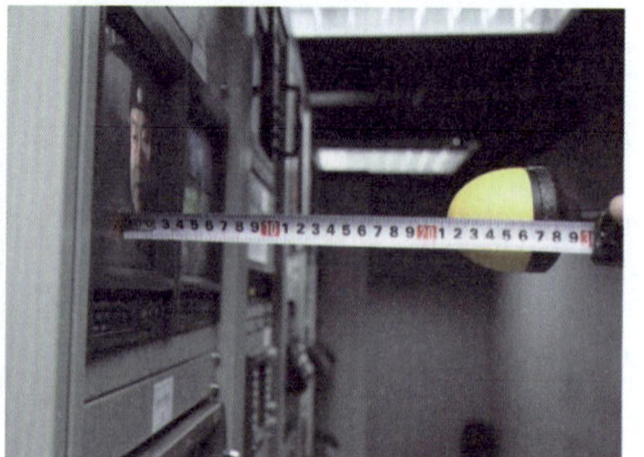

图 4 - 214　测试位置 5

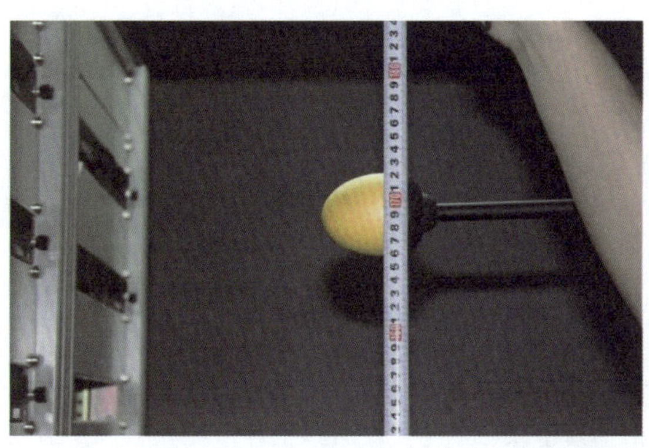
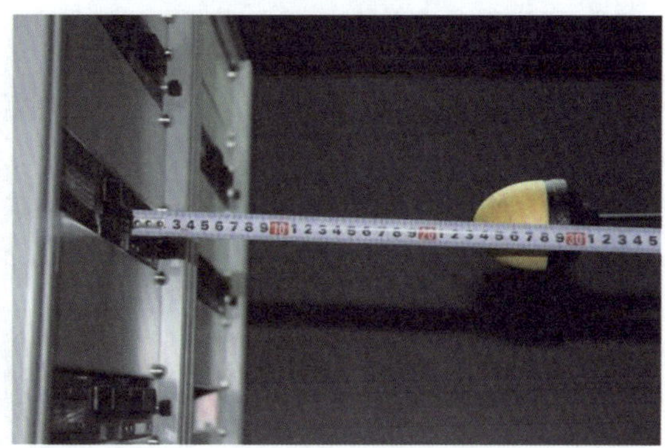

图 4 - 215　测试位置 6

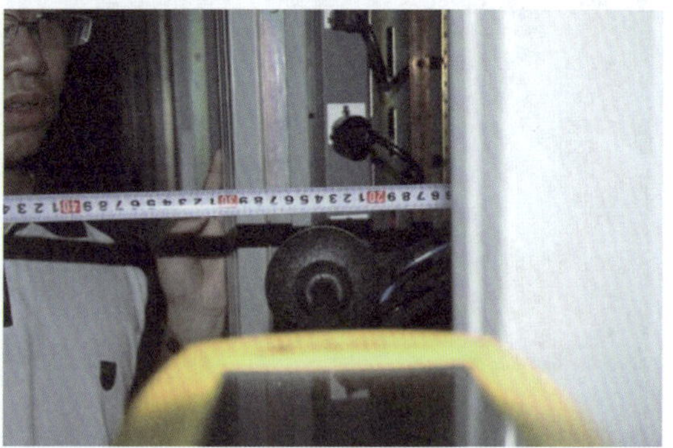

图 4 - 216　测试位置 7

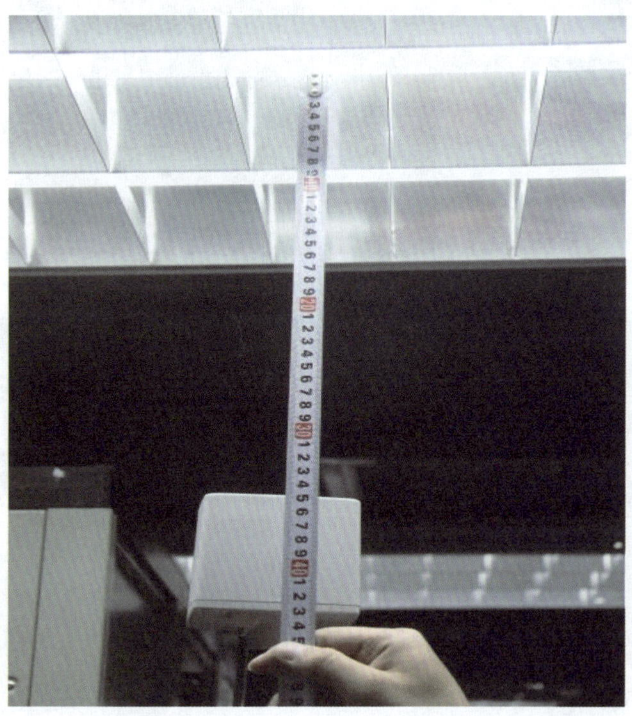

图 4 - 217　测试位置 8

图 4-218　测试位置 9

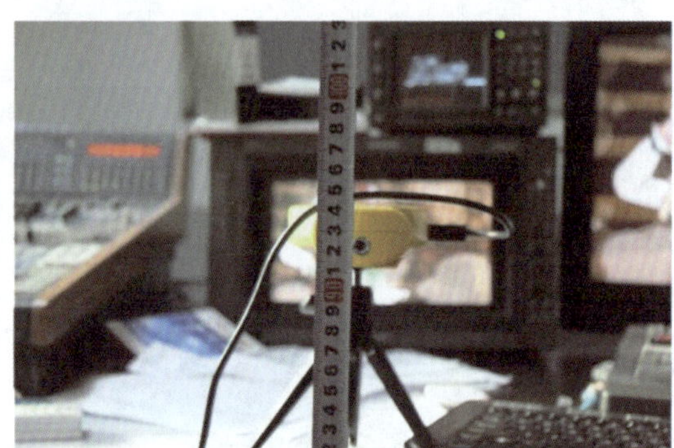

图 4-219　测试位置 10

图 4-220　测试位置 11

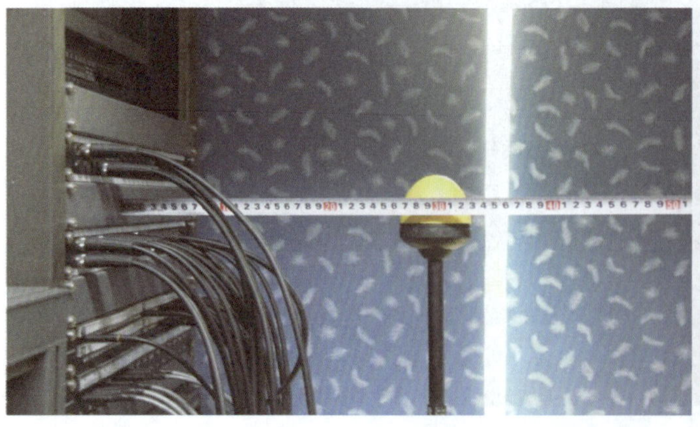
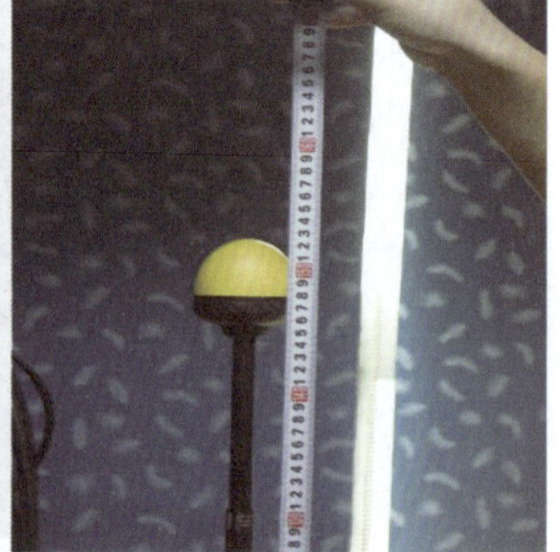

图 4-221　测试位置 12

4.4.2.7 测量数据截图（见图4－222至4－227）

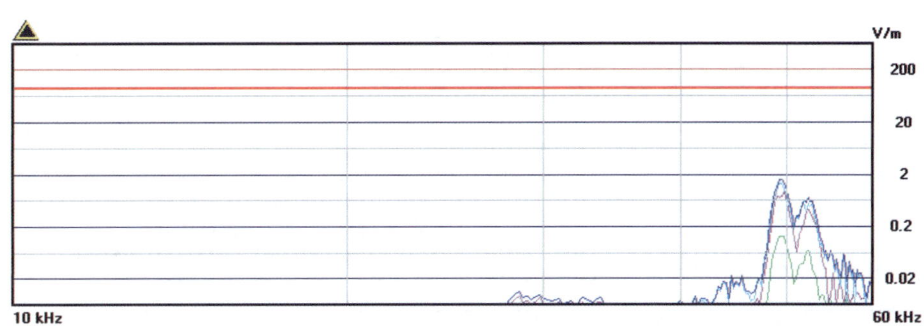

图4－222　测试位置1选频测量显示（电场）

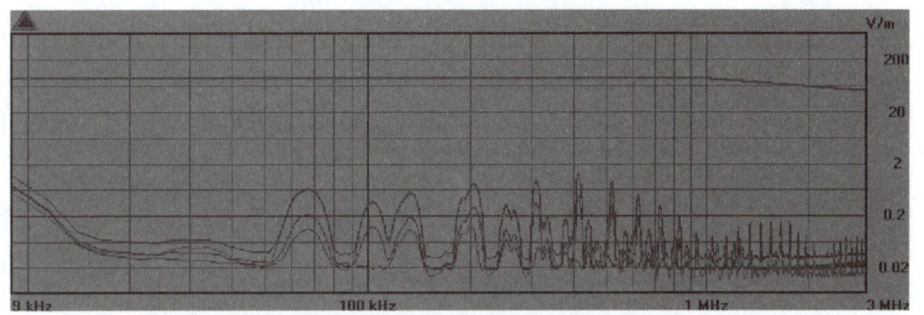

图4－223　测量位置3选频测量显示（电场）

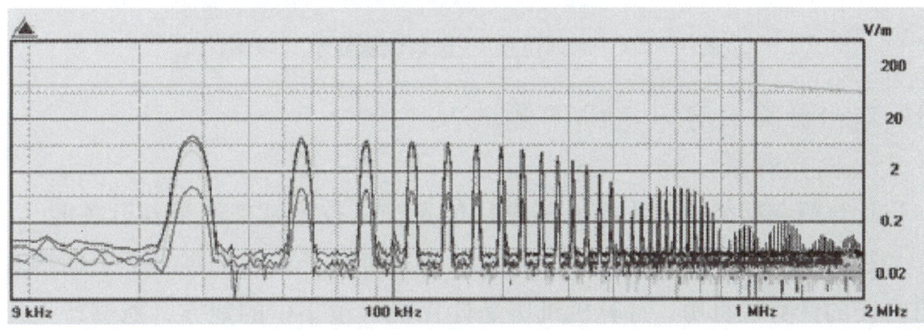

图4－224　测试位置4选频测量显示（电场）

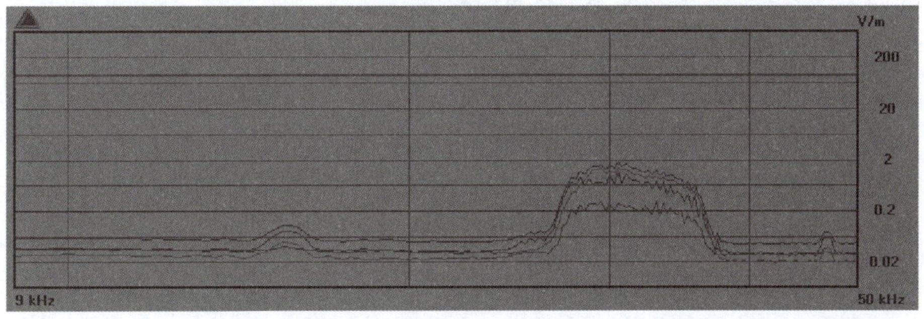

图4－225　测试位置8选频测量显示（电场）

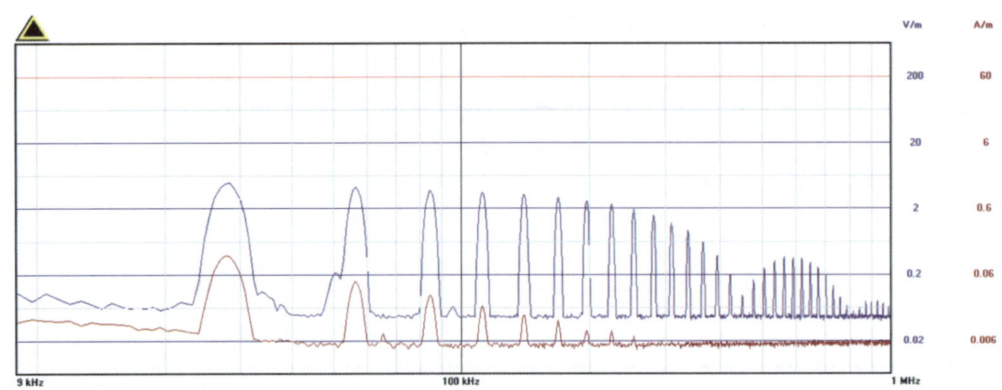

图 4-226　测试位置 10 选频测量显示（电场＋磁场）

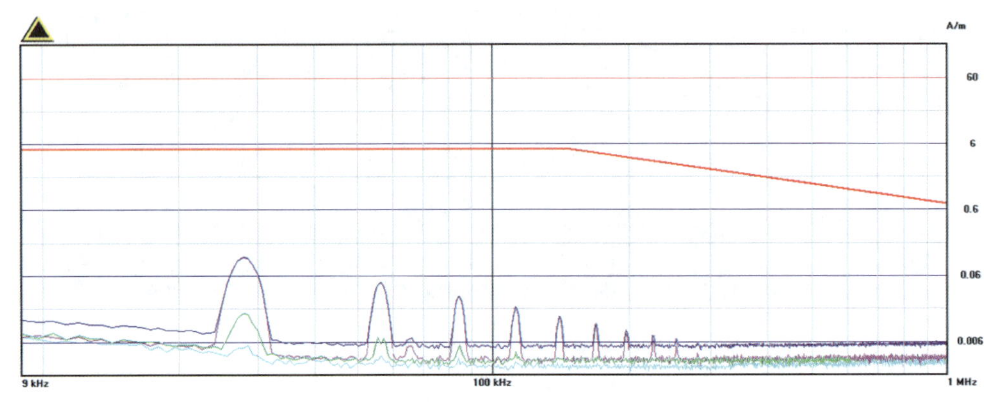

图 4-227　测试位置 10 选频测量显示（磁场）

4.4.3　电台计算机房环境 EMF 测试

4.4.3.1　研究背景

现在，以计算机与网络技术为核心的现代信息交流技术越来越受各行各业人士的重视，广播电台作为社会信息传播的重要渠道之一对计算机等电子设备的需求不言而喻。很多广播电台都建有自己的计算机机房，计算机机房是计算机大量集中的地方，能够产生比较集中的电磁场，所以在进行机房建设时，除了考虑布线的合理性和计算机资源的有效利用，还应考虑到如何降低计算机的辐射对其他电子设备的影响。

计算机的辐射主要来源于哪里？从辐射的根源来看，主要包括显示器辐射源、机箱辐射源及打印机、扫描仪等附加设备辐射源。其中，显示器会产生诸如电离辐射、非电离辐射、静电电场、光辐射等多种射线及电磁波辐射。当然如果是液晶显示器，辐射会大大降低。机箱辐射源则来自于其内部的各种部件（如 CPU、硬盘、风扇等），当这些部件工作时会发出低频电磁波辐射和噪音干扰，从而对人体造成伤害。

众所周知，计算机机房中放置的大量高速运转的计算机，会产生一个辐射比较集中的电磁环境，为了研究电视台计算机房产生的电磁辐射强度，实验室对某电视台计算机机房进行了电磁照射测试。

4.4.3.2 依据标准

在进行电磁照射测试的过程中，实验室依据的标准是 GB 8702-1988《电磁辐射防护规定》、ICNIRP Guidelines 1998《Guidelines for Limiting Exposure to Time-Varying Electric, Magnetic, and Electromagnetic Fields (up to 300 GHz)》、EN 50492-2009《Basic standard for the in-situ measurement of electromagnetic field strength related to human exposure in the vicinity of base stations》。

4.4.3.3 试验测试结论

通过测试，某电视台新建计算机机房所测指标符合 GB 8702 - 1988《电磁辐射防护规定》对于环境电磁场公众暴露导出限值的要求。

4.4.3.4 试验测试结果

（1）试验描述

①结合客户提供的设备列表，观察试验环境，并对房间进行编号（见表 4 - 32）；

②将试验环境中所有电子设备均接通电源，并设置为正常工作状态；

③对试验环境进行初测，确定主要辐射源的数量及位置，并据此选定测量位置；

④根据初测结果，判定空间平均及时间平均方案，并确定测量探头摆放点位；

⑤使用宽频环境电磁场测量仪进行宽频测量，记录数据，判定各测量位置是否需要进行选频测量；

⑥对需要进一步做选频测量的位置，使用选频环境电磁场测量仪找到辐射频点，并进行选频测量；

⑦整理数据，与限值进行比对及分析。

（2）试验说明

①辐射源：凡是在环境中可能产生电磁波的电子设备都被认为是辐射源，根据电磁能量的大小，通过测量人员对所在环境进行初测，找出试验环境中的主要辐射源（本次测试过程中的主要辐射源见表 4 - 33）。

②测量位置：测量位置是指在试验环境中选取进行电磁照射测试的具体位置，测量人员依据以下两种方式确定测量位置：

◆与客户协商，将客户认为可能产生较强电磁照射的敏感位置确认为观察位置；

◆通过初测找出试验环境中的主要辐射源，并据此寻找电场强度较大的位置，确定为该环境的测试位置。

在本次测量中，一共选取 25 个位置进行测量。测量人员使用宽频测量设备对试验环境进行初测（示例见图 4 - 228），发现房间 1 中的初测场强值均不高于 1V/m（不及 GB 8702 - 1988 最严限值 12V/m 的 10%），故在房间 1 中选取 5 个距离辐射源较近且初测值较大的位置作为测试位置；房间 2 中只有一个位置的初测值超过 1V/m，故除该位置外另外选取 9 个初测值较大的位置作为测试位置（各位置初测值见表 4 - 34）。同时根据客户要求选取 10 个观察位置进行测量（所有测量位置分布图见图 4 - 229 至图 4 - 245）。

③测量探头摆放点位：测量点位指的是在每一个测量位置上选取的测量探头与辐射

源的距离及高度；对于每一个测量位置，测量人员依据以下两种方式确定测量探头摆放点位：

◆与客户协商，了解工作人员平时在工作中与主要辐射源的距离和高度，以此确定探头的摆放位置；

◆通过初测，找到测量环境中电场强度较大位置后，不断调整测量探头与主要辐射源的距离及高度，寻找电场强度较大的位置，以此确定探头摆放位置。

此次试验中各测量位置的探头摆放点位见表 4－35 及图 4－246 至图 4－260。

(3) 测量数据及数据分析

本测量报告中的测量数据与 GB 8702－1988《电磁辐射防护规定》及 ICNIRP 导则中公众照射要求的各频段对应最严限值进行比对（导出限值见表 4－36 至表 4－38）。

◆宽频测试数据

使用宽频测量仪配置专业探头，在 100kHz～3GHz 进行宽频测量，若测量值远小于该频率范围内最严的限值，则通过测试，否则进一步做选频测量。

测量结果见表 4－31。

表 4－31　100kHz～3GHz 宽频测量数据

位置	电场强度 RMS (时间平均) (V/m)	GB 8702－1988 公众照射导出限值（V/m）		结果评判
		所在频段最低限值	所在频段最高限值	
测量位置 1	0. 10	12	87	通过
测量位置 2	0. 22	12	87	通过
测量位置 3	0. 09	12	87	通过
测量位置 4	0. 10	12	87	通过
测量位置 5	0. 47	12	87	通过
测量位置 6	0. 15	12	87	通过
测量位置 7	0. 07	12	87	通过
测量位置 8	0. 37	12	87	通过
测量位置 9	0. 49	12	87	通过
测量位置 10	0. 26	12	87	通过
测量位置 11	1. 79	12	87	通过
测量位置 12	0. 15	12	87	通过
测试位置 13	0. 19	12	87	通过
测试位置 14	0. 15	12	87	通过
测试位置 15	0. 20	12	87	通过
观察位置 1	0. 16	12	87	通过

（续表）

位置	电场强度 RMS（时间平均）（V/m）	GB 8702－1988 公众照射导出限值（V/m）		结果评判
		所在频段最低限值	所在频段最高限值	
观察位置 2	0.26	12	87	通过
观察位置 3	0.45	12	87	通过
观察位置 4	0.46	12	87	通过
观察位置 5	0.29	12	87	通过
观察位置 6	0.19	12	87	通过
观察位置 7	0.32	12	87	通过
观察位置 8	0.16	12	87	通过
观察位置 9	0.12	12	87	通过
观察位置 10	0.18	12	87	通过

◆选频测试数据

经过宽频测量后发现所有测量位置的测量结果均远小于该频率范围内 GB 8702－1988 要求的最严导出限值（各测试位置宽频测量最大值小于最严限值的 15%），因而对这些位置无需进一步做选频测量。

◆宽频测量数据分析

将各个测量位置的宽频测量最终值 E 或 H，与其频率范围内最严的限值 E_L或 H_L（下角标 L 代表 Lowest）做一比较，若有：

$$E < E_L，或 H < H_L$$

E 代表该位置的最终电场强度值（如果进行电场强度测量）；

H 代表该位置的最终磁场强度值（如果进行磁场强度测量）；

E_L代表该宽频探头工作频率范围内的最严电场强度限值；

H_L代表该宽频探头工作频率范围内的最严磁场强度限值。

则在该测量位置，此频率范围内环境电磁场照射符合所选用标准限值的要求，原则上，不需再做进一步选频测量。否则，进入选频测量流程，对该频率范围内的照射源及频率做进一步评估。

本次试验中，通过测量数据分析可知所有测量位置的场强值均远小于最严导出限值（各测试位置宽频测量最大值小于最严限值的 15%），因而符合 GB 8702－1988 对于公众暴露导出限值的规定要求。

◆选频测量数据分析

为了确保宽频测试的准确性，测试人员对每一个测试位置都进行了 27MHz～3GHz 选频测试，发现该频带范围内并无异常，说明宽频测试是准确有效的。

注意到测量位置 11，使用宽频测量仪配置专业探头对机柜进行的宽频测量电场场强值为

1.79V/m，而在选频测量过程中，使用高频选频测量仪和低频选频测量仪对同样位置同样状况下进行精确测量：从9kHz到3GHz扫频，并未发现过高的场强值，最高的场强测试数据见图4-271。这可能由于宽频测量设备的局限性，宽频测量数据有可能过高估计了电磁照射强度。

◆结论

通过测试可知某电视台计算机机房网络一室、网络二室，所测指标符合GB 8702-1988《电磁辐射防护规定》对于环境电磁场公众暴露导出限值的要求，其最大值小于最严公众限值的15%，大多数测量值不及最严格公众限值的5%。

4.4.3.5 试验环境信息与参考限值说明

◆房间编号（见表4-32）

表4-32 测试房间编号

房间名称	房间标号
计算机机房网络二室	房间1
计算机机房网络一室	房间2

◆主要辐射源信息（见表4-33）

表4-33 测量现场主要辐射源

序号	名称	工作方式（持续/断续）	位置
1	计算机	持续	房间1 房间2
2	空调	持续	房间1 房间2
3	配电柜	持续	房间1 房间2

◆各测试位置初测值（见表4-34）

表4-34 各测试位置初测信息

测试位置标号	房间编号	探头垂直高度（cm）	探头中心与辐射源距离（cm）	初测值（V/m）
测试位置1	房间1	169	16	0.57
测试位置2	房间1	125	6	0.23
测试位置3	房间1	135	5	0.20
测试位置4	房间1	142	4	0.29
测试位置5	房间1	159	5	0.81
测试位置6	房间2	178	4	0.42
测试位置7	房间2	168	4	0.80
测试位置8	房间2	138	3	0.73
测试位置9	房间2	157	6	0.40
测试位置10	房间2	132	5	0.53
测试位置11	房间2	156	10	2.30
测试位置12	房间2	143	4	0.59

（续表）

测试位置标号	房间编号	探头垂直高度（cm）	探头中心与辐射源距离（cm）	初测值（V/m）
测试位置 13	房间 2	136	5	0.62
测试位置 14	房间 2	153	5	0.41
测试位置 15	房间 2	132	5	0.50

◆测量仪探头点位信息（见表 4－35）

表 4－35　测量探头摆放位置

测试位置标号	房间编号	探头垂直高度（cm）	探头中心与辐射源距离（cm）
测试位置 1	房间 1	169	16
测试位置 2	房间 1	125	6
测试位置 3	房间 1	135	5
测试位置 4	房间 1	142	4
测试位置 5	房间 1	159	5
测试位置 6	房间 2	178	4
测试位置 7	房间 2	168	4
测试位置 8	房间 2	138	3
测试位置 9	房间 2	157	6
测试位置 10	房间 2	132	5
测试位置 11	房间 2	156	10
测试位置 12	房间 2	143	4
测试位置 13	房间 2	136	5
测试位置 14	房间 2	153	5
测试位置 15	房间 2	132	5

◆参考限值

表 4－36 和表 4－37 分别引自 GB 8702－1988 中职业照射导出限值及公众照射导出限值，表 4－38 引自 ICNIRP guidelines 1998 中公众导出限值。本次测量主要参考国家标准 GB 8702－1988 的公众照射导出限值，对于其中未进行规定的 100kHz 以下频段，参照 ICNIRP guidelines 1998 中公众导出限值的规定。

表 4-36 GB 8702-1988 职业照射导出限值

频率范围(MHz)	电场强度(V/m)	磁场强度(A/m)	功率密度(W/m^2)
0.1~3	87	0.25	20
3~30	$150/\sqrt{f}$	$0.40/\sqrt{f}$	60/f
30~3000	28	0.075	2
3000~15000	$0.5\sqrt{f}$	$0.0015\sqrt{f}$	f/1500
15000~30000	61	0.16	10

表 4-37 GB 8702-1988 公众照射导出限值

频率范围(MHz)	电场强度(V/m)	磁场强度(A/m)	功率密度(W/m^2)
0.1~3	40	0.1	4
3~30	$67/\sqrt{f}$	$0.17/\sqrt{f}$	12/f
30~3000	12	0.032	0.4
3000~15000	$0.22/\sqrt{f}$	$0.001\sqrt{f}$	f/7500
15000~30000	27	0.073	2

表 4-38 ICNIRP 1998 公众导出限值

频率范围	电场强度(V/m)	磁场强度(A/m)	磁通密度(μT)
< 1 Hz	-	3.2×10^4	4×10^4
1~8 Hz	10 000	$3.2\times10^4/f^2$	$4\times10^4/f^2$
8~25 Hz	10 000	4 000/f	5 000/f
0.025~0.8 kHz	250/f	4/f	5/f
0.8~3 kHz	250/f	5	6.25
3~150kHz	87	5	6.25

4.4.3.6 测量位置照片及示意图

◆初测

对测量环境进行初测，以确定辐射源可能的频率范围、近场远场信息、功率范围，并据此选择场强较大的位置作为后续时间平均的测量位置，见图 4-228。

图 4－228　环境电磁场初测示例

◆测量位置分布（见图 4－229 至图 4－245）

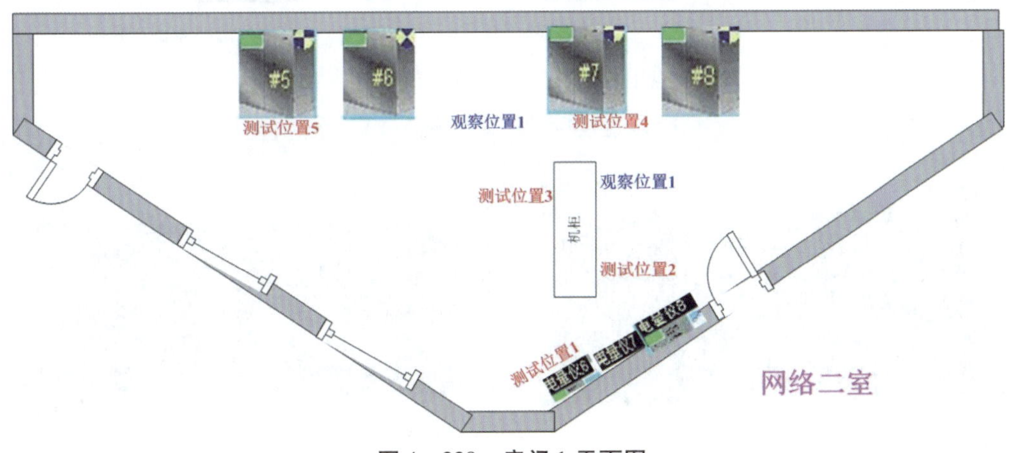

图 4－229　房间 1 平面图

宽频测试布置图

选频测试布置图

选频测试布置图

图 4－230　测试位置 1 示意图

宽频测试布置图

选频测试布置图

选频测试布置图

图 4－231　测试位置 2 示意图

宽频测试布置图

选频测试布置图

图 4－232　测试位置 3 示意图

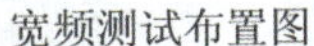

宽频测试布置图

选频测试布置图

图 4 - 233　试位置 4 示意图

宽频测试布置图

选频测试布置图

图 4 - 234　测试位置 5 示意图

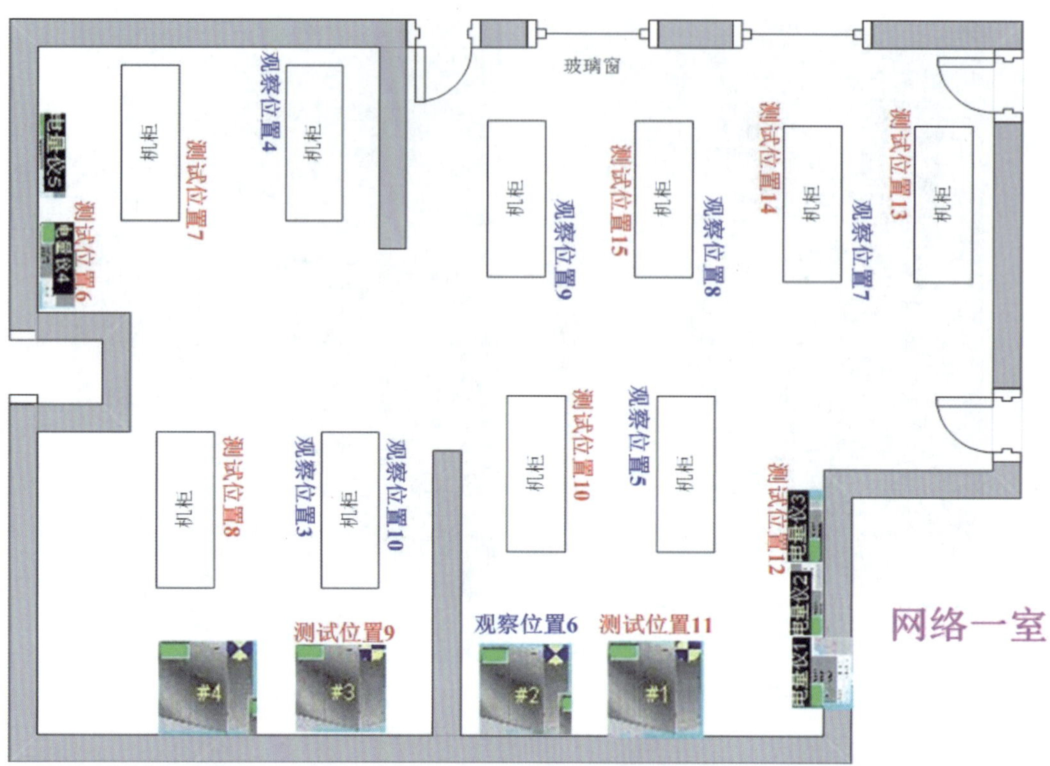

图4－235　房间2平面图

宽频测试布置图

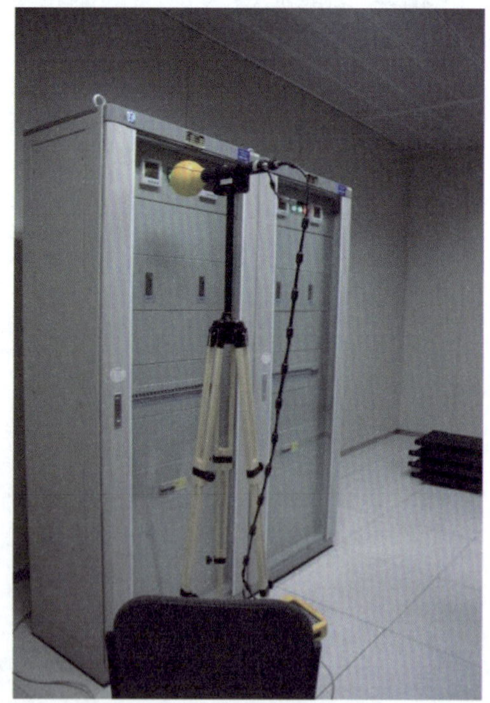
选频测试布置图

图4－236　测试位置6示意图

宽频测试布置图

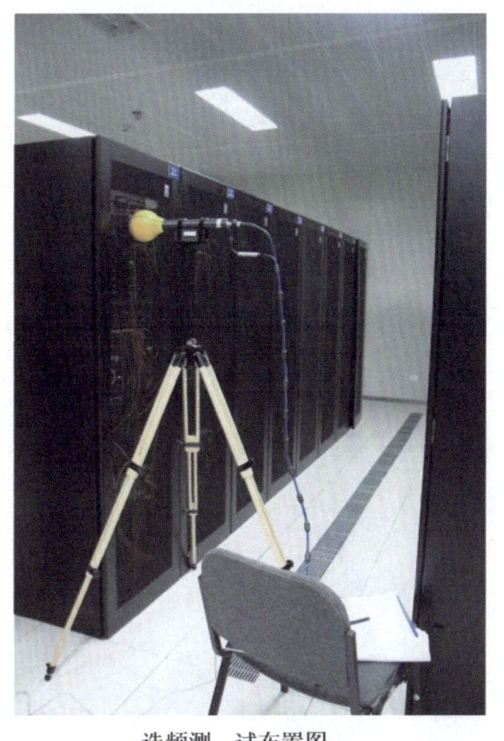

选频测 试布置图

图 4－237　测试位置 7 示意图

宽频测试布置图

选频测试布置图

图 4－238　测试位置 8 示意图

宽频测试布置图

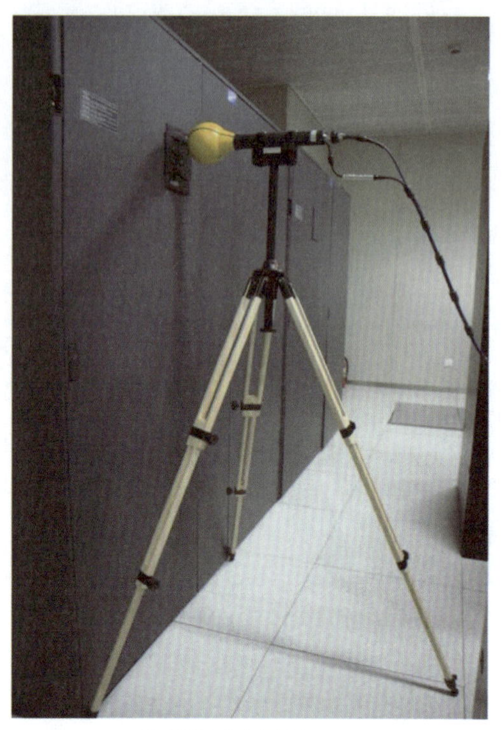

选频测试布置图

图 4－239　测试位置 9 示意图

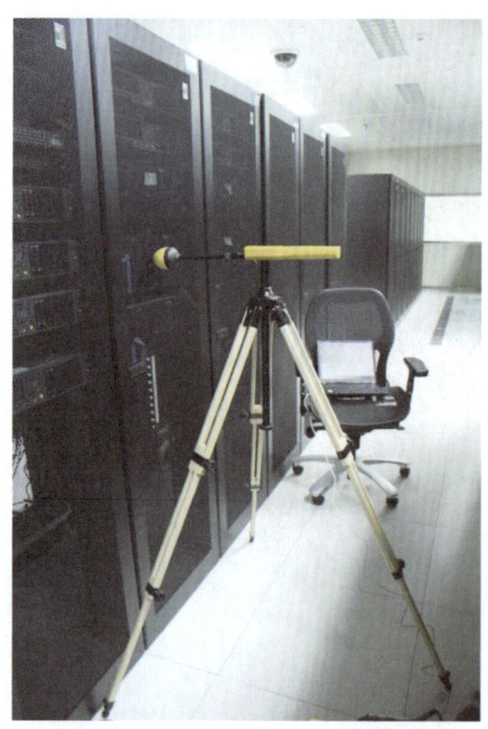

宽频测试布置图

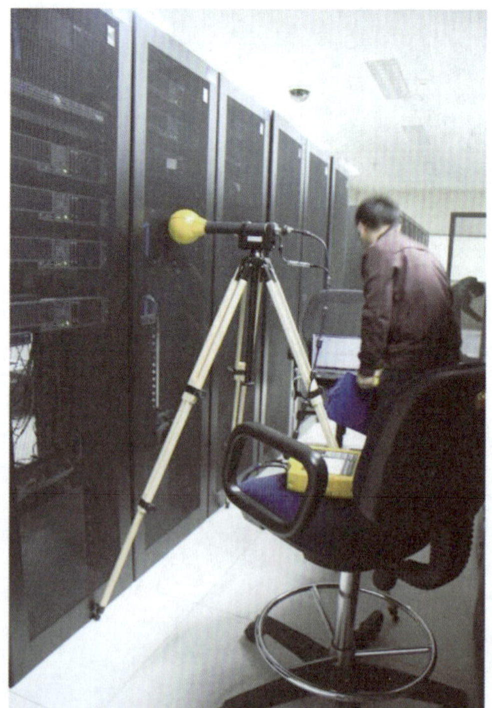

选频测试布置图

图 4－240　测试位置 10 示意图

宽频测试布置图

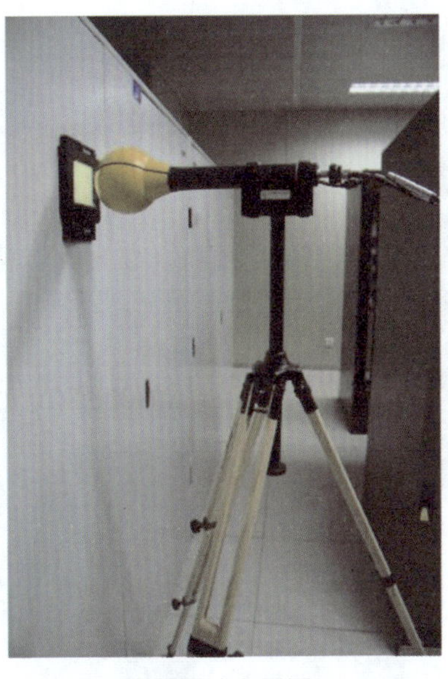

选频测试布置图

选频测试布置图

图 4－241　测试位置 11 示意图

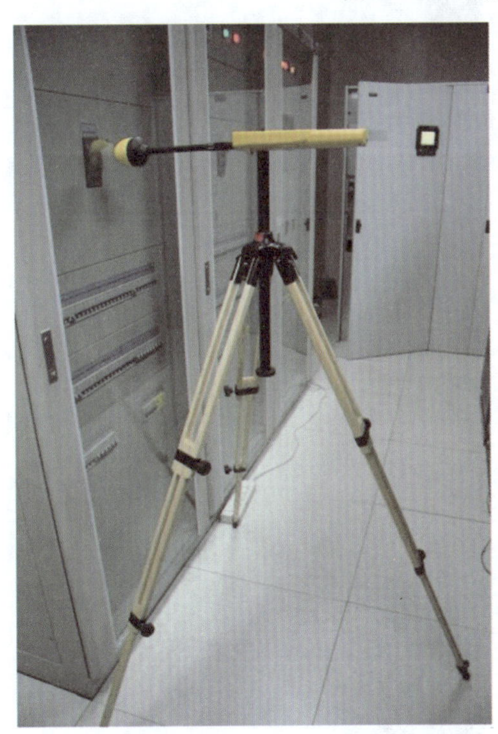

宽频测试布置图

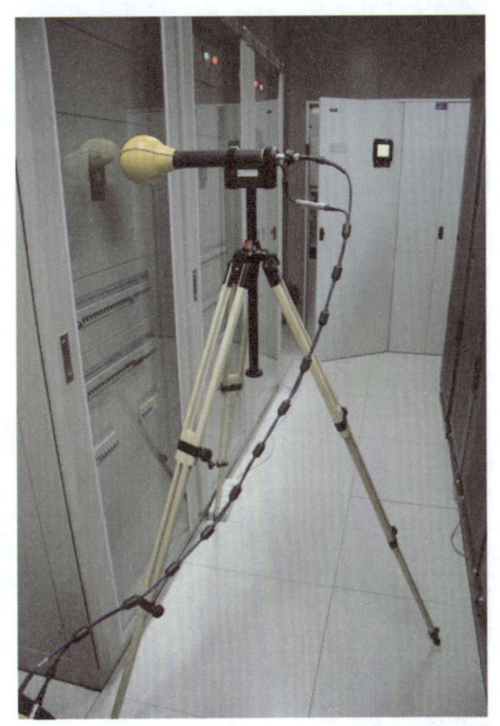

选频测试布置图

图 4－242　测试位置 12 示意图

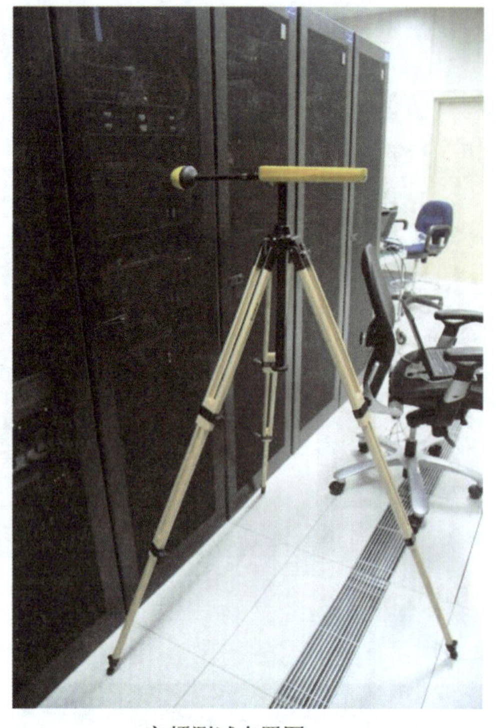

宽频测试布置图

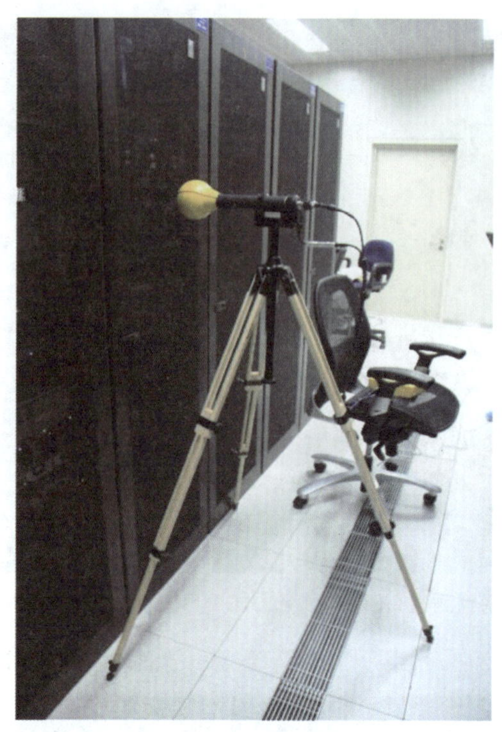

选频测试布置图

图4－243　测试位置13示意图

宽频测试布置图

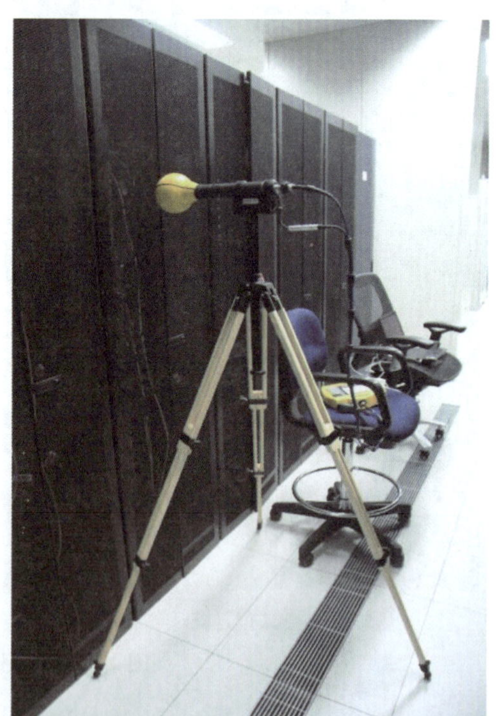

选频测试布置图

图4－244　测试位置14示意图

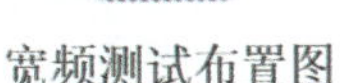

宽频测试布置图

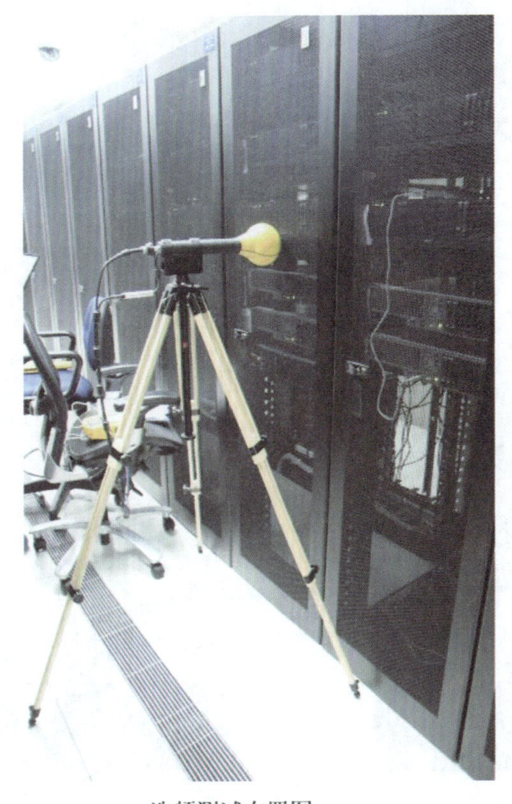

选频测试布置图

图 4－245　测试位置 15 示意图

◆探头摆放点位（见图 4－246 至图 4－260）

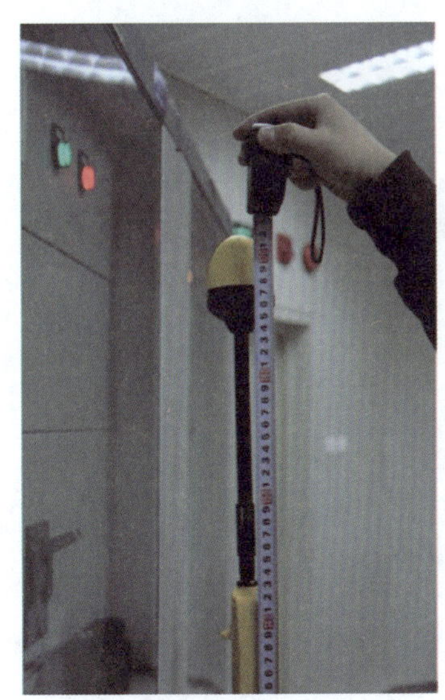

图 4－246　测试位置 1

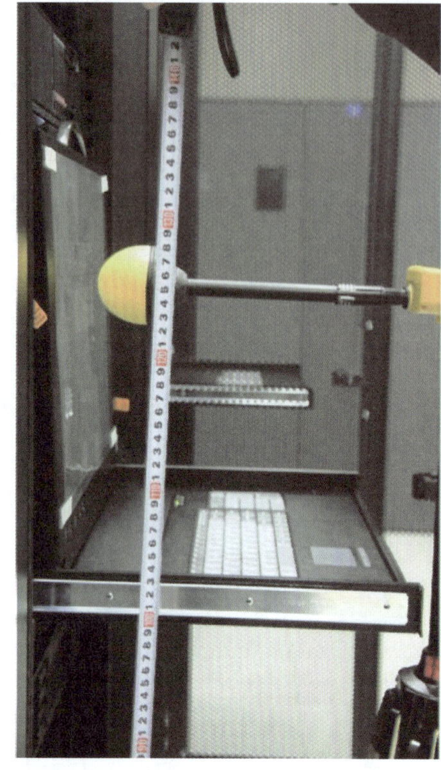
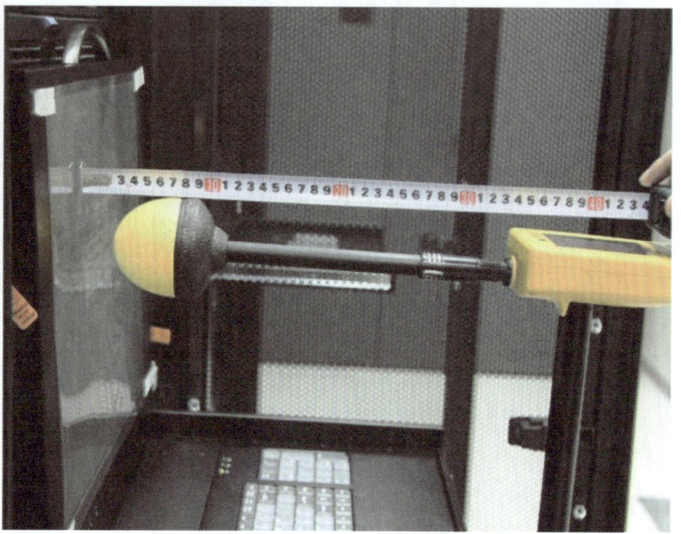

图 4－247　测试位置 2

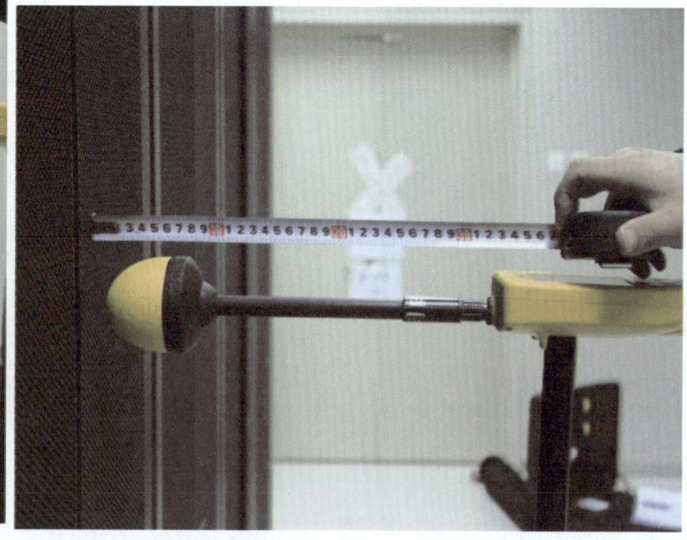

图 4－248　测试位置 3

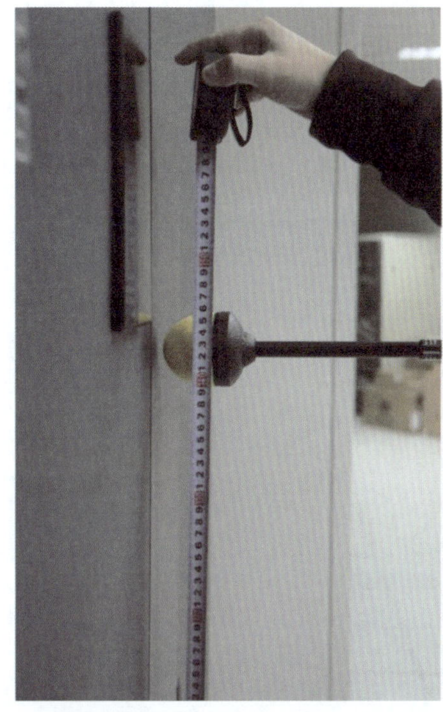

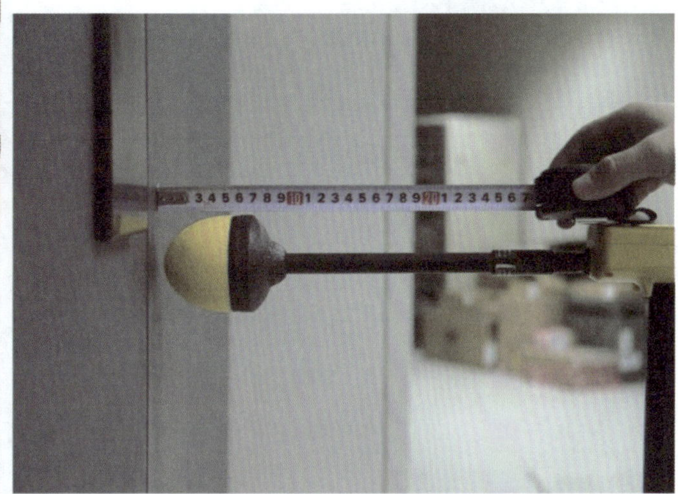

图 4－249　测试位置 4

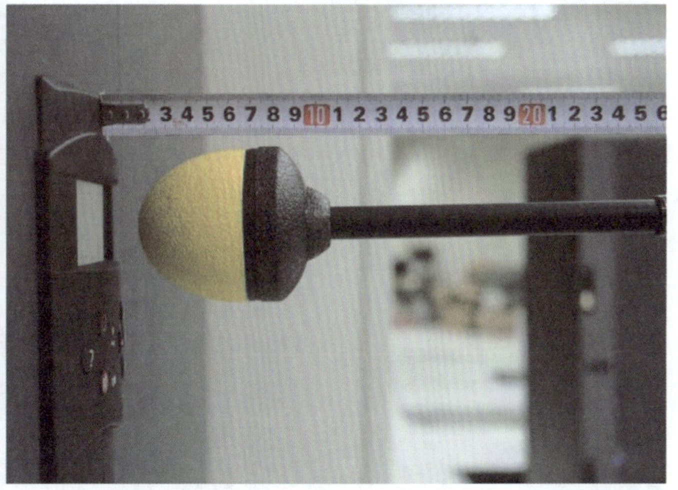

图 4－250　测试位置 5

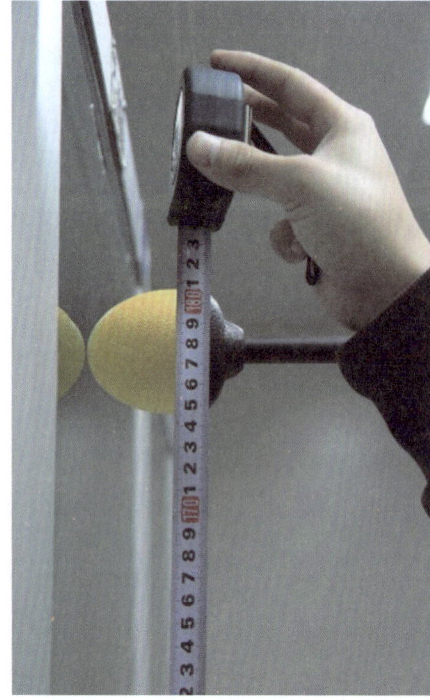
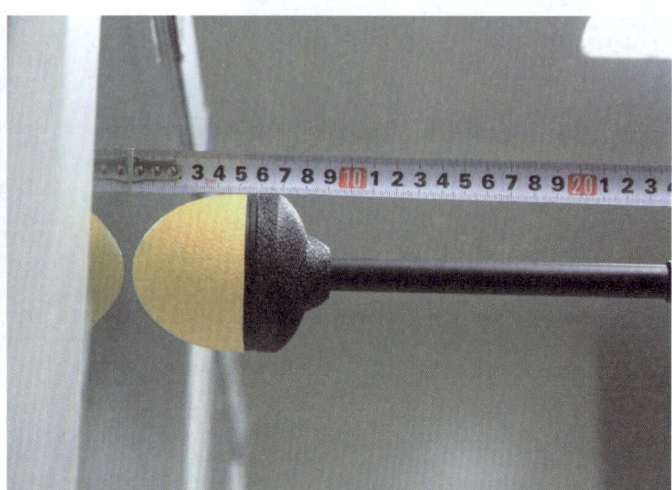

图 4－251　测试位置 6

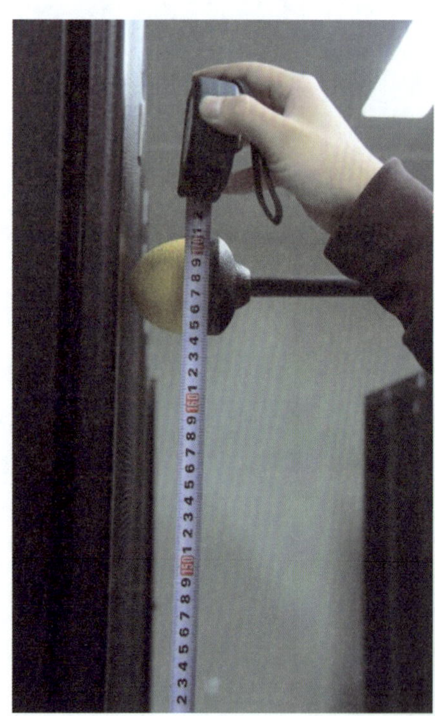
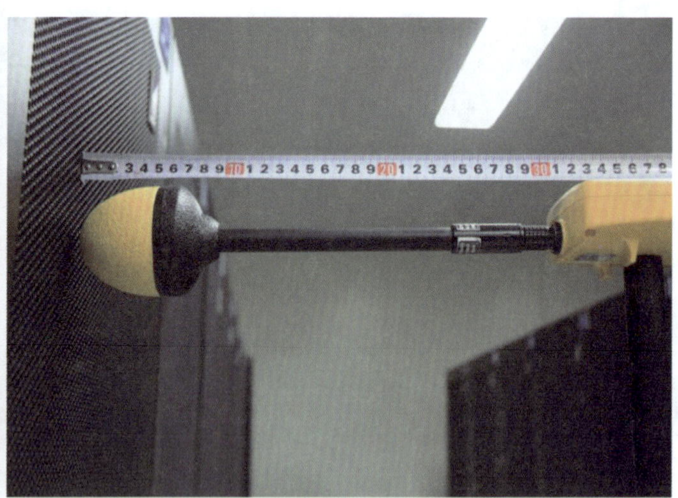

图 4－252　测试位置 7

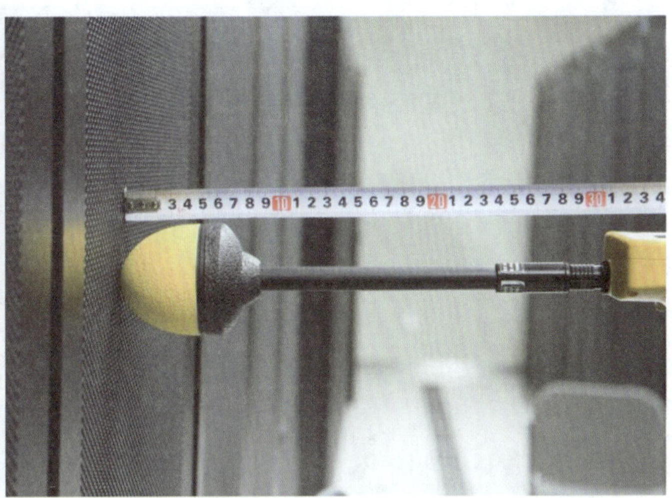

图 4－253　测试位置 8

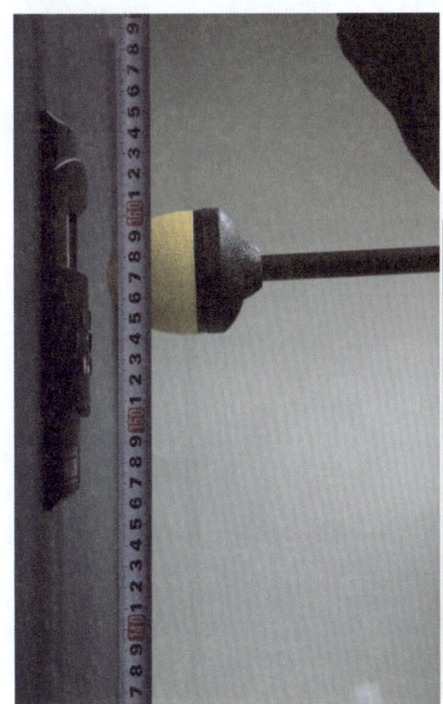

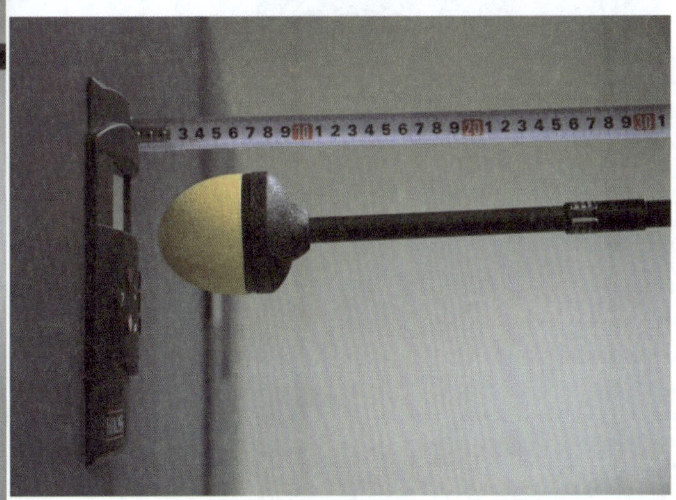

图 4－254　测试位置 9

图 4-255　测试位置 10

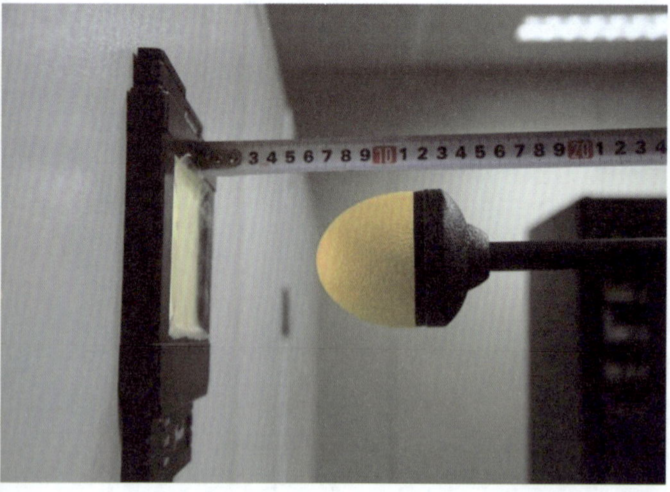

图 4-256　测试位置 11

图 4－257　测试位置 12

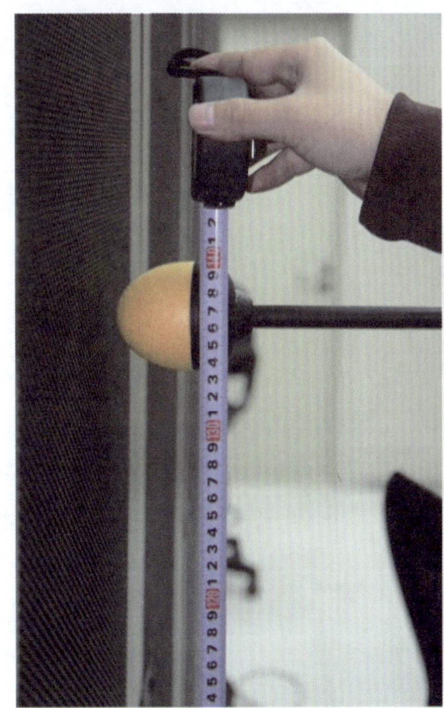
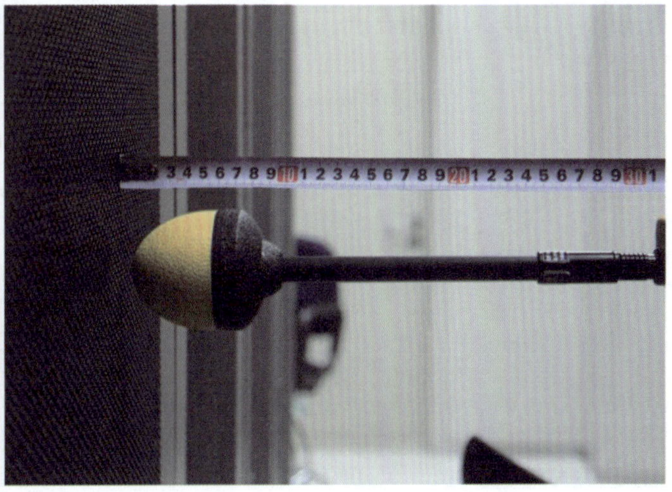

图 4－258　测试位置 13

图 4-259　测试位置 14

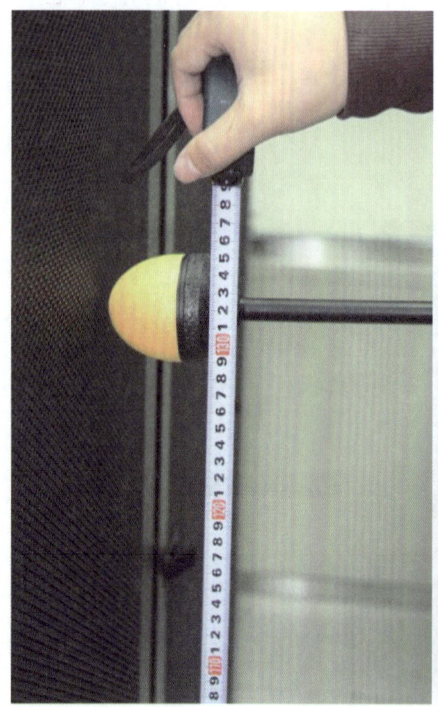
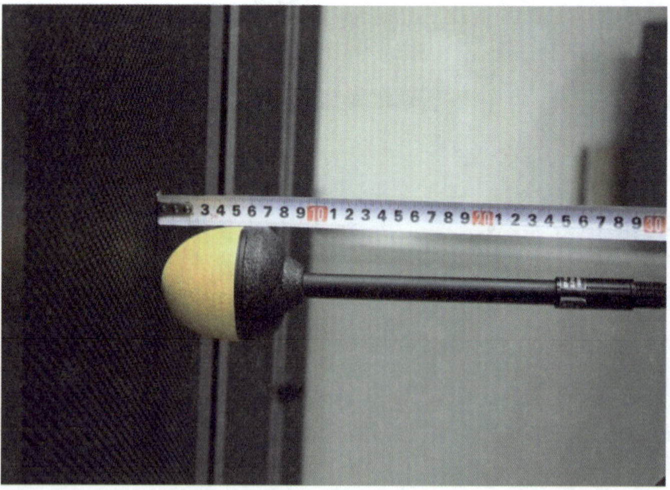

图 4-260　测试位置 15

4.4.3.7 测量数据截图

测量数据截图见图 4－261 至图 4－275。

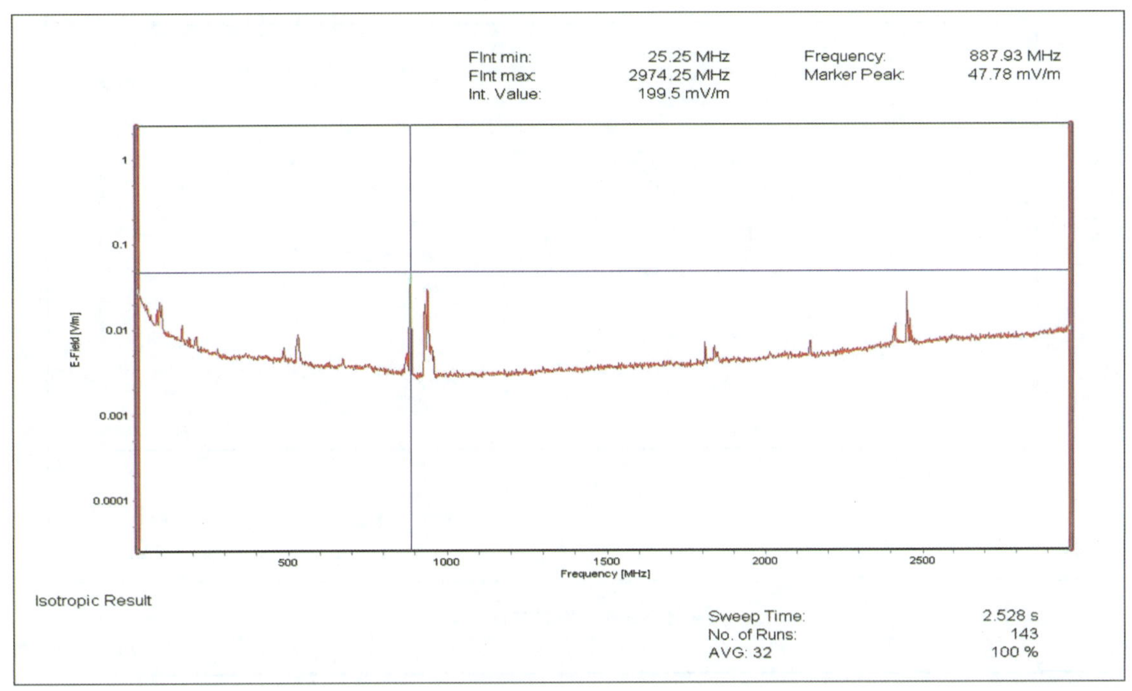

高频选频测量仪测试数据图

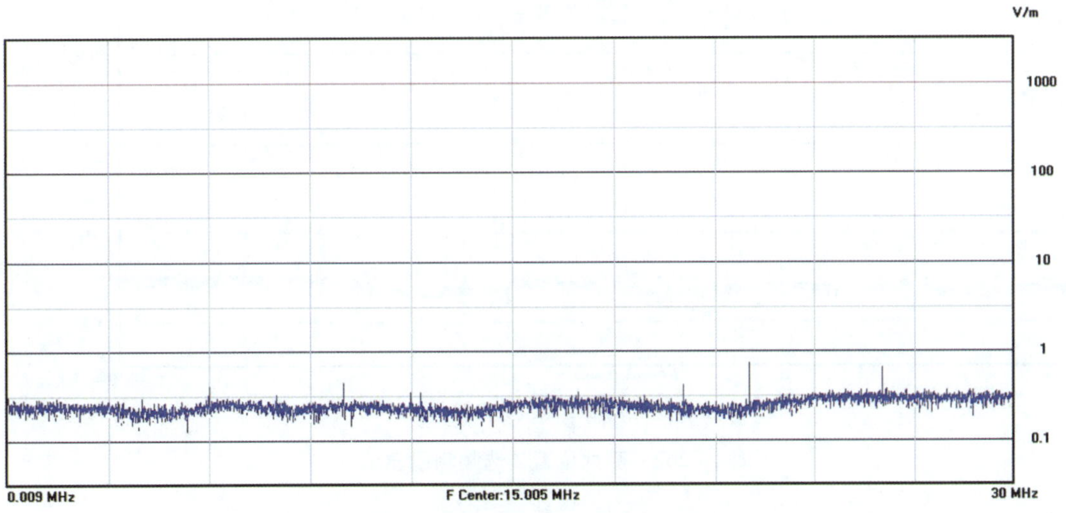

低频选频测量仪测试数据图

图 4－261 测试位置 1 选频测量显示

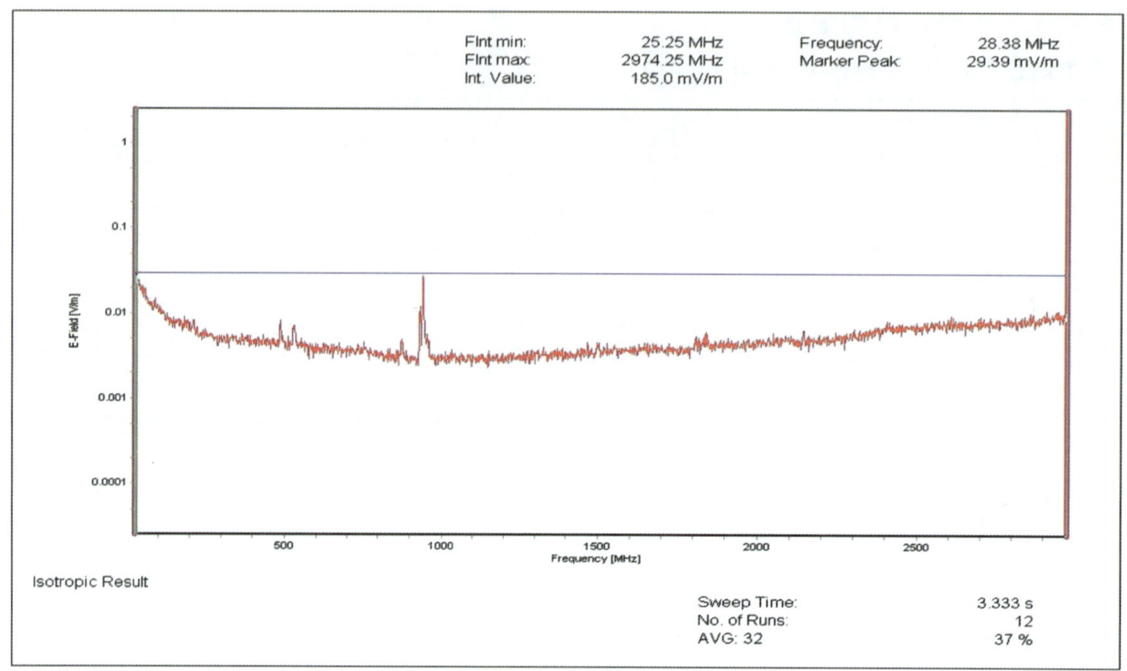

高频选频测量仪测试数据图

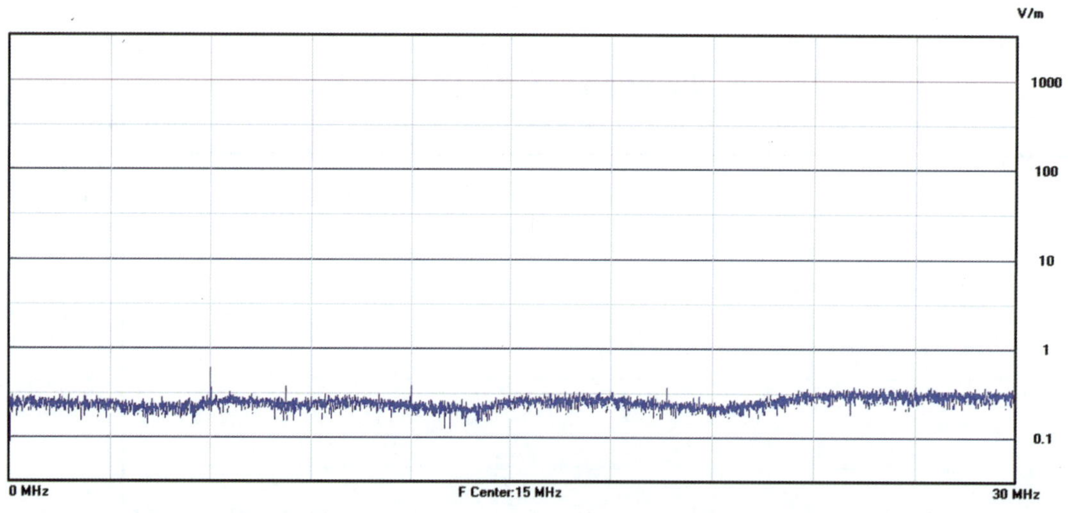

低频选频测量仪测试数据图

图 4－262　测试位置 2 选频测量显示

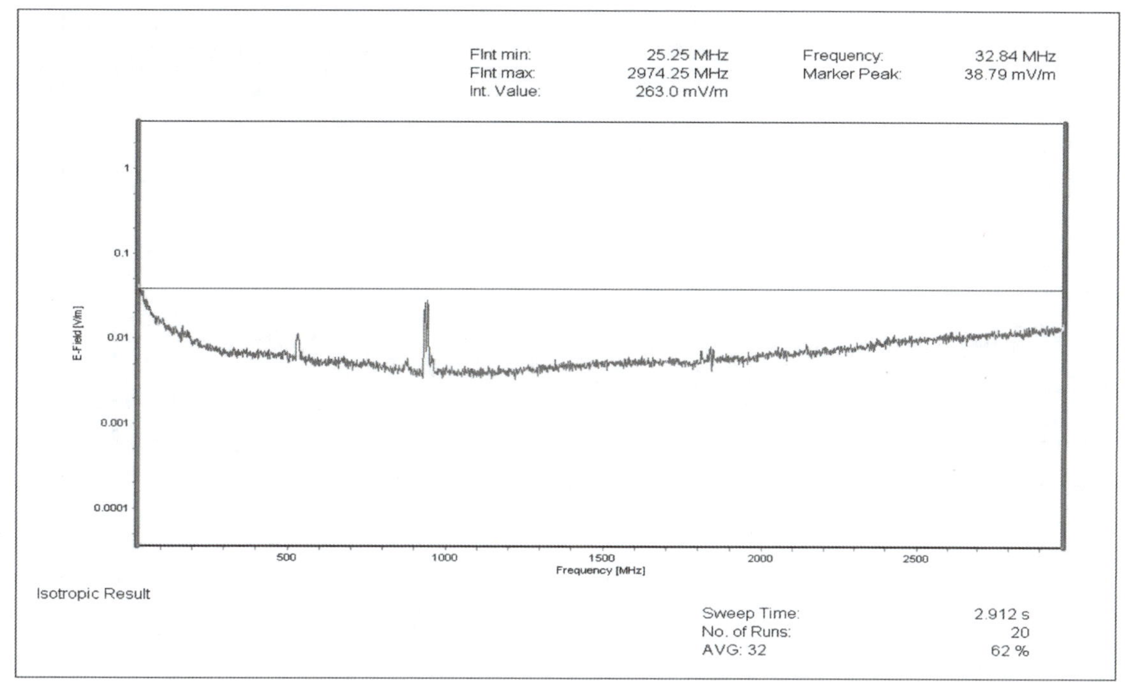

高频选频测量仪测试数据图

图 4－263　测试位置 3 选频测量显示

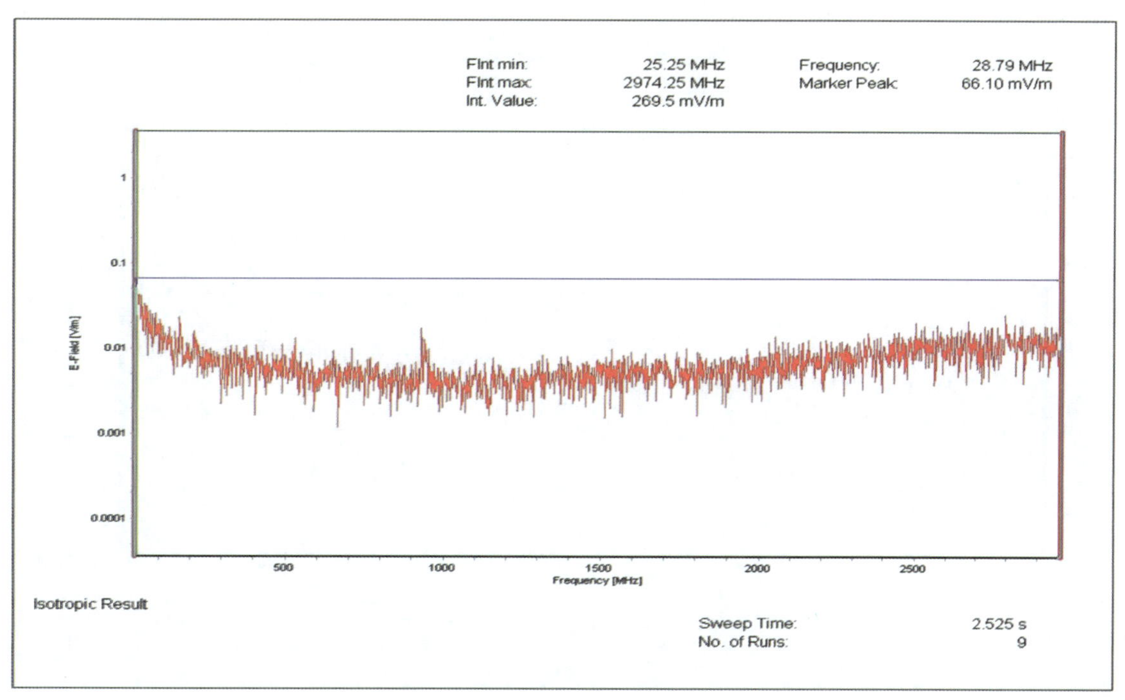

高频选频测量仪测试数据图

图 4－264　测试位置 4 选频测量显示

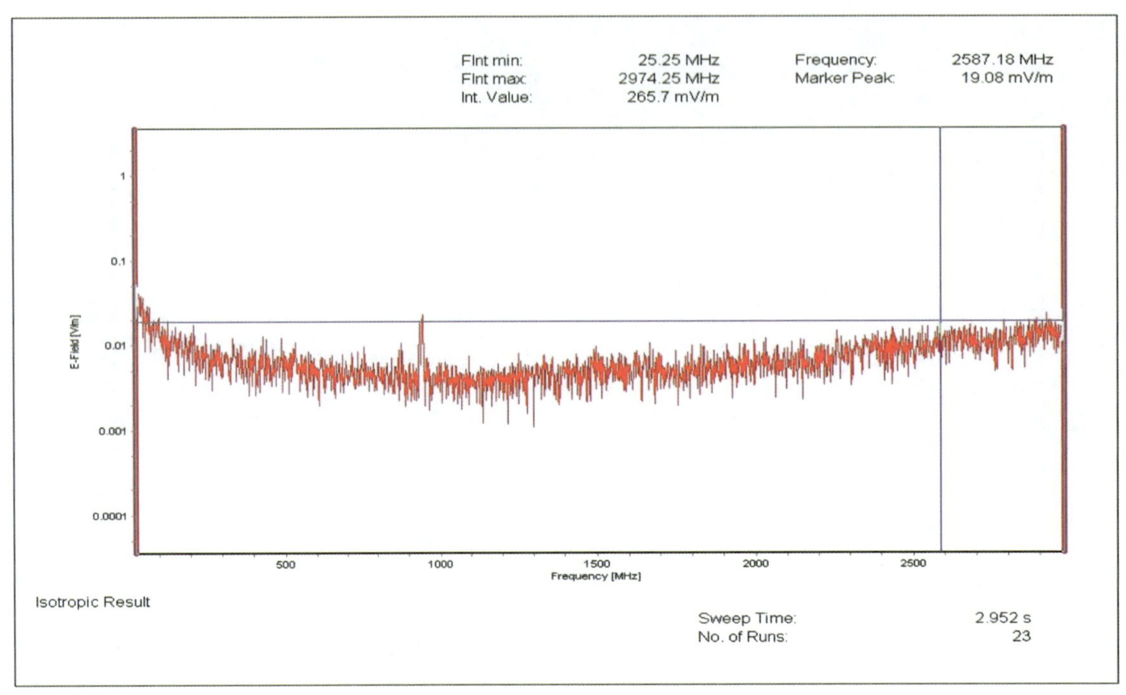

高频选频测量仪测试数据图

图 4－265　测试位置 5 选频测量显示

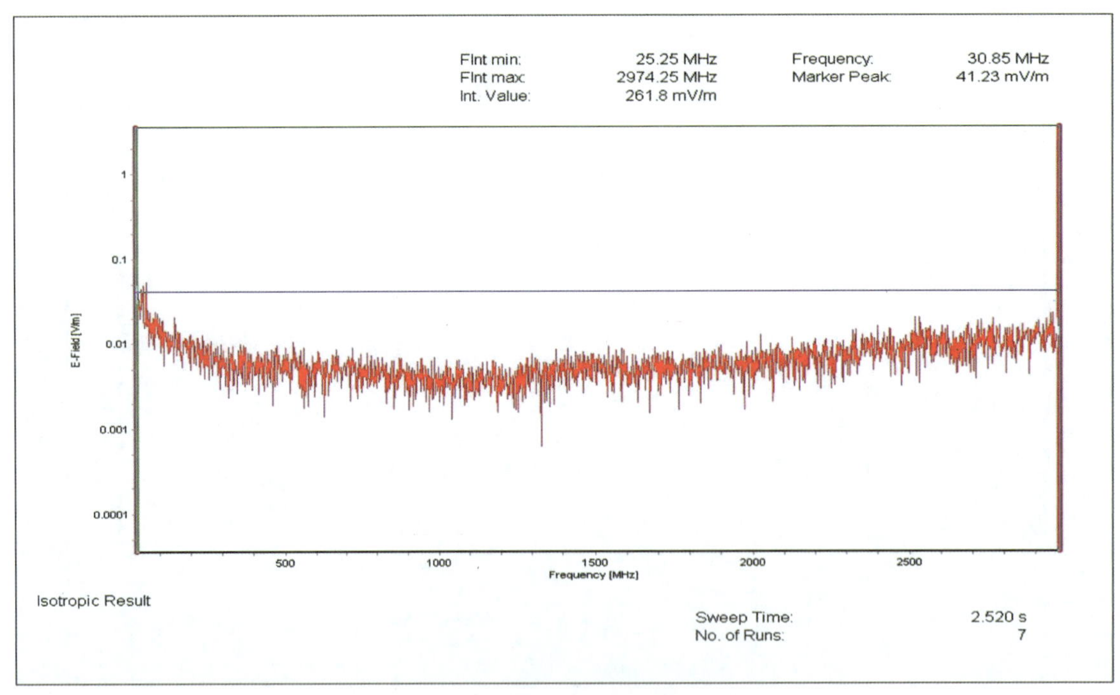

高频选频测量仪测试数据图

图 4－266　测试位置 6 选频测量显示

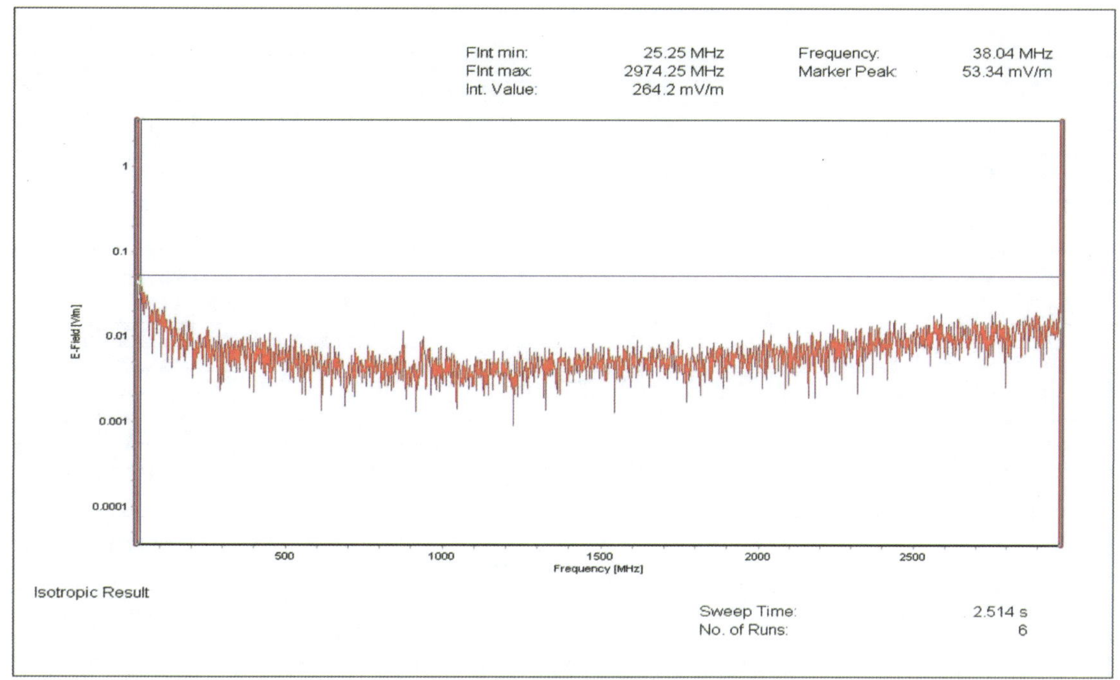

高频选频测量仪测试数据图

图 4－267　测试位置 7 选频测量显示

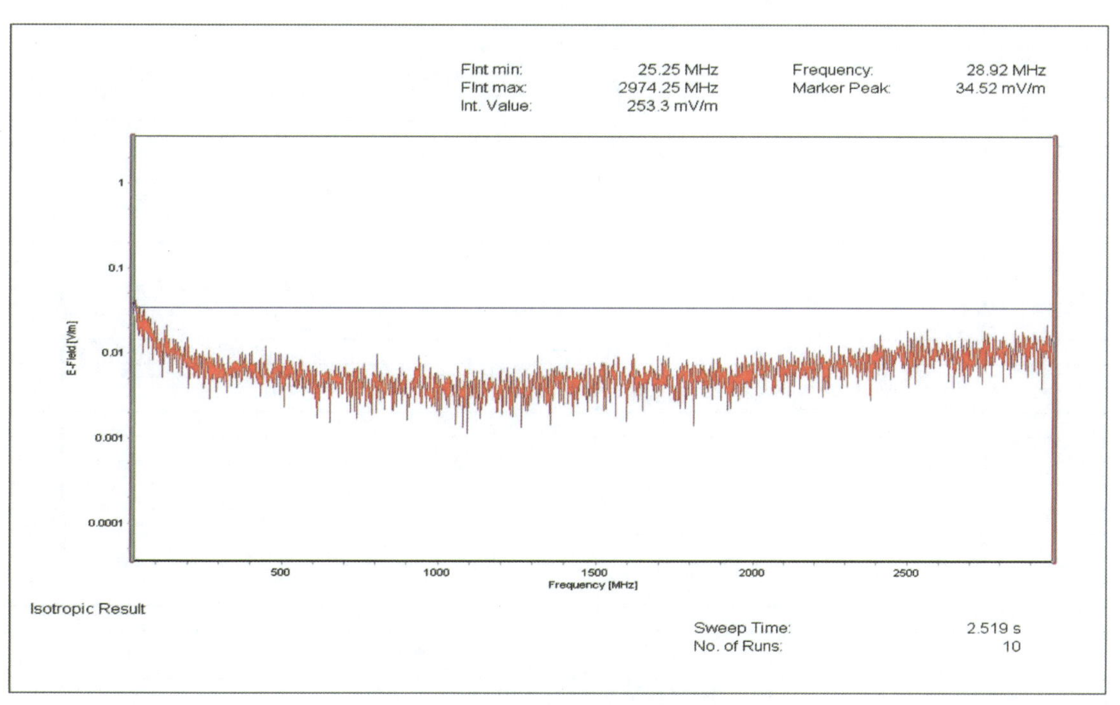

高频选频测量仪测试数据图

图 4－268　测试位置 8 选频测量显示

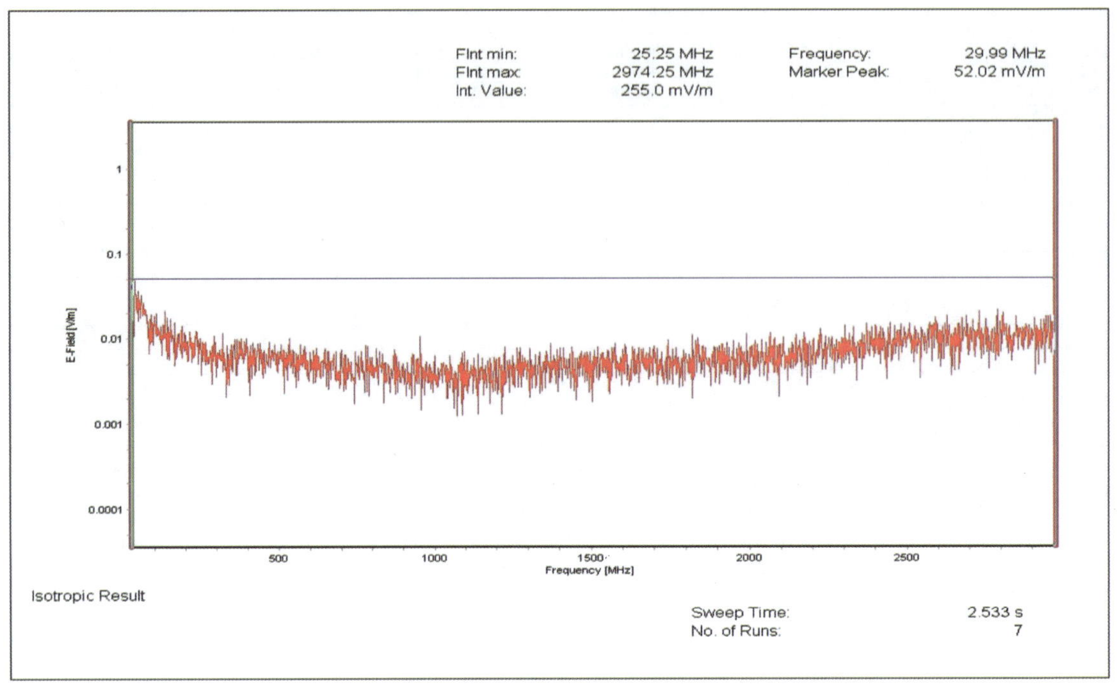

高频选频测量仪测试数据图

图 4－269　测试位置 9 选频测量显示

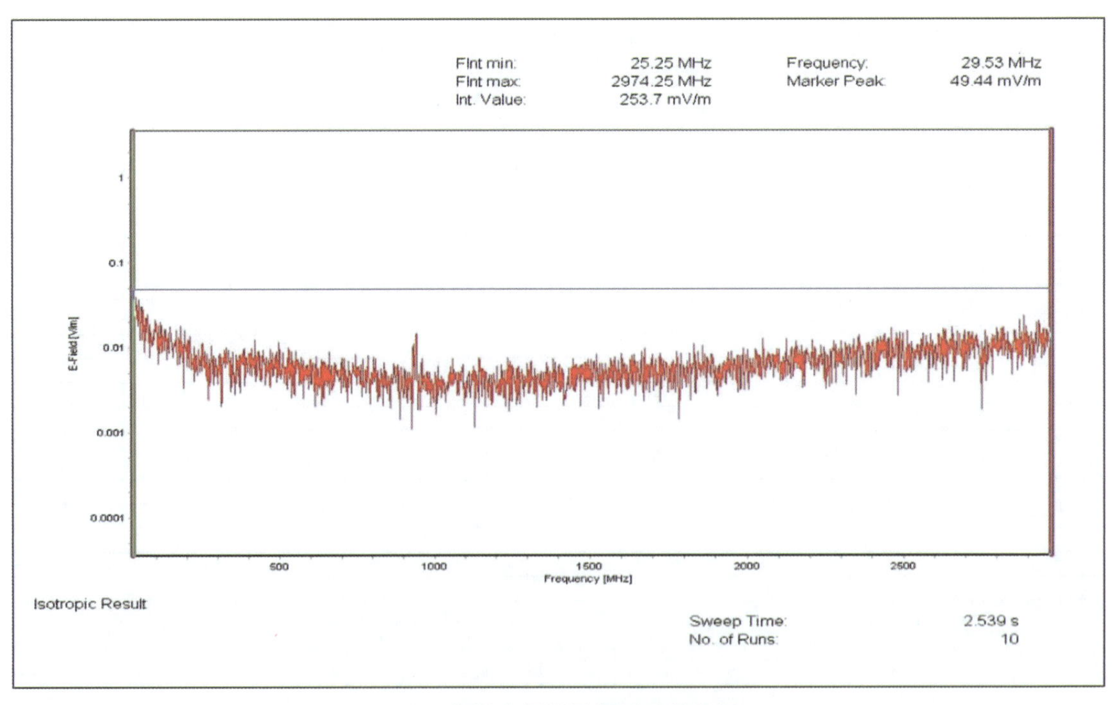

高频选频测量仪测试数据图

图 4－270　测试位置 10 选频测量显示

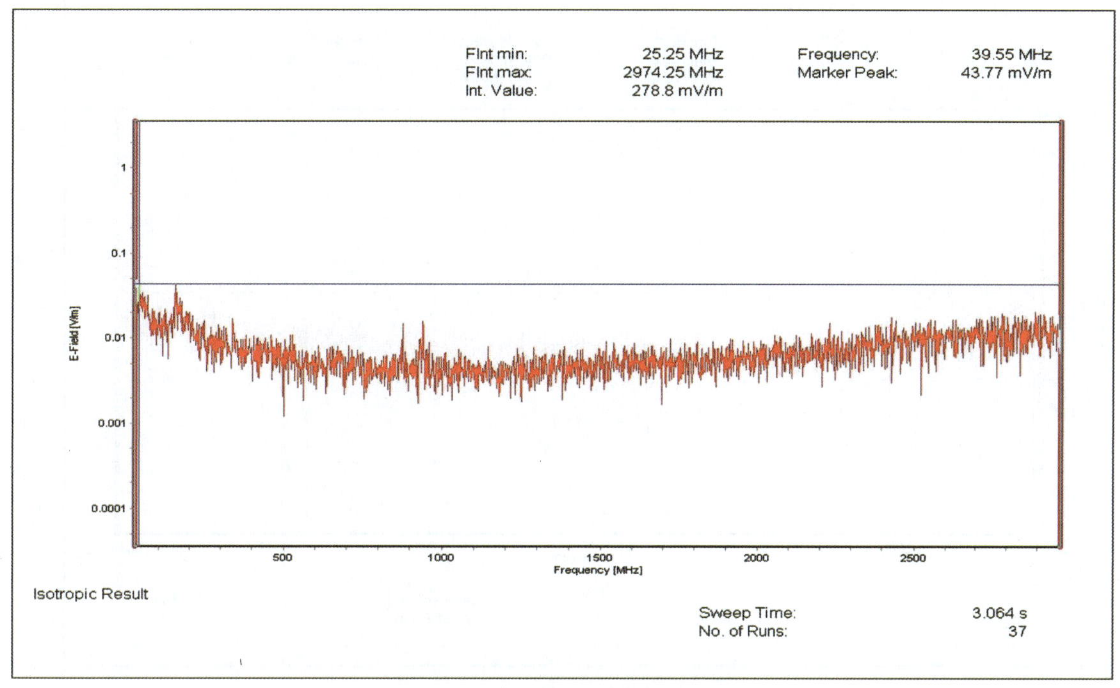

高频选频测量仪测试数据图

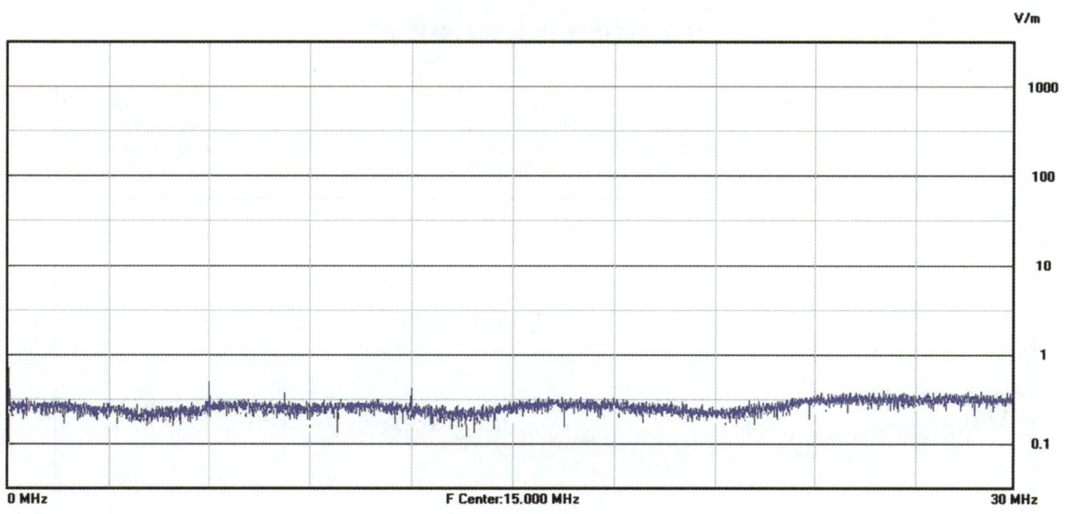

高频选频测量仪测试数据图

图 4－271　测试位置 11 选频测量显示

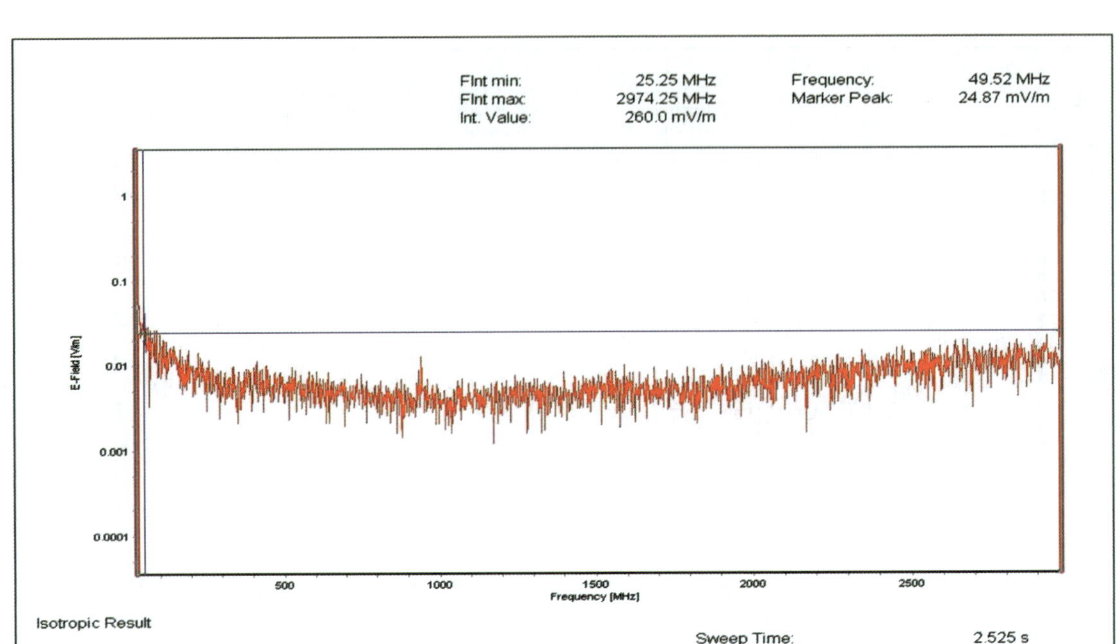

高频选频测量仪测试数据图

图 4－272　测试位置 12 选频测量显示

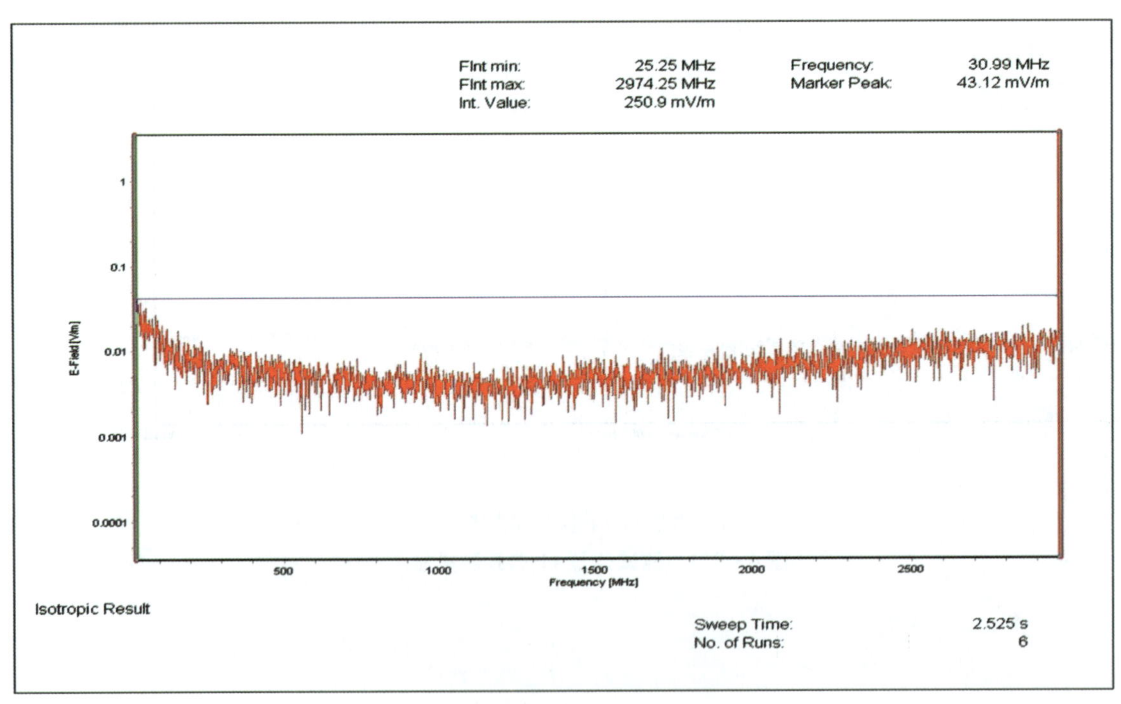

高频选频测量仪测试数据图

图 4－273　测试位置 13 选频测量显示

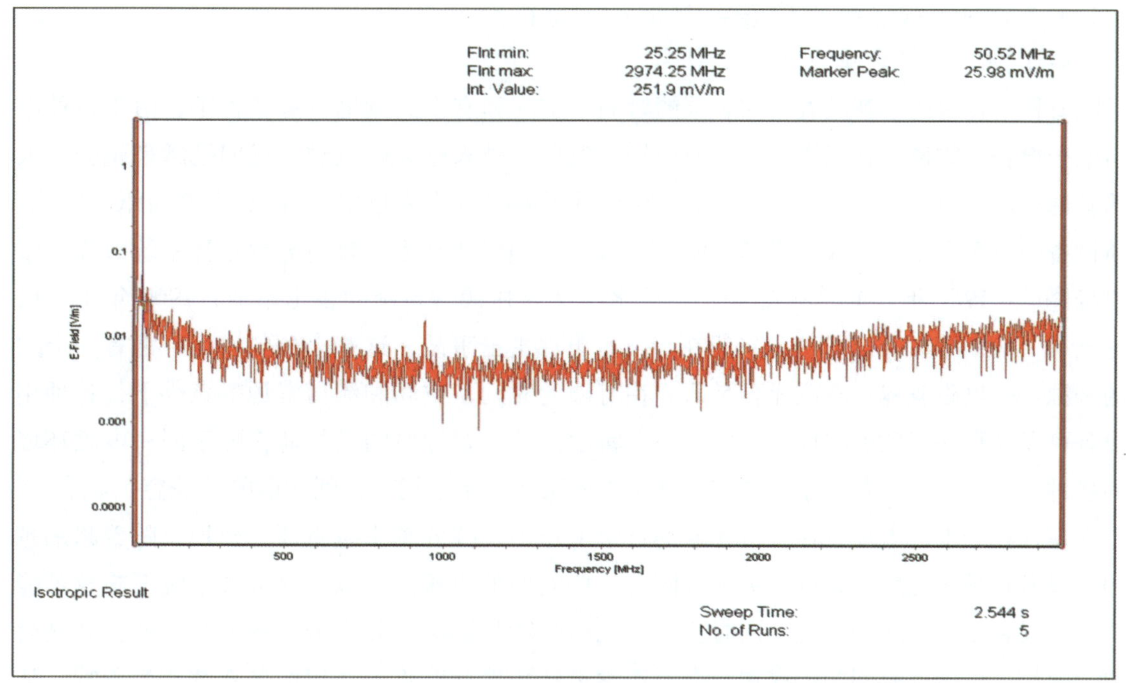

高频选频测量仪测试数据图

图 4－274　测试位置 14 选频测量显示

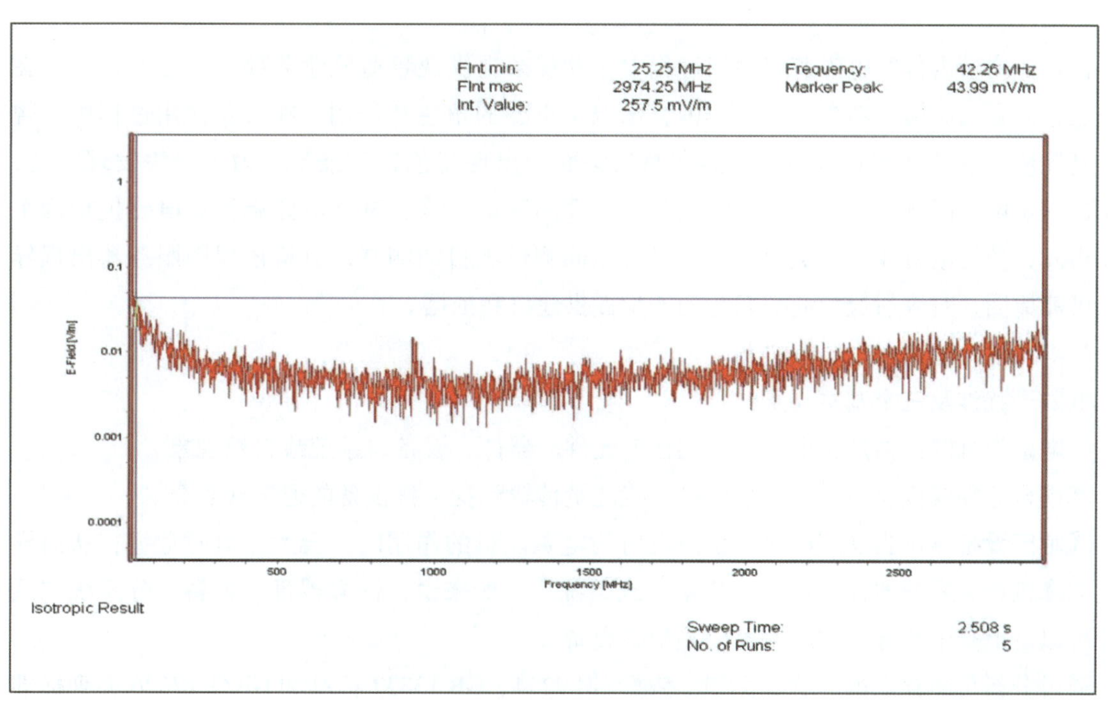

高频选频测量仪测试数据图

图 4－275　测试位置 15 选频测量显示

4.4.4 视频服务器电磁兼容测试及问题探究

4.4.4.1 研究背景

随着科学技术的不断发展，在有限的时间，空间和有限的频谱资源条件下，由于各种电气、电子设备的数量与日俱增，频谱使用的密集程度越来越大，电磁干扰问题越来越受到人们的普遍关注。1992 年 9 月 16 日，深圳国际机场因感应雷电过电压导致 25 套通讯、雷达、导航设备中有 5 套损害，致使机场停业。1996 年，白云机场由于雷电导致指挥系统故障，致使机场停运；1961 年，意大利发生了“丘比特”导弹武器系统的雷击事故；1969 年 11 月，美国土星“V－阿波罗 12”载人飞船在起飞后出现雷击事故。这些事故的发生，都有一个共同的来源——电磁兼容。电磁兼容是研究在有限的时间、空间和频谱资源等条件下，各种用电设备可以共存并不致引起性能降低的一门科学。其主要针对的是如何使处于同一电磁环境下的各种电气、电子设备或系统能够正常工作而又不互相干扰，达到所谓的“兼容”状态。

在现代社会中，电设备在各行各业的日常工作中发挥着越来越重要的作用。随着越来越多的电设备被投入使用，难以避免地伴随着一些问题的出现。所以，保证各系统不施放可能影响其他设备正常工作的干扰，同时又不受电磁环境的影响，并充分发挥各自机能，就显得重要而迫切。电磁兼容问题的存在，会对正常运转、发挥着重要作用的各系统产生影响，从而影响着社会中各行各业的正常进行和运转。同样，对于某些行业，承担着宣传国家政策法规，把握正确舆论方向，服务人民大众的责任，及时发现和避免电磁兼容问题就显得更为重要。

在行业内所进行的电磁兼容测试过程中，发现某提供视频播放业务部门的主要设备存在电磁兼容问题。该播放器在日常工作中，承担了重要的角色和作用，在日常使用过程中，曾经重复性地出现过播放异常现象，如在播放画面中出现蓝色异常条带。为了尽快发现问题，从而进一步解决问题，我们进行了电磁兼容方面的测试。该测试从电磁骚扰和电磁抗扰两个角度出发，依据电磁兼容相关标准，通过对不同测试项目的测试，分析该视频服务器出现异常的可能原因，对今后避免此类问题的产生提供建议和依据。

4.4.4.2 试验概述和实施

电磁干扰涉及三个基本要素：

①电磁干扰源：指产生电磁干扰的任何元件、器件、设备、系统或自然现象。

②耦合途径或耦合通道：指将电磁干扰能量传输到受干扰设备的通道或媒介。

③敏感设备：指当受到电磁干扰源发射的电磁能量的作用时，会发生电磁危害，从而导致性能降级或失效的器件、设备、分系统或系统。一般来说，许多器件、设备、分系统或系统既可以是电磁干扰源，同时也可以是敏感设备。

通过分析可能存在的干扰源类型，依据 GB 9254、GB 13837 标准和 GB/T 17626 系列标准中规定的标准测试布置方法和判别依据，对被测设备依次进行了外壳端口辐射骚扰试验，电源端子传导骚扰、静电放电抗扰度试验，射频电磁场辐射抗扰度试验，电快速瞬变脉冲群抗扰度试验，浪涌（冲击）抗扰度试验，射频场感应的传导骚扰抗扰度、脉冲磁场抗扰度试验，工频磁场抗扰度试验，电压暂降、短时中断和电压变化的抗扰度试验等共七个测试项目。

这些测试项目都有可能会引起设备的异常工作。例如：

◆静电放电：带静电的物体进行放电时会产生放电电流，放电电流会产生短暂的强度很大的电磁场。放电时产生的短暂放电电流和相应的电磁场可能引起电子设备（如计算机、终端设备、汽车电子设备等）的电路发生故障，甚至损坏。静电放电实验的目的就是检验电器电子设备在遭受这类静电放电骚扰时的性能。

◆射频电磁场辐射：电磁辐射有一些来自于有意产生的电磁辐射源，如固定的无线电台的发射机和各种工业电磁源；另外还有一些来自于无意产生的寄生辐射源，例如电焊机、晶闸管整流器、荧光灯、感性负载的开关操作等。电磁辐射对大多数电子设备会产生一定的影响，轻则使设备性能、功能暂时降低或丧失，重则造成永久性损坏。

◆电快速瞬变脉冲群：电感性负载（如继电器、接触器等）在断开时，由于开关触点间隙的绝缘击穿或触点弹跳等原因，会在断开点处产生暂态骚扰。这种暂态骚扰会以脉冲群形式出现。如果电感性负载多次重复开关，则脉冲群又会以相应的时间间隔多次重复出现。这种暂态骚扰能量较小，一般不大可能引起设备的损坏，但是由于其频谱分布较宽，所以仍会对电子设备的可靠工作产生影响。电快速瞬变脉冲群试验的目的就是为了检验电子设备在遭受这类暂态骚扰影响时的性能。

◆浪涌：开关操作（例如电容器组的切换、晶闸管的通断、设备和系统对地短路和电弧故障等）或雷击（包括避雷器的动作）可以在电网或通信线上产生暂态过电压或过电流。通常将这种过电压或过电流称作浪涌或冲击。浪涌呈脉冲状，其波前时间为数微妙，脉冲半峰值时间从几十微妙到几百微妙，脉冲幅度从几百伏，到几万伏，或从几百安到上百千安，是一种能量较大的骚扰。在雷雨多发地区或电网负载经常突变地区，如果措施不当，浪涌经常会烧毁电子元器件，破坏通信设备使网络异常。

◆射频场感应传导骚扰：空间电磁场（主要来自有益的发射机，例如中短波发射机、调频发射机和电视发射机等）可以在敏感设备的各种连接馈线上产生感应电流（或电压），作用于设备的敏感部分，对设备产生骚扰。也可由各种骚扰源，通过连接到设备上的电缆（如电源线），直接对设备产生骚扰。

◆电压暂降和短时中断：与低压电网连接的电子设备会受到电网中电压暂降、短时中断和电压变化的影响。造成这些电压变动的原因是由于电网、变电设备发生故障或者负荷突然发生大的变动，或者负荷相对比较平稳的连续变化引起的。总体上说，这些现象是随机的规律性很差，有时候在一段时间内会出现多次，甚至连续出现，从而干扰电子设备的正常工作，使设备或系统造成故障，甚至损坏。本部分介绍了电子设备对上述三种电网电压变化的抗干扰试验方法，并提供了优先选择的试验等级，以及试验等级的确定方法，以检验电子设备在遭遇上述三种电压变化时的性能。电源电压的突然上升或突然下降，会影响电子设备的正常工作，这容易理解。然而尤其应该注意的是电源电压比较缓慢的逐渐变化，因为一些数据处理设备、自动化控制系统或自动化仪表内部，有的装有保护装置，它们对电压突变往往能起到较好的保护作用，而对于缓慢的、平稳的电压变化，有的保护装置可能会失去保护作用，容易造成系统故障或损坏（如在低电平状态下工作的线路和元器件损坏）等。

以上提到的测试项目都有其所对应的干扰产生原因和危害方式，所以针对各测试项目均需严格按照相关标准中场地布置要求、测试方法进行。需要将测试结果与 GB 9254 系列标准和 GB/T 17626 系列标准中规定的限值和性能判据进行对比，判断相关测试项目通过与否。由于本次测试的目的是希望通过相关项目的测试，找出视频服务器出现异常的可能原因，并尽可能地将异常现象在实验室中重现，所以提高了部分测试项目的测试等级，方便重现异常播放现象。

4.4.4.3 试验测试结论

针对出现问题的视频服务器，从电磁发射和电磁抗扰度出发进行了八个相关测试项目的测试。在所进行的测试项目中，电源端子传导骚扰、静电放电抗扰度试验，射频电磁场辐射抗扰度试验，电快速瞬变脉冲群抗扰度试验，浪涌（冲击）抗扰度试验，射频场感应的传导骚扰抗扰度、脉冲磁场抗扰度试验，工频磁场抗扰度试验，电压暂降、短时中断和电压变化的抗扰度试验共七个测试项目，均满足 GB 9254 系列标准和 GB/T 17626 系列标准中的相关限值和判据要求，并且在测试过程中未出现与视频服务器异常现象相类似的现象。

外壳端口辐射骚扰，该测试项目的测试值超过了限值要求。说明该视频服务器会对外界的环境产生较大的电磁辐射骚扰，有可能会对空间其他设备产生影响。同时该空间电磁辐射也有可能会耦合进该设备本身的其他端口，从而会诱发产生一些无法预测的异常现象。该问题需要引起重视和关注。

最后，对静电放电抗扰度试验进行了特殊的测试。依据 GB/T 17626.2－2006，对涂有绝缘材料的设备正面板进行 8 kV 空气放电，通过水平耦合板和垂直耦合板对设备进行 4 kV 接触放电，在所有的静电放电测试过程中，被测设备性能均正常。但是依据客户的测试需求，希望能在实验室环境中重现实际使用中出现的现象。所以在完成标准规定的测试项目的基础上，对常用端口进行 8 kV 直接接触放电实验，结果设备性能出现异常。该现象与设备在实际使用时出现的现象类似，在静电放电结束后，设备性能恢复正常，如图 4－276 所示：

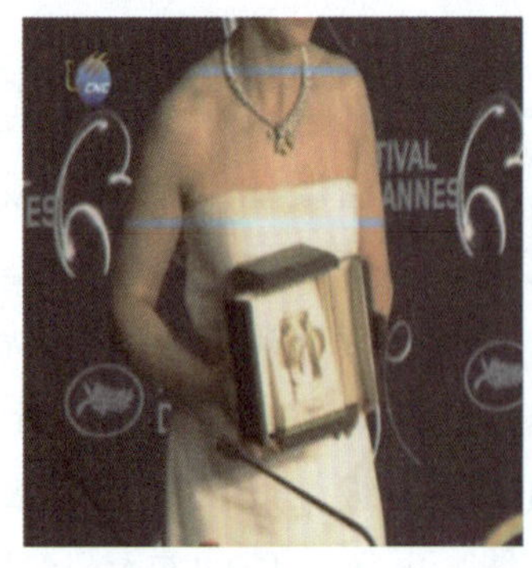

图 4－276　实验室测试过程现象图

该现象出现原因来自于被测设备部分端口的静电骚扰，而静电放电又是在日常的设备使用过程中经常出现，并且无法轻易避免的现象，对视频服务器产生此类影响的概率较高，需要引起高度重视。而对于此类问题，有相应的建议可以避免静电带电作业对设备产生不良影响，比如日常操作过程中通过佩戴手套来避免此类隐患。

通过对日常工作出现问题的视频服务器进行电磁兼容性项目的测试，从电磁兼容性角度发现了视频服务器日常出现异常工作的可能原因。该测试完全依据 GB 9254－2008《信息技术设备的无线电骚扰限值和测量方法》和 GB 13837－2003《声音和电视广播接收机及有关有关设备无线电骚扰特性限值和测量方法》中规定的测量方法，将测试结果与标准中规定的限值进行了严格的比对，并针对抗扰度测试中出现的异常现象与标准中规定的性能判据进行了严格比对，能够较准确地将异常现象原因与测试项目对应起来，这样就实现了标准与实际应用的对接。这次对视频服务器的测试，是一次针对设备出现的问题结合标准进行分析和判断的良好的尝试，将会对今后利用标准进一步来规范和指导日常设备和系统的使用起到较好的示范作用。

4.4.4.4 试验测试结果

（1）外壳端口辐射骚扰试验项目

◆测试说明

项目	描述
测量标准	GB 9254－2008《信息技术设备的无线电骚扰限值和测量方法》 GB 13837－2003《声音和电视广播接收机及有关有关设备无线电骚扰特性限值和测量方法》
测试环境	电波暗室
测试时供电电源	$220V_{AC}$/50Hz
测试端口	外壳端口

◆辐射骚扰测试数据

Frequency (MHz)	QuasiPeak (dBμV/m)	Meas. Time (ms)	Bandwidth (kHz)	Antenna height (cm)	Polarity
148.080000	41.9	1000.000	120.000	100.0	V
148.440000	41.7	1000.000	120.000	100.0	V
151.080000	43.5	1000.000	120.000	100.0	V
156.900000	40.2	1000.000	120.000	100.0	V
158.220000	40.3	1000.000	120.000	100.0	V
160.440000	39.2	1000.000	120.000	100.0	V

Frequency (MHz)	Turntable position (deg)	Corr. (dB)	Margin (dB)	Limit (dBμV/m)	Comment
148.080000	90.0	9.3	-1.9	40.0	——
148.440000	105.0	9.3	-1.7	40.0	——
151.080000	90.0	9.4	-3.5	40.0	——
156.900000	90.0	9.3	-0.2	40.0	——
158.220000	93.0	9.2	-0.3	40.0	——
160.440000	94.0	9.2	0.8	40.0	——

◆测试曲线图（见图4-277）

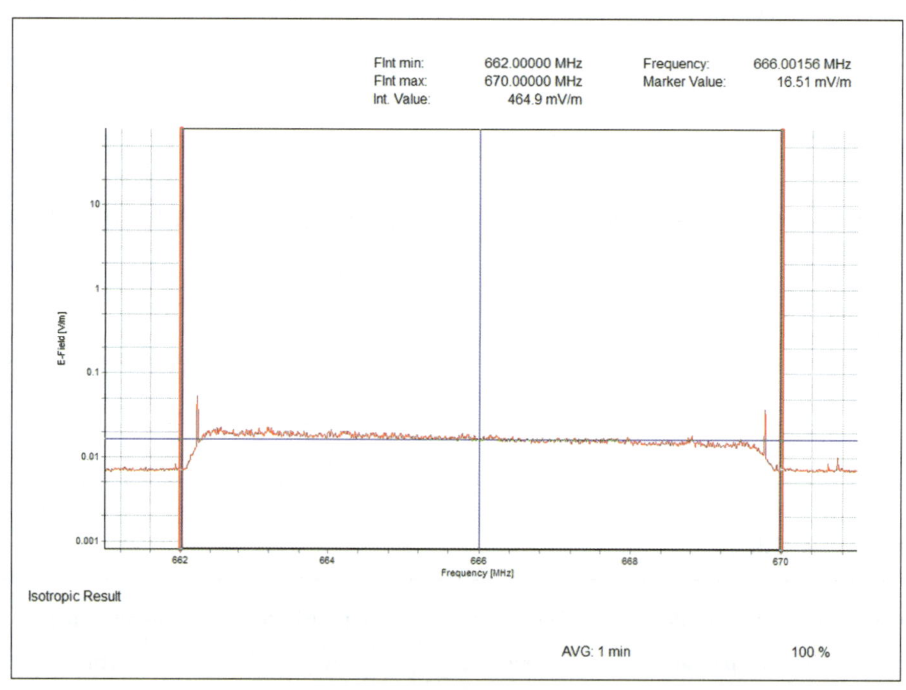

图4-277 外壳端口辐射骚扰场强测试曲线图

◆测试结果说明

被测设备不符合标准GB 13837-2003辐射骚扰的限值要求。

◆测试连接图（见图 4－278）

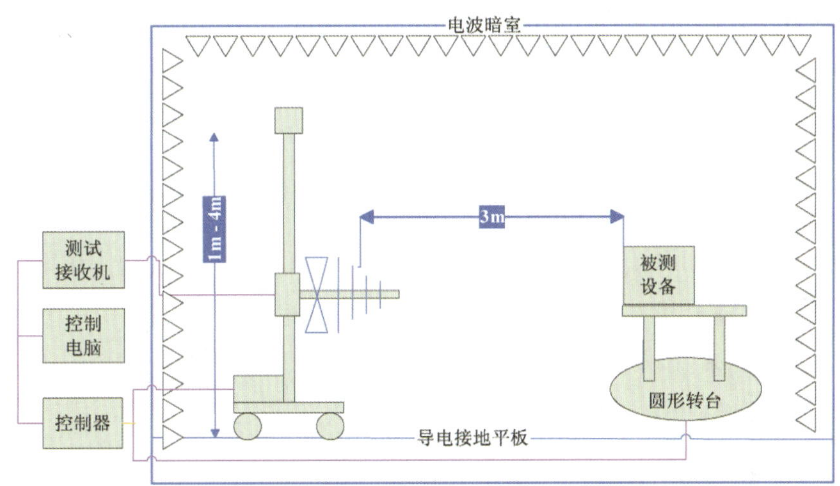

图 4－278　辐射骚扰场强测试连接图

◆测试布置照片（见图 4－279）

图 4－279　辐射骚扰场强测试布置照片

（2）电源端口传导骚扰试验项目

◆测试说明

项目	描述
测量标准	GB 9254－2008《信息技术设备的无线电骚扰限值和测量方法》 GB 13837－2003《声音和电视广播接收机及有关有关设备无线电骚扰特性限值和测量方法》
测试环境	屏蔽室
测试时供电电源	$220V_{AC}$/50Hz
测试端口	交流电源端口

◆测试曲线图（见图4－280）

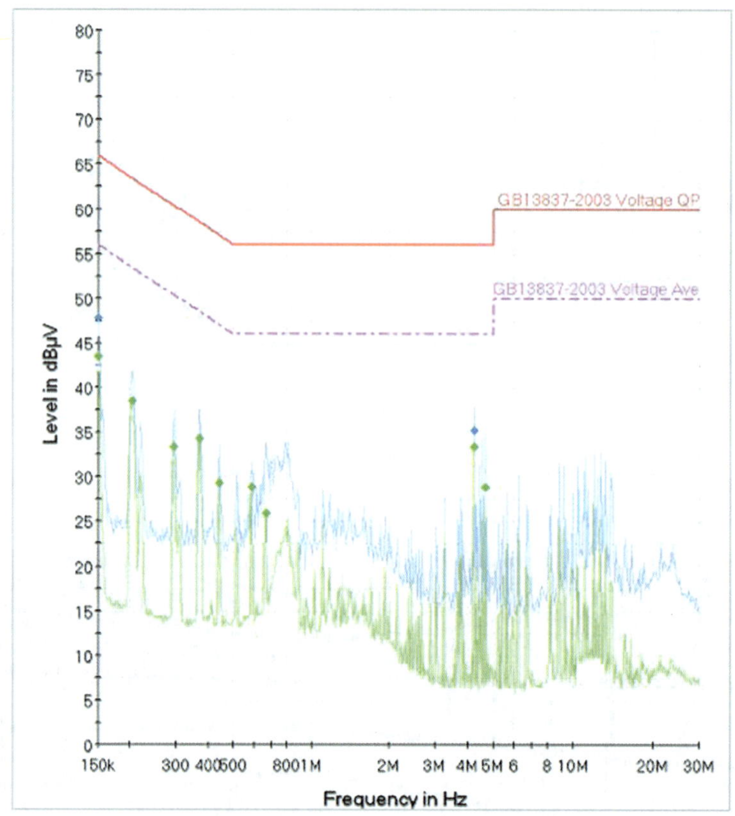

图4－280　电源端口骚扰电压测试曲线

◆测试结果说明

被测设备符合标准 GB 13837－2003 的要求。

◆测试连接图（见图4－281）

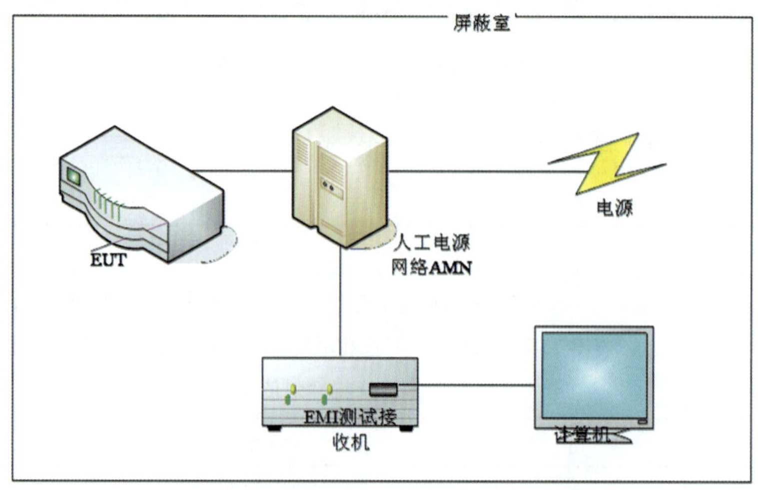

图4－281　电源端口传导骚扰测试连接图

◆测试布置照片（见图 4－282）

图 4－282　电源端口传导骚扰测试布置照片

（3）静电放电抗扰度试验项目

◆测试说明

项目	描述
测量标准	GB/T 17626.2－2006《电磁兼容　试验和测量技术　静电放电抗扰度试验》
测试环境	屏蔽室
测试时供电电源	$220V_{AC}$/50Hz
测试端口	外壳端口

◆环境等级与评判要求

环境等级	放电类型	放电方式	电压（kV）	极性	评判要求	评判结果
E5	接触放电	间接放电	4	+/－	B	A
	接触放电	直接放电	8	+/－	B	B
	空气放电	直接放电	8	+/－	B	A

◆评判等级

A. 在制造商、委托方或客户规定的限值内性能正常；

B. 功能或性能暂时丧失或降低，但在骚扰停止后能自行恢复，不需要操作者干预；

C. 功能或性能暂时丧失或降低，但需操作者干预才能恢复；

D. 因设备硬件或软件损坏，或数据丢失而造成不能恢复的功能丧失或性能降低。

◆测试结果说明

依据 GB/T 17626.2－2006，对涂有绝缘材料的设备前面板进行空气放电（直接放电），通过水平耦合板和垂直耦合板对设备进行接触放电（间接放电），在所有的静电放电测试过程中，被测设备性能均正常，故评判结果为 A 级。依据客户的测试需求，为在实验室环境中重现实际使用出现的现象，在完成标准规定的测试项目的基础上，对常用端口进行 8kV 直接接触放电时，设备性能出现异常，如图 4－276 所示。该现象与设备在实际使用时出现的现象类似，在静电放电结束后，设备性能恢复正常。

◆测试连接图（见图 4－283）

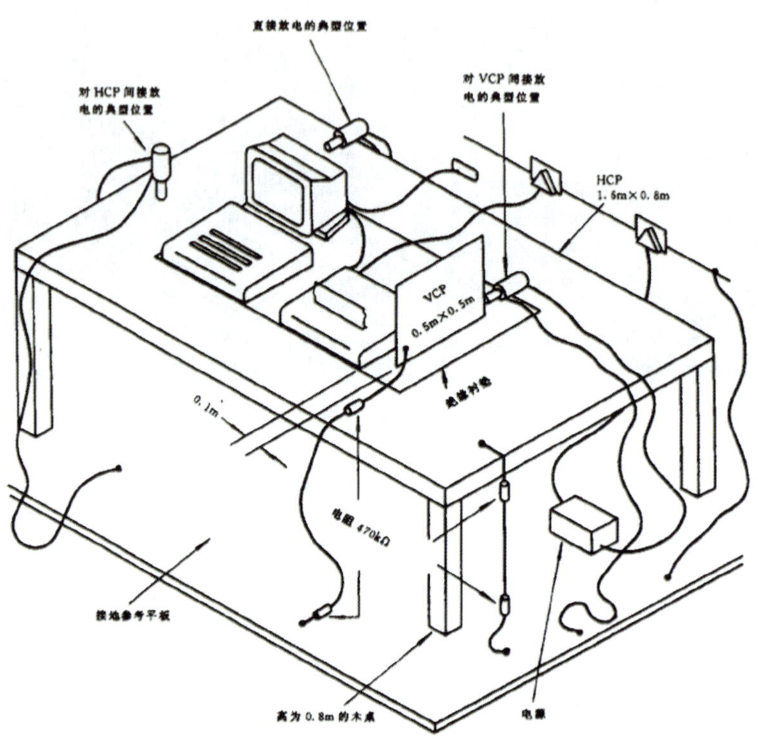

图 4－283　静电放电抗扰度试验项目设备连接图

（4）射频电磁场辐射抗扰度试验项目

◆测试说明

项目	描述
测量标准	GB/T 17626.3－2006《电磁兼容 试验和测量技术 射频电磁场辐射抗扰度试验》
测试环境	电波暗室
测试时供电电源	220V_{AC}/50Hz
测试信号输入端口	外壳端口

◆环境等级与评判要求

等级	试验场强	频率范围	极化方向	调制方式	评判要求	评判结果
E5	10V/m	80MHz－1GHz	垂直极化	幅度调制（调制度：80%；调制信号：1kHz 正弦波）	A	A
	10V/m	80MHz－1GHz	水平极化		A	A

◆评判等级

A. 在制造商、委托方或客户规定的限值内性能正常；

B. 功能或性能暂时丧失或降低，但在骚扰停止后能自行恢复，不需要操作者干预；

C. 功能或性能暂时丧失或降低，但需操作者干预才能恢复；

D. 因设备硬件或软件损坏，或数据丢失而造成不能恢复的功能丧失或性能降低。

◆射频电磁场辐射场强监测图（见图 4 – 284）

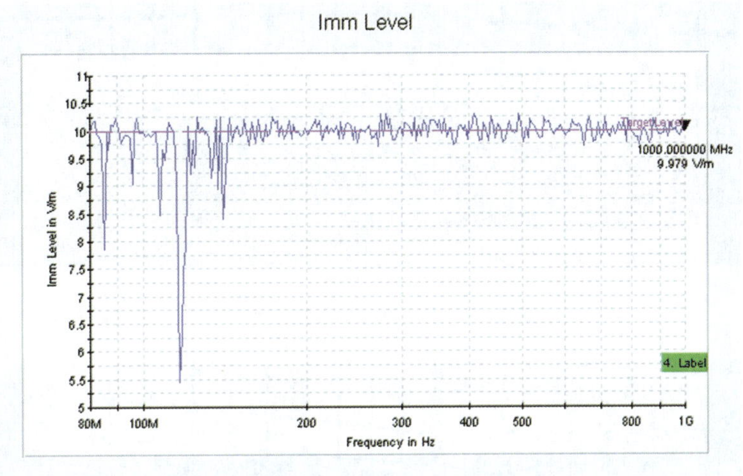

图 4 – 284　射频电磁场辐射场强监测图

◆测试结果说明

被测设备符合标准 GB/T 17626. 3 – 2006 的评判要求。

◆测试连接图（图 4 – 285）

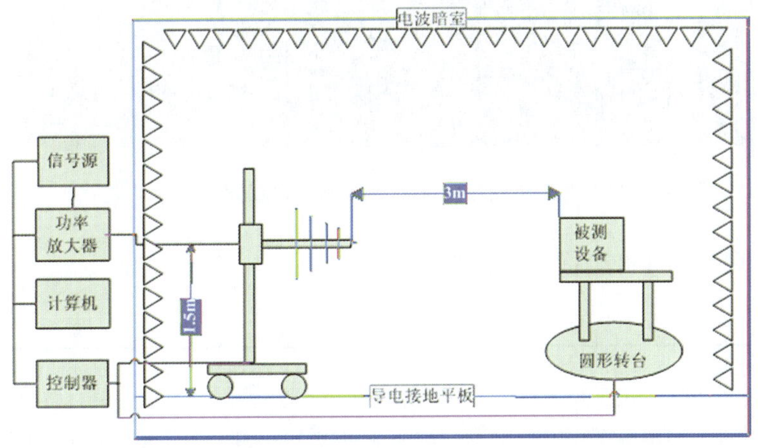

图 4 – 285　射频电磁场辐射抗扰度试验设备连接示意图

◆测试布置照片（见图 4－286 和图 4－287）

图 4－286　射频电磁场辐射抗扰度测试布置照片（垂直极化）

图 4－287　射频电磁场辐射抗扰度测试布置照片（水平极化）

（5）电快速瞬变脉冲群抗扰度试验项目

◆测试说明

项目	描述
测量标准	GB/T 17626.4－2008《电磁兼容 试验和测量技术 电快速瞬变脉冲群抗扰度试验》
测试环境	屏蔽室
测试时供电电源	$220V_{AC}$/50Hz
测试信号输入端口	交流电源端口、信号端口

◆环境等级与评判要求

环境等级	测试端口	电压峰值（kV）	频率（kHz）	极性（+/ -）	测试时间	评判要求	评判结果
E5	电源端口	2	5	+/ -	14 分 28 秒	B	B
	信号端口	1	5	+/ -	2 分 4 秒	B	B

◆评判等级

A. 在制造商、委托方或客户规定的限值内性能正常；

B. 功能或性能暂时丧失或降低，但在骚扰停止后能自行恢复，不需要操作者干预；

C. 功能或性能暂时丧失或降低，但需操作者干预才能恢复；

D. 因设备硬件或软件损坏，或数据丢失而造成不能恢复的功能丧失或性能降低。

◆测试结果说明

被测设备符合标准 GB/T 17626.4 - 2008 的评判要求。

◆测试连接图（见图 4 - 288 和图 4 - 289）

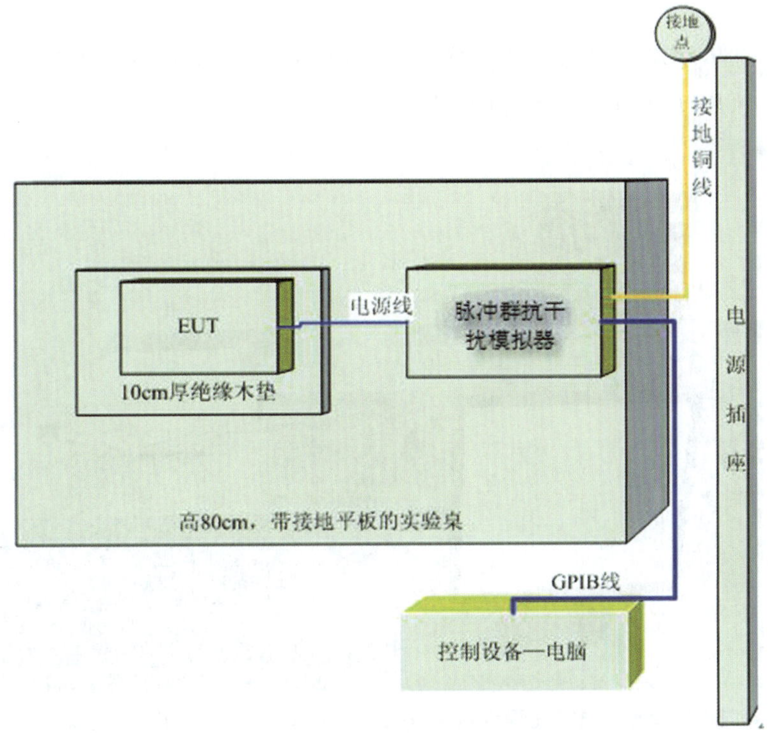

图 4 - 288　电快速瞬变脉冲群抗扰度试验 EFT 信号耦合到电源端口时的测试连接图

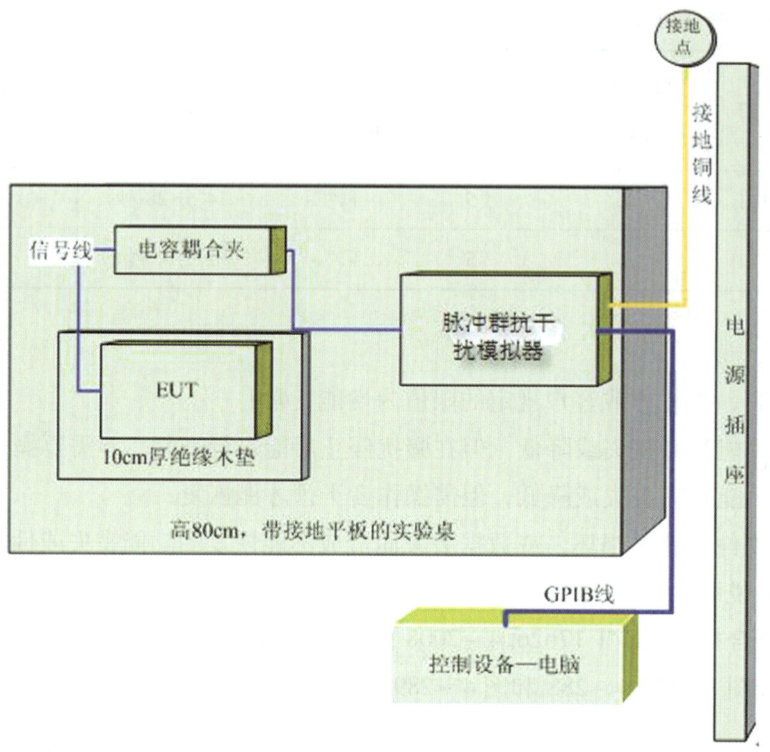

图4－289　电快速瞬变脉冲群抗扰度试验 EFT 信号耦合到信号端口时测试连接图

◆测试布置照片（见图4－290 和图291）

图4－290　电快速瞬变脉冲群抗扰度试验电源端口测试布置照片

图 4-291　电快速瞬变脉冲群抗扰度试验信号端口测试布置照片

（6）浪涌（冲击）抗扰度试验

◆测试说明

项目	描述
测量标准	GB/T 17626.5-2008《电磁兼容　试验和测量技术　浪涌（冲击）抗扰度试验》
测试环境	屏蔽室
测试时供电电源	$220V_{AC}$/50Hz
测试信号输入端口	交流电源端口

◆环境等级与评判要求

环境等级	电压（kV）	极性	测试时间	评判要求	评判结果
E5	2.0	+/-	28min	B	B

◆评判等级

A. 在制造商、委托方或客户规定的限值内性能正常；

B. 功能或性能暂时丧失或降低，但在骚扰停止后能自行恢复，不需要操作者干预；

C. 功能或性能暂时丧失或降低，但需操作者干预才能恢复；

D. 因设备硬件或软件损坏，或数据丢失而造成不能恢复的功能丧失或性能降低。

◆测试结果说明

被测设备符合标准 GB/T 17626.5-2008 的评判要求。

◆测试连接图（见图4－292）

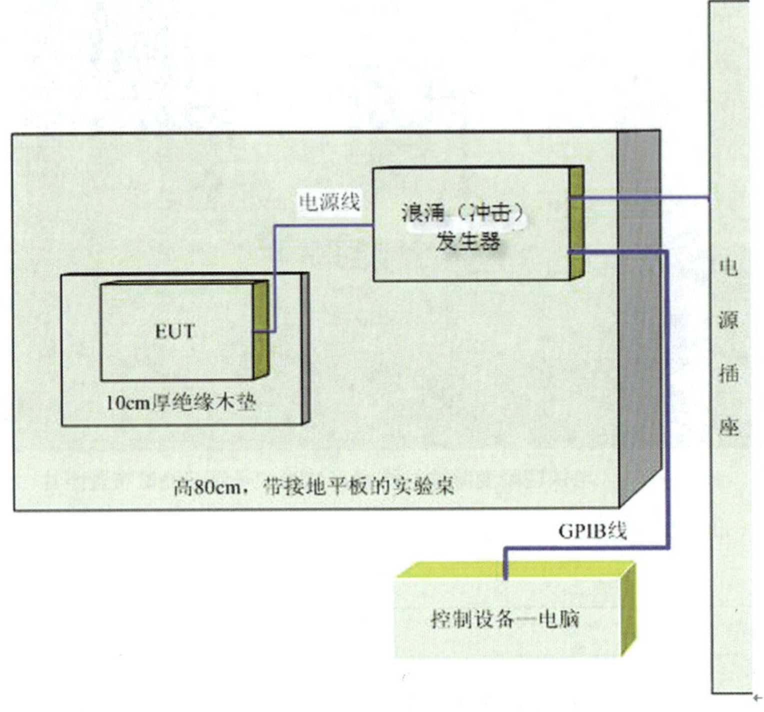

图4－292　浪涌（冲击）抗扰度试验测试连接图

（7）射频场感应的传导骚扰抗扰度

◆测试说明

项目	描述
测量标准	GB/T 17626.6－2008《电磁兼容　试验和测量技术　射频场感应的传导骚扰抗扰度试验》
测试环境	屏蔽室
测试时供电电源	$220V_{AC}$/50Hz
测试信号输入端口	交流电源端口、信号端口
排除带	666±4MHz

◆环境等级与评判要求

等级	测试端口	频率范围	电压 V	调制方式	测试时间	评判要求	评判结果
E5	电源端口	150kHz－80MHz	10	幅度调制（调制度：80%；调制信号：1kHz正弦波）	26min18s	A	A
	ASI输入端口	150kHz－80MHz	10		26min18s	A	A
	1PPS端口	150kHz－80MHz	10		26min18s	A	A
	10MHz端口	150kHz－80MHz	10		26min18s	A	A

◆评判等级

A. 在生产商、委托方或购买方规定的限值内性能正常；

B. 功能或性能暂时丧失或降低，但在骚扰停止后能自行恢复，不需要操作者干预；

C. 功能或性能暂时丧失或降低，但需要操作人员干预才能恢复。

D. 由硬件或软件的损坏，或数据丢失而造成不能恢复的功能丧失或性能降低。

◆测试结果说明

被测设备符合标准 GB/T 17626.6－2008 的评判要求。

◆测试连接图（见图 4－293）

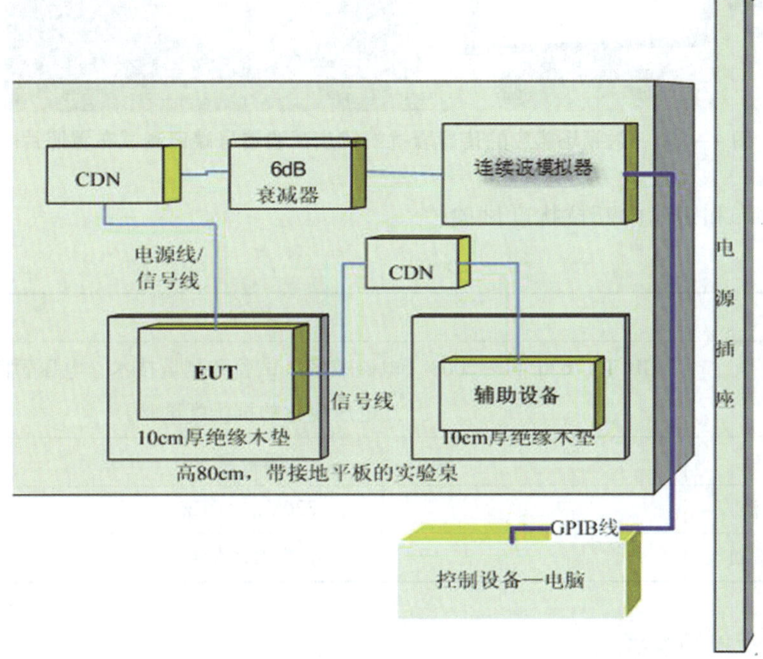

图 4－293　射频场感应的传导骚扰抗扰度试验测试连接图

◆测试布置照片（见图 4－294 和图 4－295）

图 4－294　射频场感应的传导骚扰抗扰度试验电源端口测试布置照片

图 4-295 射频场感应的传导骚扰抗扰度试验信号端口测试布置照片

(8) 电压暂降和短时中断抗扰度试验

◆测试说明

项目	描述
测量标准	GB/T 17626.11-2008《电磁兼容 试验和测量技术 电压暂降、短时中断和电压变化的抗扰度试验》
测试环境	屏蔽室
测试时供电电源	$220V_{AC}$/50Hz
测试信号输入端口	交流电源端口

◆环境等级与评判要求

环境等级	试验等级,% U_T	电压暂降和短时中断	持续时间	评判要求	评判结果
E5	0	100	0.02s	B	B
	40	60	0.10s	C	C
	<5	>95	5s	C	C

◆评判等级

A. 在制造商、委托方或客户规定的限值内性能正常;

B. 功能或性能暂时丧失或降低，但在骚扰停止后能自行恢复，不需要操作者干预;

C. 功能或性能暂时丧失或降低，但需操作者干预才能恢复;

D. 因设备硬件或软件损坏，或数据丢失而造成不能恢复的功能丧失或性能降低。

◆测试结果说明

被测设备符合标准 GB/T 17626.11-2008 的要求。

◆测试连接图（见图 4-296）

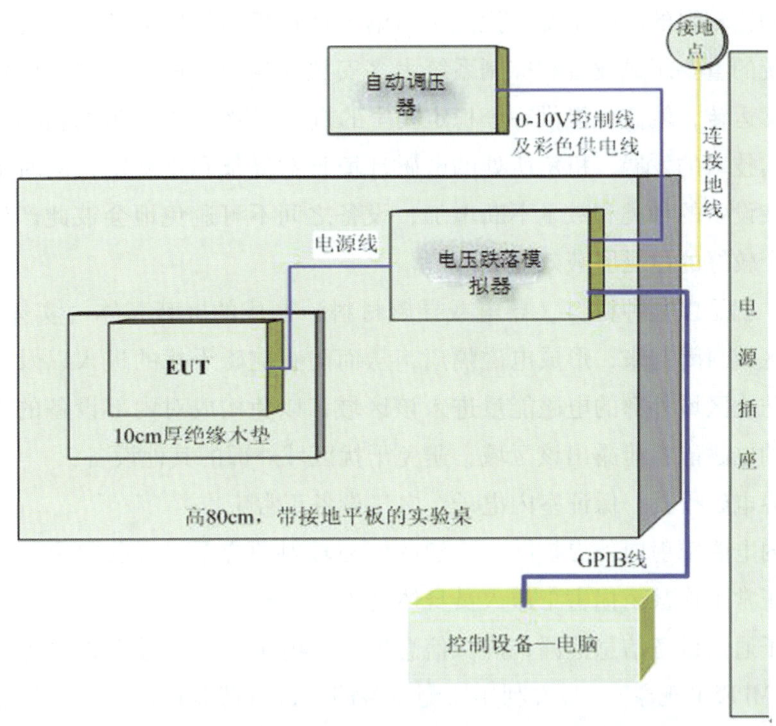

图4－296　电压暂降和短时中断抗扰度试验测试连接图

◆测试布置照片（见图4－297）

图4－297　电压暂降和短时中断抗扰度试验测试布置照片

4.4.5　电磁屏蔽测试及问题探究

4.4.5.1　研究背景

在社会各行各业，尤其是对于广电行业而言，日常各项事务和职能的正常运转，需要有一个高性能、高稳定性的机房提供技术保障和支持。正确地使用各类屏蔽机房或者屏蔽室，或者改善机房的电磁屏蔽效果，是一种防止信息随电磁波泄漏的可靠措施。屏蔽机房不仅可以防止室内电子计算机和其他电子信息处理设备所处理的保密信息随电磁波泄漏出去，而且可防止外部来的比较强的电磁干扰，扰乱室内电子计算机和其他电子信息处理设备的正常工作。同时，系统的重要组成设备和控制系统大多安放在各类机房环境中。要保证各分系统和独立设备的正常运转，就需要提供一个稳定安全的机房环境。但是随着通信技术的日益发展，尤其是无线通信技术的发展，机房所处的电磁环境日益复杂和不稳定，同时随着机房规模的扩大，机房安装设备的种类和数量不断增加，设备之间不可避免地会彼此产生干扰。这就涉及到要提供一个较好的电磁屏蔽效能。

所谓屏蔽，就是以某种材料（导电或导磁材料）制成的屏蔽壳体（实体的或非实体的）将需要屏蔽的区域封闭起来，形成电磁隔离，从而防止电磁干扰的进入以及向外扩散。电磁屏蔽的目的是防止区域外部的电磁能量进入该区域，以免构成对内部设备的影响，同时限制某一区域内部的电磁能量泄露出该区域，避免干扰区域外部的其他设备：

◆隔离外界电磁干扰，保证室内电子、电气设备正常工作。

◆阻断室内电磁辐射向外界扩散。强烈的电磁辐射源应予以屏蔽隔离，防止干扰其他电子、电气设备正常工作甚至损害工作人员身体健康。

◆防止电子通信设备信息泄漏，确保信息安全。电子通信信号会以电磁辐射的形式向外界传播（即 TEMPEST 现象），敌方利用监测设备即可进行截获还原。电磁屏蔽室是确保信息安全的有效措施。

◆军事指挥通信要素必须具备抵御敌方电磁干扰的能力，在遭到电磁干扰攻击甚至核爆炸等极端情况下，结合其他防护要素，保护电子通信设备不受毁损、正常工作。电磁脉冲防护室就是在电磁屏蔽室的基础上，结合军事领域电磁脉冲防护的特殊要求研制开发的特殊产品。

电磁屏蔽的类型分为组合式、钢板焊接式、钢板直贴式及铜网式四大类。电磁屏蔽的作用原理是利用屏蔽体对电磁能量的反射、吸收和引导作用，将屏蔽区域与其他区域分开。

干扰现象的存在，意味着需要建立一个更加稳定和安全的机房环境来尽量避免或者减少此类影响的产生。而对于机房本身而言，其屏蔽性能决定了其抵抗外界不必要的干扰的能力。所以对机房进行升级和改造后，对机房的电磁屏蔽性能的测量就显得更为迫切和必要。

4.4.5.2 研究和试验概述及实施

屏蔽效能（SE）的理论值由反射损耗、吸收损耗、多重反射损耗 3 项因素决定，即：

$$S_H = 20\lg \frac{H_1}{H_2}$$

$$S_H = 20\lg \frac{V_1}{v_2}$$

针对进行过电磁屏蔽性能改造的机房进行电磁屏蔽性能的测试，按照如下描述展开。

根据标准 GB/T 12190－2006 在 10kHz～18GHz 频率范围内，以表 4－39 所示的频率范围进行屏蔽效能测试。

表 4－39　屏蔽效能测量的测试频率

频率	天线类型	频率	天线类型
9kHz－16kHz	小环天线	100MHz－300MHz	偶极子天线
140kHz－160kHz	小环天线	0.3GHz－0.6 GHz	偶极子天线
14MHz－16MHz	小环天线	0.6GHz－1 GHz	偶极子天线
20MHz－100MHz	双锥天线	1GHz－18 GHz	喇叭天线

从两次传输损耗测量得到屏蔽效能 S：

$$S = P_O = P_S + A_{att}$$

其中，P_0是天线之间没有屏蔽时测的的值，P_s是在天线之间有屏蔽时测得的值，A_{att}是经过校准的同轴衰减器的衰减，插入它用于 P_0测量，目的是保护接收机防止过载。

两次测量时的距离为 d（见表 4－40），收、发天线的方向和极化以及信号发生器的输出功率保持恒定。

表 4－40　收、发天线间的距离

频率范围	距离
10kHz－30MHz	60 cm
100MHz－1000MHz	160 cm
1GHz－18GHz	60 cm

信号源、功率放大器和发射天线放在屏蔽室外，接收机系统放在屏蔽室内。图 4－298 给出了示意性的测试布置。

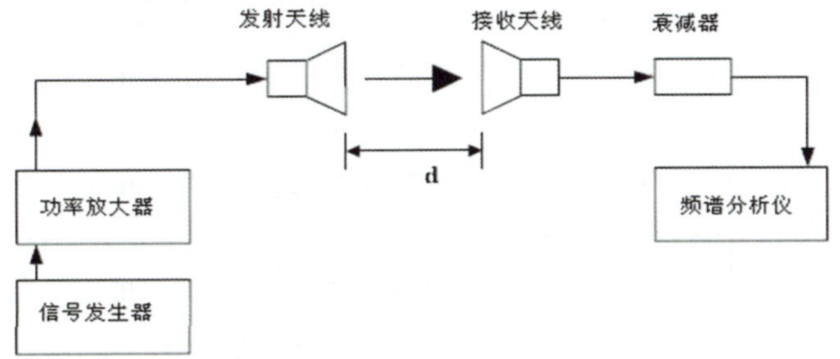

（a）没有屏蔽时的 P_0 测量

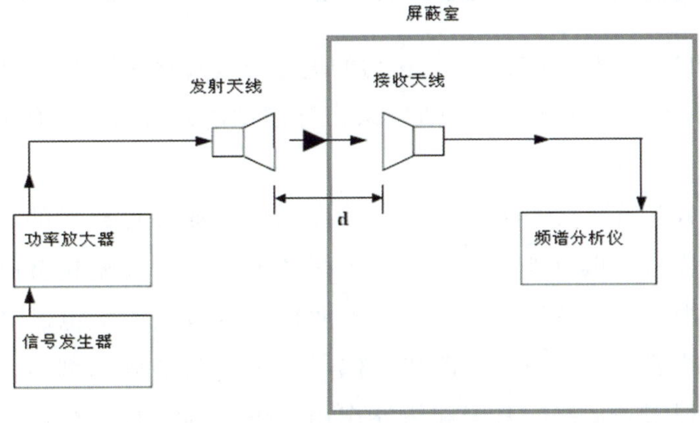

（b）有屏蔽时的 P_S 测量

图 4－298　屏蔽效能测量的测试布置示意图

本实验依据 GB/T 12190－2006《电磁屏蔽室屏蔽效能的测试方法》规定测试电磁屏蔽。在计算机房的电磁环境中，分别选取了屏蔽墙，屏蔽门和带监视窗的屏蔽墙为三个典型测试位置。对于每个典型测试位置，分别进行了340MHz 和900MHz 两个频点、天线水平极化和垂直极化两种极化方式的测试。由于实验室机房环境区别于一般的暗室等标准屏蔽环境，所以依照标准进行测试的同时，对测试方法进行了一定的简化，对测试结果的要求也有一定的降低。

4.4.5.3　试验测试结论

许多电子信息的处理设备都有较强的电磁泄漏。在使用这些设备时，必然会将处理的各种信息散射到一定的空间中去。这就给信息的保密工作造成极大的威胁。即使采用密码通信，在还没有加密之前或者在脱密之后的处理过程中，信息内容就已经随着电磁波辐射到周围空间中去了。这样，不仅能造成信息的泄密，而且通过侦听加密前的明文信息和加密后密码信息，就可以不断地进行明文信息与密码信息的对照、解析。因此，在使用电子计算机和其他信息处理设备时，如果不采取可靠的信息技术措施就开始处理保密信息，是十分危险的。

表 4－41　屏蔽效能试验测试结果

测试位置 / 频率和极化方式	典型位置 1 号		典型位置 2 号		典型位置 3 号	
	位置描述：机房二与机房一的屏蔽门		位置描述：机房二与机房一的带有监视窗的屏蔽墙		位置描述：机房二的屏蔽墙	
340 MHz 垂直极化	屏蔽效能	15.7 dB	屏蔽效能	16.0 dB	屏蔽效能	24.6 dB
900 MHz 垂直极化	屏蔽效能	18.4 dB	屏蔽效能	14.7 dB	屏蔽效能	7.7 dB
340 MHz 水平极化	屏蔽效能	13.8 dB	屏蔽效能	10.1 dB	屏蔽效能	34.2 dB
900 MHz 水平极化	屏蔽效能	12.1 dB	屏蔽效能	13.2 dB	屏蔽效能	4.7 dB

依照 GB/T 12190－2006，对某计算机机房的电磁屏蔽效能进行测试，结果如表 4－41 所示。由于该机房不属于专业屏蔽环境，所以未与标准中电磁屏蔽性能的相关指标进行严格对比。

通过对专业机房电磁屏蔽性能测试，能够得到该专业计算机房的电磁屏蔽能力，也能在一定程度反映该机房抵抗外界不良电磁干扰的能力，以及避免自己本身机房的电磁干扰对外影响的能力。本次测试作为对行业专业机房或者实验室电磁屏蔽性能测试的尝试，为今后实验室或者机房的新建或改造提供了一个较为准确的判断，将会对整个行业的基础设施建设过程起到良好的监督和指导作用，也将推动整个行业的实验室机房系统更为有序稳定的运转。

4.4.5.4 试验测试结论结果

◆试验场景描述

该测试环境属于实验室机房环境（见图 4－299 和图 4－300）。起到屏蔽作用的主要包括屏蔽门和屏蔽墙。对于该计算机房的屏蔽性能测试，主要针对屏蔽门和屏蔽墙两方面展开。

图 4－299 网络一室

图 4－300 网络二室

◆测量位置说明

测量位置主要针对起到主要屏蔽作用的屏蔽门和屏蔽墙。在本次测量中，一共选取 3 个位置进行测量。测量人员分别使用标准信号发生器和标准信号接收机，配合一对偶极子天线作为收发天线进行电磁屏蔽性能的测试。分别选取了屏蔽墙、屏蔽门和带监视窗的屏蔽墙为三个典型测试位置。对于每个典型测试位置，分别进行了 340MHz 和 900MHz 两个频点、天线水平极化和垂直极化两种极化方式的测试。具体测试位置和布置见图 4－301 至图 4－303。

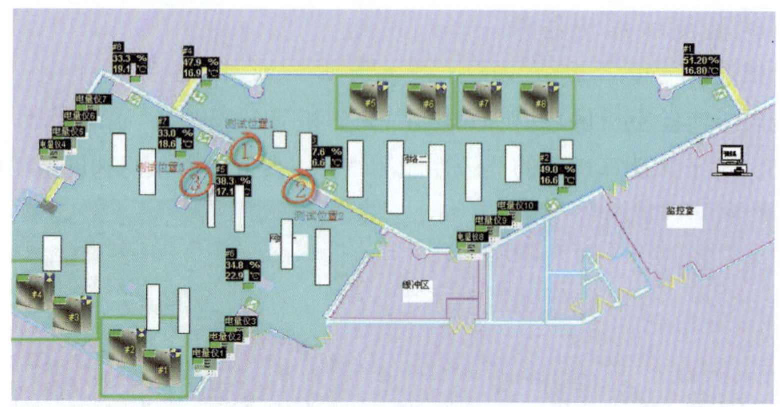

图 4－301　总体测试位置分布图

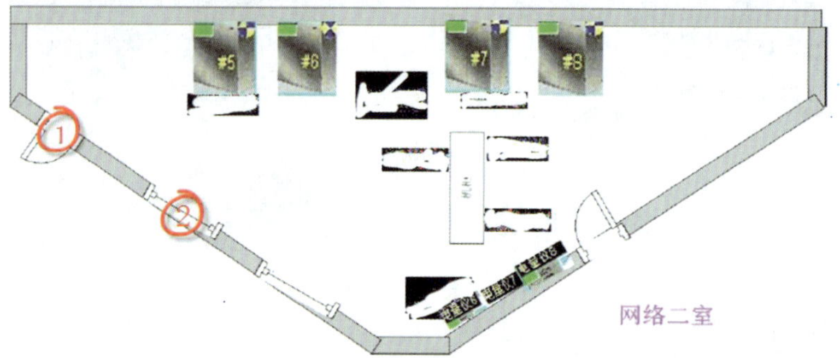

图 4－302　网络二室测试位置分布图

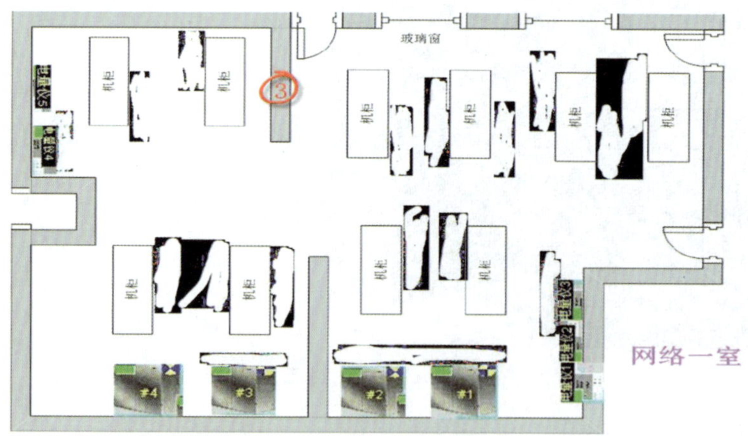

图 4－303　网络一室测试位置分布图

◆试验数据及结果分析（见表4－42）

表4－42 屏蔽效能测量结果

<table>
<tr><th rowspan="3">测试位置</th><th colspan="6">屏蔽墙和屏蔽门典型位置屏蔽效能</th></tr>
<tr><th colspan="2">典型位置1号</th><th colspan="2">典型位置2号</th><th colspan="2">典型位置3号</th></tr>
<tr><td colspan="2">位置描述：机房二与机房一的屏蔽门</td><td colspan="2">位置描述：机房二与机房一的带有监视窗的屏蔽墙</td><td colspan="2">位置描述：机房二的屏蔽墙</td></tr>
<tr><td rowspan="3">340 MHz
垂直极化</td><td>现场衰减</td><td>54.1 dB</td><td>现场衰减</td><td>56.8dB</td><td>现场衰减</td><td>64.3 dB</td></tr>
<tr><td>暗室衰减</td><td>38.4 dB</td><td>暗室衰减</td><td>40.8 dB</td><td>暗室衰减</td><td>39.7 dB</td></tr>
<tr><td>屏蔽效能</td><td>15.7 dB</td><td>屏蔽效能</td><td>16.0 dB</td><td>屏蔽效能</td><td>24.6 dB</td></tr>
<tr><td rowspan="3">900 MHz
垂直极化</td><td>现场衰减</td><td>68.5 dB</td><td>现场衰减</td><td>66.3 dB</td><td>现场衰减</td><td>60.6 dB</td></tr>
<tr><td>暗室衰减</td><td>50.1 dB</td><td>暗室衰减</td><td>51.6 dB</td><td>暗室衰减</td><td>52.9 dB</td></tr>
<tr><td>屏蔽效能</td><td>18.4 dB</td><td>屏蔽效能</td><td>14.7 dB</td><td>屏蔽效能</td><td>7.7 dB</td></tr>
<tr><td rowspan="3">340 MHz
水平极化</td><td>现场衰减</td><td>62.4 dB</td><td>现场衰减</td><td>53.4 dB</td><td>现场衰减</td><td>75.5 dB</td></tr>
<tr><td>暗室衰减</td><td>38.6 dB</td><td>暗室衰减</td><td>43.3 dB</td><td>暗室衰减</td><td>41.3 dB</td></tr>
<tr><td>屏蔽效能</td><td>13.8 dB</td><td>屏蔽效能</td><td>10.1 dB</td><td>屏蔽效能</td><td>34.2 dB</td></tr>
<tr><td rowspan="3">900 MHz
水平极化</td><td>现场衰减</td><td>61.7 dB</td><td>现场衰减</td><td>66.4 dB</td><td>现场衰减</td><td>56.7 dB</td></tr>
<tr><td>暗室衰减</td><td>49.6 dB</td><td>暗室衰减</td><td>53.2 dB</td><td>暗室衰减</td><td>52 dB</td></tr>
<tr><td>屏蔽效能</td><td>12.1 dB</td><td>屏蔽效能</td><td>13.2 dB</td><td>屏蔽效能</td><td>4.7 dB</td></tr>
</table>

用于屏蔽效能测试的测试设备主要涉及点频功率信号源、频谱分析仪、可调衰减器、点频喇叭天线和偶极子天线。屏蔽效能测试的动态范围取决于放大器功率、天线增益、电缆损耗以及频谱分析仪的本底噪声。

◆测试位置照片及示意图

针对三个测量位置，分别结合相应的实际屏蔽体的情况，确定测试的整体布置方法，包括测试位置、天线高度、极化方式和距离屏蔽体的距离。见图4－304至图4－312。

图4－304 测试位置1布置图

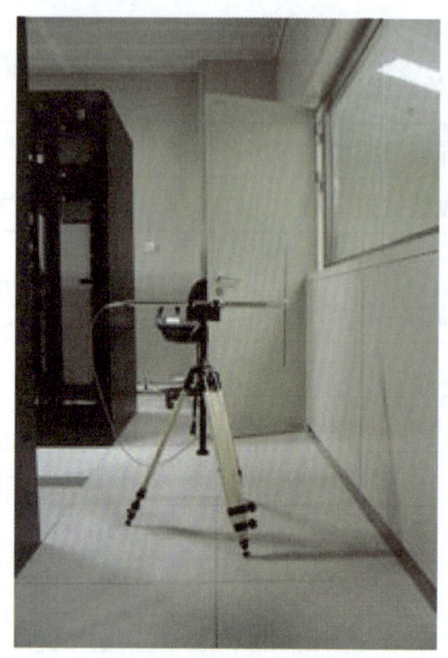
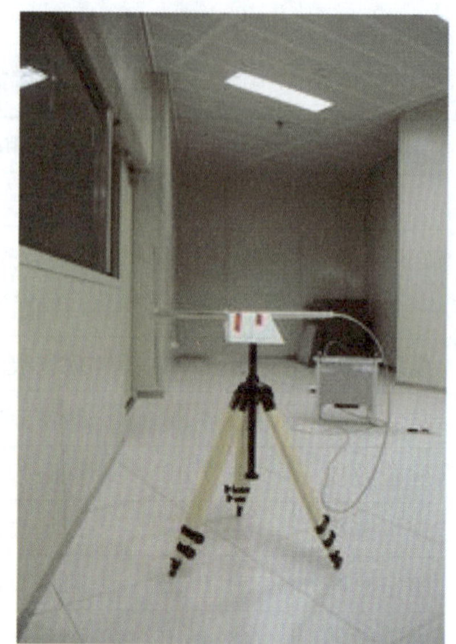

图 4-305 测试位置 2 布置图

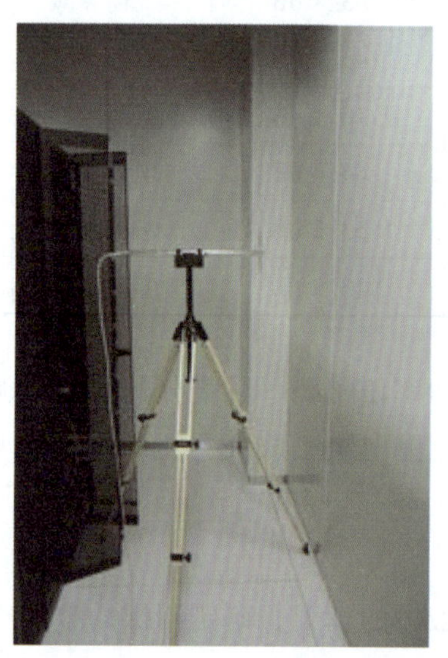

图 4-306 测量位置 3 布置图

参照标准的布置方法，收发天线两端距离屏蔽门和屏蔽墙都为 30cm。高度按照 150cm 和 80cm 进行测试。

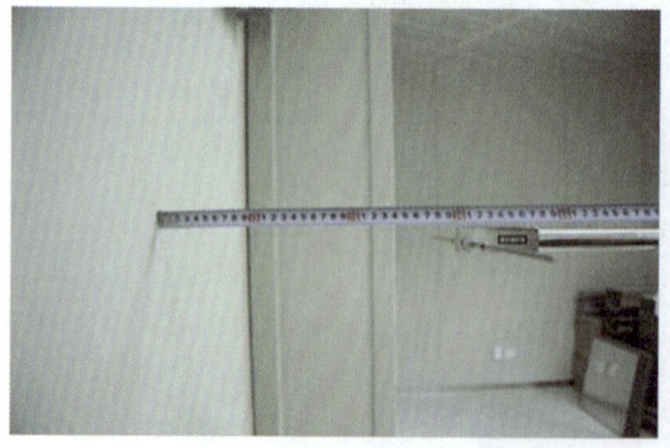
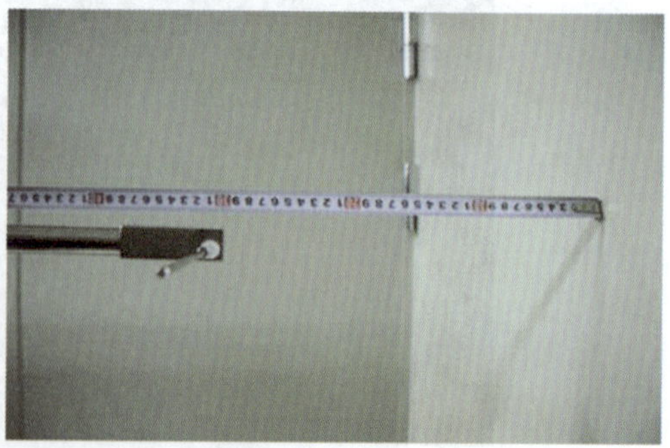

图 4-307 测量位置 1 距离图（与门距离 30cm）

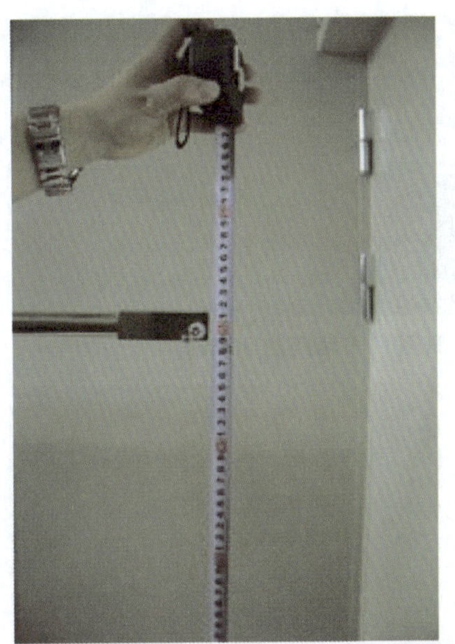
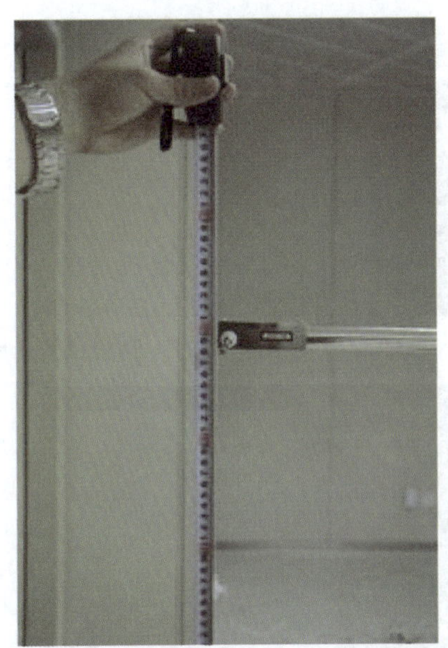

图 4-308　测量位置 1 高度图（高度 150cm）

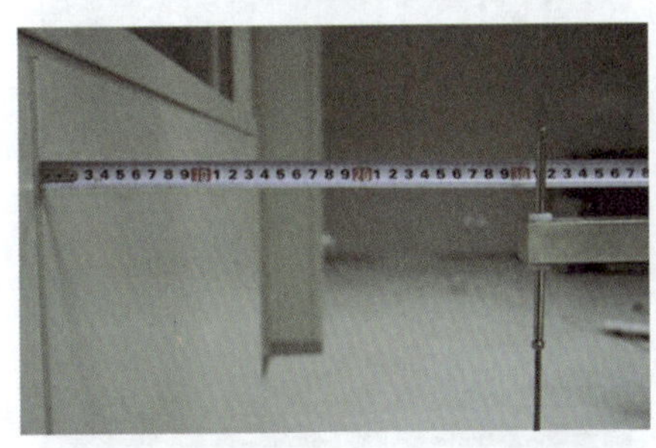
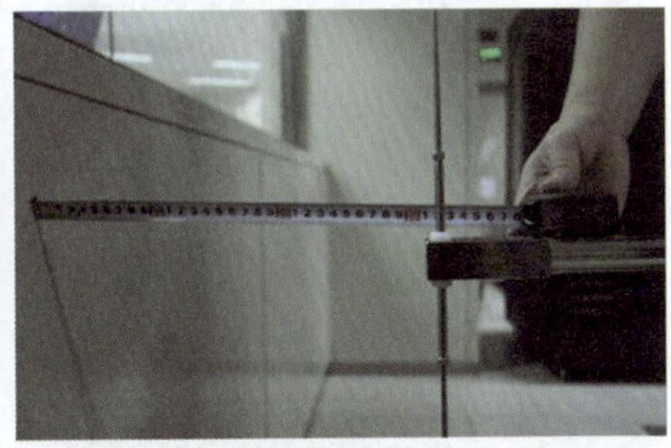

图 4-309　测量位置 2 距离图（与墙距离 30cm）

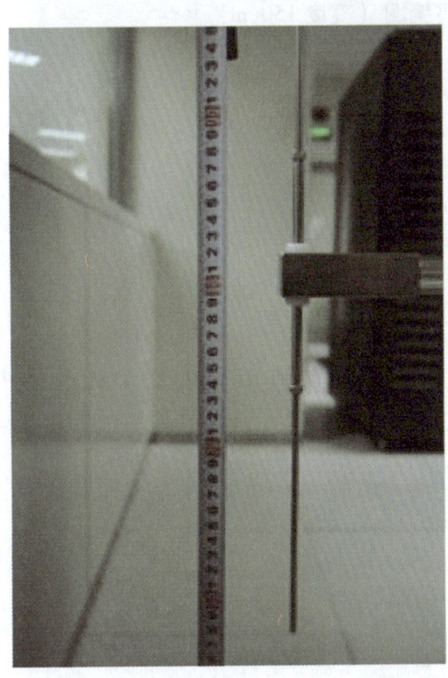
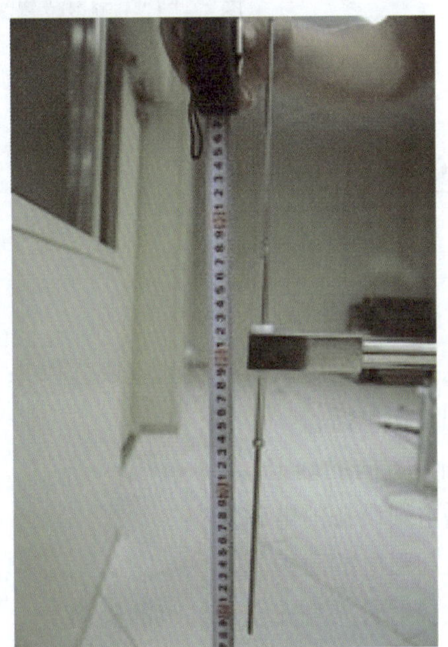

图 4-310　测量位置 2 高度图（高度 80cm）

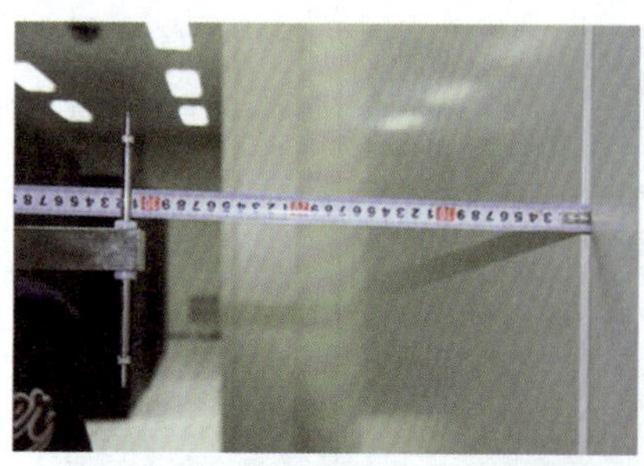
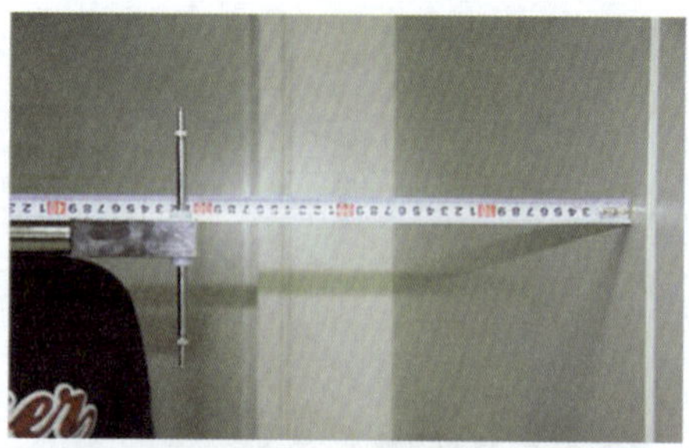

图4-311 测量位置3距离图（与墙距离30cm）

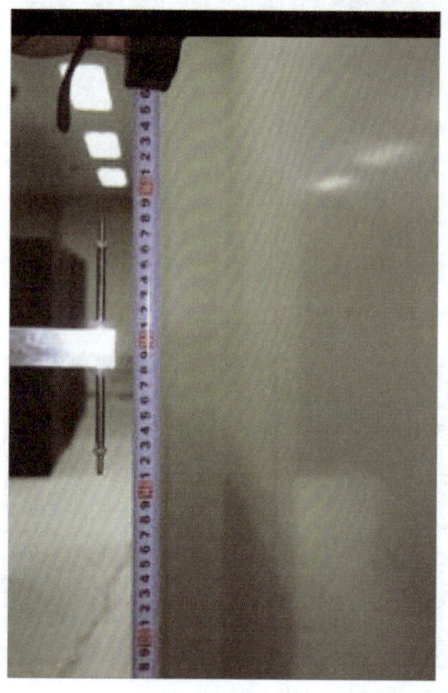
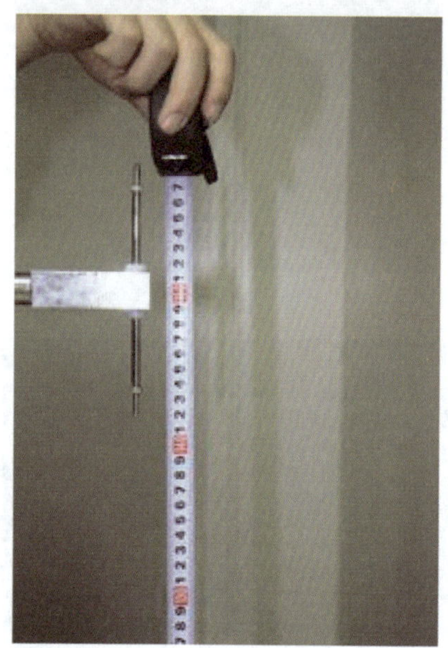

图4-312 测量位置3高度图（高度150cm）

5. 回顾和展望

5.1 工作回顾

广播电视规划院电磁兼容实验室成立以来，根据广播电视电磁兼容工作的特点，主要开展和完成的工作包括：

（1）研究方向的确定

◆广播电视设备的电磁兼容

◆雷击与强电的防护

◆电磁辐射对人身安全与健康的影响

◆电磁信息安全等领域

（2）电磁兼容方面测试及研究

◆广播电视中心的电磁兼容测试研究

◆广播电视演播室电磁兼容研究

◆广播电视产品和系统电磁屏蔽测试研究

◆移动多媒体广播电视系统局端设备的电磁兼容限值和试验方法研究

◆广播电视发射天线测试研究

◆广播电视视频服务器电磁兼容测试研究

（3）电磁辐射方面研究

◆广播电视发射塔电磁照射强度试验和测试

◆广播电台计算机机房环境 EMF

◆影视编辑工作环境 EMF

◆数字电影流动放映播放器的抗电磁干扰测试

◆调音台 EMF 测试

◆地面数字电视发射机 EMF 标准预研工作

（4）跟踪国际相关标准，制定广播电视产品的相关电磁兼容标准

◆跟踪国内外电磁兼容相关标准。

◆参与地面数字电视单频网适配器、激励器、发射机行标升国标工作，编写 EMC 的相关技术条款，其中包括：

①GY/T 229.1-2008《地面数字电视广播单频网适配器技术要求和测量方法》电磁兼容部分

②GY/T 229.2-2008《地面数字电视广播激励器技术要求和测量方法》电磁兼容部分

③GY/T 229.4-2008《地面数字电视广播发射机技术要求和测量方法》电磁兼容部分

◆跟踪 ITU－T SG5、IEC/CISPR、EN、IEEE、ANSI 等组织，开展对口研究工作

在开展以上工作的过程中，逐渐积累了 EMC/EMF 的相关工作经验，为进一步升级和完善 EMC 测试系统，增添 EMF 测试系统和软件做了有益的准备。

5.2　实验室未来工作展望

未来电磁兼容实验室在继续完成以上相关工作的基础上，准备开展的工作包括：

①建立和完成《广播电视电磁兼容标准体系》、《广播电视电磁辐射标准体系》。在前期，实验室参考了 ITU、IEC CISPR 等国际标准，以及工信部 CCSA 中关于 EMC/EMF 的类似行业标准分类方法，根据广播电视行业的特点及发展趋势，编写和完成广播电视行业的体系架构图初稿，正在对体系进一步完善。

②广电行业设备入网检测项目增加 EMC/EMF 项目。编制和完成广播电视相关设备的电磁兼容标准是今后实验室的重要工作内容，虽然有一些设备标准已经增加了电磁兼容条款，但目前仍有大量设备没有制定相关的电磁兼容要求，电磁照射方面的标准更是空白，急需加强。

③加快电磁辐射对人身安全与健康影响的课题研究。今后要依靠相关科研项目的支持，加快广播电视电磁辐射对人身安全与健康影响的课题研究。

④跟踪未来的相关 EMC 和 EMF 标准。继续跟踪国内、国际上 EMC 和 EMF 标准，实验室今后加强相关通信与广电的融合标准，如 CISPR 32 Information technology, multimedia equipment and receivers—Radio disturbance characteristics—limits and methods of measurement 等。

⑤广播电视中短波环境测试的研究。由于中短波的特殊性，在选仿真软件、算法时，必须考虑到低频的情况，测试时也应注意特别的方法，这个方向国外的研究不如其他方向多。

电磁兼容已成为国内外瞩目的迅速发展学科，预计本世纪还将获得更加迅猛的发展。而作为近年来技术迅猛发展的广播电视行业也彻底改变了人们的生活方式和工作方式。无论是工作还是生活，各种广播电视行业设备和广播电视系统的应用已经是人们不可缺少的需要。而相关的电磁兼容问题会就愈来愈多，愈来愈复杂。广播电视技术的发展要求解决一些关键的电磁兼容问题，既兼顾到各种广播电视技术不同种类之间的电磁兼容性问题，也兼顾到未来技术持续性发展的电磁兼容性问题。广播电视规划院的电磁兼容实验室将在广播电视技术发展进步中做出更大的努力。

参考文献

[1] Clayton R. Paul：《电磁兼容导论》，闻映红等译。

[2] 张夏、王艳平：《在出现无线电干扰情况时有线通信网的发射限值及试验方法》（K. 60 最新修订版）（来源：ITU 中国）。

[3] 逯贵祯、蒋克华：《通信系统中的电磁兼容理论与技术》，北京广播学院出版社，2000 年。

[4] GB 8702 – 88《电磁辐射防护规定》。

[5] GB/T 12720 – 91《工频电场测试》。

[6] GB 9175 – 1988《环境电磁波卫生标准》。

[7] GB 9254 – 2008《信息技术设备的无线电骚扰限值和测量方法》。

[8] GB/T 4365 – 2003《电磁兼容术语》。

[9] GB 13837 – 2003《声音和电视广播接收机及有关设备无线电骚扰特性限值和测量方法》。

[10] GB/T 9383 – 1999《声音和电视广播接收机及有关设备抗扰度限值和测量方法》。

[11] GB 17625. 1 – 2003/EN61000 – 3 – 2：2006《电磁兼容限值谐波电流发射限值（设备每相输入电流≤16A)》。

[12] GB 17625. 2 – 2007/ IEC 61000 – 3 – 3：2005 /EN 61000 – 3 – 3：2005《对每相额定电流≤16A 且无条件介入的设备在公用低压供电系统中产生的电压变化、电压波动和闪烁的限制》。

[13] GB 13836 – 2000/ IEC 60728 – 2：1997/ EN 50083 – 2：1995《电视和声音信号电缆分配系统第 2 部分：设备的电磁兼容》。

[14] GB/T 19954. 1 – 2005 /EN 55103 – 1：2009《电磁兼容 专业用途的音频、视频、音视频和娱乐场所灯光控制设备的产品类标准 第一部分：发射》。

[15] 全国无线电干扰标准化技术委员会、全国电磁兼容标准化联合工作组、中国实验室国家认可委员会：《电磁兼容标准实施指南》，中国标准出版社，1999 年。

[16] 中国标准出版社第四编辑室：《电磁兼容标准汇编》，中国标准出版社，2007 年。

[17] CISPR13《Sound and television broadcast receivers and associated equipment radio disturbance characteristic limits and methods of methods of measurement》.

[18] CISPR20《Sound and television broadcast receivers and associated equipment immunity characteristic limits and methods of methods of measurement》.

[19] CISPR 22《Information technology equipment – Radio disturbance characteristics – Limits and methods of measurement》.

[20] ITU – T SG5：K. 52 Guidance on complying with limits for human exposure to electromag-

netic fields.

[21] ITUT Recommendation K. 60, Emission levels and test methods for wire – line telecommunication networks in case of radio interference.

[22] ITU – T SG5: K. 61 Guidance on measurement and numerical prediction of electromagnetic fields for compliance with human exposure limits for telecommunication installations .

[23] ITU – T SG5: K. 70 Mitigation techniques to limit human exposure to EMFs in the vicinity of radio communication stations.

[24] ITU – R BS. 1698 建议书《估测由工作在任何频带内的地面广播发射系统所产生的场以评估非电离性辐射的照射》。

[25] IEC 62311 (2007 – 08) Ed. 1. 0 : Assessment of electronic and electrical equipment related to human exposure restrictions for electromagnetic fields (0 Hz – 300 GHz) .

[26] IEC 62577 (2009 – 08) Ed. 1. 0 : Evaluation of human exposure to electromagnetic fields from a stand – alone broadcast transmitter (30 MHz – 40 GHz) .

[27] IEC 62232 (draft): Methods for the assessment of electric, magnetic and electromagnetic fields associated with human exposure.

[28] ICNIRP Guidelines (1998): Guidelines for limiting exposure to time – varying electric, magnetic and electromagnetic field (up to 300 GHz) .

[29] EN50492 – 2009: Basic standard for the in – situ measurement of electromagnetic field strength related to human exposure in the vicinity of base stations.

[30] EN50383 – 2002: Basic standard for the calculation and measurement of electromagnetic field strength and SAR related to human exposure from radio base stations and fixed terminal stations for wireless telecommunications system (110 MHz – 40 GHz) .

[31] EN50413 – 2009: Basic standard on measurement and calculation procedures for human exposure to electric, magnetic and electromagnetic fields (0 Hz – 300 GHz) .

图书在版编目（CIP）数据

广播电视规划院技术研究报告. 2011. 下册 / 谢锦辉主编. -- 北京：中国广播电视出版社，2011.3
ISBN 978-7-5043-6400-5

Ⅰ. ①广… Ⅱ. ①谢… Ⅲ. ①广播电视-技术-研究报告 Ⅳ. ①TN93②TN94

中国版本图书馆CIP数据核字(2011)第027335号

广播电视规划院技术研究报告(2011)

谢锦辉 主编

责任编辑 樊丽萍
封面设计 亚里斯 沙永丽
责任校对 孙雨芹

出版发行 中国广播电视出版社
电　　话 010－86093580 010－86093583
社　　址 北京市西城区真武庙二条9号
邮　　编 100045
网　　址 www. crtp. com. cn
电子信箱 crtp8@ sina. com

经　　销 全国各地新华书店
印　　刷 北京印刷集团有限责任公司印刷一厂

开　　本 889毫米×1194毫米 1/16
字　　数 1160(千)字
印　　张 56.75
版　　次 2011年3月第1版 2011年3月第1次印刷
印　　数 3000册

书　　号 ISBN 978-7-5043-6400-5
定　　价 280.00元(上、下册)